高性能计算系列丛书

CUDA Programming
A Developer's Guide to Parallel Computing with GPUs

CUDA并行程序设计

GPU编程指南

（美）Shane Cook 著
苏统华 李东 李松泽 魏通 译　马培军 审校

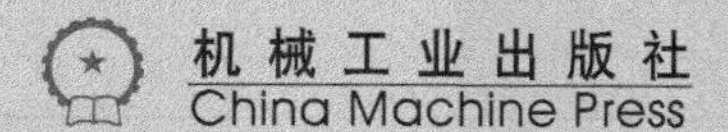

机械工业出版社
China Machine Press

图书在版编目（CIP）数据

CUDA 并行程序设计：GPU 编程指南 /（美）库克（Cook, S.）著；苏统华等译；马培军审校 .—北京：机械工业出版社，2014.1（2024.8 重印）
（高性能计算系列丛书）
书名原文：CUDA Programming：A Developer's Guide to Parallel Computing with GPUs

ISBN 978-7-111-44861-7

I. C… II. ①库… ②苏… ③马… III. 图像处理－程序设计 IV. TP391.41

中国版本图书馆 CIP 数据核字（2013）第 276497 号

北京市版权局著作权合同登记 图字：01-2013-0171 号。

CUDA Programming: A Developer's Guide to Parallel Computing with GPUs, 1st edition
Shane Cook

ISBN-13: 9780124159334
Authorized Chinese translation published by China Machine Press.

《CUDA 并行程序设计：GPU 编程指南》(苏统华，李东，李松泽，魏通 译)
ISBN: 978-7-111-44861-7

机械工业出版社（北京市西城区百万庄大街 22 号 邮政编码 100037）
责任编辑：王春华
固安县铭成印刷有限公司印刷
2024 年 8 月第 1 版第 16 次印刷
186mm × 240mm • 33.5 印张
标准书号：ISBN 978-7-111-44861-7
定 价：99.00 元

客服电话：（010）88361066 68326294

致中国读者

获悉本书将译为中文，传播于华夏大地，我欣喜不已。中国已跃居高性能计算的超级大国行列。中国的经济发展与 GPU 市场的发展有些相似：它没有被过去的束缚所羁绊，而是开启了一个新世界。中国建造高性能计算机的实力，足以问鼎美国大型计算机公司。中国的高性能计算明显优于其他对手的原因在于大量采用了 GPU 技术。GPU 技术在中国广泛传播，主要得益于英伟达硬件和 CUDA 语言，而后者正是本书竭诚呈现的主题。

与很多国家一样，中国的计算领域也经历了变革。陈旧的串行编程模型正在被抛弃，计算领域正在拥抱并行体系结构。GPU 拥有大规模并行的处理器核心，这是这一变革的重要组成部分。CPU 领域的编程模型必然发生变化，但仅是微小的调整，以便利用 GPU 加速器的潜力。GPU 目前应用到了各行各业。不论是学生还是专业人士，通过阅读本书均会收获良多。本书将帮助你在 GPU 和大规模并行处理器编程方面一路前行。

Shane Cook

译 者 序

我们正在由单核时代进入多核时代和众核时代。在单核时代，软件行业一直享用着“免费的午餐”。受益于 CPU 主频的指数级提速，开发软件无须任何代码修改，只要换上新一代的处理器，即可获得性能上的飞速提升。随着汹涌而来的众核时代，这里已经“不再有免费午餐”[㊀]。随着计算架构的不断演进，编程模型也发生着深刻的变化。计算机软件行业面临着最大的变迁问题——从串行、单线程的问题求解方式切换到大规模线程同时执行的问题求解方式。而 CUDA 提供了非常优秀的可扩展架构，以支持这种大规模并行程序设计需求。

本书是一本很出众的 CUDA 书籍，内容全面而又不落窠臼。全书可以分成四个部分。第一部分为背景篇，包括前 4 章。其中前两章简述流处理器历史和并行计算基本原理，第 3 ~ 4 章分别介绍了 CUDA 的硬件架构与计算能力和软件开发配置。第二部分为 CUDA 基本篇，包括第 5 ~ 7 章。第 5、6 章依次介绍了 CUDA 线程抽象模型和内存抽象模型，在此过程中，紧密结合直方图统计实例和样本排序实例进行讨论。为了更好地增进读者的实践经验，第 7 章全方位剖析了 AES 加密算法的 CUDA 实现过程。第三部分为 CUDA 扩展篇，包括第 8 ~ 10 章。其中第 8、9 章面向优化执行性能，而第 10 章为提升开发生产效率。第 8 章从充分利用多个硬件设备的角度，讲述了流的使用。相反的，第 9 章从程序优化角度，给出了 CUDA 性能调优的全方位指导。第 10 章介绍了一些常用的函数库和 CUDA 开发包中提供的优质 SDK，为大型软件的快速发布提供了支持。第四部分为 CUDA 经验篇，包括最后的两章。这两章分别针对硬件系统搭建和软件生产过程中的共性问题提供建议，是作者多年 CUDA 开发经验的总结。

本书特色鲜明。作者在介绍 CUDA 时，仿佛在跟朋友聊天论道，谈论家常，讲着故事，娓娓道来。论到关键之处，却又语重心长，体贴备至。在不知不觉中，把 CUDA 的魅力展示得淋漓尽致，同时把 CUDA 程序设计的功力传授于你。

本书的翻译工作经过精心的组织，整个过程得到大批专业人士的帮助。在交付出版社之前，译者团队经过了全书讨论、初译、初核、再译、再核、审校等六个环节。很荣幸地邀请到在哈尔滨工

㊀ Herb Sutter 在 2005 年发表的论文“The Free Lunch Is Over: A Fundamental Turn Toward Concurrency in Software”中对这一问题作了前瞻性讨论。——译者注

业大学长年承担“并行程序设计”和“计算机体系结构”等课程教学工作的李东教授，加盟本书的翻译团队。李东教授翻译了第 1 ～ 3 章，对保证本书的翻译质量起到了重要作用。本书第 5 ～ 7 章的初译以及第 9 章部分小节的初译和再译由李松泽负责。本书第 10 章和第 12 章的初译以及第 9 章部分小节的初译和再译由魏通负责。苏统华负责了本书前言、第 4 章、第 8 章、第 9 章部分小节和第 11 章的初译和再译任务，除此之外，他还负责了全书的初核和再核任务。特别感谢哈尔滨工业大学软件学院院长马培军教授，他应邀审校了全部译文，提出了很多中肯的改进意见。本书在交到出版社之后，又得到了机械工业出版社编辑团队的大力帮助，他们的工作专业而细致，让人钦佩。另外还要感谢哈尔滨工业大学软件学院 2012 级数字媒体方向的硕士研究生，参与了部分内容的初译，特别是王烁行同学做了不少工作。如果没有这么多人的辛勤奉献，这本中译本很难如期呈现。另外，国家自然科学基金（资助号：61203260）对本书的翻译提供了部分资助，哈尔滨工业大学创新实验课《CUDA 高性能并行程序设计》也对本书的翻译提供了大力支持。

由于本书涉及面广，很多术语较新，目前尚无固定译法，翻译难度很大。有时，为一个术语选择一个恰当的中文译法，译者经常反复推敲、讨论。但由于译者水平有限，译文中难免存在一些问题，真诚地希望读者朋友们将您的意见发往 cudabook@gmail.com。

苏统华

哈尔滨工业大学软件学院

前　　言

过去的五年中，计算领域目睹了英伟达（NVIDIA）公司带来的变革。随后的几年，英伟达公司异军突起，逐渐成长为最知名的游戏硬件制造商之一。计算统一设备架构（Compute Unified Device Architecture，CUDA）编程语言的引入，第一次使这些非常强大的图形协处理器为 C 程序员日常所用，以应对日益复杂的计算工作。从嵌入式设备行业到家庭用户，再到超级计算机，所有的一切都因此而改变。

计算机软件界最大的变迁是从串行编程转向并行编程。其中，CUDA 起到了重要的作用。究其本质，图形处理单元（Graphics Processor Unit，GPU）是为高速图形处理而设计的，它具有天然的并行性。CUDA 采用一种简单的数据并行模型，再结合编程模型，从而无须操纵复杂的图形基元。

实际上，CUDA 与之前的架构不同。它不要求程序员对图形或者图形基元有所了解，也不用程序员有任何这方面的知识。你也不一定要成为游戏开发人员。CUDA 语言使得 GPU 看起来与别的可编程设备一样。

本书并不假定读者有 CUDA 或者并行编程的任何经验，仅假定读者有一定的 C/C++ 语言编程知识。随着本书的不断深入，读者将越来越胜任 CUDA 的编程工作。本书包含更高级的主题，帮助你从不知晓并行编程的程序员成长为能够全方位发掘 CUDA 潜力的专家。

对已经熟悉并行编程概念和 CUDA 的程序员来说，本书包含丰富的学习资料。专设章节详细讨论 GPU 的架构，包括最新的费米（Fermi）和开普勒（Kepler）硬件，以及如何将它们的效能发挥到极致。任何可以编写 C 或 C++ 程序的程序员都可以在经过几个小时的简单训练后编写 CUDA 程序。通过对本书的完整学习，你将从仅能得到数倍程序加速的 CUDA 编程新手成长为能得到数十倍程序加速的高手。

本书特别针对 CUDA 学习者而写。在保证程序正确性的前提下，侧重于程序性能的调优。本书将大大扩展你的技能水平和对编写高性能代码的认识，特别是 GPU 方面。

本书是实践者在实际应用程序中使用 CUDA 编程的实用指南。同时我们将提供所需的理论知识和背景介绍。因此，任何人（不管有无基础）都可以使用本书，从中学习如何进行 CUDA 编程。综上，本书是专业人士和 GPU 或并行编程学习者的理想之选。

本书编排如下：

第 1 章 从宏观上介绍流处理器（streaming processor）的演变历史，涉及几个重要的发展历程，正是它们把我们带入今天的 GPU 处理世界。

第 2 章 介绍并行编程的概念。例如，串行与并行程序的区别，以及如何采用不同的策略寻找求解问题之道。本章意在为既有串行程序员建立一个基本的认识，这里的概念将在后面进一步展开。

第 3 章 详尽地讲解 CUDA 设备及与其紧密相关的硬件和架构。为了编写最优性能的 CUDA 程序，适当了解设备硬件的相关知识是必要的。

第 4 章 介绍了如何在 Windows、Mac 和 Linux 等不同操作系统上安装和配置 CUDA 软件开发工具包，另外介绍可用于 CUDA 的主要调试环境。

第 5 章 介绍 CUDA 线程模型，并通过一些示例来说明线程模型是如何影响程序性能的。

第 6 章 我们需要了解不同的内存类型，它们在 CUDA 中的使用方式是影响性能的最大因素。本章借助实例详细讲解了不同类型内存的工作机制，并指出实践中容易出现的误区。

第 7 章 主要详述了如何在若干任务中恰当地协同 CPU 和 GPU，并讨论了几个有关 CPU/GPU 编程的议题。

第 8 章 介绍如何在应用程序中编写和使用多 GPU。

第 9 章 对 CUDA 编程中限制性能的主要因素予以详解，考察可以用来分析 CUDA 代码的工具和技术。

第 10 章 介绍了 CUDA 软件开发工具包的示例和 CUDA 提供的库文件，并介绍如何在应用程序中使用它们。

第 11 章 关注构建自己的 GPU 服务器或者 GPU 集群时的几个相关议题。

第 12 章 检视多数程序员在开发 CUDA 应用程序时易犯的错误类型，并对如何检测和避免这些错误给出了建议。

目　录

第1章 超级计算简史

1.1 简介

为什么我们会在一本关于CUDA的书籍中谈论超级计算机呢？超级计算机通常走在技术发展的最前沿。我们在这里看到的技术，在未来的5 ~ 10年内，将是桌面计算机中很普通的技术。2010年，在德国汉堡举行的一年一度的国际超级计算机大会上宣布，根据500强名单（http://www.top500.org），英伟达基于GPU的机器在世界最强大的计算机列表中位列第二。从理论上讲，它的峰值性能比强大的IBM Roadrunner和当时的第一名Cray Jaguar的性能还要高。当时Cray Jaguar的性能峰值接近3千万亿次。2011年，采用CUDA技术的英伟达GPU仍然是世界上最快的超级计算机。这时大家突然清楚地认识到，与简陋的桌面PC一起，GPU已经在高性能计算领域达到了很高的地位。

超级计算是我们在现代处理器中看到的许多技术的发展动力。由于对用更快的处理器来处理更大数据集的需求，工业界不断生产出更快的计算机。正是在这些发展变化中，GPU的CUDA技术走到了今天。

超级计算机和桌面计算正在向着异构计算发展——人们试图通过将中央处理器（Central Processor Unit，CPU）和图形处理器（Graphics Processor Unit，GPU）技术混合在一起来实现更高的性能。使用GPU的两个最大的国际项目是BOINC和Folding @ Home，它们都是分布式计算的项目。这两个项目使得普通人也能为具体的科学项目做出真正的贡献。在项目中，采用GPU加速器的CPU/GPU主机的贡献远远超过了仅装备CPU主机的贡献。截至2011年11月，大约550万台主机提供了约5.3千万亿次的计算性能，这将近是2011年世界上最快的超级计算机（日本富士通的“京（K）计算机”）计算性能的一半。

作为美国最快的超级计算机Jaguar的升级换代产品，命名为Titan的超级计算机计划于2013年问世。它将用近30万个CPU核和高达18 000个GPU板卡达到每秒10 ~ 20千万亿次的性能。正是由于有像Titan这样的来自世界各地的大力支持，无论是在HPC（高性能计算）行业，还是在桌面电脑领域，GPU编程已经成为主流。

现在，你可以自己“攒”或者购买一台具有数万亿次运算性能的桌面超级计算机了。在21世纪初期，这将会使你跻身500强的首位，击败拥有9632奔腾处理器的IBM ASCI Red。

这不仅部分地展现了过去十几年计算机技术取得的巨大进步，更向我们提出了从现在开始的未来十几年，计算机技术将发展到何种水平这个问题。你可以完全相信在未来一段时间内，GPU将位于技术发展的前沿。因此，掌握GPU编程将是任何一个优秀开发人员必备的重要技能。

1.2 冯·诺依曼计算机架构

几乎所有处理器都以冯·诺伊曼提出的处理结构为工作基础，冯·诺伊曼被认为是计算之父之一。在该结构中，处理器从存储器中取出指令、解码，然后执行该指令。

现代处理器的运行速度通常高达4GHz。现代DDR-3内存，与标准的英特尔I7设备配合使用时，可以在运行任何程序时最高达到2GHz的速度。然而，在一个I7设备中至少具有四个处理器或内核。如果你认为超线程能力只能作为一个真正的处理器，那么一个I7设备中也是两个处理器。

在一个I7 Nehalem系统中，三通道DDR-3内存具有的理论带宽如表1-1所示。受主板和确切的内存模式影响，实际带宽可能要小很多。

表1-1 I7 Nehalem处理器带宽

QPI时钟频率	理论带宽	单核带宽
4.8GT/s（标准配置）	19.2GB/s	4.8GB/s
6.4GT/s（最大配置）	25.6GB/s	6.4GB/s

注意：QPI指快速通道互联（Quick Path Interconnect）

当考虑处理器的时钟速度时，你遇到的第一个问题是关于内存带宽的。用速度为4GHz的处理器，你可能每个时钟周期需要取来一条指令（操作码）和某个数据（操作数）。

通常，每个指令长32位。所以，假设你在每个核上只执行一组不带数据的、顺序执行的指令，则每秒钟你需要取来4.8GB/s ÷ 4=1.2GB条指令。这是假设处理器平均每个时钟周期执行一条指令的情况[㊀]。不过，通常你还需要读取和写回数据，这里假设数据与指令的比例是1∶1，那么这意味着我们的实际吞吐量将减少一半。

内存速度和时钟速度的比率是限制CPU和GPU吞吐量的一个重要因素，这一点我们将在后续的章节中讨论。深入分析你就会发现，除了CPU和GPU中的一些例外，大多数应用程序属于“内存受限型”[㊁]，而不是“处理器时钟周期或负载受限型”。

CPU厂商试图通过使用缓存和突发内存访问来解决这个问题，这利用了程序的局部性原理。下面是一个典型的C程序，请仔细观察该函数中相关操作的类型：

```
void some_function
{
 int array[100];
 int i = 0;
```

㊀ 实际达到的执行速度可能大于或小于1，这里我们做了简化处理。

㊁ 即性能提高受到内存速度的限制。——译者注

```
for (i=0; i<100; i++)
{
 array[i] = i * 10;
 }
}
```

让我们看看处理器是如何实现的。首先，数组 array 的地址被装入某个内存访问寄存器，然后参数 i 被装入到另一个寄存器。循环退出条件为 100，这个退出条件既可以装入一个寄存器，也可以编码的形式，成为指令流中的一个字面值。这时，计算机将重复执行这几条指令，循环 100 次。对于每一个计算出的值，我们需要取来并执行“控制指令”、“访存指令”和“计算指令”。

这显然是低效的，因为计算机执行的是相同的指令，只是处理的数据不同。因此，硬件设计者就为几乎所有的处理器设置了容量很小的缓存，并且在更复杂的处理器中，设置多级缓存（如图 1-1 所示）。当需要从内存中取数据或指令时，处理器首先查询缓存。如果数据或指令在缓存中，则高速缓存直接将其交给处理器。

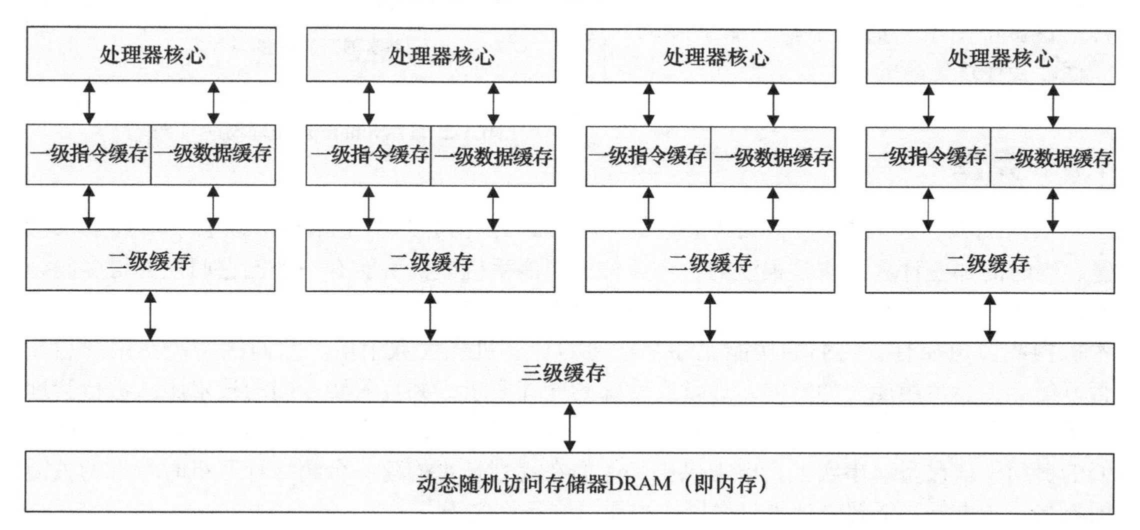

图 1-1 典型的现代 CPU 缓存组成结构

如果数据不在一级缓存（L1）中，则处理器向二级或三级（L2 或 L3）缓存发出读取请求。如果缓存中没有此数据，则需要从主存（即内存）中读取。一级缓存的工作速度通常能达到或接近处理器的时钟速度。因此，假设写入和读取都是在缓存中完成，则循环的执行就很有可能接近处理器全速。然而，这是有一定成本的：一级缓存的大小，通常只有 16K 或 32KB 大小。二级缓存就要慢些，但空间会大些，通常约为 256K。三级缓存则要大得多，通常几兆字节大小，但是比二级缓存要慢得多。

在实际程序中，循环程序往往非常大，可能达几兆字节大小。即便是程序可以存放在缓存中，但数据集往往就存不下了。所以尽管设置了缓存，处理器仍然会因为受到内存吞吐率或带宽的限制，而无法发挥其所具有的处理能力。

当处理器从缓存而不是主存中取来一条指令或一个数据时，称为缓存命中（cache hit）。但是随着缓存容量的不断增大，使用更大容量缓存所带来的增速收益却迅速下降。这意味着，现代处理器中使用大容量缓存并不是提高性能的一个有效办法，除非有办法将问题的整个数据集都装入缓存。

英特尔I7-920处理器有8MB的片内三级缓存。这个缓存的设计是有代价的，看一下英特尔I7处理器的模型，我们会知道三级缓存占用了约30%左右的芯片面积（如图1-2所示）。

随着缓存容量的增长，用于制造处理器的硅片的物理尺寸也逐渐变大。芯片越大，制造成本越昂贵，在制造过程中因发现差错而将芯片丢弃的可能性也就越高。尽管通过屏蔽掉有缺陷的核，这些有生产缺陷的芯片可以当作三核或双核芯片低价售出。但是对最终用户而言，容量不断增大而效率却不断下降的缓存，会导致更高的成本。

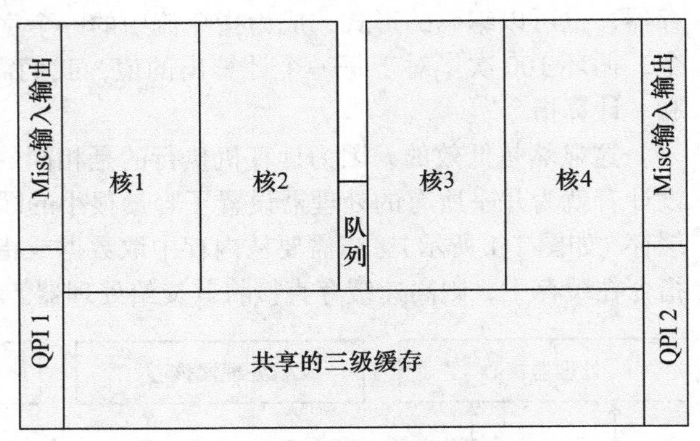

图1-2 I7 Nehalem处理器芯片布局

1.3 克雷

众所周知，计算革命始于20世纪50年代第一批微处理器的出现。以当下的标准来衡量，当时的那些计算设备是很慢的，今天你的智能手机里都可能有一个比它们强大得多的处理器。然而，正是它们导致了超级计算机的诞生。这些超级计算机通常为政府部门、大型学术机构或公司拥有。它们的功能比如今普通的计算机强大数千倍。它们的生产费用高达几百万美元，会占用庞大的空间，通常有特殊的冷却要求，并且需要专门的技术团队进行管理和维护。它们的运行需要消耗大量的电能，从某种程度上说，它们每年的运行费用和生产它们的费用一样昂贵。事实上，电力供应是人们在规划是否构建一台超级计算机时考虑的关键因素之一，也是当下超级计算机发展的主要限制条件之一。

现代超级计算机的创始人之一是西蒙·克雷（Seymour Cray），他主持设计的Cray-1超级计算机由克雷研究所（Cray Research）于1976年制造完成。在Cray-1的内部，所有的器件都是通过成千上万条独立的电线连接在一起。为此，他们聘请了许多女工，因为女人的手要比大多数男人的手小些，便于在狭小的空间里将成千上万条电线连接起来。

通常用以小时为单位的正常运行时间（两个停机故障之间的实际运行时间）来评价一台超级计算机。如果能让超级计算机持续运行一整天而不出任何问题，那就是一个了不起的成就。按照今天的标准，这似乎很落后。然而，我们今天拥有的很多产品和技术都要归功于克雷和那个时代的其他人所开展的研究。

克雷持续生产了很多以Cray命名的、极具突破性的超级计算机。最初的Cray-1超级计算机耗资880万美元，计算速度达到了160 MFLOPS（每秒百万次浮点运算）。而今天衡量计算速度的标准是 TFLOPS（每秒万亿次浮点运算），是原来指标 MFLOPS 的一百万倍（10^{12} 与 10^6 对比）。今天，一个费米（Fermi）型 GPU 卡性能的理论峰值已经超过了 1 TFLOPS。

Cray-2 在 Cray-1 的基础上有了明显的改进。它采用分成若干内存条的共享内存架构，这些内存条可以与一个、两个或四个处理器相连，进而发展成为今天基于服务器的对称多处理器（Symmetrical MultiProcessor，SMP）系统。在该系统中，多 CPU 共享同一个内存空间。跟那个时代的很多计算机一样，Cray-2 是一台基于向量的计算机（如图 1-3 所示）。在向量机中，一个操作同时处理多个操作数。诸如 MMX、SSE 和 AVX 这样的处理器扩展部分，以及 GPU 设备，它们的核心都是向量处理器。而时至今日，这些向量处理器仍然与早期的超级计算机在设计上有很多相似之处。

Cray 系列超级计算机通过硬件来支持“散布”（scatter）类和“收集”（gather）类操作原语，这些原语在并行计算中非常有用，我们将在后面的章节中介绍。

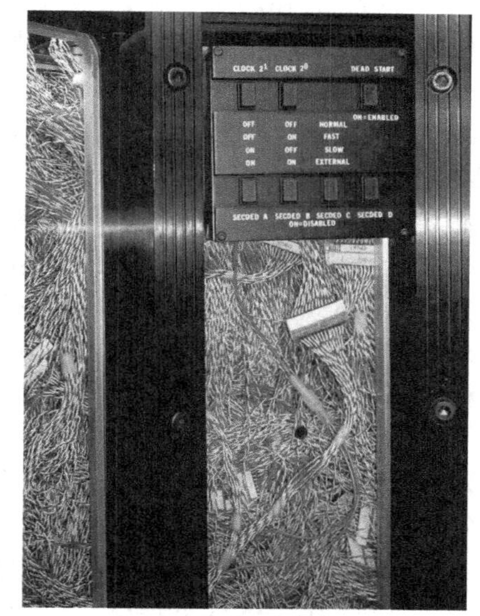

图 1-3 Cray-2 超级计算机的内部连线

今天，Cray 系列超级计算机仍然活跃于超级计算机市场。由 Cray 公司研发的、安装在美国橡树岭国家实验室（The Oak Ridge National Laboratory）的超级计算机 Jaguar（http://www.nccs.gov/computingresources/jaguar/），依然位于 2010 年年底发布的世界超级计算机 500 强排行榜中。建议你登录 Cray 公司的网站（http://www.cray.com），了解一下这个伟大公司的历史，它将告诉你计算机发展的内在规律以及我们今天所处的位置。

1.4 连接机

早在 1982 年，一家名为 Thinking Machines 的公司提出了一个非常有趣的设计方案，即连接机（Connection Machine，CM）。

这是一个比较简单的概念，却引发了一场现代并行计算机的革命。他们通过一遍又一遍地使用一些简单的零部件创造了一个 16 核的 CPU，并在一台机器上安装了 4096 个这样的设备。这是一个完全不同的概念。它们并不是通过一个高速处理器处理数据集，而是通过 64K 个处理器来完成一个任务。

举一个简单的例子，假如我们要处理一个 RGB（红 Red，绿 Green，蓝 Blue）图像的颜色。其中，每种颜色用单字节表示，用 3 个字节表示 1 个像素的颜色。现在假设我们的问题是要将蓝色值降为零。

假设内存不是交替地存储各个像素点的颜色值，而是被分成红、绿、蓝三条。在传统的处理器中，我们会用一个循环来将蓝色内存条中每个像素的颜色值减 1。这个操作对每个数据项都是相同的，即每次循环迭代，我们都要对指令流进行取指、译码和执行三个操作。

连接机采用的是单指令多数据（Single Instruction，Multiple Data，SIMD）型并行处理。今天，这种技术以诸如单指令多数据流扩展指令（Streaming SIMD Extensions，SSE）、多媒体扩展（Multi-Media eXtension，MMX）以及高级矢量扩展（Advanced Vector eXtensions，AVX）的名称，广泛应用于现代处理器中。这个技术先定义好一个数据范围，然后让处理器在这个数据范围内进行某种操作。尽管 SSE 和 MMX 是基于一个处理器核的，但连接机却拥有 64K 个处理器核，每个核都在其数据集上执行 SIMD 指令。

诸如 Intel I7 这样的处理器是 64 位的处理器，一次最多可以处理 64 位（即 8 个字节）的数据。而 SSE 的 SIMD 指令集已经扩展到了 128 位。在这样的处理器上运行 SIMD 指令，我们就可以消除所有多余的访问内存取指令的操作，并将内存读 / 写周期变为原来的 1/16，而原来是每次取出和写入 1 个字节。AVX 将这种技术扩展到了 256 位，使其效率更高。

对于分辨率为 1920 × 1080 的高清（High-Definition，HD）视频图像，它的数据大小为 2 073 600 字节，即每种颜色平面约为 2MB。如果使用常规的 SSE/MMX 处理器来处理，将需要约 260 000 个 SIMD 周期。对于 SIMD 周期，我们仅需要一个“读、计算和写”周期。实际需要的处理器时钟数可能会差别很大，这取决于实际的处理器架构。

连接机有 64K 个处理器。因此对于每个处理器，2MB 大小的帧将需要约 32 个 SIMD 的处理周期。显然，这种方法要远远优于现代处理器的 SIMD 方法。不过，有一点需要注意，如果将现在 CPU 采用的粗线程方案迁移至这种采用大规模并行方式处理的机器，处理器之间的同步和通信将是很大的问题。

1.5 Cell 处理器

超级计算机的另一个有趣的发展，源于 IBM 公司发明的 Cell 处理器（如图 1-4 所示）。

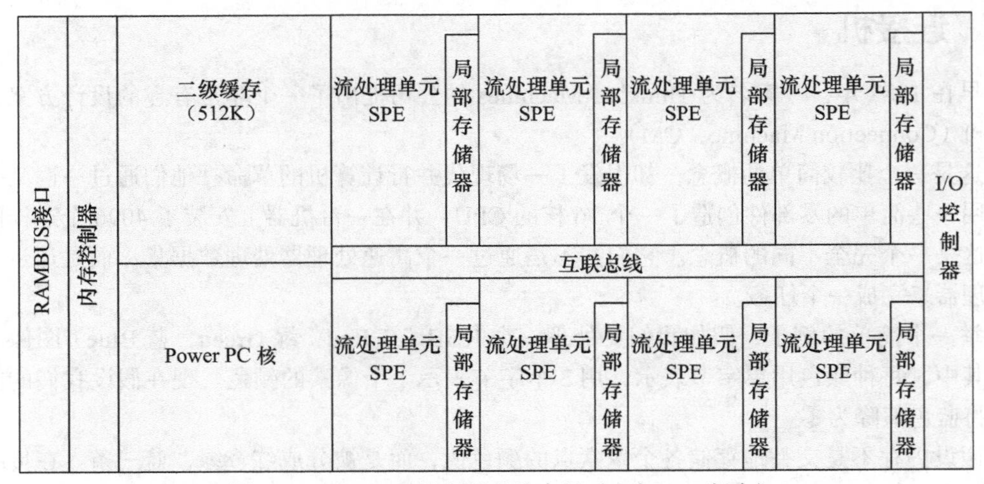

图 1-4 IBM Cell 处理器芯片布局（8 个 SPE 版本）

它的思想是用一个常规处理器作为监管处理器，该处理器与大量的高速流处理器相连。在Cell 处理器中，常规的 PowerPC（PPC）处理器担任与流处理器和外部世界的接口。而 SIMD 流处理器，IBM 称其为 SPE，则在常规处理器的管理下，处理数据集。

对我们来说，Cell 是一个非常有趣的处理器，因为它与英伟达公司的 G80 和随后生产的 GPU 在设计上很相似。索尼公司也将其应用到游戏产业中的 PS3 控制台机器上，游戏产业是与 GPU 的主要应用领域非常类似的一个领域。

要想为 Cell 处理器编程，你需要写一个在 PowerPC 核心处理器上运行的程序。该程序会用一个互不相同的二进制码，在每个流处理单元 SPE（Stream Processing Element）上，调用执行一个程序。实际上，每个 SPE 本身就是一个核。它可以从自己的本地内存取出一个独立的程序来执行，这个程序与旁边的 SPE 执行的程序是不同的。另外，通过一个共享的互连网络，SPE 之间、SPE 与 PowerPC 核之间可以相互通信。当然，针对这种混合架构进行编程是很困难的。程序员必须从程序和数据两个方面，明确管理 8 个 SPE，以及在 PowerPC 核上运行的串行程序。

由于具有和相应处理器直接对话的能力，因此很多问题的求解就可以通过一系列简单的步骤来实现。例如在前述的 RGB 示例中，PPC 核可以取来一组待处理的数据，然后将其分配给 8 个 SPE 处理。每个 SPE 所做的处理是相同的，即读取一个字节，将其减一，然后存回本地内存。当所有 SPE 完成工作后，PC 核再从每个 SPE 中取回数据，然后将这组数据（或数据条）写入内存区域，整个图像在内存中被组合起来。Cell 处理器被设计为以组的方式工作，这样就重复了我们前面介绍过的连接机的设计。

当连接到一个高速的环形网络时，SPE 还可以按顺序排列起来，以执行一个包括多个步骤的流式操作（如图 1-5 所示）。

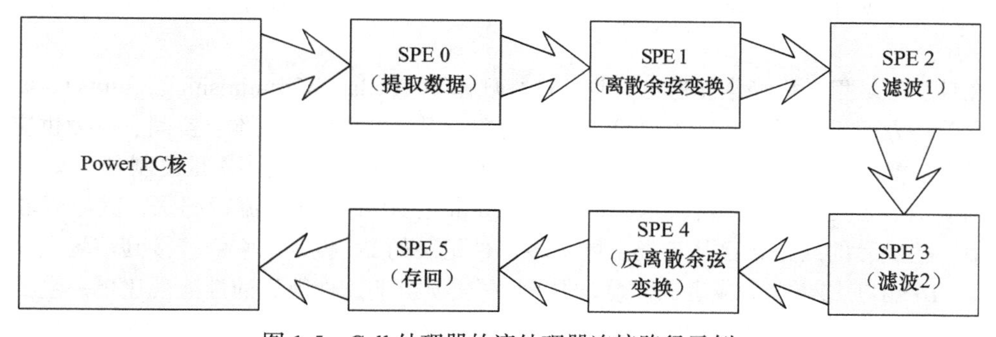

图 1-5　Cell 处理器的流处理器连接路径示例

这种流或流水线处理方法的问题是，系统运行的最快速度等于最慢节点的运行速度。它和工厂里生产线的实际运行情况是完全相同的，整条生产线的运行速度和最慢那个点的运行速度一样。就像装配生产线上的工人一样，每一个 SPE（工人）只执行一小部分任务，所以它可以非常迅速和高效地完成这部分任务。然而，跟其他处理器一样，SPE 也存在带宽限制以及数据传递至下一阶段的开销问题。因此，当通过在每个 SPE 上执行一个一致的程序来提高效率时，我们也会在处理器间通信上有所损失，并最终受到最慢的那个处理步骤的限制。

这是任何基于流水线模型的工作都会遇到的一个共性问题。

还有一种效率更高的方法是，将所有待处理的数据放在一个 SPE 上，然后让其余 SPE 分别处理一小块数据。这相当于培训所有装配线上的工人去装配一个完整的部件。对于简单的任务，这是很容易的，但是每个 SPE 受限于可用的程序和数据内存。这时，PowerPC 核就必须面向 8 个 SPE 进行数据的分发和收集，而不是原先的两个，因此主机和 SPE 间的管理开销及通信量就增加了。

在 2010 年超级计算机 500 强排名中位列第三的 Roadrunner 超级计算机中，IBM 使用了高功率版本的 Cell 处理器。该计算机由 12 960 块 PowerPC 核加上总共 103 680 块流处理器组成。每个 PowerPC 板由一个双核 AMD（Advanced Micro Device）Opteron 处理器监控，总共有 6912 个 PowerPC 板。Opteron 处理器的作用是协调各个节点工作。建造 Roadrunner 超级计算机耗资 1.25 亿美元，占地 560 平方米，理论吞吐率为 1.71 petaflops。工作时需要消耗 2.35 兆瓦的电能！

1.6 多点计算

随着对单台计算机硬件（如 CPU、主存、辅存）要求的提升，所需成本快速增加。若购买一个主频为 2.6GHz 的处理器需要花费 250 美元，而购买一个时钟速度增加不到 1GHz 的、主频为 3.4GHz 的类似处理器则需要 1400 美元。在运算速度、主存容量与存储容量上，也能看到类似的关系。

计算性能要求的提高，不仅会带来成本的上升，而且对电力的需求以及相应的散热方面的要求也随之增加。在足够的电力供应和充分的散热条件下，处理器能达到 4 ~ 5GHz 的时钟频率。

在计算领域里，你经常能遇见“收益递减规律”（The law of diminishing returns）。即便你在一个单一方面投入再多，结果也没有太大改变，因为它受限于成本、空间、电力供应、散热等因素。解决办法是在各个影响因素之间选择一个平衡点，然后多次地复制它。

随着时钟频率的不断增长，集群计算在 20 世纪 90 年代开始流行起来，其原理非常简单。用一些成套的或是自己从市场上购买零部件组装的 PC 机，把它们连接到市场上买来的 8 端口、16 端口、24 端口或者 32 端口的以太网交换机上，你得到的性能就比单一主机的性能高 32 倍。与其花费 1600 美元购买一个高性能处理器，不如花 250 美元购买 6 个中等性能的处理器。如果你的应用程序需要巨大的存储容量，则可以先把多台机器上的 DIMM 内存条扩充满，然后互联在一起，这样就可以获得足够的存储容量了。同时工作时，多台机器联合起来达到的计算能力要远远大于花同样的钱购买到的任何一台单机。

一夜之间，大学、中 / 小学校、政府机关和计算机系都能够制造出计算性能比以前强很多的计算机，不再因资金短缺而被排斥在高速计算市场为外。如今天的 GPU 计算一样，集群计算在当年就是一种能改变计算机世界面貌的革命性技术。与不断增加的单核处理器时钟速度结合在一起，这种技术为使用多个单核 CPU 来实现并行处理，提供了一种比较省钱的方式。

PC 集群通常运行 Linux 操作系统的集群版本。在这个版本中，它的每个节点从中央主控节点上获取引导指令和操作系统（Operating System，OS）。例如，在 CudaDeveloper 环境中，我们有一个由低功耗、带嵌入式 CUDA GPU 的独立 PC 机组成的小型集群，很便宜就能买来建立一个集群。有时也可以使用已经被替换掉的旧 PC 机来组建集群，硬件就几乎不花钱了。

然而，集群计算存在的问题是它的速度受到节点之间通信总量的限制，而这些通信是求解问题所必需的。如果你有 32 个运算节点，问题正好被划分成 32 个子任务，并且各个节点之间无须通信，那么你的问题求解是最适合集群计算的。如果每个数据点都要从所有节点上获取数据，那么你就是把一个很糟糕的问题交给了集群。

在现代的 CPU 和 GPU 中都能看到集群技术，比如前面的图 1-1。如果我们把图中的每个 CPU 核作为一个节点，二级缓存作为内存（Dynamic Random Access Memory，DRAM），三级缓存作为网络开关，将内存作为大容量的辅存，我们就得到一个集群的微缩模型（如图 1-6 所示）。

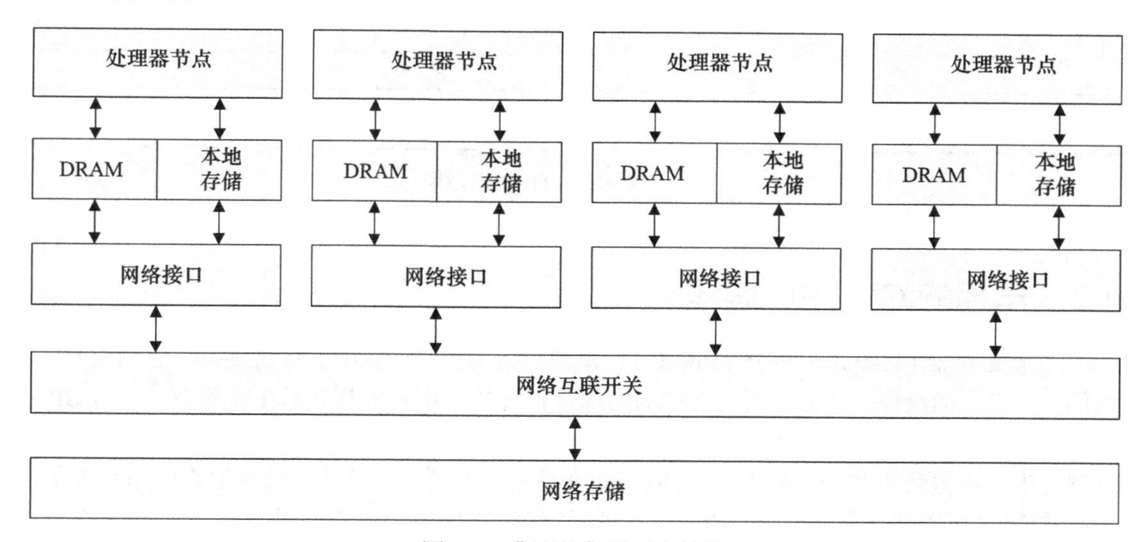

图 1-6 典型的集群层次结构

现代 GPU 的体系结构也完全相同。一个 GPU 内有许多流处理器簇（Streaming Multiprocessor，SM），它们就类似 CPU 的核。这些 SM 与共享存储（一级缓存）连接在一起，然后又与相当于 SM 间互联开关的二级缓存相连。数据先是存储在全局存储中，然后被主机取出并使用。除留一部分自己处理外，主机将剩余的数据通过 PCI-E 互联开关直接送往另一个 GPU 的存储空间。PCI-E 互联开关的传输速度比任何一个互联网络快好多倍。

如图 1-7 所示，节点可以在集群中重复设置。通过在一个可控的环境下，重复设置节点就可以构造一个集群。集群设计的一个进步是分布式应用程序。分布式应用程序可以运行在许多节点上，而每个节点又由包含多个 GPU 的许多处理单元组成。分布式应用程序可以运行在一个受集中控制的集群平台上，也可以运行在随机连接在一起、自主控制的机器上，来求解一个共同的问题。BOINC 和 Folding@Home 是此类应用的两个最大实例。在这两个实例中，求解问题的计算机是通过因特网（Internet）连接起来的。

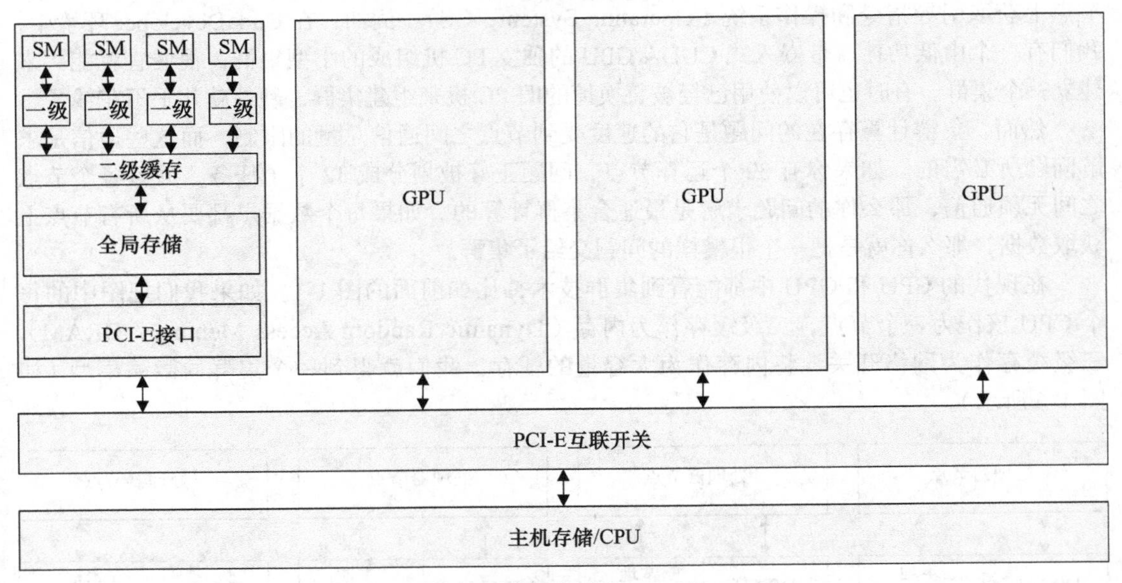

图 1-7 类似集群的 GPU 簇

1.7 早期的 GPGPU 编程

图形处理器（Graphics Processing Unit，GPU）是现代 PC 机中的常见设备。它们向 CPU 提供一些基本的操作，比如，对内存中的图像进行着色，然后将其显示在屏幕上。一个 GPU 通常会处理一个复杂的多边形集合，即需要着色的图片映像，然后给这些多边形涂上图片的纹理，进而再做阴影和光照处理。英伟达 5000 系列显卡第一次给我们带来逼真的图片效果，请查看 2003 年英伟达发布的“晨光中的花仙子”(Dawn Fairy) 图片示例。

请浏览 http://www.nvidia.com/object/cool_stuff.html#/demos，并下载一些旧的图片示例，从中你可以看出在过去的十几年里 GPU 的发展变化有多大，详见表 1-2。

表 1-2 GPU 技术发展历程表

演示	显卡	年份
Dawn	GeForce FX	2003
Dusk Ultra	GeForce FX	2003
Nalu	GeForce 6	2004
Luna	GeForce 7	2005
Froggy	GeForce 8	2006
Human Head	GeForce 8	2007
Medusa	GeForce 200	2008
Supersonic Sled	GeForce 400	2010
A New Dawn	GeForce 600	2012

重要的进步之一就是可编程着色器（programmable shader）的出现。它们是 GPU 运行的一些用来计算各种图片效果的小程序。这样，着色就不必固定在 GPU 中进行。通过可下载的着色器，就可以完成这些操作。这就是最初的通用图形处理器（General-Purpose Graphical Processor Unit，GPGPU）编程。这表示 GPU 设计朝着“处理单元功能不再是固定的”方向迈出了第一步。

然而，这些着色器很自然地取来那些表示一个多边形图像的三维（3D）点集进行处理。着色器以一种高度并行的方式，对许多这样的数据集进行相同的操作，从而提供了巨大的计算能力。

现在即使多边形是用三个点的集合来表示的，其他的一些数据集，比如 RGB 图片，也能够用三个点的集合来表示，但还有许多数据集不是这样表示。因此，有一些勇敢的研究人员就尝试着用 GPU 技术来提高通用计算的速度。这导致开发出了许多新产品（如 Brook GPU、Cg 及 CTM 等），研发这些产品的目标都是将 GPU 变成一个具有和 CPU 一样运行模式的可编程设备。遗憾的是，它们既有优点也存在不足，这些产品都不容易学习和编程使用，而且愿意学习它们的人并不多。一句话，一项不容易学习的技术不可能获得程序员的追捧，也不可能激起程序员广泛的兴趣。这些产品一直没有在市场上获得成功。而 CUDA 可能是首次实现了上述目标，同时向程序员提供了一个真正通用的 GPU 编程语言。

1.8 单核解决方案的消亡

现代处理器的问题之一是它们已经达到了 4GHz 左右的时钟速度极限。就目前的技术而言，处理器在这个极限点上工作会产生太多的热量，从而导致需要特殊的、昂贵的冷却措施。产生热量的原因是随着时钟频率的提升，电力功耗增大了。事实上，在电压不变的情况下，一个 CPU 的电力功耗大约是它时钟频率的三次方。更糟糕的是，如果 CPU 产生的热量增加，那么即使时钟频率不变，根据硅材料的性质，CPU 的功耗也会进一步增加。这个电 / 热转换是对能源的一个浪费。这个不断增加的无效的电能消耗，意味着你要么不能充分为处理器提供电力，要么不能够有效地冷却处理器，已经达到了电子设备或芯片封装的散热极限，即所谓的“功耗墙”(power wall)。

面对不能再提高时钟频率的挑战，却还需要制造更快的处理器，处理器制造商只好另辟蹊径。两个主要的 PC 机处理器制造商，Intel 和 AMD，已经采取了另外一种方案。他们已经从持续地提高时钟频率或者通过指令级并行处理技术提高每个时钟周期内执行的指令条数的旧的发展道路，转移到向处理器里添加更多核的新的发展道路。现在已经有了双核、3 核、4 核、6 核、8 核，12 核甚至 16 核和 32 核的处理器，这就是以 CPU 和 GPU 为核心的计算技术未来的发展方向。从 CPU 的角度说，费米（Fermi）型 GPU 已经是一个真正的 16 核处理器了。

然而，这种方法有一个很大的问题——它需要编程者从以前的串行、单线程的问题求解方法切换到多线程同时执行的问题求解方法。现在，编程人员必须考虑 2 个、4 个、6 个或 8 个线程以及线程之间的交互和通信。当双核 CPU 出现时，还相对简单，因为正好有一些程序需要在后台运行，将这些程序迁移到第二个核上运行即可。当4核CPU出现时，并没有修改这么多的程序来支持4核运算，还是会买4核CPU以运行单线程的应用程序。甚至游戏厂商也不想很快地转向4核编程，而我们通常认为这个领域是最希望采用最新技术的。

在一定程度上，处理器制造商也应该为此负责，因为单核程序可以在4核处理器的一个核中运行得很好。当只有一个核在工作时，一些设备甚至会动态地提升时钟频率来提高性能，这就导致编程人员变得懒惰，不愿充分使用已经可用的硬件。

当然，这也有经济上的原因，软件开发公司需要尽早把产品推向市场。开发出一个更好的4核程序固然是很好的，但如果竞争对手抢先一步占领市场就不好了。当硬件制造商仍然继续生产单核和双核设备的时候，软件市场自然就稳定在最低配置上，因为这样的软件销售范围是最广的。只有当4核CPU变成市场上产品的最低配置时，市场才会迫使软件开发朝着多核编程的方向发展。

1.9 英伟达和CUDA

如果留意GPU和CPU的计算能力，可以得到一张有意思的图（见图1-8）。我们看到，最初CPU和GPU计算能力的差距不是很大。但是在2009年之后，当GPU的性能最终突破了1万亿每秒大关后，它们的差距就越来越大了，而在2009年，GPU从G80硬件设备发展为G200硬件设备。然后在2010年，发展到革命性的费米型GPU。这其中的发展动力是大规模并行硬件的引入。G80是一个具备128个CUDA核的设备，G200是一个具备256个CUDA核的设备，而Fermi则是一个具备512个CUDA核的设备。

我们看到英伟达的GPU，从G200架构到费米型架构，浮点计算性能实现了每秒3千亿次（300 gigaflops）的飞跃，在吞吐量方面提高了接近30%。相比之下，英特尔公司从Core 2（酷睿2）架构升级到Nehalem架构仅有小幅的改进。只有改为Sandy Bridge架构后，CPU性能才显著地提升。这并不意味着孰优孰劣，传统CPU的目标是执行串行代码，在这方面它们还是做得非常好的。它们包含了一些特殊硬件，例如，分支预测单元、多级缓存等，所有这些都是针对串行代码的执行。但GPU并不是为执行串行代码而设计的，且只有完全按照并行模式运行时才能发挥它的峰值性能。

2007年，英伟达发现了一个能使GPU进入主流的契机，那就是为GPU增加一个易用的编程接口，也就是所谓的统一计算架构（Compute Unified Device Architecture，CUDA）。这为无须学习复杂的着色语言或者图形处理原语，就能进行GPU编程提供了可能。

CUDA是C语言的一种扩展，它允许使用标准C来进行GPU代码编程。这个代码既适用于主机处理器（CPU），也适用于设备处理器（GPU）。主机处理器负责派生出运行在GPU设备处理器上的多线程任务（CUDA称其为内核程序）。GPU设有内部调度器来把这些内核程序分配到相应的GPU硬件上。调度方法将在本书的后面详细介绍。假设这些任务有足够的并行度，随着GPU中流处理器簇数量的增加，程序的运算速度就会提升。

但是，这里仍然有一个大问题：程序中能够并行运行的代码占多大比例呢？可能达到的最大加速比受限于程序中串行代码的数量。即便你有无限的计算能力，并且使得并行任务的运行时间趋近于零，但你还需要付出运行串行代码的时间。因此，我们必须从一开始就考虑是否能够把大量的工作并行化。

英伟达一直致力于为 CUDA 开发提供支持。在其官方网站（http://www.nvidia.com）上的 CudaZone 栏目中，英伟达提供了大量有助于 CUDA 开发的信息、示例和工具。

与之前的处理器不同，CUDA 已经开始进入发展的快车道，并且成为首个有可能发展成为 GPU 开发的候选编程语言。假如有数以百万计的 GPU 支持 CUDA，那么基于 CUDA 的应用程序将成为一个巨大的市场。

现在有很多基于 CUDA 的应用，并且数量还在逐月递增。英伟达在它的社区网站 http://www.nvidia.com/object/cuda_apps_flash_new.html 中列出了其中的诸多应用。

在程序需要做大量计算工作的领域，例如，从家庭录影带翻录成一个 DVD 盘（视频转码），我们发现大部分主流的视频开发包现在都已支持 CUDA。这个领域的平均加速比达到 5 ~ 10 倍。

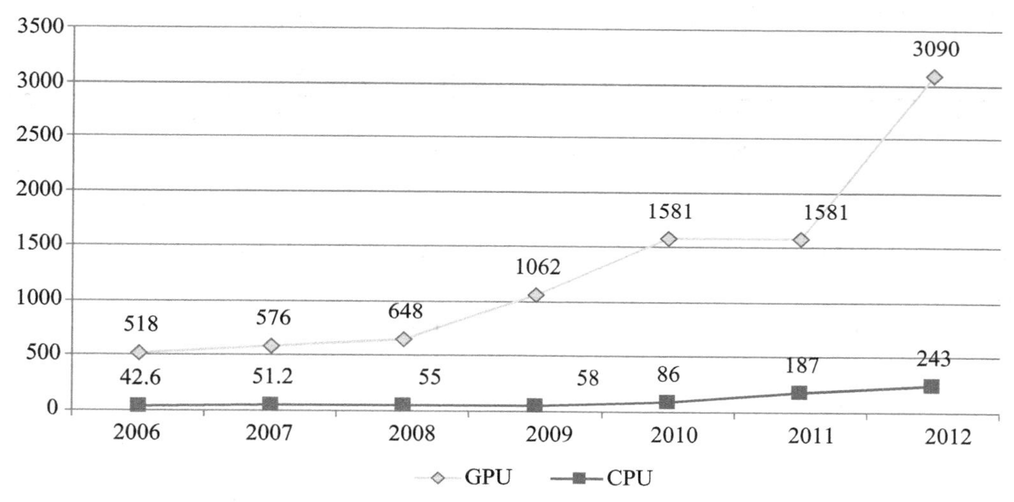

图 1-8 CPU 和 GPU 峰值性能（单位：十亿次浮点操作每秒（gigaflops））

随着 CUDA 一起引入的，是 Tesla 系列板卡。这些并不是图形卡，事实上这些卡既没有 DVI 接口，也没有 VGA 接口。它们是专用于科学计算的计算卡。使用它们可以为科学计算提供很大的加速比。这些卡既可以安装在常规的桌面 PC 上，也可以安装在专用的服务器机架上。在 http://www.nvidia.com/object/preconfigured_clusters.html 网站上，英伟达提供了一个示例系统，据称该系统的计算能力相当于普通集群系统的 30 倍。CUDA 和 GPU 正在改变着高性能计算领域的形式。

1.10 GPU 硬件

英伟达 G80 系列处理器及其后续产品是采用类似连接机和 IBM 的 Cell 处理器的设计方

案来实现的。每个图形卡由若干个流处理器簇（SM）组成，每个 SM 配备 8 个或更多的流处理器（Stream Processor，SP）。先前的 9800 GTX 卡有 8 个 SM，总共有 128 个 SP。但是与 IBM 的超级计算机 Roadrunner 不同，购买一块 GPU 板卡只需要几百美元，并且还不需要 2.35 兆瓦的电力去驱动它。后面当我们讲到建立 GPU 服务器时就会看到，电能的问题是不能忽视的。

GPU 卡大致可以看成是一种加速卡或协处理器卡。目前，一个 GPU 卡必须与基于 CPU 的主机相连才能工作。在这方面，它完全遵循 Cell 处理器搭配一个常规的串行处理核和 N 个 SIMD SPE 核的方法。每个 GPU 设备包括一组 SM，每个 SM 又包含一组 SP 或者 CUDA 核。这些 SP 最高可以实现 32 个单元并行工作。它们消除了 CPU 上为实现高速串行执行而设计的大量复杂的指令级并行处理电路。取而代之的是由程序员指定的显式的并行模型，使得同样大小的硅片可以容纳更强的计算能力。

GPU 的总体性能主要由其所具有的 SP 的数量、全局内存的带宽和程序员利用并行架构的充分程度等因素决定。表 1-3 是当前英伟达生产的 GPU 卡的列表。

表 1-3 当前英伟达生产的 GPU 卡

GPU 系列	设备	SP 数目	最大存储空间	GFlops（FMAD）	带宽（GB/s）	能耗（瓦）
9800 GT	G92	96	2GB	504	57	125
9800 GTX	G92	128	2GB	648	70	140
9800 GX2	G92	256	1GB	1152	2 × 64	197
260	G200	216	2GB	804	110	182
285	G200	240	2GB	1062	159	204
295	G200	480	1.8GB	1788	2 × 110	289
470	GF100	448	1.2GB	1088	134	215
480	GF100	448	1.5GB	1344	177	250
580	GF110	512	1.5GB	1581	152	244
590	GF110	1024	3GB	2488	2 × 164	365
680	GK104	1536	2GB	3090	192	195
690	GK104	3072	4GB	5620	2 × 192	300
Tesla C870	G80	128	1.5GB	518	77	171
Tesla C1060	G200	240	4GB	933	102	188
Tesla C2070	GF100	448	6GB	1288	144	247
Tesla K10	GK104	3072	8GB	5184	2 × 160	250

对于一个指定的应用程序，如何选择一块合适的板卡，其实就是在指定的应用程序的内存能耗和 GPU 处理能耗之间找到一个平衡。注意，9800 GX2、295、590、690 和 K10 卡其实是双卡，所以如果要完全利用这些卡，就要把它们当作两个设备来编程而非单个设备。另外需要说明的是，以上描述 GPU 的数据是针对单精度浮点数（32 位）而不是双精度浮点数（64 位）。同样需要注意的是，GF100（Fermi 型）系列，作为 Tesla 的衍生型，双精度运算单元的数量是标准桌面单元的两倍，所以获得了明显更好的双精度输出。即将发布的开普勒

（Kepler）型 GPU K20，与已经发布的兄弟款 K10 相比，双精度运算性能也将有显著改进。

虽然没有提及，但仍应注意到在新一代产品中，每个 SM 的时钟和能耗已经降低了。但是总体能耗却显著增加，这是任何一个基于多 GPU 的解决方案都要考虑的关键问题之一。一个典型的例子是，由于使用了共享电路和降低了时钟频率，基于双 GPU 的卡（9800 GX2、295、590、690）的能耗，比等价的两个单卡的总能耗稍低一些。

为了实现高密度运算，英伟达提供了采用共享 PCI-E 总线相连的、由 2 ~ 4 块 Tesla 卡组成的多种机架（M 系列计算模块）。这样就可以利用标准 PC 部件来建立你自己的 GPU 集群或者微型超级计算机。在本书的后面，我们将介绍如何实现这些想法。

对于 CUDA 来说，一件了不起的事情是，无论硬件设备如何变动，为早期的 CUDA 设备编写的程序依然能够运行在如今的 CUDA 设备上。CUDA 编译模型使用了和 Java 语言一样的编译原则——基于虚拟指令集的运行时编译。这允许现代的 GPU 可以运行即便是最老的 GPU 上的程序代码。当针对新 GPU 而需要修改程序的某些特性时，原先的程序常常可以为程序员的工作提供很多便利。事实上，针对不同硬件版本的更新，可以对程序做很多的优化调整，这些将在本书的最后部分介绍。

1.11 CUDA 的替代选择

1.11.1 OpenCL

那么其他的 GPU 制造商，如 ATI（现在是 AMD）能够成为主要的厂商吗？从计算能力上看，AMD 的产品和英伟达的产品是旗鼓相当的。但是，在英伟达引入 CUDA 很长时间之后，AMD 才将流计算技术引入市场。从而导致英伟达针对 CUDA 可用的应用程序要远远多于 AMD/ATI 在其技术框架上的应用程序。

OpenCL（Open Computing Language）和“直接计算”（Direct Compute）不是本书详细讨论的内容，但是作为 CUDA 的替代选择，应当提及。目前，CUDA 仅仅能够正式运行于英伟达的硬件产品上。虽然英伟达在 GPU 市场上占有很大的份额，但是其他竞争者所拥有的份额也不小。作为开发者，我们希望开发出的产品能够面向的市场越大越好，尤其是消费者市场。同样的，人们也关心是否有能够同时支持英伟达和其他厂商硬件产品的 CUDA 的替代品。

OpenCL 是一个开放的、免版税的标准，由英伟达、AMD 和其他厂商所支持。OpenCL 的商标持有者是苹果公司，它制定出一个允许使用多种计算设备的开放标准。计算设备可以是 GPU、CPU 或者其他存在 OpenCL 驱动程序的专业设备。截至 2012 年，OpenCL 支持绝大多数品牌的 GPU 设备，包括那些至少支持 SSE3[⊖]的 CPU。

任何熟悉 CUDA 的程序员都可以相对轻松地使用 OpenCL，因为它们的基础概念十分相似。但是，与 CUDA 相比，使用 OpenCL 会复杂一些，因为很多由 CUDA 运行时 API（应用

⊖ SSE3 是 Streaming SIMD Extensions 3 的缩写，表示“单指令多数据流扩展指令 3”。——译者注

程序编程接口）所完成的功能，在 OpenCL 中需要由程序员显式地编程实现。

在 http://www.khronos.org/opencl/ 网站上有更多关于 OpenCL 的内容。而且也有很多关于 OpenCL 的书籍。我个人推荐：在学习 OpenCL 之前，先学习 CUDA。因为在某种意义上讲，CUDA 是一种比 OpenCL 更高级的语言扩展。

1.11.2 DirectCompute

DirectCompute 是微软开发的可替代 CUDA 和 OpenCL 的产品。它是集成在 Windows 操作系统，特别是 DirectX 11 API 上的专用产品。对于之前从事显卡编程的人来说，DirectX API 是一个巨大的飞跃。这种产品使得开发者只需掌握一个 API 库，就可以对所有的显卡进行编程，而不必为每个主要的显卡生产商编写或发布驱动程序。

DirectX 11 是最新的标准并且 Windows 7 操作系统能够支持它。由于标准背后的支持厂商是微软，你可以想象得到它会被开发者群体迅速接受。对于已经熟悉 DirectX API 的开发人员，情况更是这样的。如果你熟悉 CUDA 和 DirectCompute，那么将一个 CUDA 应用程序移植到 OpenCL 的确是一项轻松的任务。据微软所言，对同时熟悉两种产品的人来说，这通常仅仅是一个下午的工作量。但是，由于以 Windows 操作系统为核心，DirectCompute 技术被排除在各种版本的 UNIX 占主导地位的高端系统之外。

微软还推出了基于 C++ 的 AMP（加速大规模并行计算）库，它是标准模板库（Standard Template Library, STL）的补充部分。对于熟悉 C++ 风格的 STL 的程序员，它更具有吸引力。

1.11.3 CPU 的替代选择

主要的并行程序设计扩展语言有 MPI 和 OpenMP，在 Linux 下开发时，还有 Pthreads。Windows 操作系统下有 Windows 线程模型和 OpenMP。MPI 和 Pthreads 被用作与 UNIX 进行联系的接口。

MPI（Message Passing Interface）可能是目前使用最广泛的消息传递接口。它是基于进程的，通常在各个大规模计算实验室中得到应用。它需要一个系统管理员来正确地安装配置，并且它适合于可控的计算环境。它实现的并行处理表现为，在集群的各个节点上，派生出成百上千个进程，通常这些进程通过基于网络的高速通信链路（如，以太网或 InfiniBand）显式地交换消息，以协同完成一个大的任务。MPI 被广泛使用和学习。在可控的集群环境下，它是一个很好的解决方案。

OpenMP（Open Multi-Processing）是专门面向单个节点或单个计算机系统而设计的并行计算平台，它的工作方式是完全不同的。在使用 OpenMP 时，程序员需要利用编译器指令精确写出并行运算指令。然后编译器根据可用的处理器核数，自动将问题分为 N 部分。很多编译器对 OpenMP 的支持都是内嵌的，包括用于 CUDA 的 NVCC 编译器。OpenMP 希望根据底层的 CPU 架构，实现对问题的可扩展并行处理。但是，CPU 内的访存带宽常常不够大，满足不了所有核连续将数据写入内存或者从内存中取出数据的要求。

pthreads 是一个主要应用于 Linux 上的多线程应用程序库。同 OpenMP 一样，pthreads

使用线程而不是进程，因为它是设计用来在单个节点内实行并行处理的。和 OpenMP 不同的是，线程管理和线程同步由程序员来负责。这提供了更多的灵活性，因此精心设计的程序会带来很好的性能。

ZeroMQ（0MQ）也值得一提，这是一个你可以链接的简单的库。在本书的后面，我们将使用它来开发一个多节点、多 GPU 的例子。ZeroMQ 使用一个跨平台的 API 来支持基于线程、基于进程和基于网络的通信模型。Linux 和 Windows 平台都支持 ZeroMQ。它是针对分布式计算而设计的，所以连接是动态的，节点失效不会影响它的工作。

Hadoop 也是你应当考虑的技术。Hadoop 是谷歌 MapReduce 框架的一个开源版本。它针对的是 Linux 平台。其概念是你取来一个大数据集然后将其切割或映射（map）成很多小的数据块。然而，并不是将数据发送到各个节点，取而代之的是数据集通过并行文件系统已经被划分给上百个或者上千个节点。因此，归约（reduce）步骤是把程序发送到已经包含数据的节点上。输出结果写入本地节点并保存在那里。后续 MapReduce 程序取得之前的输出并以某种方式对其进行转换。由于数据实际上映射到了多个节点上，因此它可以应用于高容错和高吞吐率系统。

1.11.4 编译指令和库

很多编译器厂商，如 PGI、CAPS 以及最著名的 Cray，都支持最近发布的针对 GPU 的 OpenACC 编译器指令集。在本质上，这些是 OpenMP 方法的复制。它们都要求程序员在程序中插入编译器指令来标注出“应该在 GPU 上执行”的代码区域。然后编译器就做些简单的工作，即从 GPU 上移入或移出数据、调用内核程序等。

若使用 pthreads 替代 OpenMP，由于 pthreads 提供更底层的控制，所以你可以获得更高的性能。使用 CUDA 替代 OpenACC 也是这样。但是，对额外层面的控制，要求程序员掌握更高水平的编程知识，也会带来更高的出错风险，进而对开发进度产生影响。目前，OpenACC 不仅要求用指令标注出哪些区域的代码需要运行在 GPU 上，而且还要指明数据要存储在哪种类型的内存上。英伟达宣称使用这类指令可以获得 5 倍以上的速度提升。对于那些想要程序跑得更快的程序员来说，这是一个很好的选择。对于那些把程序设计放在次要位置，仅仅考虑在合理的时间内完成任务的人来说，这也是一个很棒的选择。

库的使用也是很重要的，因为它可以让你的生产效率以及执行程序时间的加速比提高。一些库提供的通用函数的执行效率很高，例如，SDK 提供的 Thrust。诸如 CUBLAS 这样的库是针对线性代数最好的库。很多诸如 Matlab 和 Mathematica 这样著名的应用程序中都有库的存在。在某些语言中，如 Python、Perl、Java 和许多其他的语言中，库是以语言绑定的形式存在的。CUDA 甚至还被集成进 Excel 里。

在现代化软件开发的各个方面，很多你准备开发的东西别人已经做好了。在你准备花费数周时间开发一个库之前，请先去互联网上搜索一下，看看哪些是已经存在的。除非你是一个 CUDA 专家，否则你自己开发不大可能比使用已有的更快。

1.12 本章小结

也许你在想，为什么要使用CUDA进行开发？答案是，在技术支持、调试工具和驱动程序等方面，CUDA是目前最容易进行开发的语言。CUDA在各个方面都领先一步，在成熟性方面更是遥遥领先。即便你的应用程序需要支持非“英伟达”的硬件，但最好的方式也是先在CUDA上开发，然后将其移植为其他API的应用程序。同理，我们应专注于CUDA，因为当你成为一个CUDA专家后，使用开发所需的其他API也是很容易的。理解CUDA的工作原理，可以帮助你更好地利用任何一个高层API，并有助于理解它们的局限性。

我衷心地希望，你能从由单线程CPU程序员转变成GPU上的并行程序员的旅程中，找到乐趣。即使将来不做GPU开发，你获得的知识也会对设计多线程程序有极大帮助。如果你，像我们一样，看到世界正在向并行编程模型转变，那么你将会渴望能够站在技术挑战与创新浪潮的最前沿。单线程工业正在慢慢衰落。要想保持自身价值、成为公司渴望的人才，你需要掌握那些代表计算机世界发展方向的技术，而不是那些日趋没落的技术。

GPU正在改变计算机世界的面貌。突然之间，十几年前超级计算机的计算能力现在已经能够出现在你的办公桌上。你不再需要：排队、分批提交任务，然后用几个月的时间等待管理员（committee）批准你的请求——在一个超负荷运行的计算系统上使用有限的计算机资源。现在，最多花5000 ~ 10 000美元，你就可以在你的办公桌上添置一台超级计算机，或者花一小部分钱买来一台运行CUDA的机器。GPU是一项翻天覆地的技术革新，它使每个人拥有超级计算机级别的计算能力成为可能。

第 2 章

使用 GPU 理解并行计算

2.1 简介

本章旨在对并行程序设计的基本概念及其与 GPU 技术的联系做一个宽泛的介绍。本章主要面向具有串行程序设计经验，但对并行处理概念缺乏了解的读者。我们将用 GPU 的基本知识来讲解并行程序设计的基本概念。

2.2 传统的串行代码

绝大多数程序员是在串行程序占据主导地位而并行程序设计仅吸引极少数技术狂的年代里成长起来的。大多数人是因为对技术感兴趣才到大学去攻读与 IT 有关的学位的。同时他们也会意识到将来还需要一个能够获得可观收入的工作岗位。因此，在选择专业时，他们肯定会考虑毕业后，社会上是否有足够多的就业岗位。即便在并行程序设计最火的年代，除了研究所或学术机构的岗位外，适合并行程序设计的商业岗位总是很少的。绝大多数程序员都是用简单的串行模式来开发应用软件，而这个串行模式主要是基于大学程序设计课程的教学内容，且受市场需求的驱动。

并行程序设计的发展态势一直不太明朗，与它有关的各种技术及程序设计语言一直没能将它变成主流。市场上从来没有出现过对并行硬件的大规模需求。相应地，也没有出现对并行程序员的大规模需求。每一到两年，各个 CPU 厂商都会推出新一代的处理器。相比之前的处理器，新一代处理器执行代码的速度更快。无须改进运行方式就可以有更快的运行效果，因此串行程序的地位稳如泰山。

并行程序通常与硬件的联系更紧密。引入并行程序的目的是为了获得更高的性能，但是这往往需要付出降低可移植性的代价。在新一代并行计算机中，原先计算机的某种特性可能会换种方式实现，甚至被取消。每隔一定的时间，就会出现一种新的革命性的并行计算机架构，从而导致所有的程序代码都要重新编写。作为程序员，如果你的知识仅局限于某一个处理器，那么从商业角度看，这些知识会随着这款处理器的淘汰而失去价值。由此可见，学习 x86 类型架构的程序设计比学习某种并行计算机架构的程序设计具有更大的商业意义，因为后者很可能仅有几年的使用寿命。

然而有趣的是，多年以来，两个并行程序设计标准，OpenMP和MPI，却通过不断地修改、完善而得以始终采用。面向包含多核处理器的共享存储并行计算机而设计的OpenMP标准，强调的是在单个节点内部实现并行处理。它不涉及节点间并行处理的任何概念。因此，你所能解决的问题只受到单个节点的处理能力、内存容量和辅存空间的限制。但是对于程序员而言，采用OpenMP，程序设计相对容易，因为大多数低层级的线程代码（需要采用Windows线程库函数或POSIX线程库函数编制）都由OpenMP替你完成了。

MPI（Message Passing Interface）标准用于解决节点间的并行处理，常用于定义良好的网络内的计算机集群。它常用于由几千个节点组成的超级计算机系统。每个节点只分担问题的一小部分。因此，公共资源（CPU、缓存、内存、辅存等）的大小就等于单个节点的资源量乘以网络中节点的个数。任何网络的阿喀琉斯之踵（Achilles' heel，要害）就是它的互连结构，即把机器连接在一起的网络结构。通常，节点间通信是任何基于集群的解决方案中决定最大速率的关键因素。

当然，OpenMP和MPI也可以联合使用来实现节点内部的并行处理和集群中的并行处理。但是由于应用程序编程接口（API）库和编程方法完全不同，所以这种情况并不常见。OpenMP的并行指令允许程序员通过定义并行区，从而从一个较高的层次分析算法中的并行性；而MPI却需要程序员做大量的工作来显式地定义节点间的通信模型。

既然已经花很长时间才掌握一种API库，程序员都不愿意再学习另外一种。因此，适合于一台计算机就能解决的问题通常采用OpenMP，而需要用集群来解决的大问题就采用MPI。

本书将要探讨的GPU编程语言CUDA，却能够很好地将OpenMP和MPI联系在一起。例如，CUDA提供的类OpenMP指令（OpenACC）就很方便地供熟悉OpenMP的程序员采用。OpenMP、MPI和CUDA正在越来越多地出现在大学计算机专业本科生或研究生的课堂教学内容中。

然而，绝大多数串行程序设计者第一次接触并行程序是在介绍多核处理器的时候。除了少数技术狂之外，他们往往对眼前的并行处理环境视而不见，因为多核处理器主要用于实现“任务并行”（task parallelism），这是一种基于操作系统的并行处理，后面我们再详细介绍。

显而易见，今天的计算机技术正在向着多核的方向前进。越来越多的程序员开始关注多核处理器。几乎所有商场销售的台式机要么采用双核处理器，要么采用四核处理器。因此，程序员开始利用多线程来发挥处理器中多核的作用。

线程是程序中一个独立的执行流，它可以在主执行流的要求下分出或聚合。通常情况下，CPU程序拥有的活动线程数量，不超过其包含的物理处理核数量的两倍。就像在单核处理器中，操作系统的任务是分时、轮流运行的，每个任务只能运行一小段时间，从而实现数量多于物理CPU核数的众多任务同时运行。

然而，随着线程数量的增加，终端用户也开始感觉到线程的存在。因为在后台，操作系统需要频繁进行“上下文切换”（即对于一组寄存器进行内容的换入、换出）。而“上下文切换”是一项很费时的操作，通常需要几千个时钟周期，所以CPU的应用程序的线程数要尽量比 GPU 的少。

2.3 串行 / 并行问题

线程会引起并行程序设计中的许多问题，例如，资源的共享[1]。通常，这个问题用信号灯（semaphore）来解决，而最简单的信号灯就是一个锁或者令牌（token）。只有拥有令牌的那个线程可以使用资源，其他线程只能等待，直到这个线程释放令牌。因为只有一个令牌，所以所有工作都有条不紊地进行。

当同一线程必须拥有两个或者更多的令牌时，就会出现问题。例如，在线程 0 拥有令牌 0 而线程 1 拥有令牌 1 的情况下，如果线程 0 想得到令牌 1 而线程 1 想得到令牌 0，想得到的令牌没有了，线程 0 和线程 1 就只好休眠，直到它们期待的令牌出现。由于没有一个线程会释放掉已经拥有的令牌，所以所有的线程将永远等待下去。这就是所谓的“死锁”（deadlock），如果程序设计不当，死锁将不可避免地发生。

当然，在极偶然的情况下，程序可以共享资源而不发生死锁。无论哪种加锁系统，每一个线程都必须正确地使用资源。也就是说，它们必须先申请令牌，如果没成功则等待。获得令牌后，才执行相应的操作。这就需要程序员定义好共享的资源，并制定恰当的机制来协调多线程对该资源的更新操作[2]。然而，在任何一个团队里都有若干个程序员，即便有一个程序员不遵守规则，或者并不知道它是一个共享资源，你的程序多数情况下不会正常工作。

我曾经为一个大公司开发的项目里就出现过这个现象。所有的线程都申请一个锁，如果没成功则等待。获得令牌后，就更新共享资源。一切都运行正常，所有的代码都通过了质量保证检查（Quality Assurance，QA）和所有的测试。然而投入运行后，现场的用户偶尔会报告说某个参数被重置为 0 了，看上去像随机发生的。由于跟踪发现 Bug 的前提往往是它能够持续地引发同一个问题，所以随机的 Bug 总是很难发现的。

最后是公司里的一个实习生发现了问题的原因。在代码中一个与其完全无关的区域里，一个指针在特定的条件下没有被初始化。在程序的运行过程中，当线程以某种特定的顺序执行时，这个指针就会碰巧指向受我们保护的数据。程序中的其他代码会将这个指针所指向变量的值初始化成 0。这样，受我们保护的并被线程共享的参数的值就被清除了。

这是基于线程操作的一个让人为难的地方。线程操作的是一个共享的内存空间，这既可以带来不借助消息就可以完成数据交换的便利，也会引起缺乏对共享数据保护的问题。

可以用进程来替换线程。不过，因为代码和数据的上下文都必须由操作系统保存，所以操作系统装入进程就要吃力得多。相比之下，只有线程代码的上下文（一个程序或指令计数器加上一组寄存器）由操作系统保存，而数据空间是共享的。总之，进程和线程可以在任意时刻、在程序中的不同区域分别执行。

---

[1] 即对一个公共变量或内存地址进行读 / 写操作。——译者注

[2] 即对公共变量或内存地址进行写操作。——译者注

默认情况下，进程在一个独立的内存空间内运行。这样就可以确保一个进程不会影响其他进程的数据。因此，一个错误的指针访问将引发“越界访问”异常，或者很容易在特定的进程中找到Bug。不过，数据传递只能通过进程间消息的发送和接收来完成。

一般说来，线程模型较适合于OpenMP，而进程模型较适合于MPI。在GPU的环境下，就需要将它们混合在一起。CUDA使用一个线程块（block）构成的网格（grid）。这可以看成是一个进程（即线程块）组成的队列（即网格），而进程间没有通信。每一个线程块内部有很多线程，这些线程以批处理的方式运行，称为线程束（warp）。后续的章节中我们将进一步介绍。

2.4 并发性

并发性的首要内涵是，对于一个特定的问题，无须考虑用哪种并行计算机来求解，而只需关注求解方法中哪些操作是可以并行执行的。

如果可能，请设计出一个公式来把每一个输出数据表示成输入数据的函数。不过，对于某些算法而言，这显得很麻烦，例如，迭代次数很大的算法。对于这些算法，可以单独考虑每一步或每一次迭代。能否将对应每一步的数据表示成输入数据集的一个变换？如果能，则你只需拥有顺序执行的一组内核函数（迭代步）即可解决问题。只需将这些操作压入队列（或者处理流），计算机将依次执行该队列的操作。

很多问题属于“易并行”（embarrassingly parallel）问题，其实这个名称还是相当保守的。如果能够设计出一个公式把每一个输出数据都表示成相互无关的，例如，矩阵乘法，那将是很令人开心的结局。这类问题可以在GPU上得到很好的解决而且编程很简单。

尽管算法中可能有一个阶段不是“易并行”，但某一步或某几步还是能够用这种方式表达，这也不错。尽管该阶段会成为一个“瓶颈”（bottleneck），还会让程序员很劳神。但对于问题的其他部分，程序员还是很容易就可以编写出在GPU上求解的代码。

如果求解问题的算法在计算每一个点的值的时候，必须知道与其相邻的其他点的值，那么算法的加速比（speedup）最终将很难提高。在这种情况下，对一个点的计算就需要投入多个处理器。在这一点上，计算将会变得很慢，因为处理器（或者线程）需要花费更多的时间来进行通信以实现数据共享，而不做任何有意义的计算。至于你到底会遇到怎样糟糕的情况，则取决于通信的次数和每次通信的开销。

由于“易并行”不需要或者只需少许线程间或线程块间通信，所以CUDA是很理想的并行求解平台。它用基于片上资源的、显式的通信原语来支持线程间通信。但是块间通信只有通过按顺序调用多个内核程序才能实现，而且内核间通信需要用到片外的全局内存。块间通信还可以通过对全局内存的原子操作来实现，当然使用这种方法会受到一定的限制。

CUDA将问题分解成线程块的网格，每块包含多个线程。块可以按任意顺序执行。不过在某个时间点上，只有一部分块处于执行中。一旦被调度到GPU包含的N个“流处理器簇”（Streaming Multiprocessors，SM）[㊀]中的一个上执行，一个块必须从开始执行到结束。网格中

㊀ 原文误为symmetrical multiprocessors。——译者注

的块可以被分配到任意一个有空闲槽的 SM 上。起初，可以采用“轮询调度”（round-robin）策略，以确保分配到每个 SM 上的块数基本相同。对绝大多数内核程序而言，分块的数量应该是 GPU 中物理 SM 数量的八倍或者更多倍。

以一个军队比喻，假设有一支由士兵（线程）组成的部队（网格）。部队被分成若干个连队（块），每个连队由一位连长来指挥。按照 32 名士兵一个班（一个线程束），连队又进一步分成若干个班，每个班由一位班长来指挥（参见图 2-1）。

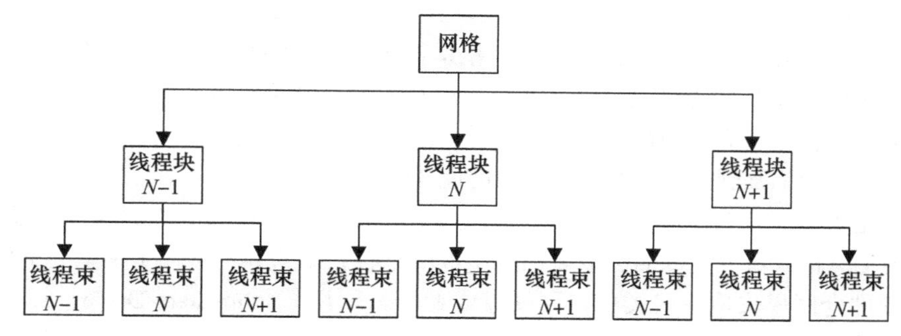

图 2-1 基于 GPU 的线程视图

要执行某个操作，总司令（内核程序 / 主机程序）必须提供操作名称及相应的数据。每个士兵（线程）只处理分配给他的问题中的一小块。在连长（负责一个块）或班长（负责一束）的控制下，束与束之间的线程或者一束内部的线程之间，要经常地交换数据。但是，连队（块）之间的协同就得由总司令（内核函数 / 主机程序）来控制了。

因此，当思考 CUDA 程序如何实现并发处理时，你应该用这种非常层次化的结构来协调几千个线程的工作。尽管一开始听上去很复杂，但是对绝大多数“易并行”程序而言，仅仅需要针对一个线程思考它计算输出数据的那一点。在一个典型的 GPU 上可以运行 24K㊀个“活动”线程。在费米架构 GPU 上，你总共可以定义 65 535 × 65 535 × 1536 个线程，其中 24K 个线程随时都是活动的。这表明一个节点就足够满足单点中绝大多数问题的求解要求了。

局部性

在过去的十几年间，计算性能的提高已经从受限于处理器的运算吞吐率的阶段，发展到迁移数据成为首要限制因素的阶段。从设计处理器过程中的成本来讲，计算单元（Algorithmic Logic Unit，ALU）是很便宜的。它们能够以很高的速度运行，而消耗很小的电能并占用很少的物理硅片空间。然而，ALU 的工作却离不开操作数。将操作数送入计算单元，然后从计算单元中取出结果，耗费了大量的电能和时间。

在现代计算机设计中，这个问题是通过使用多级缓存来解决的。缓存的工作基础是空间局部性（地址空间相对簇集）和时间局部性（访问时间的簇集）。因此，之前被访问过的数据，很可能还要被再次访问（时间局部性）；刚刚被访问过的数据附近的数据很可能马上就会被访

㊀ 1K=1024。——译者注

问（空间局部性）。

当任务被多次重复执行时，缓存的作用会充分地发挥。假设一个工人带着一个装有4件工具的工具箱（缓存），当分配给他的大量工作都是相同的时候，这4件工具将被反复使用（缓存命中）。

反之，大量的工作都需要不同的工具，情况就不一样了。例如，工人来上班时，并不知道今天会分配给他什么工作。简单来说，今天的工作需要一件不同的工具。由于它不在工具箱（一级缓存）中，那么他就到工具柜（二级缓存）里找。

偶尔，工人可能需要一个工具箱和工具柜里都没有的、特殊的工具或零件，这时他就得停下手中的工作，跑到附近的硬件仓库（全局内存）里，取回他想要的东西。由于公路上可能发生拥堵，或者五金商店门前排起了长队（其他进程争相访问主存），因此，无论是工人还是客户都不知道为了拿到工具需要花费多少时间（延迟）。

显然，工人的时间效率很低。因此，每项工作都需要一个新的、不同的工具或零件，工人就只得去工具柜或者五金商店去取。而这个取的过程，工人并不是忙于手里的工作。

与到硬件仓库里去取工具类似，到硬盘或者固态硬盘（Solid-State Drive，SSD）里取数据，也是很糟糕的。尽管固态硬盘比硬盘要快得多，好比一个普通的送货员需要几天才能把硬盘里的数据送到，而送货员一个晚上就能把固态硬盘里的数据送到，但是与访问全局内存相比，它还是很慢的。

某些现代处理器已经支持多线程。如某些英特尔处理器中，每个处理器核支持2个硬件线程即“超线程”（hyperthreading）。接着上面的比喻，“超线程”相当于给工人配了一名助手，并分配给他两项任务。在处理某项任务时，每当需要一个新的工具或零件，工人就派他的助手去取。然后工人就切换去处理另一项任务。假定这个助手总是能够在另一项任务也需要新的工具或零件前就能返回，那么工人就始终处于忙碌的工作状态。

尽管改进后时间效率提高了，但是从硬件仓库（全局内存）里取回新的工具或零件到底有多少延迟还是不清楚。通常，访问全局内存的延迟大概有几百个时钟周期。对于传统的处理器设计，这个问题的答案是不断增大缓存的容量。实际上，为了降低访问仓库的次数，必须采用一个更大的工具柜。

然而，这种办法会增加成本。一则更大的工具柜需要投入更多的资金，二则在一个更大的工具柜里查找工具或零件需要更多的时间。因此，在当前绝大多数处理器设计中，这种方法表现为一个工具柜（二级缓存）加一个货车（三级缓存）。在服务器处理器中，这种情况尤为突出，就如同工厂购买了一辆18轮大货车来保证工人总是处于忙碌状态。

因为一个基本的原因（局部性），所以上述工作是必须的。CPU是设计以运行软件的，而编制软件的程序员并不一定关心局部性。无论处理器是否试图向程序员隐藏局部性，局部性是客观存在的。为了降低访存延迟而需要引入大量的硬件并不能否认局部性是客观存在的这个事实。

GPU的设计则采用一个不同的方法。它让GPU的程序员负责处理局部性，并给程序员提供很多小的工具柜而不是一辆18轮大货车，同时给他配备很多工人。

对于 GPU 程序设计，程序员必须处理局部性。对于一个给定的工作，他需要事先思考需要哪些工具或零件（即存储地址或据结构），然后一次性地把它们从硬件仓库（全局内存）取来，在工作开始时就把它们放在正确的工具柜（片内存储器）里。一旦数据被取来，就尽可能把与这些数据相关的不同工作都执行了，避免发生“取来——存回——为了下一个工作再取”。

因此，“工作——等待——从全局内存取”、“工作—等待—从全局内存取……这样连续的周期就被打破了。我们可以用生产流水线来比拟，一次性提供给工人一筐零件，而不是工人需要一个零件就到仓库管理员那里去取。后者导致工人的大多数时间被浪费了。

这个简单的计划使得程序员能够在需要数据前就把它们装入片内存储器。这项工作既适合于诸如 GPU 内共享内存的显式局部存储模型，也适合于基于 CPU 的缓存。在共享内存的情况下，你可以通知存储管理单元去取所需的数据，然后就回来处理关于已有的其他数据的实际工作。在缓存的情况下，你可以用特殊的缓存指令来把你认为程序将要使用的数据，先行装入缓存。

与共享内存相比，缓存的麻烦是替换和对“脏”数据的处理。所谓“脏”数据是指缓存中被程序写过的数据。为了获得缓存空间以接纳新的有用数据，“脏”数据必须在新数据装入之前写回到全局内存。这就意味着，对于延迟未知的全局内存访问，我们需要做两次，而不是一次——第一次是写旧的数据，第二次是取新的数据。

引入受程序员控制的片上内存，带来的好处是程序员可以控制发生写操作的时间。如果你正在进行数据的局部变换，可能就没有必要将变换的中间结果写回全局内存。反之用缓存的话，缓存控制器就不知道哪些数据应该写、哪些数据可以抛弃。因此，它全部写入。这势必增加了很多无用的访存操作，甚至会造成内存接口拥塞。

尽管做了很多工作，但是并不是每个算法都具备“事先预知的”内存访问模式，而程序员正是需要对此进行优化。同时，也不是每个程序员都想处理局部性的事务，所以程序的局部性要么是“与生俱有的”，要么就根本没有。要想深入理解局部性，最好、最有效的方法就是开发一个程序，验证概念，然后琢磨如何改进局部性。

为了使这种方法得到更好的应用，并改进那些没有很好定义数据或执行模式的算法的局部性，新一代 GPU（计算能力 2.x 以上）同时设有一级和二级缓存。它们还可以根据需要配置成缓存或者共享内存，这样程序员就可以针对具体的问题灵活地配置硬件条件了。

2.5 并行处理的类型

2.5.1 基于任务的并行处理

如果仔细分析一个典型的操作系统，我们就会发现它实现的是一种所谓任务并行的并行处理，因为各个进程是不同的、无关的。用户可以在上网阅读文章的同时，在后台播发他音乐库中的音乐。多个 CPU 核运行不同的应用程序。

就并行程序设计而言，这可以通过编写一个程序来实现，这个程序由多个段组成，这些段将信息从一个应用程序“传递”（通过发送消息）到另一个应用。Linux 操作系统的管道操作符（|）就具有这个功能。一个程序（例如 grep）的输出是另一个程序（例如 sort）的输入。这样，就可以轻松地对一组输入文件进行扫描（通过 grep 程序），以查看是否包含特定的字符，然后输出排好序的结果（通过 sort 程序）。每个程序都分别调度到不同 CPU 核上运行。

一个程序的输出作为下一个程序的输入，这种并行处理称为流水线并行处理（pipeline parallelism）。借助一组不同的程序模块，例如，Linux 操作系统中各种基于文本的软件工具，用户就可以实现很多有用的功能。也许程序员并不知道每个人所需要的输出，但通过共同工作并可以轻松连接在一起的模块，程序员可以为广泛的、各种类型的用户服务。

这种并行处理向着“粗粒度并行处理”（coarse-grained parallelism）发展，即引入许多计算能力很强的处理器，让每个处理器完成一个庞大的任务。

就 GPU 而言，我们看到的“粗粒度并行处理”是由 GPU 卡和 GPU 内核程序来执行的。GPU 有两种方法来支持流水线并行处理模式。一是，若干个内核程序被依次排列成一个执行流，然后不同的执行流并发地执行；二是，多个 GPU 协同工作，要么通过主机来传递数据，要么直接通过 PCI-E 总线，以消息的形式在 GPU 之间直接传递数据。后一种方法，也叫“点对点”（Peer-to-Peer，P2P）机制，是在 CUDA 4.x SDK 中引入的，需要特定的操作系统 / 硬件 / 驱动程序级支持。

和任何生产流水线一样，基于流水线的并行处理模式的一个问题就是，它的运行速度等于其中最慢的部件。因此，若流水线包含 5 个部件，每个部件需要工作 1 秒，那么我们每 1 秒钟就可以产生一个结果。然而，若有一个部件需要工作 2 秒，则整个流水线的吞吐率就降至每 2 秒钟产生一个结果。

解决这个问题的方法是“加倍”(twofold)。让我们用工厂的流水线来打比方。由于工作复杂，Fred 负责的工段需要花费 2 秒钟。如果我们为 Fred 配一名助手 Tim，那么 Fred 就可以把工作一分为二，把一半分给 Tim。这样我们就又回到每个工段只需 1 秒的状态。现在我们拥有了一个 6 段流水线而不是 5 段流水线，但流水线的吞吐率又重新回到每秒钟一个结果。

出于某种考虑，经过精心设计（参见第 11 章），你可以将 4 个 GPU 加到一个桌面 PC 中。这样，若我们仅有一个 GPU，则处理一个特定的工作流花费的时间太长。若我们增加一个 GPU，则这个节点的整体处理能力就提高了。但是我们需要考虑在两个 GPU 之间如何划分工作。简单的 50/50 划分可能不可行。若仅能实现 70/30 划分，则最大收益是当前运行时间的 7/10（70%）。若我们再增加一个 GPU 并能够分给它占总时间 20% 的任务，即按 50/30/20 划分。这样与一个 GPU 相比，加速效果是原来时间的 1/2 或 50%。无论如何，整体的执行时间仍取决于最慢的时间。

为了加速而使用一个 CPU/GPU 组合时，也需要考虑上述问题。如果我们把 80% 的工作从 CPU 移到 GPU 上，而 GPU 计算这些任务仅需原来时间的 10%，那么加速比是多少呢？由于 CPU 花费原来时间的 20%，而 GPU 花费原来时间的 10%，但是它们是并行的，因此决定性因素仍然是 CPU。由于 GPU 是并行地与 CPU 一起工作，且工作时间少于 CPU，所以它的工作时间就忽略不计了。因此，最大加速比就等于程序执行时间最长那部分占整个程序比例的倒数。

这称为“阿姆达尔法则”（Amdahl’s law），它表示任意加速比的上限。它让我们在一开始，一行代码都还没写的情况下，就知道可能达到的最大加速比。无论如何，你都要做串行操作。即便把所有的计算都移到 GPU 上，你也需要用 CPU 来访问辅存、装入和存回数据。你还需要与 GPU 交换数据以完成输入及输出（I/O）。因此，最大加速比取决于程序中计算或算术部分占整个程序的比例加上剩下的串行部分的比例。

2.5.2 基于数据的并行处理

在过去的二十多年间，计算能力不断增长。现在我们已经拥有了运算速度达到每秒万亿次浮点操作的 GPU。然而，跟不上计算能力增长步伐的是数据的访问时间。基于数据的并行处理的思路是首先关注数据及其所需的变换，而不是待执行的任务。

基于任务的并行处理更适合于粗粒度并行处理方法。让我们看一个对 4 个不同且无关的等长数组分别进行不同变换的例子。我们有 4 个 CPU 核以及 1 个带有 4 个 SM 的 GPU。若对这个问题采用基于任务的分解，则 4 个数组将被分别赋给 4 个 CPU 核或者 GPU 中的每个 SM。对问题的这种并行分解是在只考虑任务或变换，而不考虑数据的思路下进行的。

在 CPU 上，我们将产生 4 个线程或进程来完成任务。在 GPU 上，我们将使用 4 个线程块，并把每个数组的地址分别送给 1 个块。在更新的费米架构和开普勒架构 GPU 上，我们也可以产生 4 个并发运行的内核程序，每个内核程序处理 1 个数组。

基于数据的分解则是将第 1 个数组分成 4 数据块，CPU 中的 1 个核或者 GPU 中的 1 个 SM 分别处理数组中的 1 数据块。处理完毕后，再按照相同的方式处理剩下的 3 个数组。对采用 GPU 处理而言，将产生 4 个内核程序，每个内核程序包含 4 个或者更多的数组块。对问题的这种并行分解是在考虑数据后再考虑变换的思路下进行的。

由于我们的 CPU 仅有 4 个核，所以使我们想到将数据分成 4 数据块。我们既可以让线程 0 处理数组元素 0，线程 1 处理数组元素 1，线程 2 处理数组元素 2，线程 3 处理数组元素 3，以此类推。我们还可以把数组分成 4 数据块，每个线程处理数组中对应的一数据块。

在第一种情况下，线程 0 去取元素 0。由于 CPU 包含多级缓存，数据将存入缓存。通常，三级缓存是被所有的核心共享的。因此，第一次内存访问取来的数据需要分发给所有 CPU 核。相反在第二种情况下，需要进行 4 次不同的内存访问，取来的数据分别存入到三级缓存中的不同缓存中。因为 CPU 核心需要把数据写回内存，所以后一种方法通常更好些。第一种情况下，CPU 核交替地使用数据，这意味着，缓存必须协调和组合来自不同 CPU 核心的写操作，这是很糟糕的思路。

如果算法允许，我们还可以探讨另一种类型的数据并行处理——单指令多数据（Single Instruction，Multiple Data，SIMD）模型。这需要特殊的 SIMD 指令，例如，许多基于 x86 型 CPU 提供的 MMX、SSE、AVX 等。这样，线程 0 就可以取出多个相邻的数组元素，并用一条 SIMD 指令来进行处理。

同样的问题，如果我们用GPU来处理，每个数组则需要进行不同的变换，且每一个变换将映射以被看成一个单独的GPU内核程序。与CPU核不同，每个SM可以处理多个数据块，每个数据块的处理被分成多线程来执行。因此为了提高GPU的使用效率，我们需要对问题进行进一步的分解。通常，我们将块和线程做一个组合，使得一个线程处理一个数组元素。使用CPU，让每个线程处理多个数据，会有很多好处。相比之下，由于GPU仅支持"加载"(load) / "存储"(store) / "移动"(move) 三条显式的SIMD原语，那么它的应用受到限制。但这反过来促进了GPU"指令级并行处理"（Instruction-Level Parallelism，ILP）功能的增强。在本书的后面，我们将看到ILP给我们带来的好处。

在费米架构和开普勒架构GPU上，我们有一个共享的二级缓存，它的功能与CPU上的三级缓存相同。因此，在CPU上，一个线程访存的结果可以从缓存直接分布给其他线程。早期的硬件处理器，没有缓存。但是在GPU上，相邻的内存单元是通过硬件合并（组合）在一起进行存取的。因此单次访存的效率就更高了。具体细节可查阅第6章关于内存的介绍。

GPU与CPU在缓存上的一个重要差别就是"缓存一致性"（cache coherency）问题。对于"缓存一致"的系统，一个内存的写操作需要通知所有核的各个级别的缓存。因此，无论何时，所有处理器核看到的内存视图是完全一样的。随着处理器中核数量的增多，这个"通知"的开销迅速增大，使得"缓存一致性"成为限制一个处理器中核数不能太多的一个重要因素。"缓存一致"系统中最坏的情况是，一个内存写操作会强迫每个核的缓存都进行更新，进而每个核都要对相邻的内存单元进行写操作。

相比之下，非"缓存一致"系统不会自动地更新其他核的缓存。它需要由程序员写清楚每个处理器核输出的各自不同的目标区域。从程序的视角看，这支持一个核仅负责一个输出或者一个小的输出集。通常，CPU遵循"缓存一致"原则，而GPU则不是。故GPU能够扩展到一个芯片内具有大数量的核心（流处理器簇）。

为了简单起见，我们假设4个线程块构成一个GPU内核程序。这样，GPU上就有4个内核程序，而CPU上有4个进程或线程。CPU也可能支持诸如"超线程"这样的机制，使得发生停顿事件（例如，访问缓存不命中）时，CPU能够处理其他的进程或线程。这样，我们就可以把CPU上进程的数量提高到8，从而得到性能的提升。然而，在某个时间点上，甚至在进程数小于核数的时候，CPU可能会遇到线程过多的情况。

这时，内存带宽就变得很拥挤，缓存的利用率急剧下降，导致性能降低而不是增高。

在GPU上，4个线程块无论如何也不能满足4个SM的处理能力。每个SM最大能处理8个线程块（开普勒架构中为16个线程块）。因此，我们需要8×4=32个线程块才能填满4个SM。既然需要完成4个不同的操作，我们就可以借助其流处理功能（参见第8章关于使用多GPU的内容），在费米架构GPU上同时启动4个内核程序。最终，我们总共可以启动16个线程块来并行处理4个数组。若采用CPU，则一次处理一个数组效率会更高些，因为这会提高缓存的利用率。总之，使用GPU时，我们必须确保总是有足够多的线程块（通常至少是GPU内SM数量的8 ~ 16倍）。

2.6 弗林分类法

前面我们用到一个词“ SIMD”。它来源于划分不同计算机架构的弗林分类法（Flynn’s taxonomy)。根据弗林分类法，计算机的结构类型有：

- SIMD——单指令，多数据
- MIMD——多指令，多数据
- SISD——单指令，单数据
- MISD——多指令，单数据

绝大多数人熟悉的标准串行程序设计遵循的是 SISD 模型，即在任何时间点上只有一个指令流在处理一个数据项，这相当于一个单核 CPU 在一个时刻只能执行一个任务。当然，它也可以通过所谓的“分时”（time-slicing）机制，即在多个任务间迅速切换，达到“同时”执行多个任务的效果。

我们今天看到的双核或 4 核桌面计算机就是 MIMD 系统。它具有一个线程或进程的工作池，操作系统负责逐个取出线程或进程，将他们分配到 N 个 CPU 核中的一个上执行。每个线程或进程具有一个独立的指令流，CPU 内部包含了对不同指令流同时进行解码所需的全部控制逻辑。

SIMD 系统尽可能简化了它的实现方法，针对数据并行模型，在任何时间点，只有一个指令流。这样，在 CPU 内部就只需要一套逻辑来对这个指令流进行解码和执行，而无须多个指令解码通路。由于从芯片内部移除了部分硅实体，因此相比它的 MIMD 兄弟，SIMD 系统就可以做得更小、更便宜、能耗更低，并能够在更高的时钟频率下工作。

很多算法只需要对很少量的数据点进行这样或那样的处理。很多数据点常常被交给一条 SIMD 指令。例如，所有的数据点可能都是加上一个固定的偏移量，再乘以一个数据，例如放大因子。这就很容易地用 SIMD 指令来实现。实际上就是你编写的程序，从“对一个数据点进行一个操作”改为“对一组数据进行一个操作”。既然这组数据中每一个元素需要进行的操作或变换是固定的，所以“访问程序存储区取指令然后译码”只需进行一次。由于数据区间是有界且连续的，所以数据可以全部从内存中取出，而不是一次只取一个字。

然而，如果算法是对一个元素进行 A 变换而对另一个元素进行 B 变换，而对其他元素进行 C 变换，那么就很难用 SIMD 来实现了。除非这个算法由于非常常用而采用硬编码在硬件中实现，例如“先进的加密标准”（Advanced Encryption Standard，AES)”和 H.264（一种视频压缩标准)。

与 SIMD 稍有不同，GPU 实现的是被英伟达称为“单指令多线程”（Single Instruction Multiple Thread，SIMT）的模型。在这种模型中，SIMD 指令的操作码跟 CPU 中硬件实现的方式不同，它指示的并不是一个固定的功能。程序员需要通过一个内核程序，指定每个线程的工作内容。因此，内核程序将统一读入数据，程序代码根据需要执行 A、B 或 C 变换。实际上，A、B、C 是通过重复指令流而顺序执行的，只不过每次执行时屏蔽掉无须参与的线程。与仅支持 SIMD 的模型相比，从理论上说，这个模型更容易掌握。

2.7 常用的并行模式

很多并行处理问题都可以按照某种模式来分析。在很多程序中，尽管并不是每个人都意识到它们的存在，但我们也可以看到不同的模式，按照模式来分析，使得我们能够对问题进行深入的解构或抽象，这样就很容易找到解决问题的办法。

2.7.1 基于循环的模式

几乎任何一个编写过程序的人都会对循环很熟悉。不同循环语句（如，for、do...while、while）的主要区别在于入口、退出条件以及两次循环迭代之间是否会产生依赖。

循环的迭代依赖是指循环的一次迭代依赖于之前的一次或多次先前迭代的结果。这些依赖将并行算法的实现变得十分困难，而这是我们希望消除的。如果消除不了，则通常将循环分解成若干个循环块，块内的迭代是可以并行执行的。循环块0执行完后将结果送给循环块1，然后送给循环块2，以此类推。本书的后面有一个例子就是采用这种方法来处理前缀求和（prefix-sum）算法。

基于循环的迭代是实现并行化的模式中最容易的一个。如果循环间的依赖被消除掉了，那么剩下的问题就是在可用的处理器上如何划分工作。划分的原则是让处理器间通信量尽可能少，片内资源（GPU上的寄存器和共享内存，CPU上的一级/二级/三级缓存）的利用率尽可能高。糟糕的是，通信开销通常会随着分块数目的增多而迅速增大，成为提高性能的瓶颈、系统设计的败笔。

对问题的宏观分解应该依据可用的逻辑处理单元的数量。对于CPU，就是可用的逻辑硬件线程的数量；对于GPU，就是流处理器簇（SM）的数量乘以每个SM的最大工作负载。依赖于资源利用率、最大工作负荷和GPU模型，SM的最大工作负载取值范围是1~16块。请注意，我们使用的词是逻辑硬件线程而不是物理硬件线程。某些英特尔CPU采用所谓的“超线程”技术，在一个物理CPU核上支持多个逻辑线程。由于GPU在一个SM内运行多个线程块，所以我们需要用SM的数量乘以每个SM支持的最大块数。

在一个物理设备上支持多个线程可以使设备的吞吐率最大化，也就是说在某线程等待访存或者I/O类型的操作时，设备可以处理其他线程的工作。这个倍数的选择有助于在GPU上实现负载平衡（load balancing），并可以应用于改进新一代GPU。当数据划分导致负载不均时，这一点表现得尤为明显——某些块花费的时间远远大于其他块。这时，可以用几倍于SM数目的数量作为划分数据的基础。当一个SM空闲下来后，它可以去存放待处理块的“池子”里取一个块来处理。

然而对于CPU，过多的线程数量却可能会导致性能下降，这主要是由于上下文切换时，操作系统以软件的形式来完成。对缓存和内存带宽竞争的增多，也要求降低线程的数量。因此对于一个基于多核CPU的解决方案，通常它划分问题的粒度要远大于面向GPU的划分粒度。如果在GPU上解决同一个问题，你则要对数据进行重新划分，把它们划分成更小的数据块。

当考虑采用循环并行来处理一个串行程序时，最关键的是发现隐藏的依赖关系。在循环体中仔细地查找，确保每一次迭代的计算结果不会被后面的迭代使用。对于绝大多数循环而言，循环计数通常是从 0 ~ 设置的最大值。当遇到反过来采用递减计数的循环，你就应该小心些。为什么这个程序员采用相反的计数方法呢？很可能就是循环中存在某种依赖。如果不了解这一点就将循环并行化了，很可能把其中的依赖破坏掉。

我们还需要考虑的另外一种情况是有一个内循环和多个外循环。如何将它们并行化呢？对于 CPU，由于你只有有限的线程，所以只能将这些外循环并行化。不过，像前面提到的那样，可以这样处理的前提是不存在循环迭代依赖。

如果分配给 GPU 执行的内循环是很小的，通常用一个线程块内的线程来处理。由于循环迭代是成组进行的，所以相邻的线程通常访问相邻的内存地址，这就有助于我们利用访存的局部性，这一点对 CUDA 程序设计十分重要。外循环的并行处理都是用线程块来实现的，这部分内容将在第 5 章详细介绍。

考虑到大多数循环是可以展开的，因此把内循环和外循环合并成一个循环。例如，图像处理算法中，沿 X 轴的处理是内循环，而沿 Y 轴的处理是外循环。可以通过把所有像素点看成是一个一维数组来展开循环，这样迭代就是沿像素点而不是图像坐标进行。尽管编程时麻烦一些，但是在每次循环包含的迭代次数很小时，收效很大。因为这些小的循环带来的循环开销相对每次迭代完成的有效工作比较大，所以这些循环的效率很低。

2.7.2　派生 / 汇集模式

派生 / 汇聚模式是一个在串行程序设计中常见的模式，该模式中包含多个同步点而且仅有一部分内容是可以并行处理的，即首先运行串行代码，当运行到某一点时会遇到一个并行区，这个并行区内的工作可以按某种方式分布到 P 个处理器上。这时，程序就“派生”（fork）出 N 个线程或进程来并行地完成这些工作。N 个线程或进程的执行是独立的、互不相关的，当其工作完成后，则“汇聚”（join）起来。在 OpenMP 中常常可以看见这种处理方法——程序员用编译指令语句定义可并行区，并行区中的代码被分成 N 个线程，随后再汇聚成单个线程。

如图 2-2 所示，有一个输入的数据项队列和三个处理单元（即 CPU 核），输入数据队列被分成三个小的数据队列，一个处理单元处理一个小的数据队列，每个队列的处理是互不相关的，处理结果分别写在结果队列的相应位置。

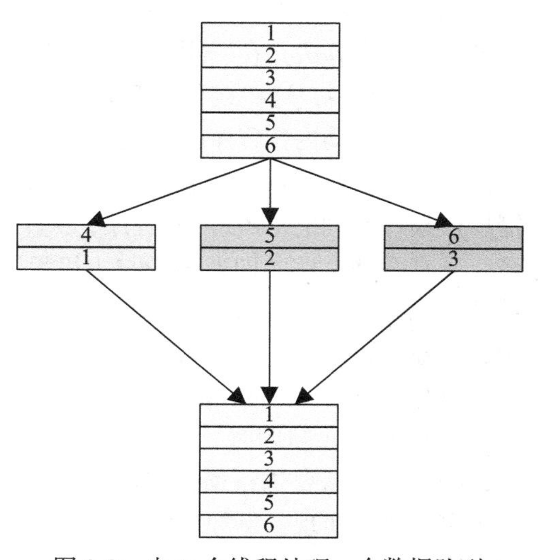

图 2-2　由 N 个线程处理一个数据队列

通常，派生 / 汇聚模式是采用数据的静态划分来实现，即串行代码派生出 N 个线程并把数据集等分到这 N 个线程上。如果每个数据块的处理时间相同的话，这种划分方法是很好的。但是，由于总的执行时间等于最慢线程的执行时间，所以如果分配给一个线程太多的工作，它将成为决定总时间的一个因素。

诸如 OpenMP 这样的系统跟 GPU 的方案类似，实现动态的调度分配。具体办法是，先创建一个“线程池”（对 GPU 而言是一个“块池”），然后池中的线程取一个任务执行，执行完后再取下一个。假设有 1 个任务需要 10 个单位时间才能完成，而其余 20 个任务需要 1 个单位时间就能完成，则它们只能分配到空闲的处理器核上执行。现在有一个双核处理器，则把那个需要 10 个单位时间的大任务和 5 个需要 1 个单位时间的小任务分配给核 1，而把其余的 15 个需要 1 个单位时间的小任务分配给核 2。这样，核 1 与核 2 就基本上可以同时完成任务了。

在图 2-2 的例子中，我们选择派生 3 个线程。既然队列中有 6 个数据，为什么不派生 6 个线程呢？这是因为在实际工作中，我们要处理的数据多达好几百万，无论用哪种方法，派生一百万个线程都会使任何一个操作系统以某种方式崩溃掉。

通常，操作系统执行的是一个“公平的”调度策略。因此，每个线程都需要按顺序，分配到 4 个可用的处理器核中的某一个上处理，每个线程都需要一个它自己的内存空间，例如，在 Windows 操作系统中，每个线程需要 1MB 的栈空间。这就意味着，在派生出足够多的线程前，我们已经迅速地用尽了全部的内存空间。

因此，对于 CPU 而言，程序员或者多数多线程库通常是按照处理器的个数来派生相同数目的逻辑处理器线程。由于 CPU 创建或删除一个线程的开销是很大的，而且线程过多也会降低处理器的利用率，所以常常使用一个“工人”线程池，池中的“工人”每次从待处理的任务队列中取一个任务来处理，处理完后再取下一个。

对于 GPU 则相反，我们的确需要成千上万个线程。我们还是使用在很多先进的 CPU 调度程序中使用过的线程池的概念，不过将“线程池”改为“线程块池”更好。GPU 上可以并发执行的“线程块”的数目存在一个上限。每个线程块内包含若干个线程。每个线程块内包含的线程的数目和并发执行的“线程块”的数目会随着不同系列的 GPU 而不同。

派生 / 汇聚模式常常用于并发事件的数目事先并不确定的问题。遍历一个树形结构或者路径搜索这类算法，在遇到另一个节点或路径时，就很可能会派生出额外的线程。当所有的路径都被考查后，这些线程就汇聚回线程池中或者汇聚后又开始新一轮的派生。

由于在启动内核程序时，块 / 线程的数量是固定的，所以 GPU 并不是天生就支持这种模式。额外的块只能由主机程序而不是内核程序启动。因此，在 GPU 上实现这类算法一般都需要启动一系列的 GPU 内核程序，一个内核程序要产生启动下一个内核程序所需的工作环境。还有一种办法，即通知或与主机程序共同，启动额外的并发内核程序。因为 GPU 是被设计来执行固定数目的并发线程，所以无论哪种方法实际效果都不算太好。为了解决这个问题，开普勒架构 GPU 引入了“动态并行性”（dynamic parallelism）的概念。关于这个概念的更多内容，请参见第 12 章。

在求解某些问题时，内核程序内部的并发性会不断变化，内部也会出现一些问题。为此，线程之间需要进行通信与协调。在 GPU 的一个线程块内，线程之间通信与协调可以通过很多方法来实现。例如，假设你有一个 8×8 的块矩阵，很多块仅需要 64 个工作线程。然而，很可能其他块却需要使用 256 个线程。你可以在每个块上同时启动 256 个线程，这时多数线程处于空闲状态直到需要它们进行工作。由于这些空闲进程占用了一定的资源，会限制整个系统的吞吐率，但它们在空闲时不会消耗 GPU 的任何执行时间。这样就允许线程使用靠近处理器的更快的共享内存，而不是创建一系列需要同步的操作步骤，而同步这些操作步骤需要使用较慢的全局内存并启动多个内核程序。内存的类型将在第 6 章介绍。

最后，新的 GPU 支持更快的原子操作和同步原语。除了可以实现同步外，这些同步原语还可以实现线程间通信，本书的后面部分将给出这方面的例子。

2.7.3 分条 / 分块

使用 CUDA 来解决问题，都要求程序员把问题分成若干个小块，即分条 / 分块。绝大多数并行处理方法也是以不同的形式来使用“条 / 块化”的概念。甚至像气候模型这样巨大的超级计算问题也必须分为成千上万个块，每个块送到计算机中的一个处理单元上去处理。这种并行处理方法在可扩展方面具有很大的优势。

在很多方面，GPU 与集成在单个芯片上的对称多处理器系统非常类似。每个流处理器簇（SM）就是一个自主的处理器，能够同时运行多个线程块，每个线程块通常有 256 或者 512 个线程。若干个 SM 集成在一个 GPU 上，共享一个公共的全局内存空间。它们同时工作时，一个 GPU（GTX680）的峰值性能可达 3 Tflops。

尽管峰值性能会给你留下深刻的印象，但是达到这个性能却需要一个精心设计的程序，因为这个峰值性能并不包括诸如访存这样的操作，而这些操作却是影响任何一个实际程序性能的关键因素。无论在什么平台上，为了达到高性能，就必须很好地了解硬件的知识并深刻理解两个重要的概念——并发性和局部性。

许多问题中都存在并发性。可能是由于先前串行程序的背景，你也许不能立刻就看出问题中的并发性。而“条 / 块模型”就很直观地展示了并发性的概念。在二维空间里想象一个问题——数据的一个平面组织，它可以理解为将一个网格覆盖在问题空间上。在三维空间里想象一个问题，就像一个魔方（Rubik's Cube），可以把它理解为把一组块映射到问题空间中。

CUDA 提供的是简单二维网格模型。对于很多问题，这样的模型就足够了。如果在一个块内，你的工作是线性分布的，那么你可以很好地将其分解成 CUDA 块。由于在一个 SM 内，最多可以分配 16 个块，而在一个 GPU 内有 16 个（有些是 32 个）SM，所以把问题分成 256 个甚至更多的块都可以。实际上，我们更倾向于把一个块内的元素总数限制为 128、256 或者 512，这样有助于在一个典型的数据集内划分出更多数量的块。

当考虑并发性时，还可以考虑是否可以采用指令级并行性（ILP）。通常，人们从理论上认为一个线程只提供一个数据输出。但是，如果 GPU 上已经充满了线程，同时还有很多数据需要处理，这时我们能够进一步提高吞吐量吗？答案是肯定的，但只能借助于 ILP。

实现 ILP 的基础是指令流可以在处理器内部以流水线的方式执行。因此，与“顺序执行 4 个加法操作”（压入—等待—压入—等待—压入—等待—压入—等待）相比，“把 4 个加法操作压入流水线队列、等待然后同时收到 4 个结果”（压入—压入—压入—压入—等待）的效率更高。对于绝大多数 GPU，你会发现每个线程采用 4 个 ILP 级操作是最佳的。第 9 章中有更详细的研究和例子。如果可能的话，我们更愿意让每个线程只处理N个元素，这样就不会导致工作线程的总数变少了。

2.7.4 分而治之

分而治之模式也是一种把大问题分解成的小问题的模式，其中每个小问题都是可控制的。通过把这些小的、单独的计算汇集在一起，使得一个大的问题得到解决。

常见的分而治之的算法使用“递归”(recursion)来实现，“快速排序”(quick sort)就是一个典型的例子。该算法反复递归地把数据一分为二,一部分是位于支点(pivot point)之上的那些点，另一部分是位于支点之下的那些点。最后，当某部分仅包含两个数据时，则对它们做“比较和交换”处理。

绝大多数递归算法可以用迭代模型来表示。由于迭代模型较适合于GPU基本的条块划分模型，所以该模型易于映射到GPU上。

费米架构GPU也支持递归算法。尽管使用CPU时，你必须了解最大调用深度并将其转换成栈空间使用。所以你可以调用API cudaDeviceGetLimit()来查询可用的栈空间，也可以调用API cudaDeviceSetLimit()来设置需要的栈空间。如果没有申请到足够的栈空间，CPU将产生一个软件故障。诸如Parallel Nsight和CUDA-GDB这样的调试工具可以检测出像“栈溢出”(stack overflow)这样的错误。

在选择递归算法时，你必须在开发时间与程序性能之间做出一个折中的选择。递归算法较易于理解，与将其转换成一个迭代的方法相比，编码实现递归算法也比较容易。但是所有的递归调用都需要把所有的形参和全部的局部变量压入栈。GPU和CPU实现栈的方法是相同的，都是从全局内存中划出一块存储区间作为栈。尽管CPU和费米架构GPU都用缓存栈，但与使用寄存器来传递数据相比，这还是很慢的。所以，在可能的情况下最好还是使用迭代的方法，这样可以获得更好的执行性能，并可以在更大范围的GPU硬件上运行。

2.8 本章小结

至此，我们已经对并行处理的概念及其如何应用到GPU工业领域中，有了一个全面的了解。本书的写作目的并不是全面深入地论述并行处理，因为这方面的书籍已经很多了。我们只是希望读者能够感受到并行程序设计的理念，不再按照串行程序设计的思路来考虑程序设计问题。

在后续的章节中，我们将通过分析实际例子，详细介绍上述基本概念。我们还将分析并行前缀求和算法。这个算法允许对一个共享的数组同时进行多个写操作，而不会发生“一个写操作写到另外一个写操作的数据上”这样的错误。这类问题在串行程序设计中不会出现，无须考虑。

随着并行处理带来的复杂度的提高，需要程序员把并发性和局部性当作关键问题事先考虑。在设计面向GPU的任何软件时，都应该时刻把这两个概念牢记于心。

第3章

CUDA 硬件概述

3.1 PC 架构

首先，我们看看当下许多PC中都使用的酷睿2（Core 2）处理器的典型架构，然后分析一下它是如何影响我们使用GPU加速器的（如图3-1所示）。

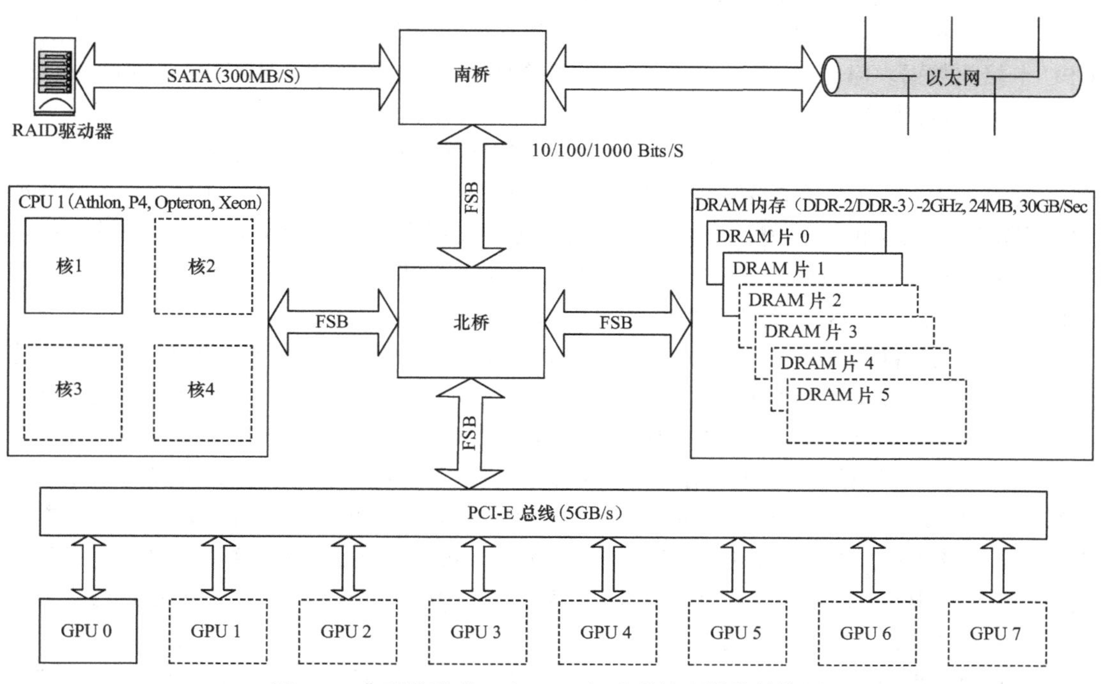

图3-1　典型的酷睿2（Core 2）系列处理器的结构图

由于所有的GPU设备都是通过PCI-E（Peripheral Communications Interconnect Express）总线与处理器相连，所以我们以PCI-E 2.0总线标准来讨论本章内容。PCI-E 2.0是目前最快的总线标准，它的传输速率为5GB/s。在撰写本书的过程中，PCI-E 3.0已经问世了，它的带宽明显提高了。

然而，为了从处理器中获取数据，我们需要通过与低速前端总线（Front-Side Bus，FSB）连接的北桥（Northbridge）。理论上，FSB的时钟频率最高只能达到1600 MHz，而很多实际设计的产品就更低了。这通常只是一个高速处理器时钟频率的1/3。

访问内存也需要经过北桥，访问外设则需要经过北桥和南桥（Southbridge）。北桥服务于所有的高速设备，如内存、CPU、PCI-E总线接口等；而“南桥”则服务于低速设备，如硬盘、USB、键盘、网络接口，等等。当然，把硬盘控制器直接连接到PCI-E总线接口上也是可能的。实际上，在这样的系统中，这是要获得高速RAID数据访问的唯一正确方式。

PCI-E是一个很有意思的总线。与其上一代PCI（Peripheral Component Interconnect，外围设备互连）总线不同，PCI-E提供一个确定的带宽。在原先的PCI系统中，每一个设备都可以使用总线的全部带宽，但一次只能让一个设备使用。因此，你增加的PCI卡越多，每个卡能够获得的可用带宽就越少。PCI-E总线通过引入PCI-E通道（lane）解决了这个问题。这些通道是一些高速的串行链路，这些链路组合在一起构成了X1、X2、X4、X8或X16链路。目前，绝大多数GPU使用的至少是如图3-1所示的PCI-E 2.0的X16规范，此配置下提供5 GB/s的全双工总线。这意味着，数据的传入与传出可以同时进行并享有同样的速度。也就是说，我们在以5GB/s的速度向GPU卡传送数据的同时，还能够以5GB/s的速度从GPU卡接收数据。但是，这并不意味着如果不接收数据，我们就可以10GB/s的速度向GPU卡传送数据（即带宽是不可以累加的）。

在一个典型的超级计算机或者一个台式机应用程序中，我们常常需要处理一个很大的数据集。一个超级计算机需要处理上千万亿字节（PB）的数据，而一个桌面计算机也要处理数十亿字节（GB）的高分辨率视频图像。这两种情况都需要从外设取来大量的数据，单块100MB/s的硬盘每分钟只能上传6GB的数据。按照这个速度，读取一个标准的1万亿字节（TB）硬盘上的全部内容需要两个半小时以上的时间。

如果使用集群系统中常用的MPI（Message Passing Interface）作为通信软件，像图3-1这样将以太网（Ethernet）接口连接到南桥芯片而不是PCI-E总线，构成的通信延迟是很大的。因此，诸如InfiniBand这样的专用高速互连设备或者10千兆位（Gigabit）以太网卡常常连接到PCI-E总线上。不过，这就占用了原本可用于GPU的总线插槽。之前，并没有直接用于GPU的MPI接口函数。这类系统的所有通信都需要经过PCI-E总线连通到CPU，然后再原路返回。CUDA 4.0 SDK提供的GPU直连（GPU-Direct）技术就解决了这个问题。借助SDK的支持，InfiniBand卡就可以直接与GPU通信，而无须先经过CPU转发。SDK中的这项升级还支持GPU与GPU的直接通信。

Nehalem架构中有很多新的变化，其中最主要的变化就是用X58芯片组代替了“北桥”和“南桥”芯片。Nehalem架构引入了快速通道互联（Quick Path Interconnect，QPI）技术，该技术明显优于“前端总线”（Front Side Bus，FSB），达到了与AMD公司的超传输（HyperTransport）相当的水平。QPI是一种高速的、可用于与其他设备或CPU直接通信的互连结构。在一个标准的Nehalem系统中，QPI的作用是连接内存子系统，并通过X58芯片组连接 PCI-E 子系统（如图 3-2 所示）。与 Extreme/Xeon 型号的处理器配合时，QPI 的工作速率要么是 4.8GT/s[㊀]，要么是 6.4GT/s。

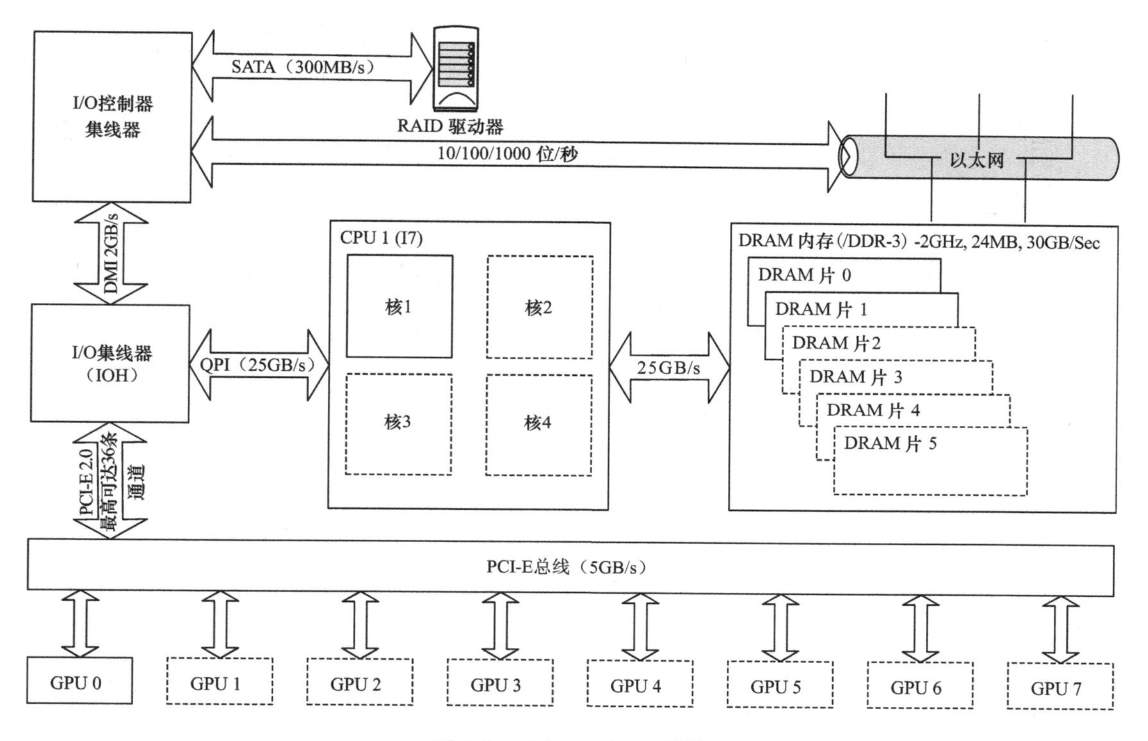

图 3-2 Nehalem/X58 系统

当使用 X58 芯片组和 LGA1366 处理器插槽时，共计有 36 个 PCI-E 通道。这就意味着，配置为 X16 时最多可以支持 2 个 GPU 卡，配置为 X8 时最多可以支持 4 个 GPU 卡。在 LGA2011 插槽出现之前，这是为 GPU 卡数据传输提供的最好的带宽解决方案。

在较小的 P55 芯片组中，也可以使用 X58 方案。不过，这时仅有 16 个 PCI-E 通道。这就意味着，配置为 X16 时仅支持 1 个 GPU 卡，配置为 X8 时最多可以支持 2 个 GPU 卡。

从 I7/X58 芯片组开始，英特尔公司引入了如图 3-3 所示的沙桥（Sandy Bridge）设计方案。其最引人注目的改进之一是支持传输速率可达 600MB/s 的 SATA-3 标准。通过与固态硬盘（SSD）结合，在存 / 取数据时，“沙桥”可以提供很高的输入 / 输出性能。

沙桥的另外一个主要进步是引入了 AVX（Advanced Vector Extensions，高级向量扩展）指令集，该指令集也同时被 AMD 的处理器支持。AVX 允许向量指令最多可以并行处理 4 个双精度浮点数（256 位或 32 字节）。这是一个很有趣的改进，可以使 CPU 上的计算密集型应用程序获得一个很高的加速比。

㊀ GT/s 指 QPI 总线速率，是实际时钟频率的 2 倍。

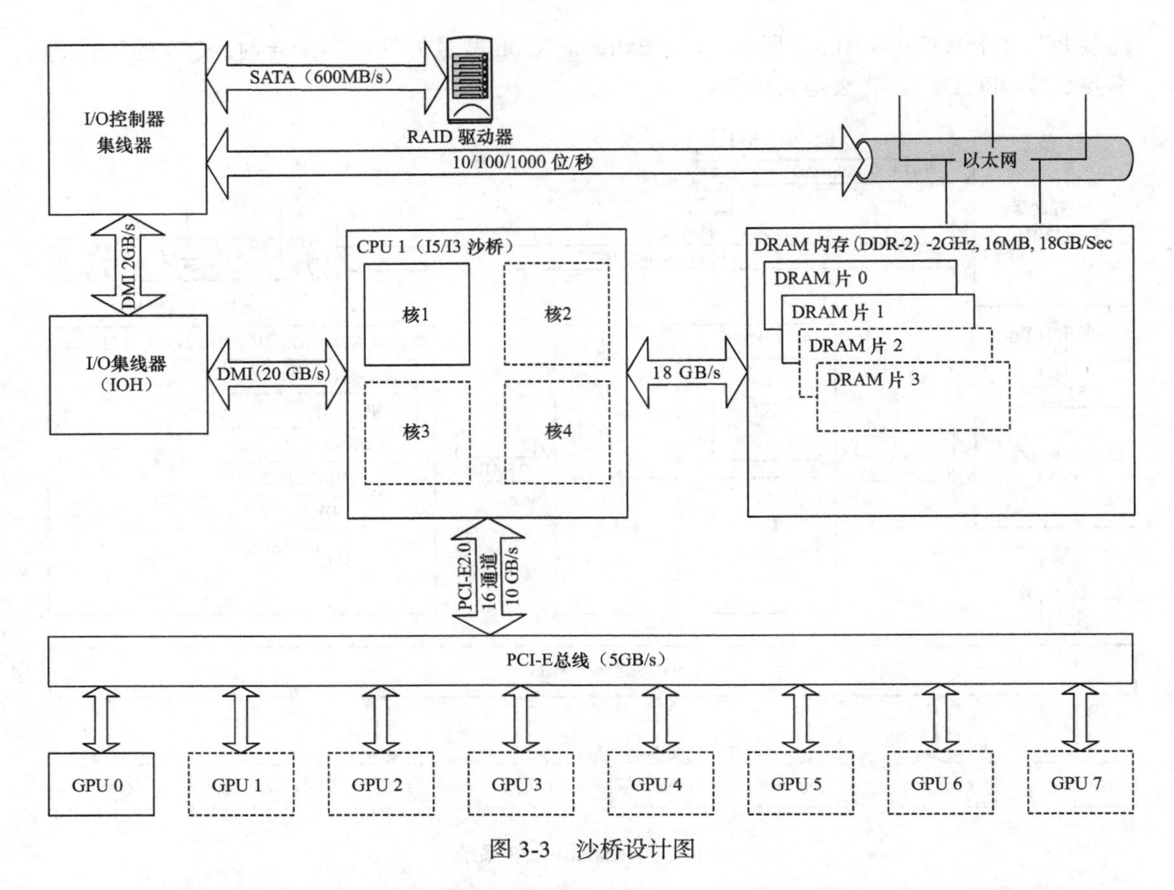

图 3-3 沙桥设计图

然而，需要注意的是，LGA 1155 插槽的沙桥设计方案存在一个很大的问题，就是仅支持 16 个 PCI-E 通道，这将 PCI-E 的理论带宽限制在 16GB/s 以内，而实际带宽为 10GB/s。在桌面处理器上，英特尔公司摒弃了向 CPU 中集成更多 PCI-E 通道的路线。仅仅是面向服务器的 LGA 2011“沙桥 -E”插槽，才拥有数量可观的 PCI-E 通道（40 个）。

相比英特尔公司的技术，AMD 的设计方案又是怎样的呢？与英特尔公司不断地减少 PCI-E 通道的数量（除服务器系列产品外）不同，AMD 始终保持一个固定不变的数量。AMD 的 FX 芯片组，要么支持 2 个 X16 设备，要么支持 4 个 X8 PCI-E 设备。AMD 3+ 插槽与 990FX 芯片组一起提供了强劲的工作动力，即 6GB/s 的 SATA 端口以及最多可达 4 个的 X16 PCI-E 插槽（通常以 X8 的速度运行）。

英特尔与 AMD 的主要差别之一是，同一价位对应的处理核数是不同的。如果你考虑的仅仅是实际处理器核而不是逻辑核（如超线程），那么对于同一价位，AMD 的处理器中通常会有较多的核。然而，英特尔处理器核的性能要高一些。因此，选择哪一种处理器主要取决你需要支持的 GPU 的数量以及分配给处理器核的工作负载水平。

在英特尔的设计方案中，你会发现，除了连接主存的带宽有差别外，系统周围的带宽都是基本相同的。在高端系统中，英特尔使用 3 个或者 4 个通道的内存；仅在低端系统中，英特尔才使用双通道的内存。而 AMD 只使用双通道的内存，这就导致 CPU 与内存之间的可用带宽明显减少（如图 3-4 所示）。

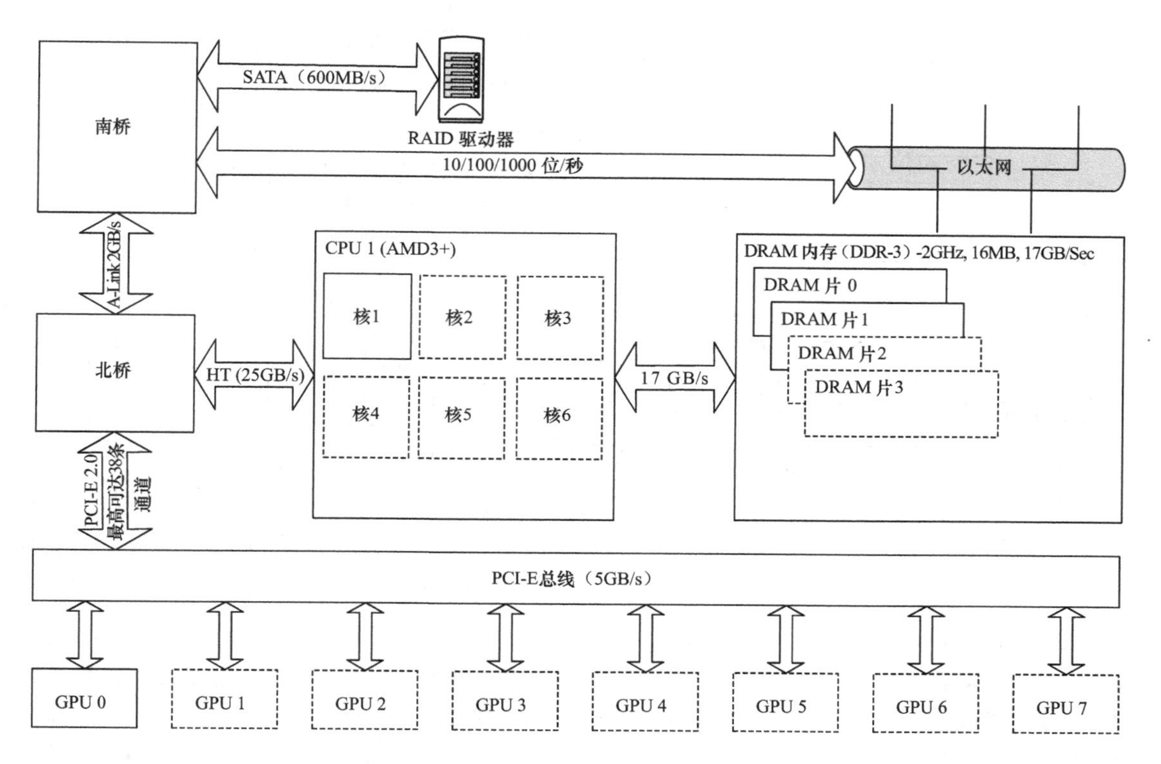

图 3-4　AMD 结构图

相比英特尔的产品，AMD 芯片组的一个重要优点是支持最高可达 6 个的 6GB/s 的 SATA（Serial ATA）端口。如果考虑到系统中最慢的部件通常会限制整个系统的吞吐率，你就需要在这方面好好考虑再做选择。如果系统使用了好几个固态硬盘，SATA3 将很快使“南桥”带宽超载。使用 PCI-E 总线也许是一个更好的选择，但是成本将会显著提高。

3.2 GPU 硬件结构

GPU 的硬件结构与 CPU 的硬件结构有着根本的不同，图 3-5 显示了一个位于 PCI-E 总线另一侧的多 GPU 系统。

从图中可以看出，GPU 的硬件由以下几个关键模块组成：

- 内存（全局的、常量的、共享的）
- 流处理器簇
- 流处理器

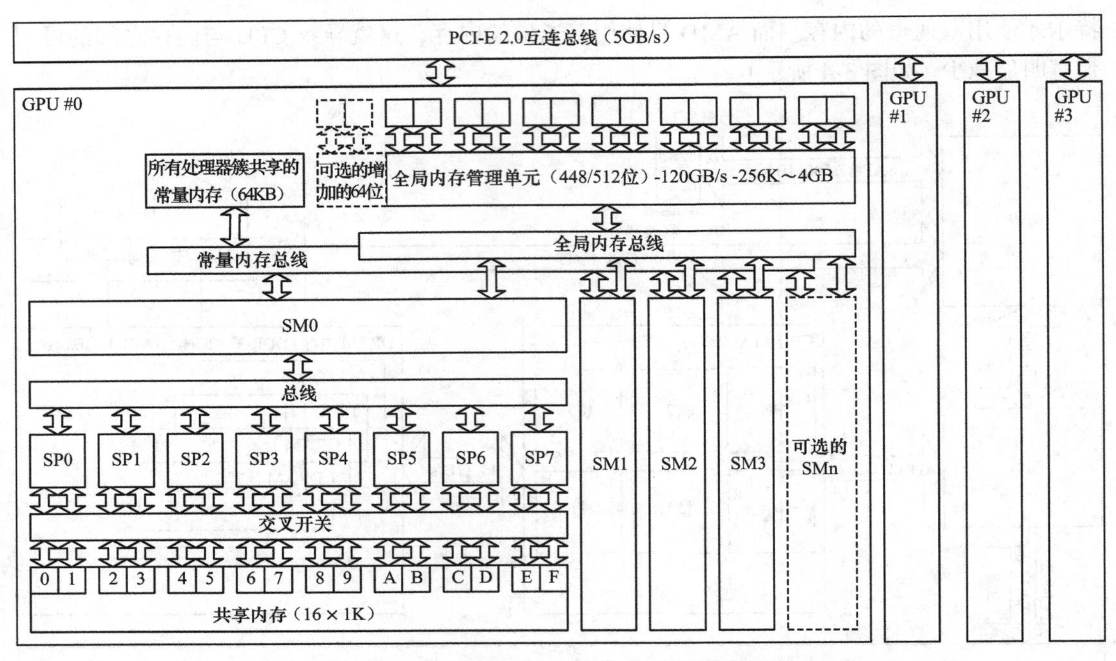

图 3-5 GPU（G80/GT200）卡的组成模块图

这里最值得注意的是，GPU实际上是一个SM的阵列，每个SM包含N个核（G80和GT200中有8个核，费米架构中有32 ~ 48个核，开普勒架构中至少再增加8个核，如图3-6所示）。一个GPU设备中包含一个或多个SM，这是处理器具有可扩展性的关键因素。如果向设备中增加更多的SM，GPU就可以在同一时刻处理更多的任务，或者对于同一任务，如果有足够的并行性的话，GPU可以更快地完成它。

像CPU一样，如果程序员编写的代码将处理器使用核的数量限制为N个，比如2个，那么即便是CPU厂商制造出4核的设备，用户也不会从中受益。因此，当计算机从双核CPU过渡到4核CPU时，很多软件都必须重写以利用新增加的核。通过不断地增加SM的数量以及每个SM中的核数，英伟达硬件的性能持续地提高。设计软件时，应该意识到下一代处理器中SM的数量或者每个SM中的核数可能翻一番。

现在让我们更深入地看看SM。每个SM都是由不同数量的一些关键部件组成，为了简单起见，没有在图中画出。最重要的部分是每个SM中有若干个SP，图中显示的是8个SP，在费米架构中增加至32 ~ 48个，在开普勒架构中增加到192个。毋庸置疑，下一代产品中每个SM中SP的数量极有可能继续增加。

每个SM都需要访问一个所谓的寄存器文件（register File），这是一组能够以与SP相同速度工作的存储单元，所以访问这组存储单元几乎不需要任何等待时间。不同型号GPU中，寄存器文件的大小可能是不同的。它用来存储SP上运行的线程内部活跃的寄存器。另外，还有一个只供每个SM内部访问的共享内存（shared memory），这可以用作“程序可控的”高速缓存。与CPU内部的高速缓存不同，它没有自动完成数据替换的硬件逻辑——它完全是由程序员控制的。

对于纹理内存（texture memory）、常量内存（constant memory）和全局内存（global memory），每一个 SM 都分别设置有独立访问它们的总线。其中，纹理内存是针对全局内存的一个特殊视图，用来存储插值（interpolation）计算所需的数据，例如，显示 2D 或 3D 图像时需要的查找表。它拥有基于硬件进行插值的特性。常量内存用于存储那些只读的数据，所有的 GPU 卡均对其进行缓存。与纹理内存一样，常量内存也是全局内存建立的一个视图。

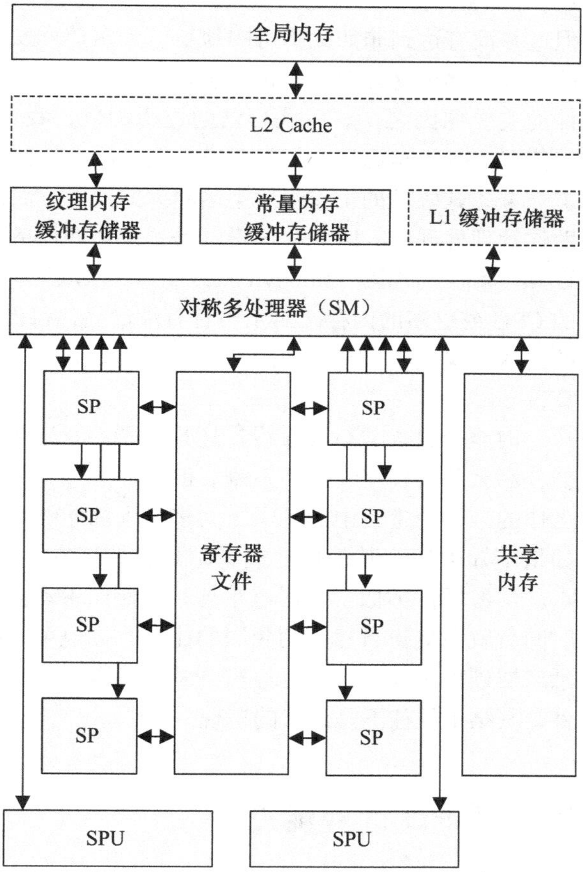

图形卡通过 GDDR（Graphic Double Data Rate）接口访问全局内存。GDDR 是 DDR（Double Data Rate）内存的一个高速版本，其内存总线宽度最大可达 512 位，提供的带宽是 CPU 对应带宽的 5 ~ 10 倍，在费米架构 GPU 中最高可达 190GB/s。

每个 SM 还有两个甚至更多的专用单元（Special-Purpose Unit，SPU），SPU 专门执行诸如高速的 24 位正弦函数 / 余弦函数 / 指数函数操作等类似的特殊硬件指令。在 GT200 和费米架构 GPU 上还设置有双精度浮点运算单元。

图 3-6　SM 内部组成结构图

3.3　CPU 与 GPU

现在你已经对 GPU 的硬件结构有了初步的了解，你也许会认为它很有意思。但对于程序设计，这意味着什么呢？

参加过大型项目开发的人都知道，项目开发分成不同的阶段，每个阶段的任务由不同的工作组来完成。可能有一个软件规格指定组，一个设计组、一个编码组和一个测试组。让团队中每个人完全了解开发链中在他上游和下游的工作，这对高质量地完成项目开发是很有益处的。

以测试为例，如果设计人员不考虑测试，那么他就不会在程序中设置用于检测因具体软件而引发的硬件故障的测试手段。如果只有发生了硬件失效，测试组才能测试出此硬件故障，那么只能修改硬件让它失效。无疑这是很难做到的。相反，编程人员设计一个反映硬件错误标志的软件标志就容易得多，这样硬件故障就很容易检测出来。如果在测试组里工作，你就会看到如果不这么做，测试工作有多难。除非你狭隘地看待你的岗位职责，你可能才会说测试不关我的事。

最优秀的工程师都是那些关注在他工作流程之前和之后工作的人。作为软件工程师，知道硬件的工作原理总是有益的。对于串行代码的执行，人们可能会关注到它是怎么工作的，但这并没有达到非如此不可的地步。大多数开发人员可能从来没有学习过计算机体系结构的课程或者读过这方面的书籍，这是很令人惭愧的。这就是我们曾经看到有如此多的低效率软件的主要原因之一。以我自己的经历为例，我在 11 岁时开始学习 BASIC 语言，在 14 岁时就使用 Z80 汇编语言，但只有进入大学后才真正开始理解计算机体系结构。

嵌入式领域的工作经历会培养你的硬件方面的动手能力。由于没有 Windows 操作系统帮助你管理处理器，因此程序设计是一件很底层的工作。嵌入式项目中，上市的产品通常数以百万。糟糕的代码（sloppy code）意味着对 CPU 和现有内存的低效使用，它反过来需要更快的 CPU 或更多的内存。对于一百万件产品，每件附加 50 美分的费用，就是增加了 50 万美元的成本。这也会带来增加的设计与编程时间。显而易见，写更好的代码比买更多的硬件要划算得多。

时至今日，并行程序设计还是与硬件紧密相连的。如果你只埋头编程而不关心程序的性能，那么并行程序设计并不难。但是如果想充分发挥硬件的性能，你就需要知道硬件是如何工作的。举个生活中的例子，大多数人都能够在一档的情况下安全、缓慢地驾驶汽车，但是如果不知道还有其他档，或者不具备使用它们的知识，你就永远不能快速地从 A 点到达 B 点。学习硬件类似于学习汽车驾驶时使用手动换档——刚开始有点复杂，但熟能生巧，一段时间后就会变得自然。用相同的比喻，你也可以买一辆带自动档的汽车，就像使用一个由熟悉底层硬件工作机理的程序员开发的函数库。但是，在不了解硬件工作原理的情况下开发软件，其结果往往不是最优的实现。

3.4 GPU 计算能力

CUDA 支持多个级别的计算。最早的 G80 系列图形卡就是在配有 CUDA 的第一个版本的情况下上市的。硬件的计算能力是固定的。为了升级到一个新的版本，用户必须升级硬件。听起来虽然像是英伟达公司试图强迫用户购买更多的硬件，但是它确实给用户带来了好处。因为当提升一个计算级别时，你就从一个老的平台迁移到了一个新的平台，新的图形卡与原先的图形卡价格相同，计算能力却翻了一番。英伟达公司至少每隔几年就推出一个新的平台，在 CUDA 出现的短短数年内，人们可以获得的计算能力已经有了巨大的提高。

不同计算能力之间的差别列表，作为本书的一部分，可以在附录 G 中找到。因此，我们仅仅在这里介绍不同计算能力之间的主要差别。作为开发者，这是需要知晓的。

3.4.1 计算能力 1.0

计算能力 1.0 出现在早期的图形卡上，例如，最初的 8800 Ultras 和许多 8000 系列卡以及 Tesla C/D/S870s 卡。计算能力 1.0 卡的性能缺陷主要与原子操作有关。原子操作是指那些必须一次性完成、不会被其他线程中断的操作。要实现这一点，硬件就要在原子函数的入口实现一个栅栏点（barrier point）并确保相应操作（例如，加、减、求最小值、求最大值、逻辑与、逻辑或、逻辑异或等）作为一个整体来完成。计算能力 1.0 现在已经退出市场了。因此，无论为了什么目的和意义，这个限制都可以忽略不计。

3.4.2 计算能力 1.1

计算能力 1.1 出现在许多 9000 系列图形卡后期推出的产品上，例如，曾经红极一时的 9800 GTX 卡。相对于计算能力 1.0 的 G80 硬件，这些卡基于 G92 硬件。

计算能力 1.1 带来的最主要的变化是支持数据传送和内核程序的重叠执行。当然，这个变化出现在大多数，但不是所有的计算能力 1.1 卡上。SDK 调用 cudaGetDeviceProperties() 函数返回 deviceOverlap 属性，该属性定义了这项功能是否可用。实现这项功能需要一个很巧妙的重要改进——双缓冲（double buffering），其工作原理如图 3-7 所示。

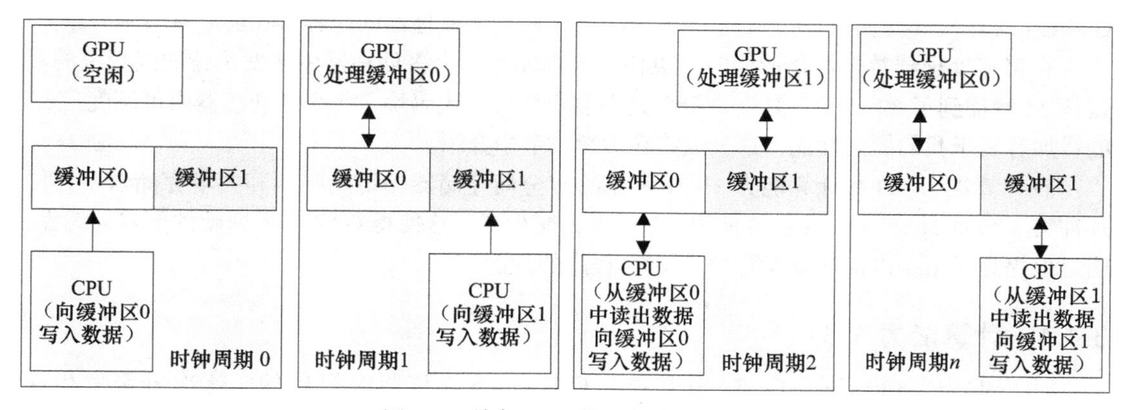

图 3-7 单条 GPU 的双缓冲区技术

要想实现这项功能，我们需要将通常使用的内存空间加倍。如果你的目标市场仅有 512 M 字节显存的卡的话，这一点也许是一个问题。但是，如果使用的是面向科学计算的 Tesla 卡，那么你拥有的 GPU 存储空间最高可达 6GB，实现这项功能就没问题了。让我们看看它的操作步骤，如下所示。

时钟周期 0： 在 GPU 的存储空间中划分出两块缓冲区，CPU 将一个数据包写入“缓冲区 0”中。

时钟周期 1： CPU 调用 GPU 上的一个 CUDA 内核程序（即一个 GPU 任务），然后立即返回（这是一个非阻塞调用）。然后，CPU 从硬盘、网络或者其他地方取来一个数据包。与此同时，GPU 正在后台处理交给它的数据包。当数据包取来后，CPU 开始将其往“缓冲区 1”中写。

时钟周期 2： 当 CPU 写完后，它又调用一个内核程序来处理“缓冲区 1”。然后检查在时钟周期 1 调用的、处理“缓冲区 0”的内核程序是否完成。如果还没有完成，CPU 则一直等待直至它完成。完成后，CPU取走“缓冲区0”中的计算结果，然后把下一个数据包写入“缓冲区0”。在这个过程中，本时钟周期一开始就启动的内核程序，则一直在处理GPU上“缓冲区1”中的数据。

时钟周期N： 重复时钟周期2。在GPU处理一个缓冲区的同时，让CPU选择另外一个缓冲区进行读或写操作。

GPU-CPU和CPU-GPU的数据传送是在相对较慢的PCI-E总线（5GB/s）上进行的这个“双缓冲”技术显著地掩盖了通信延迟，使CPU和GPU都处于忙碌状态。

3.4.3 计算能力1.2

计算能力1.2设备是与低端的GT200系列硬件一起出现的。最早的产品是GTX260和GTX280卡。随着GT200系列硬件的出现，英伟达公司通过将卡上的多处理器数量增倍，使得单个卡上的CUDA核（CUDA core）处理器的数量几乎增加了一倍。因此，与上一代产品G80/G92相比，这些卡的性能翻了一番。CUDA核与多处理器的内容将在后续章节中介绍。

在将多处理器数量增倍的同时，英伟达公司还将一个多处理器中并发执行的线程束的数量从24增加到了32。“束”是在一个多处理器内执行的代码块。每个多处理器内可调度“束”的增加有利于我们提高性能，这一点将在后续章节中介绍。

在计算能力1.0和计算能力1.1中常见的对全局存储器的访问限制和共享存储器中存储片冲突（bank conflict），在计算能力1.2中大大减少了。这使得GT200系列硬件更容易编程，明显地提高了很多以前艰难编写的CUDA程序的性能。

3.4.4 计算能力1.3

计算能力1.3设备是在GT200升级到GT200 a/b修订版时提出的，这次升级发生在GT200系列发布不久。从那时开始，几乎所有的高端卡都兼容计算能力1.3。

计算能力1.3带来的最主要的变化是支持有限的双精度浮点运算。由于GPU是针对图形处理的，所以对快速的单精度浮点运算要求很高，但是对双精度浮点运算要求有限。双精度浮点运算性能通常要比单精度浮点运算性能低一个数量级，所以如果程序中只有单精度浮点运算，才能发挥硬件的最大功效。但是在很多情况下，单精度浮点运算和双精度浮点运算会同时出现在程序中，因此硬件中同时设置专用的单精度浮点运算单元和双精度浮点运算单元是最理想的。

3.4.5 计算能力2.0

计算能力2.0设备是伴随费米架构硬件出现的。调整应用程序以适应费米架构的最初指导可参见英伟达公司的网站 http://developer.nvidia.com/cuda/nvidia-gpu-computing-documentation。

计算能力2.x硬件的主要改进如下：

- 在每个SP上引入了16K ~ 48K的一级（L1）缓存。
- 在每个SM上引入了一个共享的二级（L2）缓存。

- 在基于 Tesla 的设备上支持基于纠错码（Error Correcting Code，ECC）的内存检查和纠错。
- 在基于 Tesla 的设备上支持双复制（dual-copy）引擎。
- 将每个 SM 的共享内存容量从 16K 扩展到 48K。
- 为了优化数据的合并，数据必须以 128 字节对齐。
- 共享内存的片数从 16 增加到 32。

下面让我们选择几个重要的改进，详细分析一下它们的实现。首先，我们分析一下一级缓存以及引入它意味着什么。一级缓存是设置在芯片内的，它是最快的可用存储器。除了纹理和常量缓存外，计算能力 1.x 的硬件中并没有缓存。引入缓存，使程序员更容易编写出适合在 GPU 硬件上工作的程序，还允许应用程序不必遵循在编译时已知的存储器访问模式。但是，为了利用好缓存，应用程序要么需要具有一个顺序的存储器访问模式，要么需要对某些数据反复使用。

费米型硬件上的二级缓存容量最高可达 768K。重要的是，它是一个统一的缓存。这意味着它是一个共享的缓存，对所有的 SM 提供一个一致的视图。通过二级缓存来实现程序块间通信，要比通过全局原子操作实现快得多。访问 GPU 上的全局存储器，需要越过线程块，比较起来，使用共享缓存要快一个数量级。

对于数据中心（data center）而言，支持 ECC 存储是必须的，因为 ECC 存储器具有自动的检错和纠错功能。电子设备会产生少量的电磁辐射。当与其他设备靠得很近时，这个辐射会改变其他设备中存储单元的内容。虽然这种情况发生的概率很小，但是由于数据中心的设备摆放密度不断增加，出错的概率将会增大到无法接受的水平。因此，就需要引入 ECC 来检测和纠正在一个大型数据中心中可能出现的“单个二进制位反转错误”。当然，引入 ECC 技术会减少可用的 RAM 容量并降低访存带宽。这对图形卡而言是一个严重的缺点，所以目前仅有 Tesla 卡采用了 ECC 技术。

“双复制”引擎是将前面介绍过的“双缓冲技术”扩展应用到多“流”处理技术，“流”的概念将在后续章节中详细介绍。简单地说，“流”就是 N 个独立的内核程序以流水线的方式并行执行，如图 3-8 所示。

流0	向设备复制	（执行）内核程序	从设备复制	向设备复制	（执行）内核程序	从设备复制		
流1		向设备复制	（执行）内核程序	从设备复制	向设备复制	（执行）内核程序	从设备复制	
流2			向设备复制	（执行）内核程序	从设备复制	向设备复制	（执行）内核程序	从设备复制

图 3-8　流的流水线处理技术

请注意图中内核程序段一个接一个执行的过程。每个复制操作被另一个流中执行的内核程序所隐藏。内核程序与复制引擎是并发执行的，因此相关器件的利用率达到最高。

需要说明的是，“双复制”引擎在绝大多数诸如 GTX480 或 GTX580 这样的高端费米型

GPU 中是真实存在的。但是，只有 Tesla 卡中的双引擎对 CUDA 驱动程序是可见的，即可以由 CUDA 驱动程序直接操纵。

共享存储器变化较大，它存在于混合的一级缓存中。一级缓存的容量为 64KB。但是为了保证向后兼容性（backward compatibility），必须从中至少划分出 16KB 的存储空间给共享存储器。这就意味着，一级缓存的实际容量至多为 48KB。实际工作中还可以通过一个转换开关，将共享存储区和一级缓存区的功能相互转换，即共享存储器的容量为 48KB 而一级缓存的容量为 16KB。共享存储器的容量从 16K 提升为 48K，某些特定的程序会从中获得巨大的好处。

由于新一代 GPU 引入了一级和二级缓存，为优化访存而提出的对齐（alignment）要求就更加严格了。两级缓存中，缓存存储块（cache line）的大小均为 128B。而每次访问缓存，取来的最少数据量就是一个“存储块”。因此，如果你的程序是顺序访问数据元素，那么这个要求会发挥很好的作用。事实上，绝大多数 CUDA 程序都是这么工作的，即一组线程读取的都是相邻的存储单元。不过这个改进也带来了一个新的限制，就是数据集应该是 128B 对齐的。

但是，如果你的程序中每个线程的访存模式是稀疏而分散的，那么你就应该屏蔽掉这个“对齐”要求，并转回到 32 位的缓存操作模式。

最后，我们再看看“共享存储器的片数从 16 增加到 32”这个改进。新一代 GPU 会从中获得巨大的好处。它允许当前线程束（包含 32 个线程）中的每一个线程都可以向共享存储器中的某一片写入数据，而不会引起共享存储片冲突。

3.4.6 计算能力 2.1

计算能力 2.1 出现在专门面向游戏市场的专用卡上，例如，GTX460 和 GTX560。这些设备在体系结构方面的改进如下：

- 每个 SM 中的 CUDA 核心由原先的 32 个增为 48 个。
- 每个 SM 中面向单精度浮点数的专用超越函数计算部件由 4 个增至 8 个。
- 双束调度器代替单束调度器。

x60 系列卡对中端的游戏市场一直有很强的渗透能力，所以如果你的应用程序面向这类消费市场，那么了解上述改进的内涵是很重要的。

计算能力 2.1 硬件中一个值得注意的变化就是牺牲掉双精度浮点数的运算器件来换取 CUDA 核数量的增加。对于单精度浮点数和整数运算占主要地位的内核程序而言，这是一个很好的取舍。绝大多数游戏主要进行单精度浮点数和整数的数学计算，几乎不处理双精度浮点数。

一个线程束就是一组线程，在后续章节中我们将详细介绍。在计算能力 2.0 的硬件上，单束调度器需要两个时钟周期来从整个束中取出 2 条指令执行。在计算能力 2.1 的硬件上，双束调度器每两个时钟周期分发 4 条指令，而不是 2 条。在现在的 SM 硬件中，有 3 排、每排 16 个的 CUDA 核，共计 48 个 CUDA 核心，而不是原先的 2 排、每排 16 个的 CUDA 核。

如果英伟达公司还能再挤进 16 个一排的 CUDA 核，那就更理想了，也许在未来我们能看到这样的硬件[1]。

计算能力 2.1 硬件的确采用了类似于从最早的奔腾 CPU 开始就一直采用的超标量（superscalar）技术。要想充分利用所有的核，硬件需要在每一个线程中识别出指令级并行性（Instruction-Level Parallelism，ILP）。这与原先推荐的通用的线程级并行性（Thread-Level Parallelism，TLP）有很大的不同。要想体现出 ILP，指令之间应该是相互无关的。借助专用的向量类库是实现 ILP 最早的方法之一，本书的后续章节将详细介绍。

计算能力 2.1 硬件的性能是变化的。某些著名的应用，如 Folding at Home，使用计算能力 2.1 硬件的性能就非常好。其他诸如视频编码压缩这样的应用，由于很难从中挖掘出 ILP 而且存储器带宽是一个关键因素，所以实际使用性能就很糟糕。

截至撰写本书的时候，开普勒型 GPU 和新的计算能力 3.0 平台的最后细节，还没有公开地发布[2]。针对已经公布的开普勒型 GPU 特性，本书在第 12 章中将进行深入的讨论。

[1] 作者的预言已经实现，比如 Tesla 系列的 K10、K20，GTX 系列的 680、TITAN 等，都是采用这一思路。

[2] 截至 2013 年 6 月，不仅计算能力 3.0，甚至计算能力 3.5 的细节已经公布。

第4章

CUDA 环境搭建

4.1 简介

本章面向从未接触过 CUDA 的初学者。我们将依次介绍如何在不同操作系统上安装 CUDA、有哪些可用的 CUDA 工具以及 CUDA 如何编译代码，最后介绍应用程序接口提供的错误处理手段，并帮助读者识别 CUDA 代码和开发过程中必然碰到的应用程序接口报错。

Windows、Mac 和 Linux 三大主流操作系统均支持 CUDA。最易于使用和学习 CUDA 程序开发的操作系统，应该是你最熟悉的那个。对于零基础的初学者，Windows 加上 Microsoft Visual C++ 可能是最好选择。在 Windows 和 Mac 上安装 CUDA 主要是一些点击操作，它们都提供了非常标准的集成开发环境，很适合 CUDA 程序开发。

4.2 在 Windows 下安装软件开发工具包

这里的安装以工具包 4.1 版为例。在基于 Windows 系统的个人计算机上安装 CUDA，需要一些组件，可以到英伟达开发者社区下载，入口在 http://developer.nvidia.com/cuda-toolkit-41。在本书付梓刊印之际，开发包 5.0 版已经处于待发布阶段。请到英伟达官网获取最新版本。

你需要事先安装好 Microsoft Visual Studio 2005、2008 或者 2010。接着首先要下载并安装对应于操作系统的英伟达开发驱动程序，下载地址同上。然后你还要依次下载并安装 32 位或 64 位版本的 CUDA 工具包、GPU 计算软件开发包及其软件开发包的示例程序。要确认你安装的程序版本号与你的操作系统是匹配的。建议的安装次序如下：

1）英伟达开发驱动程序

2）CUDA 工具包

3）CUDA 软件开发工具包

4）GPU 计算软件开发工具包

5）并行 Nsight 调试器

在 Windows 7 系统下，软件开发工具包把全部文件放置在 ProgramData 目录下。这个目录处于 C 盘，是隐藏的。为了查看其中的文件，可以通过桌面上的 CUDA 软件开发工具包图标进行浏览或者进入 Windows Folder Options（文件夹选项）对话框里进行设置，以允许查看隐藏文件，如图 4-1 所示。

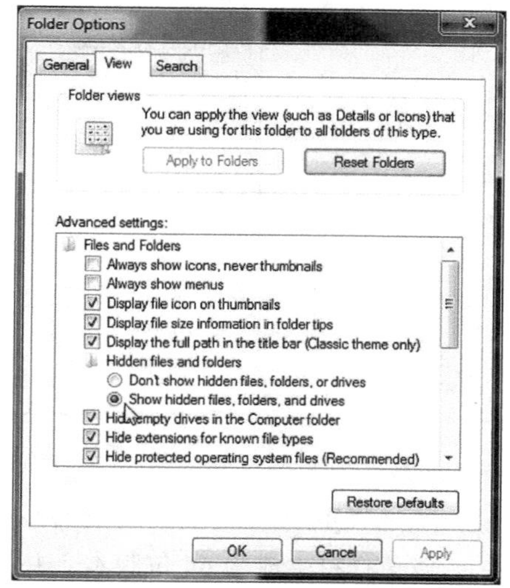

图 4-1 Folder Options 对话框里设置允许查看隐藏文件

4.3 Visual Studio

CUDA 支持 Visual Studio 版本的范围为 2005 ~ 2010，也支持大部分的学习版。学习版可以从 Microsoft 免费得到。专业版也能通过 DreamSpark 计划得到，需要在 https://www.dreamspark.com 网站注册为学生身份免费获得。注册时，只需提供你的学校信息和身份编号。一旦注册成功，就可以下载 Visual Studio 软件以及很多其他开发工具。这个计划不仅面向美国的学术机构，也涵盖全世界的大学生。

综合来看，Visual Studio 2008 对 CUDA 的支持最好，它的编译速度比 Visual Studio 2010 更快。但 Visual Studio 2010 可以实现源代码的自动语法检查，这一特性非常实用。在使用一项未定义的类型时，它能使用红色下划线指明错误所在，与 Microsoft Word 里提示拼写错误是一样的。对于明显的问题，这一特性极其有用，它将大大节省不必要的编译次数。因此，建议使用 2010 版本进行 CUDA 开发，特别是当你可以从 DreamSpark 获取免费版时。

4.3.1 工程

为了快速新建一个工程，你可以选择一个软件开发工具包示例作蓝本，然后移除其中不需要的工程文件，并插入自己的源文件。你的 CUDA 源代码，应该包含“.cu”扩展名，这样它的编译会采用英伟达编译器而不是 Visual C 编译器。另一种新建工程的方式，可以通过工程模板向导，方便地建立一个基本的工程框架，细节将在后面看到。

4.3.2 64 位用户

当使用 Windows 64 位版本时，要注意一些工程文件默认设置为以 32 位应用程序运行。因此，当尝试生成程序[⊖]时，你可能会收到以下错误消息：“致命错误 LNK1181：无法打开输入文件‘cutil32D.lib’”。

这是因为没有安装该库的缘故。你很有可能只安装了对应 64 位 Windows 的 64 位版本软件开发工具包。要更正此问题，需要把目标平台从 32 位改为 64 位。可以使用 Visual Studio 的 Build（生成）菜单，然后把平台改变为 X64，如图 4-2 所示。

⊖ “生成”这里指通过菜单中的“Build”（生成）菜单条编译并链接程序。——译者注

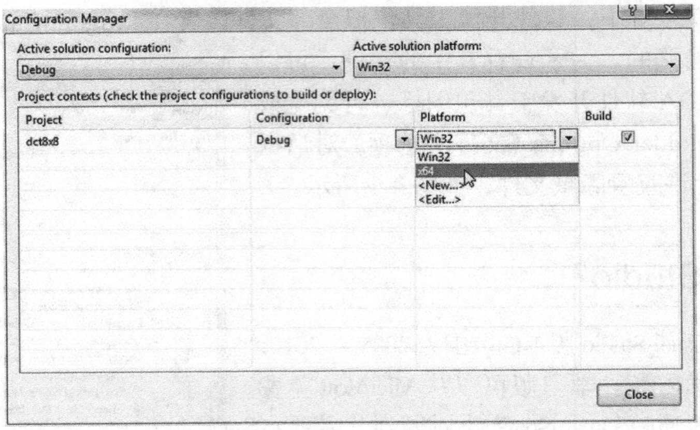

图 4-2 Visual C 目标平台选择

当选择重新生成时，可能会提示你保存该工程。只需添加“_X86”到工程名称之后并保存。该工程将生成为 64 位版本，并链接正确的库文件。

链接时也可能碰到找不到库文件的问题，例如缺少“cutil32.lib”。在安装软件开发工具包的时候，它设置了一个环境变量，`$(CUDA_LIB_PATH)`。这个变量通常设置为：C:\Program Files\NVIDIA GPU Computing Toolkit\CUDA\v4.1\lib\X64。

有时，可能在默认工程文件的路径设置中没有 `$(CUDA_LIB_PATH)` 这一项。要添加它，可以单击该工程，然后选择 Projed（工程）→ Properties（属性）菜单。这将弹出如图 4-3 所示的对话框。

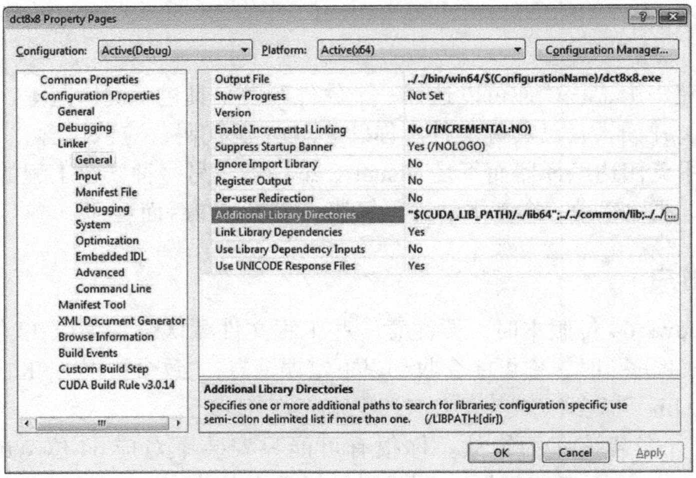

图 4-3 附加库路径

单击在最右侧的“...”按钮，会弹出一个对话框，可以在此处添加库路径（如图 4-4 所示）。只需添加“`$(CUDA_LIB_PATH)`”作为一个新行，该工程即可正常链接。

如果准备构建64位和32位两种CUDA应用程序，则需要提前安装32位和64位的CUDA软件开发工具包。对于软件开发工具包里的样例，要生成32位和64位两个版本的程序，也需要安装两种版本的软件开发工具包。

进入以下目录并生成解决方案文件，就可以建立所需的库文件：

C:\ProgramData\NVIDIA Corporation\NVIDIA GPU Computing SDK 4.1\C\common

C:\ProgramData\NVIDIA Corporation\NVIDIA GPU Computing SDK 4.1\shared

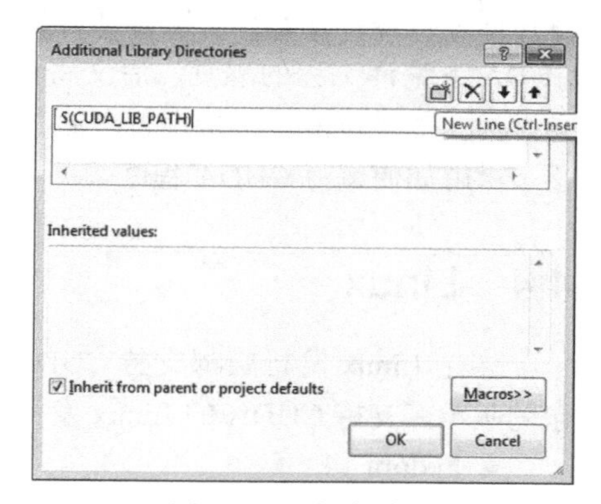

图 4-4 添加库路径

可以在C:\ProgramData\NVIDIA Corporation\NVIDIA GPU Computing SDK 4.1\C\common\lib\x64下找到所需的库文件。也可以手动添加它们到任何需要的工程中。遗憾的是，对于软件开发包里的样例，无法直接生成，所以它们无法自动生成所需的库文件，而二进制的库文件也没有随身附带，所以要生成软件开发包样例程序，会有些小麻烦。

4.3.3 创建工程

要创建支持CUDA的新应用程序，只需通过File（文件）→ NEW（新建）→ Project Wizard（工程向导）创建CUDA应用程序，如图4-5所示。然后工程向导将创建包含“kernel.cu”文件的单个工程。“kernel.cu”文件里混合了两种不同的代码，一种在CPU端执行，另一种要在GPU端执行。GPU代码包含在addKernel函数里。该函数的入口参数有三个，一个为指向目的数组的指针c，另外一对指针分别指向输入数组a和b。该函数对数组a和b的内容执行加法操作，结果存到目标数组c中。这个简单示例把执行CUDA程序的框架展示了出来。

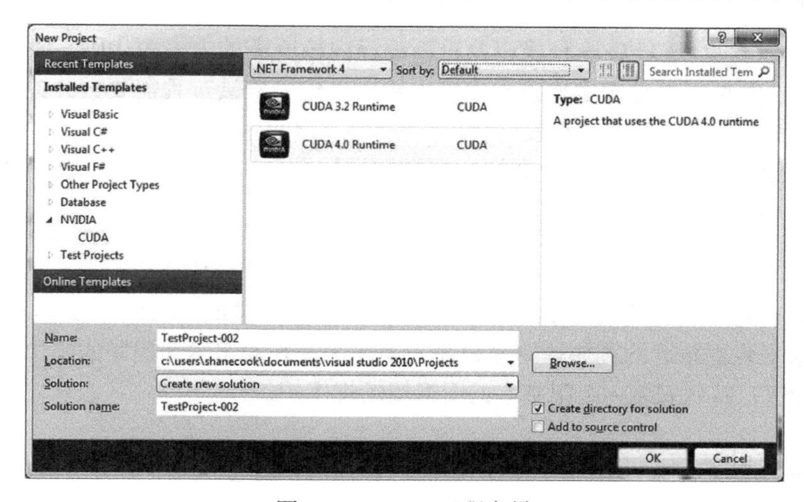

图 4-5 CUDA 工程向导

其余的代码是一些基础代码，包括复制数据到GPU设备、调用内核函数、将数据从设备传回主机等。在起步阶段尝试这个简单工程，是大有裨益的，它可以让你实际感受一下在CUDA下编译工程的感觉。后文将涵盖CUDA程序运转所需的标准框架。研究这些代码很有好处，如果可能，尽量理解它们。即便这些代码对你来说难以理解，也没有关系。本书将逐步讲解如何编写CUDA程序。

4.4 Linux

多个Linux发行版都支持CUDA。这些发行版的具体版本号取决于所安装CUDA工具包的版本。支持CUDA的Linux发行版如下：

- Fedora 14
- lRedhat 6.0和5.5/CentOS 6.2（Redhat的免费版）
- Ubuntu 11.04
- OpenSUSE 11.2

在Linux平台上安装CUDA的第一步是确保你拥有最新的内核软件。在终端窗口里使用如下的命令达到这一目的：

```
sudo yum update
```

sudo命令允许你以管理员身份登录，yum命令是标准的Linux RPM软件包的安装工具。本条命令行只检查所有已安装的软件包有无可用的更新。这将确保你在安装任何驱动程序之前，系统都是最新的。许多基于图形用户界面的安装程序，不再使用旧版的命令行，而是自带图形用户界面的软件更新程序。

一旦内核更新到最新，运行如下命令：

```
sudo yum install gcc-c++ kernel-devel
```

这将安装标准的GNU C++环境以及重新编译内核所需的内核源代码。要注意，软件包名称是区分大小写的。这会提示你下载内容大约21 MB，安装过程需要数分钟。同样，你也可以通过操作系统的图形用户界面安装程序来安装软件包。

最后，如果你要绘制一些图形输出，就需要一个OpenGL开发环境。这一环境的安装用下面的命令：

```
sudo yum install freeglut-devel libXi-devel libXmu-devel
```

现在，你已经准备好安装CUDA驱动程序。确保你安装的CUDA工具包至少是4.1版。有许多方法来安装更新后的英伟达驱动程序。英伟达没有发布驱动程序的源代码，所以大多数Linux发行版，默认安装一个很基本的图形驱动程序。

内核驱动程序的安装（CentOS、Ubuntu 10.4）

每个CUDA发行版本，应使用特定的一组开发驱动程序。安装驱动程序的方式如果与这里列出的不一致，可能会导致 CUDA 不能正常工作。对特定版本的 CUDA 工具包，请确认操作系统的版本是否支持它。某些 Linux 最新发行版未必支持；使用旧版本的发行版也极可能无法正常工作。因此，安装的第一步是根据你的 Linux 系统版本采用相应版本的驱动程序，替换现有的驱动程序，如图 4-6 所示。

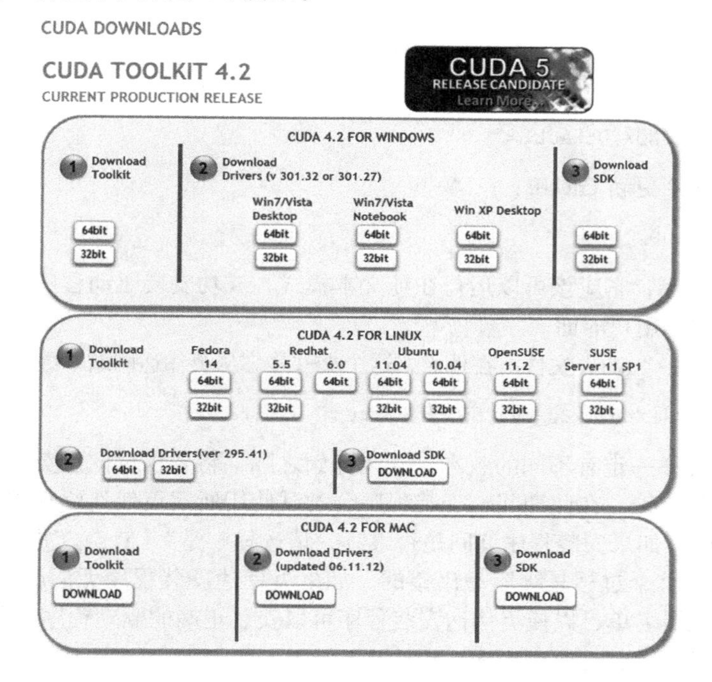

图 4-6 截至 2012 年 9 月，支持的 Linux 下载和支持的驱动程序版本

一旦下载工作完成，你需要引导 Linux 进入纯文本模式。在 Windows 下的安装，始终处于图形用户界面模式，而与此不同，在 Linux 下安装驱动程序需要文本模式。打开终端窗口（通常在图形用户界面的 Systems 菜单中），使用下面的命令，可以让大多数系统在启动时进入文本模式：

```
sudo init 3
```

这将重启 Linux 机器，并把它带入文本模式。如果要还原到图形模式，可以使用 `sudo init 5`。

如果收到“User <user_name> is not in sudoers file”的错误，请使用 su 命令，登录为 root 用户。编辑“/etc/sudoers”文件，添加如下命令：

```
your_user_name ALL=(ALL) ALL
```

注意要把上述命令中的 `your_user_name` 更换为你的登录用户名。

对某些发行版（例如 Ubuntu），init 模式对它失效，仍会引导进入图形用户界面。这里给出一种解决方法。在文本窗口里编辑 GRUB 启动文件：

```
sudo chmod +w /etc/default/grub
sudo nano /etc/default/grub
```

更改以下行：

```
GRUB_CMDLINE_LINUX_DEFAULT="quiet splash"
GRUB_CMDLINE_LINUX_DEFAULT=""
```

为：

```
# GRUB_CMDLINE_LINUX_DEFAULT="quiet splash"
GRUB_CMDLINE_LINUX_DEFAULT="text"
```

请使用如下命令更新 GRUB：

```
sudo update-grub
```

最后，重启机器，它应该可以运行在纯文本模式。成功安装驱动程序之后，使用之前的命令重新启动到图形用户界面。

下面，请定位到“.run”文件所在地点，这个文件是你从英伟达网站下载得到的。然后键入：

```
sudo sh NVIDIA-Linux-x86_64-285.05.33.run
```

下载的驱动程序一定有不同的版本。安装开始之际，将要求你同意英伟达许可证，随后的安装过程需要几分钟。在此期间，安装程序会尝试使用所需英伟达驱动程序，替换默认的 Nouveau 驱动程序。如果安装程序询问是否继续，请选择“是”（Yes）。并不是每个版本的安装都能轻松自如，整个过程是很容易出错的。如果英伟达安装程序无法删除 Nouveau 驱动，那么就要把它列入黑名单，以便英伟达安装程序可以安装正确的驱动程序。

当你正确安装了英伟达驱动程序，请输入：

```
sudo init 5
```

随后的机器重启会恢复到正常的图形模式，请参见前文针对 Ubuntu 的说明。

接下来的任务是安装工具包。根据操作系统发行版是 Fedora、Red Hat、Ubuntu、OpenSUSE 还是 SUSE，选择需要的工具包。与前面类似，只需定位到你安装软件开发包的路径，运行如下命令：

```
sudo sh <sdk_version>.run
```

其中的 <sdk_version> 是你下载的文件。随后，它会安装所需的所有工具，并返回安装成功的信息。接着，它会提醒你必须更新 PATH 和 LD_LIBRARY_PATH 环境变量，这些修改需要你手工来做。为了达到上述目的，需要编辑“/etc/profile”启动文件。添加以下几行：

```
export PATH=/usr/local/cuda/bin:$PATH
export LD_LIBRARY_PATH=/usr/local/cuda/lib:$LD_LIBRARY_PATH
```

请注意，你必须拥有修改该文件的权限。如果需要，请使用“sudo chmod +w /etc/profile”赋予修改权限。你可以使用你喜欢的编辑器，达到类似“sudo nano /etc/profile”命令的效果。

请注销并重新登录，然后键入：

```
env
```

这将列出所有当前的环境变量设置。请检查刚加入的两条新条目。至此，CUDA 已经安装到了“/usr/local/bin”文件夹下。

接着我们需要 GNU C++ 编译器。安装“g++”包到你的系统上，即可完成任务。“g++”包可以系统中在很多正在使用的软件安装程序中找到。

下一步是安装软件开发包样例代码。这些代码是我们生成和测试程序的素材。从英伟达网站下载和运行它们，同样使用 `sh sdk_version.run` 命令（`sdk_version` 改为你实际下载的文件名称）。请不要以 root 身份运行此软件开发包，否则后面对任何样例的生成将要求以 root 身份才能进行。

默认情况下，软件开发包将安装到用户账户区的一个子目录下。它可能会提示找不到 CUDA 安装路径，并将使用默认目录（与之前 CUDA 安装的目录相同）。你可以安全地忽略此消息。

一旦 GPU 计算软件开发包安装完成，你需要去“Common”子目录，运行 make 以创建一组库文件。

这时，你可以生成软件开发包的样例程序。你将在 Linux 下执行你的第一个 CUDA 程序，并测试驱动程序是否工作正常。

4.5 Mac

与其他平台一样，Macintosh 版本的工具也可从 http://developer.nvidia.com/cudatoolkit-41 下载。只需下载并按以下顺序安装软件包：

- 开发驱动程序
- CUDA 工具包
- CUDA 工具软件开发包和代码样例

CUDA 4.1 版本要求 Mac 系统的发行版本为 10.6.8（雪豹）或更高。最新版本（10.7.x）或狮子版本可从苹果商店下载或从苹果单独购买。

软件开发包安装到“GPU Computing”目录下，其高层目录为“Developer”。只需浏览“Developer/GPU Computing/C/bin/darwin/release”目录，你会发现预编译的可执行文件。运行 deviceQuery，这样有助于验证驱动程序安装和运行时环境是否正确。

为了编译样例程序，需要事先安装 XCode。这是 Mac 下等价于 GCC（GNU C 编译器）的工具。XCode 可以从苹果商店下载。这个产品是收费的，但对苹果开发者计划的用户是免费的。苹果开发者计划既包括 Macintosh 的开发，也包括 iPhone/iPad 应用程序的开发。在狮子版操作系统发布不久，XCode 就允许狮子版系统拥有者免费下载。

当 Xcode 安装完成，请打开一个终端窗口。先定位到 Finder，打开 Utilities，然后双击终端窗口，键入以下命令：

```
cd /Developer/'GPU Computing/C/src/project'
make-i
```

替换其中的 project 为需要编译的某个软件开发包应用程序的名称。如果遇到编译错误，可能是你没有下载 XCode 软件包或者目前的版本过旧。

4.6 安装调试器

在 Windows 平台上，CUDA 提供了 Parallel Nsight 调试环境。它支持调试 CPU 和 GPU 代码，并加亮那些运行不够高效的代码段。这也非常利于调试多线程应用程序。

Nsight 是极为有用的免费工具。它只要求你是 CUDA 开发者社区用户，注册过程也是完全免费的。一旦注册成功，你将能够从英伟达网站下载该工具。

请注意，你必须安装了 Visual Studio 2008 或更高版本（不能是学习版），同时要安装 Service Pack 1（SP1）。Nsight 的发行说明中给出了 SP1 的下载链接。

Parallel Nsight 包含两个部分。一个是集成到 Visual Studio 中的应用程序，如图 4-7 所示；另一个是独立的监视程序。监视程序与主应用程序进行协作。监视程序一般与 Visual Studio 环境驻留在同一台机器上，但它们并不是必须在同一台机器上。Parallel Nsight 运行的最佳环境是配备两个支持 CUDA 的 GPU，一个 GPU 专门运行代码，另一个专门执行常规的显示。因此，运行着目标代码的 GPU 无法再用来显示。由于多数 GPU 卡具有双显示器输出，所以你可以通过配置双显示器设置，在显示卡上连接两个显示器。需要指出，在最新的 2.2 版本中，Parallel Nsight 不再需要两个 GPU。

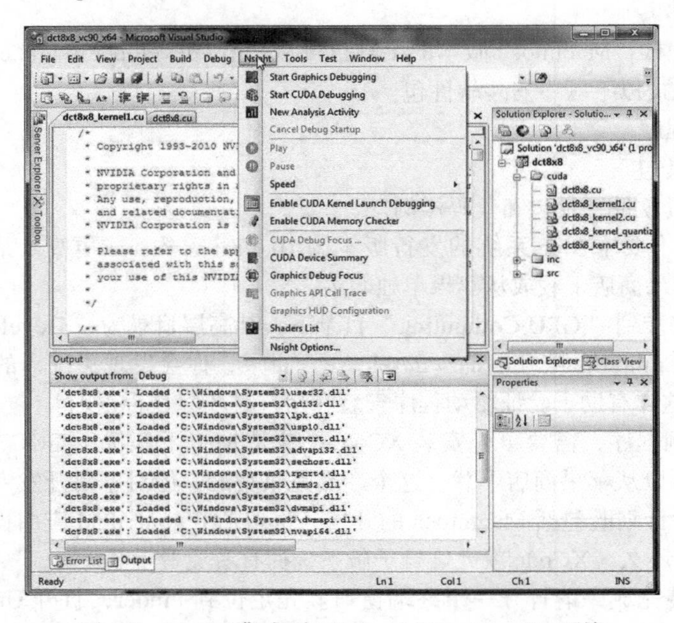

图 4-7 Nsight 集成到 Microsoft Visual Studio 环境

它也可以通过配置调试工具从远程 GPU 获得数据。然而，在大多数情况下，额外购买一个低端 GPU，并安装到个人计算机或者工作站上是更简单的做法。Windows 平台下配置

Parallel Nsight 的第一步是禁用 TDR 功能（参见图 4-8）。超时检测和恢复（Timeout Detection and Recovery，TDR）是 Windows 系统的一种机制，用来检测底层驱动程序代码的异常崩溃情形。如果驱动程序停止响应事件，Windows 则会重置此驱动程序。鉴于在程序断点处，驱动程序将暂停响应，所以为了防止出现重置操作，TDR 功能需要关掉。

要设置此值，只需运行监视程序并单击程序对话框右下方的“Nsight Monitor Options”超链接。这将弹出如图 4-8 所示的对话框。设置“WDDM TDR enabled”将通过修改注册表来禁用此功能。重启计算机，Parallel Nsight 将不再给出 TDR 的启用警告。

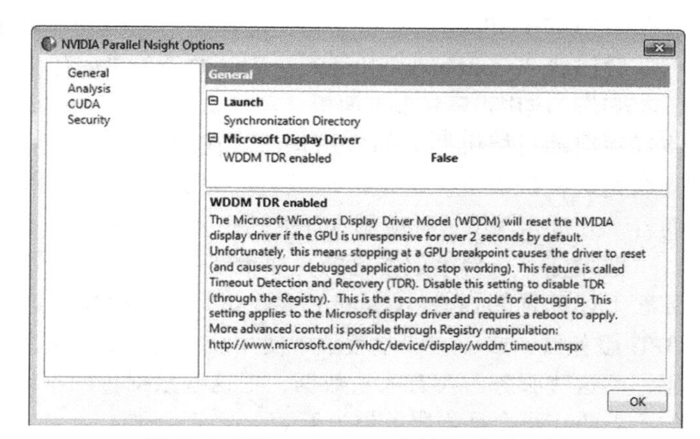

图 4-8 关闭 Windows 内核的超时功能

为了在远程计算机上使用 Parallel Nsight，只需在远程计算机的 Windows 系统安装监视程序。当你第一次运行监视程序时，将收到 Windows 防火墙已阻止“公共网络”（基于互联网的）接入到监视程序的警告。这完全是你所希望的。但是，该工具需要接入局域网，所以你需要把这一例外加入到安装监视器程序的机器中已建立的防火墙规则里。针对局域节点，必须修正 TDR 问题并重启一次。

接下来的步骤是在主机端运行 Visual Studio，并选择一个新的分析活动。你会看到窗口的顶部有一块类似图 4-9 所示的区域。注意，“Connection Name”里填写的是 localhost，意为本地机器。打开 Windows 资源管理器查看局域网络上远程待调试计算机的计算机名称。用 Windows 资源管理器中显示的名称替换 localhost。然后按“Connect”（连接）按钮。你应该看到两个连接已经建立的证据，如图 4-10 所示。

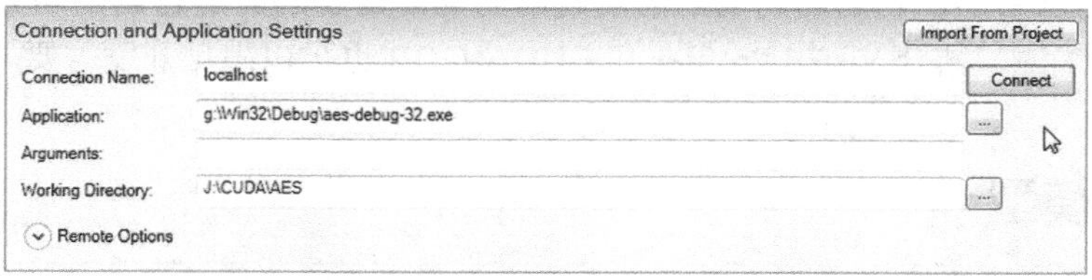

图 4-9 Parallel Nsight 远程连接设置窗口

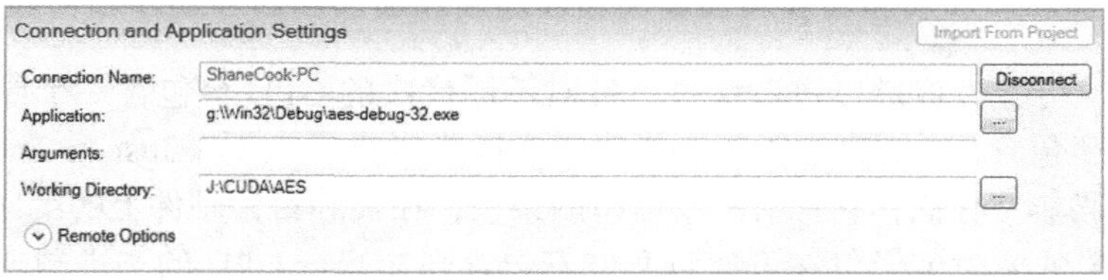

图 4-10 Parallel Nsight 远程已连接

证据一是“Connect”（连接）按钮变为“Disconnect”（未连接）。证据二是“Connection Status”（连接状态）对话框变成绿色，并显示目标机器上的所有GPU（参见图4-11）。图中所示情况表明，我们连接到的测试计算机中装有五个GTX470 GPU卡。

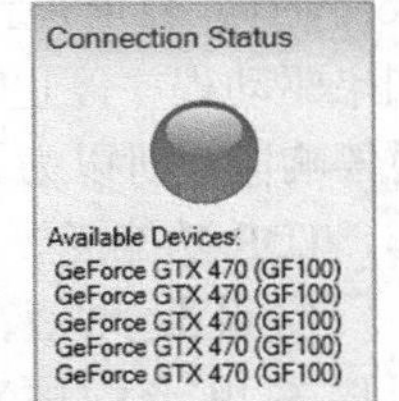

图4-11 Parallel Nsight 连接状态

紧挨着“Connection Status”（连接状态）面板有一个“Application Control”（应用程序控制）面板，单击上面的“Launch”（启动）按钮，将远程启动目标机器上的应用程序。在此之前，所有必要的文件需要复制到远程机器上。这个过程是自动完成的，可能需要几秒钟。整体而言，分析和调试远程应用程序的这一方式非常简单。

假设你有一台笔记本电脑，并希望调试，或者干脆在GPU服务器上远程运行应用程序，那么上述配置Parallel Nsight的方式正是你需要的。这种用法包括多人在不同时刻共享使用GPU服务器，或者在课堂教学中使用。也可能远程开发者需要在特设的测试服务器上运行代码，而这些服务器存有大量数据，把这些数据传回本地开发机器反而不明智。这同时意味着你不需要在每个远程服务器上安装Visual C++。

针对Linux和Mac平台的调试环境是CUDA-GDB，它提供了一个扩展的GNU调试程序包。与Parallel Nsight一样，它允许调试主机代码和CUDA代码，可以在CUDA代码中设置断点、单步跟踪和选择调试线程等。安装软件开发包时，CUDA-GDB和Visual Profiler工具是默认同时安装的，而不像Parallel Nsight需要单独下载。截至2012年，适用于Linux平台下Eclipse环境的Parallel Nsight也发布了。

Windows和Mac/Linux平台间的主要区别在于对分析工具（profiling tool）的支持。Parallel Nsight工具在这方面大大优于Visual Profiler。Visual Profiler也有Windows版本。它针对代码中的问题，提供了比较抽象的概述和建议，比较适合CUDA初学者。相比之下，Parallel Nsight则针对更高级的用户。后续章节会分别介绍Parallel Nsight和Visual Profiler。然而，本书主要使用Parallel Nsight作为GPU开发的调试/分析工具。

对于高级的CUDA开发任务，强烈建议使用Parallel Nsight进行调试和分析。对于大多数CUDA新手来说，结合Visual Profiler和CUDA-GDB也足以满足开发需要。

4.7 编译模型

英伟达编译器NVCC运行在后台，当CUDA源文件请求编译时调用。CUDA源文件或常规源文件的不同类型和含义在表4-1给出。文件扩展名决定编译时是使用NVCC还是主机编译器。

生成的可执行文件或胖二进制文件，针对不同代次的GPU会包含一个或多个二进制可执行映像。它还包含了PTX映像，允许CUDA运行时进行实时（Just-In-Tine，JIT）编译。这跟Java字节码非常相似，它针对一个虚拟的架构，在实际目标硬件上的编译环节在运行程序时进行。PTX的实时编译仅在可执行文件不包含当前运行GPU的二进制映像时发生。因此，所有未来的架构与基本的虚拟架构都是向后兼容的。即使没有在某个GPU上执行编译的程序，通过在运行时编译嵌入在可执行文件中的 PTX 代码，也可以合法运行在该 GPU 上。

跟 Java 类似，CUDA 编译支持代码托管。定义环境变量 CUDA_DEVCODE_CACHE 指向一个目录，该目录将指示运行时把编译的二进制文件保存以备后用。通常情况下，每次编译需要把 PTX 代码根据未知 GPU 的类型进行转换。采用代码托管，这种启动延时就可以避免了。

后面的章节将介绍如何查看真正的目标汇编代码，这是 PTX 翻译为目标代码的结果。

表 4-1　不同的 CUDA 文件类型

文件扩展名	含义	使用的编译器
.cu	混合了主机代码和设备代码的源文件	NVCC
.cup	对 .cu 文件进行预处理后的扩展文件	NVCC
.c, .cc, .cpp	主机 C 或 C++ 源文件	主机编译器
.ptx, .gpu	中间的虚拟汇编文件	NVCC
.cubin	GPU 代码的二进制映像	NVCC

4.8　错误处理

CUDA 的错误处理，乃至 C 语言的错误处理，都是不够好的。它们仅会执行少数运行时检查，对于很多欠考虑的事情，运行时通常也不会阻止。这会导致 GPU 程序奇怪的退出。幸运的时候，你会收到类似编译错误的错误信息。随着这方面经验的增多，你才能学会错误信息的具体含义。

几乎所有的 CUDA 函数调用，都会返回类型为 cudaError_t 的整数值。cudaSuccess 以外的任何值将代表致命错误。这通常是由于你的程序在使用前没有正确设置，或使用了已经销毁的对象。这也可能是源于 Microsoft Windows 中的 GPU 内核超时。如果你安装的 Parallel Nsight 工具没有禁用 TDR，当内核函数运行时间超过数秒钟，就会导致 GPU 内核超时（参见前文介绍）。内存越界访问也可能产生异常，输出各种错误信息到 stderr（标准错误输出）。

每个函数返回一个错误代码时，每次函数调用必须进行错误检查，并编写处理函数。这使得错误处理很麻烦，并导致高度缩进的程序代码。例如：

```
if (cudaMalloc(...) == cudaSuccess)
{
 if (cudaEventCreate(&event) == cudaSucess)
  {
  ...
  }
}
else
{
...
}
```

为了避免这种重复性的编程，本书始终使用下面的宏定义来调用 CUDA 应用程序接口：

```
#define CUDA_CALL(x) {const cudaError_t a = (x); if(a != cudaSuccess) { printf("\nCUDA
Error: %s (err_num=%d) \n", cudaGetErrorString(a), a); cudaDeviceReset(); assert(0);} }
```

这个宏允许你指定 x 为一些函数调用，例如：

```
CUDA_CALL(cudaEventCreate(&kernel_start));
```

接着创建一个临时变量 a 并把 cudaError_t 类型的函数返回值赋予它。然后检查这个值是否等于 cudaSuccess，如果不等于则说明函数调用碰到了错误。如果检测到错误，它会在屏幕上打印返回的错误外加简短的错误解释。它还使用 assert 宏，用来识别发生错误时所在的源文件及代码行，因此有助于你轻松地定位检测到的错误位置。

这种技术适用于除了内核函数调用之外的所有 CUDA 调用。内核函数是在 GPU 设备上运行的程序。它们的执行使用 <<< 和 >>>，如下所示：

```
my_kernel <<<num_blocks, num_threads>>>(param1, param2,...);
```

对于内核的错误检查，我们将使用下面的函数：

```
__host__ void cuda_error_check(const char * prefix, const char * postfix)
{
  if (cudaPeekAtLastError() != cudaSuccess)
  {
    printf("\n%s%s%s", prefix, cudaGetErrorString(cudaGetLastError()), postfix);
    cudaDeviceReset();
    wait_exit();
    exit(1);
  }
}
```

此函数应该在内核函数调用后立即执行。它会检查任何即时错误。一旦发现错误，则输出错误信息、复位 GPU，其中的 wait_exit 函数会等待用户的任一按键操作，然后退出程序。

请注意，内核函数调用与 CPU 代码是异步执行的，所以上述方法并非万无一失。异步执行表示当我们调用 cudaPeekAtLastError 时，GPU 代码正在后台运行。如果此时没有检测到错误，则不会输出错误，函数继续执行下面的代码行。通常情况下，下一条代码行是从 GPU 内存将数据复制到 CPU 内存的操作。内核函数的错误可能会导致随后的应用程序接口调用失败，一般应用程序接口的调用是紧跟内核函数调用的。针对全部的应用程序接口调用，均使用 CUDA_CALL 包裹，这种错误就会被标记出来。

也可以强制在内核函数完成后再进行错误检查，只需在 cudaPeekAtLastError 调用之前加入 cudaDeviceSynchronize 调用即可。然而，这一强制行为只能在调试版程序或者想让 CPU 在 GPU 占满时处于闲置状态时使用。学完本书，你就能明白这种同步操作适合进行调试，但会影响性能。所以，如果这些调用只是为了调试，请务必在产品代码中删去。

4.9 本章小结

现在你成功安装了 CUDA 软件开发包，其中包括 GPU 计算软件开发包样例和调试环境。你学会了生成一个简单的 GPU 计算软件开发包样例，比如 deviceQuery 工程，并在运行时利用它识别系统中的 GPU。

第 5 章

线程网格、线程块以及线程

5.1 简介

英伟达为它的硬件调度方式选择了一种比较有趣的模型，即 SPMD（单程序多数据，Single Program，Multiple Data），属于 SIMD（单指令多数据）的一种变体。从某些方面来说，这种调度方式的选择是基于英伟达自身底层硬件的实现。并行编程的核心是线程的概念，一个线程就是程序中的一个单一的执行流，就像一件衣服上的一块棉，一块块棉交织在一起织成了衣服，同样，一个个线程组合在一起就形成了并行程序。CUDA 的编程模型将线程组合在一起形成了线程束、线程块以及线程网格。本章，就让我们一起来详细了解这些概念。

5.2 线程

线程是并行程序的基本构建块。对大多数做过多核程序设计的 C 程序员而言，这个概念并不陌生。即使一个程序员从来没有在代码中发起过一个线程，起码也执行过一个线程，因为任何序列化的代码都是以单线程的方式执行的。

随着双核、四核、十六核甚至更多核的处理器的出现，我们将更多的注意力放到了程序员如何充分利用这些硬件上。除了近十年，在过去的很多年里，大多数程序员编写的程序都是单线程的，因为当时运行程序的 CPU 也是单核的。当然，你可以利用更多的硬件设备或者成千上万的商用服务器来取代少数的实力强劲的机器，从而通过集群式计算机和超级计算机的方式来尝试进行一个更高层次的并行编程。然而，这些大多仅限于一些大学和大型机构使用，一般无法提供给大众使用。

实现多线程并行很难，但实现一次执行一个任务却要简单得多。在当时，每隔几年，串行处理速度就会提升一倍，因此基本没有什么需要去进行困难的并行编程。串行编程语言 C/C++ 就在这样一个时代应运而生。直至大约十年前，这种情况发生了变化。现在，不管你接不接受，要想提高程序的速度，就必须考虑并行设计。

5.2.1 问题分解

CPU 领域的并行化是向着一个 CPU 上执行不止一个（单一线程）程序的方向发展。但这只是我们之前所提到的任务级的并行。一般而言，程序拥有比较密集的数据集，例如，视频编码。对这种程序我们可以采用数据并行模型，将任务分解成 N 个部分，每个部分单独处理，其中，N 代表可供使用的 CPU 核数。例如，你可以让每个 CPU 核计算一帧的数据，帧与帧之间没有相互的关联。又或者，你可以选择将每一帧分成 *N* 个片段，将每个片段的计算分配到每个独立的核中。

在 GPU 的领域，恰好能看到这些选择方案，当我们尝试加速渲染 3D 游戏中的现实场景时，就会采用多 GPU 的方式。你可以交替发送完整的帧数据到每个 GPU（如图 5-1）。此外，你也可以让一个 GPU 渲染屏幕不同的部分。

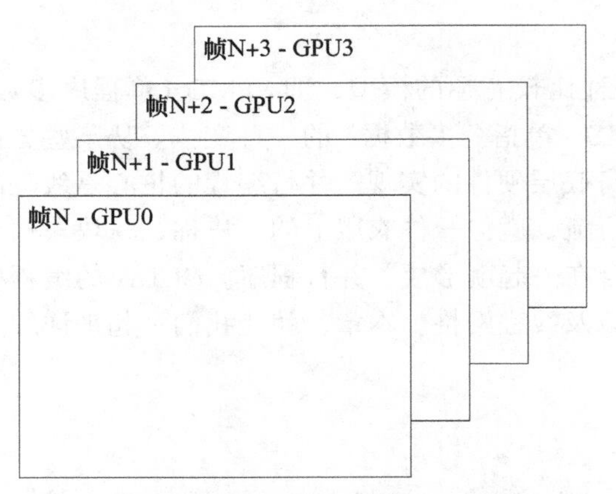

图 5-1 交替帧渲染模式与分割帧渲染模式

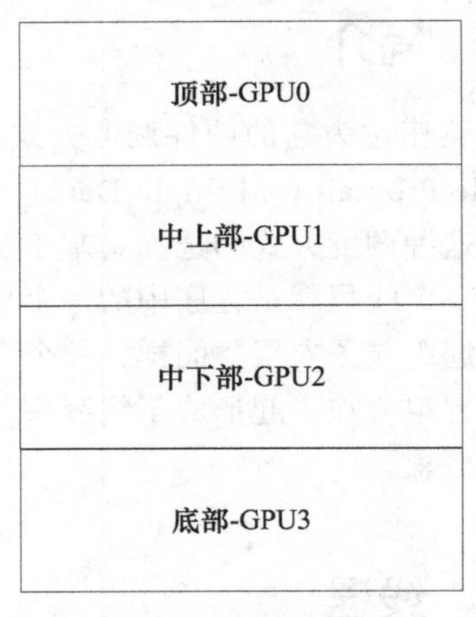

图 5-2 粗粒度并行化

然而，这里有一点需要我们来权衡。如果数据集是独立的，通过向 GPU（或者 CPU）提供需要计算的子数据集，我们可以只需要很小的内存来传递少量的数据。如果使用分割帧渲染模式（SFR），那么对于渲染地面的 GPU3 来说，就没有必要去知道渲染天空的 GPU0 里面的数据内容。然而，在实际场景渲染中，有时地面上可能会有一些飞行物的影子，地面的照明度也会随着一天中时间的不同而发生变化。如果出现这种情况，由于共享数据的存在，此时使用交替帧渲染模式（Alternate Frame Rendering，AFR）可能对渲染更有益。

此处所说的 SFR 是根据粗粒度的并行度来划分的，就是以某种方式将大块的数据分配到 N 个强劲的设备中，在数据处理之后又将它们重构成一整块。当我们为一个并行环境设计应用程序时，这一步的选择非常重要，它将严重影响到程序的性能。通常，最好的选择与所使用的设备密切相关。在后文中，你将看到多个贯穿全书的应用程序。

当只有数量较少的强劲设备时，例如在 CPU 上，我们的中心议题是解决平均分配工作量的问题。当然，这个问题很好解决，因为毕竟设备的数量较少。但如果像 GPU 那样拥有大量较小设备时，尽管也能很好的平均工作量，但我们却需要花大量的精力在同步和协调上。

世界经济有宏观（大规模）和微观（小规模）经济，相应地，并行也有粗粒度的和细粒度的并行。然而，只有在那些支持大量线程的设备上才能真正实现细粒度的并行，例如，GPU。相比之下，CPU 同样支持线程，但伴随着大量的开销，因此它只适合解决粗粒度的并行问题。CPU 与 GPU 不同，它遵从多指令多数据（MIMD）模型，即它可以支持多个独立的指令流。这是一种更加灵活的方式，但由于这种方式是获取多个独立的指令流，而不是平摊多个处理器的单指令流，因此它会带来额外的开销。

在此背景下，让我们来考虑用一个图像校正函数来增强数码照片的亮度。如果在 GPU 上，你可能会为照片上的每个像素点分配一个线程。但如果是在一个四核的 CPU 上，你可能会为每个 CPU 核分配照片的 1/4 图像的数据进行处理。

5.2.2 CPU 与 GPU 的不同

GPU 和 CPU 设备的架构是迥异的。CPU 的设计是用来运行少量比较复杂的任务。GPU 的设计则是用来运行大量比较简单的任务。CPU 的设计主要是针对执行大量离散而不相关任务的系统。而 GPU 的设计主要是针对解决那些可以分解成成千上万个小块并可独立运行的问题。因此，CPU 适合运行操作系统和应用程序软件，即便有大量的各种各样的任务，它也能够在任何时刻妥善处理。

CPU 与 GPU 支持线程的方式不同。CPU 的每个核只有少量的寄存器，每个寄存器都将在执行任何已分配的任务中被用到。为了能执行不同的任务，CPU 将在任务与任务之间进行快速的上下文切换。从时间的角度来看，CPU 上下文切换的代价是非常昂贵的，因为每一次上下文切换都要将寄存器组里的数据保存到 RAM 中，等到重新执行这个任务时，又从 RAM 中恢复。相比之下，GPU 同样用到上下文切换这个概念，但它拥有多个寄存器组而不是单个寄存器组。因此，一次上下文切换只需要设置一个寄存器组调度者，用于将当前寄存器组里的内容换进、换出，它的速度比将数据保存到 RAM 中要快好几个数量级。

CPU 和 GPU 都需要处理失速状态。这种现象通常是由 I/O 操作和内存获取引起的。CPU 在上下文切换的时候会出现这种现象。假定此时有足够多的任务，线程的运行时间也较长，那么它将正常地运转。但如果没有足够多的程序使 CPU 处于忙碌状态，它就会闲置。如果此时有很多小任务，每一个都会在一小段时间后阻塞，那么 CPU 将花费大量的时间在上下文切换上，而只有少部分时间在做有用的工作。CPU 的调度策略是基于时间分片，将时间平均分配给每个线程。一旦线程的数量增加，上下文切换的时间百分比就会增加，那么效率就会急剧的下降。

GPU 就是专门设计用来处理这种失速状态，并且预计这种现象会经常发生。GPU 采用的是数据并行的模式，它需要成千上万的线程，从而实现高效的工作。它利用有效的工作池来保证一直有事可做，不会出现闲置状态。因此，当 GPU 遇到内存获取操作或在等待计算结果时，流处理器就会切换到另一个指令流，而在之后再执行之前被阻塞的指令。

CPU 和 GPU 的一个主要差别就是每台设备上处理器数量的巨大差异。CPU 是典型的双核或者四核设备。也就是说它有一定数量的执行核可供程序运行。而目前费米架构的 GPU

拥有16个SM（流多处理器），每个SM可看作是CPU的一个核。CPU通常运行的是单线程的程序，即它的每个核的每次迭代仅计算一个数据。然而，GPU默认就是并行的模式，它的SM每次可同时计算32个数而不是像CPU那样只计算一个数，因此，相对于一个四核的CPU来说，GPU的核数目就是其4倍，数据的吞吐量则是其32倍。当然，你可能会说CPU也可以使用所有的可供使用的计算核，以及像MMX、SSE和AVX那样的指令扩展集，但问题是又有多少CPU程序使用了这种扩展集呢。

GPU为每个SM提供了唯一并且高速的存储器，即共享内存。从某些方面来说，共享内存使用了连接机和cell处理器的设计原理，它为设备提供了在标准寄存器文件之外的本地工作区。自此，程序员可以安心地将数据留在内存中，不必担心由于上下文切换操作需要将数据移出去。另外，共享内存也为线程之间的通讯提供了重要机制。

5.2.3 任务执行模式

任务执行的模式主要有两种。一种基于锁步（lock-step）思想，执行N个SP（流处理器）组，每个SP都执行数据不同的相同程序。另一种则是利用巨大的寄存器文件，使线程的切换高效并且达到零负载。GPU能支持大量的线程就是按照这种方式设计的。

所谓的锁步原则到底是什么？指令队列中的每条指令都会分配到SM的每个SP中。每个SM就相当于嵌入了*N*个计算核心（SP）的处理器。

传统的CPU会将一个单独的指令流分配到每个CPU核心中，而GPU所用的SPMD模式是将同一条指令送到N个逻辑执行单元，也就是说GPU只需要相对于传统的处理器1/N的指令内存带宽。这与许多高端的超级计算机中的向量处理器或单指令多数据处理器很相似。

然而，这样做并不就意味着没有开销。通过后面的学习我们将看到，当N个线程执行相同的控制流，如果程序未遵循整齐的执行流，对于每一个分支而言，将会增加额外的执行周期。

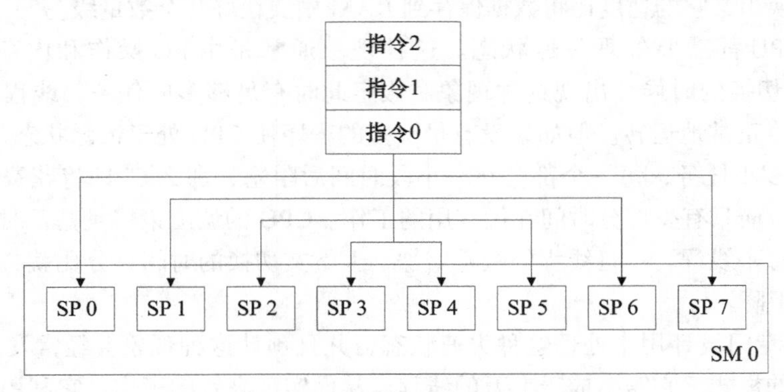

图5-3 锁步指令分配

5.2.4 GPU线程

现在，我们再回过头来看看线程。首先，来看一段代码，从编程的角度看看它有什么意义。

```
void some_func(void)
{
  int i;

  for (i=0;i<128;i++)
  {
    a[i] = b[i] * c[i];
  }
}
```

这段代码很简单。它让数组 b 和数组 c 中下标相同的元素进行相乘，然后将所得的结果保存到相同下标的数组 a 中。串行代码需要 128 次 for 循环（从 0 ~ 127）。而在 CUDA 中，我们可以将这段代码直接转换成用 128 个线程，每个线程都执行下面这段代码：

```
a[i] = b[i] * c[i];
```

由于循环中每一轮计算与下一轮计算之间没有依赖，因此将这段代码转换成并行程序非常简单。这种并行转换叫做循环并行化。这种并行化是另一种流行的并行语言扩展——OpenMP 的基础。

在一个四核的 CPU 上，你可以将此计算任务平均分成四部分，让 CPU 的第一个核计算数组下标为 0 ~ 31 的元素，第二个核计算下标为 32 ~ 63 的元素，第三个核计算下标为 64 ~ 95 的元素，第四个核计算下标为 96 ~ 127 的元素。有些编译器自动就可以做这样的并行划分，而有些则需要程序员在程序中指出哪些循环需要并行。其中，Intel 的编译器就非常擅长此道。这种编译器可以按照这种方式，而不是通过增加线程数量的方式，产生嵌入式 SSE 指令以使循环矢量化。GPU 的并行模式与我们所说的这两种并行模式相差并不太多。

在 CUDA 中，你可以通过创建一个内核函数的方式将循环并行化。所谓的内核函数，就是一个只能在 GPU 上执行而不能直接在 CPU 上执行的函数。按照 CUDA 的编程模式，CPU 将主要处理它所擅长的串行代码。当遇到密集计算的代码块时，CPU 则将任务交给 GPU，让 GPU 利用它超强的计算能力来完成密集计算。应该还有人记得 CPU 曾经搭载浮点协处理器的那段时光吧，应用程序在装有浮点协处理器的机器进行大量的浮点计算异常的快。而 GPU 也是如此，它们就是用来加速程序中运算密集的模块的。

从概念上看，GPU 的内核函数和循环体是一样，只不过将循环的结构移除了。下面这段代码就是一个内核函数：

```
__global__ void some_kernel_func(int * const a, const int * const b, const int * const c)
{
  a[i] = b[i] * c[i];
}
```

仔细观察你会发现循环结构没有了，循环控制变量 i 也没有了。除此之外，在 C 的函数前面还多了一个 __global__ 的前缀。__global__ 前缀是告诉编译器在编译这个函数的时候生成的是 GPU 代码而不是 CPU 代码，并且这段 GPU 代码在 CPU 上是全局可见的。

CPU 和 GPU 有各自独立的内存空间，因此在 GPU 代码中，不可以直接访问 CPU 端的参数，反过来在CPU代码中，也不可以直接访问GPU端的参数。稍后，我们将介绍一种特殊的方法来解决这个问题。现在，我们只需要知道它们是在不同的存储空间。因此，我们之前申明的全局数组a，b，c全是在CPU端的内存中，GPU端的代码是无法直接访问的，所以我们必须在GPU端的内存中也声明这几个数组，然后将数据从CPU端复制到GPU端，以GPU内存指针的方式传递给GPU的内存空间进行读写操作，在计算完毕之后，再将计算的结果复制回CPU端。这些步骤我们会在之后的章节中做一一详解。

下一个问题是，i不再是循环控制变量，而是用来标识当前所运行的线程的一个变量。在此，我们将以线程的形式创建128个该函数的实例，而CUDA则提供了一个特殊的变量，它在每个线程中的值都不一样，使得它可以标识每一个线程。这就是线程的索引，即线程ID。我们可以直接将这个线程标号用作数组的下标对数组进行访问。这和MPI中获取程序优先级很相似。

线程的信息是由一个结构体存储的。在这个例子中，我们只用到了这个结构体中的一个元素，因此，我们将它保存到一个名为thread_idx变量中，以避免每次都访问这个结构体。具体代码如下：

```
__global__ void some_kernel_func(int * const a, const int * const b, const int * const c)
{
  const unsigned int thread_idx = threadIdx.x;
  a[thread_idx] = b[thread_idx] * c[thread_idx];
}
```

注意，有些人可能会使用idx或tid来保存线程的标号，因为这样更加简短方便。

如此一来，线程0中的thread_idx值为0，线程1的为1，依此类推，线程127中的thread_idx值为127。每个线程都进行了两次读内存操作，一次乘法操作，一次存储操作，然后结束。我们注意到，每个线程执行的代码是一样的，但是数据却不相同。这就是CUDA的核心——SPMD模型。

在OpenMP和MPI中，你可能找到与这相似的代码块。对一个给定的循环迭代，将线程标号或线程优先级提取出来并分配给每一个线程，然后在数据集中作为下标使用。

5.2.5 硬件初窥

现在我们知道每个SM中有N个核，那么我们该如何运行128个线程？与CPU很相似，GPU的每个线程组被送到SM中，然后N个SP开始执行代码。在得到每个线程的标号之后的第一件事就是从数组b和数组c中各取一个数然后进行乘法运算。不幸的是，这不是立即发生的。实际上，当从存储子系统取得所需要的数之后，已经过去了400 ~ 600个GPU时钟周期。在这期间，这一组中的N个线程都将挂起。

事实上，线程都是以每32个一组，当所有32个线程都在等待诸如内存读取这样的操作时，它们就会被挂起。术语上，这些线程组叫做线程束（32个线程）或半个线程束（16个线程），这个概念在后面的内容中将会介绍。

因此，我们可以将这 128 个线程分成 4 组，每组 32 个线程。首先让所有的线程提取线程标号，计算得到数组地址，然后发出一条内存获取的指令（如图 5-4 所示）。接着下一条指令是做乘法，但这必须是在从内存读取数据之后。由于读取内存的时间很长，因此线程会挂起。当这组中的 32 个线程全部挂起，硬件就会切换到另一个线程束。

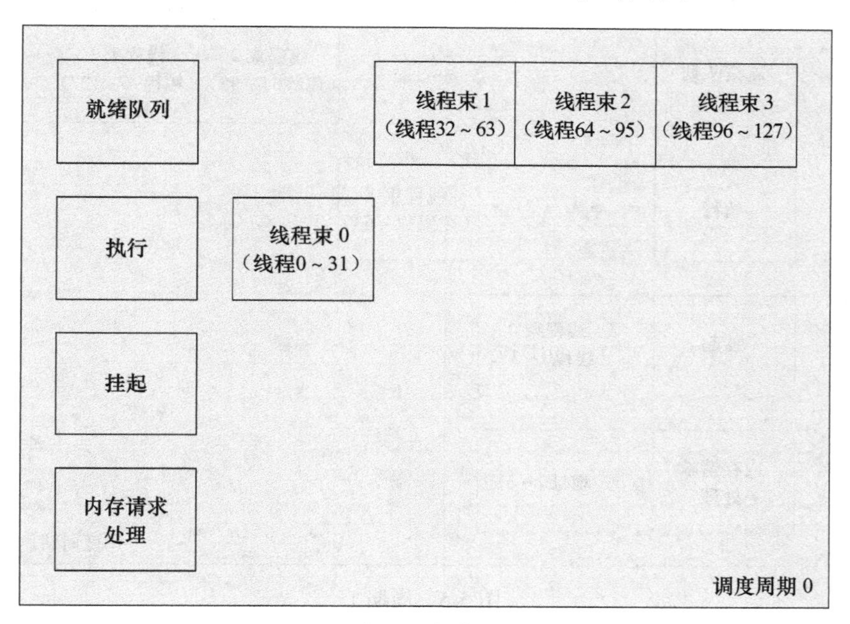

图 5-4 周期 0

在图 5-5 中我们可以看到，当线程束 0 由于内存读取操作而挂起时，线程束 1 就成为了正在执行的线程束。GPU 一直以此种方式运行直到所有的线程束到成为挂起状态（如图 5-6 所示）。

当连续的线程发出读取内存的指令时，读取操作会被合并或组合在一起执行。由于硬件在管理请求时会产生一定的开销，因此这样做将减少延迟（响应请求的时间）。由于合并，内存读取会返回整组线程所需要的数据，一般可以返回整个线程束所需要的数据。

在完成内存读取之后，这些线程将再次置成就绪状态，当再次遇到阻塞操作时，例如另一个线程束进行内存读取，GPU 可能将这个线程束用作另一块内存的读取。

当所有的线程束（每组 32 个线程）都在等待内存读取操作完成时，GPU 将会闲置。但到达某个时间点之后，GPU 将从存储子系统返回一个内存块序列，并且这个序列的顺序通常与发出请求的顺序是一致的。

假设数组下标为 0 ~ 31 的元素在同一时间返回，线程束 0 进入就绪队列。如果当前没有任何线程束正在执行，则线程束 0 将自动进入执行状态（如图 5-4 所示）。渐渐地其他所有挂起的线程束也都完成了内存读取操作，紧接着它们也会返回到就绪队列。

一旦线程束 0 的乘法指令执行完毕，它就只剩下一条指令需要执行，即将计算得到的结果写入相同下标的数组 a 中。由于再没有依赖该操作的其他指令，线程束 0 全部执行完毕然后消亡。其他的线程束也像这样，最终发出一条写数据的请求，完成之后便消亡。当所有的线程束都消亡之后，整个内核函数也就结束了，最终将控制返回到 CPU 端。

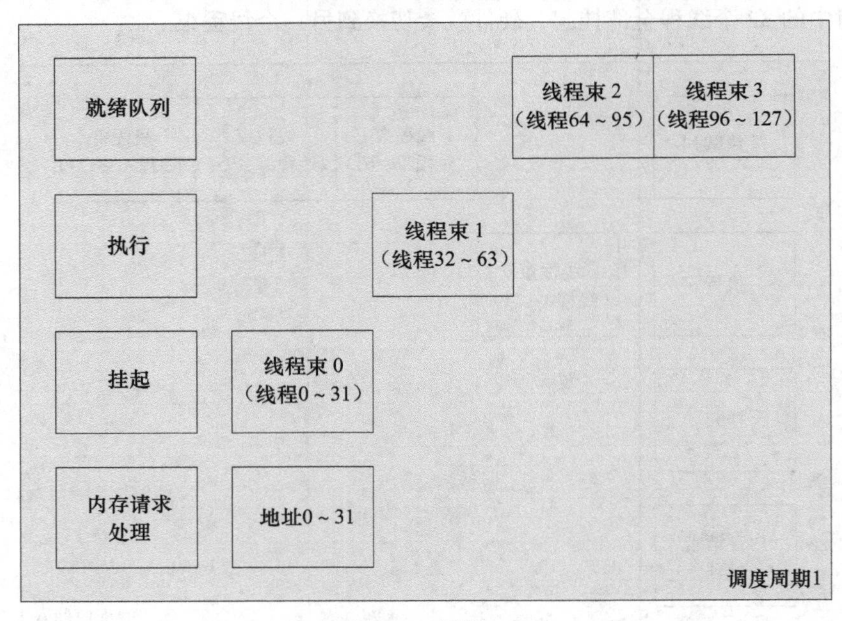

图 5-5　周期 1

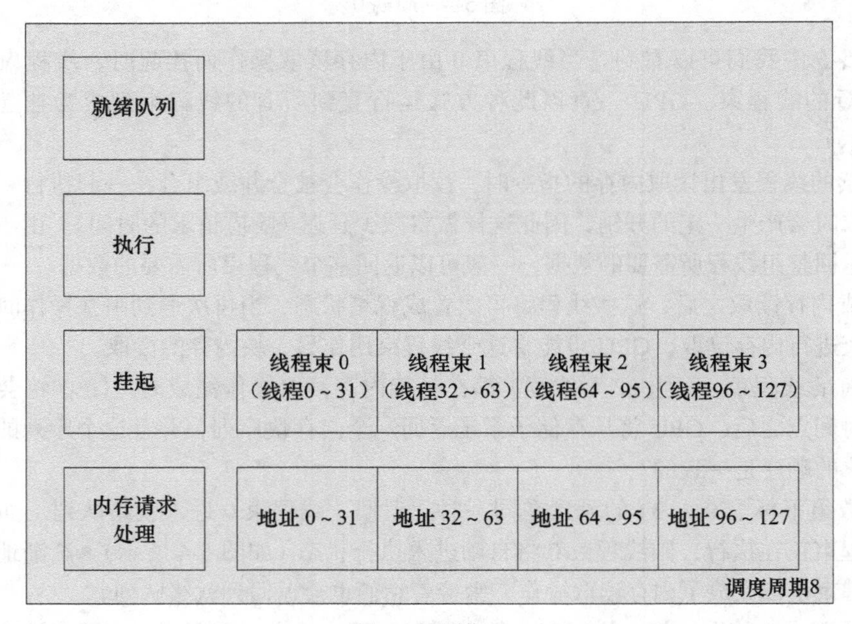

图 5-6　周期 8

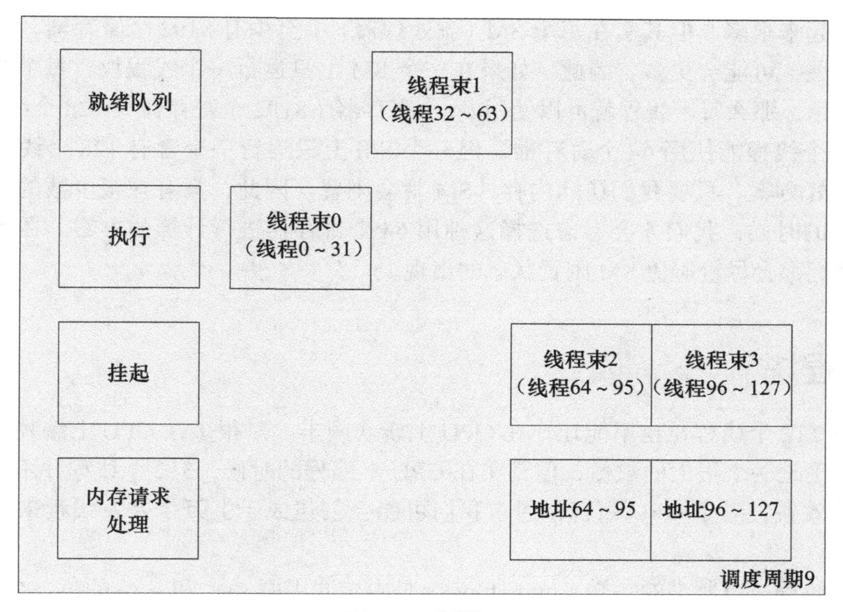

图 5-7 周期 9

5.2.6 CUDA 内核

现在，我们来仔细介绍一下如何调用一个内核。CUDA 专门定义了一个 C 语言的扩展用以调用内核。牢记，一个内核仅仅是一个运行在 GPU 上的函数。调用内核时必须按照以下语法：

```
kernel_function<<<num_blocks, num_threads>>>(param1, param2, ...)
```

一个内核函数中可以传递很多参数，至于如何传递，我们稍后再进行详细介绍。现在，我们来看看另外两个比较重要的参数，num_blocks 与 num_threads。它们可以是实参也可以是形参。在这里，建议使用变量，因为在之后进行性能调优时用起来更加方便。

参数 num_blocks 现在还没涉及，在下一节中我们将进行详细的介绍。现在我们只需保证至少有一个线程块。

参数 num_threads 表示执行内核函数的线程数量。在这个例子中，线程数目即循环迭代的次数。然而，由于受到硬件的限制，早期的一些设备在一个线程块中最多支持 512 个线程，而在后期出现的一些设备中则最多可支持 1024 个线程。本例中，我们无须担心这个问题，但对任何现实的项目而言，这个问题必须注意。在接下来的小节中我们将介绍如何来解决这个问题。

内核调用的下一部分是参数的传递。我们可以通过寄存器或常量内存来进行参数传递，而具体是哪一种方式则视编译器而定。如果使用寄存器传参，每个线程用一个寄存器来传递一个参数。如果现在有 128 个线程，每个线程传递 3 个参数，那么就需要 3 × 128=384 个寄存器。这听起来很多，但其实在每个 SM（流处理器）中至少有 8192 个寄存器，而且随着后续硬件的发展，可能会更多。因此，如果在一个 SM 上只运行一个线程块，每个线程块中只有 128 个线程，那么每个线程就可以使用 64 个寄存器（8192 个寄存器 ÷ 128 个线程）。

尽管每个线程能使用 64 个寄存器，但一个 SM 上只运行一个含有 128 个线程的线程块并不是一个好方案。只要我们访问内存，SM 就会闲置。因此，只有在很少数的情况下，运算强度很强的时候，我们才会考虑选择这种用 64 个寄存器进行计算的方案。在实际的编程过程中，我们都会尽量避免 SM 闲置状态的出现。

5.3 线程块

即使有 512 个线程，也不能让你在 GPU 上斩获颇丰。对很多在 CPU 上编程的编程人员来说，这似乎是一个很大的数量，但其实在 GPU 上编程的时候，512 个线程并不一定会让你获得很高的效益，对于 GPU 而言，通常我们可能会创建成千上万个并发线程来实现设备上的高吞吐量。

与前面线程一节所讲的一样，num_blocks 是内核调用中 <<< 和 >>> 的第一个参数：

```
kernel_function<<<num_blocks, num_threads>>>(param1, param2,.....)
```

如果我们将这个参数从 1 修改成 2，那么就是告诉 GPU 硬件，我们将启动两倍于之前线程数量的线程，例如：

```
some_kernel_func<<< 2, 128 >>>(a, b, c);
```

这将会调用名为 some_kernel_func 的 GPU 函数共 2 × 128 次，每次都是不同的线程。然而，这样做通常会使 thread_idx 参数的计算变得更加复杂，而 thread_idx 通常又用来表示数组的位置下标。因此，我们之前简单的内核就要稍作调整：

```
__global__ void some_kernel_func(int * const a, const int * const b, const int * const c)
{
  const unsigned int thread_idx = (blockIdx.x * blockDim.x) + threadIdx.x;

  a[thread_idx] = b[thread_idx] * c[thread_idx];
}
```

为了计算 thread_idx 这个参数，我们必须考虑线程块的数量。对第一个线程块而言，blockIdx.x 是 0，因此 thread_idx 直接就等于之前使用过的 threadIdx.x，然而，对于第二个线程块而言，它的 blockIdx.x 的值是 1，blockDim.x 表示本例中所要求的每个线程块启动的线程数量，它的值是 128，那么对第二个线程块而言，在计算 thread_idx 时，要在 threadIdx.x 的基础上加上一个 1 × 128 线程的基地址。

不知道你有没有注意到，在介绍线程块加一个基地址的时候有一个错误？现在我们一共启动了 256 个线程，数组的下标是 0 ~ 255，如果不更改数组的大小，那么第 128 个元素 ~ 256 个元素，将会出现元素访问和写入越界的问题。这种数组越界错误是不会被编译器发现的，程序代码也会根据数组 a 边界之外的内容来正常执行，因此在调用内核函数的时候要尽量小心，避免这种内存越界访问错误。

对这个例子而言，我们使用一个 128 字节大小的数组，并将启动的两个线程块中的每个线程块的线程数量改成 64：

```
some_kernel_func<<< 2, 64 >>>(a, b, c);
```

你可以从图 5-8 中看到它的表示。

线程块0 线程束0 （线程0 ~ 31）	线程块0 线程束1 （线程32 ~ 63）	线程块1 线程束0 （线程64 ~ 95）	线程块1 线程束1 （线程96 ~ 127）

地址 0 ~ 31	地址 32 ~ 63	地址 64 ~ 95	地址 96 ~ 127

图 5-8　线程块映射的地址空间

注意，尽管我们启动了两个线程块，但 thread_idx 这个参数依然同之前一样等于数组的下标。那么，我们使用线程块的意义究竟在哪？在这个简单的例子中，很明显，没有什么意义。但是在很多现实问题中，我们将不仅仅只处理 512 个元素，很可能更多。事实上，查看线程块的数量限制，你会发现可以使用 65 536 个线程块。

如果使用 65 536 个线程块，每个线程块启动 512 个线程，那么我们一共可以调度 33 554 432（大约 3350 万）个线程。如果每个线程块启动 512 个线程，那么每个 SM 最多可以处理 3 个线程块。事实上，这个限制是基于每个 SM 最多能处理的线程数量。在最新的费米架构的硬件上，每个 SM 每次最多能执行 1536 个线程，而在 G80 的硬件上，只能执行 768 个线程。

如果你打算在费米架构的硬件上每个线程块调度 1024 个线程，那么 65 536 个线程块一共就能调度接近 6400 万个线程，但很不幸的是，如果每个线程块是 1024 个线程，那每个 SM 每次最多运行一个线程块。造成的结果是，除非每个 SM 分配执行的线程块数量是一个以上，否则在单个 GPU 上你将需要 65 536 个 SM 来执行你的程序。目前，在任何 GPU 上 SM 的最大数目都是 30。因此，在线程块需要的 SM 数量超出硬件支持的 SM 数量之前，CUDA 提供了一定的处理机制。这正是 CUDA 的迷人之处——它能扩展为上千个执行单元。并行的极限仅受限于应用程序可以分解的并行程度。

假定现在有 6400 万个线程，每个线程处理数组的一个元素，那么一共可以处理 6400 万个数组元素。假定数组的每个元素都是一个单精度的浮点数，那么每个元素占 4 个字节，总共大约需要 2 亿 5600 万个字节，即约 256MB 数据存储空间。而几乎所有的 GPU 都至少支持这个大小的内存空间。因此，仅使用线程和线程块就可以达到相当大量的并行性和数据覆盖。

很多人会担心大规模数据集问题。它们可能是 GB 级、TB 级，甚至 PB 级的大规模数据。

对于这类问题，这里提供多个解决方案。我们通常会选择一个线程处理多个元素或者使用线程块的其他维度来处理。接下来的小节我们将会进行详细介绍。

线程块的分配

为了确保能够真正地了解线程块的分配，接下来我们写一个简短的内核程序来输出线程块、线程、线程束和线程全局标号到屏幕上。现在，除非你使用的是 3.2 版本以上的 SDK，否则内核中是不支持 printf 的。因此，我们可以将数据传送回 CPU 端然后输出到控制台窗口，内核的代码如下：

```
__global__ void what_is_my_id(unsigned int * const block,
                              unsigned int * const thread,
                              unsigned int * const warp,
                              unsigned int * const calc_thread)
{
  /* Thread id is block index * block size + thread offset into the block */
  const unsigned int thread_idx = (blockIdx.x * blockDim.x) + threadIdx.x;

  block[thread_idx] = blockIdx.x;
  thread[thread_idx] = threadIdx.x;

  /* Calculate warp using built in variable warpSize */
  warp[thread_idx] = threadIdx.x / warpSize;

  calc_thread[thread_idx] = thread_idx;
}
```

在 CPU 端，我们需要执行下面的一部分代码来为数组在 GPU 上分配内存以及将算好的数组数据从 GPU 端复制回来并在 CPU 端显示。

```
#include <stdio.h>
#include <stdlib.h>
#include <conio.h>

__global__ void what_is_my_id(unsigned int * const block,
               unsigned int * const thread,
               unsigned int * const warp,
               unsigned int * const calc_thread)
{
  /* Thread id is block index * block size + thread offset into the block */
  const unsigned int thread_idx = (blockIdx.x * blockDim.x) + threadIdx.x;

  block[thread_idx] = blockIdx.x;
  thread[thread_idx] = threadIdx.x;

  /* Calculate warp using built in variable warpSize */
  warp[thread_idx] = threadIdx.x / warpSize;

  calc_thread[thread_idx] = thread_idx;
}
```

```
#define ARRAY_SIZE 128
#define ARRAY_SIZE_IN_BYTES (sizeof(unsigned int) * (ARRAY_SIZE))

/* Declare statically four arrays of ARRAY_SIZE each */

unsigned int cpu_block[ARRAY_SIZE];
unsigned int cpu_thread[ARRAY_SIZE];
unsigned int cpu_warp[ARRAY_SIZE];
unsigned int cpu_calc_thread[ARRAY_SIZE];

int main(void)
{
  /* Total thread count = 2 * 64 = 128 */
  const unsigned int num_blocks = 2;
  const unsigned int num_threads = 64;
  char ch;

  /* Declare pointers for GPU based params */
  unsigned int * gpu_block;
  unsigned int * gpu_thread;
  unsigned int * gpu_warp;
  unsigned int * gpu_calc_thread;

  /* Declare loop counter for use later */
  unsigned int i;

  /* Allocate four arrays on the GPU */
  cudaMalloc((void **)&gpu_block, ARRAY_SIZE_IN_BYTES);
  cudaMalloc((void **)&gpu_thread, ARRAY_SIZE_IN_BYTES);
  cudaMalloc((void **)&gpu_warp, ARRAY_SIZE_IN_BYTES);
  cudaMalloc((void **)&gpu_calc_thread, ARRAY_SIZE_IN_BYTES);

  /* Execute our kernel */
  what_is_my_id<<<num_blocks, num_threads>>>(gpu_block, gpu_thread, gpu_warp,
                                              gpu_calc_thread);

 /* Copy back the gpu results to the CPU */
   cudaMemcpy(cpu_block, gpu_block, ARRAY_SIZE_IN_BYTES,
             cudaMemcpyDeviceToHost);
   cudaMemcpy(cpu_thread, gpu_thread, ARRAY_SIZE_IN_BYTES,
             cudaMemcpyDeviceToHost);
   cudaMemcpy(cpu_warp, gpu_warp, ARRAY_SIZE_IN_BYTES,
             cudaMemcpyDeviceToHost);
   cudaMemcpy(cpu_calc_thread, gpu_calc_thread, ARRAY_SIZE_IN_BYTES,
             cudaMemcpyDeviceToHost);

   /* Free the arrays on the GPU as now we're done with them */
   cudaFree(gpu_block);
   cudaFree(gpu_thread);
   cudaFree(gpu_warp);
   cudaFree(gpu_calc_thread);
```

```
    /* Iterate through the arrays and print */
    for (i=0; i < ARRAY_SIZE; i++)
    {
      printf("Calculated Thread: %3u - Block: %2u - Warp %2u - Thread %3u\n",
        cpu_calc_thread[i], cpu_block[i], cpu_warp[i], cpu_thread[i]);
    }
    ch = getch();
}
```

在这个例子中，我们可以看到线程块按照线程块的编号紧密相连。由于处理的是一维数组，所以我们对线程块采用相同的布局便可简单解决问题。以下是此程序的输出结果：

```
Calculated Thread: 0 - Block: 0 - Warp 0 - Thread 0
Calculated Thread: 1 - Block: 0 - Warp 0 - Thread 1
Calculated Thread: 2 - Block: 0 - Warp 0 - Thread 2
Calculated Thread: 3 - Block: 0 - Warp 0 - Thread 3
Calculated Thread: 4 - Block: 0 - Warp 0 - Thread 4
…
Calculated Thread: 30 - Block: 0 - Warp 0 - Thread 30
Calculated Thread: 31 - Block: 0 - Warp 0 - Thread 31
Calculated Thread: 32 - Block: 0 - Warp 1 - Thread 32
Calculated Thread: 33 - Block: 0 - Warp 1 - Thread 33
Calculated Thread: 34 - Block: 0 - Warp 1 - Thread 34
…
Calculated Thread: 62 - Block: 0 - Warp 1 - Thread 62
Calculated Thread: 63 - Block: 0 - Warp 1 - Thread 63
Calculated Thread: 64 - Block: 1 - Warp 0 - Thread 0
Calculated Thread: 65 - Block: 1 - Warp 0 - Thread 1
Calculated Thread: 66 - Block: 1 - Warp 0 - Thread 2
Calculated Thread: 67 - Block: 1 - Warp 0 - Thread 3
…
Calculated Thread: 94 - Block: 1 - Warp 0 - Thread 30
Calculated Thread: 95 - Block: 1 - Warp 0 - Thread 31
Calculated Thread: 96 - Block: 1 - Warp 1 - Thread 32
Calculated Thread: 97 - Block: 1 - Warp 1 - Thread 33
Calculated Thread: 98 - Block: 1 - Warp 1 - Thread 34
Calculated Thread: 99 - Block: 1 - Warp 1 - Thread 35
Calculated Thread: 100 - Block: 1 - Warp 1 - Thread 36
…
Calculated Thread: 126 - Block: 1 - Warp 1 - Thread 62
Calculated Thread: 127 - Block: 1 - Warp 1 - Thread 63
```

正如我们计算的那样，线程索引是 0 ~ 127。一共有两个线程块，每个线程块包含 64 个线程，每个线程块内部线程的索引为 0 ~ 63。一个线程块包含两个线程束。

5.4 线程网格

一个线程网格是由若干线程块组成的，每个线程块是二维的，拥有 X 轴与 Y 轴。此时，每次最多能开启 Y × X × T 个线程。现在，我们用一个实例来进行深入理解。为简单起见，我们限制 Y 轴方向只有一行线程。

假设我们现在正在看一张标准高清图片，这张图片的分辨率为 1920 × 1080。通常线程块中线程数量最好是一个线程束大小的整数倍，即 32 的整数倍。由于设备是以整个线程束为单位进行调度，如果我们不把线程块上的线程数目设成 32 的整数倍，则最后一个线程束中有一部分线程是没有用的，因此我们必须设置一个限制条件进行限制，防止处理的元素超出 X 轴方向上所规定的范围。在接下来的内容中我们会看到，如果不这样做，程序的性能将会降低。

为了防止不合理的内存合并，我们要尽量做到内存的分布与线程的分布达到一一映射的关系。如果我们没能做到这点，程序的性能可能会降低 5 倍或者更多。有关内存分配的内容，我们将会在下一章进行详细的介绍。

在程序中，要尽量避免使用小的线程块，因为这样做无法充分利用硬件。在本例中，我们将在每个线程块上开启 192 个线程。通常，192 是我们所考虑的最少的线程数目。每个线程块 192 个线程，我们很容易算出处理一行图像需要 10 个线程块（如图 5-9 所示）。在这里，选择 192 这个数是因为 X 轴方向处理的数据大小 1920 是它的整数倍，192 又是线程束大小的整数倍，这使我们的编程变得更加方便。在实际编程中，我们也要尽量做到这一点。

0 192 384 576 768 960 1152 1344 1536 1728 1920

	0	192	384	576	768	960	1152	1344	1536	1728
行0	线程块 0	线程块 1	线程块 2	线程块 3	线程块 4	线程块 5	线程块 6	线程块 7	线程块 8	线程块 9
行1	线程块 10	线程块 11	线程块 12	线程块 13	线程块 14	线程块 15	线程块 16	线程块 17	线程块 18	线程块 19
行2	线程块 20	线程块 21	线程块 22	线程块 23	线程块 24	线程块 25	线程块 26	线程块 27	线程块 28	线程块 29
行…										
行1079	线程块 10 790	线程块 10 791	线程块 10 792	线程块 10 793	线程块 10 794	线程块 10 795	线程块 10 796	线程块 10 797	线程块 10 798	线程块 10 799

图 5-9 按行分布的线程块

在 X 轴方向的顶部我们可以得到线程的索引，在 Y 轴方向我们可以得到行号。由于每一行只处理了一行像素，每一行有 10 个线程块，因此我们需要 1080 行来处理整张图片，一共 1080 × 10=10 800 个线程块。按照这种一个线程处理一个像素的方式，每个线程块开启 192 个线程，我们一共调度了两百多万个线程。

当我们对单个像素或数据进行单一处理，或者对同一行的数据进行处理时，这种特殊的布局方式是很有用的。在当前费米架构的硬件上，一个 SM 可以处理 8 个线程块，所以上述程序从应用层的角度来说一共需要 1350 个（总共 10 800 个线程块 ÷ 每个 SM 能调度的 8 个线程块）SM 来完全实现并行。但当前费米架构的硬件只有 16 个 SM 可供使用（GT × 580），即每个 SM 将被分配 675 个线程块进行处理。

上述这个例子很简单，数据分布整齐，因此我们很容易就找出了一个好的解决方案，但如果我们的数据不是基于行的，该如何操作呢？由于数组的存在，数据往往可能不是一维的。这时，我们可以使用二维的线程块。例如，在很多的图像算法中使用了 8 × 8 线程块来处理像素。这里使用像素来进行讲解是因为它们形象直观，更加容易让人理解。而现实中，处理的数据并不一定是基于像素的，也有可能是一个像素的红、绿、蓝三种成分。你可以将其看做一个包含 X、Y 与 Z 轴的空间坐标系下的一个点，也可以用一个二维或者三维的矩阵来存储数据。

5.4.1 跨幅与偏移

为了让 C 语言中的数组也能很好地进行映射，线程块也可以看作是一个二维的结构。然而，对于一个二维的线程块，我们需要提出一些新的概念。就像数组的索引一样，要为一个二维数组的 Y 元素进行索引编号，就必须知道数组的宽度，即 X 元素的数目。如图 5-10 所给的数组。

数组元素0 X = 0 Y = 0	数组元素1 X = 1 Y = 0	数组元素2 X = 2 Y = 0	数组元素3 X = 3 Y = 0	数组元素4 X = 4 Y = 0
数组元素5 X = 0 Y = 1	数组元素6 X = 1 Y = 1	数组元素7 X = 2 Y = 1	数组元素8 X = 3 Y = 1	数组元素9 X = 4 Y = 1
数组元素10 X = 0 Y = 2	数组元素11 X = 1 Y = 2	数组元素12 X = 2 Y = 2	数组元素13 X = 3 Y = 2	数组元素14 X = 0 Y = 2

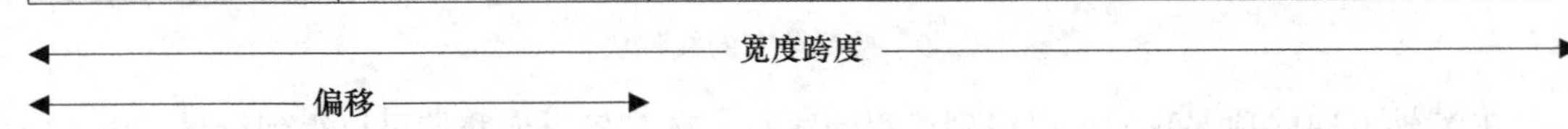

图 5-10 数组元素的映射

数组的宽度也就是存储访问的跨度。偏移即所访问的数据列标号的值，从左开始，第一个总是元素 0。因此，如果要访问数组元素 5 则需要通过索引 [1][5]，或者通过地址计算 (行号 × 数组元素大小 × 数组宽度 + 数组元素大小 × 偏移量)。这种计算方式一般是编译器使用的，一般在编写 C 的代码中，在对多维数组进行下标计算时，为了优化，才使用这种方式。

但是，这和 CUDA 中的线程与线程块到底有什么联系？ CUDA 的设计是用来将数据分解到并行的线程与线程块中。它允许我们定义一维、二维或三维的索引（Y × X × T）来方便我们在程序中引用一些并行结构。这样就使得我们程序的结构和内存数据的分布建立一一映射，处理的数据能被分配到单独的 SM 中。不论是在 GPU 上还是在 CPU 上，让数据与处理器保持紧密联系能使性能得到很大的提升。

不过，在对数组进行布局的时候，有一点需要我们特别注意，那就是数组的宽度值最好是线程束大小的整数倍。如果不是，填补数组，使它能充满最后一个线程束。但是这样做会增加数据集的大小。此外，我们还需要注意对填补单元的处理，它和数组中其他单元的处理是不同的。我们可以在程序的执行流中使用分支结构（例如，使用 if 语句），或者也可以在填补单元计算完毕之后再舍弃它们的计算结果。关于如何利用分支来解决这类问题，我们将在之后的小节进行介绍。

5.4.2 X 与 Y 方向的线程索引

在一个线程块上分布一个二维数组也就意味着需要两个线程索引，这样我们才可以用二维的方式访问数组：

```
const unsigned int idx = (blockIdx.x * blockDim.x) + threadIdx.x;
const unsigned int idy = (blockIdx.y * blockDim.y) + threadIdx.y;

some_array[idy][idx] += 1.0;
```

注意 blockDim.x 与 blockDim.y 的使用，这个结构体是由 CUDA 运行时库所提供的，分别表示 X 轴和 Y 轴这两个维度上线程块的数目。现在，我们来修改当前的程序，让它计算一个 32 × 16 维的数组。假设调度四个线程块，我们可以让这四个线程块像条纹布一样布局，然后让数组与线程块上的线程形成一一映射的关系，也可以像方块一样布局，如图 5-11 所示。

线程0 ~ 15，线程块0	线程16 ~ 31，线程块0
线程32 ~ 47，线程块0	线程48 ~ 63，线程块0
线程64 ~ 79，线程块0	线程80 ~ 95，线程块0
线程96 ~ 111，线程块0	线程112 ~ 127，线程块0
线程0 ~ 15，线程块1	线程16 ~ 31，线程块1
线程32 ~ 47，线程块1	线程48 ~ 63，线程块1
线程64 ~ 79，线程块1	线程80 ~ 95，线程块1
线程96 ~ 111，线程块1	线程112 ~ 127，线程块1
线程0 ~ 15，线程块2	线程16 ~ 31，线程块2
线程32 ~ 47，线程块2	线程48 ~ 63，线程块3
线程64 ~ 79，线程块3	线程80 ~ 95，线程块3
线程96 ~ 111，线程块3	线程112 ~ 127，线程块3
线程0 ~ 15，线程块4	线程16 ~ 31，线程块4
线程32 ~ 47，线程块4	线程48 ~ 63，线程块4
线程64 ~ 79，线程块4	线程80 ~ 95，线程块4
线程96 ~ 111，线程块4	线程112 ~ 127，线程块4

或

线程0 ~ 15，线程块0	线程0 ~ 15，线程块1
线程16 ~ 31，线程块0	线程16 ~ 31，线程块1
线程32 ~ 47，线程块0	线程32 ~ 47，线程块1
线程48 ~ 63，线程块0	线程48 ~ 63，线程块1
线程64 ~ 79，线程块0	线程64 ~ 79，线程块1
线程80 ~ 95，线程块0	线程80 ~ 95，线程块1
线程96 ~ 111，线程块0	线程96 ~ 111，线程块1
线程112 ~ 127，线程块0	线程112 ~ 127，线程块1
线程0 ~ 15，线程块2	线程0 ~ 15，线程块4
线程16 ~ 31，线程块2	线程16 ~ 31，线程块4
线程32 ~ 47，线程块2	线程32 ~ 47，线程块4
线程48 ~ 63，线程块3	线程48 ~ 63，线程块4
线程64 ~ 79，线程块3	线程64 ~ 79，线程块4
线程80 ~ 95，线程块3	线程80 ~ 95，线程块4
线程96 ~ 111，线程块3	线程96 ~ 111，线程块4
线程112 ~ 127，线程块3	线程112 ~ 127，线程块4

图 5-11 两种不同的线程块布局方式

此外，我们也可以将条纹方式的布局旋转 90 度，使得每个线程块只有一列线程。但是最好不要这样做，因为这样会使得我们的内存访问不连续，造成程序的性能指数级地下降。

因此，当我们在并行化循环的时候要格外的注意，一定要以行的方式进行连续的内存访问，而不是以列的方式。这一点，无论是在 CPU 上还是 GPU 上编码都适用。

那么，我们为什么选择长方形的布局而不是选择正方形的布局？这主要有两个原因。第一个原因是同一个线程块中的线程可以通过共享内存进行通信，这是线程协作中一种比较快的方式。第二个原因是在同一个线程束中的线程存储访问合并在一起了，而在当前费米架构的设备中，高速缓冲存储器的大小是 128 个字节，一次直接访问连续的 128 字节比两次分别访问 64 字节要高效得多。在正方形的布局中，0 ~ 15 号线程映射在一个线程块中，它们访问一块内存数据，但与这块内存相连的数据区则是由另一个线程块访问的，因此，这两块连续的内存数据通过两次存储访问才获得，而在长方形的布局中，这只需要一次存储访问的操作。但如果我们处理的数组更大，例如 64 × 16，那么 32 个线程就能进行连续存储访问，每次读出 128 字节的数据，也就不会出现刚刚所说的那种情况了。

我们通过添加以下代码来选择一种布局方式：

```
dim3 threads_rect(32,4);
dim3 blocks_rect(1,4);
```

或

```
dim3 threads_square(16,8);
dim3 blocks_square(2,2);
```

不论哪种布局方式，线程块中的线程总数都是相同的（32 × 4=128，16 × 8=128），只是线程块中线程的排布方式有所不同。

dim3 是 CUDA 中一个比较特殊的数据结构，我们可以用这个数据结构创建一个二维的线程块与线程网格。例如在长方形布局的方式中，每个线程块的 X 轴方向上开启了 32 个线程，Y 轴方向上开启了 4 个线程。在线程网格上，X 轴方向上有 1 个线程块，Y 轴方向有 4 个线程块。

之后，我们通过以下代码来启动内核：

```
some_kernel_func<<< blocks_rect, threads_rect >>>(a, b, c);
```

或

```
some_kernel_func<<< blocks_square, threads_square >>>(a, b, c);
```

由于在程序中可能不只用到一个维度的线程索引，有可能用到 X 轴与 Y 轴两个维度，因此我们需要修改内核，计算不同维度的索引。除了计算不同维度的相对索引外，有时可能还需要线性计算出相对于整个线程网格的绝对线程索引。为此，我们需要提出一些新的概念以方便线程索引的计算。图 5-12 详细介绍了这些新概念。

以下是对这些新概念的解释：

```
gridDim.——线程网格X维度上线程块的数量
gridDim.——线程网格Y维度上线程块的数量

blockDim.——一个线程块X维度上的线程数量
blockDim.——一个线程块Y维度上的线程数量
```

```
theadIdx.——线程块X维度上的线程索引
theadIdx.——线程块Y维度上的线程索引
```

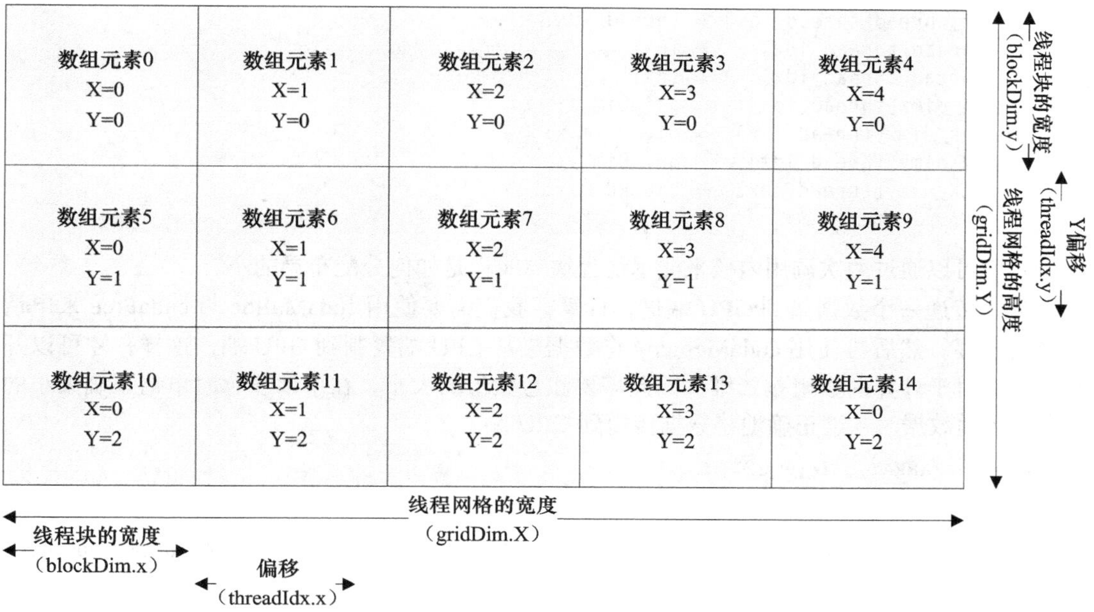

数组元素0 X=0 Y=0	数组元素1 X=1 Y=0	数组元素2 X=2 Y=0	数组元素3 X=3 Y=0	数组元素4 X=4 Y=0
数组元素5 X=0 Y=1	数组元素6 X=1 Y=1	数组元素7 X=2 Y=1	数组元素8 X=3 Y=1	数组元素9 X=4 Y=1
数组元素10 X=0 Y=2	数组元素11 X=1 Y=2	数组元素12 X=2 Y=2	数组元素13 X=3 Y=2	数组元素14 X=0 Y=2

线程块的宽度（blockDim.y）

Y偏移（threadIdx.y）

线程网格的高度（gridDim.Y）

线程网格的宽度（gridDim.X）

线程块的宽度（blockDim.x）

偏移（threadIdx.x）

图 5-12 线程网格、线程块及线程的维度

通过找出当前的行索引，然后乘以每一行的线程总数，最后加上在 X 轴方向上的偏移，我们便可以计算出相对于整个线程网格的绝对线程索引。具体代码如下：

```
thread_idx = ((gridDim.x * blockDim.x) * idy) + idx;
```

通过以下代码我们可以获得在 X 轴方向和 Y 轴方向上的线程块索引与线程索引等一些有用信息：

```
__global__ void what_is_my_id_2d_A(
unsigned int * const block_x,
unsigned int * const block_y,
unsigned int * const thread,
unsigned int * const calc_thread,
unsigned int * const x_thread,
unsigned int * const y_thread,
unsigned int * const grid_dimx,
unsigned int * const block_dimx,
unsigned int * const grid_dimy,
unsigned int * const block_dimy)
{
  const unsigned int idx        = (blockIdx.x * blockDim.x) + threadIdx.x;
  const unsigned int idy        = (blockIdx.y * blockDim.y) + threadIdx.y;
  const unsigned int thread_idx = ((gridDim.x * blockDim.x) * idy) + idx;
```

```
    block_x[thread_idx]     = blockIdx.x;
    block_y[thread_idx]     = blockIdx.y;
    thread[thread_idx]      = threadIdx.x;
    calc_thread[thread_idx] = thread_idx;
    x_thread[thread_idx]    = idx;
    y_thread[thread_idx]    = idy;
    grid_dimx[thread_idx]   = gridDim.x;
    block_dimx[thread_idx]  = blockDim.x;
    grid_dimy[thread_idx]   = gridDim.y;
    block_dimy[thread_idx]  = blockDim.y;
}
```

我们可以通过两次调用内核来演示线程块与线程是如何分配布局的。

为了传递一个数据集到GPU端进行计算，我们需要使用cudaMalloc与cudaFree来申请和释放显存，然后再使用cudaMemcpy将数据集从CPU端复制到GPU端，这样，才可以开始计算。由于计算的数组是二维，因此需要注意数组的大小，在申请显存时申请正确大小的显存，传递数据时才能正确地将数据传递到GPU端。

```
#define ARRAY_SIZE_X 32
#define ARRAY_SIZE_Y 16

#define ARRAY_SIZE_IN_BYTES ((ARRAY_SIZE_X) * (ARRAY_SIZE_Y) * (sizeof(unsigned int)))

/* Declare statically six arrays of ARRAY_SIZE each */
unsigned int cpu_block_x[ARRAY_SIZE_Y][ARRAY_SIZE_X];
unsigned int cpu_block_y[ARRAY_SIZE_Y][ARRAY_SIZE_X];
unsigned int cpu_thread[ARRAY_SIZE_Y][ARRAY_SIZE_X];
unsigned int cpu_warp[ARRAY_SIZE_Y][ARRAY_SIZE_X];
unsigned int cpu_calc_thread[ARRAY_SIZE_Y][ARRAY_SIZE_X];
unsigned int cpu_xthread[ARRAY_SIZE_Y][ARRAY_SIZE_X];
unsigned int cpu_ythread[ARRAY_SIZE_Y][ARRAY_SIZE_X];
unsigned int cpu_grid_dimx[ARRAY_SIZE_Y][ARRAY_SIZE_X];
unsigned int cpu_block_dimx[ARRAY_SIZE_Y][ARRAY_SIZE_X];
unsigned int cpu_grid_dimy[ARRAY_SIZE_Y][ARRAY_SIZE_X];
unsigned int cpu_block_dimy[ARRAY_SIZE_Y][ARRAY_SIZE_X];

int main(void)
{
  /* Total thread count = 32 * 4 = 128 */
  const dim3 threads_rect(32, 4); /* 32 * 4 */
  const dim3 blocks_rect(1,4);

  /* Total thread count = 16 * 8 = 128 */
  const dim3 threads_square(16, 8); /* 16 * 8 */
  const dim3 blocks_square(2,2);

  /* Needed to wait for a character at exit */
  char ch;

  /* Declare pointers for GPU based params */
```

```
   unsigned int * gpu_block_x;
   unsigned int * gpu_block_y;
   unsigned int * gpu_thread;
   unsigned int * gpu_warp;
   unsigned int * gpu_calc_thread;
   unsigned int * gpu_xthread;
   unsigned int * gpu_ythread;
   unsigned int * gpu_grid_dimx;
   unsigned int * gpu_block_dimx;
   unsigned int * gpu_grid_dimy;
   unsigned int * gpu_block_dimy;

   /* Allocate four arrays on the GPU */
   cudaMalloc((void **)&gpu_block_x, ARRAY_SIZE_IN_BYTES);
   cudaMalloc((void **)&gpu_block_y, ARRAY_SIZE_IN_BYTES);
   cudaMalloc((void **)&gpu_thread, ARRAY_SIZE_IN_BYTES);
   cudaMalloc((void **)&gpu_calc_thread, ARRAY_SIZE_IN_BYTES);
   cudaMalloc((void **)&gpu_xthread, ARRAY_SIZE_IN_BYTES);
   cudaMalloc((void **)&gpu_ythread, ARRAY_SIZE_IN_BYTES);
   cudaMalloc((void **)&gpu_grid_dimx, ARRAY_SIZE_IN_BYTES);
   cudaMalloc((void **)&gpu_block_dimx, ARRAY_SIZE_IN_BYTES);
   cudaMalloc((void **)&gpu_grid_dimy, ARRAY_SIZE_IN_BYTES);
   cudaMalloc((void **)&gpu_block_dimy, ARRAY_SIZE_IN_BYTES);

   for (int kernel=0; kernel < 2; kernel++)
   {
     switch (kernel)
     {
       case 0:
       {
         /* Execute our kernel */
         what_is_my_id_2d_A<<<blocks_rect, threads_rect>>>(gpu_block_x, gpu_block_y,
gpu_thread, gpu_calc_thread, gpu_xthread, gpu_ythread, gpu_grid_dimx, gpu_block_dimx,
gpu_grid_dimy, gpu_block_dimy);
       } break;

       case 1:
       {

        /* Execute our kernel */
        what_is_my_id_2d_A<<<blocks_square,threads_square>>>(gpu_block_x,gpu_block_y,
gpu_thread, gpu_calc_thread,gpu_xthread, gpu_ythread,gpu_grid_dimx, gpu_block_dimx,
gpu_grid_dimy, gpu_block_dimy);
       } break;

       default: exit(1); break;
     }

     /* Copy back the gpu results to the CPU */
     cudaMemcpy(cpu_block_x, gpu_block_x, ARRAY_SIZE_IN_BYTES,
                cudaMemcpyDeviceToHost);
```

```
    cudaMemcpy(cpu_block_y, gpu_block_y, ARRAY_SIZE_IN_BYTES,
               cudaMemcpyDeviceToHost);
    cudaMemcpy(cpu_thread, gpu_thread, ARRAY_SIZE_IN_BYTES,
               cudaMemcpyDeviceToHost);
    cudaMemcpy(cpu_calc_thread, gpu_calc_thread, ARRAY_SIZE_IN_BYTES,
               cudaMemcpyDeviceToHost);
    cudaMemcpy(cpu_xthread, gpu_xthread, ARRAY_SIZE_IN_BYTES,
               cudaMemcpyDeviceToHost);
    cudaMemcpy(cpu_ythread, gpu_ythread, ARRAY_SIZE_IN_BYTES,
               cudaMemcpyDeviceToHost);
    cudaMemcpy(cpu_grid_dimx, gpu_grid_dimx, ARRAY_SIZE_IN_BYTES,
               cudaMemcpyDeviceToHost);
    cudaMemcpy(cpu_block_dimx,gpu_block_dimx, ARRAY_SIZE_IN_BYTES,
               cudaMemcpyDeviceToHost);
    cudaMemcpy(cpu_grid_dimy, gpu_grid_dimy, ARRAY_SIZE_IN_BYTES,
               cudaMemcpyDeviceToHost);
    cudaMemcpy(cpu_block_dimy, gpu_block_dimy, ARRAY_SIZE_IN_BYTES,
               cudaMemcpyDeviceToHost);

    printf("\nKernel %d\n", kernel);
    /* Iterate through the arrays and print */
    for (int y=0; y < ARRAY_SIZE_Y; y++)
    {
        for (int x=0; x < ARRAY_SIZE_X; x++)
        {
          printf("CT: %2u BKX: %1u BKY: %1u TID: %2u YTID: %2u XTID: %2u GDX: %1u BDX: %
1u GDY %1u BDY %1u\n", cpu_calc_thread[y][x], cpu_block_x[y][x], cpu_block_y[y][x],
cpu_thread[y][x], cpu_ythread[y][x], cpu_xthread[y][x], cpu_grid_dimx[y][x],
cpu_block_dimx[y][x], cpu_grid_dimy[y][x], cpu_block_dimy[y][x]);

          /* Wait for any key so we can see the console window */
          ch = getch();
          }
    }
    /* Wait for any key so we can see the console window */
    printf("Press any key to continue\n");
    ch = getch();
  }

  /* Free the arrays on the GPU as now we're done with them */
  cudaFree(gpu_block_x);
  cudaFree(gpu_block_y);
  cudaFree(gpu_thread);
  cudaFree(gpu_calc_thread);
  cudaFree(gpu_xthread);
  cudaFree(gpu_ythread);
  cudaFree(gpu_grid_dimx);
  cudaFree(gpu_block_dimx);
  cudaFree(gpu_grid_dimy);
  cudaFree(gpu_block_dimy);
}
```

由于程序的输出内容太多，此处就不一一列举出来。你可以通过下载源代码，然后运行这个程序，在输出中如图 5-12 中那样线程块与线程索引循环输出。

5.5 线程束

在介绍线程的时候就涉及线程束的调度。线程束是 GPU 的基本执行单元。GPU 是一组 SIMD 向量处理器的集合。每一组线程或每个线程束中的线程同时执行。在理想状态下，获取当前指令只需要一次访存，然后将指令广播到这个线程束所占用的所有 SP 中。这种模式比 CPU 模式更加高效，CPU 是通过获取单独的执行流来支持任务级的并行。在 CPU 的模式中，由于每个核运行一个独立的任务，所以理论上，我们可以根据核的数目划分存储带宽，但指令吞吐量的效率会下降。而事实上，如果程序的数据都能放入缓存，CPU 的片上多级缓存可以有效地隐藏由内存读取带来的延迟。

在传统的 CPU 上，我们可以通过 SSE、MME 和 AVX 指令形式看到很多向量类型的指令。这些指令也执行的是单指令多数据这种类型的操作。假设这里有 N 个数，我们让每个数都加 1。如果用 SSE 指令集，那么就有 128 位的寄存器可以利用，每次能同时处理 4 个操作数。而 AVX 指令集则将它的寄存器扩展到 256 位，这使它的处理能力更强大。但直到目前为止，很少有本地支持这种类型的优化，除非你所使用的是英特尔编译器。不过，现在的 GNU gcc 编译器也支持 AVX 指令集，而 Microsoft Visual Studio 2010 则是通过打开“/arch:AVX”编译开关来支持 AVX 指令集。由于缺乏对向量类型指令的支持，向量类型指令并没有被广泛地利用，因此，改变是很重要的。而现在，对向量类型指令的支持也不再只局限于英特尔编译器了。

当使用 GPU 进行编程时，必须使用向量类型指令，因为 GPU 采用的是向量体系结构，只有让代码在成千上万个线程上运行才能充分高效利用 GPU 的资源。当然，你可以写一个单线程的 GPU 程序，只需要用一个 if 语句简单地判断一下线程索引是否为 0。但这相对于 CPU 而言，性能非常的低。然而，当在获取一个连续的 CPU 初始部署工作时这种方法却很有用。这种方法允许我们在将程序并行化之前进行检查，例如，检查复制到 GPU 或从 GPU 复制出的数据是否正常运转。

当前，GPU 上的一个线程束的大小为 32，英伟达公司保留着对这个数修改的权利。因此，他们提供了一个固有变量——wrapSize，我们可以通过这个变量来获取当前硬件所支持的线程束大小。和其他幻数一样，我们不能通过硬编码的方式改变它的大小。然而许多用 SSE 指令集优化的程序就可以用硬编码的方式来假定 SSE 的寄存器大小为 128 位。而到了 AVX 正式发布之后，重新编译代码就不会通过。因此，不要在程序中再犯这样的错误，不要用硬编码的方式去修改它们。

那么我们为什么会如此关注线程束的大小呢？原因有很多，接下来我们就简要地看一看这些原因。

5.5.1 分支

我们之所以如此关注线程束的大小，一个很重要的原因就是分支。一个线程束是一个单独的执行单元，使用分支（例如，使用 if、else、for、while、do、swith 等语句）可以产生不同的执行流。在 CPU 上使用分支很复杂，因为它需要根据之前的运行情况来预测下一次执行到底要执行哪一块代码。在 CPU 上，指令流通常都会被预提取，然后放入 CPU 的指令管线中。假设预测是准确的，那么 CPU 就避免了一次失速事件。如果预测错误，CPU 则需要重新执行预测指令，然后获取另一个分支的指令，再将其添入管线之中。

相比之下，GPU 对分支的处理就没有这么复杂。GPU 在执行完分支结构的一个分支后会接着执行另一个分支。对不满足分支条件的线程，GPU 在执行这块代码的时候会将它们设置成未激活状态。当这块代码执行完毕之后，GPU 继续执行另一个分支，这时，刚刚不满足分支条件的线程如果满足当前的分支条件，那么它们将被激活，然后执行这一段代码。最后，所有的线程聚合，继续向下执行。具体代码如下：

```
__global__ some_func(void)
{
  if (some_condition)
  {
    action_a();
  }
  else
  {
    action_b();
  }
}
```

代码中，当计算出 some_condition 的值之后，就可进入分支代码块中运行，其中至少会有一个分支会被执行，否则就没有必要在这里演示这个示例程序了。这里我们假设索引为偶数的线程满足条件为真的情况，执行函数 action_a()，索引为奇数的线程满足条件为假的情况，执行函数 action_b()。如图 5-13 所示，我们可以看到这一个线程束中不同线程的执行情况。

0	1	2	3	4	5	6	7	8	9	10	11	12	13	14	15	16
+	–	+	–	+	–	+	–	+	–	+	–	+	–	+	–	+

图 5-13　不同线程的分支选择

为简单起见，我们只画出了 32 个线程中 16 个线程的执行情况，至于这么做的原因我们马上就可以看到。在图中，所有标记“+”的线程都将执行条件为真的分支代码块，而标记“-”的线程都将执行条件为假的分支代码块。

由于硬件每次只能为一个线程束获取一条指令，线程束中一半的线程要执行条件为真的代码段，一半线程执行条件为假的代码段，因此，这时有一半的线程会被阻塞，而另一半线程会执行满足条件的那个分支。如此，硬件的利用率只达到了 50%。这种情况并不好，这就好像一个双核的 CPU 只有一个核被利用。对待这个问题，很多懒惰的程序员都会选择逃避，不去理它，但这会使我们程序的性能大打折扣。

但这种现象毕竟发生了，因此我们就要想办法来解决它。这里有一个技巧可以用来避免这个问题。事实上，在指令执行层，硬件的调度是基于半个线程束，而不是整个线程束。这意味着，只要我们能将半个线程束中连续的 16 个线程划分到同一个分支中，那么硬件就能同时执行分支结构的两个不同条件的分支块，例如，示例程序中 if-else 的分支结构。这时硬件的利用率就可以达到 100%。

如果需要让数据进行两种不同类型的处理，那么我们可以将数据以 16 为分界线进行划分，这样可以提升性能。下面这段代码是根据线程的索引划分分支的：

```
if ((thread_idx % 32) < 16)
{
  action_a();
}
else
{
  action_b();
}
```

C 语言中的模运算（%）得到的是操作数整除之后所得的余数，即上述代码中 thread_idx 模 32 后所得的结果总是为 0 ~ 31，循环再次回到 0 次。在理想状态下，如果执行函数 action()_a 的 16 个线程都访问一个浮点数或者一个整数，那么将获取 64 个字节的内存数据，如果另外一半线程束也进行同样的操作，那么就可以只发起一个 128 字节的内存访问命令，同时将这两半线程束所需的数据取得。但这种现象发生的条件很苛刻，只有当缓存大小与线程束需要获取的内存数据大小相同而且数据在内存分布上是连续的才会发生。

5.5.2 GPU 的利用率

我们关注线程束的另一个原因就是防止 GPU 未被充分利用。CUDA 的模式是用成千上万的线程来隐藏内存操作的延迟（从发出存储请求到完成访存操作所花的时间）。比较典型的，如对全局内存访问的延迟一般是 400 ~ 600 个时钟周期。在这段时间里，GPU 会忙于其他任务，而不是空闲地等待访存操作的完成。

当我们为一个 GPU 分配一个内核函数，由于不同的硬件有不同的计算能力，SM 一次最多能容纳的线程数也不尽相同，目前，一个 SM 最多能容纳 768 ~ 2048 个线程。SM 一次最多能容纳的线程数量主要与底层硬件的计算能力有关，随着未来硬件的改变，这个数值也会有所改变。表 5-1 显示了在不同计算能力的设备上，每个线程块上开启不同数量的线程时的设备利用率。

表 5-1 硬件利用率（%）

计算能力 / 每个线程块中的线程数	1.0	1.1	1.2	1.3	2.0	2.1	3.0
64	67	67	50	50	33	33	50
96	100	100	75	75	50	50	75
128	100	100	100	100	67	67	100
192	100	100	94	94	100	100	94

（续）

每个线程块中的线程数 \ 计算能力	1.0	1.1	1.2	1.3	2.0	2.1	3.0
256	100	100	100	100	100	100	100
384	100	100	75	75	100	100	94
512	67	67	100	100	100	100	100
768	N/A	N/A	N/A	N/A	100	100	75
1024	N/A	N/A	N/A	N/A	67	67	100

计算能力在1.0 ~ 1.2的设备主要是G80/G92系列，而GT200系列设备的计算能力为1.3。费米架构的设备计算能力为2.0或2.1，计算能力3.0是开普勒架构的设备。

通过表5-1我们可以发现，无论计算能力是何级别，当每个线程块开启256个线程时，设备地利用率都达到了100%。为了最大限度地利用设备，使程序性能得到提升，我们应尽量将每个线程块开启的线程数设为192或256。此外，数据集也要和线程布局尽量一一对应，以达到更高的性能优化。例如，当需要处理三维点数据时，我们就可以考虑每个线程块开启192个线程的方案。

除了将线程数设置成固定值256来获得100%的利用率外，通过观察不同计算能力的硬件，选出每个达到100%利用率最少所需的线程数，将线程数设为这个值，同样也能高效利用硬件。

讨论了SM一次最多能容纳的线程数，我们也需要讨论一下SM一次最多能容纳的线程块的数目。SM容纳线程块的数目会受到内核中是否用到同步的影响。而所谓的同步，就是当程序的线程运行到某个点时，运行到该点的线程需要等待其他还未运行到该点的线程，只有当所有的线程都运行到这个点时，程序才能继续往下执行。例如，我们执行一个读内存的操作，在这个读操作完成之后进行线程同步，所有的线程都要进行读操作，但由于不同线程执行有快有慢，有的线程束很快就完成操作，有的则需要更长的时间，执行完的线程需要等待还未完成读操作的线程，只有当所有的线程都完成读操作，程序才能继续向下执行。

执行一个线程块的时间（或延迟）是不确定的。从负载平衡的角度来看，这并不是什么好消息，因为我们想让更多的线程运行起来。如果现在有256个线程，每个线程束包含32个线程，那么在计算能力为2.X的设备上需要8个线程束。在计算能力为1.X的设备上，一个SM一次能调度处理24个线程束（32×24=768个线程），而在计算能力为2.X的设备上能一次调度处理48个线程束（32×48=1536个线程）。每个线程块只有当它执行完全部指令时才会从SM撤走，在计算能力为2.X或更高的设备上，每个线程块最多能支持1024个线程，因此，有时会出现这种情况，所有的线程束都闲置地等待一个线程束执行完毕，SM因为这个原因也闲置了，这大大降低了程序的性能。

由此可见，每个线程块开启的线程数越多，就潜在地增加了等待执行较慢的线程束的可能性。因为当所有的线程没有到达同步点时GPU是无法继续向下执行的。因此，有时候我们会选择在每个线程块上开启较少的线程，例如，128个线程，以此来减少之前那种等待的可能性。但这样做会严重地影响性能，例如，在费米架构上的设备上采取这种方案会使设备的利用率降低到原来的 2/3。从表 5-1 计算能力为 2.0（费米架构）的设备中可以看出，只有当线程块的线程数量至少达到 192 时 SM 才能被充分地利用。

尽管如此，我们也不必过分花费太多精力在线程束的数量上，因为它毕竟只是一种 SM 上线程总数的体现形式，表 5-3 中每个 SM 上总共能容纳的线程数以及表 5-1 中的利用率才是我们最应该关心的部分。

从表 5-3 中我们看到，线程块中的线程数为 128 或者更少时，当设备计算能力从 1.3（GT300 系列）变化到 2.X（费米架构系列），SM 支持执行线程的总数并没有发生变化。这是由于每个 SM 能调度的线程块的数量并没有受到限制。一个 SM 上支持的线程总数增加了，并不意味着支持的线程块的数量也会增加。因此，要获得更好的性能，最好保证你的线程块中最少有 192 个线程。

表 5-2　每个 SM 能容纳的线程块数目

每个线程块中的线程数 \ 计算能力	1.0	1.1	1.2	1.3	2.0	2.1	3.0
64	8	8	8	8	8	8	16
96	8	8	8	8	8	8	12
128	6	6	8	8	8	8	16
192	4	4	5	5	8	8	10
256	3	3	4	4	6	6	8
384	2	2	2	2	4	4	5
512	1	1	2	2	3	3	4
768	N/A	N/A	1	1	2	2	2
1024	N/A	N/A	1	1	1	1	2

表 5-3　每个 SM 能容纳的线程数目

每个线程块中的线程数 \ 计算能力	1.0	1.1	1.2	1.3	2.0	2.1	3.0
64	512	512	512	512	512	512	1024
96	768	768	768	768	768	768	1536
128	768	768	1024	1024	1024	1024	2048
192	768	768	960	960	1536	1536	1920
256	768	768	1024	1024	1536	1536	2048
384	768	768	768	768	1536	1536	1920
512	512	512	1024	1024	1536	1536	2048
768	N/A	N/A	N/A	N/A	1536	1536	1536
1024	N/A	N/A	N/A	N/A	1024	1024	2048

5.6 线程块的调度

假设现在有1024个线程块需要调度处理，但只有8个SM去调度它们。在费米架构的硬件上，当每个线程块中的线程数量并不多时，每个SM一次最多能接受8个线程块。当每个线程块中线程的数量比较合理时，一个SM一次一般能处理6～8个线程块。

现在，我们将这1024个线程块分配到6个SM中，平均每个SM需要处理170个线程块，还余4个需要处理。接下来我们将详细介绍余下的这4个线程块如何处理，因为它们的处理会带来一个比较有趣的问题。

像之前提到的那样，前1020个线程块被分配到SM中进行处理，那么它们是怎样分配的？硬件也许会分配6个线程块分配到第一个SM，然后紧接着的6个线程块分配到第二个SM，跟着第三个、第四个，依次类推。也有可能是硬件轮流为每个SM分配一个线程块，线程块0被分配到0号SM中，线程块1被分配到1号SM中，线程块2到2号SM中，依此类推。英伟达并没有公布他们到底是使用的哪种方式，但很有可能是后面一种，因为这种方式能让SM达到合理的负载平衡。

如果现在我们有19个线程块和4个SM，将所有的线程块都分配到一个SM上进行处理，显然不够合理。如果让前3个SM每个处理6个线程块，最后一个SM处理一个线程块，那么最后一个线程块就会很快处理完，然后SM会闲置。这样做设备的利用率会很低。

如果我们用轮流交替的方式将线程块分配到SM中，每个SM处理4个线程块（$4 \times 4 = 16$个线程块），还剩三个线程块单独用一个SM再次处理，假设每个线程块执行所花费的时间是一样的，那么通过让每个SM能均衡地处理线程块，而不是像之前那样有的SM负载过重，有的SM负载过轻，这样我们就可以减少17%的执行时间。

而在实际的程序中，我们往往会用到成千上万个线程块。在线程块调度者为每个SM初始化分配了线程块之后，就会处于闲置状态，直到有线程块执行完毕。当线程块执行完毕之后就会从SM中撤出，并释放其占用的资源。由于线程块都是相同的大小，因此一个线程块从SM中撤出后另一个在等待队列中的线程块就会被调度执行。所有的线程块的执行顺序是随机、不确定的，因此，当我们在编写一个程序解决一个问题的时候，不要假定线程块的执行顺序，因为线程块根本就不会按照我们所想的顺序去执行。

当执行到一些相关联的操作时，我们会遇到一个很严重的问题。我们以浮点加法运算作为例子，而事实上，浮点加法运算并没有太多的相关联性。我们对一个浮点数组做加和运算，数组按照不同顺序做加和操作时得到的结果会不同。这主要是由舍入误差所引起的，而浮点运算必定会产生这种误差。但不论是什么顺序，最终的结果都是正确的。因此，这并不是一个并行执行的问题，而是一个顺序的问题。因为即便在CPU上用一个单线程的程序来运行，我们也会看到相同的问题。无论是在CPU还是GPU上，我们对一串随机的浮点数做加和运算，不论是从头加到尾，还是从尾加到头，我们都会得到不同的结果。甚至可能更糟的是，在GPU上，由于线程块的不确定调度，多次对相同的数据进行计算，每次得到的结果都不相同，但所有结果都是正确的。关于这种问题的解决办法，本书的后半部分将会有详细的介绍。到目前为止，我们只需要知道这样做得到的结果会不同，但没有必要认为这个结果是错的。

回到我们之前讨论的剩余线程块的处理的问题上。通常，线程块的数目并不是 SM 数目的整数倍。但由于制造更大、更复杂的处理器很困难，我们往往会看到 CUDA 的设备上搭载着奇数个 SM。在处理器制造工艺中，硅的使用很广泛，但正是由于硅的使用的增加，也降低了其他领域相对再增加的可能性。同其他处理器的生产厂商一样，英伟达禁掉了有瑕疵的 SM 的使用，并将其作为低配置单元出售。这使得其生产量大大增加，从某种角度来说，这些有瑕疵的设备创造了经济价值。然而，对于程序员而言，这只意味着 SM 的总数不总是 2 的整数倍。当前费米 480 系列的显卡以及 Tesla S2050、S2070、C2050、C2070 系列的显卡均搭载 16 个 SM，其中一个 SM 不可用，即只有 15 个 SM 可供使用。目前，580 系列的显卡已经解决了这个问题，但是在未来的 GPU 中，这个问题还可能再度出现。

到目前为止，解决余下线程块的方法只有一个，那就是让我们的内核函数尽量长并且需要足够长的时间完成。例如，我们用一个有限的时间步长来进行模拟。假设在费米 480 系列的显卡上，我们有 16 个线程块需要处理，但现在一共只有 15 个 SM 可用，那么每个 SM 分配一个线程块，余下的一个线程块只在前 15 个线程块中的某一个执行完毕之后再调度处理。如果每次内核执行需要 10 分钟，那么前 15 个线程块几乎会同时完成计算，然后再调度余下的那个线程块，那么其他 14 个 SM 闲置，因此我们还需要等待 10 分钟整个内核函数的调用才会结束。相对于将 16 个线程块划分成几个大块，这种划分成若干小块的解决方案则提供了更好的间隔尺寸。

当运行环境是服务器环境时，此时就不止 15 个 SM 可供我们使用。在用 GPU 搭建的服务器环境中，往往都会有多块 GPU。此时，如果我们的任务仅仅是执行刚刚的内核函数，那么将会有很多 SM 处于闲置状态直至该内核函数结束调用。在这种情况下，我们最好重新设计内核函数，以保证在每个 GPU 中，线程块的数目都是 SM 数目的整数倍，以此提高设备的利用率。

其实从负载平衡的角度来看，这个问题还有待优化。因此，在之后的 CUDA 运行时库中支持重叠的内核以及在同一块 CUDA 设备上可以运行多个单独的内核。通过这种方法，我们就可以维持吞吐量，使 GPU 集群不止有一任务源可以调度。一旦设备出现闲置，它就会从内核流中选择另一个内核进行执行。

5.7 一个实例——统计直方图

在编程中，我们可能经常遇到统计直方图，利用统计直方图，我们可以得到某些类或者某些数据出现的频数，从而得到它们的分布情况。假设统计某些数字出现的次数，我们用一个 bin 数组与这些数字相关联，保存它们出现的次数，如果某个数出现一次，那么相对应的 bin 就加 1。

在这个简单例子中，我们用 256 个 bin 来统计数字 0 ~ 255 出现的次数。我们只需要遍历一个字节数组，这个数组里面的值只占一个字节，如果数组里面的值为0，那么bin[0]就加1，如果是10，那么bin[10]就加1。我们将这个数组称作输入数组。

用串行算法解决的代码非常简单，如下所示：

```
for (unsigned int i=0; i< max; i++)
{
  bin[array[i]]++;
}
```

这里，我们通过索引i来遍历整个输入数组，用++运算符来对相应的bin进行累加操作。

当将这段串行代码转化成并行的时候，我们会遇到一个问题。如果我们用256个线程来执行，若多个线程同时对同一个bin进行加1操作，将出现竞争的情况。

如果你知道C语言是如何转化成汇编指令的，那么你就会知道这段代码在汇编下会如何执行。细分下来，主要有这样几步操作：

1）从输入数组中读取数据到寄存器；

2）计算出这个数对应的bin的基地址与偏移量；

3）获取当前这个数对应的bin的值；

4）对bin值进行加1；

5）将新的bin值写回内存。

问题主要出现在步骤3、4、5，因为它们没有进行原子操作。所谓的原子操作，就是当某个线程对某项数据进行修改的时候，其他优先级比较低的线程无法打断它的操作，直至该线程完成对该数据的所有操作。由于CUDA采用的是多线程并行模式，如果我们以锁步的方式执行这段伪码就会遇到一个问题。两个或两个以上的线程在步骤3获取了相同的值，接着进行加1操作，然后将新的数据再写回内存。这时，最后做写操作的那个线程写入的数据才是最终的值。这肯定是不对的，因为本来一共加了N，可最后只加了1，数据值错误的少了N-1。

数据的相关性造成了这个问题的产生，而在用顺序执行的代码中我们根本看不到这个问题。bin在线程之间是以共享资源的形式存在，因此，在某个线程读取和修改bin值之前，必须等上一个线程完成对bin的操作才行。

这个问题在日常编程中并不少见，CUDA针对此也提供了一个较为简单的方法：

```
atomicAdd(&value);
```

这个操作保证了对value这个值进行的加法操作在所有线程之间是串行执行的。

既然问题得到了解决，那么我们就来考虑该用什么样的方式将之前的串行代码转化成在线程、线程块及线程网格上运行的并行代码。主要有两种方式，一种是基于任务分解的模型，一种则是基于数据分解的模型。当然，两种方案都需要考虑。

基于任务分解的模型主要是将输入数组中的元素分配到每一个线程中，然后再进行原子加法操作。这种方法对于程序来说是最简单的解决方案，但同时也有一定缺点，因为有些数据是共享资源。假设现在有 256 个 bin，而输入数组有 1024 个元素，假定这 256 个 bin 所统计的信息是平均分布的，并且每个 bin 最后统计出的结果都为 4，那在计算每个 bin 的时候就会产生 4 次竞争。如果输入数组更大（因为 CUDA 本身就是用来解决大数据问题的），那产生的竞争也就更多，执行的时间也就更长。也就是说，输入数组的大小决定了程序运行的总时间。

如果直方图中所统计的信息都是平均分布的，那么每个 bin 产生竞争的次数就等于输入数组的大小除以所统计的信息种类数，即 bin 的数目。假设输入数组的大小为 512MB（524 288 个元素），一共统计了 4 类信息，那么每个 bin 就会有 131 072 个元素进行竞争。最糟糕的是，如果输入数组中所有元素都对应同一个 bin，由于通过原子操作对这个 bin 进行内存读写，因此我们的并行程序也就完全变成了一个串行程序。

不论是刚刚所说的哪种情况，程序执行的时间都受到硬件处理竞争的能力以及读 / 写内存带宽的影响。

下面是多线程采用任务分解模型的具体实现。以下是 GPU 程序代码：

```
/* Each thread writes to one block of 256 elements of global memory and contends for
write access */

__global__ void myhistogram256Kernel_01(
  const unsigned char const * d_hist_data,
  unsigned int * const d_bin_data)
{
  /* Work out our thread id */
  const unsigned int idx = (blockIdx.x * blockDim.x) + threadIdx.x;

  const unsigned int idy = (blockIdx.y * blockDim.y) + threadIdx.y;

  const unsigned int tid = idx + idy * blockDim.x * gridDim.x;

  /* Fetch the data value */
  const unsigned char value = d_hist_data[tid];

  atomicAdd(&(d_bin_data[value]),1);
}
```

我们用一块 GTX460 显卡对这种方法进行测试，测得其处理速度为 1025MB/s。很有趣的是，该方法的处理速度并不随输入数组的大小改变而加快或降低。无论输入数组的大小是多少，都会得到一个固定的速度值，而且这个速度值非常慢。对于显存为 1GB 的 GTX460 显卡而言，它的存储带宽为 115GB/s，而我们测得的处理速度为 1025MB/s，可想而知，采取这种简单幼稚的方案获取的性能是多么低。

虽然这个处理速度非常低，但它同时也说明这是由于某些因素的限制而造成，因此，我们要找出这些影响性能的因素并且消除它们。在该程序中，其中一个最可能影响性能的因素就是存储带宽。在程序中，一共有两次对内存的读 / 写操作，先是每次从输入数组中获取 N 个数然后又压缩至 N 次写回到一块 1K 的内存区（256 个元素 × 每个数 4 个字节）。

首先我们来讨论一下读操作。每个线程从输入数组中读得一个字节的元素，但由于线程束的读操作合并到了一起，即每半个线程束（16 个线程）同时做一次读操作，由于最少的传输大小为 32 字节，但现在只读了 16 个字节，因此浪费了 50% 的存储带宽，性能很低。在最好的情况下，每半个线程束最多能读 128 个字节，如果是这样，每个线程将从内存中获得 4 个字节的数据，即可以通过处理 4 个统计直方图的条目，而不是先前的一个来完成。

现在，我们来看如何每次读 4 个字节的数据然后进行统计计算。我们可以按照读整型数的方式每次读取一个 4 字节的数据，然后将这个整型数拆分成 4 个字节来进行计算，如图 5-14 所示。理论上这提供了一种更好的合并读的方式并确实能让我们的程序获得比之前更好的性能。以下是修改后的内核代码：

```
/* Each read is 4 bytes, not one, 32 x 4 = 128 byte reads */
__global__ void myhistogram256Kernel_02(
const unsigned int const * d_hist_data,
unsigned int * const d_bin_data)
{
  /* Work out our thread id */
  const unsigned int idx = (blockIdx.x * blockDim.x) + threadIdx.x;

  const unsigned int idy = (blockIdx.y * blockDim.y) + threadIdx.y;

  const unsigned int tid = idx + idy * blockDim.x * gridDim.x;

  /* Fetch the data value as 32 bit */
  const unsigned int value_u32 = d_hist_data[tid];

  atomicAdd(&(d_bin_data[ ((value_u32 & 0x000000FF) ) ]),1);

  atomicAdd(&(d_bin_data[ ((value_u32 & 0x0000FF00) >> 8 ) ]),1);

  atomicAdd(&(d_bin_data[ ((value_u32 & 0x00FF0000) >> 16 ) ]),1);

  atomicAdd(&(d_bin_data[ ((value_u32 & 0xFF000000) >> 24 ) ]),1);
}
```

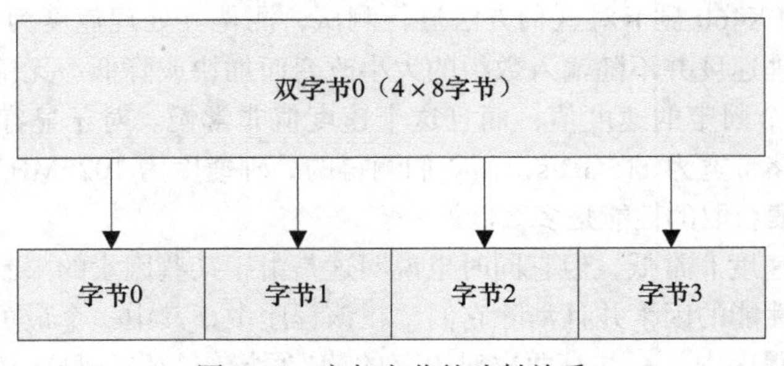

图 5-14 字与字节的映射关系

但在运行内核时我们会发现，我们所做的努力只实现了零加速。事实上，这种现象在我们优化程序的时候会经常发生，原因主要是我们还没真正弄清楚引起性能瓶颈的因素。

为什么我们做出了努力可是程序还是没有得到优化呢？原因主要是内核是在计算能力为2.x的硬件上运行的。半个线程束合并读取内存数据的方式对计算能力为2.x的硬件来说并不会产生很大影响，因为它已经将整个线程束的内存读取都合并到一起了。也就是说，在测试设备GTX460上（计算能力为2.1的硬件），来自一个线程束的32次单字节读取被合并为一次32字节的读操作。

很明显，相对于存储带宽带来的微小影响，原子写操作才可能是性能瓶颈的罪魁祸首。为此，我们将采用另外一种方案来编写内核，即基于数据分解的模型。通过观察我们会发现内核中有一些数据会被再次用到，而我们可以将这些被再次利用的数据放入能高效处理共享数据的存储区中，例如二级缓存和共享内存，以此来提高程序的性能。

我们知道最初引起程序性能低下的原因就是对256个bin所产生的竞争。多个SM中多个线程块都要将它们的计算结果写回内存，然后硬件对每个处理器的缓存中的bin数组进行同步。分开来看，就是程序从内存中获取数据，然后做加法操作，最后将计算得到的新值写回内存。而这其中，有好几步操作都可以一直在二级缓存中进行。在费米型架构的硬件上，二级缓存中的数据在SM之间是共享的。相比之下，如果在计算能力为1.x的硬件上，如果将数据都放在全局内存上进行读写操作，程序的性能会降低好几个数量级。

但即使在费米架构的硬件上使用了二级缓存，我们仍需对所有的SM进行同步。另外，由于我们执行的写操作是一种比较分散的模式，它依赖于直方图输入数据的分布特性，有时数据的分布非常分散，造成写操作没法合并，从而严重影响程序的性能。

另一种方案就是让每一个SM都计算出一个统计直方图，最后再将所有的直方图汇总到一块主内存上。无论是CPU编程还是GPU编程，我们都要尽量去实现这种方案。因为利用的资源越接近处理器（例如SM），程序就会运行得越快。

之前我们提到使用共享内存。共享内存是一块比较特殊的内存，因为它存在于芯片上并且它的存取比全局内存更快。我们可以在共享内存上创建一个包含256个bin的局部统计直方图，最后将所有共享内存上计算得到的统计直方图通过原子操作汇总到全局内存。假设每个线程块处理一个统计直方图，而对全局内存读写的操作次数也不会因此而减少，但写回内存的操作却因此可以合并起来。以下是这种方法的内核代码：

```
__shared__ unsigned int d_bin_data_shared[256];

/* Each read is 4 bytes, not one, 32 x 4 = 128 byte reads */
__global__ void myhistogram256Kernel_03(
const unsigned int const * d_hist_data,
unsigned int * const d_bin_data)
{
  /* Work out our thread id */
  const unsigned int idx = (blockIdx.x * blockDim.x) + threadIdx.x;
  const unsigned int idy = (blockIdx.y * blockDim.y) + threadIdx.y;
  const unsigned int tid = idx + idy * blockDim.x * gridDim.x;
```

```
    /* Clear shared memory */
    d_bin_data_shared[threadIdx.x] = 0;

    /* Fetch the data value as 32 bit */
    const unsigned int value_u32 = d_hist_data[tid];

    /* Wait for all threads to update shared memory */
    __syncthreads();

    atomicAdd(&(d_bin_data_shared[ ((value_u32 & 0x000000FF) ) ]),1);
    atomicAdd(&(d_bin_data_shared[ ((value_u32 & 0x0000FF00) >> 8 ) ]),1);
    atomicAdd(&(d_bin_data_shared[ ((value_u32 & 0x00FF0000) >> 16 ) ]),1);
    atomicAdd(&(d_bin_data_shared[ ((value_u32 & 0xFF000000) >> 24 ) ]),1);

    /* Wait for all threads to update shared memory */
    __syncthreads();

    /* The write the accumulated data back to global memory in blocks, not scattered */
    atomicAdd(&(d_bin_data[threadIdx.x]), d_bin_data_shared[threadIdx.x]);
}
```

内核必须针对共享内存做一次额外的清除操作，以免之前执行的内核随机残留一些数据。此外，在将下一个线程块中所有线程的数据更新到共享内存单元之前，必须等待（_Syncthreads）前一个线程块的所有线程完成共享内存单元的清除操作。最后，在将结果写回到全局内存之前，也需要设置一个同步操作，以保证所有的线程都完成了计算。

此时，通过将连续的写操作合并，我们程序的性能立刻就提升了6倍，处理速度达到6800MB/s。但请注意，必须在计算能力为1.2或者更高，并且支持共享内存原子操作的设备上执行这段代码才能获得如此高的处理速度。

将连续的写操作合并起来之后，我们需要考虑一下如何减少全局内存的阻塞。我们已经对读数据的大小进行了优化，每次从源数据中读出一个值，而且每个值只需要读一次，因此，我们只需要考虑减少对全局内存写操作的次数了。假设每个线程块处理的直方图不是一个而是N个，那么我们对全局内存的写操作的带宽就会减少N倍。

表5-4显示了在费米460显卡（包含7个SM）上，对数据总量为512M的统计直方图进行处理，当N值不同时，获得不同的处理速度。其中，当N为64时得到最高的处理速度7886MB/s。以下是内核代码：

```
/* Each read is 4 bytes, not one, 32 x 4 = 128 byte reads */
/* Accumulate into shared memory N times */
__global__ void myhistogram256Kernel_07(const unsigned int const * d_hist_data,
                                        unsigned int * const d_bin_data,
                                        unsigned int N)
{
  /* Work out our thread id */
  const unsigned int idx = (blockIdx.x * (blockDim.x*N) ) + threadIdx.x;
  const unsigned int idy = (blockIdx.y * blockDim.y ) + threadIdx.y;
  const unsigned int tid = idx + idy * (blockDim.x*N) * (gridDim.x);
```

```
    /* Clear shared memory */
    d_bin_data_shared[threadIdx.x] = 0;

    /* Wait for all threads to update shared memory */
    __syncthreads();

    for (unsigned int i=0, tid_offset=0; i< N; i++, tid_offset+=256)
    {
     const unsigned int value_u32 = d_hist_data[tid+tid_offset];

     atomicAdd(&(d_bin_data_shared[ ((value_u32 & 0x000000FF) ) ]),1);
     atomicAdd(&(d_bin_data_shared[ ((value_u32 & 0x0000FF00) >> 8 ) ]),1);
     atomicAdd(&(d_bin_data_shared[ ((value_u32 & 0x00FF0000) >> 16 ) ]),1);
     atomicAdd(&(d_bin_data_shared[ ((value_u32 & 0xFF000000) >> 24 ) ]),1);
    }
    /* Wait for all threads to update shared memory */
    __syncthreads();

    /* The write the accumulated data back to global memory in blocks, not scattered */
    atomicAdd(&(d_bin_data[threadIdx.x]), d_bin_data_shared[threadIdx.x]);
}
```

表 5-4 统计直方图结果

每个线程块计算的直方图数目	MB/s	总线程块数	每个 SM 处理的线程块数	剩余线程块数
1	6766	524 288	74 898	3
2	7304	262 144	37 449	1
4	7614	131 072	18 724	6
8	7769	65 536	9362	3
16	7835	32 768	4681	1
32	7870	16 384	2340	6
64	7886	8192	1170	3
128	7884	4096	585	1
256	7868	2048	292	6
512	7809	1024	146	3
1024	7737	512	73	1
2048	7621	256	36	6
4096	7093	128	18	3
8192	6485	64	9	1
16 384	6435	32	4	6
32 768	5152	16	2	3
65 536	2756	8	1	1

现在，我们来看看这段代码究竟做了什么。首先，我们用一个循环变量 i 进行了 N 次循

环，每次循环我们都处理了在共享内存中的 256 个字节的直方图数据。每个线程块包含 256 个线程，每个线程计算一个 bin。而循环的次数即每个线程块处理的直方图的个数。每执行完一次循环，指向内存的指针向后移动 256 个字节（tid_offset += 256），以指向下一个处理的直方图。

由于自始至终我们都使用了原子操作，因此我们只需要在内核计算的开始与结尾处进行同步操作。不必要的同步会降低程序的性能，但同时也能让内存的访问变得更加整齐统一。

通过观察表，我们可以发现一个很有趣的现象。当每个线程块处理的直方图的数目为 32 或者更多的时候，我们看到吞吐量没有明显的增加。N 值每增加两倍，全局内存的带宽反而在降低。因此，如果全局内存带宽是问题的所在，那么处理速度应该随着 N 值的增长而线性增长。那么，究竟什么才是真正影响性能的因素呢？

其实，真正的主要因素还是原子操作。每个线程都要同其他线程一同对一块共享数据区进行竞争，又由于数据模式设计的并不好，因此，对执行中的时间有了很大的影响。

在之后的章节中，我们将会采用不使用原子操作的方式来实现该算法。

5.8 本章小结

本章中我们讲到了许多关于线程、线程块以及线程网格的知识。现在你应该熟悉了如何利用 CUDA 将任务分解到线程网格、线程块及线程上。此外，本章还涉及了硬件上的线程束的概念以及线程块的调度问题，以及时刻保证硬件上有足够数量的线程的需要。

了解 CUDA 的线程模型是 GPU 编程的基础。我们要清楚 GPU 编程与 CPU 编程的根本不同，同时也要清楚它们之间的相互联系。

在本章中，根据待处理数据来组织线程结构是非常重要的，它对程序性能的影响非常大。另外，尤其是当应用程序需要共享数据时，将一个简单的任务并行化处理并不是一个简单的工作。我们要时刻想寻找一个更好的方案，而不只是寻找一个适合的方案。

此外，本章中我们还谈到了关于原子操作的使用以及原子操作带来的序列化执行问题。另外还有分支结构带来的问题，要牢记保证所有线程遵循相同控制路径的重要性。本书后面的章节中还会对原子操作与分支进行详细的讨论。

在本章 CUDA 内核代码中用到一些 C 语言的扩展语法，本书后面章节中还会出现这样的语法，读者应学会在自己的 CUDA 程序中也采用这样的语法，并明确知道其具体含义。

读完这章相信你已经对 CUDA 有了深刻的了解与认识，希望你不会再对 CUDA 或并行编程感到神秘。

问题

1. 在本章所描述的直方图统计算法中，找出数据分布最好与最坏的模式。普通分布情况中有哪些也是有问题的？你将如何解决？

2. 如果不使用算法，在基于G80系列的硬件上进行测试，你认为影响性能的最主要的因素是什么?

3. 如果对一个在CPU内存上的数组进行处理，是采用行－列顺序执行的方式好还是采用列－行顺序执行的方式好？如果是在GPU上，会有什么不同吗?

4. 假设现在有一段代码分别使用不同数量的线程块进行执行，一种使用了4个线程块，每个线程块包含256个线程，另一种使用了1个线程块，这个线程块中包含1024个线程。请问哪个内核先执行完，为什么？每个线程块在代码中的不同位置调用syncthreads()进行了4次同步。线程块之间相互不影响。

5. GPU上基于SIMD的实现模式与多核CPU上基于MIMD的实现模式各有什么优点与缺点?

答案

1. 当统计的数据均匀分布时是最好的情形。因为这种分布使得任务与数据平均分配，对共享内存存储片进行原子操作的次数也是非常平均的。

最坏的情况则是统计的数据全部是同一个值。这使得所有的线程都竞争同一块共享数据，原子操作与共享内存存储冲突使整个程序变成了串行的。

不幸的是，一种常见的用法是使用已排序的数据，这种情况非常糟糕，某几个共享数据可能会遇到连续大量的原子写操作，也使程序成为串行化。

一种解决办法是对数据集进行轮询访问，每次迭代时将数据写入一个新容器内。但这种方法需要我们了解数据的分布。例如，用32个容器对256个数据点进行一个线性函数的建模。假定数据点0 ~ 31进入第一个容器，之后每一个容器都依此类推。每个容器处理一个值，这样就可以将写操作分布到每个容器中，从而避免竞争。在这个例子中，读数据应按这种方式：0，32，64，96，1，33，65，97，2，34，68，98……

2. 由于G80设备（计算能力为1.0或1.1）不支持基于共享内存的原子操作，因此代码无法编译通过。假设我们采用全局内存的原子操作对其进行修改，那么相比之前基于共享内存的原子操作方案，这种方案得到的性能将降低7倍。

3. 以行－列的顺序执行方式更好，因为CPU会使用一种“预取”的技术，它可以使后续待读取的数据被同时取到缓存中，最终整个缓存行中会装满从内存获取的数据。也就是说，CPU在获取数据时会按行获取。

采用列－行的方式可能会慢一点。采用先列遍历的方式可能会慢很多。因为CPU从内存获取的一个缓存行数据不太可能被后面的循环迭代用到，除非每一行的数据并不多。在GPU上，每个线程会取出每一行的一个或多个数据元素。因此，从一个比较高的层面来讲，整个循环应该采用列顺序的方式来执行，因为每一行获取的数据会被其他的线程立即处理掉。同CPU的缓存行一样，在计算能力为2.x的硬件上也能通过预取的方式将数据取出到缓存行，但有一点不同的是，取出的数据会立即被线程消费掉。

4. 当执行syncthreads()进行同步操作时，整个线程块将被阻塞直到线程块内所有的线程都到达了同步点。当到达同步点之后所有的线程才能再次被调度。让一个线程块拥有非常多的线程意味着当SM在等待单个线程块内的线程到达同步点时可能会出现没有线程束可供调度的情况。由于线程的执行流是未知的，部分线程可能很快地到达同步点，而有的则需要很久才能到达。产生这种现象，主要因为硬件层的设计是针对获取更高吞吐量而不是针对减少延迟。因此，只有当块与块之间不需要通过全局内存进行通信，块内的线程经常通信的时候，一个线程块开启很多线程才能充分发挥性能。

5. 由于每个执行单元的指令流都是相同的，SIMD模式将指令的获取时间均摊到每一个执行单元。但是，当指令流出现分支，指令就会被序列化。而MIMD模式的设计主要是为了处理不同指令流，当指令流出现分支，它不需要对线程进行阻塞。然而它需要更多指令存储以及译码单元，这就意味着硬件需要更多的硅，同时，为了维持多个单独的指令序列，它对指令带宽的需求也非常的高。

一般使用SIMD与MIMD的混合模式才是最好的方案。用MIMD的模式处理控制流，用SIMD的模式处理大数据。在CPU上使用SSE/MME/AVX指令扩展集时就是采用的SIMD与MIMD的混合模式，而在GPU上，当线程束与线程块以高粒度处理分支情况时也是采用的混合模式。

第 6 章
CUDA 内存处理

6.1 简介

在传统的 CPU 模型中，内存是线性内存或平面内存，单个 CPU 核可以无约束地访问任何地址的内存。在 CPU 的硬件实际实现中，有许多一级（L1）、二级（L2）以及三级（L3）缓存。那些善于对 CPU 代码进行优化以及有高性能计算（High-Performance Computing，HPC）背景的人，对这些缓存甚是熟悉。然而对大多数程序员而言，这些概念却显得非常的抽象。

抽象已经在现代程序语言中成为了一种趋势。它使程序员离底层硬件越来越远，以确保程序员不必过多了解底层硬件就可以编写程序。虽然抽象将问题提升到一个更高的层次，使得问题解决更加简单，程序的生产率也提高了一个等级，但它仍需要灵活的编译器将上层的抽象转换成底层硬件能够理解的形式。理论上，抽象是一个非常伟大的概念，但事实上却很难将其毫无瑕疵地实现。相信在未来的几十年里，我们可以看到编译器与程序语言得到巨大改善，使其能自动地利用并行硬件。但目前而言，要想程序在不同平台获得高性能，还必须了解硬件是如何工作的，这是问题的关键所在。

在一个基于 CPU 的系统中，如果要获取好的性能，就必须了解缓存是如何工作的。我们首先来看 CPU 端的缓存，然后将其与 GPU 端的缓存进行对比，看看有哪些相似之处。从指令流的角度来看，大多数程序都是以顺序方式执行，其中包含了各种各样的循环结构。如果程序调用了一个函数，很有可能该程序会很快再次调用这个函数，如果程序对某一块特殊的内存进行了访问，很有可能在很短的时间内程序会再次对这块内存进行访问。当对某块数据已经使用过一次后还可能再次使用，某个函数执行一次之后还可能再次执行，这就是时间局部性（temporal locality）原则。

从一个计算机系统中的主内存 DRAM 中获取数据会非常的慢。相对于处理器的时钟频率，DRAM 的存取速度一直都非常慢。随着处理器时钟频率的不断提高，DRAM 的存取速度就更跟不上处理器的时钟频率了。

目前处理器搭配的 DDR-3 DRAM 一般能达到 1.6GHz。当然，如果配备一些高速的模块以及更好的处理器，其最高能达到 2.6GHz。然而，CPU 的每个核一般都能达到 3.0GHz，如果没有缓存进行快速存取，那么对 CPU 而言，DRAM 的带宽非常不足。由于代码与数据都存在DRAM中，如果无法快速地从DRAM获取程序与数据，CPU的指令带宽（一个时间帧内指令执行的数量）会明显受到限制。

这里有两个比较重要的概念，一个是存储带宽（memory bandwidth），即在一定时间内从DRAM读出或写入的数据量。另一个是延迟（latency），即响应一个获取内存的请求所花费的时间，通常这个时间会是上百个处理器周期。如果一个程序需要从内存获取四个元素，则将所有请求一起处理然后等待所有数据到达，总要好过处理一个请求然后等待数据到达，处理下一个后再等待。因此，如果没有缓存，处理器的存储带宽将会受到很大限制，延迟也会增大很多。

我们用超市的收银过程作为例子，来形象化地介绍存储带宽与延迟。假设一家超市有N个收银台，并不是每个收银台都有员工在工作。如果只有两个收银台正常工作，顾客将会在这两个收银台后面排起很长的队等待付款。每个收银台在一定时间内（例如，一分钟）处理的顾客的人数就是吞吐量或者带宽。而顾客在队列中需要等待的时间则为延迟，即顾客从进入队列直到付款离开所花费的时间。

由于队伍越来越长，店主可能会增加更多收银台进行工作，顾客就会分流到到新的收银台。如果新开两个收银台工作，收银台的带宽将增加一倍，因为在相同的时间内可以服务两倍于之前的人数。此外，延迟也会减半，因为平均每个队列只有原先的一半长，等待的时间也就减少了一半。

然而，这并不是免费的。更多的收银台意味着需要花更多的钱雇更多的收银员；超市更多的零售空间需要分配给收银台，相应地，货架空间就会减少。从内存总线带宽与内存设备时钟频率的角度来看，处理器的设计也出现了相同的权衡点。设备上硅片占用的空间是有限的，外部内存总线的宽度通常会受到处理器上物理引脚数目的限制。

另一个需要理解的概念为事务开销（transaction overhead）。当收银员为每名顾客处理付款操作时就有明显的开销。有些顾客的购物篮中只有两三件物品，而有些购物车则充满了物品。店主会更喜欢那些购满整个购物车的顾客，因为他们可以更加高效地处理，即收银员会花费更多的时间在清点货物上，而不是处理付款。

在GPU中，我们能看到类似的机理。有些内存事务，相较于处理它们的开销来说，是属于轻量级的。因此，内存单元获取的时间相对于开销而言也就较少，换言之，即达到最高效率的百分比很低。但有些事务比较庞大，需要花大量的时间才能完成，这些事务能高效地处理并能达到接近最高的存储传输速率。它们在一端转化成基于字节的内存事务，而在另一端转换成基于字的存储事务。为了获得最高的存储效率，GPU需要大量的庞大事务和尽可能少的轻量级事务。

6.2 高速缓存

高速缓存是硬件上非常接近处理器核的高速存储器组。高速缓存主要由硅制成，但由于硅很贵，因此高速缓存的价格也很昂贵。此外，硅还可以用来制成更大的芯片以及低产却价格更贵的处理器。例如，许多服务器上的英特尔至强芯片（the Intel Xeon，常用于服务器）比普通台式机搭载的处理器贵得多，因为它搭载了巨大的三级缓存，而普通处理器搭载的缓存比较小。

高速缓存的最大速度与缓存的大小成反比关系。一级缓存是最快的，但它的大小一般限制在 16KB、32KB 或者 64KB。通常每个 CPU 核会分配一个单独的一级缓存。二级缓存相对而言慢一些，但是它更大，通常有 256KB ~ 512KB。三级缓存可能存在也可能不存在，如果存在，通常是几兆字节的大小。二级缓存或三级缓存一般在处理器的核之间是共享的，或者作为连接于特定处理器核的独立缓存来维护。在传统的 CPU 上，一般而言，至少三级缓存在处理器核之间是共享的。处理器核便可通过设备上这块共享内存快速地进行通信。

G80 与 GT200 系列 GPU 没有与 CPU 中高速缓存等价的存储器，但它们却有两块基于硬件托管的缓存，即常量内存与纹理内存，它们类似 CPU 中的只读缓存。与 CPU 不同，GPU 主要依赖基于程序员托管的缓存或共享内存区。

在费米架构的 GPU 实现中，第一次引入了不基于程序员托管的数据缓存这个概念。这个架构的 GPU 中每个 SM 有一个一级缓存，这个一级缓存既是基于程序员托管的又是基于硬件托管的。在所有的 SM 之间有一个共享的二级缓存。

缓存在处理器的核或 SM 之间共享有什么意义？为什么要这样安排？这主要是为了让设备之间能够通过相同的共享缓存进行通信。共享缓存允许处理器之间不需要每次都通过全局内存进行通信。这在进行原子操作的时候特别有用，由于二级缓存是统一的，所有的 SM 在给出的内存地址处获取一致版本的数据。处理器无须将数据写回缓慢的全局内存中，然后再读出来，它只需要保证处理器核之间的数据一致性。在 G80 与 GT200 系列的硬件设备上，并没有统一的高速缓存，因此与费米以及后续的设备相比，在它们上面做原子操作会非常慢。

对大多数程序而言，高速缓存非常有用。很多程序员既不关心也不了解如何在编写软件时获取更好的性能。缓存的引入使得大多数程序能够更加合理地运转，程序员也不需要过多地了解硬件是如何工作的。但这种简单的编程方式只适合最初的学习，多数情况下，我们需要更加深入地了解。

一名 CUDA 的初学者与一名 CUDA 的专家相比，差距可能非常大。希望读者通过阅读此书，能够迅速学会编写 CUDA 代码，用并行代码替换你原来的串行代码，使你的程序加速好几倍。

数据存储类型

GPU 提供了不同层次的若干区域供程序员存放数据，每块区域根据其能达到的最大带宽以及延迟而定义，如表 6-1 所示。

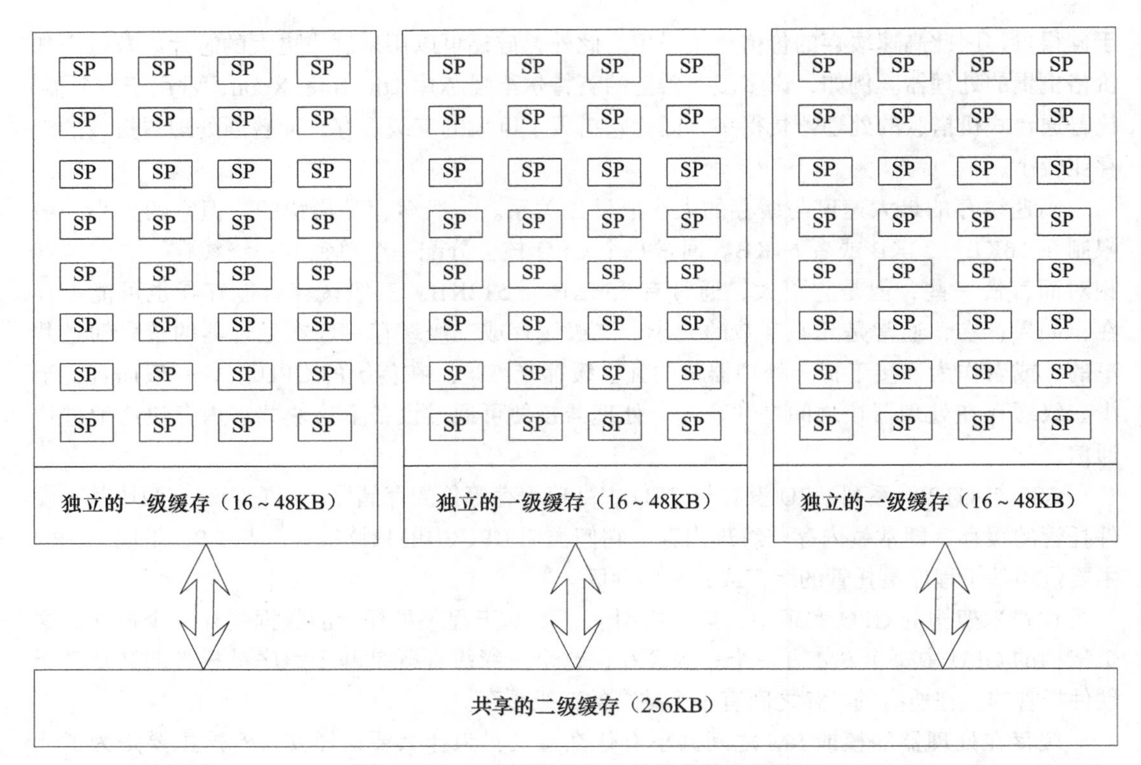

图6-1 SM一级缓存与二级缓存数据通路

表6-1 不同存储类型的访问时间

存储类型	寄存器	共享内存	纹理内存	常量内存	全局内存
带宽	~8TB/s	~1.5TB/s	~200MB/s	~200MB/s	~200MB/s
延迟	1个周期	1 ~ 32个周期	400 ~ 600个周期	400 ~ 600个周期	400 ~ 600个周期

最快速也最受偏爱的存储器是设备中的寄存器，接着是共享内存，如基于程序员托管的一级缓存，然后是常量内存、纹理内存、常规设备内存，最后则是主机端内存。注意不同存储器之间的存储速度的数量级的变化规律。本章将依次介绍这几种存储器的使用以及如何最大化地利用它们。

传统上，绝大多数书籍会从全局内存开始介绍，因为它在性能优化中扮演着关键角色。除非获取全局内存的模式正确，否则一旦模式错误，就没有必要再去谈优化了。而本书将采用一种不同的方式进行介绍，本章将首先介绍如何高效地使用最内部的设备，由内而外，最后介绍全局内存以及主机端内存，让读者能够理解不同层次的存储器的效率以及知道如何获得高效。

大多数CUDA程序都是逐渐成熟的。一开始使用全局内存初始化，初始化完毕之后再考虑使用其他类型的内存，例如，零复制内存（zero-copy memory）、共享内存、常量内存，最终寄存器也被考虑进来。为了优化一个程序，我们需要在开发过程中考虑这些问题。在程序之初就要考虑使用速度较快的存储器，并且准确知道在何处以及如何提高程序性能，而不是在程序写完之后才想到用哪些快速的存储器对程序进行优化。另外，不仅要思考如何高效地访问全局内存，也要时刻想办法减少对全局内存的访问次数，尤其在数据会被重复利用的时候。

6.3 寄存器的用法

与 CPU 不同，GPU 的每个 SM（流多处理器）有上千个寄存器。一个 SM 可以看作是一个多线程的 CPU 核。一般 CPU 拥有二、四、六或八个核。但一个 GPU 却有 N 个 SM 核。在高端的费米 GF100 系列的顶级设备上有 16 个 SM，GT200 系列的设备上的 SM 数目多达 32 个，G80 系列的设备 SM 最多也有 16 个。

看起来很奇怪，费米架构设备上的 SM 数目居然比早期的一些设备还要少。这是因为费米架构设备上每个 SM 拥有更多的 SP（流处理器），而所有的工作其实都是 SP 处理的。由于每个核上 SP 数目不同，因此每个核支持的线程数目也有很大的不同。一般地，CPU 每个核会支持一到两个硬件线程。相比之下，GPU 的每个核可能有 8 ~ 192 个 SP，这意味着每个 SM 在任何时刻都能同时运行这些数目的硬件线程。

事实上，GPU 上的应用线程进入流水线、进行上下文切换并分配到多个 SM 中。这意味着在一台 GPU 设备的所有 SM 中活跃的线程数目通常数以万计。

CPU 与 GPU 架构的一个主要区别就是 CPU 与 GPU 映射寄存器的方式。CPU 通过使用寄存器重命名和栈来执行多线程。为了运行一个新任务，CPU 需要进行上下文切换，将当前所有寄存器的状态保存到栈（系统内存）上，然后从栈中恢复当前需要执行的新线程上次的执行状态。这些操作通常需要花费上百个 CPU 时钟周期。如果在 CPU 上开启过多的线程，时间几乎都将花费在上下文切换过程中寄存器内容的换进 / 换出操作上。因此，如果在 CPU 开启过多的线程，有效工作的吞吐量将会快速降低。

然而，GPU 却恰恰相反。GPU 利用多线程隐藏了内存获取与指令执行带来的延迟。因此，在 GPU 上开启过少的线程反而会因为等待内存事务使 GPU 处于闲置状态。此外，GPU 也不使用寄存器重命名的机制，而是致力于为每一个线程都分配真实的寄存器。因此，当需要上下文切换时，所需要的操作就是将指向当前寄存器组的选择器（或指针）更新，以指向下一个执行的线程束的寄存器组，因此几乎是零开销。

注意这里用到了线程束的概念。在第 5 章介绍线程的部分已经详细地介绍了这个概念。一个线程束即同时调度的一组线程。在当前的硬件中，一个线程束包含 32 个线程。因此，在一个 SM 中，每次换进 / 换出、调度都是 32 个线程同时执行。

每个 SM 能调度若干个线程块。在 SM 层，线程块即若干个独立线程束的逻辑组。编译时会计算出每个内核线程需要的寄存器数目。所有的线程块都具有相同的大小，并拥有已知数目的线程，每个线程块需要的寄存器数目也就是已知和固定的。因此，GPU 就能为在硬件上调度的线程块分配固定数目的寄存器组。

然而在线程层，这些细节对程序员是完全透明的。如果一个内核函数中的每个线程需要的寄存器过多，在每个SM中GPU能够调度的线程块的数量就会受到限制，因此总的可以执行的线程数量也会受到限制。开启的线程数量过少会造成硬件无法被充分利用，性能急剧下降，但开启过多又意味着资源可能短缺，调度到SM上的线程块数量会减少。

这一点要特别注意，因为它可能引起应用程序的性能突然下降。如果一个应用程序先前使用了4个线程块，现在改用更多的寄存器，可能导致只有3个线程块可供调度，这样GPU的吞吐量会降低1/4。这种类型的问题可以利用许多性能分析的工具来定位，本书的第7章将会介绍性能分析的内容。

由于所使用的硬件不同，每个SM可供所有线程使用的寄存器空间大小也不同，分别有8KB、16KB、32KB以及64KB。牢记，每线程中每个变量会占用一个寄存器。因此，C语言中的一个浮点型变量就会占用N个寄存器，其中N代表调度的线程数量。在费米架构的设备上，每个SM拥有32KB的寄存器空间。如果每个线程块有256个线程，则每个线程可使用32（32 768/4/256）个寄存器。为了让费米架构的设备上的每个线程可使用的寄存器数目达到最大，即64个寄存器（G80及GT200上最多128个），每个线程块上的线程数目需要减少一半，即128。当线程块上的寄存器数目是允许的最大值时，每个SM会只处理一个线程块。同样，也可以使用四个线程块，每个线程块32个线程（一共4×32=128个线程），每个线程使用的寄存器数目也能达到最多。

如果能够最大化地利用寄存器，例如，使用寄存器对一个数组的某一块进行计算，会非常高效。由于这一组值通常是数据集中的N个元素，元素之间是相互独立的，因此可以在单个线程中实现指令级的并行（Instruction-Level Parallelism, ILP）。这是由硬件将许多独立的指令流水线化实现的。后面将有一个实际例子来具体介绍这种方案。

然而，大多数内核对寄存器的需求量都很低。如果将寄存器的需求量从128降到64，则相同的SM上可再调度一个线程块。例如，如果需要32个寄存器，则可调度四个线程块。通过这样做，运行的线程总数可以得到提高。在费米型设备上，每个SM最多能运行1536个线程。一般情况下，占用率越高，程序就运行得越快。当线程级的并行（Thread-Level Parallelism，TLP）足以隐藏存储延迟时将会达到一个临界点，如果想继续提高程序的性能，要么考虑更大块的存储事务，要么引入ILP，即单个线程处理数据集的多个元素。

但是，每个SM能够调度的线程束的数量也是有限制的。因此，将每个线程需要的寄存器数量从32降到16，并不意味着SM能调度8个线程块。表6-2显示了当线程块中的线程数为192与256以及线程需要的寄存器数目不同时，每个SM能够调度的线程块的数目。

表6-2 费米架构设备每个线程寄存器的可利用率

线程数	**最多使用寄存器数目**					
192	16	20	24	28	32	64
线程块调度数	8	8	7	6	5	2
线程数	**最多使用寄存器数目**					
256	16	20	24	28	32	64
线程块调度数	6	6	5	4	4	2

表 6-2 中的测试设备为费米架构的设备。至于开普勒架构的设备，只需简单地将表中的寄存器数目与线程块数目加倍即可。此处使用 192 与 256 个线程进行测试是因为它们能保证硬件的充分利用。注意当内核使用的寄存器的数目为 16 与 20 时，SM 上调度的线程块的数目并没有增加，这是因为分配到每个 SM 上的线程束的数量是有限制的。在这种情况下，可以不考虑是否影响每个 SM 运行的线程总数而直接增加寄存器的使用量。

如果想使用寄存器来避免其他更慢的内存类型的使用，需要注意有效地使用它们。例如，一个循环根据一些布尔变量依次设置某个值的每一位。高效的方法是将 32 个布尔值封装到一个 32 位的字中，然后解封装。可以写这样一个循环，每次根据新的布尔值修改内存中的内容，做移位操作，移至字中的正确位置，如下所示：

```
for (i=0; i<31; i++)
{
 packed_result |= (pack_array[i] << i);
}
```

从数组中读出第 i 个元素然后将其封装到一个整型数 packed_result 中。将布尔值向左移位必要的位数，然后与之前的结果做“按位或”操作。

如果变量 packed_result 存于内存中，则需要做 32 次读 / 写内存的操作。但如果将变量 packed_result 设置为局部变量，编译器会将其放入寄存器中，在寄存器中而不是在主内存中做操作，最后再将结果写回主内存中，因此可节省 31 次内存读 / 写的操作。

这时，再回过头来看表 6-1，你会发现每做一次全局内存的读 / 写操作需要花费上百个时钟周期。假定每做一个全局内存的读 / 写操作需要花费 500 个时钟周期。如果每次循环都需要从全局内存读取数据，然后按位或，最后写回全局内存，则一共需要 32 × 读操作时间 +32 × 写操作时间 =64 × 500 个时钟周期 =32 000 个时钟周期。而使用寄存器则可消除 31 次读操作以及 31 次写操作，用一个时钟周期代替之前的 500 个时钟周期，因此一共花费

（1× 读内存时间）+（1× 写内存时间）+（31× 读寄存器时间）+（1× 写寄存器时间）

即

（1×500）+（1×500）+（31×1）+（31×1）=1062 个时钟周期，相比于 32 000 个时钟周期

时钟周期明显减少很多。因此，在相同问题领域里执行较简单的操作能够将性能提高 31 倍。

在 sum、min、max 等普通的归约操作中也会看到类似的关系。所谓的归约操作，即利用函数将某个较大的数据集减少为较小的集合，通常减少到一个单项。例如，max（10，12，1，4，5）会返回数据集中最大的那个值 12。

将结果累积在寄存器中可省去大量的内存写操作。在位包装的这个例子中，写内存的操作次数减少了 31 倍。无论是用 CPU 还是 GPU，这种寄存器的优化方式都会使程序执行速度得到很大提高。

然而，这种优化方式需要程序员思考哪些参数是存于寄存器中，哪些参数是存于内存中，哪些参数需要从寄存器中复制回内存，等等。通常，这对一般的程序员而言显得有些困

难。因此，许多程序员的代码都是直接运行在内存上。绝大多数 CPU 上的缓存可以通过将累计计算的值保存在一级缓存，从而有效掩饰这类问题。将数据写回缓存，避免将数据写回主内存，程序的性能并不会太差。但需要注意的是一级缓存仍然比寄存器慢，因此这种方案并不是最优化的，它可能比最优方案慢好几倍。

有些编译器可以自动检测出一些不高效的方式，并在优化阶段将数据载入寄存器计算，但有些却不能。这主要由编译器的好坏决定。好的编译器可以利用优化器来弥补编程能力带来的性能不足。如果优化层级提高，程序中的错误也会蔓延滋生。但这并不是编译器的错。C 语言的定义比较复杂。由于优化层级的提高，一个诸如缺少 volatile 限定符的操作就可能引入一些敏感的错误。对于这些错误，自动测试脚本以及连续地对非优化的版本进行测试可以有效地保证程序的正确性。

另外，优化编译器的供应商并不是每次都采纳最好的解决方案。如果编译器的供应商在测试一个优化解决方案时只有 1% 的程序无法通过，那么这个方案很可能会因为所产生的支持的问题而不被采纳。

GPU 的计算能力超过内存带宽容量的好几倍。在费米型架构的硬件上，存储带宽最高能达到 190GB/s，而计算能力最快能达到每秒执行超过一万亿次浮点运算，这比五倍的内存带宽还要多。在开普勒 GTX680 及 Tesla K10 上，计算能力提高到了 3 万亿次浮点运算，而内存带宽与 GTX580 几乎相同。在比特包装这个例子中，如果不用寄存器进行优化，而改用一个没有缓存的设备，每次循环迭代都需要进行一次读操作和一次写操作。每个整型数或浮点数的长度为 4 个字节，一次读写一共是 8 个字节，理论上，这个例子能达到的最好性能是 1/8 的内存带宽。如果内存带宽是 190GB/s，则相当于每秒做了 250 亿次操作。

但实际情况中是不可能达到这么高的性能，因为原始的存储带宽也要考虑循环索引以及迭代。然而，这种快速而无须精细的计算方式可以让我们在编程之前估计出应用程序性能的上限。

理论上，采用这种减少 31 次内存操作的方式可以使程序的性能提高 31 倍，每秒执行 7750 亿次迭代操作。但在实际设备中执行时却会受到限制。尽管这样，相比于使用全局内存，通过寄存器的累加尽可能使用寄存器还是能使程序的性能得到很大的改善。

此处，我们编写了一个程序，分别用全局内存和寄存器进行位包装，从而获得一些真实的数据。以下是测试的结果。

```
ID:0 GeForce GTX 470:Reg. version faster by: 2.22ms (Reg=0.26ms, GMEM=2.48ms)
ID:1 GeForce 9800 GT:Reg. version faster by: 52.87ms (Reg=9.27ms, GMEM=62.14ms)
ID:2 GeForce GTX 260:Reg. version faster by: 5.00ms (Reg=0.62ms, GMEM=5.63ms)
ID:3 GeForce GTX 460:Reg. version faster by: 1.56ms (Reg=0.34ms, GMEM=1.90ms)
```

以下是两个内核函数的代码：

```
__global__ void test_gpu_register(u32 * const data, const u32 num_elements)
{
 const u32 tid = (blockIdx.x * blockDim.x) + threadIdx.x;
 if (tid < num_elements)
```

```
  {
   u32 d_tmp = 0;

   for (int i=0;i<KERNEL_LOOP;i++)
   {
    d_tmp |= (packed_array[i] << i);
   }

   data[tid] = d_tmp;
  }
}

__device__ static u32 d_tmp = 0;
__global__ void test_gpu_gmem(u32 * const data, const u32 num_elements)
{
 const u32 tid = (blockIdx.x * blockDim.x) + threadIdx.x;
 if (tid < num_elements)
 {
  for (int i=0;i<KERNEL_LOOP;i++)
  {
   d_tmp |= (packed_array[i] << i);
  }

  data[tid] = d_tmp;
 }
}
```

这两个内核函数的唯一区别是一个使用全局变量 d_tmp，另一个使用本地寄存器。表 6-3 显示了加速的结果。由表可知，平均加速 7.7 倍。而最让人意外的是，最快的加速比出自 SM 数量最多的那个设备。这说明了一个问题，不知读者是否注意到。在使用全局内存的内核函数中，线程块中的每个线程读 / 写到 d_tmp 中，并没有保证按怎样的顺序执行，因此输出是不确定的。内核函数正常执行，没有检测到任何 CUDA 错误，但是程序的结果通常可能是没有意义的。这种类型的错误在将串行代码转换成并行代码时是非常常见的一种典型错误。

表 6-3 使用寄存器与使用全局内存的加速比

显　卡	寄存器版本	GMEM（全局内存）版本	加　速　比
GTX470	0.26	2.48	9.5
9800GT	9.27	62.14	6.7
GTX260	0.62	5.63	9.1
GTX460	0.34	1.9	5.6
平均			7.7

奇怪的答案告诉人们有些地方可能出错了。但该如何修改才正确呢？在寄存器版本的内核函数中，每个线程将结果写回唯一对应的寄存器。在 GMEM（全局内存）版本的内核函数中，也应做相同操作。因此，只需将原先 d_tmp 的定义

d_tmp:

```
__device__ static u32 d_tmp = 0;
```

修改为

```
__device__ static u32 d_tmp[NUM_ELEM];
```

内核函数应更新为以下代码：

```
__global__ void test_gpu_register(u32 * const data, const u32 num_elements)
{
 const u32 tid = (blockIdx.x * blockDim.x) + threadIdx.x;
 if (tid < num_elements)
 {
  u32 d_tmp = 0;

  for (int i=0;i<KERNEL_LOOP;i++)
  {
   d_tmp |= (packed_array[i] << i);
  }

  data[tid] = d_tmp;
 }
}
```

现在每个线程都是对独立的一块内存区域进行读/写。现在加速比又是多少呢？参见表6-4。

表6-4 使用寄存器与使用全局内存的实际加速比

显　卡	寄存器版本	GMEM版本	加　速　比
GTX470	0.26	0.51	2
9800GT	9.27	10.31	1.1
GTX260	0.62	1.1	1.8
GTX460	0.34	0.62	1.8
平均			1.7

由表6-4可知，平均加速比降低到1.7倍。如果除去9800GT（计算能力为1.1的设备），这段简单代码的平均加速比接近两倍。因此，应尽量用其他方式避免全局内存的写操作。如果操作聚合到同一块内存上，如第一个例子，就会强制使硬件对内存的操作序列化，从而造成严重的性能降低。

现在，让一段代码运行得更快变得非常简单。循环一般非常低效，因为它们会产生分支，造成流水线停滞。更重要的是，它们消耗指令但并不是为了得出最终结果。循环的代码包含了循环计数器的增加、检测是否到了循环的终止状态以及每次迭代的一个分支判断。相比之下，每次迭代有用的指令是将值从packed_array中载入，向左移位N位，然后与当前的d_tmp做“或”操作。所有的操作中，循环的操作占了50%。我们可以通过查看PTX（Parallel Thread eXecution，并行线程执行）代码证实这一点。为了方便读者阅读这段虚拟汇编代码，高亮的代码即执行循环的代码。

```
 .entry _Z18test_gpu_register1Pjj (
  .param .u64 __cudaparm__Z18test_gpu_register1Pjj_data,
  .param .u32 __cudaparm__Z18test_gpu_register1Pjj_num_elements)
{
 .reg .u32 %r<27>;
 .reg .u64 %rd<9>;
 .reg .pred %p<5>;
 // __cuda_local_var_108903_15_non_const_tid = 0
 // __cuda_local_var_108906_13_non_const_d_tmp = 4
 // i = 8
 .loc 16 36 0
$LDWbegin__Z18test_gpu_register1Pjj:
$LDWbeginblock_180_1:
 .loc 16 38 0
 mov.u32  %r1, %tid.x;
 mov.u32  %r2, %ctaid.x;
 mov.u32  %r3, %ntid.x;
 mul.lo.u32  %r4, %r2, %r3;
 add.u32  %r5, %r1, %r4;
 mov.s32  %r6, %r5;
 .loc 16 39 0
 ld.param.u32  %r7, [__cudaparm__Z18test_gpu_register1Pjj_num_elements];
 mov.s32  %r8, %r6;
 setp.le.u32  %p1, %r7, %r8;
 @%p1 bra  $L_0_3074;
$LDWbeginblock_180_3:
 .loc 16 41 0
 mov.u32  %r9, 0;
 mov.s32  %r10, %r9;
$LDWbeginblock_180_5:
 .loc 16 43 0
 mov.s32  %r11, 0;
 mov.s32  %r12, %r11;
 mov.s32  %r13, %r12;
 mov.u32  %r14, 31;
 setp.gt.s32  %p2, %r13, %r14;
 @%p2 bra  $L_0_3586;
$L_0_3330:
 .loc 16 45 0
 mov.s32  %r15, %r12;
 cvt.s64.s32  %rd1, %r15;
 cvta.global.u64  %rd2, packed_array;
 add.u64  %rd3, %rd1, %rd2;
 ld.s8  %r16, [%rd3+0];
 mov.s32  %r17, %r12;
 shl.b32  %r18, %r16, %r17;
 mov.s32  %r19, %r10;
 or.b32  %r20, %r18, %r19;
 mov.s32  %r10, %r20;
 .loc 16 43 0
 mov.s32  %r21, %r12;
```

```
 add.s32  %r22, %r21, 1;
 mov.s32  %r12, %r22;
$Lt_0_1794:
 mov.s32  %r23, %r12;
 mov.u32  %r24, 31;
 setp.le.s32  %p3, %r23, %r24;
 @%p3 bra  $L_0_3330;
$L_0_3586:
$LDWendblock_180_5:
 .loc 16 48 0
 mov.s32  %r25, %r10;
 ld.param.u64  %rd4, [__cudaparm__Z18test_gpu_register1Pjj_data];
 cvt.u64.u32  %rd5, %r6;
 mul.wide.u32  %rd6, %r6, 4;
 add.u64  %rd7, %rd4, %rd6;
 st.global.u32  [%rd7+0], %r25;
$LDWendblock_180_3:
$L_0_3074:
$LDWendblock_180_1:
 .loc 16 50 0
 exit;
$LDWend__Z18test_gpu_register1Pjj:
 }
```

这段PTX代码首先判断了for循环是否真正进入了循环。这一部分是在标注$LDWbeginblock_180_5的代码块中执行的。标注$Lt_0_1794的代码块执行循环操作，当执行完32次迭代操作时跳转到标注$L_0_3330的代码块。标注$L_0_3330代码块执行的是下面这段代码：

```
d_tmp |= (packed_array[i] << i);
```

注意，除了循环的开销之外，packed_array用一个变量进行索引，因此每次循环都需要计算内存地址：

```
cvt.s64.s32  %rd1, %r15;
cvta.global.u64  %rd2, packed_array;
add.u64  %rd3, %rd1, %rd2;
```

这非常的低效。相比于将循环展开，我们看到了一些更加有趣的东西：

```
.entry _Z18test_gpu_register2Pjj (
 .param .u64 __cudaparm__Z18test_gpu_register2Pjj_data,
 .param .u32 __cudaparm__Z18test_gpu_register2Pjj_num_elements)
{
.reg .u32 %r<104>;
.reg .u64 %rd<6>;
 .reg .pred %p<3>;
 // __cuda_local_var_108919_15_non_const_tid = 0
 .loc 16 52 0
$LDWbegin__Z18test_gpu_register2Pjj:
$LDWbeginblock_181_1:
```

```
 .loc 16 54 0
 mov.u32  %r1, %tid.x;
 mov.u32  %r2, %ctaid.x;
 mov.u32  %r3, %ntid.x;
 mul.lo.u32  %r4, %r2, %r3;
 add.u32  %r5, %r1, %r4;
 mov.s32  %r6, %r5;
 .loc 16 55 0
 ld.param.u32  %r7, [__cudaparm__Z18test_gpu_register2Pjj_num_elements];
 mov.s32  %r8, %r6;
 setp.le.u32  %p1, %r7, %r8;
 @%p1 bra  $L_1_1282;
 .loc 16 57 0
 ld.global.s8  %r9, [packed_array+0];
 ld.global.s8  %r10, [packed_array+1];
 shl.b32  %r11, %r10, 1;
 or.b32  %r12, %r9, %r11;
 ld.global.s8  %r13, [packed_array+2];
 shl.b32  %r14, %r13, 2;
 or.b32  %r15, %r12, %r14;

[Repeated code for pack_array+3 to packed_array+29 removed for clarity]

 ld.global.s8  %r97, [packed_array+30];
 shl.b32  %r98, %r97, 30;
 or.b32  %r99, %r96, %r98;
 ld.global.s8  %r100, [packed_array+31];
 shl.b32  %r101, %r100, 31;
 or.b32  %r102, %r99, %r101;
 ld.param.u64  %rd1, [__cudaparm__Z18test_gpu_register2Pjj_data];
 cvt.u64.u32  %rd2, %r6;
 mul.wide.u32  %rd3, %r6, 4;
 add.u64  %rd4, %rd1, %rd3;
 st.global.u32  [%rd4+0], %r102;
$L_1_1282:
$LDWendblock_181_1:
 .loc 16 90 0
 exit;
$LDWend__Z18test_gpu_register2Pjj:
 }
```

现在，几乎所有的指令都是为了计算得到结果，循环的开销没有了，无用指令减少了很多。packed_array 的地址计算也精简到一个编译时就分配的基地址加上偏移地址。所有计算都变简单了，但同时也变长了，无论是 C 代码还是虚拟 PTX 汇编代码。

这里，我们无须花费过多的时间来理解 PTX 代码，只需要知道 C 代码的一点小小的改动就会为虚拟汇编代码的生成代码带来很大的改变。了解诸如将循环展开的这种技巧会对今后编程有很大的帮助。在第 9 章中，本书将详细介绍 PTX 以及如何将其转换成机器能执行的实际代码。

表6-5显示了采用这种方式之后得到的加速比。由表可知，该方法在9800GT或GTX260上运行时，没有产生任何效果，但是，在计算能力为2.x以上的硬件上运行时，例如GTX460与GTX470，加速比分别为2.4与3.4。与纯GMEM实现方案相比，GTX470执行得到的加速比为6.4。直观点说，如果原程序需要花6.5小时来运行，优化之后只需要一个小时。

表6-5 循环展开的影响

显　卡	寄存器版本	循环展开版本	加　速　比
GTX470	0.27	0.08	3.4
9800GT	9.28	9.27	1
GTX260	0.62	0.62	1
GTX460	0.34	0.14	2.4
平均			2

基于寄存器的优化能够为代码的执行时间带来巨大影响。读者可以利用节省的这段时间认真理解程序的内循环PTX代码是如何生成的，学会将循环展开成单个的或一组表达式。如果学会这样去思考程序代码，程序的性能将会有质的飞跃。使用寄存器可以有效消除内存访问，或提供额外的ILP，以此实现GPU内核函数的加速，这是最为有效的方法之一。

6.4 共享内存

共享内存实际上是可受用户控制的一级缓存。每个SM中的一级缓存与共享内存共享一个64KB的内存段。在开普勒架构的设备中，根据应用程序的需要，每个线程块可以配置为16KB的一级缓存或共享内存。而在费米架构的设备中，可以根据喜好选择16KB或48KB的一级缓存或共享内存。早期的费米架构的硬件（计算能力为1.x）中只有固定的16KB共享内存而没有一级缓存。共享内存的延迟极低，大约有1.5TB/s的带宽，远远高于全局内存的190GB/s，但是它的速度只有寄存器的1/10。

在实际情况中，低端显卡全局内存的速度只有高端显卡的1/10，但是共享内存的速度几乎在所有（大约有20%不同）的GPU中都一致，因为共享内存的速度受核时钟频率驱动。因此，在任何显卡中，无论是否为高端显卡，除了使用寄存器，还要更有效地使用共享内存。

事实上，仅看带宽数据，共享内存的带宽为1.5TB/s，全局内存的带宽最高为190GB/s，比率为7∶1。换言之，有效使用共享内存有可能获得7倍的加速比。毫无疑问，共享内存是所有关心性能的CUDA程序员应该认真掌握的一个概念。

然而，GPU执行的是一种内存的加载/存储模型（load-store model），即所有的操作都要在指令载入寄存器之后才能执行。因此，加载数据到共享内存与加载数据到寄存器中不同，只有当数据重复利用、全局内存合并，或线程之间有共享数据时使用共享内存才更合适。否则，将数据直接从全局内存加载到寄存器性能会更好。

共享内存是基于存储体切换的架构（bank-switched architecture）。在费米架构的设备上有 32 个存储体，而在 G200 与 G80 的硬件上只有 16 个存储体。每个存储体可以存 4 个字节大小的数据，足以用来存储一个单精度的浮点型数据，或者一个标准的 32 位的整型数。开普勒架构的设备还引入了 64 位宽的存储体，使双精度的数据无须再跨越两个存储体。无论有多少线程发起操作，每个存储体每个周期只执行一次操作。因此，如果线程束中的每个线程访问一个存储体，那么所有线程的操作都可以在一个周期内同时执行。此时无须顺序地访问，因为每个线程访问的存储体在共享内存中都是独立的，互不影响。实际上，在每个存储体与线程之间有一个交叉开关将它们连接，这在字的交换中很有用，例如即将介绍的一个排序算法。

此外，当线程束中的所有线程同时访问相同地址的存储体时，使用共享内存会有很大帮助。同常量内存一样，当所有线程访问同一地址的存储单元时，会触发一个广播机制到线程束的每个线程中。通常 0 号线程会写一个值然后与线程束中的其他线程进行通信，如图 6-2 所示。

然而，如果有其他的方式，存储体冲突将不同程度地得到解决。这意味着，线程访问共享内存需要排队等候，当一个线程访问共享内存时，线程束中的其他线程将阻塞闲置。这方面一个很重要的问题就是延迟并没有因为切换到另一个线程束而得到隐藏，事实上我们将整个 SM 都阻塞了。由于 SM 会处于闲置状态直到存储体请求被满足，因此，存储体冲突应尽可能地避免。

然而，这并不是很实用。例如，第 5 章中的统计直方图的例子。由于数据是未知的，因此存储体的划分是完全依赖于数据形式的。

最糟糕的情形就是所有的线程都对同一个存储体执行写操作，这将导致对同一存储体顺序进行 32 次访问操作。典型地，当跨幅超过 32 时，就会发生多个线程访问同一存储体。当跨幅以二的幂次倍减少时（如并行归约），也会发生这种情况，连续的轮询将导致更多的存储体冲突。

6.4.1 使用共享内存排序

此处，我们将介绍一个使用排序的实例。排序算法会对一个随机的数据集进行处理，生成一个有序的数据集。因此，我们需要 N 个输入数据项和 N 个输出数据项。排序的关键是保证最小化读 / 写内存的次数。很多排序算法是多通道的，这意味着我们将对 N 个元素中的每个元素读 M 次，显然这是不够好的。

快速排序是串行编程中一个比较受青睐的排序算法。作为一个分治算法，快速排序看起来也可以用并行实现。然而，快速排序默认用到递归调用，而在 CUDA 中，只有计算能力为 2.x 的设备才支持递归。一般地并行实现是通过为每个分离的数据产生一个新的线程。当前的 CUDA 模型（另见第 12 章中对开普勒动态并行性的讨论）需要在启动内核时对总的线程数进行说明，或者每层进行一连串的内核调用。数据会导致产生分支，这对 GPU 而言是不利的。

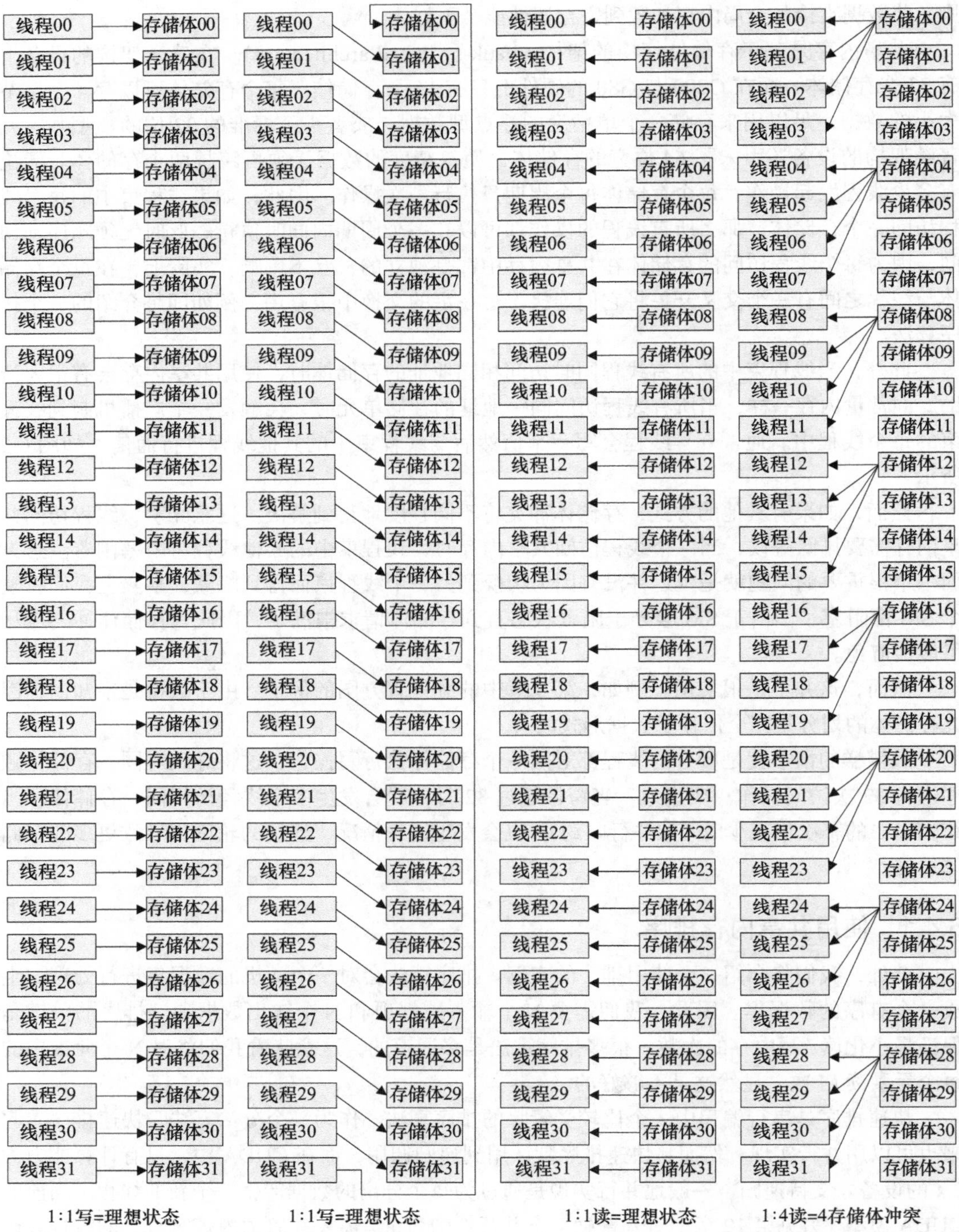

线程00 存储体00 线程00 存储体00 线程00 存储体00 线程00 存储体00
线程01 存储体01 线程01 存储体01 线程01 存储体01 线程01 存储体01
线程02 存储体02 线程02 存储体02 线程02 存储体02 线程02 存储体02
线程03 存储体03 线程03 存储体03 线程03 存储体03 线程03 存储体03
线程04 存储体04 线程04 存储体04 线程04 存储体04 线程04 存储体04
线程05 存储体05 线程05 存储体05 线程05 存储体05 线程05 存储体05
线程06 存储体06 线程06 存储体06 线程06 存储体06 线程06 存储体06
线程07 存储体07 线程07 存储体07 线程07 存储体07 线程07 存储体07
线程08 存储体08 线程08 存储体08 线程08 存储体08 线程08 存储体08
线程09 存储体09 线程09 存储体09 线程09 存储体09 线程09 存储体09
线程10 存储体10 线程10 存储体10 线程10 存储体10 线程10 存储体10
线程11 存储体11 线程11 存储体11 线程11 存储体11 线程11 存储体11
线程12 存储体12 线程12 存储体12 线程12 存储体12 线程12 存储体12
线程13 存储体13 线程13 存储体13 线程13 存储体13 线程13 存储体13
线程14 存储体14 线程14 存储体14 线程14 存储体14 线程14 存储体14
线程15 存储体15 线程15 存储体15 线程15 存储体15 线程15 存储体15
线程16 存储体16 线程16 存储体16 线程16 存储体16 线程16 存储体16
线程17 存储体17 线程17 存储体17 线程17 存储体17 线程17 存储体17
线程18 存储体18 线程18 存储体18 线程18 存储体18 线程18 存储体18
线程19 存储体19 线程19 存储体19 线程19 存储体19 线程19 存储体19
线程20 存储体20 线程20 存储体20 线程20 存储体20 线程20 存储体20
线程21 存储体21 线程21 存储体21 线程21 存储体21 线程21 存储体21
线程22 存储体22 线程22 存储体22 线程22 存储体22 线程22 存储体22
线程23 存储体23 线程23 存储体23 线程23 存储体23 线程23 存储体23
线程24 存储体24 线程24 存储体24 线程24 存储体24 线程24 存储体24
线程25 存储体25 线程25 存储体25 线程25 存储体25 线程25 存储体25
线程26 存储体26 线程26 存储体26 线程26 存储体26 线程26 存储体26
线程27 存储体27 线程27 存储体27 线程27 存储体27 线程27 存储体27
线程28 存储体28 线程28 存储体28 线程28 存储体28 线程28 存储体28
线程29 存储体29 线程29 存储体29 线程29 存储体29 线程29 存储体29
线程30 存储体30 线程30 存储体30 线程30 存储体30 线程30 存储体30
线程31 存储体31 线程31 存储体31 线程31 存储体31 线程31 存储体31

1:1写=理想状态 1:1写=理想状态 1:1读=理想状态 1:4读=4存储体冲突

图 6-2 共享内存模式

有很多方法可以解决这个问题，但是，这些问题使得快速排序在先于开普勒 GK110 或 Tesla K20 之前的设备上并不是最优的算法。事实上，你会发现很多最优的串行算法转化成并行算法之后并不是最优的并行算法，因此，我们最好重新挖掘该如何做才是最优。

归并排序是并行世界中一个比较常见的算法（如图 6-3 所示）。它递归地将数据划分成越来越小的数据包，直到只剩两个数值需要排序。然后再将排好序的列表合并起来，以产生一个整体的、排好序的列表。

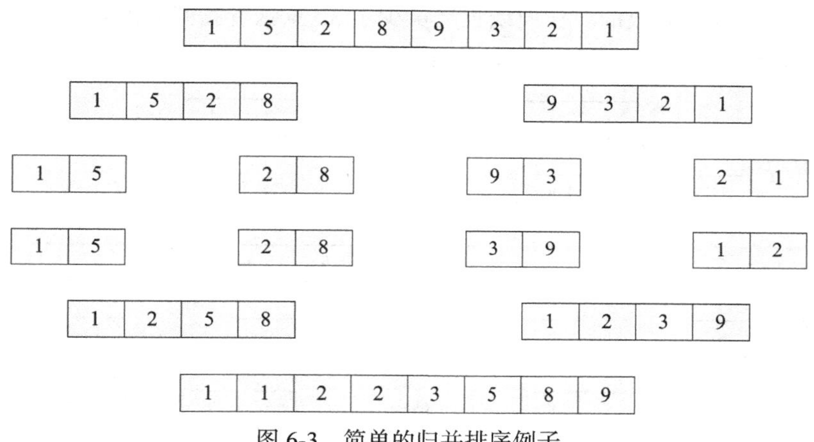

图 6-3 简单的归并排序例子

递归在早于计算能力为 2.x 的设备上并不支持，因此，这样的算法该如何执行呢？任何递归算法在某一时刻都有一个大小为 N 的数据集。在 GPU 上，线程块的大小或线程束的大小可以理想地映射为数据集的大小。因此，要实现一个递归算法，只需要将数据划分成大小为 32 的块，或者采用最小 N 值作为更大的块。

如果对一个数据集进行归并排序，例如 {1，5，2，8，9，3，2，1}，我们从第 4 个元素开始进行划分，得到两个更小的数据集，{1，5，2，8} 和 {9，3，2，1}，然后使用两个线程对这两个数据集分别执行一个排序算法。并行执行路径的数目即刻从 1 变化为 2 了。

将之前划分得到的两个数据集再次划分可得到四个数据集，{1，5}、{2，8}、{9，3} 以及 {2，1}。此时，再用 4 个线程进行处理显得并不是很重要，因为每个数据集只对两个数据进行比较并在需要时进行数据交换。最终，我们可以得到 4 个排好序的数据集：{1，5}、{2，8}、{3，9} 以及 {1，2}。到此，排序阶段就结束了。在此阶段，最大并行度可达到 N/2 个独立的线程。因此，当处理一个大小为 512KB 的数据集时，共 128K 个 32 位的元素，我们最多可使用 64K 个线程（N=128K，N/2=64K）。由于 GTX580 的 GPU 上有 16 个 SM，每个 SM 最多支持 1536 个线程，因此，在每个 GPU 上最多可支持 24K 个线程。按照如此划分，64K 的数据对只需 2.5 次迭代即可完成排序操作。

现在，我们将进入归并排序中一个比较经典的阶段，合并阶段。在此阶段中，我们将从每个列表中选出最小的元素然后将它加入到整个输出列表中。对每个列表重复执行该操作，直至输入列表中的所有元素都被添加入输出列表中。在刚刚的例子中，排好序的列表

为 {1，5}、{2，8}、{3，9} 以及 {1，2}。传统的归并排序中，首先是合并成 {1，2，5，8} 和 {1，2，3，9}，然后再将这两个列表按之前的方式合并成最终的、排好序的列表，{1，1，2，2，3，5，8，9}。

因此，每完成一次合并，并行度将减半。另外还有一种方案，即当 *N* 很小时，我们可以直接划分成 N 个列表，然后对每个值进行扫描并将其加入到输出列表的正确位置中，跳过图 6-4 中显示的合并阶段。如图 6-4 所示，主要问题在于排序过程中对应图中高亮区域的消除操作是由两个线程完成的。任何线程数量少于 32 意味着我们只需要用到少于一个线程束的线程数量，这对于 GPU 而言效率是非常低的。

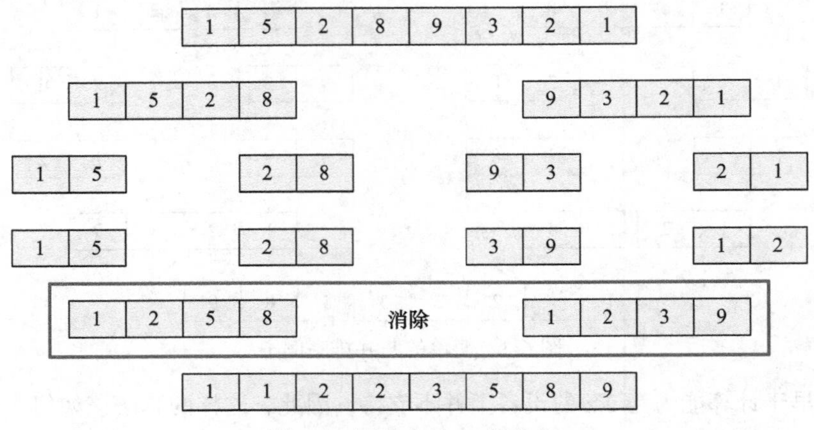

图 6-4 同时合并 N 个列表

这个方法的缺点就是我们需要从每个排好序的列表集中读出第一个元素。对于一个 64K 的集合，需要 64K 次读操作，即从内存中获取 256MB 的数据。显然，当数据集很大时这个方案并不合适。

因此，我们的方法就是通过限制对原始问题迭代的次数以获得一个更好的合并解决方案，当需要的线程数量减少为一个线程束的大小 32 时，停止迭代，而不是像传统归并排序中当每个集合只剩两个元素时才停止。对之前的例子实施这种方案，则集合数目将从原先的 64K 减少到 4K。同样，当从 N/2 到 N/32，最大并行数量增加了。在先前的 128K 个元素的例子中，这意味着需要处理 4K 个元素。在 GTX580 上，这将为每个 SM 分配 256 个处理元素（线程束）。由于费米架构设备上的每个 SM 最多能执行 48 个线程束，多个块将被循环访问，这使得问题能以更小的规模得到处理，而且在未来的硬件上能得到更好的加速。如图 6-5 所示。

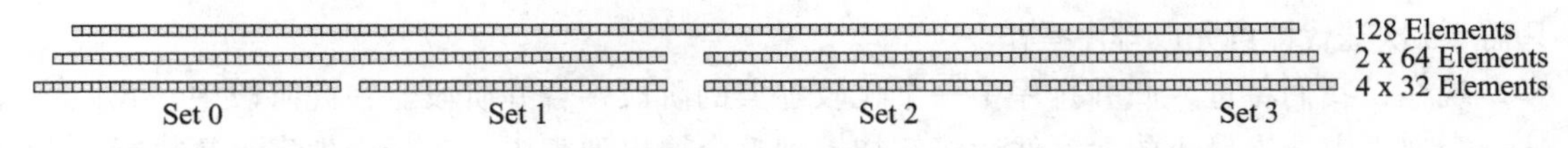

图 6-5 基于共享内存的分解

通过将数据集以每行 32 个元素的方式在共享内存中进行分布，然后线程以列的方式进行访问，我们可以获得零存储体冲突的内存访问（如图 6-6 所示）。

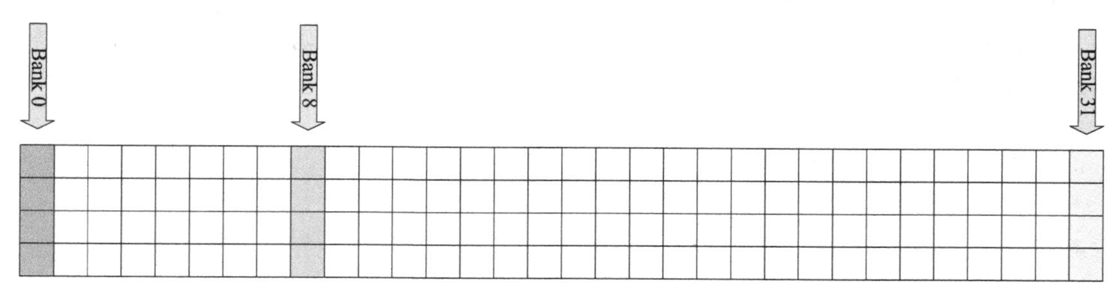

图 6-6 共享内存存储体访问

为了将对全局内存的访问合并起来，我们需要以每行 32 个元素的方式从全局内存中获取数据，这一点在下一节中我们具体介绍。然后对每一列实施排序算法，而无须担心共享内存冲突。唯一需要关心的就是分支。我们需要确保每个线程都遵循相同的执行流，尽管每个线程处理不同的数据。

这种策略的一个副作用就是我们需要做一个折中。假设每个 SM 只处理一个线程束，则不会出现共享内存体冲突。然而，每个 SM 处理一个线程束将无法隐藏全局内存的读 / 写延迟。至少在内存获取和写回的阶段，我们需要很多线程。但是，在排序阶段，多个线程束可能与其他线程束产生冲突。单个线程束不会存在任何存储体冲突，但又无法隐藏指令执行的延迟。因此，在实际中，在整个排序的阶段中我们需要多个线程束。

6.4.2 基数排序

基数排序是一个具有固定迭代次数和一致执行流的算法。它通过从最低有效位到最高有效位一一进行比较，对数值排序。对于一个 32 位的整型数，使用一个基数位，无论数据集有多大，整个排序需要迭代 32 次。我们将以下面这个数据集介绍我们的例子。

```
{ 122, 10, 2, 1, 2, 22, 12, 9 }
```

它们的二进制表示分别为

```
122 = 01111010
 10 = 00001010
  2 = 00000010
 22 = 00010010
 12 = 00001100
  9 = 00001001
```

在第一轮比较中，最低有效位（最右边）为 0 的元素形成一个列表，最低有效位为 1 的元素形成第二个列表，得到如下结果

```
0 = { 122, 10, 2, 22, 12 }
1 = { 9 }
```

然后将第二个列表附加到第一个列表中，得到

```
{ 122, 10, 2, 22, 12, 9 }
```

然后重复以上操作，对每个比特位都进行比较，下一轮生成的两个列表都是根据上一轮的结果进行排序的：

```
0 = { 12, 9 }
1 = { 122, 10, 2, 22 }
```

合并之后得到

```
{ 12, 9, 122, 10, 2, 22 }
```

扫描第三个比特位，得到

```
0 = { 9, 122, 10, 2, 22 }
1 = { 12 }
= { 9, 122, 10, 2, 22, 12 }
```

接着程序重复执行上述操作，直至32位全部进行完比较。为了建立列表，我们需要 $N+2N$ 个内存单元，一个用来存放源数据，一个用来存放比特位为0的列表，一个用来存放比特位为1的列表。事实上，我们并不一定严格地需要 $2N$ 个额外的内存单元，因为我们可以将比特位为0的数从列表头开始存放，比特位为1的数从列表尾部开始存放。然而，为了简便起见，我们将使用两个单独的列表。

基数排序的串行代码如下所示：

```
__host__ void cpu_sort(u32 * const data,
                       const u32 num_elements)
{
 static u32 cpu_tmp_0[NUM_ELEM];
 static u32 cpu_tmp_1[NUM_ELEM];

 for (u32 bit=0;bit<32;bit++)
 {
  u32 base_cnt_0 = 0;
  u32 base_cnt_1 = 0;

  for (u32 i=0; i<num_elements; i++)
  {
   const u32 d = data[i];
   const u32 bit_mask = (1 << bit);

   if ( (d & bit_mask) > 0 )
   {
    cpu_tmp_1[base_cnt_1] = d;
    base_cnt_1++;
   }
   else
   {
    cpu_tmp_0[base_cnt_0] = d;
```

```
      base_cnt_0++;
     }
    }

    // Copy data back to source - first the zero list
    for (u32 i=0; i<base_cnt_0; i++)
    {
     data[i] = cpu_tmp_0[i];
    }

    // Copy data back to source - then the one list
    for (u32 i=0; i<base_cnt_1; i++)
    {
     data[base_cnt_0+i] = cpu_tmp_1[i];
    }
  }
}
```

这段代码传入了两个参数，一个是指向需要排序的数据的指针，另一个是数据集的元素数量。通过对未排序的数据进行重写以获得排好序的数据集。外层循环是对 32 位整型数的 32 个比特位进行循环迭代，内层循环是对列表的所有元素进行循环。因此，算法一共需要 32N 次迭代，整个数据集的读 / 写次数达到 32 次。

当数据的大小少于 32 位时（如 16 位或 8 位的整型数），排序算法会快两倍或四倍，因为相对的计算任务减少为原先的一半或 1/4。在 CUDA SDK4.0 之前的版本中，可以在 Thrust 库中找到基数排序的实现，因此可以不用实现我们自己的基数排序（参见图 6-7）。

数据	数据 & 0x01	0列表	1列表	合并列表	数据 & 0x10	0列表	1列表	合并列表（已排序）
0xFF000003	1	0xFF000002	0xFF000003	0xFF000002	1	0xFF000000	0xFF000002	0xFF000000
0xFF000002	0	0xFF000000	0xFF000001	0xFF000000	0	0xFF000001	0xFF000003	0xFF000001
0xFF000001	1			0xFF000003	1			0xFF000002
0xFF000000	0			0xFF000001	0			0xFF000003

图 6-7 简单的基数排序

在内层循环中，数据被分为两个列表，根据当前字被处理的比特位将数据划分到 0 列表以及 1 列表中。然后将这两个列表重组，通常我们将 0 列表中的值写在 1 列表之前。

GPU 版本的代码可能有一点复杂，因为我们需要考虑多线程。

```
__device__ void radix_sort(u32 * const sort_tmp,
                           const u32 num_lists,
                           const u32 num_elements,
                           const u32 tid,
                           u32 * const sort_tmp_0,
                           u32 * const sort_tmp_1)
```

```
{
 // Sort into num_list, lists
 // Apply radix sort on 32 bits of data
 for (u32 bit=0;bit<32;bit++)
 {
  u32 base_cnt_0 = 0;
  u32 base_cnt_1 = 0;

  for (u32 i=0; i<num_elements; i+=num_lists)
  {
   const u32 elem = sort_tmp[i+tid];
   const u32 bit_mask = (1 << bit);

   if ( (elem & bit_mask) > 0 )
   {
    sort_tmp_1[base_cnt_1+tid] = elem;
    base_cnt_1+=num_lists;
   }
   else
   {
    sort_tmp_0[base_cnt_0+tid] = elem;
    base_cnt_0+=num_lists;
   }
  }

  // Copy data back to source - first the zero list
  for (u32 i=0; i<base_cnt_0; i+=num_lists)
  {
   sort_tmp[i+tid] = sort_tmp_0[i+tid];
  }

  // Copy data back to source - then the one list
  for (u32 i=0; i<base_cnt_1; i+=num_lists)
  {
   sort_tmp[base_cnt_0+i+tid] = sort_tmp_1[i+tid];
  }
 }
 __syncthreads();
}
```

此处 GPU 内核是以一个设备函数的形式编写的。设备函数即只能被 GPU 内核调用的函数。它相当于 C 语言函数声明之前添加一个“static”，或 C++ 中的“private”。

注意内循环中有所变化，在串行代码中索引每次循环加一，而在并行代码中，每次循环增加参数传入的 num_lists。这个数表示基数排序所产生的独立列表的数目，它应该等于内核函数每个线程块启动的线程数目。为避免存储体冲突，它的理想值应该是线程束的大小 32。然而，从隐藏存储延迟的角度来看，这个值还小于真正的理想值。

该 GPU 版本的基数排序将通过 num_lists 个线程产生 num_lists 个独立的排好序的列表。由于 GPU 上的 SM 有 32 个共享内存存储体，SM 可以与运行一个线程相同的速度运行 32 个线程，你可能想象 num_lists 最合适的值应该是 32。见表 6-6 与图 6-8。

表 6-6 并行基数排序结果（ms）

设备＼线程数	1	2	4	8	16	32	64	128	256
GTX470	39.4	20.8	10.9	5.74	2.91	1.55	0.83	0.48	0.3
9800GT	67	35.5	18.6	9.53	4.88	2.66	1.44	0.82	0.56
GTX260	82.4	43.5	22.7	11.7	5.99	3.24	1.77	1.02	0.66
GTX460	31.9	16.9	8.83	4.56	2.38	1.27	0.69	0.4	0.26

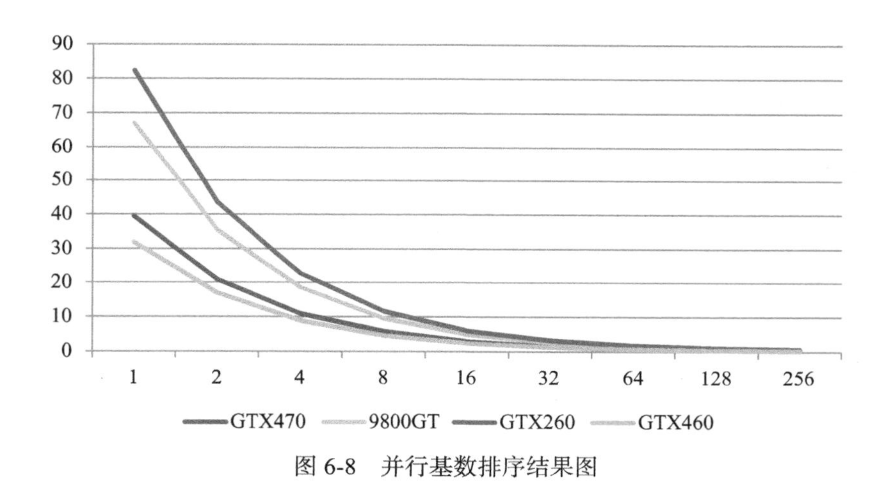

图 6-8 并行基数排序结果图

从图表中我们可以看到，基数排序确实非常高效。我们可以看到直到 128 个线程，程序速度几乎都是线性增长。这并不让人感到惊讶，因为每增加一倍的线程数量，每个线程处理的数据将减少为原来的一半。让人感兴趣的应该是线性关系增长停止的那个点，因为那说明程序达到了硬件中某方面的限制。当线程数增加到 256 时，程序的执行速度只增长了 2/3，因此我们知道最佳情况应该是 128 个线程。然而，我们也需考虑使用 128 个线程时可能限制了 SM 的使用，特别是在计算能力为 2.x 的硬件上。所以，我们根据多个线程块之间的相互作用选择 256 个线程。恰好，共享内存又是限制每个 SM 处理线程块数目的主要因素。

如果你查看初始的基数排序函数，它可能不是非常高效。那我们该如何优化这个函数呢？最明显的改变就是不需要将 0 列表与 1 列表分开。0 列表可以通过重复利用原始列表空间进行创建。这不仅允许我们舍弃 1 列表，还省去了将数据复制回原始列表的操作，节省了很多不必要的工作。

最后，你是否已注意到位掩码事实上是与 bit 循环的单次迭代有关的常量？它是伴随循环索引 i 的一个常量，因此可以将它移到 bit 循环的外面。这是一种标准的编译器优化方式，叫做不变量分析。大多数编译器会将它移到循环的外面。众所周知，编译器优化在文档记录方面一直做得很差，不同编译器的优化方式可能不同，即便是相同的编译器，不同版本的优化方式也可能不同。依赖编译器的优化步骤是比较差的编程习惯，最好避免。因此，我们将明确地把计算移到正确位置以保证它能执行。参见第 9 章中涉及的典型编译器优化。

以下是稍作优化的代码：

```
__device__ void radix_sort2(u32 * const sort_tmp,
                            const u32 num_lists,
                            const u32 num_elements,
      const u32 tid,
      u32 * const sort_tmp_1)
{
 // Sort into num_list, lists
 // Apply radix sort on 32 bits of data
 for (u32 bit=0;bit<32;bit++)
 {
  const u32 bit_mask = (1 << bit);
  u32 base_cnt_0 = 0;
  u32 base_cnt_1 = 0;

  for (u32 i=0; i<num_elements; i+=num_lists)
  {
   const u32 elem = sort_tmp[i+tid];

   if ( (elem & bit_mask) > 0 )
   {
    sort_tmp_1[base_cnt_1+tid] = elem;
    base_cnt_1+=num_lists;
   }
   else
   {
    sort_tmp[base_cnt_0+tid] = elem;
    base_cnt_0+=num_lists;
   }
  }

  // Copy data back to source from the one's list
  for (u32 i=0; i<base_cnt_1; i+=num_lists)
  {
   sort_tmp[base_cnt_0+i+tid] = sort_tmp_1[i+tid];
  }
 }
 __syncthreads();
}
```

我们还可以进行更多的优化，此处的关键问题是只用了一个暂存区，这也使允许我们处理更多的元素。这一点很重要，因为稍后我们会看到，列表的数量将是一个重要的因素。这些改变到底怎样影响了基数排序的性能呢？

由表 6-7 我们可以看到，最坏情况是使用一个线程的执行时间从之前的 82ms 减少到 52ms，最好的情况是从之前的 0.26ms 减少到了 0.21ms，执行速度提高了 20%。

表 6-7 优化后的基数排序结果（ms）

设备 \ 线程数	1	2	4	8	16	32	64	128	256
GTX470	26.51	14.35	7.65	3.96	2.05	1.09	0.61	0.36	0.24
9800GT	42.8	23.22	12.37	6.41	3.3	1.78	0.98	0.63	0.4
GTX260	52.54	28.46	15.14	7.81	4.01	2.17	1.2	0.7	0.46
GTX460	21.62	11.81	6.34	3.24	1.69	0.91	0.51	0.31	0.21

6.4.3 合并列表

合并排好序的列表是并行编程中另一个比较常用的算法。然而，我们将从串行合并任意数目的有序列表的代码看起，因为这是最简单的一种情况。

```
void merge_array(const u32 * const src_array,
                 u32 * const dest_array,
                 const u32 num_lists,
                 const u32 num_elements)
{
 const u32 num_elements_per_list = (num_elements / num_lists);

 u32 list_indexes[MAX_NUM_LISTS];

 for (u32 list=0; list < num_lists; list++)
 {
  list_indexes[list] = 0;
 }

 for (u32 i=0; i<num_elements;i++)
 {
  dest_array[i] = find_min(src_array,
                           list_indexes,
                           num_lists,
                           num_elements_per_list);
 }
}
```

假定需要从 num_lists 个列表中选取数据，则我们需要跟踪当前所处列表中的位置。程序中的 list_indexes 数组就是用来做这件事的。由于列表的数量可能很少，因此我们可以使用栈，将数组声明为本地变量。但对于 GPU 内核而言，这可能是一个坏主意，因为根据 GPU 的不同，栈可能分配到缓慢的全局内存上。共享内存可能是 GPU 上的最优选择，但这依赖于需要的列表的数目。

首先，将索引值全部设为 0。然后程序对所有的元素进行迭代，将 find_min 函数得到的结果值划分到结果集（即已排序的数组）中。find_min 函数将从 num_lists 个数值中找到最小的那一个数。

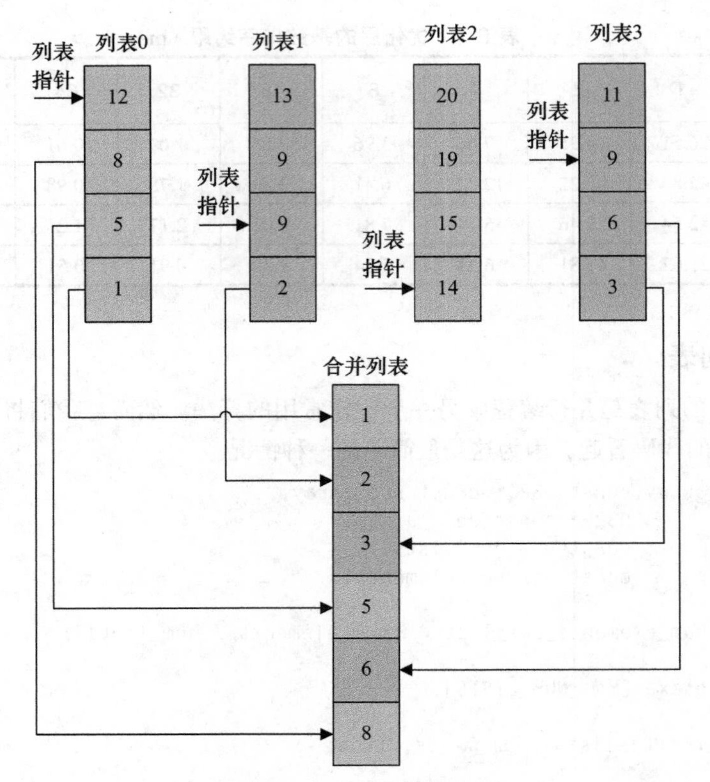

图 6-9 多个列表部分合并

```
u32 find_min(const u32 * const src_array,
             u32 * const list_indexes,
             const u32 num_lists,
             const u32 num_elements_per_list)
{
 u32 min_val = 0xFFFFFFFF;
 u32 min_idx = 0;

 // Iterate over each of the lists
 for (u32 i=0; i<num_lists; i++)
 {
  // If the current list has already been emptied
  // then ignore it
  if (list_indexes[i] < num_elements_per_list)
  {
   const u32 src_idx = i + (list_indexes[i] * num_lists);

   const u32 data = src_array[src_idx];

   if (data <= min_val)
   {
     min_val = data;
```

```
        min_idx = i;
      }
    }
  }

  list_indexes[min_idx]++;
  return min_val;
}
```

该函数对排好序的列表进行迭代访问，并对每个列表都用到了一个索引进行维护。如果函数找到一个值比当前的 min_val 还要小，就简单地将 min_val 更新为当前这个新值。当扫描完所有的列表，对最小值对应的列表索引进行加一操作，然后返回得到的最小值。

现在我们就来看一个该算法用 GPU 实现的代码。首先是最顶层的函数：

```
__global__ void gpu_sort_array_array(
  u32 * const data,
  const u32 num_lists,
  const u32 num_elements)
{
  const u32 tid = (blockIdx.x * blockDim.x) + threadIdx.x;
  __shared__ u32 sort_tmp[NUM_ELEM];
  __shared__ u32 sort_tmp_1[NUM_ELEM];

  copy_data_to_shared(data, sort_tmp, num_lists,
                      num_elements, tid);

  radix_sort2(sort_tmp, num_lists, num_elements,
              tid, sort_tmp_1);

  merge_array6(sort_tmp, data, num_lists,
               num_elements, tid);
}
```

到目前为止，程序还比较简单。函数仅仅是调用了具有 N 个线程的单个线程块。我们将在此基础上写一个例子来具体介绍如何使用共享内存。我们来看第一个函数，以下是它的代码：

```
__device__ void copy_data_to_shared(const u32 * const data,
                                    u32 * const sort_tmp,
                                    const u32 num_lists,
                                    const u32 num_elements,
                                    const u32 tid)
{
  // Copy data into temp store
  for (u32 i=0; i<num_elements; i+=num_lists)
  {
    sort_tmp[i+tid] = data[i+tid];
  }
  __syncthreads();
}
```

该函数中，程序以行的方式而不是以列的方式将数据从全局内存读入到共享内存。这一步很重要，原因有两个。首先，程序会对内存进行反复的读 / 写操作，所以，要想使程序尽可能快，就要使用共享内存代替全局内存。第二，当以行的方式访问全局内存时性能最好。以列的方式访问将产生离散的内存模式，导致硬件无法合并访问操作，除非每个线程都访问同一列的值并且所有的地址都是相邻的。因此，在大多数情况下 GPU 会发出远多于实际所需次数的内存获取操作，程序的速度会以指数级下降。

当编译程序时，在 nvcc 编译器选项中添加 -v 标志，编译器将打印出一条看起来不相关的信息，用于说明创建了一个栈帧，例如

```
1>ptxas info : Function properties for _Z12merge_arrayPKjPjjjj
1> 40 bytes stack frame, 40 bytes spill stores, 40 bytes spill loads
```

当函数调用一个子函数并传入参数时，这些参数必须以某种方式提供给被调用的函数。例如程序执行以下的函数调用：

```
dest_array[i] = find_min(src_array,
                 list_indexes,
                 num_lists,
                 num_elements_per_list);
```

此处有两种方式可以采用，一种是通过寄存器传递需要的值，另一种方式就是创建一个叫栈帧的内存区。大多数现代处理器有一个很大的寄存器组（32 个寄存器或者更多）。对一层调用而言，通常这已足够了。老式架构的处理器会用到栈帧，将参数值压入到栈中，然后被调用的函数将值从栈中弹出。由于我们要求内存使用这种方式，对 GPU 而言这可能意味着需要使用“本地”内存。这里所谓的“本地”只是指哪个线程能访问这块内存。事实上，“本地”内存存储在全局内存上，这样非常不高效，特别是在没有高速缓存的老式架构（计算能力为 1.x）的设备上。由于这个原因，我们需要重写合并的程序，以避免函数调用。新的程序如下：

```
// Uses a single thread for merge
__device__ void merge_array1(const u32 * const src_array,
                             u32 * const dest_array,
                             const u32 num_lists,
                             const u32 num_elements,
                             const u32 tid)
{
 __shared__ u32 list_indexes[MAX_NUM_LISTS];

 // Multiple threads
 list_indexes[tid] = 0;
 __syncthreads();

 // Single threaded
 if (tid == 0)
 {
  const u32 num_elements_per_list = (num_elements / num_lists);

  for (u32 i=0; i<num_elements;i++)
  {
   u32 min_val = 0xFFFFFFFF;
```

```
      u32 min_idx = 0;

      // Iterate over each of the lists
      for (u32 list=0; list<num_lists; list++)
      {
       // If the current list has already been
       // emptied then ignore it
       if (list_indexes[list] < num_elements_per_list)
       {
        const u32 src_idx = list + (list_indexes[list] * num_lists);

        const u32 data = src_array[src_idx];
        if (data <= min_val)
        {
         min_val = data;
         min_idx = list;
        }
       }
      }
      list_indexes[min_idx]++;
      dest_array[i] = min_val;
     }
    }
   }
```

该函数将原先的 merge_array 函数与 find_min 函数合并起来。重新编译，将不再产生栈帧。运行代码得到结果如表 6-8 所示，图 6-10 更加清晰地展示了程序的性能。

表 6-8 初始单线程归并排序性能结果

设备 \ 线程数	1	2	4	8	16	32	64	128	256
GTX470	27.9	16.91	12.19	12.31	17.82	31.46	59.42	113.3	212.7
9800GT	44.83	27.21	19.55	19.53	28.07	51.08	96.32	183.08	342.16
GTX260	52.03	33.38	24.05	24.15	34.88	62.9	118.71	225.73	422.55
GTX460	22.76	13.85	10.11	10.41	15.29	27.18	51.46	90.26	184.54

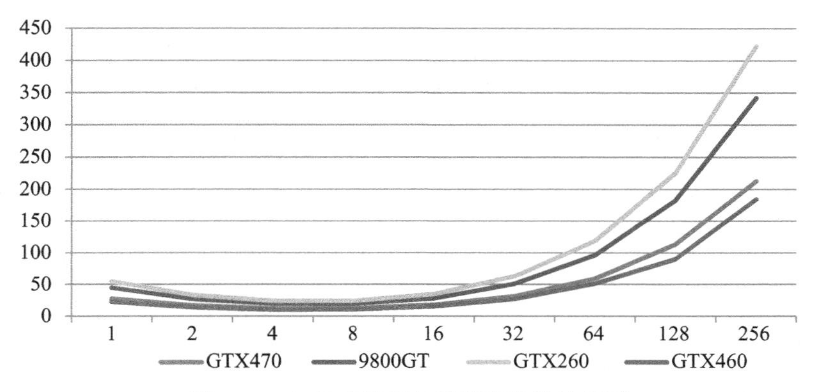

图 6-10 初始单线程归并排序性能结果图

从图中我们会惊讶地发现性能最差的居然是 GTX260，比早先的 9800GT 还要慢。同样让人感到奇怪的是，在这个实验中 GTX460 比 GTX470 还要快。为了弄清楚这一点，我们需要来看看这些特殊设备的参数，如表 6-9 所示。

表 6-9 设备时钟频率以及带宽

设 备	9800GT	GTX260	GTX460	GTX470
核心时钟	650Hz	625MHz	726MHz	608MHz
存储带宽	61GB/s	123GB/s	115GB/s	134GB/s

由图 6-10 我们会发现 9800GT 的时钟频率比 GTX260 高，同样，GTX460 的时钟频率比 GTX470 的时钟频率高。由于程序只用到了一个 SM，显然，内存访问主要以共享内存获取的时间为主。

然而，图 6-10 中最让人感兴趣的一点则是当线程数量增加超过某个固定值之后程序的计算速度开始减缓。在没理清关系之前，乍一看这有违常理。但这种类型的结果表明，程序可能存在资源冲突，或者当增加线程数量时，问题的处理速度并不会以线性方式增长。

当前问题属于后者。合并操作是针对单个线程并对 N 个列表的每个元素进行访问。当列表数量增加，问题空间会伴随着线程数量线性增加为 2N、4N、8N 等。从时间的角度来看，该算法最优情况是在 4 个与 8 个列表数据之间。但这并不是非常好，因为它潜在地限制了并行度。

6.4.4 并行合并

为了获取更好的性能，显然只用一个线程进行合并是不够的。然而，使用多个线程会引入一个问题，因为我们是将数据写到单一列表中的。为了实现这一点，线程必须以某种方式进行合作，这使得合并变得更加复杂了。

```
// Uses multiple threads for merge
// Deals with multiple identical entries in the data
__device__ void merge_array6(const u32 * const src_array,
                             u32 * const dest_array,
                             const u32 num_lists,
                             const u32 num_elements,
                             const u32 tid)
{
 const u32 num_elements_per_list = (num_elements / num_lists);

 __shared__ u32 list_indexes[MAX_NUM_LISTS];
 list_indexes[tid] = 0;

 // Wait for list_indexes[tid] to be cleared
__syncthreads();

// Iterate over all elements
for (u32 i=0; i<num_elements;i++)
```

```
{
 // Create a value shared with the other threads
 __shared__ u32 min_val;
 __shared__ u32 min_tid;

 // Use a temp register for work purposes
 u32 data;

 // If the current list has not already been
 // emptied then read from it, else ignore it
 if (list_indexes[tid] < num_elements_per_list)
 {
  // Work out from the list_index, the index into
  // the linear array
  const u32 src_idx = tid + (list_indexes[tid] * num_lists);

  // Read the data from the list for the given
  // thread
  data = src_array[src_idx];
 }
 else
 {
  data = 0xFFFFFFFF;
 }

 // Have thread zero clear the min values
 if (tid == 0)
 {
  // Write a very large value so the first
  // thread thread wins the min
  min_val = 0xFFFFFFFF;
  min_tid = 0xFFFFFFFF;
 }

 // Wait for all threads
 __syncthreads();

 // Have every thread try to store it's value into
 // min_val. Only the thread with the lowest value
 // will win
 atomicMin(&min_val, data);

 // Make sure all threads have taken their turn.
 __syncthreads();
  // If this thread was the one with the minimum
  if (min_val == data)
  {
   // Check for equal values
   // Lowest tid wins and does the write
   atomicMin(&min_tid, tid);
  }
```

```
    // Make sure all threads have taken their turn.
    __syncthreads();

    // If this thread has the lowest tid
    if (tid == min_tid)
    {
     // Incremene the list pointer for this thread
     list_indexes[tid]++;

     // Store the winning value
     dest_array[i] = data;
    }
   }
  }
```

这个版本的函数中使用了num_lists个线程进行合并操作，但只用了一个线程一次将结果写到输出数据列表中，这样保证了单个输出列表的正确性。

在该函数中使用到了atomicMin函数。每个线程以从列表中获取的数据作为入参调用atomicMin函数，取代了原先的单个线程访问列表中所有的元素并找出最小值。当每个线程调用atomicMin函数时，线程读取最小值并与当前线程中的值进行比较，然后把结果写回到最小值对应内存中。如果当前线程获取的值与当前最小值相等，则以当前线程的值为准，最小值对应的线程号也变为当前线程。然而，这样做存在一个问题，由于列表中的数据可能会重复，因此可能出现多个线程获取的值都是最小值。所以，对于那些拥有相同数据值的线程还需要第二个消除步骤，但大多数情况下，第二个步骤是不必要的。然而，排序最坏的情况就是列表中所有的值都是相同的，这将导致所有的线程都执行两次消除步骤。

表6-10与图6-11显示了这个版本函数的性能。大规模并行（128个线程以及256个线程）的总运行时间减少了近10倍。然而，单个线程的执行时间却没有改变。更重要的是，最好的情况从原先的8线程变成了16线程，最优执行时间也减少了一半。

表6-10 使用atomicMin的并行归约排序结果（ms）

设备 \ 线程数	1	2	4	8	16	32	64	128	256
GTX470	29.15	17.38	10.96	7.77	6.74	7.43	9.15	13.55	22.99
GTX260	55.97	32.67	19.87	13.22	10.51	10.86	13.96	19.97	36.68
GTX460	23.78	14.23	9.06	6.54	5.86	6.67	8.41	12.59	21.58

有一点不得不提的就是基于共享内存的atomicMin操作只能在计算能力为1.2及以上的设备执行。9800GT的计算能力为1.1，所以此处并没有显示内核在该设备上的运行结果。

如果稍微了解一下硬件并用Parallel Nsight这类的分析工具进行分析，我们会发现，当超过32个线程时分支的数量以及共享内存访问的数量开始迅速增长。当前，我们获得了一个比较好的解决方案，但有没有其他选择使程序运行得更快呢？

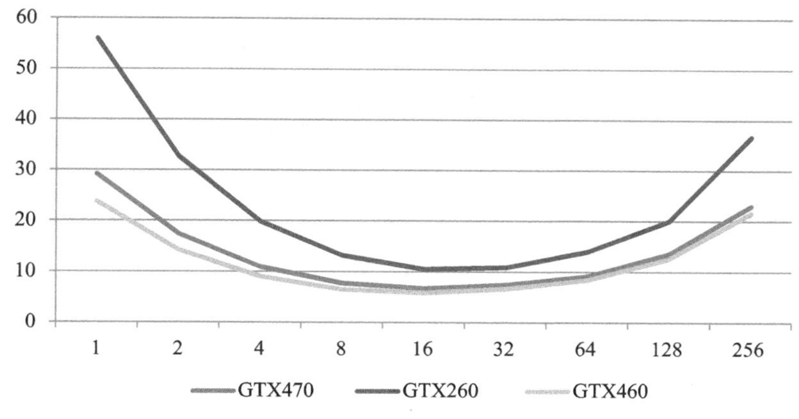

图 6-11 使用 atomicMin 的并行归约排序结果图

6.4.5 并行归约

对这个问题，一个很常用的方法就是并行归约。并行归约适用于许多问题，寻找最小值操作只是其中的一种。它使用数据集元素数量一半的线程，每个线程将当前线程对应的元素与另一个元素进行比较，计算两者之间的最小值，并将得到的最小值移到前面。每进行一次比较，线程数就减少一半，如此反复，直到只剩一个元素为止，这个元素就是需要的结果。

使用 CUDA 我们必须牢记 SM 的执行单元是线程束。因此，任何线程数少于线程束的大小都意味着未充分利用硬件。另外，分支线程必须全部被执行，但分支线程束就未必了。

当选择给定线程的其他元素供线程计算比较时，你可能选择同一个线程束中的元素进行归约，但这会明显地导致线程束内产生分支，每个分支将使 SM 做双倍的工作，继而影响程序的性能。一个很好的选择元素的方式就是选择另一半数据集的元素。

图 6-12 显示了一个元素与另一半数据集中的元素进行比较。阴影单元表示当前活跃的线程。

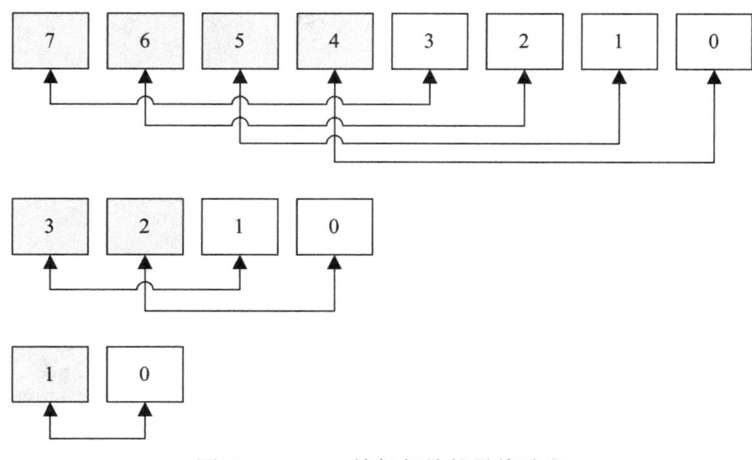

图 6-12 GPU 并行归约的最终阶段

```
// Uses multiple threads for reduction type merge
__device__ void merge_array5(const u32 * const src_array,
                             u32 * const dest_array,
                             const u32 num_lists,
                             const u32 num_elements,
                             const u32 tid)
{
 const u32 num_elements_per_list = (num_elements / num_lists);

 __shared__ u32 list_indexes[MAX_NUM_LISTS];
 __shared__ u32 reduction_val[MAX_NUM_LISTS];
 __shared__ u32 reduction_idx[MAX_NUM_LISTS];

 // Clear the working sets
 list_indexes[tid] = 0;
 reduction_val[tid] = 0;
 reduction_idx[tid] = 0;
 __syncthreads();

 for (u32 i=0; i<num_elements;i++)
 {
  // We need (num_lists / 2) active threads
  u32 tid_max = num_lists >> 1;

  u32 data;

  // If the current list has already been
  // emptied then ignore it
 if (list_indexes[tid] < num_elements_per_list)
 {
  // Work out from the list_index, the index into
  // the linear array
  const u32 src_idx = tid + (list_indexes[tid] * num_lists);

  // Read the data from the list for the given
  // thread
  data = src_array[src_idx];
 }
 else
 {
  data = 0xFFFFFFFF;
 }

 // Store the current data value and index
 reduction_val[tid] = data;
 reduction_idx[tid] = tid;

 // Wait for all threads to copy
 __syncthreads();

 // Reduce from num_lists to one thread zero
```

```
while (tid_max != 0)
{
 // Gradually reduce tid_max from
 // num_lists to zero
 if (tid < tid_max)
 {
  // Calculate the index of the other half
  const u32 val2_idx = tid + tid_max;

  // Read in the other half
  const u32 val2 = reduction_val[val2_idx];

  // If this half is bigger
  if (reduction_val[tid] > val2)
  {
   // The store the smaller value
   reduction_val[tid] = val2;
   reduction_idx[tid] = reduction_idx[val2_idx];
  }
 }

 // Divide tid_max by two
 tid_max >>= 1;

 __syncthreads();
  }

  if (tid == 0)
  {
   // Incremenet the list pointer for this thread
   list_indexes[reduction_idx[0]]++;

   // Store the winning value
   dest_array[i] = reduction_val[0];
  }

  // Wait for tid zero
  __syncthreads();
 }
}
```

这段代码在共享内存中创建了一个临时的列表，用来保存每次循环中从 num_list 个数据集列表中选取出来进行比较的数据。如果进行合并的列表已经为空，则将临时列表中对应该列表的数据区赋值为 0xFFFFFFFF，这将把该值排除在列表之外。每轮 while 循环之后，活跃线程数将减少一半，直到只剩一个线程活跃为止，即 0 号线程。然后将结果复制到输出列表中并将最小值对应的列表索引做加一操作以保证元素不会被处理两次。

注意在循环中和结尾处用到的 _syncthreads 指令。程序需要在已使用线程数大于 32（即一个线程束）时对线程束进行同步操作。

表 6-11 与图 6-13 显示了这个版本的内核的执行性能。我们发现该版本比 atomicMin 版本的内核要慢，归约版本的内核最快需要 8.4ms，而 atomicMin 版本最快则需 5.86ms（GTX460，16 线程）。这比 atomicMin 版本几乎慢了 50%。然而，值得注意的是，使用 256 个线程的执行时间几乎比 atomicMin 版本快了两倍（12.27ms，相比于 21.58ms）。但比 16 线程版本的执行时间却慢了近一半。

表 6-11 并行归约结果（ms）

设备 \ 线程数	1	2	4	8	16	32	64	128	256
GTX470	28.4	17.67	12.44	10.32	9.98	10.59	11.62	12.94	14.61
9800GT	45.66	28.35	19.82	16.25	15.61	17.03	19.03	21.45	25.33
GTX260	56.07	34.71	24.22	19.84	19.04	20.6	23.2	26.28	31.01
GTX460	23.22	14.52	10.3	8.63	8.4	8.94	9.82	10.96	12.27

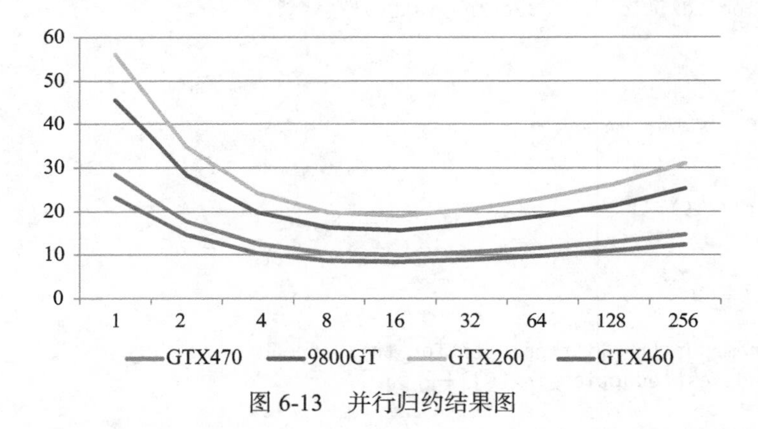

图 6-13 并行归约结果图

尽管这种版本的内核比较慢，但它也有一定的优势，那就是不需要使用 atomicMin 函数。该函数只可用在计算能力为 1.2 以上的设备上，但这个问题只要考虑一下消费者市场或者找一个真正支持旧式 Tesla 系统即可解决。真正的问题是 atomicMin 函数只支持整型数的计算。但现实世界的问题通常是基于浮点数的。此种情况下，这两种算法我们都需要。

不管怎样，我们可以从 atomicMin 和并行归约这两种方案中得出一个结论，那就是传统的利用两个列表进行归并排序在 GPU 上并不是最理想的方案。我们可以通过增加列表数量从而增加基数排序的并行度来提高性能，然而却在合并阶段因为增加并行度并超出 16 个列表而导致程序性能降低。

6.4.6 混合算法

我们可以利用这两种算法的优势，创造一种混合的方案。将合并归并排序的代码重写，如下所示。

```
#define REDUCTION_SIZE 8
#define REDUCTION_SIZE_BIT_SHIFT 3
#define MAX_ACTIVE_REDUCTIONS ( (MAX_NUM_LISTS) / REDUCTION_SIZE )

// Uses multiple threads for merge
// Does reduction into a warp and then into a single value
__device__ void merge_array9(const u32 * const src_array,
                             u32 * const dest_array,
                             const u32 num_lists,
                             const u32 num_elements,
                             const u32 tid)
{
 // Read initial value from the list
 u32 data = src_array[tid];

 // Shared memory index
 const u32 s_idx = tid >> REDUCTION_SIZE_BIT_SHIFT;

 // Calcuate number of 1st stage reductions
 const u32 num_reductions = num_lists >> REDUCTION_SIZE_BIT_SHIFT;
const u32 num_elements_per_list = (num_elements / num_lists);

// Declare a number of list pointers and
// set to the start of the list
__shared__ u32 list_indexes[MAX_NUM_LISTS];
list_indexes[tid] = 0;

// Iterate over all elements
for (u32 i=0; i<num_elements;i++)
{
 // Create a value shared with the other threads
 __shared__ u32 min_val[MAX_ACTIVE_REDUCTIONS];
 __shared__ u32 min_tid;

 // Have one thread from warp zero clear the
 // min value
 if (tid < num_lists)
 {
  // Write a very large value so the first
  // thread thread wins the min
  min_val[s_idx] = 0xFFFFFFFF;
  min_tid = 0xFFFFFFFF;
 }

 // Wait for warp zero to clear min vals
 __syncthreads();

 // Have every thread try to store it's value into
```

```
// min_val for it's own reduction elements. Only
// the thread with the lowest value will win.
atomicMin(&min_val[s_idx], data);

// If we have more than one reduction then
// do an additional reduction step
if (num_reductions > 0)
{
 // Wait for all threads
 __syncthreads();

 // Have each thread in warp zero do an
 // additional min over all the partial
 // mins to date
 if ( (tid < num_reductions) )
 {
  atomicMin(&min_val[0], min_val[tid]);
 }

  // Make sure all threads have taken their turn.
  __syncthreads();
 }

 // If this thread was the one with the minimum
 if (min_val[0] == data)
 {
  // Check for equal values
  // Lowest tid wins and does the write
  atomicMin(&min_tid, tid);
 }

 // Make sure all threads have taken their turn.
 __syncthreads();

 // If this thread has the lowest tid
 if (tid == min_tid)
 {
  // Incremenet the list pointer for this thread
  list_indexes[tid]++;

  // Store the winning value
  dest_array[i] = data;

  // If the current list has not already been
  // emptied then read from it, else ignore it
  if (list_indexes[tid] < num_elements_per_list)
   data = src_array[tid + (list_indexes[tid] * num_lists)];
  else
   data = 0xFFFFFFFF;
 }
```

```
    // Wait for min_tid thread
    __syncthreads();
  }
}
```

简单的 1 ~ N 归约的一个主要问题就是当 N 值增大时，程序的速度变得缓慢。从先前的测试中我们可以看到，N 的理想值大约在 16 个元素左右。该内核函数将数据集划分成 N 块分别找寻每块中的最小值，然后再将这 N 块每块得到的结果最终归约到一个值中。这种方式与归约的例子非常相似，但同时又省略了多次迭代。

注意，原先的 min_val 由单一数据扩展成为一个共享数据的数组。这样做是有必要的，因为每个独立的线程需要从它对应的数据集中获取得到最小值。每个最小值是一个 32 位宽的数值，因此，每个最小值可以存储在独立的共享内存存储体中，假如第一轮归约得到的最大元素为 32 或少于 32 个，这将意味着不会出现存储体冲突。

内核中 REDUCTION_SIZE 的值设为了 8，这表示程序将对包含 8 个数值的组分布找出每个组的最小值，然后再在这些组获得的最小值中找寻最终的最小值。对于一个最大包含 256 个元素的数据集，我们可获得 32 个独立的存储体供归约使用。在 256 个元素的数据集中，归约比为 256 : 32 : 1。对于一个包含 128 个元素的数据集，归约比为 128 : 16 : 1。

该内核函数中另一个重要的变化是只有最终最小值对应的那个线程的 data 会更新，其他线程的 data 值不会更新。data 值存储在寄存器中，每个线程对应一个 data 值。在之前的内核中，所有的线程会从对应的列表中重新读入 data 值，因为在之前的内核中，每一轮结束之后，只有最终最小值对应的线程的索引数组指针会变化。因此，随着 N 值的增大，这将变得越来越不高效。但乍一看，即便是修改之后的方式，也并不会带来很大的性能提升。

那么，究竟这个版本的内核性能如何呢？从表 6-12 可以看到，最短时间由原先 atomicMin 版本的 5.86ms 减少到 5.67ms，变化并不明显，但值得注意的是结果曲线图的形状（如图 6-15 所示）。图 6-15 的形状不再是像原先那样呈 " U" 字型的形状。不论是 32 个线程还是 64 个线程版本，执行速度都超过了原先 atomicMin 版本中 16 线程的执行速度。通过采用这种新的合并方式，表 6-12 与图 6-15 所示的向上增加的趋势逐渐开始变得平滑。

表 6-12 原子操作与并行归约混合策略的结果（ms）

设备 \ 线程数	1	2	4	8	16	32	64	128	256
GTX470	29.41	17.62	11.24	8.98	7.2	6.49	6.46	7.01	8.57
GTX260	56.85	33.54	20.83	15.29	11.87	10.5	10.36	11.34	14.65
GTX460	24.12	14.54	9.36	7.64	6.22	5.67	5.68	6.27	7.81

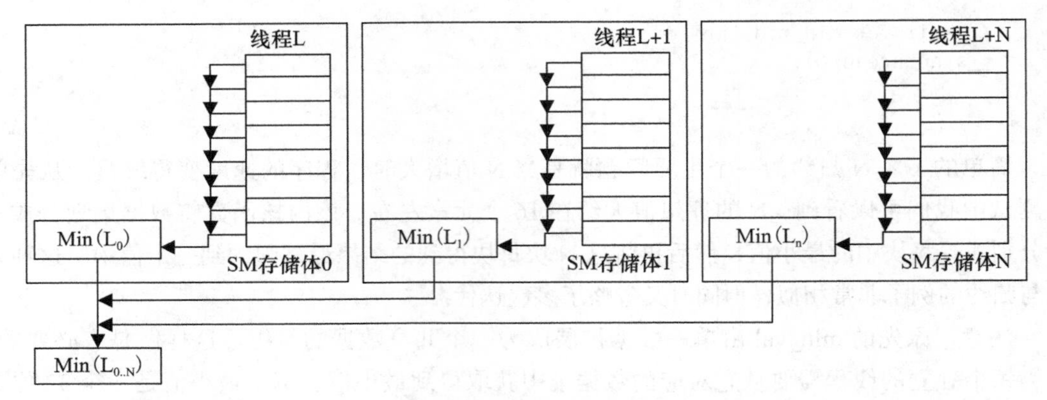

图 6-14 混合并行归约

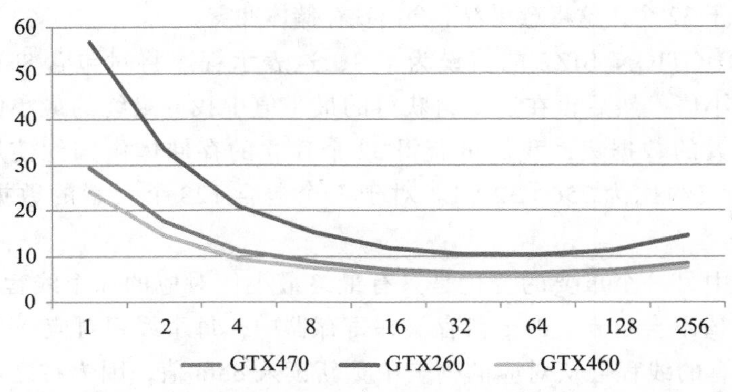

图 6-15 原子操作与并行归约混合策略结果图

6.4.7 不同 GPU 上的共享内存

并不是所有的 GPU 都是按相同方式制造的。在计算能力为 2.x 的设备上，共享内存的大小变得可配置。计算能力为 2.x（费米型）的设备上，共享内存的默认大小为 48K，而原先计算能力为 1.x 的设备共享内存大小为 16K。

共享内存的大小随着不同硬件的发布也在不断变化。在编写性能得到提高的新 GPU 程序时，我们必须书写可移植的代码。为了支持这一点，CUDA 允许我们通过下面一段代码查询当前设备可提供的共享内存大小。

```
struct cudaDeviceProp device_prop;
CUDA_CALL(cudaGetDeviceProperties(&device_prop, device_num));
printf("\nSharedMemory: %u", device_prop.sharedMemPerBlock);
```

拥有更多的共享内存意味着我们可以选择两个策略中的一个。我们可以将共享内存从 16K 扩展到 48K，或者可以简单地调度更多的线程块到单个 SM 上。最优的选择取决于我们手头上的应用程序。以当前排序的程序为例，48K 的共享内存允许每个 SM 以三的倍数降低列表数量。与我们之前看到的一样，需要合并的列表的数目对整个程序的运行时间有重要的影响。

6.4.8 共享内存小结

到目前为止我们仍在单个 SM 中进行排序，事实上是在单个线程块上。将单线程块版本扩展为多线程块的版本需引进其他需要排序的数据集。每个线程块产生一个独立的排好序的列表，然后再将这些列表合并起来，不过这次是合并到全局内存上。列表的大小可以超过共享内存可容纳大小。对于多 GPU 程序，也可以用相同的方式处理，每个 GPU 产生至少一个排好序的列表，然后再将这至少 N 个列表合并，其中 N 代表系统中 GPU 的数目。

本节首先介绍了块内线程如何通过共享内存进行协作。此处选择合并的例子主要是为了演示这种方式并不是特别复杂，理解相对简单。研究并行排序的人非常多，从内存使用及 SM 优化的角度来看，只有更加复杂的算法才会更加高效。这里我们只是用了一个简单易学的例子进行介绍，然后处理了一些并不是简单进行归约为单一数值的数据。

在接下来的小节中，我们将继续使用排序的例子，除了线程级通信之外，我们还将介绍线程块之间如何通信与协作。

关于共享内存的问题

1. 在 radix_sort 算法中，如何减少共享内存的使用，并解释这样做有什么好处？

2. 内核函数中的同步点都是必要的吗？讨论在每个实例中为什么要使用同步语句，哪些情况下不需要使用它们？

3. 使用 C++ 模板会对执行时间有怎样的影响？

4. 如何进一步优化该排序算法？

关于共享内存的答案

1. 对于这个问题有许多解决方案。其中一种就是仅使用用于排序而分配的内存。利用最高有效位基数排序，将列表中第一个元素与最后一个元素进行交换。0 号列表内的元素从前向后计算，1 号列表中的元素从后向前计算。当它们相遇之后，直到最低有效位排好序，下一个数才会进行排序。减少内存使用是非常有帮助的，因为这样做可以允许共享内存中保存更大的列表，减少了所需列表的数量，而这一点对程序执行时间会产生很大影响。

2. 使用同步点最主要的原因是线程束的数目超过一个。同一线程束中的指令都是同步执行的。分支会导致不满足分支条件的线程阻塞。在分支汇集处，我们必须保证所有指令都同步执行，尽管线程束可能立即再次进行分支。注意，如果要保证线程之间写操作的可见性，内存必须声明为 volatile，或者在线程束内进行线程同步操作。参见第 12 章对于 volatile 修饰符常见问题的讨论。

3. 模板可以允许我们在编译时用字面值代替运行时对 num_lists 参数的计算。参数通常为 2 的指数倍，并且在实际中其最大值被限制为 256。因此，可以创建许多模板然后在运行时调用适当的函数。考虑到迭代的次数在编译时就已是已知的，而不用在运行时计算，所以编译器可以高效地将循环展开并且使用字面值将读取次数变量替换。此外，模板可以用来支持不同数据类型的多重实现，例如，使用 atomicMin 针对整型值的版本的内核来对浮点数进行并行归约。

4. 这是一个开放性问题，所以问题的答案并不唯一。随着需要合并的列表数量的增加，问题规模将变得越来越大。消除合并操作是一个比较好的解决方案。我们可以通过值的大小将原始列表划分排序到 N 个子列表中，然后将排好序的子列表串联起来而不是合并起来。这种方法属于另一种基本的排序算法，叫做样本排序，在本章接下来的小节中我们将介绍该算法。

依然以案例程序中数据集的大小为例，处理 1 024 个元素，使用 256 个线程，相当于 256 个列表，每个列表 4 个元素。使用单个比特位的基数排序是非常不高效的，因为鉴于元素的个数，每个线程需要进行 128 次迭代。对于 N 值比较小的情况，使用基于比较的排序会更快。

在本例中，我们使用了单个比特位进行基数排序。使用多个比特位，则可以减少传递数据集所产生的中间寄存器开销。当前，我们可以用迭代的方法将元素排序到序列化的列表中。通过对基数的位进行计数，使用前缀和的函数计算出数据应该移动到的内存的索引，最后将数据写到该索引对应的内存区中。稍后本章将介绍前缀和。

6.5 常量内存

常量内存其实只是全局内存的一种虚拟地址形式，并没有特殊保留的常量内存块。常量内存有两个特性，一个是高速缓存，另一个是它支持将单个值广播到线程束中的每个线程。

常量内存，通过名字我们就能猜到它是只读内存。这种类型的内存要么是在编译时声明为只读内存，要么是在运行时通过主机端定义为只读内存。常量只是从 GPU 内存的角度而言。常量内存的大小被限制为 64K。

在编译时声明一块常量内存，需要用到 __constant__ 关键字，例如：

```
__constant__ float my_array[1024] = { 0.0F, 1.0F, 1.34F, ... };
```

如果要在运行时改变常量内存区中的内容，只需在调用 GPU 内核之前简单地调用 cudaCopyToSymbol 函数。如果在编译阶段或主机端运行阶段都没有定义常量内存，那么常量内存区将未定义。

6.5.1 常量内存高速缓存

1. 计算能力为 1.x 的设备

在计算能力为 1.x 的设备上（费米架构之前的设备），常量内存有一个特性，就是将数据缓存到一块 8KB 的一级缓存上，使随后的访问变得更加快速。但前提是内存中的数据可能在程序中重复利用。此外，广播访问也被高度优化，使得访问相同内存地址的线程能够在单个周期内完成。

64KB 的常量内存与 8KB 的高速缓存意味着可缓冲的内存大小比为 8：1，这已经非常高了。如果能够将访问的数据包含或局部化到常量内存中的一个 8KB 大小的块中，那么程序将获得很高的性能。在某些设备上将数据局部化到更小的块中可以获得更高的性能。

对于非均匀的常量内存访问，如果缓存中没有命中所需的数据，将导致 N 次对全局内存的访问，而不单是从常量缓存上获取数据。因此，对于那些数据不太集中或数据重用率不高的内存访问，尽量不要使用常量内存。另外，由于需要等待常量内存，内存获取中的分支可能导致序列化。所以，在同一线程束中，32 个线程对常量内存进行独立访问的时间比访问单个数据项的时间长至少 32 倍。如果这中间还出现缓存未命中，执行时间将增加得更明显。

相对于全局内存访问的上百个周期延迟，单个周期的访问带来的性能提升有质的飞跃。然而，只要有足够多的线程束供 SM 调度，通过线程束的任务交换，对于全局内存的几百个周期的访问延迟就能被很好地隐藏。因此使用常量内存的高速缓存这一特性带来的好处取决于从全局内存获取数据的时间以及算法中数据重复利用的程度。与共享内存一样，低端设备上的全局内存带宽更低，因此在低端设备上使用这种技术比在高端设备上使用获得的性能提升会明显。

大多数算法都会将它们的数据从一个很大的问题中分解成一些很小的块（例如，更小的数据集）。事实上，只要问题无法在物理上通过一台机器解决，就需要进行数据划分。同样对于多核 CPU 也可以进行数据划分，将任务分给 N 个核，每个核处理 1/N 的数据。而 GPU 上的每个 SM 就可以看作是一个支持上千线程的 CPU 核。

想象一下将需要处理的数据覆盖到一个网格上，然后对数据进行划分，其中数据划分到网格上的块或单元数等于所期望划分到的核（SM）的数目。对这些基于 SM 的块再进一步划分，将它们至少再划分成八块。现在，我们就将数据划分到了 N 个 SM 中，每个 SM 分配了 M 个块进行处理。

实际上，这种划分得到的块通常都太大，并且不适用于之后发布的一些 SM 数量与线程块数量已增长的 GPU，因此，这种划分并不会带来很多益处。此外，当 SM 的数量未知时这种划分也不适用，例如，写一个需要在用户机器上运行的商业程序。到目前为止，设备上 SM 的数目最多为 32 个（GT200 系列）。针对企业的开普勒和费米架构的设备，SM 的数目最多分别为 15 和 16。至于为游戏设计的设备，SM 通常最多有 8 个。

另一点需要重点考虑的是线程间通信的方式。只有使用多个线程时才可能需要线程通信。在费米和开普勒架构的设备上，每个线程块上的线程数目限制为 1024 个，在早期的设备上更少。当然，你也可以让一个线程处理多个数据项，这样就不会像起初所表现出的那么强的限制。

最后需要考虑的是负载平衡。在许多早期发布的 GPU 设备上，SM 的数目并不是 2 的指数倍，例如，GTX460 有 7 个 SM，而 GTX260 有 30 个 SM，等。因此，使用过少的线程块将导致粒度过小，这样会导致 SM在最终的计算阶段出现闲置状态。

针对常量内存进行分块，意味着划分的每块大小不能超过 64KB。块的大小最好为 8KB 或者更小。有时分块需要对边界出现的重影区（halo region）或假想单元（ghost cell）进行处理，使值能够在块之间共享。如果出现重影区，大块通常比小块的效果更好，因为大块之间需要通信的区域变小了。

实际中进行分块时需要考虑更多。通常最好的解决方案是通过对线程数量、每个线程处理的元素个数、线程块的数目以及块的宽度进行组合、遍历，找出针对当前问题的最优方案。第9章中将对此进行具体介绍。

2. 计算能力为 2.x 的设备

在费米架构（计算能力为 2.x）的设备以及后续发布的设备上出现了二级缓存。费米架构设备上的二级缓存可以在 SM 之间进行共享。所有的内存访问将自动地缓存到二级缓存中。此外，通过牺牲 SM 上 32K 的共享内存，一级缓存的大小可以从 16K 增加到 48K。由于费米架构上的所有内存访问都进行了缓存，因此如何使用常量内存需要进行一些额外的考虑。

费米架构的设备与计算能力为 1.x 的设备不同，它允许任何常量区域的数据都以常量内存对待，即使该数据并没有明确声明为常量内存数据。在计算能力为 1.x 的设备上，常量内存需要通过一些如 cudaMemcpyToSymbol 的特殊功能的函数进行管理，或者在编译时就进行声明。而对于费米架构的设备，对任何声明为常量的内存区进行基于非线程的访问都将通过常量缓存。所谓的基于非线程的访问，即对所访问的数组的索引进行计算时不需要用到 threadIdx.x。

如果对常量数据需要进行基于线程的访问，在计算能力为 1.x 的设备上，只需要在编译时对变量使用 __constant__ 前缀进行声明或者在运行时调用 cudaMemcpyToSymbol 即可。

然而，需要意识到的一点是二级缓存仍然存在，而且它比常量内存更大。如果实现一个分块算法中块之间有重影区或假想单元，那么解决方案通常需要包含将重影单元复制到常量内存或共享内存的操作。由于费米架构的设备拥有二级缓存，这种方法通常比将整个块单元复制到共享内存或常量内存然后从全局内存读取重影单元要慢。二级缓存会从之前访问内存得到的块中收集重影单元。因此，对于计算能力为 1.x 的设备，全局内存访问是真正在全局内存上访问数据，而在拥有二级缓存之后，与计算能力为 1.x 的设备相比重影单元能更快地从二级缓存获取数据。

6.5.2 常量内存广播机制

常量内存有一个非常有用的特性，该特性主要将数据分配或广播到线程束的每个线程中。广播能在单个周期内发生，因此，该特性非常有用。相比之下，在计算能力为 1.x 的硬件上，完成一次对全局内存的合并访问通常会有几百个周期的延迟。从存储子系统获取到数据之后，硬件再以相同的方式将数据分配到所有线程中，但在内存子系统提供数据之前必须经过漫长等待。不幸的是，由于存储速度无法与处理器时钟同步，这种问题非常常见。

想象一下我们可能以与从全局内存获取数据相同的方式从磁盘获取数据。我们不会写一个需要多次从磁盘获取数据的程序，因为那样实在是太慢了。我们必须考虑什么样的数据需要获取，一旦获取之后，在后台程序触发从磁盘引入下一个数据块的同时，尽可能多地重复使用这些数据。

在基于二级缓存访问机制的费米结构设备上，同样可以使用广播机制，通过广播机制，我们可以快速地将数据分配到线程束的多个线程中。这在利用多线程执行一些常见的变换时特别有用。每个线程从常量内存读取元素 N，这样会触发广播机制，在读取到数据之后广播到线程束中的每个线程。通常，部分通过常量内存获取值的处理可能伴随着对全局内存的读 / 写操作。接着从常量内存中获取元素 N+1，同样通过广播机制进行数据分配，依此类推。由于常量内存区几乎可以达到与一级缓存相同的速度，因此这类算法使用常量内存性能会非常好。

然而，需要注意的一点是，如果一个常量只是字面值，那么最好用 #define 对字面值进行定义，因为这样可以减少常量内存的使用。所以，尽量不要把诸如 PI 这样的字面值放到常量内存中，而是用 #define 进行宏定义。事实上，这两种方案只是使用了不同的内存，但在速度上会产生一定影响。让我们一起来看下面这个程序案例：

```
#include "const_common.h"
#include "stdio.h"
#include "conio.h"
#include "assert.h"

#define CUDA_CALL(x) {const cudaError_t a = (x); if (a != cudaSuccess) { printf("\nCUDA
Error: %s (err_num=%d) \n", cudaGetErrorString(a), a); cudaDeviceReset(); assert(0);}}
#define KERNEL_LOOP 65536

__constant__ static const u32 const_data_01 = 0x55555555;
__constant__ static const u32 const_data_02 = 0x77777777;
__constant__ static const u32 const_data_03 = 0x33333333;
__constant__ static const u32 const_data_04 = 0x11111111;

__global__ void const_test_gpu_literal(u32 * const data, const u32 num_elements)
{
 const u32 tid = (blockIdx.x * blockDim.x) + threadIdx.x;
 if (tid < num_elements)
 {
  u32 d = 0x55555555;

  for (int i=0;i<KERNEL_LOOP;i++)
  {
   d ^= 0x55555555;
   d |= 0x77777777;
   d &= 0x33333333;
   d |= 0x11111111;
  }

  data[tid] = d;
 }
}

__global__ void const_test_gpu_const(u32 * const data, const u32 num_elements)
```

```
{
 const u32 tid = (blockIdx.x * blockDim.x) + threadIdx.x;
 if (tid < num_elements)
 {
  u32 d = const_data_01;

  for (int i=0;i<KERNEL_LOOP;i++)
  {
   d ^= const_data_01;
   d |= const_data_02;
   d &= const_data_03;
   d |= const_data_04;
  }
  data[tid] = d;
 }
}

__host__ void wait_exit(void)
{
 char ch;

 printf("\nPress any key to exit");
 ch = getch();
}

__host__ void cuda_error_check(
 const char * prefix,
 const char * postfix)
{
 if (cudaPeekAtLastError() != cudaSuccess)
 {
  printf("\n%s%s%s", prefix, cudaGetErrorString(cudaGetLastError()), postfix);
  cudaDeviceReset();
  wait_exit();
  exit(1);
 }
}

__host__ void gpu_kernel(void)
{
 const u32 num_elements = (128*1024);
 const u32 num_threads = 256;
 const u32 num_blocks = (num_elements+(num_threads-1)) / num_threads;
 const u32 num_bytes = num_elements * sizeof(u32);
 int max_device_num;
 const int max_runs = 6;

 CUDA_CALL(cudaGetDeviceCount(&max_device_num));

 for (int device_num=0; device_num < max_device_num; device_num++)
 {
```

```
{
 CUDA_CALL(cudaSetDevice(device_num));

 for (int num_test=0;num_test < max_runs; num_test++)
 {
  u32 * data_gpu;
  cudaEvent_t kernel_start1, kernel_stop1;
  cudaEvent_t kernel_start2, kernel_stop2;
  float delta_time1 = 0.0F, delta_time2=0.0F;
  struct cudaDeviceProp device_prop;
  char device_prefix[261];
CUDA_CALL(cudaMalloc(&data_gpu, num_bytes));
CUDA_CALL(cudaEventCreate(&kernel_start1));
CUDA_CALL(cudaEventCreate(&kernel_start2));
CUDA_CALL(cudaEventCreateWithFlags(&kernel_stop1, cudaEventBlockingSync));
CUDA_CALL(cudaEventCreateWithFlags(&kernel_stop2, cudaEventBlockingSync));

// printf("\nLaunching %u blocks, %u threads", num_blocks, num_threads);
CUDA_CALL(cudaGetDeviceProperties(&device_prop, device_num));
sprintf(device_prefix, "ID:%d %s:", device_num, device_prop.name);

// Warm up run
// printf("\nLaunching literal kernel warm-up");
const_test_gpu_literal <<<num_blocks, num_threads>>>(data_gpu, num_elements);

cuda_error_check("Error ", " returned from literal startup kernel");

// Do the literal kernel
// printf("\nLaunching literal kernel");
CUDA_CALL(cudaEventRecord(kernel_start1,0));
const_test_gpu_literal <<<num_blocks, num_threads>>>(data_gpu, num_elements);

cuda_error_check("Error ", " returned from literal runtime kernel");

CUDA_CALL(cudaEventRecord(kernel_stop1,0));
CUDA_CALL(cudaEventSynchronize(kernel_stop1));
CUDA_CALL(cudaEventElapsedTime(&delta_time1, kernel_start1, kernel_stop1));
//  printf("\nLiteral Elapsed time: %.3fms", delta_time1);

// Warm up run
// printf("\nLaunching constant kernel warm-up");
const_test_gpu_const <<<num_blocks, num_threads>>>(data_gpu, num_elements);

cuda_error_check("Error ", " returned from constant startup kernel");

// Do the constant kernel
// printf("\nLaunching constant kernel");
CUDA_CALL(cudaEventRecord(kernel_start2,0));

const_test_gpu_const <<<num_blocks, num_threads>>>(data_gpu, num_elements);
```

```
    cuda_error_check("Error ", " returned from constant runtime kernel");

    CUDA_CALL(cudaEventRecord(kernel_stop2,0));
    CUDA_CALL(cudaEventSynchronize(kernel_stop2));
    CUDA_CALL(cudaEventElapsedTime(&delta_time2, kernel_start2, kernel_stop2));
    // printf("\nConst Elapsed time: %.3fms", delta_time2);

      if (delta_time1 > delta_time2)
        printf("\n%sConstant version is faster by: %.2fms (Const=%.2fms vs. Literal=
%.2fms)", device_prefix, delta_time1-delta_time2, delta_time1, delta_time2);
      else
        printf("\n%sLiteral version is faster by: %.2fms (Const=%.2fms vs. Literal=
%.2fms)", device_prefix, delta_time2-delta_time1, delta_time1, delta_time2);

      CUDA_CALL(cudaEventDestroy(kernel_start1));
      CUDA_CALL(cudaEventDestroy(kernel_start2));
      CUDA_CALL(cudaEventDestroy(kernel_stop1));
      CUDA_CALL(cudaEventDestroy(kernel_stop2));
      CUDA_CALL(cudaFree(data_gpu));
    }

    CUDA_CALL(cudaDeviceReset());
    printf("\n");
  }

  wait_exit();
}
```

该程序包含了两个 GPU 内核，const_test_gpu_literal 与 const_test_gpu_const。注意这两个内核函数的声明都使用的是 __global__ 前缀，表明这两个函数的范围都是全局范围的。在这两个内核函数的 for 循环中，一个是从常量内存中取值然后对局部变量 d 进行修改，另一个则是通过字面值对局部变量 d 进行赋值计算。完成所有操作之后，再将该值写回到全局内存中。这一点对避免编译器优化掉这段代码是有必要的。

接下来的一段代码是获取得到当前 CUDA 设备的数目，然后通过调用 cudaSetDevice 函数对每个设备进行迭代。注意，在循环的末尾，主机端代码会通过调用 cudaDeviceReset 清除当前上下文。

设置设备之后，程序分配了全局内存，创建了两个事件，一个开始定时器事件，一个停止定时器事件。伴随着内核的调用，这两个事件将被注入到执行流中。因此，执行流将包含一个开始事件、内核调用以及一个停止事件。这两个事件将与 CPU 异步发生，即这些事件不会阻塞 CPU 端代码的执行，并且它们将以并行的方式执行。由于 CPU 定时器无法看到运行时间，这使计时变得有些困难。程序通过调用 cudaEventSynchronize 以等待内核的最后一个事件即停止事件执行完毕。然后通过开始事件和停止事件计算出时间差，这样就计算出了内核的执行时间。

接着对常量内核与字面值内核进行重复调用，为避免初始缓存被填充的影响，这中间还包含了一个热身函数的调用执行。以下是执行结果：

```
ID:0 GeForce GTX 470:Constant version is faster by: 0.00ms (C=345.23ms, L=345.23ms)
ID:0 GeForce GTX 470:Constant version is faster by: 0.01ms (C=330.95ms, L=330.94ms)
ID:0 GeForce GTX 470:Literal version is faster by: 0.01ms (C=336.60ms, L=336.60ms)
ID:0 GeForce GTX 470:Constant version is faster by: 5.67ms (C=336.60ms, L=330.93ms)
ID:0 GeForce GTX 470:Constant version is faster by: 5.59ms (C=336.60ms, L=331.01ms)
ID:0 GeForce GTX 470:Constant version is faster by: 14.30ms (C=345.23ms, L=330.94ms)

ID:1 GeForce 9800 GT:Literal version is faster by: 4.04ms (C=574.85ms, L=578.89ms)
ID:1 GeForce 9800 GT:Literal version is faster by: 3.55ms (C=578.18ms, L=581.73ms)
ID:1 GeForce 9800 GT:Literal version is faster by: 4.68ms (C=575.85ms, L=580.53ms)
ID:1 GeForce 9800 GT:Constant version is faster by: 5.25ms (C=581.06ms, L=575.81ms)
ID:1 GeForce 9800 GT:Literal version is faster by: 4.01ms (C=572.08ms, L=576.10ms)
ID:1 GeForce 9800 GT:Constant version is faster by: 8.47ms (C=578.40ms, L=569.93ms)

ID:2 GeForce GTX 260:Literal version is faster by: 0.27ms (C=348.74ms, L=349.00ms)
ID:2 GeForce GTX 260:Literal version is faster by: 0.26ms (C=348.72ms, L=348.98ms)
ID:2 GeForce GTX 260:Literal version is faster by: 0.26ms (C=348.74ms, L=349.00ms)
ID:2 GeForce GTX 260:Literal version is faster by: 0.26ms (C=348.74ms, L=349.00ms)
ID:2 GeForce GTX 260:Literal version is faster by: 0.13ms (C=348.83ms, L=348.97ms)
ID:2 GeForce GTX 260:Literal version is faster by: 0.27ms (C=348.73ms, L=348.99ms)

ID:3 GeForce GTX 460:Literal version is faster by: 0.59ms (C=541.43ms, L=542.02ms)
ID:3 GeForce GTX 460:Literal version is faster by: 0.17ms (C=541.20ms, L=541.37ms)
ID:3 GeForce GTX 460:Constant version is faster by: 0.45ms (C=542.29ms, L=541.83ms)
ID:3 GeForce GTX 460:Constant version is faster by: 0.27ms (C=542.17ms, L=541.89ms)
ID:3 GeForce GTX 460:Constant version is faster by: 1.17ms (C=543.55ms, L=542.38ms)
ID:3 GeForce GTX 460:Constant version is faster by: 0.24ms (C=542.92ms, L=542.68ms)
```

通过执行结果我们不难发现，从总的执行时间百分比来看，两个内核的执行时间几乎相同。至于是常量版本的内核更快还是字面值版本的内核更快，从结果中我们看到分布很平均，几乎不相上下。如果与全局内存进行比较又会怎样呢？为了测试这一点，我们将字面值内核中的字面值改为了全局内存数据，代码如下所示：

```
__device__ static u32 data_01 = 0x55555555;
__device__ static u32 data_02 = 0x77777777;
__device__ static u32 data_03 = 0x33333333;
__device__ static u32 data_04 = 0x11111111;

__global__ void const_test_gpu_gmem(u32 * const data, const u32 num_elements)
{
 const u32 tid = (blockIdx.x * blockDim.x) + threadIdx.x;
 if (tid < num_elements)
 {
  u32 d = 0x55555555;

  for (int i=0;i<KERNEL_LOOP;i++)
  {
   d ^= data_01;
```

```
        d |= data_02;
        d &= data_03;
        d |= data_04;
      }

      data[tid] = d;
    }
  }
```

注意，在 GPU 内存空间上声明全局内存变量只需在变量之前加一个 __device__ 说明符即可。内核还是与之前一样，只是循环是对 4 个全局内存值读取 N 次并进行操作。然而，在这个例子中我们将 KERNEL_LOOP 从 64K 改为了 4K，否则内核的执行时间将非常长。因此，在进行时间比较时，需要记住，现在内核只做了之前内核 1/16 的工作。以下是程序得到的结果，非常有趣。

```
ID:0 GeForce GTX 470:Constant version is faster by: 16.68ms (G=37.38ms, C=20.70ms)
ID:0 GeForce GTX 470:Constant version is faster by: 16.45ms (G=37.50ms, C=21.06ms)
ID:0 GeForce GTX 470:Constant version is faster by: 15.71ms (G=37.30ms, C=21.59ms)
ID:0 GeForce GTX 470:Constant version is faster by: 16.66ms (G=37.36ms, C=20.70ms)
ID:0 GeForce GTX 470:Constant version is faster by: 15.84ms (G=36.55ms, C=20.71ms)
ID:0 GeForce GTX 470:Constant version is faster by: 16.33ms (G=37.39ms, C=21.06ms)

ID:1 GeForce 9800 GT:Constant version is faster by: 1427.19ms (G=1463.58ms, C=36.39ms)
ID:1 GeForce 9800 GT:Constant version is faster by: 1425.98ms (G=1462.05ms, C=36.07ms)
ID:1 GeForce 9800 GT:Constant version is faster by: 1426.95ms (G=1463.15ms, C=36.20ms)
ID:1 GeForce 9800 GT:Constant version is faster by: 1426.13ms (G=1462.56ms, C=36.44ms)
ID:1 GeForce 9800 GT:Constant version is faster by: 1427.25ms (G=1463.65ms, C=36.40ms)
ID:1 GeForce 9800 GT:Constant version is faster by: 1427.53ms (G=1463.70ms, C=36.17ms)

ID:2 GeForce GTX 260:Constant version is faster by: 54.33ms (G=76.13ms, C=21.81ms)
ID:2 GeForce GTX 260:Constant version is faster by: 54.31ms (G=76.11ms, C=21.80ms)
ID:2 GeForce GTX 260:Constant version is faster by: 54.30ms (G=76.10ms, C=21.80ms)
ID:2 GeForce GTX 260:Constant version is faster by: 54.29ms (G=76.12ms, C=21.83ms)
ID:2 GeForce GTX 260:Constant version is faster by: 54.31ms (G=76.12ms, C=21.81ms)
ID:2 GeForce GTX 260:Constant version is faster by: 54.32ms (G=76.13ms, C=21.80ms)

ID:3 GeForce GTX 460:Constant version is faster by: 20.87ms (G=54.85ms, C=33.98ms)
ID:3 GeForce GTX 460:Constant version is faster by: 19.64ms (G=53.57ms, C=33.93ms)
ID:3 GeForce GTX 460:Constant version is faster by: 20.87ms (G=54.86ms, C=33.99ms)
ID:3 GeForce GTX 460:Constant version is faster by: 20.81ms (G=54.77ms, C=33.95ms)
ID:3 GeForce GTX 460:Constant version is faster by: 20.99ms (G=54.87ms, C=33.89ms)
ID:3 GeForce GTX 460:Constant version is faster by: 21.02ms (G=54.93ms, C=33.91ms)
```

通过执行结果我们注意到，所有硬件上常量内存版本的内核都比全局内存版本的内核访问快。在计算能力为 1.1 的硬件（9800GT）上加速比为 40 : 1，计算能力为 1.3 的硬件（GTX260）上加速比为 3 : 1。在计算能力为 2.0 的设备（GTX470）上加速比为 1.8 : 1，计算能力为 2.1 的设备（GTX460）上加速比为 1.6：1。

最有趣的可能是在费米架构的设备（GTX460 与 GTX470）上，通过使用常量内存而不是全局内存所使用的一级或二级缓存，将获得比较显著的加速比。因此，即使是费米架构的设备，通过使用常量内存似乎也能显著地提高吞吐量。然而，真的是这样吗？

为了进一步验证，我们将查看生成的 PTX（虚拟汇编）代码。为了看到这些信息，我们必须使用 -keep 编译器选项。以下是常量内存版本内核的 PTX 代码：

```
 .const .u32 const_data_01 = 1431655765;
 .const .u32 const_data_02 = 2004318071;
 .const .u32 const_data_03 = 858993459;
 .const .u32 const_data_04 = 286331153;

 .entry _Z20const_test_gpu_constPjj (
  .param .u64 __cudaparm__Z20const_test_gpu_constPjj_data,
  .param .u32 __cudaparm__Z20const_test_gpu_constPjj_num_elements)
 {
 .reg .u32 %r<29>;
 .reg .u64 %rd<6>;
 .reg .pred %p<5>;
 // __cuda_local_var_108907_15_non_const_tid = 0
 // __cuda_local_var_108910_13_non_const_d = 4
 // i = 8
 .loc 16 40 0
$LDWbegin__Z20const_test_gpu_constPjj:
$LDWbeginblock_181_1:
 .loc 16 42 0
 mov.u32  %r1, %tid.x;
 mov.u32  %r2, %ctaid.x;
 mov.u32  %r3, %ntid.x;
 mul.lo.u32  %r4, %r2, %r3;
 add.u32  %r5, %r1, %r4;
 mov.s32  %r6, %r5;
 .loc 16 43 0
 ld.param.u32  %r7, [__cudaparm__Z20const_test_gpu_constPjj_num_elements];
 mov.s32  %r8, %r6;
 setp.le.u32  %p1, %r7, %r8;
 @%p1 bra  $L_1_3074;
$LDWbeginblock_181_3:
 .loc 16 45 0
 mov.u32  %r9, 1431655765;
 mov.s32  %r10, %r9;
$LDWbeginblock_181_5:
 .loc 16 47 0
 mov.s32  %r11, 0;
 mov.s32  %r12, %r11;
 mov.s32  %r13, %r12;
 mov.u32  %r14, 4095;
 setp.gt.s32  %p2, %r13, %r14;
 @%p2 bra  $L_1_3586;
$L_1_3330:
 .loc 16 49 0
 mov.s32  %r15, %r10;
 xor.b32  %r16, %r15, 1431655765;
 mov.s32  %r10, %r16;
 .loc 16 50 0
```

```
 mov.s32  %r17, %r10;
 or.b32  %r18, %r17, 2004318071;
 mov.s32  %r10, %r18;
 .loc 16 51 0
 mov.s32  %r19, %r10;
 and.b32  %r20, %r19, 858993459;
 mov.s32  %r10, %r20;
 .loc 16 52 0
 mov.s32  %r21, %r10;
 or.b32  %r22, %r21, 286331153;
 mov.s32  %r10, %r22;
 .loc 16 47 0
 mov.s32  %r23, %r12;
 add.s32  %r24, %r23, 1;
 mov.s32  %r12, %r24;
$Lt_1_1794:
 mov.s32  %r25, %r12;
 mov.u32  %r26, 4095;
 setp.le.s32  %p3, %r25, %r26;
 @%p3 bra  $L_1_3330;
$L_1_3586:
$LDWendblock_181_5:
 .loc 16 55 0
 mov.s32  %r27, %r10;
 ld.param.u64  %rd1, [__cudaparm__Z20const_test_gpu_constPjj_data];
 cvt.u64.u32  %rd2, %r6;
 mul.wide.u32  %rd3, %r6, 4;
 add.u64  %rd4, %rd1, %rd3;
 st.global.u32  [%rd4+0], %r27;
$LDWendblock_181_3:
$L_1_3074:
$LDWendblock_181_1:
 .loc 16 57 0
 exit;
$LDWend__Z20const_test_gpu_constPjj:
 } // _Z20const_test_gpu_constPjj
```

我们没有必要准确理解这段汇编代码。此处展示该函数的完整 PTX 代码只是为了让读者对一小段 C 代码如何展开成汇编代码有些认知。PTX 代码按以下这种格式进行书写：

<操作符><目标寄存器><源寄存器 A><源寄存器 B>

因此，

```
xor.b32  %r16, %r15, 1431655765;
```

将 15 号寄存器中的值与字面值 1431655765 进行 32 位的按位异或操作，然后将结果值保存到 16 号寄存器中。注意先前 PTX 代码中高亮加粗的数字。编译器将内核中用到的常量值替换为字面值。这就是为什么每当结果与我们预期的不一样时更值得我们深究的原因。为了进行对比，以下是从全局内存获取数值的代码：

```
ld.global.u32  %r16, [data_01];
xor.b32  %r17, %r15, %r16;
```

此时程序是从全局内存中加载数值，而常量内存版本的内核则不需要任何读操作。当编译器将 C 代码转换成 PTX 汇编代码时会将常量值替换成字面值。这一点可以通过将常量以数组的形式声明而不是一些标量变量来解决。因此，新的函数如下所示：

```
__constant__ static const u32 const_data[4] = { 0x55555555, 0x77777777, 0x33333333,
0x11111111 };

__global__ void const_test_gpu_const(u32 * const data, const u32 num_elements)
{
 const u32 tid = (blockIdx.x * blockDim.x) + threadIdx.x;
 if (tid < num_elements)
 {
  u32 d = const_data[0];

  for (int i=0;i<KERNEL_LOOP;i++)
  {
   d ^= const_data[0];
   d |= const_data[1];
   d &= const_data[2];
   d |= const_data[3];
  }

  data[tid] = d;
 }
}
```

对应生成的 PTX 代码如下所示，

```
ld.const.u32  %r15, [const_data+0];
mov.s32  %r16, %r10;
xor.b32  %r17, %r15, %r16;
mov.s32  %r10, %r17;
.loc 16 47 0
ld.const.u32  %r18, [const_data+4];
mov.s32  %r19, %r10;
or.b32  %r20, %r18, %r19;
mov.s32  %r10, %r20;
```

现在，通过来自常量数组首元素的地址进行访问，这一点是我们希望看到的。这样做得到的结果又如何？

```
ID:0 GeForce GTX 470:Constant version is faster by: 0.34ms (G=36.67ms, C=36.32ms)
ID:0 GeForce GTX 470:Constant version is faster by: 1.11ms (G=37.36ms, C=36.25ms)
ID:0 GeForce GTX 470:GMEM  version is faster by: 0.45ms (G=36.62ms, C=37.07ms)
ID:0 GeForce GTX 470:GMEM  version is faster by: 1.21ms (G=35.86ms, C=37.06ms)
ID:0 GeForce GTX 470:GMEM  version is faster by: 0.63ms (G=36.48ms, C=37.11ms)
ID:0 GeForce GTX 470:Constant version is faster by: 0.23ms (G=37.39ms, C=37.16ms)

ID:1 GeForce 9800 GT:Constant version is faster by: 1496.41ms (G=1565.96ms, C=69.55ms)
```

```
ID:1 GeForce 9800 GT:Constant version is faster by: 1496.72ms (G=1566.42ms, C=69.71ms)
ID:1 GeForce 9800 GT:Constant version is faster by: 1498.14ms (G=1567.78ms, C=69.64ms)
ID:1 GeForce 9800 GT:Constant version is faster by: 1496.12ms (G=1565.81ms, C=69.69ms)
ID:1 GeForce 9800 GT:Constant version is faster by: 1496.91ms (G=1566.61ms, C=69.70ms)
ID:1 GeForce 9800 GT:Constant version is faster by: 1495.76ms (G=1565.49ms, C=69.73ms)

ID:2 GeForce GTX 260:Constant version is faster by: 34.21ms (G=76.12ms, C=41.91ms)
ID:2 GeForce GTX 260:Constant version is faster by: 34.22ms (G=76.13ms, C=41.91ms)
ID:2 GeForce GTX 260:Constant version is faster by: 34.19ms (G=76.10ms, C=41.91ms)
ID:2 GeForce GTX 260:Constant version is faster by: 34.20ms (G=76.11ms, C=41.91ms)
ID:2 GeForce GTX 260:Constant version is faster by: 34.21ms (G=76.12ms, C=41.91ms)
ID:2 GeForce GTX 260:Constant version is faster by: 34.20ms (G=76.12ms, C=41.92ms)

ID:3 GeForce GTX 460:GMEM  version is faster by: 0.20ms (G=54.18ms, C=54.38ms)
ID:3 GeForce GTX 460:GMEM  version is faster by: 0.17ms (G=54.86ms, C=55.03ms)
ID:3 GeForce GTX 460:GMEM  version is faster by: 0.25ms (G=54.83ms, C=55.07ms)
ID:3 GeForce GTX 460:GMEM  version is faster by: 0.81ms (G=54.24ms, C=55.05ms)
ID:3 GeForce GTX 460:GMEM  version is faster by: 1.51ms (G=53.54ms, C=55.05ms)
ID:3 GeForce GTX 460:Constant version is faster by: 1.14ms (G=54.83ms, C=53.69ms)
```

此时得到的结果才与我们预期的一样：在费米（计算能力为 2.x 的硬件）架构的设备上，全局内存借助一级缓存也能达到与常量内存相同的访问速度。只有在计算能力为 1.x 的设备上，由于全局内存没有用到缓存技术，此时使用常量内存才会获得明显的性能提升。

6.5.3 运行时进行常量内存更新

GPU 上的常量内存并不是真正意义上的常量内存，因为 GPU 上并没有专门常量内存预留的特殊内存区。由于常量内存是通过 16 位的地址进行访问的，而 16 位地址能够快速进行访问，因此常量内存最大限制为 64KB。这样做会带来一定好处但也会带来一些问题。首先，通过调用 cudaMemcpyToSymbol 函数，常量内存可以按块或片的形式进行更新，一次最多能更新 64K。重新修改我们的常量内存程序，看看它是如何执行的。

```
#include "stdio.h"
#include "conio.h"
#include "assert.h"

typedef unsigned short int u16;
typedef unsigned int u32;

#define CUDA_CALL(x) {const cudaError_t a = (x); if (a != cudaSuccess) { printf
("\nCUDA Error: %s (err_num=%d) \n", cudaGetErrorString(a), a); cudaDeviceReset()
; assert(0);} }
#define KERNEL_LOOP 4096

__constant__ static const u32 const_data_gpu[KERNEL_LOOP];
__device__ static  u32 gmem_data_gpu[KERNEL_LOOP];
static u32 const_data_host[KERNEL_LOOP];

__global__ void const_test_gpu_gmem(u32 * const data, const u32 num_elements)
```

```
{
 const u32 tid = (blockIdx.x * blockDim.x) + threadIdx.x;
 if (tid < num_elements)
 {
  u32 d = gmem_data_gpu[0];

  for (int i=0;i<KERNEL_LOOP;i++)
  {
   d ^= gmem_data_gpu[i];
   d |= gmem_data_gpu[i];
   d &= gmem_data_gpu[i];
   d |= gmem_data_gpu[i];
  }

  data[tid] = d;
 }
}

__global__ void const_test_gpu_const(u32 * const data, const u32 num_elements)
{
 const u32 tid = (blockIdx.x * blockDim.x) + threadIdx.x;
 if (tid < num_elements)
 {
  u32 d = const_data_gpu[0];

  for (int i=0;i<KERNEL_LOOP;i++)
  {
   d ^= const_data_gpu[i];
   d |= const_data_gpu[i];
   d &= const_data_gpu[i];
   d |= const_data_gpu[i];
  }

  data[tid] = d;
 }
}

__host__ void wait_exit(void)
{
 char ch;

 printf("\nPress any key to exit");
 ch = getch();
}

__host__ void cuda_error_check(const char * prefix, const char * postfix)
{
 if (cudaPeekAtLastError() != cudaSuccess)
 {
  printf("\n%s%s%s", prefix, cudaGetErrorString(cudaGetLastError()), postfix);
  cudaDeviceReset();
```

```
    wait_exit();
    exit(1);
  }
}

__host__ void generate_rand_data(u32 * host_data_ptr)
{
  for (u32 i=0; i < KERNEL_LOOP; i++)
  {
    host_data_ptr[i] = (u32) rand();
  }
}

__host__ void gpu_kernel(void)
{
  const u32 num_elements = (128*1024);
  const u32 num_threads = 256;
  const u32 num_blocks = (num_elements+(num_threads-1)) / num_threads;
  const u32 num_bytes = num_elements * sizeof(u32);
  int max_device_num;
  const int max_runs = 6;

  CUDA_CALL(cudaGetDeviceCount(&max_device_num));

  for (int device_num=0; device_num < max_device_num; device_num++)
  {
    CUDA_CALL(cudaSetDevice(device_num));

    u32 * data_gpu;
    cudaEvent_t kernel_start1, kernel_stop1;
    cudaEvent_t kernel_start2, kernel_stop2;
    float delta_time1 = 0.0F, delta_time2=0.0F;
    struct cudaDeviceProp device_prop;
    char device_prefix[261];

    CUDA_CALL(cudaMalloc(&data_gpu, num_bytes));
    CUDA_CALL(cudaEventCreate(&kernel_start1));
    CUDA_CALL(cudaEventCreate(&kernel_start2));
    CUDA_CALL(cudaEventCreateWithFlags(&kernel_stop1, cudaEventBlockingSync));
    CUDA_CALL(cudaEventCreateWithFlags(&kernel_stop2, cudaEventBlockingSync));

    // printf("\nLaunching %u blocks, %u threads", num_blocks, num_threads);
    CUDA_CALL(cudaGetDeviceProperties(&device_prop, device_num));
    sprintf(device_prefix, "ID:%d %s:", device_num, device_prop.name);

    for (int num_test=0;num_test < max_runs; num_test++)
    {
      // Generate some random data on the host side
      // Replace with function to obtain data block from disk, network or other
      // data source
```

```
generate_rand_data(const_data_host);

// Copy host memory to constant memory section in GPU
CUDA_CALL(cudaMemcpyToSymbol(const_data_gpu, const_data_host,
        KERNEL_LOOP * sizeof(u32)));
// Warm up run
// printf("\nLaunching gmem kernel warm-up");
const_test_gpu_gmem <<<num_blocks, num_threads>>>(data_gpu, num_elements);
cuda_error_check("Error ", " returned from gmem startup kernel");

// Do the gmem kernel
// printf("\nLaunching gmem kernel");
CUDA_CALL(cudaEventRecord(kernel_start1,0));

const_test_gpu_gmem <<<num_blocks, num_threads>>>(data_gpu, num_elements);

cuda_error_check("Error ", " returned from gmem runtime kernel");

CUDA_CALL(cudaEventRecord(kernel_stop1,0));
CUDA_CALL(cudaEventSynchronize(kernel_stop1));
CUDA_CALL(cudaEventElapsedTime(&delta_time1, kernel_start1, kernel_stop1));
// printf("\nGMEM Elapsed time: %.3fms", delta_time1);

// Copy host memory to global memory section in GPU
CUDA_CALL(cudaMemcpyToSymbol(gmem_data_gpu, const_data_host,
        KERNEL_LOOP * sizeof(u32)));
// Warm up run
// printf("\nLaunching constant kernel warm-up");
const_test_gpu_const <<<num_blocks, num_threads>>>(data_gpu, num_elements);

cuda_error_check("Error ", " returned from constant startup kernel");

// Do the constant kernel
// printf("\nLaunching constant kernel");
CUDA_CALL(cudaEventRecord(kernel_start2,0));

  const_test_gpu_const <<<num_blocks, num_threads>>>(data_gpu, num_elements);

  cuda_error_check("Error ", " returned from constant runtime kernel");

  CUDA_CALL(cudaEventRecord(kernel_stop2,0));
  CUDA_CALL(cudaEventSynchronize(kernel_stop2));
  CUDA_CALL(cudaEventElapsedTime(&delta_time2, kernel_start2, kernel_stop2));
  // printf("\nConst Elapsed time: %.3fms", delta_time2);

  if (delta_time1 > delta_time2)
   printf("\n%sConstant version is faster by: %.2fms (G=%.2fms, C=%.2fms)",
device_prefix, delta_time1-delta_time2, delta_time1, delta_time2);
  else
   printf("\n%sGMEM  version is faster by: %.2fms (G=%.2fms, C=%.2fms)",
device_prefix, delta_time2-delta_time1, delta_time1, delta_time2);
```

```
    else
      printf("\n%sGMEM  version is faster by: %.2fms (G=%.2fms, C=%.2fms)",
device_prefix, delta_time2-delta_time1, delta_time1, delta_time2);
   }

   CUDA_CALL(cudaEventDestroy(kernel_start1));
   CUDA_CALL(cudaEventDestroy(kernel_start2));
   CUDA_CALL(cudaEventDestroy(kernel_stop1));
   CUDA_CALL(cudaEventDestroy(kernel_stop2));
   CUDA_CALL(cudaFree(data_gpu));

   CUDA_CALL(cudaDeviceReset());
   printf("\n");
  }

 wait_exit();
}
```

注意cudaMemcpyToSymbol函数的工作原理。该函数可以将数据复制到GPU上任何以全局符号命名的内存区域，无论该符号是全局内存还是常量内存。因此，我们可以将一块64K大小的数据块复制一个64K大小的内存区上，从而通过常量内存缓存进行访问。当所有线程访问同一数据元素时，这种访问方式非常有用，因为我们可以借助缓存技术从常量内存区获取数据然后再广播到每个线程中。

此外，也要注意内存的分配、事件的创建、事件的销毁以及在主循环之外的设备内存释放。从CPU的角度来看，这种类型的CUDA函数调用通常都非常耗费CPU的运行时间。通过简单地改动，该程序CPU的负载明显减少了许多。记住总是在最初进行分配操作，在最后进行销毁或释放操作。绝不可以在循环体内部做这些工作，否则应用程序的性能将明显下降。

常量内存问题

有一个大小为16K的数据结构，每个线程块以随机的方式对其进行访问，但每个线程束都以统一的方式对其进行访问。该数据结构最好用寄存器、常量内存还是共享内存进行保存？为什么？

常量内存答案

尽管将一个比较大的数组放入寄存器中有些麻烦，但将每个线程的寄存器按块进行划分将获得最快的访问速度，无论访问方式是怎样的。然而，每个SM的寄存器大小被限制为32KB(计算能力小于1.2的设备)、64KB(计算能力为1.2和1.3的设备)、128KB(计算能力为2.x的设备）以及256KB（计算能力为3.x的设备）。我们必须将这些寄存器分配给每个线程进行计算。在费米架构的设备上，每个线程最多可分配64个寄存器，32个用来保存数据，另外32个作为工作集进行计算，此时我们可以拥有128个活跃的线程，即4个线程束。只要程序访问片外存储器（如全局内存），延迟就会阻塞整个SM。因此，如果要使该方案成为一个好方案，则需要绝大多数的操作都是基于寄存器的。

将该数据结构存入共享内存看起来是最好的解决方案，尽管实际访问时可能产生共享内存存储体冲突。统一的线程束访问允许将从共享内存获取的数据广播到单个线程束中的每个线程。只有当来自两个不同线程块的线程束访问同一个存储体时才会产生共享内存冲突。

然而，16KB 共享内存几乎消耗了计算能力为 1.x 的设备上一个 SM 所有的共享内存。而在计算能力为 2.x 以及 3.x 的硬件上，这会限制每个 SM 最多处理三个线程块。

在计算能力为 1.x 的设备上，常量内存也是一个比较合理的选择。常量内存的广播机制对于线程也有很大帮助。然而，常量内存的缓存无法存下 16KB 数据。另外，更重要的是常量内存的缓存是针对线性访问优化过的，也就是说，每次访问都是基于缓存行获取的。因此，靠近初始访问的访存数据将被缓存。非基于缓存行的访问将导致缓存未命中，造成的损失比直接访问全局内存而未发生缓存命中的损失还要大。

在计算能力为 2.x 和 3.x 的设备上，使用全局内存可能更快一些，因为编译器会将每个线程束的统一访问翻译为线程束级的统一全局内存访问。它提供了本应该在计算能力为 1.x 的设备上支持的常量内存广播访问机制。

6.6 全局内存

全局内存可能是所有类型的内存中最有意思的一种，因为它是我们必须理解的一种存储类型。GPU 的全局内存之所以是全局的，主要是因为 GPU 与 CPU 都可以对它进行写操作。任何设备都可以通过 PCI-E 总线对其进行访问。GPU 之间不通过 CPU，直接将数据从一块 GPU 卡上的数据传输到另一个 GPU 卡上。这种点对点的特性是在 CUDA 4.x SDK 中引入的，并不是所有的平台都支持。目前，只有特斯拉硬件通过 TCC 驱动模型能够支持 Windows 7 和 Windows Vista 平台。而对于 Linux 或 Windows XP 平台，消费级 GPU 卡和特斯拉卡都支持该特性。

CPU 主机端处理器可以通过以下三种方式对 GPU 上的内存进行访问：

- 显式地阻塞传输；
- 显式地非阻塞传输；
- 隐式地使用零内存复制。

GPU 的内存位于 PCI-E 总线的另一端。PCI-E 总线是双向总线，理论上，每个方向的带宽最高可达 8GB/s（PCI-E 2.0），但实际上通常只有 4GB/s ~ 5GB/s。此外，依据所使用的硬件的不同，并不是所有的设备都支持非阻塞传输和隐式内存传输。本书第 9 章将详细介绍这些问题。

通常的执行模型是 CPU 将一个数据块传输到 GPU，GPU 内核对其进行处理，然后再由 CPU 将数据块传输回主机端内存中。比较高级的模型是使用流（稍后将进行介绍）将数据传输和内核执行部分重叠，以保证 GPU 一直在工作，如图 6-16 所示。

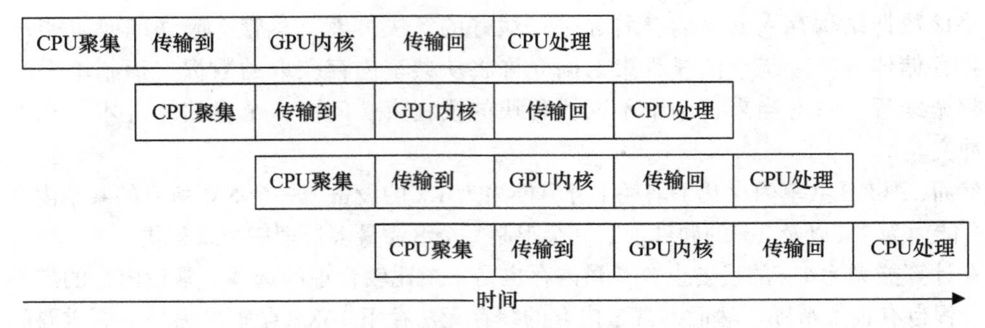

图 6-16　内核执行与内存传输重叠进行

一旦数据进入 GPU，主要问题就成为了如何在 GPU 中对它们高效访问。记住，从计算能力的角度来看，GPU 每秒能执行超过 3 万亿次浮点运算，但主内存的带宽最高只能达到 190GB/s，最低只有 25GB/s。相比之下，英特尔 I7 处理器或 AMD 羿龙 CPU 只能达到 25GB/s ~ 30GB/s，并且根据特殊的设备速度以及使用的存储总线宽度不同还会有一定波动。

图形卡使用的是高速绘图记忆体（GDDR）或者图形动态存储器，具有高度稳定的带宽，但同所有的内存一样，存在严重的延迟。所谓延迟，即从访问开始到返回访问数据的第一个字节所花的时间。因此，我们可以按图 6-16 所示一样将内核流水线化，这种存储访问也就流水线化了。通过创建一个每十次计算只需一次访存的模式，内存延迟能明显地被隐藏，但前提是对全局内存的访问必须是以合并的方式。

究竟什么是合并的访问方式呢？所谓合并访问就是所有线程访问连续的对齐的内存块，如图 6-17 所示。假定以基于字节的方式对数据进行访问，此处显示的 Addr 即从基地址算起的逻辑偏移地址。TID 表示线程标号。如果我们对内存进行一对一连续对齐访问，则每个线程的访问地址可合并起来，只需一次存储事务即可解决问题。假设我们访问一个单精度值或整型值，每个线程将访问一个 4 字节的内存块。内存会基于线程束的方式进行合并（在老式的 G80 硬件上使用半个线程束），也就是说访问一次内存将得到 32 × 4 = 128 个字节的数据。

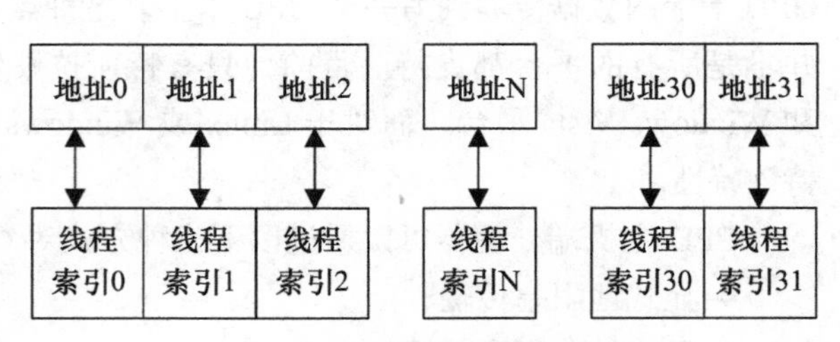

图 6-17　通过线程索引访问地址

合并大小支持 32 字节、64 字节以及 128 字节，分别表示线程束中每个线程以一个字节、16 位以及 32 位为单位读取数据，但前提是访问必须连续，并且是以 32 字节为基准对齐的。

将标准的 cudaMalloc 替换成 cudaMallocPitch，使用这种特殊的分配内存指令可以得到对齐的内存块。其语法如下：

```
extern __host__ cudaError_t CUDARTAPI cudaMallocPitch(void **devPtr, size_t *pitch,
size_t width, size_t height);
```

cudaMallocPitch 的第一个参数表示指向设备内存指针的指针，第二个参数表示指向对齐之后每行真实字节数的指针，第三个参数为需要开辟的数组的宽度，单位为字节，最后一个参数为数组的高度。

因此，如果有一个数组，行数为 100，每一行有 60 个浮点元素，若使用传统的 cudaMalloc 分配内存，则分得的内存大小为 100 × 60 × sizeof(float) 个字节，即 100 × 60 × 4 = 24 000 个字节。访问数组索引为 [1][0] 的元素（即第一行第零个元素）将导致非合并的访问。这是因为每一行有 60 个元素，其长度为 240 字节，显然不是二的指数倍。

这些线程访问的地址中，第一个地址都无法满足合并对齐的要求。使用 cudaMallocPitch 函数，其将根据当前设备的对齐要求对每一行进行必要的填充（如图 6-18 所示）。在这个例子中，大多数情况下每一行将被填充至 64 个元素，即 256 个字节。设备填充之后每一行的大小由 cudaMallocPitch 中的 pitch 参数返回得到。

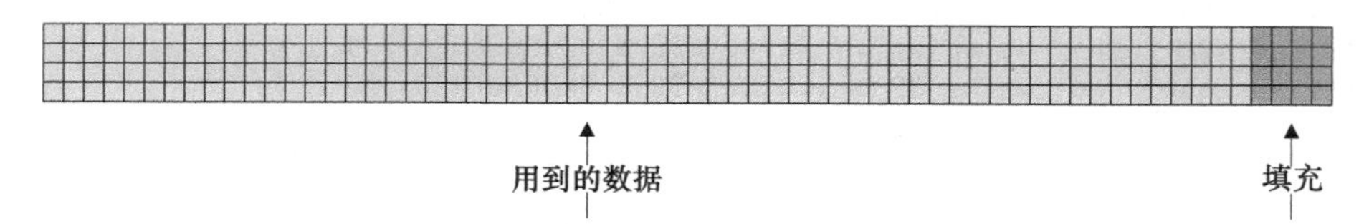

图 6-18 通过 cudaMallocPitch 进行填充

让我们来看其实际是如何执行的。非对齐的访问将导致多次内存获取。当等待内存获取时，线程束中的所有线程将阻塞直到所有的内存获取都从硬件中返回。因此，为了获得最好的吞吐量，我们需通过对齐并且连续合并的访问方式，将大量的内存获取请求合并，达到减少内存获取次数的效果。

如果数据以某种方式交错分布，例如，一个结构体，将会怎样？

```
typedef struct
{
 unsigned int a;
 unsigned int b;
 unsigned int c;
 unsigned int d;
} MY_TYPE_T;

MY_TYPE_T some_array[1024]; /* 1024 * 4 bytes = 4K */
```

图 6-19 显示了 C 语言结构体在内存中的分布情况。

索引0 元素A	索引0 元素B	索引0 元素C	索引0 元素D	索引1 元素A	索引1 元素B	索引1 元素C	索引1 元素D	索引*N* 元素A,B,C,D

图 6-19 内存中的数组元素

结构体中定义的元素以连续的方式分布在内存中。以图 6-20 所示的方式对该结构体进行访问。由图 6-20 可知，被访问的结构体元素在内存中的地址并非连续。这意味着我们无法合并访问，存储带宽将以指数级下降。根据数据元素的大小，每个线程可能读得一个比较大的值，然后在线程内部将必要的位进行屏蔽。例如，如果我们需要基于字节的数据，可以按以下方式进行操作：

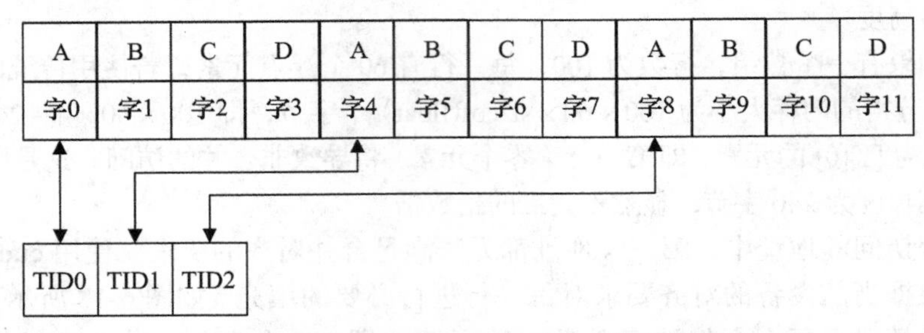

图 6-20 每个线程访问一个元素（非合并访问）

```
const unsigned int value_u32 = some_data[tid];
const unsigned char value_01 = (value_u32 & 0x000000FF)  );
const unsigned char value_02 = (value_u32 & 0x0000FF00) >> 8 );
const unsigned char value_03 = (value_u32 & 0x00FF0000) >> 16 );
const unsigned char value_04 = (value_u32 & 0xFF000000) >> 24 );
```

同样，我们也可以简单地将结构体数组看做一个字的数组，以保持一个线程映射一个数据元素，为结构体的每个元素分配一个线程。然而，这种类型的解决方案并不适合于当需要的数据为结构体中的好几个元素时，例如，1 号线程需要结构体中的 x、y 和 z 坐标。当出现这种情况时，最好对数据重新排列，可能在 CPU 端加载或传输数据阶段就需要将数据划分到 N 个分离的数组。这样，数组就能独立并存于内存中。我们可以直接对数组 a、b、c 或 d 进行访问，而不是像之前那样通过 strcut->a 对结构体元素间接引用访问。相比于交错、非合并的访问方式，现在我们得到了 4 个合并的访问，保持全局内存带宽的使用最优。

让我们一起来看一个读全局内存的例子。在这个例子中，我们会用两种方式将结构体中的每个元素加起来得到总和。首先，我们将对结构体数组的元素进行加和运算，然后对结构体中的数组进行加和运算。

```
// Define the number of elements we'll use
#define NUM_ELEMENTS 4096

// Define an interleaved type
// 16 bytes, 4 bytes per member
typedef struct
{
 u32 a;
 u32 b;
 u32 c;
 u32 d;
} INTERLEAVED_T;

// Define an array type based on the interleaved structure
typedef INTERLEAVED_T INTERLEAVED_ARRAY_T[NUM_ELEMENTS];

// Alternative - structure of arrays
```

```
typedef u32 ARRAY_MEMBER_T[NUM_ELEMENTS];

typedef struct
{
 ARRAY_MEMBER_T a;
 ARRAY_MEMBER_T b;
 ARRAY_MEMBER_T c;
 ARRAY_MEMBER_T d;
} NON_INTERLEAVED_T;
```

在这段代码中，我们声明了两种类型：首先是 INTERLEAVED_T，它表示一个结构体数组，结构体中的成员为 a、b、c 和 d。然后我们声明了 NON_INTERLEAVED_T 作为一个结构体，结构体中的每个元素是一个数组，分别包含了 4 个数组，a、b、c 和 d。如类型名所示，第一种类型的数据我们希望在内存中以交错的方式分布，而第二种类型的数据则是以连续的方式在内存中分布。

首先来看 CPU 版的代码。

```
__host__ float add_test_non_interleaved_cpu(
 NON_INTERLEAVED_T * const host_dest_ptr,
 const NON_INTERLEAVED_T * const host_src_ptr,
 const u32 iter,
 const u32 num_elements)
{
 float start_time = get_time();

 for (u32 tid = 0; tid < num_elements; tid++)
 {
  for (u32 i=0; i<iter; i++)
  {
   host_dest_ptr->a[tid] += host_src_ptr->a[tid];
   host_dest_ptr->b[tid] += host_src_ptr->b[tid];
   host_dest_ptr->c[tid] += host_src_ptr->c[tid];
   host_dest_ptr->d[tid] += host_src_ptr->d[tid];
  }
 }

 const float delta = get_time() - start_time;

 return delta;
}

__host__ float add_test_interleaved_cpu(
 INTERLEAVED_T * const host_dest_ptr,
 const INTERLEAVED_T * const host_src_ptr,
 const u32 iter,
 const u32 num_elements)
{
 float start_time = get_time();

 for (u32 tid = 0; tid < num_elements; tid++)
```

```
{
 for (u32 i=0; i<iter; i++)
 {
  host_dest_ptr[tid].a += host_src_ptr[tid].a;
  host_dest_ptr[tid].b += host_src_ptr[tid].b;
  host_dest_ptr[tid].c += host_src_ptr[tid].c;
  host_dest_ptr[tid].d += host_src_ptr[tid].d;
 }
}

 const float delta = get_time() - start_time;
 return delta;
}
```

这两个加和函数明显很相似。每个函数都对列表中所有元素迭代 iter 次，从源数据结构中读取一个值，然后加和到目标数据结构中。每个函数的返回值均为其执行时间。由于这段代码是在 CPU 上执行的，因此我们将用 CPU 系统时间进行计算。

GPU 版本的代码与 CPU 版本的类似，只是内核调用 N 个线程的内核调用，通过 tid 代替了 CPU 版本中的外层循环。

```
__global__ void add_kernel_interleaved(
 INTERLEAVED_T * const dest_ptr,
 const INTERLEAVED_T * const src_ptr,
 const u32 iter,
 const u32 num_elements)
{
 const u32 tid = (blockIdx.x * blockDim.x) + threadIdx.x;

 if (tid < num_elements)
 {
  for (u32 i=0; i<iter; i++)
  {
   dest_ptr[tid].a += src_ptr[tid].a;
   dest_ptr[tid].b += src_ptr[tid].b;
   dest_ptr[tid].c += src_ptr[tid].c;
   dest_ptr[tid].d += src_ptr[tid].d;
  }
 }
}

__global__ void add_kernel_non_interleaved(
 NON_INTERLEAVED_T * const dest_ptr,
 const NON_INTERLEAVED_T * const src_ptr,
 const u32 iter,
 const u32 num_elements)
{
 const u32 tid = (blockIdx.x * blockDim.x) + threadIdx.x;

 if (tid < num_elements)
 {
  for (u32 i=0; i<iter; i++)
```

```
      dest_ptr->b[tid] += src_ptr->b[tid];
      dest_ptr->c[tid] += src_ptr->c[tid];
      dest_ptr->d[tid] += src_ptr->d[tid];

    }
  }
}
```

在 GPU 函数的调用者中，数据通过标准的内存复制函数复制到设备中，并在该调用函数中进行时间统计。由于两个函数基本相同，此处只列出了交错版本的调用者函数。

```
__host__ float add_test_interleaved(
 INTERLEAVED_T * const host_dest_ptr,
 const INTERLEAVED_T * const host_src_ptr,
 const u32 iter,
 const u32 num_elements)
{
 // Set launch params
 const u32 num_threads = 256;
 const u32 num_blocks = (num_elements + (num_threads-1)) / num_threads;

 // Allocate memory on the device
 const size_t num_bytes = (sizeof(INTERLEAVED_T) * num_elements);
 INTERLEAVED_T * device_dest_ptr;
 INTERLEAVED_T * device_src_ptr;

 CUDA_CALL(cudaMalloc((void **) &device_src_ptr, num_bytes));

 CUDA_CALL(cudaMalloc((void **) &device_dest_ptr, num_bytes));

 // Create a stop and stop event for timing
 cudaEvent_t kernel_start, kernel_stop;
 cudaEventCreate(&kernel_start, 0);
 cudaEventCreate(&kernel_stop, 0);

 // Create a non zero stream
 cudaStream_t test_stream;
 CUDA_CALL(cudaStreamCreate(&test_stream));

 // Copy src data to GPU
 CUDA_CALL(cudaMemcpy(device_src_ptr, host_src_ptr, num_bytes,
cudaMemcpyHostToDevice));

 // Push start event ahread of kernel call
 CUDA_CALL(cudaEventRecord(kernel_start, 0));

 // Call the GPU kernel
 add_kernel_interleaved<<<num_blocks, num_threads>>>(device_dest_ptr, device_src_ptr,
iter, num_elements);

 // Push stop event after of kernel call
 CUDA_CALL(cudaEventRecord(kernel_stop, 0));
```

```
    // Wait for stop event
    CUDA_CALL(cudaEventSynchronize(kernel_stop));

    // Get delta between start and stop,
    // i.e. the kernel execution time
    float delta = 0.0F;
    CUDA_CALL(cudaEventElapsedTime(&delta, kernel_start, kernel_stop));

    // Clean up
    CUDA_CALL(cudaFree(device_src_ptr));
    CUDA_CALL(cudaFree(device_dest_ptr));
    CUDA_CALL(cudaEventDestroy(kernel_start));
    CUDA_CALL(cudaEventDestroy(kernel_stop));
    CUDA_CALL(cudaStreamDestroy(test_stream));

    return delta;
}
```

执行代码之后得到如下结果：

```
Running Interleaved / Non Interleaved memory test using 65536 bytes(4096 elements)
ID:0 GeForce GTX 470: Interleaved time: 181.83ms
ID:0 GeForce GTX 470: Non Interleaved time: 45.13ms

ID:1 GeForce 9800 GT: Interleaved time: 2689.15ms
ID:1 GeForce 9800 GT: Non Interleaved time: 234.98ms

ID:2 GeForce GTX 260: Interleaved time: 444.16ms
ID:2 GeForce GTX 260: Non Interleaved time: 139.35ms

ID:3 GeForce GTX 460: Interleaved time: 199.15ms
ID:3 GeForce GTX 460: Non Interleaved time: 63.49ms

        CPU (serial): Interleaved time: 1216.00ms
        CPU (serial): Non Interleaved time: 13640.00ms
```

得到的结果很有趣，但同时也是意料之中。在计算能力为 2.x 的硬件上，交错内存访问方式的执行时间比非交错访问方式的时间多出 3 ~ 4 倍。在计算能力为 1.3 的 GTX260 上，交错内存访问方式的执行时间是非交错的三倍，而在计算能力为 1.1 的 9800GT 上则更慢，交错的访问方式慢了 11 倍，这主要是因为在老式的设备上合并的要求更加严格。

通过 Parallel Nsight 这样的分析工具我们可以更深入地理解为什么交错的访问方式如此慢而非交错的访问方式却要快得多。在 Parallel Nsight 中我们可以看到，非交错版本中存储事务（CUDA 内存统计实验）的数量大约为交错版本的 1/4，这意味着非交错版本中内存数据读 / 写操作次数只为交错版本的 1/4。

另一个比较有趣的现象是 CPU 版本的执行时间恰好相反。这看起来很奇怪，但如果了解了访问方式以及缓存重用，你就不会这么觉得了。在交错访问的例子中，CPU 访问元素 a 的同时会将结构体中元素 b、c 以及 d 读入缓存中，使它们在相同的缓存行中。然而，非交错版本则需要对 4 个独立的物理内存区进行访问。这意味着存储事务的数目为交错版本的 4 倍，并且 CPU 使用的任何预读策略都不会起作用。

因此，如果存在一个 CPU 应用程序需要以交错的方式对结构体中的元素进行处理，可简单地将其复制到 GPU 中执行，但由于低效的内存合并会导致相当大的开销。如果在声明阶段就对数据重新排布，改变访问机制，如本例中所做的那样，通过小小的付出我们将获得显著的加速比。

6.6.1 记分牌

全局内存还有另一个比较有趣的特性，就是其可以使用记分牌。如果我们需要从全局内存中加载一个数据（例如，a=some_array[0]），内存获取指令会被初始化，本地变量 a 被列入即将执行存储事务的列表中。与传统 CPU 代码不同，只有在表达式中用到变量 a 时 GPU 才会真正到内存中取值，因此，在对 a 进行赋值操作时我们根本看不到阻塞或者上下文切换到另一个线程束。GPU 遵循了一种惰性计算模型，只有在真正需要变量内容进行计算时才会到内存中取值。

你可能认为这有点像预订一辆出租车然后再准备离开。准备好离开可能需要五分钟，但出租车到达则需要 15 分钟。在真正需要之前就进行预订，这样我们就可以在出租车到来的这段时间里做准备离开的工作。如果在完成准备离开的工作之后再预订出租车，则使准备离开与等待出租车这两件事串行化了。

上述情况同样也适用于内存事务。存储事务就像缓慢的出租车，需要花费多个 GPU 周期才能完成。在存储事务完成的这段时间内，GPU 可以忙于计算算法的其他方面。为了做到这一点，我们只需简单地将内存获取操作放到内核的开始处，然后再在内核中进行调用。事实上，我们只是将内存获取延迟与其他有用的 GPU 计算指令时间重叠，从而降低了内核中存储延迟带来的影响。

6.6.2 全局内存排序

此处，我们将沿用 6.4 节中用到的排序例子。相同的算法在基于全局内存上执行的效果会如何？我们还需要考虑什么？首先，我们需要考虑存储合并。之前的排序算法是针对共享内存的 32 个存储体特别开发的，其是以列的方式访问共享内存。再次看图 6-8，我们会发现如果所有线程同时进行读操作，同样可以对全局内存合并访问。

合并访问主要出现在基数排序阶段，每个线程对其对应的列表进行遍历。线程的访问被硬件合并（联合）到一起。由于 1 列表大小可能不同，因此写操作无法合并。然而，0 列表的读取和写入都是对相同范围的地址空间进行操作，因此访问可以合并。

合并阶段中，程序最初从全局内存中对每个列表读取一个值到共享内存中。在合并的每轮迭代中，有一个值会被写回全局内存，然后再从全局内存读入一个值到共享内存中以替换之前写回到全局内存的那个值。每次存储访问都执行了很多操作。因此，如果将访问合并，存储延迟将明显得到隐藏。让我们一起来看实际的运行效果如何。

从表 6-13 与图 6-21 中我们可以看到，当线程数为 32 时执行的效果非常好，但在所有的测试设备上，线程数为 64 才是最优的情况，执行的时间都稍少于线程数为 32 的执行时间。这似乎意味着增加一个线程束可以隐藏一定的延迟，少量提升存储带宽的利用率。

表 6-13 单个 SM 全局内存排序（1K 元素）

线 程	GTX470	GTX260	GTX460
1	33.27	66.32	27.47
2	19.21	37.53	15.87
4	11.82	22.29	9.83
8	9.31	16.24	7.88
16	7.41	12.52	6.36
32	6.63	10.95	5.75
64	6.52	10.72	5.71
128	7.06	11.63	6.29
258	8.61	14.88	7.82

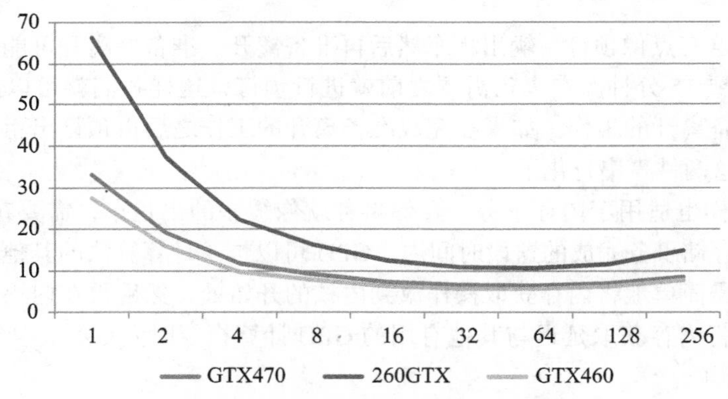

图 6-21 单个 SM 全局内存排序结果图（1K 元素）

当线程数超过 64 时程序性能就开始降低了。因此，如果我们将线程数固定为 64，然后增加数据集的大小，结果又会怎样？表 6-14 以及图 6-22 显示了其结果。事实上，按照当前的做法，使用一个 SM，不同设备得到的结果几乎呈线性关系。

表 6-14 不同大小的数据集全局内存排序

	绝对时间（ms）			每 KB 所花时间（ms）		
大小（kb）	GTX470	GTX260	GTX460	GTX470	GTX260	GTX460
1	1.67	2.69	1.47	1.67	2.69	1.47
2	3.28	5.36	2.89	1.64	2.68	1.45
4	6.51	10.73	5.73	1.63	2.68	1.43
8	12.99	21.43	11.4	1.62	2.68	1.43
16	25.92	42.89	22.75	1.62	2.68	1.42
32	51.81	85.82	45.47	1.62	2.68	1.42

（续）

	绝对时间（ms）			每 KB 所花时间（ms）		
大小（kb）	GTX470	GTX260	GTX460	GTX470	GTX260	GTX460
64	103.6	171.78	90.94	1.62	2.68	1.42
128	207.24	343.74	181.89	1.62	2.69	1.42
256	414.74	688.04	364.09	1.62	2.69	1.42
512	838.25	1377.23	737.85	1.64	2.69	1.44
1024	1692.07	2756.87	1485.94	1.65	2.69	1.45

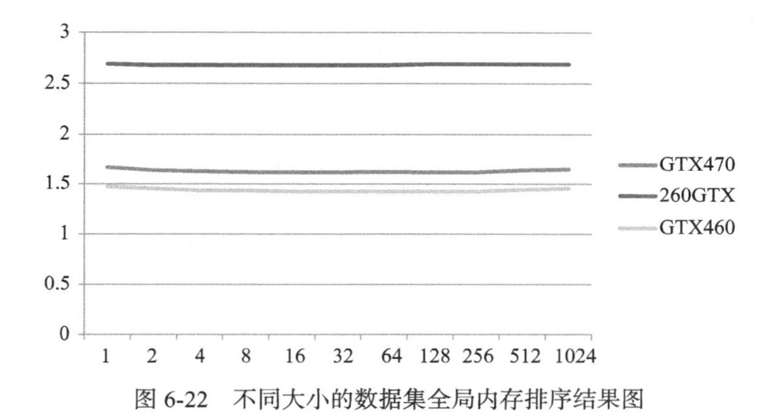

图 6-22 不同大小的数据集全局内存排序结果图

如表 6-14 所示，在 GTX460 上，1024KB（1MB）大小的数据集进行排序花了 1486ms。这意味着对 1MB 的数据排序需要大约 1.5 秒（准确为 1521ms），如果不考虑每个数据的大小，每分钟大约能处理 40MB 数据。

对 1GB 的数据进行排序大概需要 25 ~ 26 分钟，效率并不高。因此该如何解决呢？当前我们只用了一个线程块，SM 的数量也就限制为一个。在进行测试的 GPU 中，GTX470 由 14 个 SM 组成，GTX260 有 27 个 SM，GTX460 有 7 个 SM。显然，每张卡只有少部分被用到了，利用率非常低。这主要是由于内核过于简化。现在，让我们一起来看使用多个线程块会有什么样的效果。

某个 SM 的输出集是单个线性排序列表，因此，两个 SM 的输出集应该是两个线性排序列表，但这并不是我们想要的。考虑如下来自配置 2 个线程块的排序输出记录。原始数值介于 0x01 ~ 0x100，降序排列。以下显示的这些数据中第一个值表示数组索引，第二个为此数组索引所表示的值。

```
000:00000041 001:00000042 002:00000043 003:00000044 004:00000045 005:00000046
006:00000047 007:00000048
008:00000049 009:0000004a 010:0000004b 011:0000004c 012:0000004d 013:0000004e
014:0000004f 015:00000050
016:00000051 017:00000052 018:00000053 019:00000054 020:00000055 021:00000056
022:00000057 023:00000058
024:00000059 025:0000005a 026:0000005b 027:0000005c 028:0000005d 029:0000005e
```

```
030:0000005f 031:00000060
032:00000061 033:00000062 034:00000063 035:00000064 036:00000065 037:00000066
038:00000067 039:00000068
040:00000069 041:0000006a 042:0000006b 043:0000006c 044:0000006d 045:0000006e
046:0000006f 047:00000070
048:00000071 049:00000072 050:00000073 051:00000074 052:00000075 053:00000076
054:00000077 055:00000078
056:00000079 057:0000007a 058:0000007b 059:0000007c 060:0000007d 061:0000007e
062:0000007f 063:00000080

064:00000001 065:00000002 066:00000003 067:00000004 068:00000005 069:00000006
070:00000007 071:00000008
072:00000009 073:0000000a 074:0000000b 075:0000000c 076:0000000d 077:0000000e
078:0000000f 079:00000010
080:00000011 081:00000012 082:00000013 083:00000014 084:00000015 085:00000016
086:00000017 087:00000018
088:00000019 089:0000001a 090:0000001b 091:0000001c 092:0000001d 093:0000001e
094:0000001f 095:00000020
096:00000021 097:00000022 098:00000023 099:00000024 100:00000025 101:00000026
102:00000027 103:00000028
104:00000029 105:0000002a 106:0000002b 107:0000002c 108:0000002d 109:0000002e
110:0000002f 111:00000030
112:00000031 113:00000032 114:00000033 115:00000034 116:00000035 117:00000036
118:00000037 119:00000038
120:00000039 121:0000003a 122:0000003b 123:0000003c 124:0000003d 125:0000003e
126:0000003f 127:00000040
```

这两个排好序的列表中的值分别为 0x41 ~ 0x80 以及 0x01 ~ 0x40。你可能会说这并不是什么大问题，只需要进行将这两个列表再合并一次就好了。但是，这将使我们遇到第二个问题：基于一个线程的内存访问。

假设我们仅使用两个线程，一个线程处理一个列表。0 号线程访问第 0 号元素，1 号线程访问第 64 号元素。对于硬件来说是无法将这两个访问合并的，因此，硬件将执行两次独立的内存获取。

即使我们可以做到合并几乎不消耗时间，假定最多有 16 个 SM，并且每个 SM 都被使用，设备带宽没有溢出，最好的情况也只是每分钟处理 16 × 40MB=640MB 的数据，即每秒处理 10.5MB 的数据。这并不理想，因此，可能我们需要另一种解决方案。

6.6.3 样本排序

样本排序尝试避免了合并排序中的问题，即合并操作。样本排序的工作原理是将数据划分成 N 个数据块，对每个数据块单独排序，并保证第 N 个数据块中的元素比第 N+1 个数据块中的元素数量少，比第 N–1 个数据块中的元素数量大。

首先我们将介绍一个用三个处理器对 24 个数据项进行排序的例子。排序的第一阶段是从数据集中选出 S 个等距的样本。设整个数据集的元素个数为 N，则这 S 个元素是 N 个元素的子集。选出的 S 个元素要具有代表性，这一点很重要。当整个数据集的数据元素分布比较均匀时，以等距的方式选择样本比较适合。如果数据集是多峰分布，而且这些峰的宽度不太大，这时要么需要选择更多的样本，要么要在已知峰值附近选样本。这里，我们假设样本点均匀分布，所以我们等距地选择样本。

然后对样本数据进行排序，假定按升序排序，使数值最小的元素位于列表的第一位。接着根据可供使用的处理器数目将样本数据划分到不同的桶中。对数据进行扫描然后确定每个桶中有多少个样本。然后将每个桶中的样本数目加起来形成一个前缀和，以用作另一个数组的索引。

前缀和表示当前元素之前所有元素的数目。在本例中，我们看到有九个元素被分配到 0 号桶中。因此，第二个数据集的开始位置是在第 9 个元素。第二个桶同样也被分配了 9 个元素，加上第一个桶中的 9 个元素，总和为 18，这样我们就计算出了下一个数据集的起始索引。之后每个数据集的索引都按这种方法进行计算。

接着数据被打乱，0 号桶中的所有元素作为前缀和的第一个索引（0）写入内存，1 号桶中的元素从下一个前缀和索引对应的地址开始写入，依此类推。这样我们可以对每个桶中的元素单独进行排序，并且第 N–1 号桶中的所有样本值都比第 N 号桶中的值要小，第 N 号桶中的值比第 N+1 号桶中的值小。接下来需要做的就是将这些桶分配给 P 个处理器并行排序。如果使用了原地排序，则只要最后一个数据块排好序，整个数据集就排好序了，其中不需要任何合并操作。图 6-24 显示了本例使用 6 个处理器进行排序时的过程。

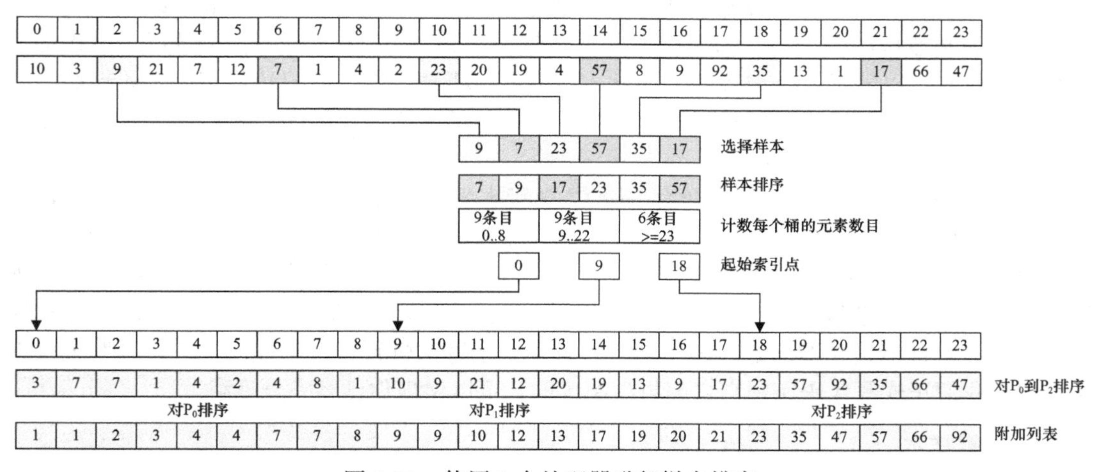

图 6-23 使用 3 个处理器进行样本排序

注意，当基于 6 个样本使用 3 个处理器进行排序时，每个桶的大小分别为 9、9、6。而使用 6 个处理器时，每个桶的大小分别为 6、3、5、4、1、5。事实上，让我们最感兴趣的只有桶大小中的最大值，因为在 P 个处理器上最大块将决定着整个排序所需时间。在本例中，桶元素的最大值由 9 个减少到 6 个，因此增加一倍的处理器数目使得桶大小的最大值减少了 1/3。

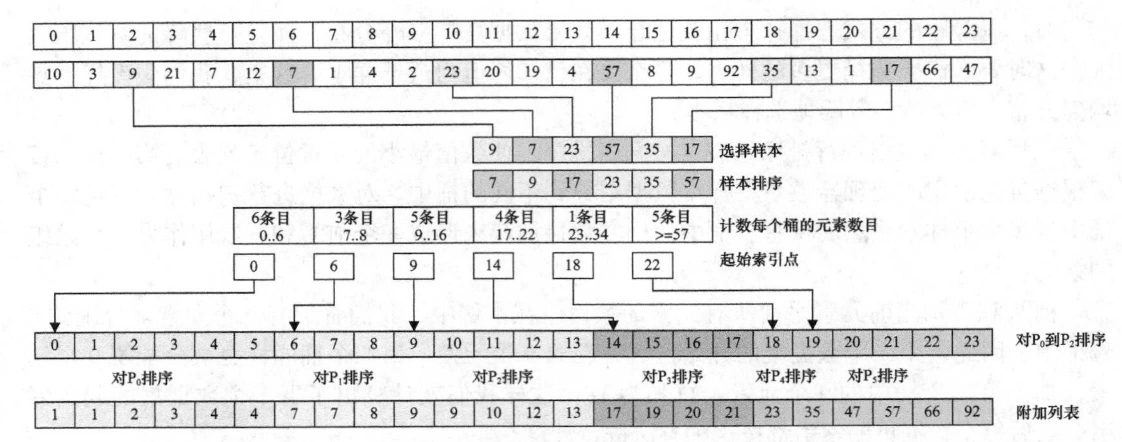

图 6-24 使用6个处理器进行样本排序

事实上，该分布很大程度上取决于数据集的分布。最常见的数据集通常是一个几乎排好序的列表或者是一个已经排好序的列表加上几个必须加入的新数据元素。因此，对于大多数数据集而言，分配给每个处理器处理的元素数目几乎是平均分配的。而对于少数数据集，则需要适当调整取样策略。

对于GPU而言，我们不仅仅只有6个处理器，而是有N个SM，每个SM可以处理若干个线程块。如果只是为了最有效地隐藏存储延迟，则每个线程块开启256个线程最优，尽管在之前的基数排序中，64个线程才是最好的选择。在GTX470设备上，一共有14个SM，每个SM最多可以处理8个线程块。因此，我们至少需要112个线程块使每个SM都保持工作。稍后，我们需要在实践中确定怎样配置才是最好的方案。看起来，我们需要比现在多得多的线程块才能维持负载平衡。

然而，我们的第一个任务是开发一个CPU版本的样本排序算法，以便于更好地理解整个过程。我们将依次介绍每一步操作并讨论如何将其转化成并行的解决方案。

为了便于理解后续部分的代码讲解，读者最好已经完全熟悉了我们刚刚介绍的样本排序算法。正是由于该算法比较复杂，它才有助于我们了解如何在GPU上解决更困难的实际问题以及涉及性能优化的问题，因此我们才选择这个算法进行讲解。如果你只是浏览了该算法，请在我们正式写代码实现它之前再次阅读前几页以保证你已经完全理解。

1. 选择样本

样本排序的第一部分是从源数据中选择N个样本。该部分CPU版本使用了一个标准的循环对源数据进行访问，每经过一次循环，索引值增加sample_interval。而样本索引的计数值每次循环只增加一。

```
__host__ TIMER_T select_samples_cpu(
 u32 * const sample_data,
 const u32 sample_interval,
 const u32 num_elements,
 const u32 * const src_data)
{
```

```
 const TIMER_T start_time = get_time();
 u32 sample_idx = 0;

 for (u32 src_idx=0; src_idx<num_elements; src_idx+=sample_interval)
 {
  sample_data[sample_idx] = src_data[src_idx];
  sample_idx++;
 }

 const TIMER_T end_time = get_time();
 return end_time - start_time;
}
```

在 GPU 版本中，我们使用了一个经典的循环消除方法，即每个线程创建一个样本点，然后扩散到所有的线程块上。因此，首先需要进行如下声明：

```
const u32 tid = (blockIdx.x * blockDim.x) + threadIdx.x;
```

将每个线程块的索引值乘以每个线程块的线程数目，然后加上当前线程的索引值，得到当前线程在所有线程块上的绝对索引值。

```
__global__ void select_samples_gpu_kernel(u32 * const sample_data,
 const u32 sample_interval, const u32 * const src_data)
{
 const u32 tid = (blockIdx.x * blockDim.x) + threadIdx.x;
 sample_data[tid] = src_data[tid*sample_interval];
}

__host__ TIMER_T select_samples_gpu(
 u32 * const sample_data,
 const u32 sample_interval,
 const u32 num_elements,
 const u32 num_samples,
 const u32 * const src_data,
 const u32 num_threads_per_block,
 const char * prefix)
{
 // Invoke one block of N threads per sample
 const u32 num_blocks = num_samples / num_threads_per_block;

 // Check for non equal block size
 assert((num_blocks * num_threads_per_block) == num_samples);

 start_device_timer();

 select_samples_gpu_kernel<<<num_blocks, num_threads_per_block>>>(sample_data,
sample_interval, src_data);
 cuda_error_check(prefix, "Error invoking select_samples_gpu_kernel");
 const TIMER_T func_time = stop_device_timer();

 return func_time;
}
```

最后，为了计算出所选样本数据在源数据中的索引值，我们只简单地将线程绝对索引值乘以样本间隔大小。为了简单起见，我们将只讨论数据集大小正好整除线程块内线程数目的情况。

注意，无论是 CPU 版本还是 GPU 版本，返回值均为操作所需时间，并且在接下来排序的各个阶段中我们将计算各种操作的时间开销。

2. 样本排序

下一步我们需要对选择出的样本进行排序。在 CPU 上，我们可以简单地从标准 C 函数库中调用 qsort（快速排序）方法。

```
__host__ TIMER_T sort_samples_cpu(
 u32 * const sample_data,
 const u32 num_samples)
{
 const TIMER_T start_time = get_time();

 qsort(sample_data, num_samples, sizeof(u32),
   &compare_func);

 const TIMER_T end_time = get_time();
 return end_time - start_time;
}
```

然而，在 GPU 上，标准库中并没有提供该函数，因此我们可以利用之前开发的基数排序。注意，Thrust 库提供了基数排序方法，此处我们不必再将该方法重写一遍，我也不会重复介绍该代码，因为在之前 6.4 节中我们已经仔细地介绍了该方法。

另外需要我们注意的一点是，之前我们开发的基数排序算法是基于单个 SM 上的共享内存的，并且合并阶段在共享内存中进行了归约操作。这并不是最优的方案，但至少在初始测试阶段，我们将仍然使用它。

3. 样本桶计数

接下来我们需要知道每个样本桶中有多少个元素。CPU 版代码如下所示。

```
__host__ TIMER_T count_bins_cpu(const u32 num_samples,
 const u32 num_elements,
 const u32 * const src_data,
 const u32 * const sample_data,
 u32 * const bin_count)
{
 const TIMER_T start_time = get_time();
 for (u32 src_idx=0; src_idx<num_elements; src_idx++)
 {
  const u32 data_to_find = src_data[src_idx];
  const u32 idx = bin_search3(sample_data,
                              data_to_find,
                              num_samples);
  bin_count[idx]++;
```

```
    }
    const TIMER_T end_time = get_time();
    return end_time - start_time;
}
```

计算每个桶的元素个数只需简单地对源数据集迭代，对每个元素调用一个查找函数，找出其应该属于那个桶，然后根据该桶的索引对该桶的计数值做累加操作。

对于查找，我们有两种选择：二分查找或顺序查找。二分查找主要用到了样本列表已经由先前的步骤排好序的特点。它通过将原列表划分成两部分，然后计算出当前查找值应该在数据集的前半部分还是后半部分中。通过反复划分迭代查找，直到最终找到这个值。

二分查找的最坏情形需要的查找次数为 $\log_2 N$。然而在许多情况下我们都将遇到最坏的情形，因为大多数数据都不在样本列表中。因此，当对这两种查找方案进行比较时，我们假定所有情况下我们都遇到最坏的情形。

顺序查找的最坏情形需要查找 N 次，即从列表头开始查找，但每个元素都不等于查找的元素，横向地从列表头查到列表尾。然而，对于一个排好序且数据均匀分布的列表，通常只需做 $N/2$ 次查找。因此，对于一个包含 1024 个元素的样本集，二分查找需要 10 次迭代，而顺序查找则需 512 次。很明显，对于我们涉及的查找空间而言，二分查找才是最优的选择方案。

然而，从合并内存访问以及分支的角度来看，二分查找并不适合 GPU。只要线程束中某个线程产生分支，硬件将产生两个控制路径。我们可能都遇到过这种情况，线程束产生分支以致于每个线程形成完全单独的控制路径。在这种情况下，总体执行时间的计算只需将单个路径执行时间乘以分支线程的数量即可。通常这种情况是在最大的迭代次数，即 $\log_2$ N 时出现。因此，样本数量要尽量大以抵消线程束中所有线程都产生分支的开销。

每个线程访问的样本在内存中可能处于不同的存储区，因此不存在内存访问合并，在全局内存带宽方面，程序的性能将以指数级下降。事实上，在计算能力为 2.x 的设备上，一级缓存和二级缓存可以有效地隐藏这类影响，但这依赖于样本空间的大小。此外，我们也可以将样本空间保存在共享内存中，同样也可以缓解合并访问问题。

标准的 C 语言库提供了 bsearch 函数，其返回数组中找到的具体值。然而，我们并不需要距离最近的值，而是数组的索引。因此，我们重写了一个二分查找的函数，同时可在 CPU 和 GPU 上执行。注意函数前面指定的 __host__ 与 __device__ 这两个说明符，它们保证了在 CPU 和 GPU 上使用同样的源代码，但非二进制代码是不同的。以下是该函数的源代码。

```
__host__ __device__ u32 bin_search3(
 const u32 * const src_data,
 const u32 search_value,
 const u32 num_elements)
{
 // Take the middle of the two sections
 u32 size = (num_elements >> 1);

 u32 start_idx = 0;
 bool found = false;
```

```
 do
 {
  const u32 src_idx = (start_idx+size);
  const u32 test_value = src_data[src_idx];

  if (test_value == search_value)
   found = true;
  else
   if (search_value > test_value)
    start_idx = (start_idx+size);

  if (found == false)
   size >>= 1;

 } while ( (found == false) && (size != 0) );

 return (start_idx + size);
}
```

二分查找一直查找到直至参数 size 减少为零，其返回值为索引，即查找的元素应该放入哪个桶。

```
// Single data point, atomic add to gmem
__global__ void count_bins_gpu_kernel5(
 const u32 num_samples,
 const u32 * const src_data,
 const u32 * const sample_data,
 u32 * const bin_count)
{
 const u32 tid = (blockIdx.x * blockDim.x) + threadIdx.x;

 // Read the sample point
 const u32 data_to_find = src_data[tid];

 // Obtain the index of the element in the search list
 const u32 idx = bin_search3(sample_data, data_to_find, num_samples);

 atomicAdd(&bin_count[idx],1);
}

__host__ TIMER_T count_bins_gpu(
 const u32 num_samples,
 const u32 num_elements,
 const u32 * const src_data,
 const u32 * const sample_data,
 u32 * const bin_count,
 const u32 num_threads,
 const char * prefix)
{
 const u32 num_blocks = num_elements / num_threads;
```

```
 start_device_timer();

 count_bins_gpu_kernel5<<<num_blocks, num_threads>>>(num_samples, src_data,
sample_data, bin_count);
 cuda_error_check(prefix, "Error invoking count_bins_gpu_kernel");

 const TIMER_T func_time = stop_device_timer();
 return func_time;
}
```

与选择样本的函数不同，样本选择函数中最大线程数通过样本数进行限制，而此处，我们通过源数组中元素数目对最大线程数进行限制。因此，主机端函数启动内核时，每个线程处理一个元素。

内核函数对每个元素进行计算，并以整齐合并访问的方式将数据从源数据集中读取出来。增加每个线程块的线程数目可提高全局内存的读取带宽。

线程束中每个线程进入二分查找，经过若干轮迭代即可得到结果。对于随机分布的元素列表，有些线程可能产生分支。然而，对于大多数几乎排好序的列表而言，所有的线程基本遵循相同的执行路径，因此实际上并不会产生太多的线程的分支。

当线程束中所有线程通过二分查找返回结果值后，则对全局内存中该值对应的桶计数器进行原子加一操作。无论发出原子指令操作的线程属于哪个 SM，全局内存原子操作均可以彻底地、不被打断地执行完成。因此，我们可以放心地让多个线程对相同地址的存储区进行写操作。很明显，当写操作产生冲突时，这些请求都是顺序执行的，每次只允许一个线程执行写操作。

不幸的是，对于一个几乎排好序的列表而言，由于块是依次分配的，大多数有效块几乎在相似的内存区域中。这意味着在执行写操作时，所有的线程将命中相同的内存区域。稍后我们将看到，对于一个排好序的列表而言，该方案的执行速度会有一定退化，但并不明显。

4. 前缀和

前缀和可以用来创建一个表，保存具有变长记录的数组的索引值。在本例中，每个桶的大小是可变的，每个桶在内存中都是顺序地保存。因此，我们可以计算一个前缀和数组，并保存每个桶的起始位置，例如，数组的 0 号元素保存的是 0 号桶起始位置，等。

前缀和的 CPU 代码比较简单：

```
__host__ TIMER_T calc_bin_idx_cpu(const u32 num_samples,
      const u32 * const bin_count,
      u32 * const dest_bin_idx)
{
 const TIMER_T start_time = get_time();
 u32 prefix_sum = 0;

 for (u32 i=0; i<num_samples; i++)
 {
  dest_bin_idx[i] = prefix_sum;
  prefix_sum += bin_count[i];
 }
```

```
    const TIMER_T end_time = get_time();
    return end_time - start_time;
}
```

此处，我们只需简单地对保存每个桶中元素个数的 bin_count 数组进行迭代。前缀和初始化为零，变量 prefix_sum 保存了当前已计算的所有桶的元素个数总和，每进行一轮迭代，首先将 prefix_sum 保存到前缀和数组中，然后将 prefix_sum 加上当前桶元素的个数。

然而，这段关于前缀和计算的代码有一个严重的问题，即其本质是一个串行问题。我们无法在前面的值还没计算出时计算最后一个前缀和的值。对单个处理器系统而言，通过循环遍历所有元素计算前缀和是一个非常高效的方法。但对于使用多个 SM 的并行方式而言，我们该如何高效地计算前缀和呢？

事实证明，简单的前缀和实现只针对于小规模的元素集高效快速。对于样本元素比较大的集合而言（4 096 以上），如果要更快速计算前缀和，则需要更复杂的解决方案。

我们可以将所有桶划分成一些的块，对每个块进行前缀和计算，以此达到并行的效果。将每个块终结点的前缀和值保存到另一个数组中，然后再对该数组求前缀和，最后将该数组中每个前缀和的结果对应累加到之前每个块中的前缀和中。这样我们就可以利用 GPU 简单地进行前缀和计算了（如图 6-25 所示）。

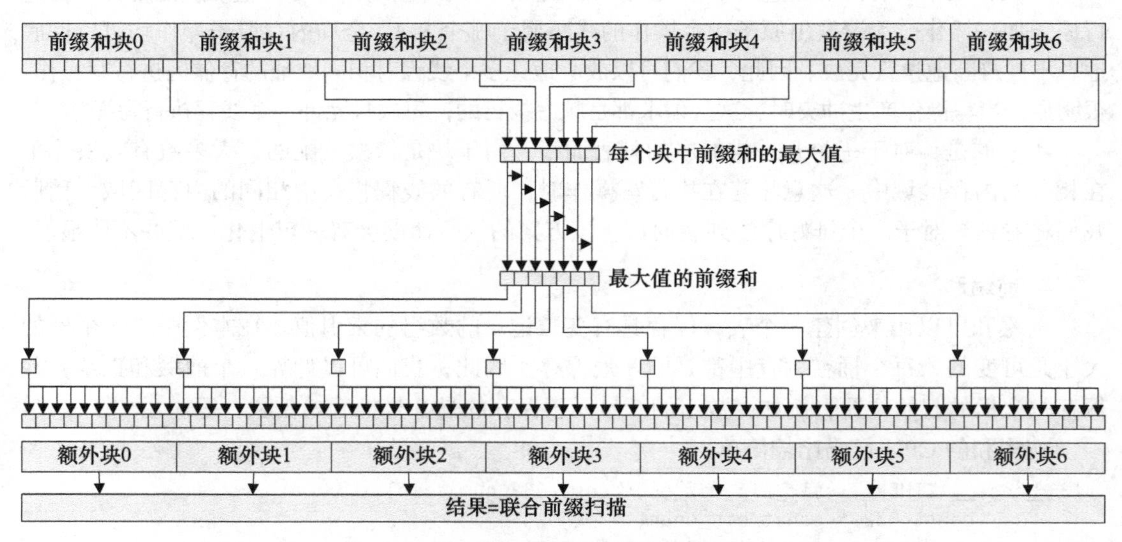

图 6-25 并行前缀和计算

由于每个块由一个线程进行前缀和计算，每个线程处理的元素数目是相同的，因此简单地对块中所有元素进行迭代，不会有线程分支。然而，读取内存访问却无法很好地合并，因为 0 号线程访问的地址偏移从零开始，而 1 号线程访问的地址偏移从（NUM_SAMPLES/NUM_BLOCKS）开始。

如果要在多个 SM 上进行前缀和计算，就意味着需要创建多个块。在这中间需要一次同步操作，只有所有的块完成每个块的前缀和计算之后才能继续计算。因此，我们需要启动一个内核初始化每个块的前缀和计算，然后用另一个内核对每个块的前缀和最后一个值再做前缀和计算，最后一个内核做加法操作。

这样做对我们非常有帮助，因为它允许我们更改线程块和使用的线程数量。在一个内核中我们可能用一个线程处理一个前缀和块，而在另一个内核中，附加的内核并行度却会受到样本数量的限制。因此，我们可以使用 N 个线程块，每个线程块包含 M 个线程，对 $N \times M$ 个样本进行处理，最大化 GPU 的利用率。

与大多数复杂算法一样，选择复杂算法还是简单算法都有一个折中点。对于串行前缀和算法与基于块的前缀和算法而言，这个折中点是 4096 个样本点。我们还可以更近一步，在第一阶段使用更加复杂的前缀和计算方法。但除非我们的数据集足够大，否则前缀和的计算并不会成为整个排序时间的关键因素。

以下是 GPU 版的代码，让我们一起来仔细阅读这段代码。

```
__global__ void calc_prefix_sum_kernel(
 const u32 num_samples_per_thread,
 const u32 * const bin_count,
 u32 * const prefix_idx,
 u32 * const block_sum)
{
 const u32 tid = (blockIdx.x * blockDim.x) + threadIdx.x;

 const u32 tid_offset = tid * num_samples_per_thread;
 u32 prefix_sum;

 if (tid == 0)
  prefix_sum = 0;
 else
  prefix_sum = bin_count[tid_offset-1];

 for (u32 i=0; i<num_samples_per_thread; i++)
 {
  prefix_idx[i+tid_offset] = prefix_sum;
  prefix_sum += bin_count[i+tid_offset];
 }

 // Store the block prefix sum as the value from the last element
 block_sum[tid] = prefix_idx[(num_samples_per_thread-1uL)+tid_offset];
}
```

首先，我们基于线程块索引与线程索引计算得到绝对索引 tid。然后根据每个线程需要进行前缀和计算的样本数目计算得到 tid_offset。

接着我们对第一块的前缀和初始化为零，而其他块的前缀和初始化为上一个块的最后一个元素值。之后的操作与先前 CPU 版本实现相同，只不过索引增加了 tid_offset 的偏移，使得每个线程能读 / 写对应的元素。

```
__global__ void add_prefix_sum_total_kernel(
 u32 * const prefix_idx,
 const u32 * const total_count)
{
```

```
const u32 tid = (blockIdx.x * blockDim.x) + threadIdx.x;

 prefix_idx[tid] += total_count[blockIdx.x];
}
```

加法操作的内核非常简单。内核函数只需要计算出每个线程对应的绝对索引 tid，利用该值作为目标数组的索引。增加的值为当前块之前所有块中桶的总数。在该实现中，我们私下假定调用者将启动 N 个线程，其中 N 表示之前的内核中每个线程处理的样本数目。这样做我们就可以使用 blockIdx.x（线程块索引）而不是线程索引进行访问，它可以使获取的数据存放到标准常量内存缓存中，然后触发广播机制，将数据广播到线程块中所有线程中。

此外，我们还需要一个简单的前缀和内核对少量的元素进行处理。由于并行版本的前缀和计算需要先对每个块进行部分前缀和计算，然后再做加法操作，中间还需要同步，因此消耗的时间比较长。只有在块的大小很大时，为了充分利用硬件以得到明显的加速比，我们才会选择更加复杂的计算方式。

```
__global__ void calc_prefix_sum_kernel_single(
 const u32 num_samples,
 const u32 * const bin_count,
 u32 * const dest_bin_idx)
{
 u32 prefix_sum = 0;

 for (u32 i=0; i<num_samples; i++)
 {
  dest_bin_idx[i] = prefix_sum;
  prefix_sum += bin_count[i];
 }
}
```

最后是主机端串行化调用内核函数代码：

```
__host__ TIMER_T calc_bin_idx_gpu(
 const u32 num_elements,
 const u32 * const bin_count,
 u32 * const dest_bin_idx,
 const u32 num_threads_per_block,
 u32 num_blocks,
 const char * prefix,
 u32 * const block_sum,
 u32 * const block_sum_prefix)
{
 start_device_timer();

 if (num_elements >= 4096)
 {
  const u32 num_threads_total = num_threads_per_block
                              * num_blocks;

  const u32 num_elements_per_thread = num_elements / num_threads_total;
```

```
    //Make sure the caller passed arguments which correctly divide the elements to blocks
and threads
    assert( (num_elements_per_thread *
             num_threads_total) == num_elements );

    // First calculate the prefix sum over a block
    calc_prefix_sum_kernel<<<num_blocks,
num_threads_per_block>>>(num_elements_per_thread,bin_count, dest_bin_idx, block_sum);

    cuda_error_check(prefix, "Error invoking calc_prefix_sum_kernel");

    // Calculate prefix for the block sums
    // Single threaded
    calc_prefix_sum_kernel_single<<<1,1>>>(num_threads_total, block_sum,
block_sum_prefix);
    cuda_error_check(prefix, "Error invoking calc_prefix_sum_kernel_single");

    // Add the prefix sums totals back into the original prefix blocks
    // Switch to N threads per block
    num_blocks = num_elements /
                 num_elements_per_thread;
    add_prefix_sum_total_kernel<<<num_blocks, num_elements_per_thread>>>(dest_bin_idx,
block_sum_prefix);

    cuda_error_check(prefix, "add_prefix_sum_total_kernel");
  }
  else
  {
    // Calculate prefix for the block sums

    // Single threaded
    calc_prefix_sum_kernel_single<<<1,1>>>(num_elements, bin_count, dest_bin_idx);

    cuda_error_check(prefix, "Error invoking calc_prefix_sum_kernel_single");
  }
  const TIMER_T func_time = stop_device_timer();
  return func_time;
}
```

在该函数中我们首先验证了简单的前缀和算法与复杂的前缀和算法哪个更适合用来计算。对于复杂的解决方案，首先计算出每个线程初始需要处理的元素数目，然后顺序地调用三个内核。我们可以根据需要对参数 num_threads_per_block 与 num_blocks 进行调整。

样本元素的数目为 4K 到达了选择这两种算法的过渡点，此时简单版本的前缀和算法与复杂版本的前缀和算法的速度基本相同，但当元素数目继续增加时，复杂算法的执行速度更快。当样本数目增加到 16K 时，复杂版本的算法比简单版本的快 4 倍。

5. 挑选数据到每个桶

为了避免合并操作，所有样本必须预先分拣到 N 个桶中。这至少需要对整个数组遍历一遍，将数据分配到正确的桶中。以下是 CPU 版本的代码：

```
__host__ TIMER_T sort_to_bins_cpu(
 const u32 num_samples,
 const u32 num_elements,
 const u32 * const src_data,
 const u32 * const sample_data,
 const u32 * const bin_count,
 const u32 * const dest_bin_idx,
 u32 * const dest_data)
{
 const TIMER_T start_time = get_time();
 u32 dest_bin_idx_tmp[NUM_SAMPLES];

 // Copy the dest_bin_idx array to temp storage
 for (u32 bin=0;bin<NUM_SAMPLES;bin++)
 {
  dest_bin_idx_tmp[bin] = dest_bin_idx[bin];
 }

 // Iterate over all source data points
 for (u32 src_idx=0; src_idx<num_elements; src_idx++)
 {
  // Read the source data
  const u32 data = src_data[src_idx];

  // Identify the bin in which the source data
  // should reside
  const u32 bin = bin_search3(sample_data,
                              data,
                              num_samples);

  // Fetch the current index for that bin
  const u32 dest_idx = dest_bin_idx_tmp[bin];

  // Write the data using the current index
  // of the correct bin
  dest_data[dest_idx] = data;

  // Increment the bin index
  dest_bin_idx_tmp[bin]++;
 }

 const TIMER_T end_time = get_time();
 return end_time - start_time;
}
```

源数组中的每个数据点都需要放入在内存中线性排布的 N 个桶中。每个桶在整个数组上的起始和终止偏移已由之前的操作求出。我们需要保留这一数据，并同时创建一个大小为 N 的数组跟踪每个桶当前的索引指针。索引数据的初始化只需复制保存有前缀和索引的 dest_bin_idx 数组即可。

然后我们需要对整个源数据进行迭代。对每个源数据进行二分查找，确定其应放入哪个桶中，最后将该数据复制至相应桶中并对该桶的索引指针进行加一操作。

接下来需要做的是将该算法转化成并行的解决方案，转化的过程中我们仍然会遇到多个线程尝试对同一数据项进行写操作的问题。对该问题可以用两种方法进行解决。第一种方法是将数据划分到 N 个独立的块中，每个块单独处理，最后合并到输出集中。在之前内核的前缀和的并行解决方案中我们就用到了这种方法。此外，还有另一种方法可供我们使用，此处我们将使用这第二种方法。

```
__global__ void sort_to_bins_gpu_kernel(
 const u32 num_samples,
 const u32 * const src_data,
 const u32 * const sample_data,
 u32 * const dest_bin_idx_tmp,
 u32 * const dest_data)
{
 // Calculate the thread we're using
 const u32 tid = (blockIdx.x * blockDim.x) + threadIdx.x;

 // Read the sample point
 const u32 data = src_data[tid];

 // Identify the bin in which the
 // source data should reside
 const u32 bin = bin_search3(sample_data,
                             data,
                             num_samples);

 // Increment the current index for that bin
 const u32 dest_idx = atomicAdd(&dest_bin_idx_tmp[bin],1);

 // Write the data using the
 // current index of the correct bin
 dest_data[dest_idx] = data;
}
```

该方法使用了原子操作，使得在大多数情况下实现更加简单，但必须以性能作为代价。当然，未来我们也可以用数据划分再合并数据的算法代替原子操作。至于选择哪种复杂性的算法编程实现，这是一个折中的问题，复杂性越高可能意味着需要更长的开发时间以及更多的错误，但性能却仅能得到少量提升。如果你有充足的时间，可以两种方案都尝试一下。无论如何至少需要提供一种解决方案，使其能够在旧式的、不支持原子操作的设备上运行。

基于原子操作的 sort_to_bins_gpu_kernel 函数将 CPU 版中的对源数据的循环访问展开到 N 个并行的线程中。每个线程处理一个元素，通过线程索引与线程块索引的结合计算得到对应的元素索引。

每个线程从源数据中读取得到相应的元素，然后在样本数据空间上进行二分查找，找到该元素对应的桶号。然而，我们需要单个线程来增加该元素对应桶的索引指针。我们不能像

CPU 版代码那样直接做加一操作。

```
// Increment the bin index
dest_bin_idx_tmp[bin]++;
```

我们应该用 atomicAdd 原子调用进行替代：

```
// Increment the current index for that bin
const u32 dest_idx = atomicAdd(&dest_bin_idx_tmp[bin],1);
```

当对全局内存上的数据使用 atomicAdd 函数时，则需要第二个形参，本例中为 1，将该值加到第一个参数所指地址的值中。如果多个线程同时调用该函数，我们也能保证加法操作能正确的完成。atomicAdd 函数的返回值为做加法操作之前保存的值。因此，我们可以用该返回值作为数组的索引将新数据写入对应桶的相应位置中。

然而，该算法会改变每个桶中元素的位置，因为所有的块是无序的。因此，这并不是简单的内存复制操作，因为多个线程可能同时对相同的桶执行写操作。此外，还需要注意的一点是对于一个几乎排好序的列表，绝大多数线程可能同时访问相同的原子地址空间。正如我们所料，与均匀分布的列表相比，这可能导致执行更加缓慢。

6. 对每个桶排序

将数据挑选到每个桶之后，我们需要以并行的方式对每个桶单独进行排序。在 CPU 上，我们可以对每个桶使用 qsort（快速排序），而在 GPU 上，我们将用基数排序。

```
__host__ TIMER_T sort_bins_gpu(
 const u32 num_samples,
 const u32 num_elements,
 u32 * const data,
 const u32 * const sample_data,
 const u32 * const bin_count,
 const u32 * const dest_bin_idx,
 u32 * const sort_tmp,
 const u32 num_threads,
 const char * prefix)
{
 start_device_timer();

 const u32 num_blocks = num_samples / num_threads;

 sort_bins_gpu_kernel3<<<num_blocks, num_threads>>>(num_samples, num_elements, data,
sample_data, bin_count, dest_bin_idx, sort_tmp);

 cuda_error_check(prefix, "Error invoking sort_bins_gpu_kernel");

 const TIMER_T func_time = stop_device_timer();
 return func_time;
}
```

我们使用一个主机端函数启动 num_samples 个线程，根据每个块需要的线程数将这些线程划分若干块。

```
__global__ void sort_bins_gpu_kernel3(
 const u32 num_samples,
 const u32 num_elements,
 u32 * const data,
 const u32 * const sample_data,
 const u32 * const bin_count,
 const u32 * const dest_bin_idx,
 u32 * const sort_tmp)
{
 // Calculate the thread we're using
 const u32 tid = (blockIdx.x * blockDim.x) + threadIdx.x;

 if (tid != (num_samples-1))
  radix_sort(data, dest_bin_idx[tid], dest_bin_idx[tid+1], sort_tmp);
 else
  radix_sort(data, dest_bin_idx[tid], num_elements, sort_tmp);
}
```

由于 dest_bin_idx 数组只保存了起始索引，因此该内核分两层。对于最后一个元素，通过 [tid+1] 作为索引进行访问会造成溢出。因此最后一个线程的处理稍有不同。

我们将对第 5 章开发的基数排序进行修改，利用该修改版本对多个块进行排序。

```
__device__ void radix_sort(
 u32 * const data,
 const u32 start_idx,
 const u32 end_idx,
 u32 * const sort_tmp_1)
{
 // Sort into num_list, lists
 // Apply radix sort on 32 bits of data
 for (u32 bit=0;bit<32;bit++)
 {
  // Mask off all but the bit we're interested in
  const u32 bit_mask = (1u << bit);

  // Set up the zero and one counter
  u32 base_cnt_0 = start_idx;
  u32 base_cnt_1 = start_idx;

  for (u32 i=start_idx; i<end_idx; i++)
  {
   // Fetch the test data element
   const u32 elem = data[i];

   // If the element is in the one list
   if ( (elem & bit_mask) > 0u )
   {
    // Copy to the one list
    sort_tmp_1[base_cnt_1++] = elem;
```

```
      }
      else
      {
       // Copy to the zero list (inplace)
       data[base_cnt_0++] = elem;
      }
     }

    // Copy data back to source from the one's list
    for (u32 i=start_idx; i<base_cnt_1; i++)
    {
     data[base_cnt_0++] = sort_tmp_1[i];
    }
   }
  }
```

基数排序只是简单地对给定块的数据集进行迭代，根据每一位将数据划分到 0 列表或 1 列表中。调用者给定了数组需要排序部分的起始索引和终止索引。

7. 结果分析

将样本大小设为 16K，对一个基本排好序且大小为 1MB 的源数据集进行测试，得到的结果如下所示。

```
ID:3 GeForce GTX 460: Test 32 - Selecting 16384 from 1048576 elements using 512 blocks
of 32 threads
Select Sample Time - CPU: 0.19 GPU:0.03
Sort Sample Time   - CPU: 2.13 GPU:125.57
Count Bins Time    - CPU: 157.59 GPU:17.00
Calc. Bin Idx Time - CPU: 0.03 GPU:0.58
Sort to Bins Time  - CPU: 163.81 GPU:16.94
Sort Bins Time     - CPU: 72.06 GPU:64.46
Total Time         - CPU: 395.81 GPU:224.59
Qsort Time         - CPU: 185.41 GPU:N/A

ID:3 GeForce GTX 460: Test 32 - Selecting 16384 from 1048576 elements using 256 blocks
of 64 threads
Select Sample Time - CPU: 0.53 GPU:0.03
Sort Sample Time   - CPU: 2.06 GPU:125.57
Count Bins Time    - CPU: 157.75 GPU:19.07
Calc. Bin Idx Time - CPU: 0.13 GPU:0.26
Sort to Bins Time  - CPU: 164.09 GPU:19.09
Sort Bins Time     - CPU: 72.31 GPU:62.11
Total Time         - CPU: 396.88 GPU:226.13
Qsort Time         - CPU: 184.50 GPU:N/A

ID:3 GeForce GTX 460: Test 32 - Selecting 16384 from 1048576 elements using 128 blocks
of 128 threads
Select Sample Time - CPU: 0.28 GPU:0.03
Sort Sample Time   - CPU: 2.09 GPU:125.57
```

```
Count Bins Time     - CPU: 157.91 GPU:13.96
Calc. Bin Idx Time - CPU: 0.09 GPU:0.26
Sort to Bins Time  - CPU: 164.22 GPU:14.00
Sort Bins Time     - CPU: 71.19 GPU:91.33
Total Time         - CPU: 395.78 GPU:245.16
Qsort Time         - CPU: 185.19 GPU:N/A

ID:3 GeForce GTX 460:Test 32-Selecting 16384 from 1048576 elements using 64 blocks of
256 threads
Select Sample Time - CPU: 0.22 GPU:0.03
Sort Sample Time   - CPU: 2.00 GPU:125.57
Count Bins Time    - CPU: 158.78 GPU:12.43
Calc. Bin Idx Time - CPU: 0.13 GPU:0.49
Sort to Bins Time  - CPU: 164.38 GPU:12.39
Sort Bins Time     - CPU: 71.16 GPU:84.89
Total Time         - CPU: 396.66 GPU:235.80
Qsort Time         - CPU: 186.13 GPU:N/A
```

注意，GPU 上的整个排序过程（224 ~ 245ms）中，绝大部分时间在执行样本数据集的排序（~125ms）。随着样本数据集越来越大，此阶段使用归并排序策略的执行效率将越来越低。

针对这个问题，我们可以通过对样本数据使用样本排序来解决。当样本集很大时，使用该方案非常高效。然而，对于一个 16K 的样本集，GPU 样本排序需要 9ms，而 CPU 使用快速排序只需要 2ms。

当给定一个解决方案，充分合理利用所有设备能使程序更加高效快速。对于小规模样本集，CPU 往往比 GPU 运行得更快。但当数据集的大小增加超过某个值后，GPU 的执行效率将比 CPU 高。因此，最优的解决方案应该是在 CPU 上对样本集进行快速排序，然后再将数据传输到 GPU 进行剩余的大规模并行排序工作。

当使用这种解决方案时，执行时间下降非常明显。

```
ID:3 GeForce GTX 460: Test 32 - Selecting 16384 from 1048576 elements using 512 blocks
of 32 threads
Select Sample Time - CPU: 0.09 GPU:0.09
Sort Sample Time   - CPU: 2.09 GPU:2.09
Count Bins Time    - CPU: 157.69 GPU:17.02
Calc. Bin Idx Time - CPU: 0.09 GPU:0.58
Sort to Bins Time  - CPU: 163.78 GPU:16.94
Sort Bins Time     - CPU: 71.97 GPU:64.47
Total Time         - CPU: 395.72 GPU:101.19
Qsort Time         - CPU: 184.78 GPU:N/A
```

我们看到，当样本大小为 16K 时，GPU 上整个样本排序的时间大约为 CPU 上快速排序的 55%(GPU：101ms，CPU：185ms)。如果改变样本集大小，增加并行度，得到的结果表 6-15 与图 6-26 所示。

表 6-15 样本排序结果（ms）

设备 \ 样本数	256	512	1024	2048	4096	8K	16K	32K	64K	128K	256K
快速排序	184	184	184	184	184	184	184	184	184	184	184
GTX460	506	273	158	151	115	105	101	101	69	64	85
GTX470	546	290	161	94	91	72	62	60	43	46	68
GTX260	1082	768	635	485	370	286	215	190	179	111	88

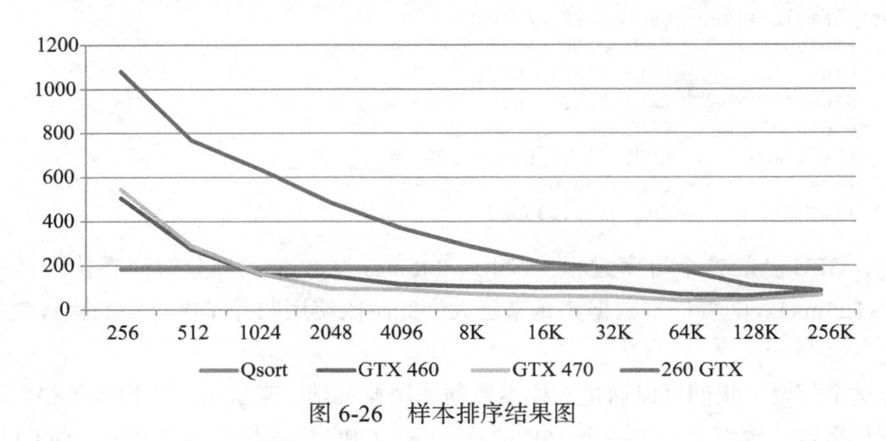

图 6-26 样本排序结果图

由表 6-15 与图 6-26 可知，当样本集大小增加时，执行时间明显下降。在 GTX460 上，当样本集大小为 128K 时，即排序数据集大小的 1/8 时，执行时间最短。由于 GTX470 拥有更多的 SM，当样本集大小超过 2048 时，GTX470 的执行速度明显超过 GTX460。相比之下，对于前一代的设备 GTX260 而言，只有处理更大的样本集，其性能才能赶上费米架构设备的性能。

当样本集大小为 128K 时样本排序的时间再次成为整个排序过程中最耗时的阶段（见表 6-16），我们所使用的在 CPU 上进行快速排序的策略成为了性能提升的瓶颈。仔细观察 GTX470 的测试结果，我们发现当样本集大小为 256K 时，相对于 128K 的样本集，样本排序阶段的执行时间增加了 50%。此时，通过样本排序对样本数据进行处理才是更好的解决方案（参见表 6-16）。

表 6-16 GTX470 样本排序结果（几乎有序的数据集）

操作 \ 样本数	256	512	1024	2048	4096	8K	16K	32K	64K	128K	256K
选择样本	0	0.03	0	0.09	0.06	0.28	0.5	0.5	0.84	0.97	1.78
样本排序	0	0.06	0.6	0.28	0.38	0.97	2.03	4.34	9.38	19.72	41.72
桶计数	14.6	14.2	13.62	12.38	10.66	9.34	9.26	8.38	6.03	5.35	5.38
前缀和	0.13	0.27	0.53	1.05	0.19	0.33	0.62	1.2	0.57	0.87	1.46
选择元素到桶	14.6	14.2	13.65	12.4	10.7	9.37	9.33	8.45	6.09	5.41	5.46
桶排序	517	261	133.5	68.29	69.86	52.5	40.9	37.2	20.2	13.94	12.15
总时间	546	290	162	94	92	73	63	60	43	46	68

为了对几乎排好序的数据集与完全随机的数据集进行对比，我们同样在一个随机的数据

集上进行了测试（参见表 6-17）。测试表明当每个线程块启动 128 个线程时获得的性能最优。

表 6-17 针对随机数据的样本排序

设备 \ 样本数	256	512	1024	2048	4096	8K	16K	32K	64K	128K	256K
快速排序	337	337	337	337	337	337	337	337	337	337	337
GTX460	735	470	235	139	92	91	75	73	81	108	160
GTX470	831	535	263	156	97	70	77	68	67	90	155
GTX260	1311	919	463	255	170	124	106	100	106	123	178

由表 6-17 我们可以看到，在 GTX470 上最快的执行时间为 67ms。这比 CPU 端执行串行的快速排序要快 5 倍。针对 1MB 的数据集，样本集大小选择 32K，每个线程块开启 128 个线程得到性能最优，参见图 6-27。

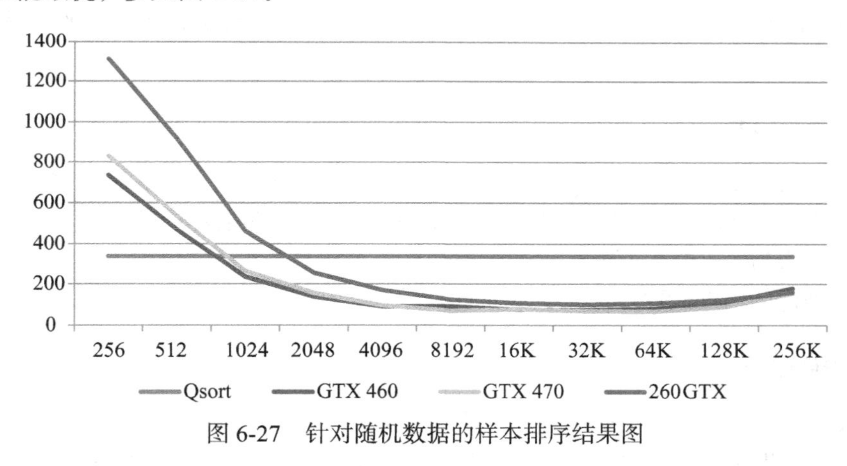

图 6-27 针对随机数据的样本排序结果图

关于全局内存的问题

1. 讨论为什么对几乎有序的数据集使用快速排序更快？

2. 针对当前的样本排序算法你将如何改进？

3. 当处理更大的数据集时，你能预测到哪些问题？为了处理更大的数据集，哪些部分必须改动？

关于全局内存的答案

1. 当列表几乎有序时样本排序更快，这主要是因为线程分支明显减少了。每个桶中的元素数量基本相同。只要数据集足够大，能够选出足够多的样本，就能合理用到更多线程块，每个 SM 的任务分配就接近最优。

2. 该算法的一个关键问题是在基数排序阶段，全局内存的访问是非合并的方式。这主要是前缀和计算在每个块的上下界之间进行原地排序造成的结果。如果不对样本集进行划分，就会同共享内存基数排序的例子那样，大量线程交错访问每个样本，这样大部分排序就能合并访问了。唯一的缺点就是由于有的列表条目多，而有的少，因此会潜在地浪费空间。

另一个显著的解决方案就是完善样本排序阶段。当样本数目为 128K 时，样本排序阶段的时间占总排序时间的 43%。然而，实际中，我们并不会用到如此多的样本，一般实际中 32K 的样本数据更加理想。此时，样本排序时间只占了总时间的 7%（参见表 6-16）。对每个桶排序的时间占的比重最大，为总时间的 62%，选择数据到每个桶的时间为 14%，对桶计数的排序时间为 14%。基数排序显然是应该最先考虑的。

3. 随着数据规模的逐渐增大，很快我们就会达到单个维度上允许的最大线程块的数量限制（计算能力为 2.x 以及更低的平台上为 65 535）。这种情况下，我们需要将各种不同的内核调用中的 num_block 计算转换成 dim3 类型，以使线程块的布局包含 x 与 y 两个维度，如果数据集足够大，可能还会用到多个线程网格维度。当然，线程块包含 x、y 两个维度之后我们需要对内核进行修改，从而根据线程块维度与线程网格大小计算得到正确的线程块索引。

6.7 纹理内存

本书中我们不会对纹理内存进行详细的介绍。然而，我们将介绍关于纹理内存的一些特殊用法以便读者可以在自己的应用程序中用到。使用纹理内存主要基于以下两个目的：

- 计算能力为 1.x 与 3.x 硬件上的缓存机制
- 基于硬件的内存读取操作

6.7.1 纹理缓存

由于在计算能力为 1.x 的硬件上根本没有高速缓存，因此，每个 SM 上的 6 ~ 8KB 的纹理内存为此设备提供了唯一真正缓存数据的方法。然而，随着费米架构的硬件出现，一级缓存最大可达 48KB，共享二级缓存最大可达 768KB，使得纹理缓存的这项属性基本被淘汰。然而，费米架构的设备依然保留着纹理缓存以保证对旧式硬件上的代码兼容。

纹理缓存通常用来做局部优化，即它希望数据提供给连续的线程进行操作。这与费米架构设备上一级缓存的缓存机制基本相同。除非你是为了使用纹理内存其他方面的特性，否则在费米架构设备上，对纹理内存大量编程并不会获得很高的效益。然而，在开普勒架构的设备上，纹理内存使用了一种特殊的计算方式，使得对其编程不再那么复杂，详见第 12 章中对开普勒架构设备的介绍。注意，在计算能力为 1.x 的硬件上，若所有线程访问同一内存地址，常量内存的缓存是所有缓存中唯一一种可广播访问的。

然而，在计算能力为 1.x 的硬件设备上，纹理缓存被广泛使用。如果一次内存读取具有一定局部性，那么使用纹理缓存则可以省去大量存储访问。假设我们需要对内存进行聚集操作（gather operation），即将一系列非连续内存地址中的数据读取到 N 个线程中。除非线程的访问方式符合内存对齐要求并且访问连续的内存单元，否则硬件合并访问机制将导致多次内存读取。如果通过纹理内存加载数据，多数访问将在纹理缓存中多次命中，这样会使性能得到明显的提升。

此外，为达到这个目的，我们同样可以使用共享内存。首先以合并的访问方式从全局内存中读取数据，然后在对共享内存上的数据执行读取操作。由于在计算能力为 1.x 的设备上共享内存的大小被限制为 16K，因此，为达到一个特殊的目的，我们可以分配一块共享内存，或者在内存访问方式并不确定的情况下使用纹理内存。

6.7.2 基于硬件的内存获取操作

纹理内存的第二个、几乎也是最有用的一个特性就是当访问存储单元时，其允许 GPU 某些硬件方面的自动实现。

一个比较有用的方面就是基于硬件的低分辨率线性插值。通常，当函数的输出不太满足要求或数学计算代价昂贵时会使用线性插值。有时，我们可能需要对从感应器传入的输入数据在其最大值与最小值之间进行校正。与其对感应器的输入进行建模，我们可以简单地将大量的点存入一个表中，代表其区间范围内的一些离散值。通过将这些点线性地落入真实的数据点中来模拟近似值。

假设插值表如下所示：

```
P = 10, 20, 40, 50, 20
X =  0,  2,  4,  6,  8
```

对于 X 中的一个新值 3，应该用什么值插入到 P 中？由于 3 落在 2 与 4 之间，2 对应 P 中的 20，4 对应 P 中的 40，因此，可以简单地计算得到 3 应该对应 30，参见图 6-28。

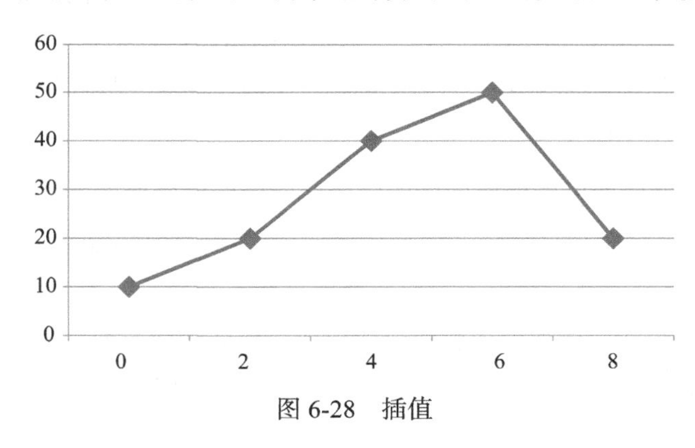

图 6-28 插值

如果使用纹理内存，我们可以通过将 P 定义成归一化到 0 ～ 1 或 –1 ～ +1 的数组来解决这个问题。获取到的数据可以通过硬件用来自动插值。将此特性与缓存特性联合使用，可以快速处理数据，而这对于纯计算操作来说很难做到。此外，对于二维数组与三维数组，分别可以支持硬件级双线性插值与三线性插值。

纹理的另一个比较实用的特性是其可以根据数组索引自动处理边界条件。我们可以在数组边界按照环绕方式或夹取方式来对纹理数组进行处理。这一点非常有用，因为通常情况下它不需要通过嵌入特殊的边缘处理代码就可以对所有元素进行处理。特殊情况的处理代码通常会导致线程分支的产生，并且对于具有缓存特性的费米架构设备而言，这样做根本没有必要（参见第 9 章的相关优化议题）。

6.7.3 使用纹理的限制

纹理一词来源于 GPU 图形世界，相对于其他标准 CUDA 类型，纹理的灵活性更差一些。纹理必须声明为固定类型，例如，在编译时声明为各种对齐向量类型中的一种（u8、u16、u32、s8、s16、s32），其值在运行时解释执行。对于 GPU 内核而言，纹理内存是只读内存，并且只有通过特殊的纹理 API（例如，texiDfetch() 等）与纹理数组边界才能对其访问。

通常，纹理在计算能力为 1.x 的设备上使用的比较多。由于纹理的使用非常特殊，有时花费一定时间去了解其 API，然后用其编程并不值得。因此，本节中我们并没有在 API 方面进行介绍，而只是简单地对纹理的基本使用进行了描述。对于纹理内存，只有在应用程序真正需要的时候对其进行了解，我们的主要精力应该放在精通掌握全局内存、共享内存以及寄存器的使用上。

若想对纹理进一步了解，请阅读《CUDA C 编程指南》。

6.8 本章小结

本章我们对 GPU 上各种存储系统的使用进行了详细的介绍。无论是在 CPU 上还是在 GPU 上，内存吞吐量对程序的性能起着决定性影响。读者应该正确理解局部性原理（例如，越靠近设备的数据，访问的速度越快）以及片外资源的访问代价。

深入理解三种主要的存储类型——寄存器、共享内存以及全局内存，这样我们就能在编写程序中正确高效使用各种存储类型。

对于全局内存，我们需要思考出一种合理的方式以便能对数据合并访问，尽量减少设备对内存子系统再次发出访问操作的次数。

当需要将相同数据分配到多个线程中，或者将相同数据分配到多个线程块的线程中时，考虑使用常量内存。

对于共享内存的使用，需要考虑数据的重用性。如果数据不被重用，则直接将数据从常量内存或全局内存读入寄存器即可。如果数据存在一定重用性或者需要更多的寄存器空间，此时可考虑使用共享内存。

尽量使用寄存器，尽量将数据声明为局部变量。当数据需要多次访问或重复利用时可考虑使用寄存器。通过将数据先写回寄存器最后写回全局内存可避免多次全局内存写操作。寄存器是唯一一种可获得全部设备吞吐量的存储方式，但同样也是具有重要价值又极度缺乏的资源。注意避免过度使用寄存器以致寄存器的数据溢出到本地内存中，从而导致程序的性能下降。

了解了各种内存类型的原理之后，在接下来的章节中，我们将进一步解释优化以及这些内存类型在实际中如何使用。

第 7 章
CUDA 实践之道

7.1 简介

本章将通过介绍一些不常见的 GPU 使用案例，使读者深入理解如何解决不同类型的计算问题。并研究一些将使用 GPU 进行解决的计算问题。

7.2 串行编码与并行编码

7.2.1 CPU 与 GPU 的设计目标

CPU 与 GPU 虽然都是用来执行程序的，但是它们的设计目标却大不相同。CPU 使用 MIMD（多指令、多数据）的解决方案，而 GPU 采用 SIMT（单指令线程、多线程）指令模型。

CPU 并行的方法是执行多个独立的指令流，并在这些指令流中尝试提取出指令级并行。因此，CPU 的指令流水线非常长，CPU 从指令流水线中找出可以送到独立执行单元的指令。这些执行单元通常包括至少一个浮点单元、至少一个整数单元、一个分支预测单元和至少一个加载 / 存储单元。

计算机架构师从事分支预测（branch prediction）已超过十年。分支的主要问题是单指令流分成两个指令流，其中一个执行，另一个不执行。例如 for、while 这样的循环程序结构，每当一次循环结束，分支就会重新回到循环的开始，如此重复，直到结束。由此可见，在很多情况下，分支是可以静态预测的。一些编译器通过对分支指令设置一个比特位来判断分支条件是否满足。因此，循环语句中的跳转通常预测为“采取”（taken）（即跳回起始点），而其中的条件判断通常预测为“不采取”（not taken）。这样做可以完全避免分支，同时也增加了优势，即后续指令已预提取到了缓存。

分支预测从简单但高效的静态模型演化成为记录先前分支历史的动态模型。由于错误预测分支会导致重新填充指令流水线，代价高昂，因此，现代处理器都采用了多层的复杂分支预测机制。

同分支预测技术一样，一种叫预测执行的技术也被采纳。考虑到 CPU 可能正确预测分支，那么在此分支地址开始执行指令流就是正确的。然而，这增加了错误预测分支的成本，一旦分支预测错误，当前已经执行的指令流必须回退或丢弃。

对于分支预测与预测执行，可以通过简单地将每个分支都执行，然后在已知真实的分支之后再提交计算结果来进行优化。由于分支通常是嵌套的，使用这种方法需要多层硬件，因此该方法很少用到。

直到目前为止，CPU 与 GPU 的一个主要区别就是缓存等级、数量的不同。CPU 程序模型工作在良好的抽象原则下，程序员不需要关心内存在哪，因为硬件会解决这个问题。除了那些需要运行很快的程序，对于大部分程序而言，这种方法已足够使用。过去，指令周期很长，但随着芯片密度的不断增长，指令周期缩短了。现在，内存访问成了现代处理器设计的主要瓶颈，目前一般通过多级缓存应对解决。

然而，GPU 选择了另一种设计方式，以费米架构的 GPU 为例。费米架构的设计者相信程序员会充分利用用高速内存，将数据放在距离处理器近的地方，因此，他们在每个 SM 上都设计了一个共享内存。共享内存类似于传统处理器上的一级缓存，是一小块低延时、高带宽的内存。如果考虑大部分程序，这样做会很有意义。程序员比其他人更了解程序，因此应该清楚哪些片外内存访问可以通过使用共享内存避免。

费米架构将其片上存储空间扩展为 64K，其中 16K 必须分配给一级缓存，还有一部分总是作为共享内存的形式存在。它不允许将整个空间都分配给一级缓存或者共享内存。费米架构默认分配 48K 为缓存，16K 为共享内存，但也可以反过来分配 48K 为共享内存，16K 为缓存。开普勒额外引进了 32K/32K 的分法。在没有利用共享内存的程序中，用一级缓存替代共享内存，这样的设置可以减少内核函数受内存限制而导致的性能下降。这种设置需要调用：

```
cudaFuncSetCacheConfig(cudaFuncCachePreferL1);
```

在本章后面将要讨论优化的样本排序程序中，这个简单的改变会减少 15% 的整体执行时间。由于启用了默认关闭的特性，我们收到了巨大的回馈。

从内存获取数据的角度来看，通过使用一级缓存，GPU 和 CPU 彼此变得更相近了。对于早先的 GPU，内存获取会进行合并以获得一定性能的提升。考虑在基于 G80 和 GT200 硬件上的不合并内存获取。如果线程 0 从内存地址 0x1000 读取数据，线程 1 从 0x2000 读取数据，线程 2 从 0x3000 读取数据等。这样每次内存访问，每个线程会获取 32 字节的数据。注意，不是 32 位而是 32 字节，这是最小内存存取单位。接着访问（0x1004、0x2004、0x3004 等）也完全相同。

同 CPU 一样，费米架构的 GPU 将每次内存访问获取的 128 字节的数据放入一个缓存行（cache line）中，随后相邻线程的访问通常会命中缓存，即在缓存中找到需要的数据，避免了再次访问全局内存。这使编程模型更加灵活，也更加接近大多数程序员所熟悉的 CPU 编程模型。

GPU 设计与 CPU 设计的一个显著不同就是 SIMT 执行模型。在 MIMD 模型中，每个线程都有独立的硬件来操作整个独立的指令流。如果线程执行相同的指令流但不同的数据，那么这种方法非常浪费硬件资源。而 GPU 提供了一组硬件来运行这 N 个线程，N 正好为当前线程束的大小 32。

这种模型对 GPU 程序设计有重大影响。GPU 中的 SIMT 模型实现类似于原先的矢量架构 SIMD 模型。但该模型在 70 年代初期被废弃，由于串行 CPU 持续增速，使得基于 SIMD 机器上的艰难设计不再具有吸引力。SIMT 模型解决了一个关键的问题，就是程序员不必再为每个执行相同路径的线程写代码。线程可以产生分支然后在之后的某一点汇集。但由于只有一组硬件设备执行不同的程序路径，因此程序的灵活性有所下降，不同程序路径在控制流汇集之前顺序或轮流执行。作为一个程序员，必须意识到这点，并在设计内核函数时考虑到这一点。

最后，我们来看 CPU 和 GPU 之间另一个显著的不同。CPU 采用的是顺序控制流执行方式。如果执行一个需要很多个周期的指令，将会阻塞当前的线程。因此，Intel 采用了超线程技术。当正在运行的线程受阻时，硬件会内部切换到另外一个线程。但 GPU 不止还有 1 个线程，而是设计有成千上万个线程可以切换。单线程情形，当遇到这种由指令延迟与存储延迟引起的阻塞时，CPU 处理器会闲置等待操作完成。而线程模型的设计就是用来隐藏这两种延迟的。

此外，由于 GPU 使用了惰性计算模型（lazy evaluation model），这使它拥有了另一个优势，即它不用阻塞当前线程，除非需要访问一个有依赖性的寄存器。因此，我们可以在内核中较早地请求读入一个值到寄存器，只有该寄存器被用到时线程才会被阻塞。CPU 模型在遇到内存加载或长延迟的指令时会阻塞，进行读取。考虑下面的程序段：

程序段 1：

```
int sum=0;
for (int i=0; i< 128; i++)
{
 sum += src_array[i];
}
```

在第一段代码中程序必须先计算 src_array[i] 的地址，然后载入数据，最后加在 sum 的现有值上。每个操作都独立于先前的操作。

程序段 2：

```
int sum=0;
int sum1=0, sum2=0, sum3=0, sum4=0;
for (int i=0; i< 128; i+=4)
{
 sum1 += src_array[i];
 sum2 += src_array[i+1];
 sum3 += src_array[i+2];
 sum4 += src_array[i+3];
}
sum = sum1 + sum2 + sum3 + sum4;
```

但在第二段代码中，每次迭代执行 4 次操作。4 个独立的 sum 值被用到，这需要硬件计算 4 个独立的加法。操作的并行度取决于处理器上的可执行单元的数量。这些处理单元可以是多核处理器执行单元（以使用线程的处理器核的形式），或者是大规模处理器设计中的执行单元。

程序段 3：

```
int sum=0;
int sum1=0, sum2=0, sum3=0, sum4=0;
for (int i=0; i< 128; i+=4)
{
 const int a1 = src_array[i];
 const int a2 = src_array[i+1];
 const int a3 = src_array[i+2];
 const int a4 = src_array[i+3];

 sum1 += a1;
 sum2 += a2;
 sum3 += a3;
 sum4 += a4;
}
sum = sum1 + sum2 + sum3 + sum4;
```

最后，在代码段 3 中，我们将由内存中读取的数据从计算步骤中分离。因此，在 a1 的读取操作之后还有 3 个加载操作，还有数组下标的增加计算，都是在其参与 sum1 计算之前执行的。

在 CPU 的热情计算模型（eager evaluation model）中，当第一次向 a1 读入值时就会产生阻塞，后面的读取操作也是。而在 GPU 的惰性计算模型中，如果数据当前无法使用，只有数据当前不可用时才会产生阻塞，随后的三段代码也是如此。大多数 CPU 和 GPU 设计都是超标量处理器，使用流水线指令，这使得它们在使用单线程时获益。

7.2.2 CPU 与 GPU 上的最佳算法对比

数十年来，计算机科学开发出了成百上千种算法，其中有许多还针对串行 CPU 进行了优化。但并不是所有的算法都适合用来实施并解决并行问题。然而，绝大多数问题都可以以一种或多种方式体现并行。许多问题可以分解成在数据集上的操作。如果从数据或任务并行的角度看，多数情况下，这些操作是内在可并行的。

并行工作中一个很重要的算法就是扫描，或者叫前缀求和。在串行的计算中这是不需要的，因而也不存在。假如一些函数输出的元素数量不相同，我们可以对每个输出分配固定大小的存储空间，例如数组，但这也就意味着在内存中会有缝隙。0 号输出可能产生 10 个实体，1 号输出 5 个，3 号输出 9 个。分配的数组的大小需要至少能存 10 个实体，因此有 6 个空间的浪费。

在每个单独的数组中，前缀求和将存入每个输出涉及的元素数目。实际数据被压缩（空白空间被移除）以形成一个单一的线性数组。现在的问题是把线程 2 输出的值写在哪？为计算每个输出的索引，可以简单地预先累加所有的输出。这样，2 号输出必须写到数组下标为

10 的位置，因为 1 号输出写了 10 个元素（0 ~ 9）。2 号输出写了 5 个元素（10 ~ 14），因此 3 号输出会在第 15 个元素的位置开始写，依此类推。

在第 6 章中涉及了一个使用前缀求和的样本排序的例子，此处，我们将不再重新介绍它是如何并行计算的，而是要着重理解使用前缀和可以将很多算法转化成 N 个独立的输出。不受原子操作的限制、独立地写每个输出，即避免资源竞争，是非常重要的。一旦存在限制，将严重影响内核执行的速度，具体结果取决于超负载的程度。

并不是所有并行架构都是等同的。许多并行程序和并行语言是针对 MIMD 模型的，即线程是独立的，不需要像在 GPU 上那样成组地执行。因此，不是所有的并行程序都能在 GPU 上不做改变就工作。实际上，到目前为止这一直都是并行程序的一个问题，对具体架构的优化通常需要将应用程序与特定的硬件相绑定。

诸如 MPI 和 OpenMP 的标准十分不适合 GPU 模型。OpenMP 可能更相近些，因为它需要共享的内存。在 OpenMP 中，编译器负责产生共享一块公共数据区的线程。程序员通过使用不同的预编译指令指定哪些循环需要使用并行化，编译器会处理所有复杂的并行计算。而对于 MPI，所有的程序都是相同的，更适合集群式计算而不适合单个节点的机器计算。

也许你会为每一个 MPI 进程分配一个 GPU 线程或一个线程块。除非可以确定所有 MPI 的程序组都执行相同的执行流并且可以在 GPU 上将 MPI 程序组合并成线程束，否则这两种方案都无法在 GPU 上很好地运行。通常，MPI 实现成 CPU 与 GPU 混用的模式，这里使用 CPU 处理网络通信以及硬盘的输入输出（I/O）。通过一块共享内存，可以使用 GPU Direct 实现页面直接将数据传输到 InfiniBand 网卡上。应该采用直接通过 PCI-E 总线点对点（P2P）地进行数据传送，无须使用 CPU 的主内存。RDMA(远程 DMA）是新开普勒架构中的一个特性，它使得 GPU 在网络中成了一个更加独立的节点。

随着 GPU 越来越多地被配置到数据中心和超级计算机，OpenMP 和 MPI 将会不可避免地顺应针对加速计算而设计的硬件。在第 10 章中，我们将讨论 OpenACC 的使用，这是一种基于指令的 GPU 计算方法。OpenMP4ACC（OpenMP 加速器）标准可以很好地将这样的指令移入主流 OpenMP 标准中。

在使用 GPU 解决一个问题时需要考虑使用的线程数量是有限制的。一般来说，费米与开普勒架构的设备中一个线程块最多能开启 1024 个线程，早期的设备能开启的线程数更少。事实上，由于受寄存器使用的限制，一般合理且复杂的内核函数会将线程数限制为 256 或 512。线程间通信的问题是分解问题的关键。线程间的通信通常通过使用高速共享内存实现，同一块内的线程可以快速通信，并且延迟很小。相比之下，线程块之间的通信只能通过重新调度单独的内核和使用全局内存来实现。但使用全局内存速度会慢一个数量级。开普勒对此模型进行了扩展，不使用共享内存就可以实现线程束之间的通信。

使用 GPU 计算时另一个需要考虑的主要因素是设备可提供的内存。单个 GPU 能提供的最大内存是 TeslaM 2090 显卡上的 6GB 内存大小。这与在一般主机上 16 ~ 64GB 的内存相比，显然太小。然而，这个问题可以通过使用多个 GPU 解决，利用可以容纳 4 个 PCI-E 显卡的高端主板，可以使每个节点最多能提供 24GB 字节的 GPU 内存。

另外，GPU上的递归也有它的盲点。只有计算能力为2.x的GPU才支持递归运算，并且只有带 __device__ 前缀的函数可以使用，带 __global__ 前缀的函数无法使用。未来的开普勒K20上的动态并行特性将会在很多方面对递归算法产生帮助。

许多CPU算法利用了递归。递归可以很容易地将问题分解成越来越小的问题直到成为一个非常简单的问题。二分查找就是一个典型的利用递归的例子。二分查找将一些排好序的数字分成两组，并判断需要查找的数是在左边那组还是在右边那组，一直这样重复划分直到找到需要的数或者划分的数据集只剩两个元素，这样就很容易地解决了问题。

然而，任何递归算法都可以描述成迭代算法。刚提到的二分查找在第6章样本排序的例子中就采取了迭代解决方案。快速排序也是一个常见的算法例子，它通常也采用递归方式实现。该算法选择了一个基准点，把小于或等于这个基准点的数放在左侧，大于的放在右侧。然后得到两个独立的数据集可以通过两个单独的线程进行排序。下一次迭代就可以使用4个线程，然后8个，16个等。

GPU内核函数调用时需要的线程数量是固定的，尽管这在开普勒K20正式发布之后可能有所改变，但现在仍不能实现动态并行。动态并行的并行度随时间而改变。在快速排序问题中，它以2的指数级增长。而在寻找路径的问题中，发现一个新节点可能会引入30 000多个其他路径。

然而，在GPU上该如何实现这些算法呢？有许多方法，最简单的就是当知道并行度扩展的方式时，例如快速排序，可以简单地调用一个内核，这个内核执行算法迭代中的第一个层级或第N个层级，将这些内核一个接着一个送入一个执行流。当某一层级结束时，将其状态信息写回全局内存，然后选择下一层级的内核执行。由于所有的内核都压入流中，随时准备执行，中间不需要CPU的干预就能启动下一个流，如图7-1所示。

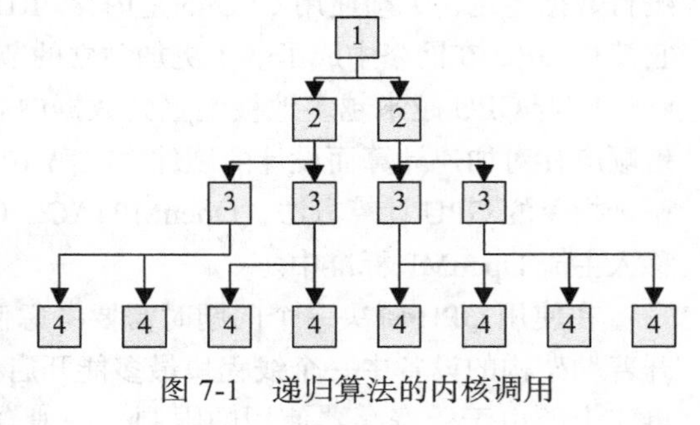

图7-1 递归算法的内核调用

当每次迭代并行度增加的数量不确定时，依然可以将该状态存储在全局内存。但此时需要与主机端进行通信以确定下次迭代需要开启的线程数目。我们可以使用原子写操作将信息写到块内的共享内存中，然后在线程块执行完毕之前做原子加法操作将信息写回全局内存。接着使用memcpy将数据复制回主机端以调整启动下个内核需要的参数。

以快速排序的第一层迭代为例，刚开始，每个线程块中的数据可以使用一个线程进行计算。随后不断启动只含单个线程块的内核函数，直到达到GPU可用SM数量的若干倍。期间，当一个SM上的线程块数量饱和后，即每个SM容纳了16个线程块，可以尝试扩大每个线程块上的线程数。当每个线程块启动256个线程时，可以再次尝试增加线程块的数目。

尽管这种方法很容易实现，但它有一些缺点。首先，没有充分地利用GPU。在第一层迭代只有一个线程，内核函数闲置很明显。即使是在第四层迭代，也仅仅用了8个线程块，只充满了 GTX580 设备上 16 个 SM 的一半。直到第五层迭代每个 SM 才分配了一个线程块。如果使用 16 个 SM，每个 SM 分配 8 个线程块，每个线程块 256 个线程，则当所有 SM 高效运转时需要 32K 个数据点，并包含 16 次内核函数调用。

使用计算能力为 2.x 的设备可以解决这个问题。最开始的几层可以用递归调用来计算，直到到达一定深度的层数，以保证有足够的内核函数可供调度。另外一种办法就是先在 CPU 上进行一些初始计算，当需要大规模并行时再将数据复制到 GPU 进行计算。不要认为所有的计算都必须在 GPU 上执行。CPU 是一个很好的伙伴，尤其是在执行这种并行度不高的任务时。

这类问题的另一种解决方案就是使用一种叫分段扫描的特殊扫描操作。利用分段扫描，可以对数据集进行有规律的扫描操作（最大值、最小值、总和等等），并附带一个额外的数组，将原来的数组分成不同大小的块。每块分配一个或多个线程进行计算。由于附加的数组可以在运行时进行更新，因此如果分段扫描能保持在一个单独线程块内执行，就可以减少调用多内核的需要。否则，则需要采用一种更简单的解决办法，该方法能够在多数情况下正常工作，并且线程与线程块的数量能随着并行度增加或缩减灵活改变。

所有这些方法都试图解决本不是 GPU 设计初衷应该解决的问题。作为一名程序员，必须清楚一个算法是否能很好地适应硬件设计模型。当今 GPU 的递归问题通常都使用迭代问题的框架。选择一个适合硬件的算法并以正确的布局方式获取数据是提高 GPU 运行性能的关键。

7.3 数据集处理

一般的数据集采集都会获得感兴趣的数据、不感兴趣的数据以及信号的噪声。去除噪声的一种简单方法就是过滤掉高于或低于阈值的数据。如图 7-2 中的数据集，白线表示设置的阈值。当提高阈值时，则过滤掉了低级别的噪声。为了正确地获取数据，我们希望能够将低级别噪声全部移除，因为我们只对数据的峰值感兴趣。

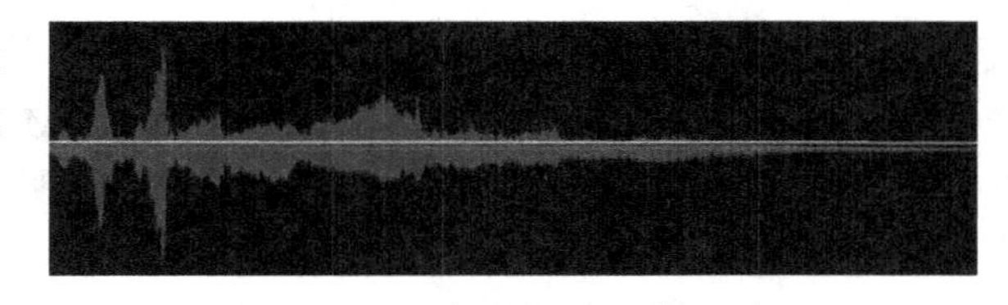

图 7-2 示例数据和阈值级别

如果数据集需要过滤的数据非常少，则可以简单地将数据添加到同一张数据表中，因为添加操作的频率很低。然而，随着数据过滤操作的频率变高，对单个表的竞争将成为性能的瓶颈。虽然这种方法适合小规模的并行操作，例如在一个 4 核 CPU 上使用 4 个线程，利用上锁的方法将数据写到单个表中，不具备扩展性。

一个更好的方法是将其分成若干个表，然后在完成相应操作之后将它们合并。事实上，大多数并行处理算法都以不同的方式采用这个方法以避免更新公共数据结构而带来的序列化瓶颈。此外，这一方式能够很好地与分片模式建立映射，后者是 CUDA 分解问题的标准模型之一。

过滤操作实际上是一种常见的并行模式，一种分割操作。分割操作基于一些关键因素将已知数据集划分成 N 个部分。在过滤的例子中，我们将是否超过阈值的条件作为关键因素，根据它提取出超过阈值的数据。低于阈值的数据对我们而言并不重要。分割操作会产生两个表，一个满足标准，另一个不满足。

当并行执行这种操作时，有许多问题需要我们考虑。第一个问题就是，满足标准的数据的数量以及不满足标准的数据的数量都是未知的。第二个问题就是需要处理的元素的数量是未知的，而它决定着输出集的建立。最后，原始数据集的排序必须保留。

原始的扫描方法非常有用并且能够用在许多数据处理的问题中。例如，从数据库中一个不按特定顺序排列的学生列表中提取出属于班级 CS-192 的所有学生。最终会得到两个数据集，一个是满足标准的，另一个则不满足。

又如，在赤道附近有一个气象站，进行温度采集的工作。每分钟采集一次温度，持续了很多年。我们想获知样本中温度超过 40 摄氏度的样本数目或计算出采集的分钟数。

此外，需要查看的数据还可能是财务数据，例如交易金额。有时，我们需要查看是否一些数据交易值超出了某一数值，具体有多少数据。一些法规还严格要求某些高价交易必须提交交易报告或记录，以此防止洗钱。有些公司的政策要求员工具体描述交易并对其严格地审查。当遇到这些情况时，我们总希望能够从大量的数据中简单快速地提取中我们感兴趣的那部分数据。

如果数据是从科学仪器中获取的数据，我们可能希望筛选出感兴趣的异常信息包。这些包含异常的信息包对深入地开展研究以及分析非常有意义，而其他普通的信息包则不太重要，它们将被发送到其他地方或者丢弃。不同应用程序感兴趣的数据是不同的，但扫描和过滤数据的基本操作在很多领域都是需要的。

CPU 上扫描一百万个数据元素会很耗时，因为这是标准的数据集循环问题。然而利用 GPU 则可以并行扫描数据集。如果数据集很大，那么唯一的限制就是能够分配给特定问题利用的 GPU 数量。目前容量最大的 GPU 为 TeslaM 2090，能够容纳 6GB 字节的数据。然而，如果不使用主机内存或磁盘存储，每个节点能够处理的数据集大小将限制在 18 ~ 24GB。[⊖]

接下来，我们将介绍一些鲜为人知的 CUDA 特性来进行数据处理。当然，这种方法适用于任何形式的数据，任何以不同方式处理输入数据的问题都可采用这种方法。

使用 ballot 和其他内置方法

对于计算能力为 2.0 的设备，英伟达引进了一个十分有用的函数：

```
unsigned int __ballot(int predicate);
```

这个函数主要判断由给定线程传入的一个判定值。此处，该判定值可以简单地认为是一个真、假布尔值。如果该值非零，则返回一个只有第 N 个比特位为 1 的值，其中 N 表示线

⊖ 某些服务器主板，配置有 7 条 PCI-E 插槽，一般能容纳 3-4 个 GPU。——译者注

程索引（threadIdx.x）。采用原子操作的 C 语言代码如下：

```
__device__ unsigned int __ballot_non_atom(int predicate)
{
 if (predicate != 0)
  return (1 << (threadIdx.x % 32));
 else
  return 0;
}
```

无原子操作的版本和 CUDA 内置的版本速度相近，但无原子操作的版本可以工作在所有不同计算能力的硬件上。之后我们将用到这个函数来向旧设备提供后向兼容性。

除非与另一种原子或操作（atomicOr）联合使用，否则 ballot 的用处不会立刻显现。该操作的原型是：

```
int atomicOr(int * address, int val);
```

该函数根据指针变量 address 读取值，然后与 val 值做“位或”运算（C 语言中的“|”操作），最后将得到的结果存回指针变量并返回原来的值。该函数可以根据如下代码与 __ballot 函数协同使用：

```
volatile __shared__ u32 warp_shared_ballot[MAX_WARPS_PER_BLOCK];

// Current warp number - divide by 32
const u32 warp_num = threadIdx.x >> 5;

atomicOr( &warp_shared_ballot[warp_num],
                              __ballot(data[tid] > threshold) );
```

在此调用中，使用的数组可以存储在共享内存，也可以存储在全局内存，但明显共享内存更适合，因为其速度更快。根据线程束的数量确定数组的索引，此处假定为 32。因此，线程束中的每个线程都会作为该线程束结果值的一个比特位。

对于判定条件，只需要判断源数据中的 data[tid] 是否大于设定的阈值。每个线程从数据集中读取一个元素。每个线程的结果通过按位的或操作合并起来，0 号线程设置第 0 个比特位为 0 或 1，1 号线程设置第 1 个比特位为 0 或 1，以此类推。

此外，还可使用另一个内置函数 __proc。该函数的输入参数为一个 32 位的值，返回值为该 32 位值中比特位被置为 1 的数目。通过以下代码可以累加得到一个线程块中所有线程束中比特位为 1 的总数：

```
atomicAdd(&block_shared_accumulate,
          __popc(warp_shared_ballot[warp_num]));
```

通过这段代码可以得到给定 CUDA 线程块中每个线程束中来符合判定条件的线程数，并累加获得总数。在这个例子中，判定条件是数据值大于某个阈值。基于线程块的累加在许多算法中都非常有用，但是一个 CUDA 内核函数会包含很多线程块，一般会有上千个。如果需要知道整个数据集中满足判定条件数据项的数目，则需将每个线程块得到的符合条件的数目相加。

有许多方法可用于求加和。如果线程块数目很少，可以将每块的结果传回CPU，用CPU来计算总和。这样可以避免CPU闲置，同时GPU也可以执行其他的任务流（第8章将详细介绍如何实现）。

另一种方法就是把所有线程块计算得到的部分和写回到GPU的全局内存中。然而，要完成对所有单独线程块的求和，需要等待所有SM中所有的线程块都完成了判定。唯一的解决办法就是结束当前的内核函数然后调用另一个。然后之前写入全局内存的值通过诸如并行归约的方式读入，并计算得到最终的总和。尽管这与传统CPU并行编程方法有些类似，但从GPU性能的角度来看，这并不是最好的方法。

在费米架构的设备上，每个SM最多能容纳8个线程块，但通常只会容纳6个。假设现在每个线程块容纳8个线程块。费米架构的设备上最多有16个SM。因此，设备每次最多可以容纳128（$8 \times 16 = 128$）个线程块。由于每个线程块对总和只更新一次，所以可以使用atomicAdd函数对存于全局内存的总和值进行简单的累加操作。

从统计学的角度来看，多个线程块同时到达执行原子加法指令的可能性非常小。考虑到读取源数据的内存操作会按顺序到达，实际上SM中的执行流就实现了很好的序列化，并且能够保证进行原子加法操作时不会与其他SM产生竞争。

使用这项技术可以在5ms内扫描一百万个元素，其中不包括将数据拷贝到GPU的时间。排除将数据拷贝到GPU的时间主要是因为全部数据将始终保存在GPU上。因此，GPU每秒可以对该数据集进行大约两亿次查询。但实际上，判定的过程可能更复杂，稍后我们将具体介绍它是如何影响性能的。

以下是该函数的全部代码，以具体实现这一技术。

```
__device__ int predicate_gt(const u32 a, const u32 b)
{
 return (a > b);
}

__global__ void kernel_gt_u32(const u32 * const data,
                              u32 * const block_results,
                              u32 * const acum,
                              const u32 num_elements,
                              const u32 threshold)
{
 kernel_ballot_u32_acum(data, block_results, acum,
                        num_elements, threshold,
                        &predicate_gt);
}
```

在上述代码中，我们声明了两个函数：一个是设备函数，用来计算判定条件，另一个是全局函数，封装对ballot函数的调用，该函数传递了6个参数，分别为需要扫描的数据集、存放每个线程块结果的内存空间、存放累加结果的内存空间、需要处理的元素个数、阈值以及一个函数指针。

通过编写一个新的判定函数以及将这种方式进行封装可以很简单地实现其他操作，例如判定小于、等于等，以下是具体代码：

```
// Pad the SM array by 16 elements to ensure alignment
// on 32 element boundary to avoid bank conflicts
#define SM_PADDING 16

// Max threads is 1024 so therefore max warps
// is 1024 / 32 = 48
#define MAX_WARPS_PER_BLOCK (48 + (SM_PADDING))

#define WARP_SIZE 32

// SM output per warp
volatile __shared__ u32 warp_shared_ballot[MAX_WARPS_PER_BLOCK];

// SM output per block
volatile __shared__ u32 block_shared_accumulate;

// Ballot and accumulate if predicate function is non zero
__device__ void kernel_ballot_u32_acum(
 const u32 * const data,
 u32 * const block_results,
 u32 * const gmem_acum,
 const u32 num_elements,
 const u32 threshold,
 int (*predicate_func)(const u32 a, const u32 b) )
{
 // Calculate absolute thread number
 const u32 tid = (blockIdx.x * blockDim.x) + threadIdx.x;

 // Current warp number - divide by 32
 const u32 warp_num = threadIdx.x >> 5;

 // Total number of warp number - divide by 32
 const u32 number_of_warps = blockDim.x >> 5;

 // If not off the end of the array then contribute
 if (tid < num_elements)
 {
  // Have the first thread of every warp
  // clear the shared memory entry
  if ((threadIdx.x % WARP_SIZE) == 0)
  {
    warp_shared_ballot[warp_num] = 0;
  }

  // Call __ballot to set the N'th bit in the word
  // with a warp if the predicate is true

  // OR the bits from all threads in the warp into
```

```
    // one value per warp held in shared memory

    atomicOr( &warp_shared_ballot[warp_num],
              __ballot_non_atom( predicate_func(data[tid], threshold)) );
  }

  // Wait for all warps to complete
  __syncthreads();

  // From the first warp, activate up to 32 threads
  // Actual number of threads needed is the number
  // warps in the block
  // All other warps drop out at this point
  if (threadIdx.x < number_of_warps)
  {
    // Have thread zero, zero the accumulator
    if (threadIdx.x == 0)
    {
      block_shared_accumulate = 0;
    }

    // Add to the single accumulator the number
    // of bits set from each warp.
    // Max threads equals number of warps
    // which is typically 8 (256 threads), but
    // max 32 (1024 threads)

    atomicAdd(&block_shared_accumulate,
              __popc(warp_shared_ballot[threadIdx.x]));

    // No sync is required as only warp zero
    // accumulates

    // Have thread zero write out the result
    if (threadIdx.x == 0)
    {
      // Read from SMEM the result for the block
      const u32 block_result = block_shared_accumulate;

      // Store the value for the block
      block_results[blockIdx.x] = block_result;
      // Add the value into GMEM total for all blocks
      atomicAdd( gmem_acum, block_result );
    }
  }
}
```

函数的第一部分计算了线程的绝对索引：

```
// Calculate absolute thread number
const u32 tid = (blockIdx.x * blockDim.x) + threadIdx.x;
```

该函数只适合计算一维线程。当处理大数据集时（多于一千六百万个元素），则需用到另外一个维度，否则开启的线程块数目将大于 64K。

```
// Current warp number - divide by 32
const u32 warp_num = threadIdx.x >> 5;

// Total number of warp number - divide by 32
const u32 number_of_warps = blockDim.x >> 5;
```

然后通过将线程索引除以 32（向右移位），计算得到当前线程所属的线程束的索引。同样的方法，根据线程块的维度可计算得到当前线程块包含的线程束的数量。

```
// If not off the end of the array then contribute
if (tid < num_elements)
{
```

接着我们对线程的绝对索引 tid 进行检查，判断该绝对索引是否在数据集的范围内。由于数据集元素的数目可能不是二的整数倍，因此，最后一个线程块计算得到的 tid 可能超过了数据集的范围，为了避免内存读 / 写访问越界，因此检查是很有必要的。

注意，这也暗示在 if 代码块中不能使用 __syncthreads 进行同步操作，因为所有的线程都需执行同步操作，无论它是否超出数据集的范围。

```
// Have the first thread of every warp
// clear the shared memory entry
if ((threadIdx.x % WARP_SIZE) == 0)
{
 warp_shared_ballot[warp_num] = 0;
}
```

接下来清空将要使用的共享内存。共享内存可以存储上个内核函数的结果，并且不会隐式地初始化为 0，因此使用前应进行清零操作。由于每个线程束只对共享内存的一个值进行写操作，因此只需每个线程束的第一个线程将对应的共享内存清零。注意，此处不需要任何同步，因为只有每一个线程束中的第一个线程执行写操作。当线程束遇到分支时，线程束中不满足条件的线程将隐式地在 if 语句块的末尾等待满足条件的线程执行完毕。

```
// Call __ballot to set the N'th bit in the word
// with a warp if the predicate is true

// OR the bits from all threads in the warp into
// one value per warp held in shared memory

atomicOr( &warp_shared_ballot[warp_num],
          __ballot_non_atom( predicate_func(data[tid], threshold)) );
```

现在，我们可以对每个活跃的线程束中的每个线程调用 atomicOr 函数执行原子或操作。该函数传递两个参数，一个是当前线程束对应的共享内存元素的地址，另一个是做或操作的值，该值由对 __ballot 函数的调用返回。而 __ballot 的输入参数又是函数指针 predicate_func 对应函数的返回值，后者的入参为需要进行判定的两个值。随后将跳到之前定义的 predicate_gt 函数里执行。

```
// Wait for all warps to complete
```

```
__syncthreads();
```

在执行第二部分块级累加之前，程序需要等待线程块中的所有线程束都完成计算。

```
// From the first warp, activate up to 32 threads
// Actual number of threads needed is the number
// warps in the block
// All other warps drop out at this point
if (threadIdx.x < number_of_warps)
{
```

由于每个线程块能容纳的最大线程数为 1024，每个线程块最多包含的线程束的数量为 32（1024 ÷ 32 = 32）。因此，使用一个线程束就可以完成累加计算。我们可以如先前那样用每个线程束的 0 号线程进行计算，但此时，我们要等待其他线程束的结束，而不是让它们中每一个执行一个线程。

```
// Have thread zero, zero the accumulator
if (threadIdx.x == 0)
{
 block_shared_accumulate = 0;
}
```

由于不清楚共享内存元素是否保留有上次内核执行的结果，因此，在使用它之前仍需对其进行一次清零操作。注意，由于只有一个线程束在运行，因此不需要同步操作。0 号线程会进入条件内执行，其他线程隐式地在 if 语句块的末尾等待，当 0 号线程执行完毕之后与其汇集。

```
// Add to the single accumulator the number
// of bits set from each warp.

// Max threads equals number of warps
// which is typically 8 (256 threads), but
// max 32 (1024 threads)

atomicAdd(&block_shared_accumulate,
          __popc(warp_shared_ballot[threadIdx.x]));
```

接着，我们需要把线程块其他线程束产生的结果中设置的比特位数量累加到基于线程块的共享内存累加值中。线程束计算的结果在共享内存中是连续存放的，每个线程束对应一个元素。因此不会产生读取共享内存存储体冲突问题（bank conflict）。然而，所有线程需要串行化写操作，将得到的数目累加到累加值，以保证结果的正确性。一般每个线程块会开启 256 个线程，共 8 个线程束。这时串行并不会真正确保进行并行归约。但当线程束的数量比较多时，使用并行归约的方式可能更快一些。

```
// No sync is required as only warp zero
// accumulates

// Have thread zero write out the result
if (threadIdx.x == 0)
{
```

由于每个线程块最终得到一个结果，所以只需要一次写操作将结果写回全局内存，此处，选择 0 号线程来执行下一次写操作。

```
// Read from SMEM the result for the block
const u32 block_result = block_shared_accumulate;

// Store the value for the block
block_results[blockIdx.x] = block_result;

// Add the value into GMEM total for all blocks
atomicAdd( gmem_acum, block_result );
```

最后，由于共享内存中每个线程块保存的累加值会在之后使用两次，因此我们可以先将它读到寄存器中。接着把线程块的结果写到全局内存中，因为除了整体结果外，每个线程块的累加值也是我们很感兴趣的。

然后调用 atomicAdd 函数将每个线程块的累加结果累加到一个全局的累加值中。注意，不能在任何线程块中对保存最终累加结果的变量进行赋值为 0 的操作。它必须由调用该函数的主机端来完成。这样做的原因很简单。线程块以及线程块中的线程束可能以任何顺序执行。因此，不能用诸如 if（threadIdx.x == 0）&&（blockIdx.x == 0）这样的条件判断对保存最终累加结果的累加值进行初始化为 0 的操作。尽管如果 0 号线程块中的 0 号线程束恰巧第一个被执行，这样做可能有效，但实用性很低。CUDA 的执行模型中，线程块的执行顺序是无序的，我们不能假设线程块按某种顺序执行。

通过一点小改动，解决了 GTX 260（计算能力为 1.3 设备）不支持 __ballot 函数的问题，使得内核函数在许多设备上都能运行。但注意，不能使用 9800GT，因为它是计算能力为 1.1 的设备，不支持基于共享内存的原子操作。

```
Processing 48 MB of data, 12M elements
ID:0 GeForce GTX 470: GPU Reduction Passed. Time 8.34 ms
ID:2 GeForce GTX 260: GPU Reduction Passed. Time 12.49 ms
ID:3 GeForce GTX 460: GPU Reduction Passed. Time 17.35 ms
```

以上是该内核函数在不同硬件设备上的测试结果，让人感到很奇怪的是 GTX260 比更先进的 GTX460 还要快 50%。这是因为 GTX260 的 SM 数几乎是 GTX460 的 4 倍。每一个 SM 都有各自内置的共享内存，因此 GTX260 共享内存的带宽比 GTX460 的更宽。

此外，由于使用了 atomicOr 函数，而 __ballot 根本无须额外的原子操作，因此，我们也可以做一个小改动，得到一个非原子操作的版本。这样时间消耗会稍稍改观。

```
Processing 48 MB of data, 12M elements
ID:0 GeForce GTX 470: GPU Reduction Passed. Time 7.35 ms
ID:2 GeForce GTX 260: GPU Reduction Passed. Time 12.53 ms
ID:3 GeForce GTX 460: GPU Reduction Passed. Time 14.11 ms
Result: 8742545
```

结果显示在费米架构的设备上速度提升很明显，而因为 GTX260 已经采用非原子操作的版本，因此速度并没有提升。经过修改后，GTX470 的运行时间减少了 15%，相应 GTX460 的运行时间减少了 21%。运行时间的小提升使得单个 GTX470 设备每秒能扫描 1 632 000 000 个元素。但随着判定方式更加复杂或每个线程块上数据集需要的线程维度大于1，这种优势将随之减小。

想象一下，如果将判定增加一个上限而不是简单地认为大于阈值，时间将会发生怎样的变化呢？为此，我们将判定条件修改如下：

```
__device__ int predicate_within(const u32 a,
                                const u32 b,
                                const u32 c)
{
 return ( (a > b) && (a < c) );
}
```

我们引入了另外一个判定条件，理论上将会增加整体运行时间。但事实上会产生怎样的影响呢？

```
Processing 48 MB of data, 12M elements
ID:0 GeForce GTX 470: GPU Reduction Passed. Time 7.49 ms
ID:2 GeForce GTX 260: GPU Reduction Passed. Time 12.62 ms
ID:3 GeForce GTX 460: GPU Reduction Passed. Time 14.23 ms
Result: 7679870
```

由结果可知，增加的条件最多只有微弱的影响，执行时间上有0.1ms的差别。这意味着适当增加判定复杂度并不会明显地降低性能。

通过使用更加复杂的判定条件，我们可以在GPU上实现更加复杂的操作。即使数据需要以某种方式聚集也可以通过这些基本操作实现。我们需要做的就是调整判定条件以处理更多数据。

7.4 性能分析

本节，我们再次使用第6章中样本排序的例子，通过这个例子深入理解如何使用性能分析工具来找出给定算法实现中的问题。

样本排序的例子中已经包含了一些计时元素，通过它们可以调整各种参数。如果你对样本排序的原理不熟，请重新阅读第6章中样本排序的例子。

样本排序的主要参数是样本的数量和线程的数量。为了让程序探索可能的搜索空间，每次迭代都将样本的数量翻倍，并分别使用32、64、128或256个线程，找到如下几种较好的配置：

ID：0 GeForce GTX 470：Test 16- 用每个线程块含有256个线程的64个线程块从1 048 576个元素中选出16 384个。

线程数：				32	64	128	256
选样本的时间 -	CPU：	0.56	GPU：	0.56	0.19	0.06	0.38
样本排序时间 -	CPU：	5.06	GPU：	5.06	5.06	5.06	5.06
计数桶时间 -	CPU：	196.88	GPU：	7.28	4.80	4.59	4.47
计算桶线程号时间 -	CPU：	0.13	GPU：	1.05	0.71	0.70	0.98
分类桶时间 -	CPU：	227.56	GPU：	7.63	4.85	4.62	4.49
排序桶时间 -	CPU：	58.06	GPU：	64.77	47.88	60.58	54.51

总时间 -	CPU：	488.25	GPU：	86.34	63.49	75.61	69.88
快速排序时间 -	CPU：	340.44					

ID ：0 GeForce GTX 470 ：Test 16-Test 16- 用每个线程块含有 256 个线程的 64 个线程块从 1 048 576 个元素中选出 32 768 个。

线程数：				32	64	128	256
选样本的时间 -	CPU：	0.63	GPU：	0.63	0.63	0.75	0.38
样本排序时间 -	CPU：	10.88	GPU：	10.88	11.06	10.63	10.69
计数桶时间 -	CPU：	222.19	GPU：	7.85	5.51	5.39	5.22
计算桶线程号时间 -	CPU：	0.19	GPU：	1.76	0.99	0.98	1.16
分类桶时间 -	CPU：	266.06	GPU：	8.19	5.53	5.40	5.24
排序桶时间 -	CPU：	37.38	GPU：	57.57	39.40	44.81	41.66
总时间 -	CPU：	537.31	GPU：	86.88	63.13	67.96	64.35
快速排序时间 -	CPU：	340.44					

ID ：0 GeForce GTX 470 ：Test 16- 用每个线程块含有 256 个线程的 64 个线程块从 1 048 576 个元素中选出 65 536 个。

线程数：				32	64	128	256
选样本的时间 -	CPU：	1.00	GPU：	1.00	0.88	0.81	0.94
样本排序时间 -	CPU：	22.69	GPU：	22.69	22.50	22.44	23.00
计数桶时间 -	CPU：	239.75	GPU：	8.32	5.90	5.79	5.62
计算桶线程号时间 -	CPU：	0.25	GPU：	1.49	1.98	1.60	1.65
分类桶时间 -	CPU：	300.88	GPU：	8.69	5.97	5.82	5.67
排序桶时间 -	CPU：	24.38	GPU：	52.32	33.55	30.85	32.21
总时间 -	CPU：	588.94	GPU：	94.50	70.78	67.32	69.09
快速排序时间 -	CPU：	340.44					

通过分析其中一种情况的饼状图，我们可以清晰地看出不同阶段的时间开销（如图 7-3 所示）。

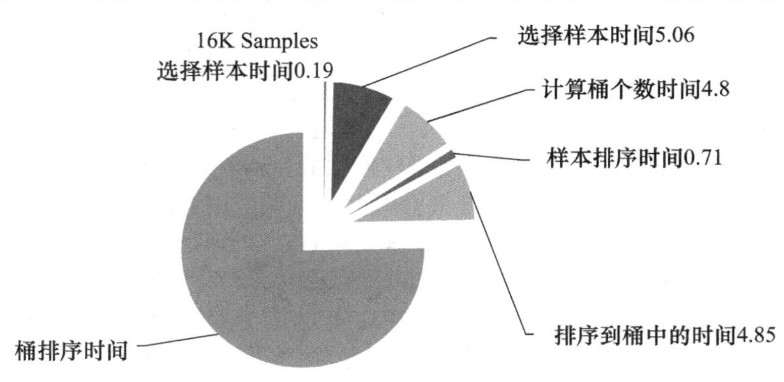

图 7-3 样本数为 16K 时样本排序时间分布

从图中可以清晰地看到有 3/4 的时间被用来排序，1/4 用来建立样本排序。然而，当增加样本数时，时间发生了变化（参见图 7-4）。

如图 7-4 所示，样本排序突然减少到总时间的 1/3。随着使用的样本数与线程数的变化，各阶段使用的时间也发生了很大变化。此处，我们选择了一种中间情形进行集中优化，即每个线程块用 64 个线程处理 32K 样本。

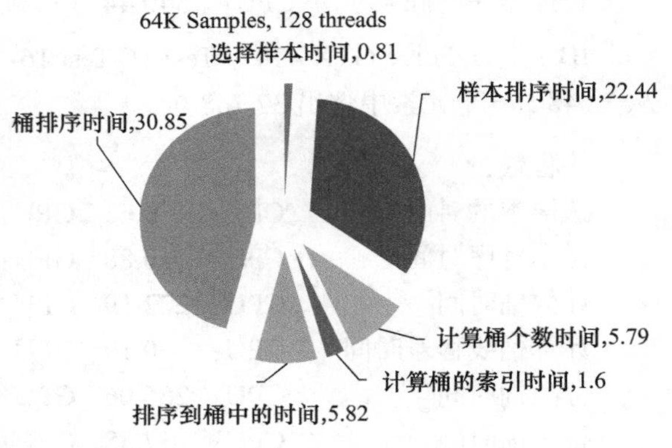

图 7-4 样本数为 64K 时样本排序时间分布

Parallel Nsight 在 “New Analysis Activity”（新建分析活动）菜单下提供了一个非常有用的特性。Parallel Nsight 是一个免费的调试和分析工具，它对判断性能瓶颈非常有帮助。

Parallel Nsight 中的第一个选项首选 “Profile” 活动类型（参见图 7-5）。默认将会执行数次 “Achieved Occupancy”（已实现的占用）和 “Instruction Statistics”（指令统计）。对样本排序的例子进行测试，然后会产生一个摘要。在摘要页的顶端有一个下拉列表框。选择 “CUDA Launches”（启动 UDA）显示一些有用的信息，如图 7-6 所示。

第一个视图 “Occupancy View”（占用视图，在图 7-6 的左下角）。这个视图显示了启动内核的一些参数，红色区域为限制使用率的一些因素。在本例中，每个设备的线程块被限制为 8，这就限制了设备上活跃线程束的最大数目。记住，线程束是可供调度器调度的一组线程。调度器在调度线程束间切换，以隐藏内存延迟以及指令延迟。如果没有足够多的线程束供 GPU 调度，程序的性能将因此受到限制。

由视图可知，该内核函数开启了大约 16 个线程束，而每个设备可开启的最大线程束的数目为 48，利用率只达到整个设备的 1/3。这暗示我们应该通过增加每个设备的线程束的数目来提高设备利用率，归根结底，就是增加线程的数量。然而测试的结果显示这产生了相反的效果，性能反而降低了。

第二个视图显示了 “Instruction Stats”（如图 7-7 所示）。在这值得注意的是（IPC 部分）有许多发布的指令没有被执行。在视图左下方的条形图中，粉色区域代表已执行的指令。蓝色部分表示由于串行化的原因正在重新发出指令。串行化产生的原因主要是没有办法以一个完整线程束（包含 32 个线程的组）的形式执行。这通常与控制流产生分支、内存访问没有合并或者由于冲突（如共享内存、原子操作等操作产生的）带来的吞吐量受限等因素有关。

此外，还需要注意一点，SM 上的任务分配并不均匀（SM 活动块，参见图 7-7）。如果开启 512 个线程块，每个线程块 64 个线程，考虑到 GTX470 设备有 14 个 SM 可供使用，我们希望每个 SM 处理的线程块能超过 36 个（72 个线程束）。但事实上，每个 SM 处理的线程束的数量并不相同，有的分配了 68 个线程束，有的则分配了 78 个（线程束启动区，如图 7-7 所示）。另外，尽管一些 SM 分配了相同数量的线程束，但它们的执行时间也并不相同，这意味着所有线程束分配的工作量并不相同。

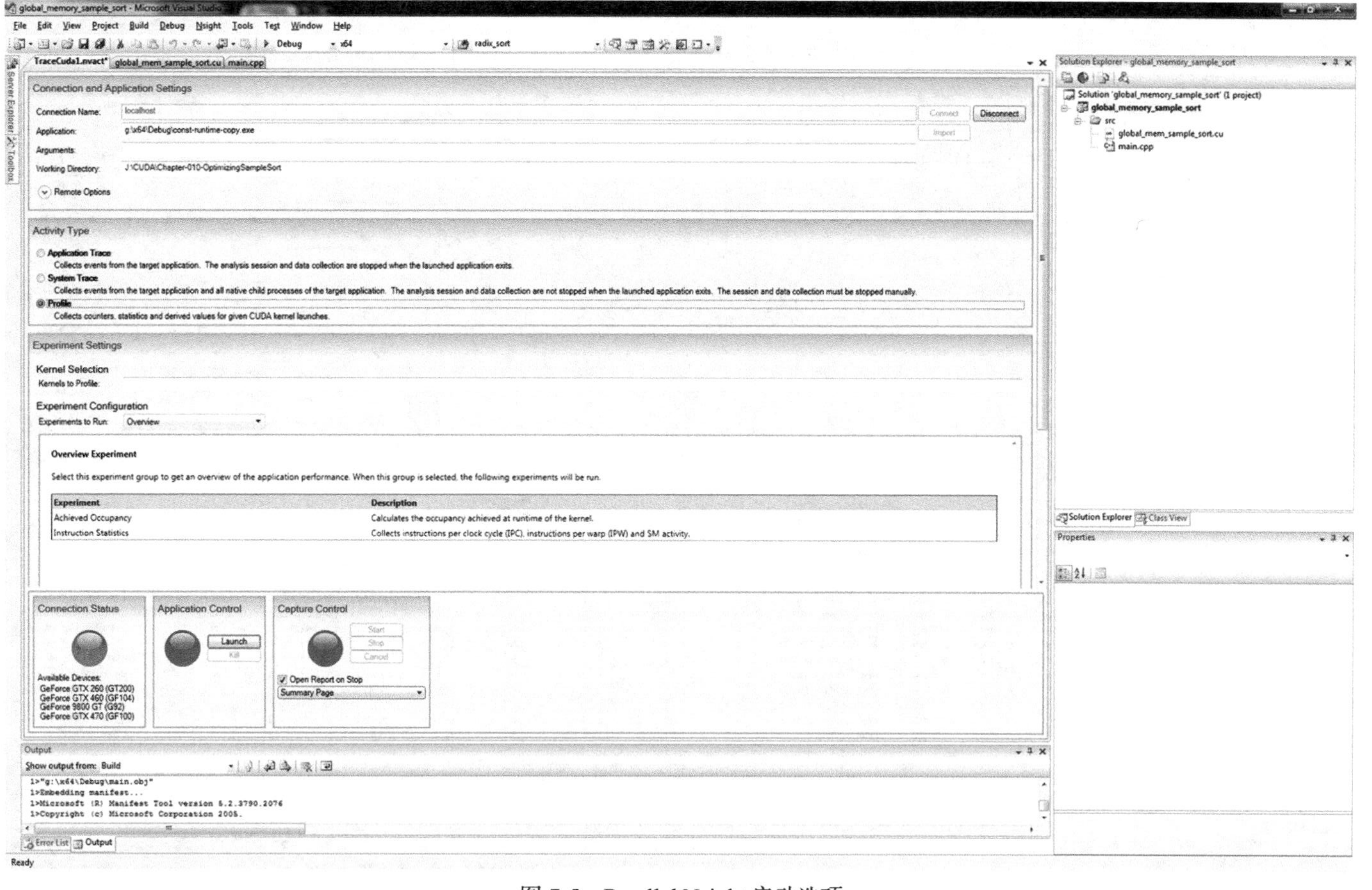

图 7-5 Parallel Nsight 启动选项

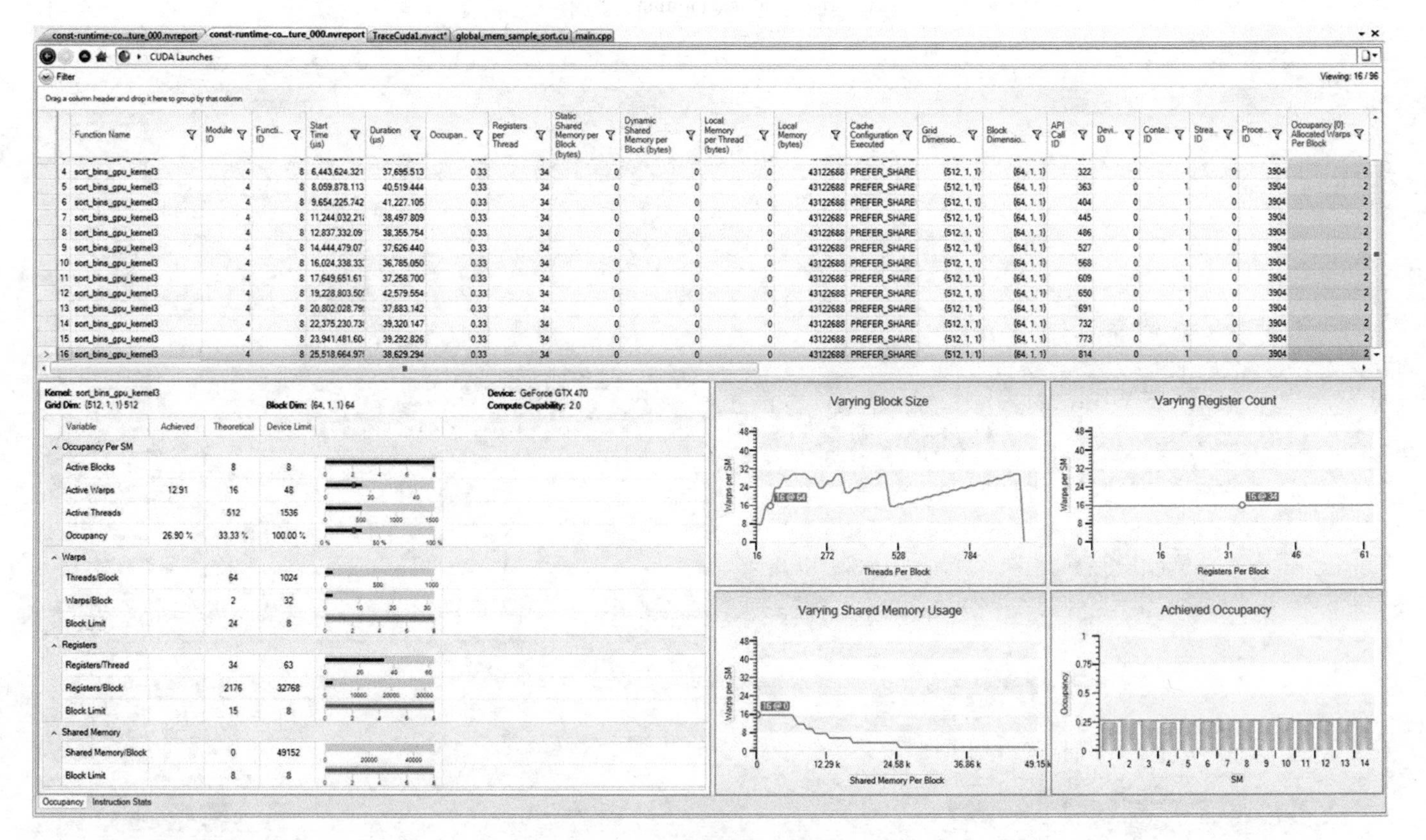

图 7-6 Parallel Nsight 分析

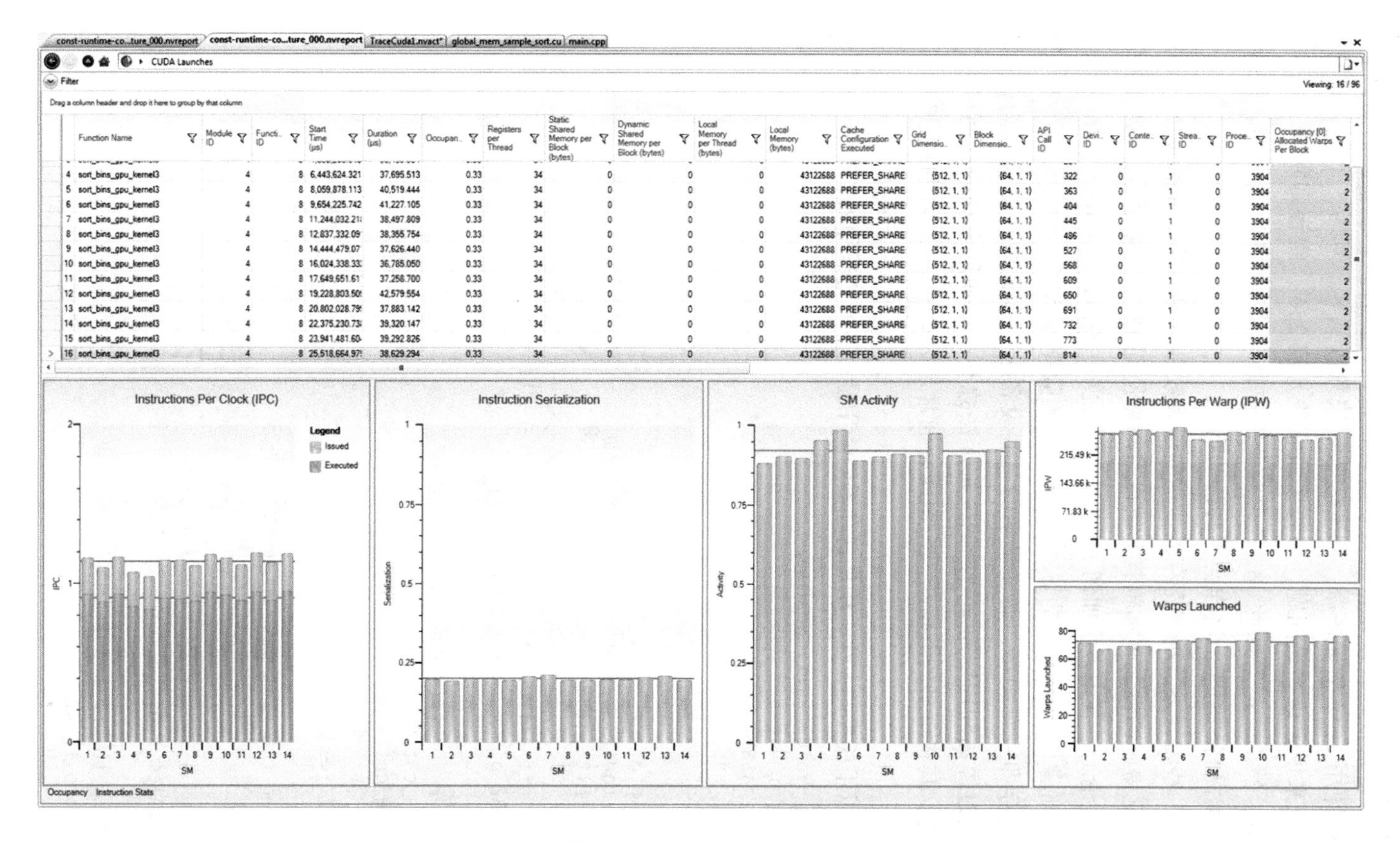

图 7-7 Parallel Nsight 分析

当每个线程块开启 256 个线程时，未执行的指令数目与已执行的指令数目比值增加了。由于每个线程使用了 32 个寄存器，调度的线程块数目从 8 个降为 3 个。尽管对于每个线程块开启 64 线程来说，这不是问题，但每个线程块开启 256 个线程则限制了每个 SM 可调度的总线程块数。然而，尽管如此，线程束的调度数目却从 16 增长到了 24，设备利用率达到 50%。如果继续提高利用率，这样会更有帮助吗？

通过使用一些编译参数可将寄存器使用的最大数目设置为 32（-maxregcount=32），但事实证明，这样优化得到的性能更加糟糕。编译器随后使用 18 个了寄存器，调度的线程块数目达到最大值 6。理论上，利用率增加到了 100%，但是实际的执行时间却从 63ms 增加到了 86ms。

产生这种现象的原因主要是 GPU 将寄存器的数据压入了本地储存器。在费米架构的设备上，本地内存即一级缓存，而在早期的一些设备上，本地内存是全局内存。对于早期的 GPU，任何通过提高利用率而缩减的时间都无法弥补由于使用全局内存而带来的时间增量。对于费米架构，其将更多的数据压入一级缓存通常是因为一些原因而有意减少可利用的缓存空间。

我们也可以用相反的方法，增加寄存器的使用量。下面这段原始 C 代码为桶排序的函数：

```
__device__ void radix_sort(
 u32 * const data,
 const u32 start_idx,
 const u32 end_idx,
 u32 * const sort_tmp_1)
{
 // Sort into num_list, lists
 // Apply radix sort on 32 bits of data
 for (u32 bit=0;bit<32;bit++)
 {
  // Mask off all but the bit we're interested in
  const u32 bit_mask = (1u << bit);

  // Set up the zero and one counter
  u32 base_cnt_0 = start_idx;
  u32 base_cnt_1 = start_idx;

  for (u32 i=start_idx; i<end_idx; i++)
  {
   // Fetch the test data element
   const u32 elem = data[i];

   // If the element is in the one list
   if ( (elem & bit_mask) > 0u )
   {
    // Copy to the one list
    sort_tmp_1[base_cnt_1++] = elem;
   }
   else
```

```
    {
     // Copy to the zero list (inplace)
     data[base_cnt_0++] = elem;
    }
   }

   // Copy data back to source from the one's list
   for (u32 i=start_idx; i<base_cnt_1; i++)
   {
    data[base_cnt_0++] = sort_tmp_1[i];
   }
  }
}
```

检查内核生成的 PTX 代码（具体步骤详见第 9 章），可以看到如下代码片段：

```
mov.s64 %rd5, %rd2;
cvt.u64.u32 %rd6, %r17;
mul.wide.u32 %rd7, %r17, 4;
add.u64 %rd8, %rd5, %rd7;
ld.u32 %r20, [%rd8+0];
mov.s32 %r21, %r20;
```

与这段代码等价的 C 代码为：

```
// Fetch the test data element
const u32 elem = data[i];
```

上述 C 代码显示出了许多问题。首先，数组下标的计算导致了一次乘法指令的使用。由于 elem 会立刻在下一条 C 指令中用来计算分支条件，因此在计算之前必须等待数据加载完成，因此线程会在此产生阻塞。乘法和除法这样的指令通常需要多个周期来完成指令流水线，并且执行这种复杂指令的执行单元是有限的。

我们可以用一个指向数组的指针来代替所有的数组下标，然后在每次用完指针后做指针增加的操作。这样，先前的代码片段变为：

```
// Fetch the test data element
const u32 elem = (*data_in_ptr);
data_in_ptr++;
```

编译器翻译的 PTX 代码如下：

```
; const u32 elem = (*data_in_ptr);
mov.s64  %rd20, %rd14;
ld.u32 %r18, [%rd20+0];
mov.s32  %r19, %r18;

; data_in_ptr++;
mov.s64   %rd21, %rd14;
add.u64   %rd22, %rd21, 4;
mov.s64   %rd14, %rd22;
```

现在的 PTX 代码仍有 6 条指令，但现在，第一部分做加载工作，第二部分做指针增加的操作。指针的增加是一个简单的加法，比乘法简单得多，并且增加之后的结果直到下次循环迭代时才会用到。

对其他的数组操作使用相同的方法可将执行时间从39.4ms降到36.3ms，降低了3ms，接近10%。然而，每个线程束执行的任务又是如何变化的呢？这些变化是来自于哪儿呢？

在样本排序的例子中，每个线程束将数据排序到线程块或桶中。如果将每个线程束得到的结果值输出，我们将看到一些有趣的事情。

```
Bin Usage - Max:331 Min:0 Avg:32 Zero:10275
0000:00000022 0001:00000000 0002:0000003e 0003:0000001d 0004:00000028 0005:00000000
0006:00000018 0007:0000003d
0008:00000052 0009:00000000 0010:0000001d 0011:00000000 0012:00000061 0013:00000000
0014:00000000 0015:00000000
0016:00000024 0017:0000009d 0018:00000021 0019:00000000 0020:0000002b 0021:00000021
0022:00000000 0023:00000000
0024:00000025 0025:00000000 0026:00000056 0027:00000050 0028:00000019 0029:00000000
0030:00000025 0031:0000001d
```

有大量的桶存储的项均为0。也有其他的桶，里面存着较大的值。每个线程处理所有桶，为了遍历整个数据集，对于给定线程束，我们需要迭代最大数量的桶。显示的第一个线程束有最大值0x9d（十进制为157）和最小值0。当我们迭代到157，整个线程束中只有一个线程是活跃的。我们可以看到已发布的和我们先前看到的执行指令（每个clock的指令，如图7-7）之间的巨大差别。正是有最大迭代数量的桶占据了时间。

我们看到当我们增加一倍的样本数量，基数排序的执行时间减少了，因为最大的值被分担了，分成多个桶。然而，排序样本成为了主要的问题。问题在给桶的样本分配。

大量的桶里保存着0，这是由于样本数据集的重复性引起的。原始数据数组通过简单地调用rand( )（返回一个伪随机数）来填充。一段时间后重复这些操作。因为两个选择样本之间有规定的距离，因此样本集包含了许多重复的部分。除去在随机数据集中的这个错误也除去了在桶计数中所有的0，但是有一个意外的效果，就是执行时间会上升到原来的40ms。

然而，我们可以用另外一个技术来解决这个问题，即循环展开和尾部减少，我们将在第9章中讲解它们。我们把下面的代码片段：

```
for (u32 i=start_idx; i<end_idx; i++)
{
// Fetch the test data element
const u32 elem = (*data_in_ptr);
data_in_ptr++;
```

替换为

```
// Unroll 4 times
u32 i=start_idx;
if ( (end_idx - start_idx) >= 4)
{
 for (; i< (end_idx-4); i+=4)
```

```
{
 // Fetch the test first and second data element
 const u32 elem_1 = (*data_in_ptr);
 const u32 elem_2 = (*(data_in_ptr+1));
 const u32 elem_3 = (*(data_in_ptr+2));
 const u32 elem_4 = (*(data_in_ptr+3));
 data_in_ptr+=4;
```

假设 start_idx 和 end_idx 之间差 32，这是一个常见的例子。在第一个循环中的迭代次数是 32，然而使用因子 4 展开循环，我们减少了操作的数量，变为了 8 次迭代。对于循环展开有一些其他的重要影响。注意我们在因子为 4 的情况下，另外需要 3 个寄存器来存储 3 个额外的数据指针。我们也需要处理最后一次循环条件，在这个条件下我们还有 0 ~ 3 个元素要处理。

我们来看 PTX 代码：

```
;const u32 elem_1 = (*data_in_ptr);
 mov.s64 %rd20, %rd14;
 ld.u32 %r23, [%rd20+0];
 mov.s32 %r24, %r23;

;const u32 elem_2 = (*(data_in_ptr+1));
 mov.s64 %rd21, %rd14;
 ld.u32 %r25, [%rd21+4];
 mov.s32 %r26, %r25;

;const u32 elem_3 = (*(data_in_ptr+2));
 mov.s64 %rd22, %rd14;
 ld.u32 %r27, [%rd22+8];
 mov.s32 %r28, %r27;

;const u32 elem_4 = (*(data_in_ptr+3));
 mov.s64 %rd23, %rd14;
 ld.u32 %r29, [%rd23+12];
 mov.s32 %r30, %r29;

;data_in_ptr+=4;
 mov.s64 %rd24, %rd14;
 add.u64 %rd25, %rd24, 16;
 mov.s64 %rd14, %rd25;
```

上述代码中我们做了很重要的操作，就是通过使每个线程使用独立的元素，引进了指令级并行。表 7-1 和图 7-8 显示了循环展开的影响。

正如在表 7-1 和图 7-8 中看到的，引进少量的线程级并行显著地减少了基数排序的执行时间。然而，我们注意到了一些其他的事情：尽管我们在费米架构中可以用 63 个寄存器，但是寄存器的数量从来没有超过 44 个。发生的事情就是编译器引进了一个调用栈，并且不再增加使用的寄存器的数量。

表 7-1 展开的层次与用到寄存器的数量和时间及比较

展开	0	2	4	6	8	10	12	14	16
时间	40	37.02	33.98	33.17	32.78	32.64	32.25	33.17	32.51
寄存器	38	38	40	42	44	44	44	44	44

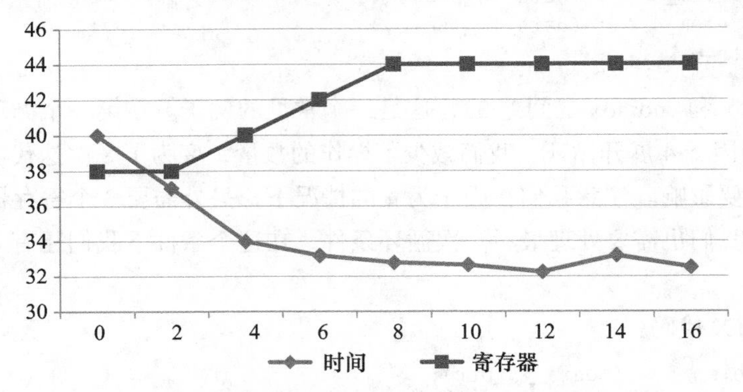

图 7-8 展开的层次和时间及用到的寄存器比较

我们已经对原始代码用了一些优化技术，你可能希望编译器可以自动地应用这些技术。这些我们都不会移除，因此获得的任何收益都将来自编译器增加的优化。让我们来看这个例子，是否通过转换为 release（发布）模式，能使所有的编译器默认优化（参见表 7-2 和图 7-9）。

表 7-2 debug 和 release 版时间对比

展开	0	2	4	6	8	10	12	14	16
debug	40	37.02	33.98	33.17	32.78	32.64	32.25	33.17	32.51
release	32.34	26.25	25.07	24.7	24.36	24.26	24.1	24.13	24.24

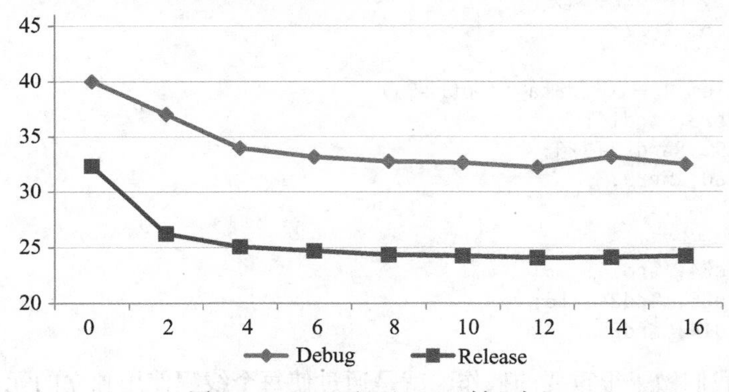

图 7-9 debug 和 release 时间对比

我们从表 7-2 和图 7-9 中看到了 release 和优化版本相似的模式，这表明我们刚刚用到的优化并不会自动地被编译器应用。我们也注意到，又看到了相同的模式，即每个线程的 4 个元素起了很大作用，但是除了这点，影响还是有限的。注意，即使使用了优化，编译器也不能自动地展开循环。这样，我们仍然需要人工地展开 4 次的循环，因为额外增加的速度却使用了额外的寄存器，这不是一个好的折衷。

你本希望编译器来提取读操作，并且将它们放到展开循环的起始端。除了一些困难的情况，在很多情况下编译器会这么做。不幸的是，这些困难我们经常碰到。在你执行读操作，然后写操作，然后再执行读操作的地方，编译器不易知道写操作写入的数据区是否正在进行读操作。因此，必须保持读 – 写 – 读的顺序来确保正确性。然而，作为程序员，你知道读操作是否会受预处理的写操作影响并且用效率更高的读 – 读 – 写的顺序代替读 – 写 – 读的顺序。

因为我们现在已经从一个侧面，根本上地改变了执行时间，从 40ms 降到了 25ms，我们应该重新扫描问题空间来查看这个操作是否改变了每个线程的最优样本数量。

值得注意的是，快速排序的 release 版本确实更快，实际上会快 2 倍多。这样期望更快的排序就更困难了。然而，快速排序是样本排序的一个主要部分，正如我们在 CPU 样本上的预排序。用这种方法，执行时间的减少会帮很大的忙。最好的时间结果如下：

ID：0 GeForce GTX 470：Test 16- 用每个线程块含有 256 个线程的 64 个线程块从 1 048 576 个元素中选出 32768 个

线程数：				32	64	128	256
选样本的时间 -	CPU：	0.38	GPU：	0.38	0.19	0.50	0.31
样本排序时间 -	CPU：	4.63	GPU：	4.63	4.69	4.31	4.31
计数桶时间 -	CPU：	64.50	GPU：	5.71	5.65	5.59	5.31
计算桶线程号时间 -	CPU：	0.06	GPU：	1.55	0.79	0.86	0.79
分类桶时间 -	CPU：	80.44	GPU：	6.25	6.08	5.96	5.71
排序桶时间 -	CPU：	62.81	GPU：	27.37	25.10	36.28	39.87
总时间 -	CPU：	212.81	GPU：	45.89	42.49	53.50	56.31
快速排序时间 -	CPU：	187.69					

ID：0 GeForce GTX 470：Test 16- 用每个线程块含有 256 个线程的 64 个线程块从 1 048 576 个元素中选出 65 536 个

线程数：				32	64	128	256
选样本的时间 -	CPU：	0.50	GPU：	0.50	0.50	0.44	0.50
样本排序时间 -	CPU：	9.56	GPU：	9.56	9.63	9.56	9.63
计数桶时间 -	CPU：	95.88	GPU：	6.70	6.67	6.60	6.34
计算桶线程号时间 -	CPU：	0.06	GPU：	1.17	1.22	1.36	1.19
分类桶时间 -	CPU：	119.88	GPU：	7.27	7.06	6.94	6.73
排序桶时间 -	CPU：	52.94	GPU：	24.23	16.84	25.22	29.95
总时间 -	CPU-CPU：	278.81	GPU：	49.43	41.91	50.12	54.35
快速排序时间 -	CPU：	187.69					

因此不论 16K 还是 32K 样本都几乎得到相等的结果，它们之间仅有 0.6ms 的差别。这是基于 CPU 快序排序速度的 4.4 倍。缓存的使用是这里的关键。在第 9 章中，我们会看到缓

存带来的影响。

总之，我们用 Parallel Nsight 展示了不同数量和大小的线程块对程序的影响，我们也看到了它是如何从根本上影响整体性能的。我们随后认真研究这个数据并且最终注意到样本排序的一个设计问题。每个线程处理不同数量元素引起的串行化是这个问题的起因。尽管这是一个问题，但我们可以通过用每个线程处理多个元素的线程级并行方法来优化。启用附加编译器级别的优化为 CPU 和 GPU 的编码带来了相当大的好处。

7.5 一个使用 AES 的示例

高级加密标准（Advanced Encryption Standard，AES）是用来为诸如 WinZip、Bitlocker、TrueCrypt 等软件提供加密功能的算法。不同行业对加密技术的需要不同，你可能对它很熟悉，看起来也可能跟你毫无瓜葛。许多公司认为他们在本地机器上创建的数据已经很安全，所有的木马程序和黑客都在公司的防火墙外面，因此本地数据不需要再加密。这是一种错误的想法。这种想法是有缺陷的，因为机器、雇员以及承包商都可能在一些防火墙上制造一些漏洞，这样他们就可以在家或者在办公室外工作了。因此，安全保障需要多层次的解决方案。

加密的主要思想就是使用一种算法对需要加密的数据进行模糊处理，使其他人在非法得到数据之后无法直接读懂数据。加密之后，数据或者存储数据的机器，例如笔记本电脑，无论它们受到入侵、丢失还是被盗，都无法直接访问数据。受到入侵的机器会遭受各种可能的数据破坏。要想移除对数据的保护进而访问数据，则需要一个密钥。提供密钥后，给定的算法就可将数据解密。

加密技术也可以用在不安全的网络上，例如在互联网中，主机之间进行安全连接。如果我们想在公共网络中发布分布式应用程序，怎样才能保证我们发送到另一台机器的数据包在中途没有被截取或更改呢？诸如开源安全套接层（Open Secure Socket Layer，OpenSSL）之类的标准，可以保证当用户登录一些类似网上银行的安全服务器时，没有人监听用户的登录数据。现在，这种标准已广泛地被浏览器采用。

当设计一款软件时，我们要考虑它的安全性，以及数据以怎样的方式在服务器与客户机之间进行传输。互联网工程任务组（Internet Engineering Task Force，ITEF）是一个批准互联网新标准的组织，它要求所有的标准协议都包括安全部分。如果机构丢失客户或公司的数据将会受到巨额罚款。如果你在使用联网的计算机或者存储了一些敏感的、私人的数据，你或多或少都会对某些加密标准有一定了解。

当存储数据时，AES 是被一些美国政府机构托管的。作为一个如今经常使用的算法，我们用它作为学习的例子来看如何用 GPU 来实现基于 AES 的加密。然而，在我们详细介绍实现细节之前，我们需要分析算法，理解它的原理，并找出能够被并行计算的元素。AES 算法很复杂，但对一些不具备加密知识的人也是很好理解的。接下来，我们将详细介绍这种有用的算法，并尽量应用到目前为止所学的一些技巧。

7.5.1 算法

AES 是一种基于区块的加密算法。加密算法通常称为加密器（cipher）。将要编码的文本在未编码时叫做明文（plain text），编码之后叫做密文（cipher text）。将明文编码成密文需要一种算法和一个密钥。密钥就是简单的一串数，就像现实生活中的钥匙，而加密算法就是锁。

AES 支持很多模式的操作，最简单的就是电子密码本（Electronic Code Book，ECB）。此处，我们将讨论这种模式。AES 将需要编码的数据分成若干个长度为 128 比特位（16 个字节）的区块。ECB 模式下的每一块都基于从加密密钥中获得的一串值进行独立地编码。编码将执行若干轮，每一轮都会用一个新密钥再次加密，如图 7-10 所示。

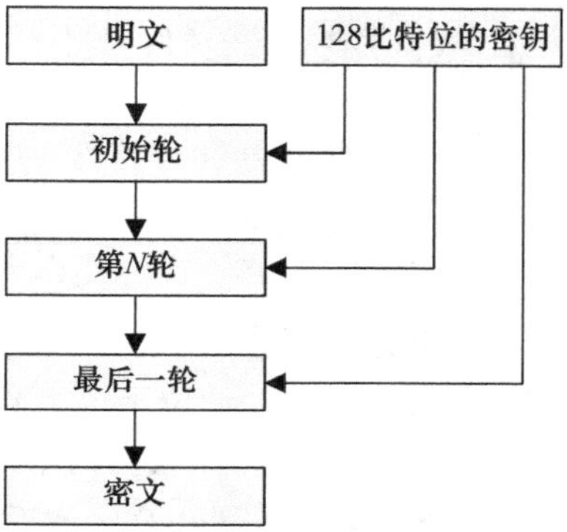

图 7-10 AES 概览

每一轮，这 128 比特位的密钥将单独调整，并且不受原始文本以及上一轮加密的影响。因此，每一轮的密钥提取可以在 AES 算法编码之外独立完成。通常，每块对应的密钥都是相同的，因此，在开始编写加密代码之前，我们就可以完成密钥提取的操作。

尽管区块的大小（明文的大小）常用 128 比特位，但 AES 也可以用 128、192 或 256 比特位的密钥。加密的轮数将根据密码长度的来确定，分别为 10 次、12 次和 14 次。

明文将以一个 4 × 4 的矩阵存储，矩阵的每个元素为一个字节，我们称这个矩阵为状态空间。

一轮加密包含如下这些步骤：

- 置换——4 × 4 矩阵中的每个字节都用查找表中的其他字节替换。
- 行循环左移——将第 1、2、3 行分别循环左移 1、2、3 个位置。第 0 行不变。
- 列混合——对每一列的值用一定规则进行扩散操作。
- 循环密钥——将数据与从原始密钥提取出的当前密钥做异或运算。

初始轮，即第 0 循轮，只包含该循环密码的操作。最后一个循环删除了混合列的操作。解密则是加密过程的逆过程，从最后一个循环开始，直到返回初始循环。

因此，为了实现算法，我们需要了解上面这 4 个步骤以及从原始 128 比特位密码提取密钥这 5 个方面的具体操作。

1. 置换

置换主要是将 4 × 4 数据块（也叫状态空间）中的每个字节与一个叫 Rijndael s-box 的常量查询表中的数值进行交换。

```
unsigned char s_box[256] =
{
/* 0    1    2    3    4    5    6    7    8    9    A    B    C    D    E    F */
0x63,0x7C,0x77,0x7B,0xF2,0x6B,0x6F,0xC5,0x30,0x01,0x67,0x2B,0xFE,0xD7,0xAB,0x76,/*0*/
0xCA,0x82,0xC9,0x7D,0xFA,0x59,0x47,0xF0,0xAD,0xD4,0xA2,0xAF,0x9C,0xA4,0x72,0xC0,/*1*/
```

```
0xB7,0xFD,0x93,0x26,0x36,0x3F,0xF7,0xCC,0x34,0xA5,0xE5,0xF1,0x71,0xD8,0x31,0x15,/*2*/
0x04,0xC7,0x23,0xC3,0x18,0x96,0x05,0x9A,0x07,0x12,0x80,0xE2,0xEB,0x27,0xB2,0x75,/*3*/
0x09,0x83,0x2C,0x1A,0x1B,0x6E,0x5A,0xA0,0x52,0x3B,0xD6,0xB3,0x29,0xE3,0x2F,0x84,/*4*/
0x53,0xD1,0x00,0xED,0x20,0xFC,0xB1,0x5B,0x6A,0xCB,0xBE,0x39,0x4A,0x4C,0x58,0xCF,/*5*/
0xD0,0xEF,0xAA,0xFB,0x43,0x4D,0x33,0x85,0x45,0xF9,0x02,0x7F,0x50,0x3C,0x9F,0xA8,/*6*/
0x51,0xA3,0x40,0x8F,0x92,0x9D,0x38,0xF5,0xBC,0xB6,0xDA,0x21,0x10,0xFF,0xF3,0xD2,/*7*/
0xCD,0x0C,0x13,0xEC,0x5F,0x97,0x44,0x17,0xC4,0xA7,0x7E,0x3D,0x64,0x5D,0x19,0x73,/*8*/
0x60,0x81,0x4F,0xDC,0x22,0x2A,0x90,0x88,0x46,0xEE,0xB8,0x14,0xDE,0x5E,0x0B,0xDB,/*9*/
0xE0,0x32,0x3A,0x0A,0x49,0x06,0x24,0x5C,0xC2,0xD3,0xAC,0x62,0x91,0x95,0xE4,0x79,/*A*/
0xE7,0xC8,0x37,0x6D,0x8D,0xD5,0x4E,0xA9,0x6C,0x56,0xF4,0xEA,0x65,0x7A,0xAE,0x08,/*B*/
0xBA,0x78,0x25,0x2E,0x1C,0xA6,0xB4,0xC6,0xE8,0xDD,0x74,0x1F,0x4B,0xBD,0x8B,0x8A,/*C*/
0x70,0x3E,0xB5,0x66,0x48,0x03,0xF6,0x0E,0x61,0x35,0x57,0xB9,0x86,0xC1,0x1D,0x9E,/*D*/
0xE1,0xF8,0x98,0x11,0x69,0xD9,0x8E,0x94,0x9B,0x1E,0x87,0xE9,0xCE,0x55,0x28,0xDF,/*E*/
0x8C,0xA1,0x89,0x0D,0xBF,0xE6,0x42,0x68,0x41,0x99,0x2D,0x0F,0xB0,0x54,0xBB,0x16 /*F*/
};
```

对状态空间中的 16 字节元素，分别提取出单字节的十六进制数，以该数值的高位半个字节作为行索引，低位半个字节作为列索引，对查询表进行查询，找出对应的十六进制数。例如，从状态空间提取出的十六进制数为 0x3E，对应的数在查询表中的第 3 行、第 E 列，查询 s_box 表，得到 0xB2，然后用 0xB2 替换 0x3E。对状态空间中的其他字节也执行相同的操作。

2. 行循环左移

在此步骤中，将第 1、2、3 行分别循环左移 1、2、3 个位置。第 0 行不变。循环左移操作是通过将行中所有的字节向左移动一个位置的方式来打乱字节的顺序。最左端的字节移动到最右端。图 7-11 详细地演示了每行字节的移位操作。

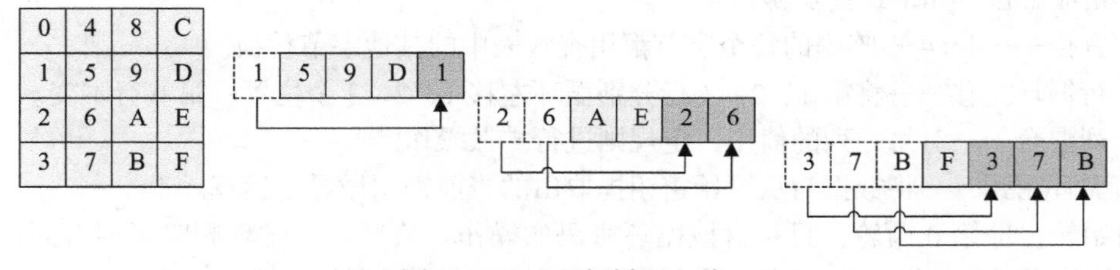

图 7-11 AES 行循环左移

3. 列混合

Rijndael 列混合的步骤比较复杂。它将状态空间的每一列 r 与一个 4×4 的列混合矩阵相乘，该矩阵如图 7-12 所示。

在列混合矩阵中的 1 表示原值不变，2 表示将原值乘以 2，3 表示将原值乘以 2 后再与原值做异或运算。在这 3 种操作中，如果得到的结果大于 0xFF，则需与 0x1B 做一次额外的异或运算。这就是简化的 Galois 乘法。以下是该算法用 C 语言实现的源代码（参见维基百科，2012 年 1 月 31 日）。

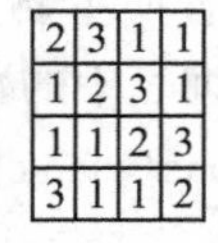

图 7-12 列混合矩阵

```
void mix_column(unsigned char *r)
{
 unsigned char a[4];
 unsigned char b[4];
 unsigned char c;
 unsigned char h;

 for(c=0;c<4;c++)
 {
  a[c] = r[c];
  h = r[c] & 0x80; /* hi bit */
  b[c] = r[c] << 1;

  if(h == 0x80)
   b[c] ^= 0x1b; /* Rijndael's Galois field */
 }

 r[0] = b[0] ^ a[3] ^ a[2] ^ b[1] ^ a[1];
 r[1] = b[1] ^ a[0] ^ a[3] ^ b[2] ^ a[2];
 r[2] = b[2] ^ a[1] ^ a[0] ^ b[3] ^ a[3];
 r[3] = b[3] ^ a[2] ^ a[1] ^ b[0] ^ a[0];
}
```

以上这段代码并不是最优的，但却是该标准算法最常见的一种实现方式。在编码之前，输入参数 r 是指向一个 1 × 4 矩阵的指针，该矩阵是状态空间的某一列，将其复制至临时数组 a 中以便后续使用。数组 b 存储原值乘以 2（<<1）后的操作结果。操作 3 实际上是在操作 2 的基础上再做异或操作。最后，根据算法的规则利用数组 a 与数组 b 中的值做一系列的异或操作 (^)，得到矩阵乘法每一维的结果。如图 7-13 所示。

由于这一部分比较耗时，稍后我们将进行更加详细的介绍。

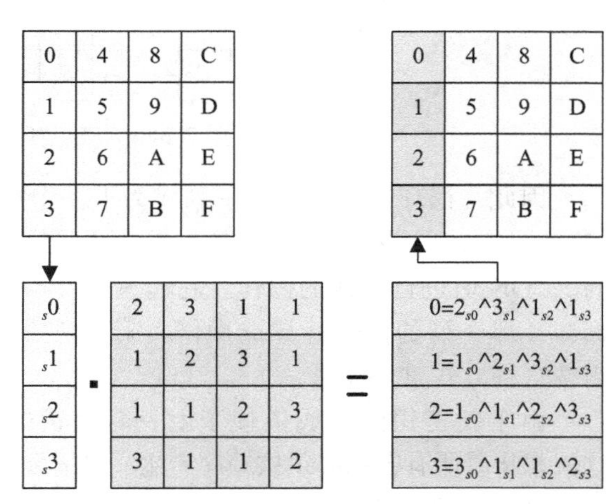

图 7-13　与第 0 列混合（对第 1、2、3 列重复操作）

4. 添加循环密钥

循环密钥是从原始密钥中抽取出的一段密码。它以 4 × 4 矩阵的形式存在，在加密算法每一轮循环中都不相同，并且它将与当前的结果进行简单的异或运算。

5. 提取循环密钥

AES 算法用到了一系列的循环密钥，每轮循环对应一个密钥。产生密钥是一个迭代的过程，新密钥的生成依赖于上一轮的密钥。操作之初，将现有的密钥拷贝到 0 号密钥中，产生一个 4 × 4 的矩阵，作为初始循环密钥。

接下来的 N 个循环密钥必须一个接一个地一次性产生。任何循环密钥的第一列都是用上一轮密钥的最后一列作为它的起始点。新密钥第一列的生成还包含一些利用标准列生成函数的其他操作。

对于密钥的第一列，我们需要对其做一个基于列的循环移位操作，以使列中第 0 行的值移动到第 3 行。但这只针对第一列，其他列不需要这种操作。在对密文数据进行处理时我们也执行过相同的操作，行循环左移，但这里不是对行操作而是对列操作。移位操作之后，再次使用置换的方法，从 Rijndael s-box 中找出对应值将第一列的值进行替换。

之后，所有元素的操作都是相同的。新计算的值必须与列下标减 4 那一列的值进行异或操作，因此，第 1、2、3 列的值很容易就能计算出来。但对于第 0 列，还有一个附加的操作。第 0 列的第一元素必须与 0x01、0x02、0x04、0x08、0x10、0x20、0x40、0x80、0x1b 或 0x36 中的某一个值进行异或运算。这 10 个值称作 RCON 值，它的选择取决于当前循环的轮数（如图 7-14 所示）。

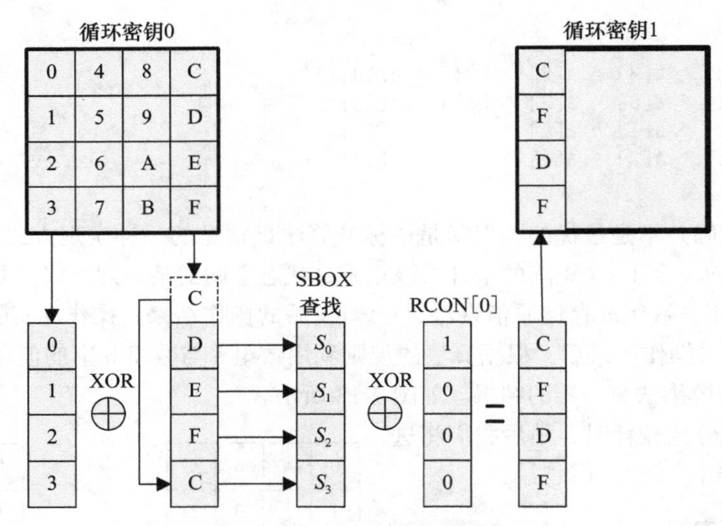

图 7-14 AES 循环密钥生成（第 1 列）

因此，循环密钥 1 的第一列成为下一个提取的列。第 1、2、3 列的计算相对简单一些（参见图 7-15），因为它们不需要列循环移位以及与 RCON 值进行异或的操作。它们只需要与列下标减 4 那一列的值进行异或操作。第 4 列后，只需按这种方式重复即可。

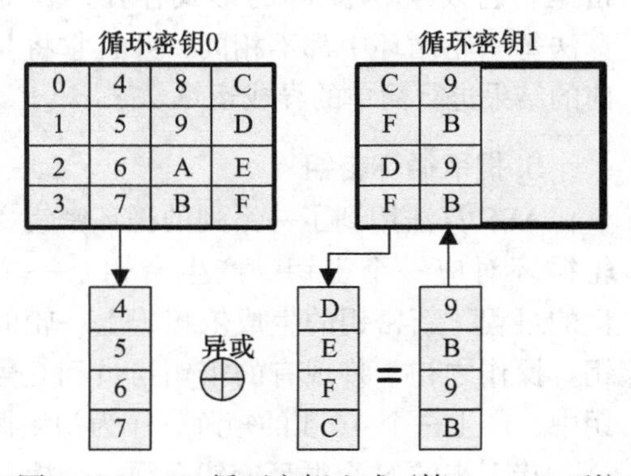

图 7-15 AES 循环密钥生成（第 1、2、3 列）

由于新密钥的生成依赖于上一轮密钥的值，这就意味着所有密钥必须按顺序产生。当需要多个密钥时，这可能成为并行实现的瓶颈。幸好，大多数算法只需要一组密码。因此，密钥可以在编码或解码之前生成并保存到一个数组中。由于单个密钥的生成并不耗时，因此使用 CPU 或 GPU 生成密钥都可以。

7.5.2　AES 的串行实现

AES 得到了广泛研究。它可以在 8、26 或 32 位的机器上运行并且它的负载并不太大。然而，在了解算法之后，我们知道算法的实现并不简单。因此，在 GPU 上优化这个算法之前，我们需要考虑一些设计折衷。

1. 存取大小

为了支持 8 位的简单处理器，第一个问题就是存储访问方式应设计成基于字节存取方式。但所有的现代处理器都是至少 32 位的处理器。因此，如果我们使用单字节的操作，寄存器中 75% 的空间和潜在的工作就变得无用了。对于 32 位的处理器，例如 x86 或费米架构的 GPU，我们需要设计一个解决方案使其使用 32 位。

我们可以很自然地将一行数据合并到 1 个 32 位的字中，也可以将整个 4×4 矩阵合并成一个 16 字节（128 位）的向量。英特尔 AVX（高级向量扩展）指令集支持这种类型的向量。GPU 中的 uint4 类型也同样允许 GPU 使用单个指令从内存中存取数据。然而，与英特尔的 AVX 指令集有所不同的是，GPU 没有类似的向量指令，只能借助于内存的传入、传出达到类似目的。

如果仅对单个字节进行操作，当任何状态编码或密钥矩阵大于一个字节时，我们则不得不考虑使用位掩码以及移位操作。假设这些操作的开销并不大，减少内存读 / 写操作（尽管是大规模地读取数据）会比基于寄存器的掩码和位移操作带来更多的性能提升。

2. 内存与操作的权衡

大多数算法都通过增加内存使用量的方式来减少执行时间。但这主要取决于内存的存取速度与算术指令在开销和数量上的折衷。

一些 AES 的实现只是简单地将置换、行左移和列混合操作扩展为一系列的查找。对于 32 位的处理器，这显然需要一个 4K 的常量表格以及小规模的查询和位运算。假设 4K 的查找表保存在缓存中，在大多数处理器上的执行时间将大大减少。然而只有在完全实现整个算法之后，我们才会考虑使用这种类型的优化。

3. 硬件加速

英特尔针对 x86 处理器的 AES-NI 扩展指令集可运行在大多数英特尔沙桥 I5 和 I7 处理器上以及基于 Westmere 的 I7 Xeon 处理器和其升级产品。AES-NI 指令集主要由如下指令组成：

- AESENC（密文数据，循环密钥）——硬件中执行的标准完整的一轮加密。
- AESENCLAST（密文数据，循环密钥）——硬件中执行的最后一轮加密。
- AESKEYGENASSIST(循环密钥，上轮密钥，轮数)——协助循环密钥的生成。
- ASDEC（密文数据，循环密钥）——硬件中执行的标准的一轮解密。
- ASDECLAST（密文数据，循环密钥）——硬件中执行的最后一轮解密。

因此，整个 AES 加密和解密过程都可全部在硬件中执行。特殊的 128 位的 xmm1 和 xmm2 寄存器将被用来保存一些在单精度寄存器中的操作数。当 AES-NI 具体使用到一些真实的应用程序时，我们可以看到其性能是一个未加速处理器性能的 2 的指数幂次倍（Toms Hardware，“AES-NI 标准测试结果：Bitlocker、Everest 以及 WinZip 14”，http://www.tomshardware.co.uk/clark-aes-ni-encryption，review-31801-7.html）。当然通过手写的汇编程序以及在多核上优化调度条件可能会获得更显著的效果。但不管怎样，将该算法通过编码实现还是值得的，因为这样会让我们获益良多。

7.5.3 初始内核函数

让我们来看该算法的初始内核函数。

```
__host__ __device__ void AES_encrypt_4x4_reg(uint4 * const cipher_block,
                                             KEY_T * const cipher_key,
                                             const u32 num_rounds)
{
```

首先来看函数原型。该函数首先使用了 uint4 向量类型的指针传入需要加密的数据块。一个 uint4 向量（4 个整型数）足够用来存储 16 字节（128 位）的密文数据。函数的第二个参数传递的是密钥，它由 10 个 uint4 密钥组成，每个 uint4 向量保存的是一个循环密钥。最后一个参数是循环的轮数，在之后某一时刻，该参数会用一个固定值替换。注意，__host__ 和 __device__ 修饰符表示该函数允许 CPU 和 GPU 调用。

```
const u8 * const s_box_ptr = s_box;

// Read 4 x 32 bit values from data block
u32 w0 = cipher_block->w;
u32 w1 = cipher_block->x;
u32 w2 = cipher_block->y;
u32 w3 = cipher_block->z;
```

接着，从 uint4 型向量中提取 4 个无符号整型数。

```
register u8 a0 =  EXTRACT_D0(w0);
register u8 a1 =  EXTRACT_D0(w1);
register u8 a2 =  EXTRACT_D0(w2);
register u8 a3 =  EXTRACT_D0(w3);
register u8 a4 =  EXTRACT_D1(w0);
register u8 a5 =  EXTRACT_D1(w1);
register u8 a6 =  EXTRACT_D1(w2);
register u8 a7 =  EXTRACT_D1(w3);
register u8 a8 =  EXTRACT_D2(w0);
register u8 a9 =  EXTRACT_D2(w1);
register u8 a10 = EXTRACT_D2(w2);
register u8 a11 = EXTRACT_D2(w3);
register u8 a12 = EXTRACT_D3(w0);
register u8 a13 = EXTRACT_D3(w1);
register u8 a14 = EXTRACT_D3(w2);
register u8 a15 = EXTRACT_D3(w3);
```

然后，从 4 个整型数中分别将单个字节提取到独立的寄存器中。注意，此处使用的是数据类型 u8 而不是基本 C 数据类型，它允许重定义。此外，宏 EXTRACT 用来提取 32 位字中的各个字节，它支持大端字节序（big-endian）和小端字节序（little-endian）表示。

```
// Initial round - add key only
 u32 round_num = 0;
 // Fetch cipher key from memory
 w0 = (*cipher_key)[round_num].w;
 w1 = (*cipher_key)[round_num].x;
 w2 = (*cipher_key)[round_num].y;
 w3 = (*cipher_key)[round_num].z;
```

随后我们从密钥数组中读出 4 个值，该密钥数组中每个元素的类型仍然是 uint4，保存了 4 个 32 位的值。

```
a0 ^=  EXTRACT_D0(w0);
a4 ^=  EXTRACT_D1(w0);
 a8 ^= EXTRACT_D2(w0);
a12 ^= EXTRACT_D3(w0);

 a1 ^= EXTRACT_D0(w1);
 a5 ^= EXTRACT_D1(w1);
 a9 ^= EXTRACT_D2(w1);
a13 ^= EXTRACT_D3(w1);

a2 ^=  EXTRACT_D0(w2);
a6 ^=  EXTRACT_D1(w2);
a10 ^= EXTRACT_D2(w2);
a14 ^= EXTRACT_D3(w2);

 a3 ^= EXTRACT_D0(w3);
 a7 ^= EXTRACT_D1(w3);
a11 ^= EXTRACT_D2(w3);
a15 ^= EXTRACT_D3(w3);
round_num++;
```

第一轮密钥编码只需简单地将数据与第一轮对应的循环密钥按列做异或操作。

```
while (round_num <= num_rounds)
{
 // Fetch cipher key from memory
 w0 = (*cipher_key)[round_num].w;
 w1 = (*cipher_key)[round_num].x;
 w2 = (*cipher_key)[round_num].y;
 w3 = (*cipher_key)[round_num].z;

  // Substitution step
  a0 = s_box_ptr[a0];
  a1 = s_box_ptr[a1];
  a2 = s_box_ptr[a2];
  a3 = s_box_ptr[a3];
```

```
a4 = s_box_ptr[a4];
a5 = s_box_ptr[a5];
a6 = s_box_ptr[a6];
a7 = s_box_ptr[a7];
a8 = s_box_ptr[a8];
a9 =  s_box_ptr[a9];
a10 = s_box_ptr[a10];
a11 = s_box_ptr[a11];
a12 = s_box_ptr[a12];
a13 = s_box_ptr[a13];
a14 = s_box_ptr[a14];
a15 = s_box_ptr[a15];
```

接下来是内核函数的主循环部分。循环迭代执行 num_rounds 次。由于之后会用到密钥，而密钥需要从内存中获取，因此我们将尽可能早地从内存中读取出密钥。下一步则是进入置换操作，只需简单地从之前的 s_box 数组中找到对应的值替换当前值即可。

```
// Rotate Rows
u8 tmp0, tmp1, tmp2, tmp3;
// a0, a4, a8, a12 remains unchanged

// a1, a5, a9, a13 rotate 1
// a5, a9, a13, a1
tmp0 = a1;
a1 = a5;
a5 = a9;
a9 = a13;
a13 = tmp0;

// a2, a6, a10, a14 rotate 2
// a10, a14, a2, a6
tmp0 = a14;
tmp1 = a10;
a14 = a6;
a10 = a2;
a6 = tmp0;
a2 = tmp1;

// a3, a7, a11, a15 rotate 3
// a15, a3, a7, a11
tmp0 = a3;
tmp1 = a7;
tmp2 = a11;
tmp3 = a15;

a15 = tmp2;
a11 = tmp1;
 a7 = tmp0;
 a3 = tmp3;
```

置换之后是行循环左移的操作，分别对第 1、2、3 行进行移位操作。由于我们已经用寄存器分别存储了 32 位字的每个字节，因此我们不能简单地对 32 位字进行循环移位操作。但事实上，GPU 也没有本地指令支持这种循环移位的操作，这样做有些不切实际。

```
if (round_num != 10)
{
 // Column Mix
 const u8 b0 =  MIX_COL(a0);
 const u8 b1 =  MIX_COL(a1);
 const u8 b2 =  MIX_COL(a2);
 const u8 b3 =  MIX_COL(a3);
 const u8 b4 =  MIX_COL(a4);
 const u8 b5  = MIX_COL(a5);
 const u8 b6  = MIX_COL(a6);
 const u8 b7  = MIX_COL(a7);
 const u8 b8  = MIX_COL(a8);
 const u8 b9  = MIX_COL(a9);
 const u8 b10 = MIX_COL(a10);
 const u8 b11 = MIX_COL(a11);
 const u8 b12 = MIX_COL(a12);
 const u8 b13 = MIX_COL(a13);
 const u8 b14 = MIX_COL(a14);
 const u8 b15 = MIX_COL(a15);

  tmp0 = XOR_5(b0, a3, a2, b1, a1 );
  tmp1 = XOR_5(b1, a0, a3, b2, a2 );
  tmp2 = XOR_5(b2, a1, a0, b3, a3 );
  tmp3 = XOR_5(b3, a2, a1, b0, a0 );

 const u8 tmp4  = XOR_5(b4, a7, a6, b5, a5 );
 const u8 tmp5  = XOR_5(b5, a4, a7, b6, a6 );
 const u8 tmp6  = XOR_5(b6, a5, a4, b7, a7 );
 const u8 tmp7  = XOR_5(b7, a6, a5, b4, a4 );
 const u8 tmp8  = XOR_5(b8, a11, a10, b9, a9 );
 const u8 tmp9  = XOR_5(b9, a8, a11, b10, a10 );
 const u8 tmp10 = XOR_5(b10, a9, a8, b11, a11 );
 const u8 tmp11 = XOR_5(b11, a10, a9, b8, a8 );
 const u8 tmp12 = XOR_5(b12, a15, a14, b13, a13 );
 const u8 tmp13 = XOR_5(b13, a12, a15, b14, a14 );
 const u8 tmp14 = XOR_5(b14, a13, a12, b15, a15 );
 const u8 tmp15 = XOR_5(b15, a14, a13, b12, a12 );

  a0 = tmp0;
  a1 = tmp1;
  a2 = tmp2;
  a3 = tmp3;
  a4 = tmp4;
  a5 = tmp5;
  a6 = tmp6;
  a7 = tmp7;
  a8 = tmp8;
  a9 = tmp9;
```

```
    a10 = tmp10;
    a11 = tmp11;
    a12 = tmp12;
    a13 = tmp13;
    a14 = tmp14;
    a15 = tmp15;
  }
```

下一个步骤是混合列操作。除了最后一轮循环，其他每一轮循环都执行该步骤。我们通过使用 MIC_COL 宏将之前循环实现的列混合代码展开。此外，为了控制异或的顺序，我们写了一个名为 XOR_5 的宏，它的输入为 5 个需要异或的值。

```
    // Addkey
     a0 ^= EXTRACT_D0(w0);
     a4 ^= EXTRACT_D1(w0);
     a8 ^= EXTRACT_D2(w0);
    a12 ^= EXTRACT_D3(w0);

     a1 ^= EXTRACT_D0(w1);
     a5 ^= EXTRACT_D1(w1);
     a9 ^= EXTRACT_D2(w1);
    a13 ^= EXTRACT_D3(w1);

     a2 ^= EXTRACT_D0(w2);
     a6 ^= EXTRACT_D1(w2);
    a10 ^= EXTRACT_D2(w2);
    a14 ^= EXTRACT_D3(w2);

     a3 ^= EXTRACT_D0(w3);
     a7 ^= EXTRACT_D1(w3);
    a11 ^= EXTRACT_D2(w3);
    a15 ^= EXTRACT_D3(w3);

    round_num++;
  }
```

随后与循环之初获取的密钥进行异或操作。

```
    cipher_block->w = (ENCODE_D0(a0) | ENCODE_D1(a4) | ENCODE_D2(a8) | ENCODE_D3(a12));
    cipher_block->x = (ENCODE_D0(a1) | ENCODE_D1(a5) | ENCODE_D2(a9) | ENCODE_D3(a13));
    cipher_block->y = (ENCODE_D0(a2) | ENCODE_D1(a6) | ENCODE_D2(a10) | ENCODE_D3(a14));
    cipher_block->z = (ENCODE_D0(a3) | ENCODE_D1(a7) | ENCODE_D2(a11) | ENCODE_D3(a15));
  }
```

最后，将密文结果的各个字节合并成一个 32 位的值，并写回 uint4 类型的密文中。至此，我们一共执行了 10 次循环并且密文块基于 10 个循环密钥进行了加密。

为了让代码显得更加完整，以下列出所有宏的定义：

```
#define EXTRACT_D0(x) ( ( (x) >> 24uL ) )
#define EXTRACT_D1(x) ( ( (x) >> 16uL ) & 0xFFuL )
#define EXTRACT_D2(x) ( ( (x) >> 8uL ) & 0xFFuL )
```

```
#define EXTRACT_D3(x) ( ( (x)   ) & 0xFFuL )

#define ENCODE_D0(x) ( (x) << 24uL )
#define ENCODE_D1(x) ( (x) << 16uL )
#define ENCODE_D2(x) ( (x) << 8uL )
#define ENCODE_D3(x) ( (x)   )
#define MIX_COL(a) ( ((a) & 0x80uL) ? ((((a) << 1uL) & 0xFFuL) ^ 0x1Bu) : ((a) << 1uL) )
#define XOR_5(a,b,c,d,e) ( (((a)^(b)) ^ ((c)^(d))) ^ (e) )
```

7.5.4　内核函数性能

该内核函数的性能如何？我们又该如何衡量、理解和预测性能？首先，看一下针对计算能力为 2.x 设备上拆分的代码，我们看到一些不希望看到的东西。声明使用无符号的 8 位寄存器导致代码中的移位和掩码操作。使用提取数据的宏将 32 位字中没有用到的比特位屏蔽掉，但这完全是不必要的。事实上，如果使用 u8 类型替代 u32 类型，生成的代码量会是原先的 4 倍。

将 u8 改为 u32 意味着我们浪费了大量的寄存器空间，但是却减少了大量的指令。实际上，GPU 上 u8 寄存器的实现与 u32 寄存器是一样的，因此这样做并没有导致大量的寄存器空间的开销。

第二步，我们来看看寄存器的使用情况。初始内核函数用到了 43 个寄存器，这并不令人感到惊讶，但却让人有些失望。如果装上 CUDA 利用率计算器（它可以在 SDK 的工具（tool）目录中找到），我们可以清楚看到 43 个寄存器将会限制每个 SM 只能处理一个线程块，并且线程数不超过 320 个。每个 SM 上只有 10 个活跃的线程束，这远不及最大数目（在计算能力为 1.3 的设备上最多有 24 个活跃线程束，2.x 的设备上最多有 48 个活跃线程束，在 3.x 的设备上最多有 64 个活跃线程束）。我们需要让每个 SM 处理更多的线程块，这样会产生更多的混合指令供线程束调度。此外，一个 SM 上执行异或操作的数量（参见第 9 章）会受限制，并且 10 个线程束无法隐藏内存延迟。

为了获得更高的吞吐量，我们不希望连续地执行一系列相同的指令。如果每个 SM 能处理更多的线程块，那么当一个线程块在执行异或操作时，另一个线程块很可能在执行 s_box 置换操作。但这涉及到大量的地址计算和内存查询。我们需要用特定方法减少寄存器的使用数量。

对此，编译器提供了一个开关。可我们又该如何执行？我们将调用包含 256 个线程的 16 个线程块。使用这种方法，当每个 SM 调度更多的线程块时性能会得到一定提升。该内核函数将在基于英伟达 ION（计算能力为 1.2，包含 2 个 SM）的便携式电脑上进行测试。

```
// Encodes multiple blocks based on different key sets
__global__ void AES_encrypt_gpu(uint4 * const cipher_blocks,
                                KEY_T * const cipher_keys,
                                const u32 num_cipher_blocks,
                                const u32 num_cipher_keys,
                                const u32 num_rounds)
{
 const int idx = (blockIdx.x * blockDim.x) + threadIdx.x;
```

```
    if (idx < num_cipher_blocks)
    {
     AES_encrypt_4x4_reg(&(cipher_blocks[idx]),
                         &(cipher_keys[0]),
                         num_rounds);
     }
   }
```

由于加密函数是一个设备函数，需要一个全局函数来调用它。该全局函数提取出合适的密文数据块，所有的块使用相同的密钥进行加密。大多数编码算法都是按照这种方法执行的。

最初，内核函数用了6.91ms同时对512个明文块进行编码加密（2个线程块，每个线程块256个线程，每SM处理一个线程块）。强制编译器仅用32个寄存器时，每个SM会处理两个线程块，一共处理了4个线程块。强制使用24个寄存器时，每个SM处理3个线程块，一共处理了6个线程块。事实上，当使用32个寄存器时，运行时间降到了4.72ms，性能有很大的提升。然而，当使用24个寄存器时，运行时间增长到了5.24ms。为什么会这样呢？

强制编译器使用更少的寄存器并不会导致它们的数据丢失。编译器有许多可用的策略。首先，它可以从内存中将数据重新加载到寄存器。这听起来有点违背常理，因为我们知道全局内存比寄存器要慢得多。然而，额外的线程块意味着有更多的线程束需要调度，轮流的线程束调度能隐藏内存延时。当线程数从256（1个线程块，8个线程束）增加为512（2个线程块，16个线程束）时，指令显著地进行了混合，每个SM能调度的线程束也增加了。

第二种策略是将寄存器的内容移到其他类型的内存中：共享内存、常量内存或本地内存。如果在编译阶段使用-v选项，编译器会告诉我们各种类型内存的使用情况。共享内存比寄存器慢。常量内存是高级缓存，因此也比寄存器慢。本地内存在费米（计算能力为2.x）架构的设备上是一级缓存，在计算能力为1.x的设备上是全局内存。

此外，如果编译器能正确确定某个区域内寄存器的使用范围和用法，那么寄存器就可重复利用。

如果强制编译器使用更少的寄存器，最终将使用本地内存弥补寄存器的数量不足。对于费米架构的设备，这并不会带来很大的性能影响，但由于我们的测试平台是计算能力为1.2的设备，其本地内存是全局内存，额外增加的第3个线程块无法抵消全局内存带来的延迟，因此性能非常糟糕，内核函数的执行速度不增反降。

通过5分钟简单地对编译器进行设置，我们就让内核函数的执行时间减少了30%，获得的性能提升还是挺可观的。然而，我们能通过优化C代码来获得更高的性能吗？是什么原因使编译器需要使用43个寄存器？我们该如何减少对寄存器的使用？

以当前代码为例，我们可以划分出一些额外需要寄存器的代码段，将所有的寄存器局部化到单独的块中。在C代码中我们可以通过在一段代码外加上大括号（{}）来创建一个新的范围层，以将变量或常量局部化到这段代码中。

事实证明开销最大的代码段是列混合的部分。这并不让人感到意外，因为在这段代码中，我们根据16个a<n>值计算得到16个b<n>值，还额外用到16个tmp<n>值。然而，实际上此处一共只有 4 列参数，列与列之间的计算并没有相互依赖。当建立依存关系树时，编译器应该注意到这一点，并对执行顺序重新排序。因此，我们只需要 8 个寄存器而不是 32 个寄存器。但是，由于对如此多的参数无法高效地建立模型，因此编译器并没有对执行顺序重新排序。不管是什么原因，编译器还是用到了比需要更多的寄存器。因此，我们需要重写列混合的部分：

```
// Column Mix
const u8 b0 = MIX_COL(a0);
const u8 b1 = MIX_COL(a1);
const u8 b2 = MIX_COL(a2);
const u8 b3 = MIX_COL(a3);
const u8 tmp0 = XOR_5(b0, a3, a2, b1, a1 );
const u8 tmp1 = XOR_5(b1, a0, a3, b2, a2 );
const u8 tmp2 = XOR_5(b2, a1, a0, b3, a3 );
const u8 tmp3 = XOR_5(b3, a2, a1, b0, a0 );
a0 = tmp0;
a1 = tmp1;
a2 = tmp2;
a3 = tmp3;
```

为简单起见，我们这里只展示了其中一列的操作。这种操作让变量的使用与变量或常量的赋值更加靠近，提高了指令混合效率，也缩小了变量或常量需要存在的范围。事实上，我们让编译器识别和重用这些寄存器变得更加简单了。

此外，我们还可以改变密钥数据的读取方式。之前我们是通过计算地址来访问每一个数据：

```
w0 = (*cipher_key)[round_num].w;
```

这段代码中，首先读取 cipher_key 指针指向的数据区内容，然后用 round_num 获取下标，最后获得结构体中偏移量为 0 的成员 w 的值。当每次读取 w、x、y 和 z 时，这些操作都将重新执行一次并且还需增加结构体的偏移量。为了避免对下一条指令产生依赖，编译器在获取每个 w<n> 值时共将这些指令重复执行了 4 次。指令延迟大概是 20 个周期左右，因此这种方法可以连续地得到 4 个结果。然而，在每次计算地址及偏移量时需要用到更多的寄存器。由于更多的线程块会带来更多可供调度的线程束，从而很好地隐藏延迟，因此，这是一个很好的折衷。我们将用下面这段新代码代替原来的代码：

```
// Fetch cipher key from memory
const uint4 * const key_ptr = &((*cipher_key)[0]);
w0 = key_ptr->w;
w1 = key_ptr->x;
w2 = key_ptr->y;
w3 = key_ptr->z;
```

这里我们引入了一个新的指针变量，它只需计算一次得到基地址。当利用该指针访问结构体中 w、x、y 和 z 这些成员时，编译器只需根据基地址简单地执行加 0、4、8 和 12 的操作即可计算得到偏移地址。

另外，我们也把 unit4 类型的密钥读到 uint4 类型的局部常量中。不幸的是，这会导致编译器将 unit4 常量存放到本地内存（lmem）中，这恰恰是我们不想要的。尽管新版本的编译器可以解决这个问题。LLVM 编译器（CUDA 4.1）似乎更偏向于将向量类型存放到本地内存中而不是寄存器中。

最后，我们将 round_num 的定义从函数的开始处移动到了 while 循环的开始处，并且对第 0 轮循环直接使用 0 索引代替。

这些改动将内核函数寄存器的使用个数从 43 个减少到 25 个，并且执行时间缩短到了 4.32ms，比之前强制寄存器分配的版本快了许多。如果再次强制编译器最多使用 24 个寄存器会由于编译器对本地内存的使用而导致程序的执行速度降低。但我们最多只想使用 24 个寄存器，而不是 25 个，因为这样会增加线程块的数量，有更多的线程束可供调度，提升整体的并行度。

我们可以用

```
while (round_num <= num_rounds)
```

代替

```
while (round_num <= NUM_ROUNDS)
```

这样可以省去之前存储变量 num_rounds 的寄存器，让编译器直接使用值为 10 的宏 NUM_ROUNDS。使用字面值主要有两个目的。首先，它使得存放 num_rounds 的寄存器与一个立即值进行比较，而不是两个寄存器之间的比较。第二，这样做意味着循环的次数是已知的，这更有利于编译器正确地展开整个循环或循环中的部分区域。

通过使用宏，编译器确实只用到 24 个寄存器，这一神奇数字潜在地增加了调度一个线程块的可能性。尽管每个线程块开启 256 个线程，没有使可调度的线程块数量增加，但这种节省还是非常必要的。尽管此次 16 个线程块的运行时间减少了，但运行时间却变得很不稳定，有时候执行时间比之前还长。此时我们来看一看线程束之间的竞争。当使用一个小样本（16 个密文块）时，每次运行结果都很不稳定。因此，我们将密文块的数量增加到 2048K 并取平均值。

在分配寄存器时，CUDA 采取的策略是尽可能地让寄存器的使用数量达到最少。当我们将内核中寄存器的使用数量从 25 减少到 24 个时，每个线程块开启 256 个线程，仍只有两个线程块可供调度。然而，如果将每个线程块的线程数减半，则可以挤出另外一个有 128 个线程的线程块。这样，每个 SM 可处理 5 个线程块，每个线程块 128 个线程（一共 640 个），每个线程使用 24 个寄存器。这与每个 SM 处理 4 个线程块（512 个线程），每个线程使用 25 个寄存器相比，确实有很大不同（参见表 7-3）。

表 7-3 使用不同数量线程的效果

64 个线程	128 个线程	256 个线程
1150ms	1100ms	1220ms
100%	96%	111%

如果以 64 线程的版本作为基准，每个 SM 处理的线程块数目达到最大值 8，这也使得最多处理 512 个线程。128 线程的版本最多处理 5 个线程块，总共 640 个线程。256 个线程的版本只能处理两个线程块，总共 512 个线程。

考虑到 64 线程的版本和 256 线程的版本同时都运行了 512 个线程，我们将对它们进行对比，分析它们的执行时间为什么不同。64 线程的版本更快是因为它提供了更好的指令混合，不同线程块可以执行算法的不同部分。而 256 线程的版本中所有线程几乎同时做着相同的事情。记住在计算能力为 1.2 的设备中没有一级和二级缓存，因此只需要对指令和内存吞吐量作比较。由于调度单元更小了，对于 CUDA 运行时来说，它可以更容易地在两个 SM 间进行负载平衡。

与 256 线程的版本相比，128 线程的版本通过每个线程块开启更少的线程从而拥有更多可供调度的线程块，执行时间降低了 120ms，性能提升了 15%。但主要是因为我们将寄存器的数目限定到了 24 才达到这个效果。

对于基于 ION 的 GPU 进行测试，每秒可对大约 180 万个密文块进行编码加密，速率大概是 28MB/s（包括传输时间）。如果除去传输时间，得到的速率是现在的两倍。传输性能将在下一节中具体介绍。

7.5.5 传输性能

通过 PCI-E 数据总线将数据传输到 GPU 中是非常必要的。与访存相比，总线速度是非常慢的。第 9 章详细介绍了 PCI-E 传输速率以及使用分页或锁页内存的影响。锁页内存是一种内存块，其内容是不会被操作系统的虚拟内存管理机制换出到磁盘上的。事实上，PCI-E 传输的数据只能是锁页内存中的数据，如果应用程序并没有分配锁页内存，则 CUDA 驱动会在后台为程序分配。不幸的是，这会在常规（分页）内存和锁页内存之间产生一些不必要的拷贝操作。当然，我们也可以通过分配锁页内存来减少这些拷贝操作。

在应用程序中，我们只需将主机端分配内存的代码块

```
uint4 * cipher_data_host = (uint4 *) malloc(size_of_cipher_data_in_bytes);
KEY_T * cipher_key_host = (KEY_T *) malloc(size_of_cipher_key_size_in_bytes);
```

替换为

```
uint4 * cipher_data_host;
KEY_T * cipher_key_host;
CUDA_CALL(cudaMallocHost(&cipher_data_host, size_of_cipher_data_in_bytes));
CUDA_CALL(cudaMallocHost(&cipher_key_host, size_of_cipher_key_size_in_bytes));
```

并且将主机端最后释放内存的代码

```
free(cipher_key_host);
free(cipher_data_host);
```

替换为

```
CUDA_CALL(cudaFreeHost(cipher_data_host));
CUDA_CALL(cudaFreeHost(cipher_key_host));
```

这样做对性能影响有多大呢？通过测试，运行时间从 1100ms 减少到 1070ms，缩短了 30ms，总的执行时间仅仅下降了 3%。事实上通过这种方法获得的加速取决于处理器和使用的芯片，在一些机器上可获得高达 20% 的性能提升。然而，我们用来测试的笔记本使用的是 X1 PCI-E 2.0 总线，因此我们得到的性能并没有很大的提升，这说明在这种低端的总线上减少不必要的拷贝操作并不太重要。

尽管在此平台上使用锁页内存带来的性能提升并不大，但在后文中讲述的传输优化中我们仍需要用到锁页内存。

7.5.6 单个执行流版本

第 8 章将详细介绍流，通常利用多个 GPU 解决问题时才会用到流。此处，我们将在单个 GPU 问题上使用流，因为它允许内存传输与内核执行同时进行。实际上，我们应尽量尝试让传输时间与内核函数的执行窗口重叠。如果传输时间少于或等于内核计算的时间，这样，传输时间就可以有效被多个流的执行时间隐藏。

流是虚拟的工作队列，在这里，我们将以一种相对简单的方式使用流。最初我们将建立一个单一的流，并从相对于 CPU 的同步操作转变为异步操作。这种方法可以减少异步操作中需要的同步次数，从而使性能有少量的提升。但这只是次要的。只有当使用多个流时，性能才会有显著的提升。

如果不指定一个流，则 0 号流就是默认的流。这是一个同步流，可以帮助调试应用程序，但不是 GPU 最高效的使用方式。因此，我们必须首先创建另外一个流，然后把内存拷贝、事件和内核操作压入流中。

首先是创建一个流。代码如下：

```
cudaStream_t aes_async_stream;
CUDA_CALL(cudaStreamCreate(&aes_async_stream));
```

相反，执行完毕后需要在主机端程序末尾销毁流。

```
CUDA_CALL(cudaStreamDestroy(aes_async_stream));
```

然后，将所需拷贝操作和事件操作压入流中，我们需要将下面的代码

```
// Copy to GPU and then zero host cipher memory
CUDA_CALL(cudaEventRecord(start_round_timer));

CUDA_CALL(cudaMemcpyAsync(cipher_data_device, cipher_data_host,
size_of_cipher_data_in_bytes, cudaMemcpyHostToDevice));

CUDA_CALL(cudaMemcpyAsync(cipher_key_device, cipher_key_host,
size_of_cipher_key_size_in_bytes, cudaMemcpyHostToDevice));
```

改为

```
// Copy to GPU and then zero host cipher memory
CUDA_CALL(cudaEventRecord(start_round_timer, aes_async_stream));
```

```
CUDA_CALL(cudaMemcpyAsync(cipher_data_device, cipher_data_host,
size_of_cipher_data_in_bytes, cudaMemcpyHostToDevice, aes_async_stream));

CUDA_CALL(cudaMemcpyAsync(cipher_key_device, cipher_key_host,
size_of_cipher_key_size_in_bytes, cudaMemcpyHostToDevice, aes_async_stream));
```

请注意，如何将每个调用的新创建的流作为最后一个参数来使用。流参数是一个可选参数。然后，我们需要再次通过指定流将内核启动到正确的流中。流参数作为内核启动的第 4 个参数，第 3 个参数为 0。第 3 个参数表示内核用到的动态共享内存的大小。由于内核中并没有动态地分配共享内存，因此我们将这个值设为零。代码由原先的

```
AES_encrypt_gpu<<<num_blocks,num_threads>>>(cipher_data_device,cipher_key_device,
num_cipher_blocks,num_cipher_keys);
```

变为

```
AES_encrypt_gpu<<<num_blocks,num_threads,0,aes_async_stream>>>(cipher_data_
device,cipher_key_device, num_cipher_blocks, num_cipher_keys);
```

接着，我们需要将数据拷贝回来，并停止计时器事件。由于是在内核函数的末尾停止计时器事件，因此需要确保等待这个事件。

```
CUDA_CALL(cudaEventSynchronize(stop_round_timer));
```

现在内核函数、拷贝操作和事件操作完全异步，在内核函数未完全执行完毕返回数据之前，不要使用内核函数返回的数据，这一点至关重要。当向异步转化时，忘记在数据拷贝回主机端之后添加同步操作通常会导致错误。

通过使用流，性能会有多少提升？运行测试程序显示，时间从 1070ms 下降到 940ms，执行时间减少了 12%。考虑到我们所要做的只是移除 CUDA 驱动程序默认使用 0 号流时带来的隐式同步，因此这种优化得到的效果已经相当显著了。

7.5.7　如何与 CPU 比较

英特尔为 AVX 指令集提供了一种名为 AES-NI 的特殊扩展。这是基于 128 位宽的 AES 密钥状态和密钥扩展处理的支持。这相当于我们在加载或存储内存时使用的 u4 类型。AES-NI 具有硬件支持的编码 / 解码以及扩展密钥操作。因此，让我们来看看如何利用这些扩展。

英特尔提供了一个 AES-NI 样例库，它可以在 http://software.intel.com/en-us/articles/download-the-intel-aesni-sample-library/ 下载。当下载完库之后，需要进行生成，因为其中并没有可以直接链接的预编译二进制库。这需要通过一个旧的命令行接口。如果使用 Microsoft Visual Studio 生成，则需要运行一个名为 vcvars32.bat 的命令文件，这个文件为命令行版本设置了一系列的命令行环境变量。事实上它只是映射到了一个叫 vsvars32.bat 的文件，由该文件设置所有的环境变量。

库生成之后，我们需要在 Visual Studio 的工程中添加库包含路径、头文件包含路径以及额外需要链接的库。

Intel 版本的 AES 和我们目前开发的 GPU 版本的 AES 有一个关键的区别。原始的 AES 描述中，数据是以列方式进行排列的，A、B、C 和 D 位于同一列中。而英特尔 ASE-NI 则期望对其进行转置，让 A、B、C 和 D 位于同一行中。同时由于 Intel 的字节表示顺序，AES-NI 要求字节在内存中按与当前顺序相反的顺序排列。

因此，我们有两个选择：要么调整代码以满足英特尔 AES-NI 的顺序，或对数据进行变换，转换成其需要的形式。为了让内存块能够直接在主机端进行比较，我们调整当前的解决方案，以符合 AES-NI 规定的格式。为了获取 AES-NI 支持，之后所有的开发将移到搭载有 GTX470 显卡的沙桥 -E（酷睿 i7 3930K @3.2GHz）平台上。因此，之后所有的测试时间将不再与当前所使用的基于原子操作的 ION 系统相比较。

此时，另一个需要注意的重要问题是 uint4 类型在 GPU 上的编码顺序为 x、y、z、w 而不是 w、x、y、z。无论是 GPU 版本还是 CPU 版本得到的结果都是错误的，因为它们都是基于相同的错误代码。但如果理解了 uint4 类型这种奇怪的排列方式之后（通常对应红、绿、蓝和阿尔法这 4 个通道，其中 w 代表阿尔法通道），这个问题就很容易纠正。很明显，我们应该基于 CPU 版本，根据现有库或使用 AES-NI 库尽早检测这类问题。AES-NI 代码很简单，如下所示：

```
void aes_encode_block_aes_ni(const u32 num_cipher_blocks,
                             const u32 num_cipher_keys,
                             const u8 * initial_keys,
                             u8 * src_data_blocks,
                             u8 * dest_data_blocks)
{
  // Encode the data blocks
  TIMER_T encode_key_time = get_time();

  // Encode using one or more blocks and single key
  intel_AES_enc128( (_AES_IN UCHAR *) src_data_blocks,
            (_AES_OUT UCHAR *) dest_data_blocks,
            (_AES_IN UCHAR *) initial_keys,
            (_AES_IN size_t) num_cipher_blocks );
  encode_key_time = (get_time() - encode_key_time);
  if (num_cipher_blocks > 1)
  {
   printf("\n\nEncrypting using AES-NI : %.u blocks", num_cipher_blocks);
  printf("\nEncrypt Encode : %.3fms", encode_key_time);
  }
}
```

AES 代码的接口是基于字节的。此处我们展示了基于单个密钥来对单个数据块 num_cipher_blocks 进行编码的示例代码。解码部分采用类似的代码集，如下所示：

```
void aes_decode_block_aes_ni(const u32 num_src_cipher_blocks,
              const u32 num_cipher_keys,
              const u8 * key,
```

```
                 const u8 * src_data_blocks,
                 u8 * const dest_data_blocks)
{
  // Decode one or more blocks using a single key
  TIMER_T decode_key_time = get_time();
  intel_AES_dec128( (_AES_IN UCHAR *) src_data_blocks,
                    (_AES_OUT UCHAR *) dest_data_blocks,
                    (_AES_IN UCHAR * ) key,
                    (_AES_IN size_t) num_src_cipher_blocks );
  decode_key_time = (get_time() - decode_key_time);

  if (num_src_cipher_blocks > 1)
  {
   printf("\n\nDecrypting using AES-NI : %.u blocks", num_src_cipher_blocks);
   printf("\nDecrypt Decode   :%.3fms", decode_key_time);
  }
}
```

密钥扩展是隐式的操作，在此操作中，我们传递了一个未展开的、只有 16 字节的密钥。然而，在内部每一次加密 / 解密阶段只有一次操作。

我们将开发一个程序，生成一组 400 万个随机数据块（约 64MB 的数据），并使用一个单一密钥对其进行编码。随后，我们解码该数据，并检查解码后的数据和原来是否一样。我们将分别运行 AES-NI 库、串行版本和对应这些操作的 CUDA 版本，并交叉检查结果，以确保所有的实现都一致。

一旦 GPU 和 CPU 的版本与 AES-NI 库相匹配，我们能够看到 AES-NI 指令集有多快。在我们的沙桥 -E 系统上，基于软件的串行扩展密钥和解码块操作用了 3880ms，而启用硬件的 AES-NI 版本只用了 20ms。相比较而言，不包括任何与设备的传入或传出时间，CUDA 版本用了 103ms。事实上，传入和传出设备的操作分别用了 27ms 和 26ms。由于我们使用 GTX470 而不是 lesla 作为我们的测试设备，我们不能够重叠传入和传出，因为这个设备只有单一的内存传输引擎。因此，最好的情况是，在某个传输的同时，完全隐藏内核执行时间，这将有效地消除执行时间。但是，要做到这一点，我们就需要将内核的执行时间加速 5 倍。让我们来看看解码内核函数，它已修订了其形式以便兼容 AES-NI 按字节的输出。

```
#define AES_U8_DECODE u32
__host__ __device__ void AES_decrypt_4x4_reg(const uint4 * const src_cipher_block,
                                             uint4 * const dest_cipher_block,
                                             KEY_T * const cipher_key)
{

 // Read 4 x 32 bit values from data block as 128 bit read
 uint4 key = *src_cipher_block;

 // Store into four 32 bit registers
 u32 w0 = key.x;
 u32 w1 = key.y;
```

```
u32 w2 = key.z;
 u32 w3 = key.w;

 // Allocate room for sixteen 32 bit registers
 register AES_U8_DECODE a0, a4, a8, a12;
 register AES_U8_DECODE a1, a5, a9, a13;
 register AES_U8_DECODE a2, a6, a10, a14;
 register AES_U8_DECODE a3, a7, a11, a15;

 // Expand the 32 bit words into 16 registers
 EXTRACT_WORD(w0, a0, a1, a2, a3);
 EXTRACT_WORD(w1, a4, a5, a6, a7);
 EXTRACT_WORD(w2, a8, a9, a10, a11);
 EXTRACT_WORD(w3, a12, a13, a14, a15);

 // Always start at round ten
 u32 round_num = NUM_ROUNDS;

 // Setup some pointers to the lookup gmul tables
 const GMUL_U8 * const gmul_14_ptr = gmul_tab_14;
 const GMUL_U8 * const gmul_09_ptr = gmul_tab_09;
 const GMUL_U8 * const gmul_13_ptr = gmul_tab_13;
 const GMUL_U8 * const gmul_11_ptr = gmul_tab_11;

 // Define either a host or device point for the s_box function
#ifdef __CUDA_ARCH__
  const S_BOX_U8 * const s_box_ptr = s_box_inv_device;
#else
  const S_BOX_U8 * const s_box_ptr = s_box_inv_host;
#endif
 // Count down from round ten to round one
 while (round_num > 0)
 {
  // Add Round Key
  {
    // Fetch cipher key from memory as a 128 bit read
    key = ((*cipher_key)[round_num]);

    // Convert to four 32 bit values
    w0 = key.x;
    w1 = key.y;
    w2 = key.z;
    w3 = key.w;

    // Extract the key values, XOR'ing them with
    // the current values
    EXTRACT_WORD_XOR(w0, a0, a1, a2, a3);
    EXTRACT_WORD_XOR(w1, a4, a5, a6, a7);
    EXTRACT_WORD_XOR(w2, a8, a9, a10, a11);
    EXTRACT_WORD_XOR(w3, a12, a13, a14, a15);
```

```
}
// Invert Column Mix on every round except the first
if (round_num != 10)
{
 AES_U8_DECODE tmp0, tmp1, tmp2, tmp3;

 // Invert mix column operation on each column
 INV_MIX_COLUMN_PTR(a0, a1, a2, a3,
            tmp0, tmp1, tmp2, tmp3,
            gmul_14_ptr, gmul_09_ptr, gmul_13_ptr, gmul_11_ptr);

 INV_MIX_COLUMN_PTR(a4, a5, a6, a7,
            tmp0, tmp1, tmp2, tmp3,
            gmul_14_ptr, gmul_09_ptr, gmul_13_ptr, gmul_11_ptr);

 INV_MIX_COLUMN_PTR(a8, a9, a10, a11,
            tmp0, tmp1, tmp2, tmp3,
            gmul_14_ptr, gmul_09_ptr, gmul_13_ptr, gmul_11_ptr);
 INV_MIX_COLUMN_PTR(a12, a13, a14, a15,
            tmp0, tmp1, tmp2, tmp3,
            gmul_14_ptr, gmul_09_ptr, gmul_13_ptr, gmul_11_ptr);
}

// Invert Shift Rows
{
 // a0, a4, a8, a12 remains unchanged

 // a1, a5, a9, a13 rotate right 1
 AES_U8_DECODE tmp0;
 ROTR_1(a1, a5, a9, a13, tmp0);

 // a2, a6, a10, a14 rotate right 2
 AES_U8_DECODE tmp1;
 ROTR_2(a2, a6, a10, a14, tmp0, tmp1);

 // a3, a7, a11, a15 rotate right 3
 ROTR_3(a3, a7, a11, a15, tmp0);
}

// Invert Substitute bytes
{
 SBOX_SUB(s_box_ptr, a0, a4, a8, a12);
 SBOX_SUB(s_box_ptr, a1, a5, a9, a13);
 SBOX_SUB(s_box_ptr, a2, a6, a10, a14);
 SBOX_SUB(s_box_ptr, a3, a7, a11, a15);
}

  // Decrement the round counter
  round_num--;
 }
```

```
    // Execute round zero - only an XOR
    // Read ahead of time, round zero of the cipher key
    key = ((*cipher_key)[0]);

    // Pack the values back into registers
    w0 = ENCODE_WORD( a0, a1, a2, a3 );
    w1 = ENCODE_WORD( a4, a5, a6, a7 );
    w2 = ENCODE_WORD( a8, a9, a10, a11 );
    w3 = ENCODE_WORD( a12, a13, a14, a15 );

    // XOR the results with the last key
    key.x ^= w0;
    key.y ^= w1;
    key.z ^= w2;
    key.w ^= w3;
    // Use a 128 bit memory write to store the decoded block
    *dest_cipher_block = key;
}
```

该函数首先读取加密的数据，然后解码存入一个 16 个寄存器组里。该解码函数是编码函数的逆过程。因此，我们从 10 倒序循环到 0。

解码侧比编码更复杂，这主要是因为使用了 Galois 乘法。乘法预先计算到一个表中。因此，异或操作的序列需要执行一些依赖于数据的查找。每次查找需使用 4 个表中的一个。这些表都是 1K 字节大小。然而，这会产生糟糕的分散内存访问模式。

然后我们循环行中的值，并最终像前面那样，执行 s_box 置换。正如反转的混合列操作，s_box 函数生成一个分散的内存访问模式。最后，用一个 128 字节的写操作将数据写入到全局内存。

这个初始实现方式的另一个重要的问题是，使用了 44 个寄存器，这确实太多了。这是一个复杂的内核函数。直到最后一刻，我们都成功地保持在寄存器中计算。强制寄存器数为 42 个寄存器（通过设置编译器标志 maxrregcount=42），将 SM 可允许调度的线程块增加 1 个。这反过来又把执行时间降为 97ms。强制降低寄存器的使用，意味着超出的存储需求将溢出到全局内存。在这种情况下，我们看到内存带宽的需求跃增 25%。这表明通过减少寄存器的使用仍然有提高的空间，但它需要通过其他手段来完成。

我们可以减少每个线程块的线程数来获得更多可供调度的线程块，从而达到预期的效果。从 128 个线程减少到每块 96 个线程，使我们能够调度像以前一样数量的线程束，但是用 8 个线程块而不是 6 个。这样执行时间降低到 96ms。由于内核函数没有使用同步点，时间上的降低完全来自两方面。一个是增加的线程块带来的更好的指令混合，另一个是缓存的作用。

如果我们看一下图 7-16 的内存视图，它来自 Parallel Nsight 得到的一个实验结果。我们可以看到，我们有非常高的一级缓存的使用率，但仍然有 281MB 的数据溢出到二级缓存中。更糟糕的是，有 205MB 溢出到全局内存中。内核函数的读取和写入将会通过全局内存，这将导致需要一些全局内存流量。但是我们应该对此如何预期呢？我们有 4 195 328 个线程块，每块使用 16 字节大小的数据，因此，我们要读取 67 125 248 字节或正好为 64MB 的数据。同样，我们要写入一个解密块，所以我们有 64MB 的数据写出。图 7-16 中显示了整个设备上全局内存的统计数据，表明我们的读 / 写量共 205MB。因此，我们产生了所需全局内存流量的 160%，这反过来限制了性能。

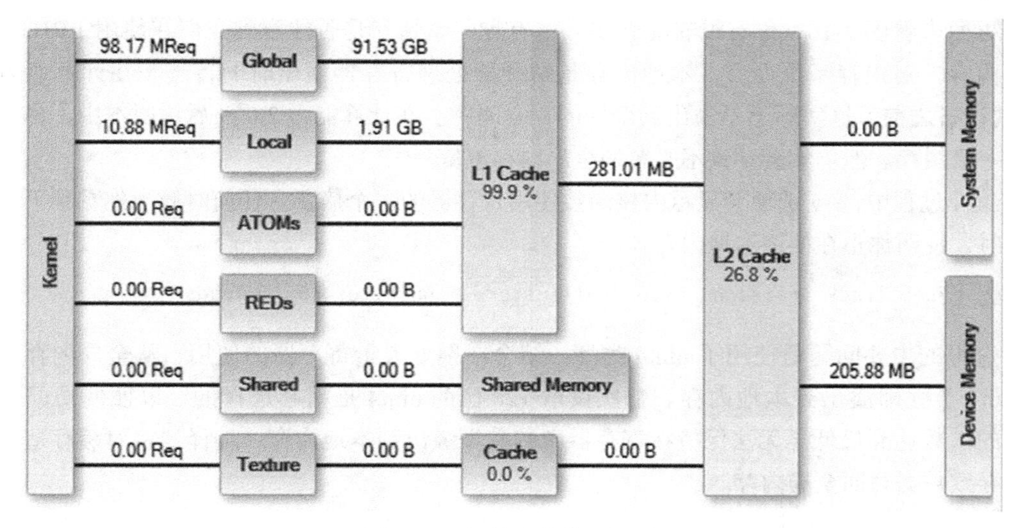

图 7-16 初始内存带宽视图

目前，一级缓存以峰值的效率运行，但有 16K 的共享内存我们没使用。它不用像全局内存那样要求合并访问，因此这对于小数据区域上分散内存访问模型来说，是很不错的选择。然而，与一级缓存不同，共享内存只是线程块内可见，这意味着，对每个 SM 上的线程块都要复制一份数据。

常量内存缓存未在图 7-16 中显示，但它也大到足以容纳 Galios 乘法（gmul）或 s_box 表。但是，常量缓存的每个时钟仅具有一个 32 位的元素带宽，并且是专为所有线程访问同一个元素设计的。因此，共享内存是更好的选择。

不过，让我们先来看看这两个表，s_box 和 gmul 表。它们声明为 32 位的无符号类型，以避免大量添加指令，来完成对 32 位字的移位和掩码操作。考虑我们产生的内存流量，这很可能不是一个好的选择。改成 u8 类型，我们可以看到片外内存访问从 205MB 降到了 183MB，执行时间从 96ms 下降到 63ms。显然，这引起了全局内存上过多的存取操作，减少它会有很大的帮助。

减少了内存使用量，每个 gmul 表是 256 个字节的大小，这样的 4 个表正好 1K 字节。我们可以在每个 SM 上设置最多 8 个线程块，所以 8K 的共享内存足以容纳 gmul 表。

然而，执行此共享内存的优化有一个问题。事实上，我们将 18G 的内存带宽从一级缓存移到共享内存，主内存带宽下降 7MB。但是，我们必须在每个块的起始位置移动 1K 字节的数据，因为共享内存是不持久的，也不能在线程块之间共享。然而，一级缓存却在块之间是共享的，鉴于表完全驻留在缓存内，所以能对目前这种分散内存访问模式有很好的处理。对于我们使用 8K 共享内存的方式，总计的速度改善几乎是零，所以移除了这一优化，而是让表驻留在一级缓存中。注意，与全局内存访问相比，使用共享内存将对计算能力为 1.x 的设备性能带来很大的改善，因为那里有没有一级 / 二级缓存。

再回来看图 7-16，你有没有注意到一些有趣的事情？是否注意到我们在使用 1.91GB 的本地内存？对内存系统而言，本地内存是编译器处理寄存器溢出时的首选。在计算能力为 2.0 的设备之前，这实际上是溢出到全局内存空间中。在计算能力 2.0 及后续版本中，尽可能使用一级缓存。但仍然会导致不必要的全局内存流量。

编译过程中，–v 选项会显示内核函数使用寄存器的一个摘要。任何时候当你看到下面的消息时，说明你正在使用本地内存：

```
nn bytes stack frame, nn bytes spill stores, nn bytes spill loads
```

这里的主要问题是使用了 uint4 类型。结合在别处大量寄存器的使用，从全局内存加载的 uint4 会立即溢出到本地内存。每次读取 128 位的 uint4 是精心选择的，以便使访问全局内存的次数达到最低。无法保持在寄存器中的数据溢出到本地内存，编译器将对缓存造成污染，导致数据写回全局内存。

我们可以通过将其声明为一个 __shared__ 类型的数组和并使用 threadIdx.x 索引，明确地将其移动到共享内存，而不是本地内存中。共享内存是每个线程块的本地内存，我们可以将溢出的寄存器明确地放到共享内存中。移动此参数，生成的内存视图如图 7-17 所示。

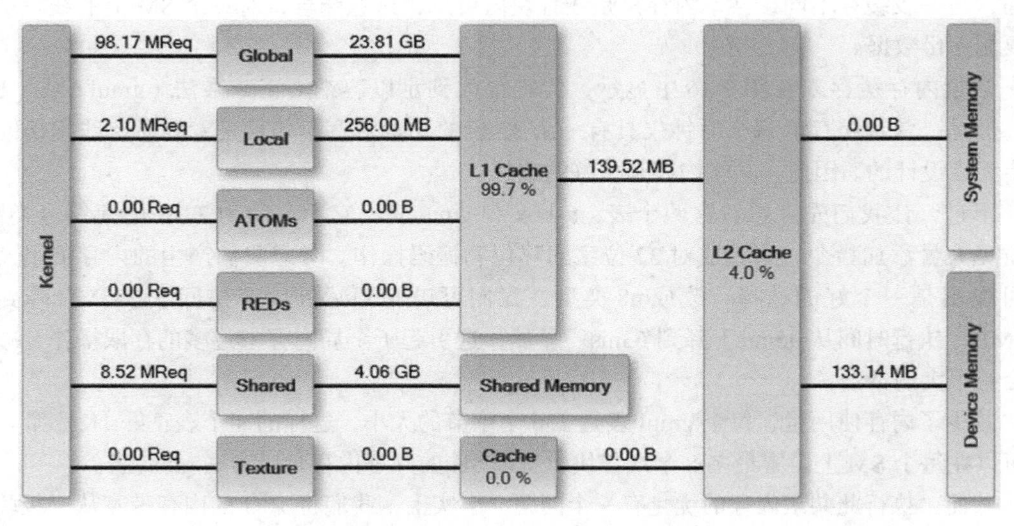

图 7-17 使用共享内存后的内存传输视

请注意，简单地将数据移到共享内存中会使本地内存的使用从 1.91GB 降到只有 256MB，全局内存流量从 183MB 降低到 133MB。我们的共享内存流量比它以前的一级缓存流量增加约一倍，这在很大程度上是由于共享内存的存储片冲突。这些都是由将一个 128 位（16 字节）的值放置到一个 32 位（4 个字节）的共享内存系统中引起的。编译器仍然坚持创建一个栈帧，虽然会比以前更小，但它仍然存在。总的执行时间仍然固执地停留在 63ms。

为了查看究竟是什么参数溢出，我们需要查看 PTX 代码，它们是来自给定内核的汇编代码。任何 PTX 指令，如 st.local 或 ld.local 都是操纵本地数据。本地数据也是以 local 作为前缀的。它表明其余的本地数据实际来自 __global__ 调用者和 __device__ 函数之间使用的参数数据。

```
__global__void AES_decode_kernel_multi_block_single_key(uint4 * const src_block,
                                                        uint4 * const dest_blocks,
                                                        KEY_T * const expanded_key,
                                                        const u32 num_cipher_blocks)
{
 const u32 tid = (blockIdx.x * blockDim.x) + threadIdx.x;
 if (tid < num_cipher_blocks)
  AES_decrypt_4x4_reg( &(src_block[tid]),&(dest_blocks[tid]),&(expanded_key[0]) );
}

__host__ __device__ void AES_decrypt_4x4_reg(
 const uint4 * const src_cipher_block,
 uint4 * const dest_cipher_block,
 KEY_T * const cipher_key)
{
…
}
```

事实上，我们已经传递了许多参数到设备函数上，这反过来又允许它被一些主机函数和全局函数调用，使编译器插入一个栈帧。我们很少希望编译器调用栈，而是希望它内联该调用到设备函数中，从而消除了任何使用栈的需求。当声明该函数时，我们可以直接使用 __forceinline__，如下所示：

__forceinline__ directive when declaring the function as shown here:

```
__host__ __device__ __forceinline__ void AES_decrypt_4x4_reg(
 const uint4 * const src_cipher_block,
 uint4 * const dest_cipher_block,
 KEY_T * const cipher_key)
{
…
}
```

重新编译代码不再产生栈帧信息。由于函数现在是一个紧密的整体，因此编译器可以把更好的优化技术应用到它上面。寄存器的使用下降到只有 33 个，而不是像先前那样通过强制使用 42 个寄存器达到启用 8 个线程块。通过查看图 7-18 中的内存概要信息，我们可以验证本地内存不再被使用。

我们可以看到，在图7-18中，本地内存流量下降到零。少量的二级缓存使用也消除了。全局内存的使用量又下降了5MB，总使用量为128MB，鉴于我们所处理的数据量，这正是我们期望的、最理想的全局内存带宽。执行时间减少一些，但仍保持在63ms。

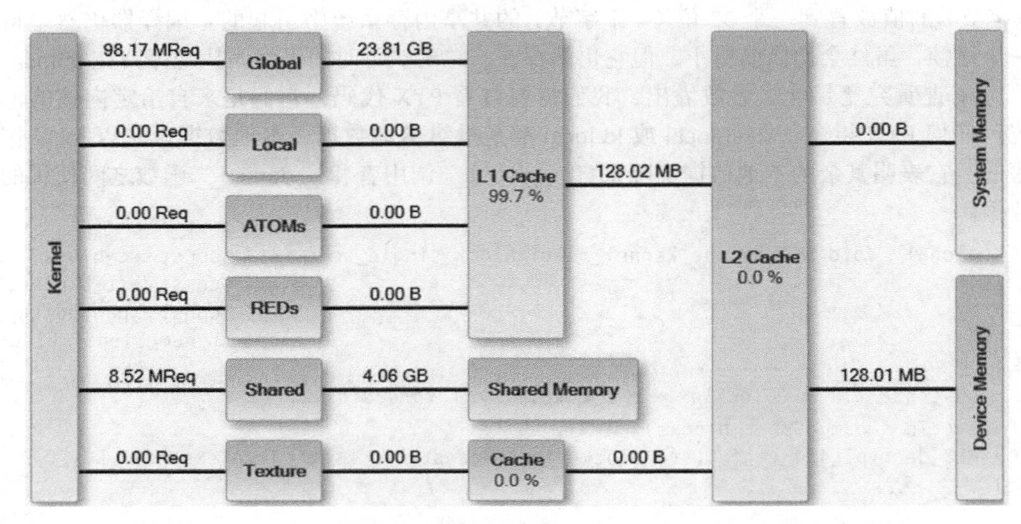

图7-18 消除栈使用后的内存使用

内核函数会导致大量使用异或操作，这一指令在设备上是无法全速使用的。因此，通过确保我们开启了SM的最大线程块数，我们确保了良好的指令混合，也确保在执行异或操作时一切都没有倒退。

在之前的情形，即每线程块使用96个线程，每个线程占用42个寄存器，我们可以安排8个线程块，共计24个线程束。就SM可以运行的线程束数目而言，这大约是SM50%的可用容量。但是，我们从Parallel Nsight的"Issue Stalls"（事件失速）实验中可以看到，实际上正在使用的SM容量。这里的失速仅有0.01%的时间，这表示SM已经几乎达到峰值容量。因此，通过增加线程束数目来增大占用率的做法，很难有显著的帮助。线程数从96增加到128，使我们能够将可用的线程束数量从24增加到28。这消除了余下部分的少量失速问题，同时增加了两个线程束调度器存在足够线程束供应的时间，我们又获得了1.5ms的提速。这样总的执行时间为61.5ms。

7.5.8 考虑在其他GPU上运行

已经开发出的针对单一现代GPU的程序，它会在其他GPU上工作的如何呢？通常情况下，特别是当你正在编写商业应用程序时，你的程序需要在市场中每个级别的硬件上很好地工作。虽然程序将运行在大多数GPU上，但你应该知道采取什么策略能在该硬件上达到良好的性能。在已经开发的AES程序中，我们将对此进行检查。

我们第一个目标是GTX460卡，它是基于费米架构的计算能力2.1的设备。主要的差异包括计算能力2.1架构（7SM×48CUDA核与14SM×32CUDA核）、变小的二级缓存（512K

与 640K），减少的每 CUDA 核的一级缓存（48K 一级缓存共享于 48 个 CUDA 核与 48K 一级缓存共享于 32 个 CUDA 核），以及降低了的内存带宽（115GB/ 秒与 134GB/ 秒）。

仅根据总体 CUDA 核数量（336 个与 448 个），我们预计大约是之前 75%的性能。然而，通过平衡时钟速度上的差异，这两个设备之间的性能差异不会超过 10%。GTX460 的内存带宽下降了 15%。

解密函数的实际测量时间是 100ms，跟之前的 61.5ms 相比有点令人失望。通过分析执行性能文件，我们看到 GTX460 上的 SM，每个时钟可执行更多的指令。因此，所需的数据变得可用的时刻发生了变化。我们同时看到，SM 中有少量的失速。每个线程块使用 128 个线程，我们成功地让 7 个线程块得到调度机会（28 个线程束）。如果我们能稍微减少寄存器的使用，则可以另外执行一个线程块并更充分地利用 SM。因此，我们采用在编码操作时使用的相同技术，并且将逆混合列操作移到与解码操作更接近的地方。因此，下面的代码：

```
// Add Round Key
{
 // Fetch cipher key from memory as a 128 bit read
 *key_ptr = ((*cipher_key)[round_num]);

 // Extract the key values, XOR'ing them with
 // the current values
 EXTRACT_WORD_XOR2((key_ptr->x), a0, a1, a2, a3);
 EXTRACT_WORD_XOR2((key_ptr->y), a4, a5, a6, a7);
 EXTRACT_WORD_XOR2((key_ptr->z), a8, a9, a10, a11);
 EXTRACT_WORD_XOR2((key_ptr->w), a12, a13, a14, a15);
}

// Invert Column Mix on every round except the first
if (round_num != 10)
{
 INV_MIX_COLUMN_PTR2(a0, a1, a2, a3,
           gmul_14_ptr, gmul_09_ptr, gmul_13_ptr, gmul_11_ptr);

 INV_MIX_COLUMN_PTR2(a4, a5, a6, a7,
           gmul_14_ptr, gmul_09_ptr, gmul_13_ptr, gmul_11_ptr);

 INV_MIX_COLUMN_PTR2(a8, a9, a10, a11,
           gmul_14_ptr, gmul_09_ptr, gmul_13_ptr, gmul_11_ptr);

 INV_MIX_COLUMN_PTR2(a12, a13, a14, a15,
           gmul_14_ptr, gmul_09_ptr, gmul_13_ptr, gmul_11_ptr);
}
```

变为

```
// Add Round Key
{
 // Fetch cipher key from memory as a 128 bit read
 *key_ptr = ((*cipher_key)[round_num]);
```

```
// Extract the key values, XOR'ing them with
// the current values
EXTRACT_WORD_XOR2((key_ptr->x), a0, a1, a2, a3);
if (round_num != 10)
 INV_MIX_COLUMN_PTR2(a0, a1, a2, a3,
           gmul_14_ptr, gmul_09_ptr, gmul_13_ptr, gmul_11_ptr);

EXTRACT_WORD_XOR2((key_ptr->y), a4, a5, a6, a7);
if (round_num != 10)
 INV_MIX_COLUMN_PTR2(a4, a5, a6, a7,
           gmul_14_ptr, gmul_09_ptr, gmul_13_ptr, gmul_11_ptr);

EXTRACT_WORD_XOR2((key_ptr->z), a8, a9, a10, a11);
if (round_num != 10)
 INV_MIX_COLUMN_PTR2(a8, a9, a10, a11,
           gmul_14_ptr, gmul_09_ptr, gmul_13_ptr, gmul_11_ptr);

EXTRACT_WORD_XOR2((key_ptr->w), a12, a13, a14, a15);
if (round_num != 10)
 INV_MIX_COLUMN_PTR2(a12, a13, a14, a15,
           gmul_14_ptr, gmul_09_ptr, gmul_13_ptr, gmul_11_ptr);
}
```

这种操作的合并允许寄存器的使用下降到神奇的31个，从而使我们能够另外调度一个线程块，从而每个SM包含32个线程束。相比计算能力2.0，计算能力2.1的设备具有更高的计算与加载单元比率，这对后者来说，是种补偿。我们看到了从100ms到98ms的小幅降低。然而，我们的计算能力2.0设备（GTX470）已经全部利用了它的计算核。这种变化，引入了更多的测试，花费0.5毫秒。在计算能力2.0的设备上，我们倒退到62ms。有时你可能会发现，在一个SM中执行单元的平衡是不同的，尤其是对计算能力2.0或2.1的设备。

第二个目标是GTX260，它是计算能力1.3的设备。这里最为重要的区别是GTX260完全缺乏一级和二级缓存。其他方面：SM架构上有27个SM（相较14个）；CUDA核总数含216个（相较448个CUDA核）；内存带宽是112GB/s（相较134GB/s，约少16%），与GTX460相同。

解码函数的初始运行耗费650ms，比GTX470慢10倍以上。为什么？其中一个关键的原因是计算能力1.x的平台不支持统一的寻址模式。因此，预期的内存使用量必须要显式声明。针对gmul表的情况，它们通过一个小的计算内核在设备上生成。同样的，这些表存在于全局内存中。在计算能力2.x的平台上对全局内存进行缓存，而在计算1.x的平台必须显式地让它可以进行缓存。为此，我们有几种实现方式。

首先，我们需要指定，用于gmul的内存是常量类型，反过来这又意味着，我们不能从设备上改写它。由于我们在主机端有一份数据，我们可以通过调用cudaMemcpyToSymbol将它复制到该设备或简单地在设备上将它声明为常量内存并静态地初始化它。因此，计算gmul表的代码被替换为一个易于扩充定义的查找表。把它存放在常量内存中。重新运行该代码，我们看到从650ms降到265ms，下降近60%的执行时间。然而，GTX260仍然比GTX470慢

4.2 倍，比 GTX460 慢 2.7 倍。

最后，老的 GT9800 卡约有 GTX260 一半数量的 CUDA 核和一半的内存带宽。正如所预期的，它的运行时间约是 265ms 的 2 倍（实际为 1.8 倍），达到 478ms。

GTX260 和 GT9800 共有的问题在于数据组织。让数据与 AES-NI 相匹配，意味着单个密钥值的数据在内存中顺序排列。为了实现更好的性能，我们需要组织内存，以使每个来自密钥的连续 32 位值以列的形式保存在内存中，而不是以行的形式。通常，对 CPU 理想的顺序排列方式对 GPU 来讲可能并不理想。

AES 加密 / 解密的实际输出如下所示：

```
Intel AES NI support enabled.
Logical CUDA device 0 mapped to physical device 0.Device ID: GeForce GTX 470 on PCI-E 5
Logical CUDA device 1 mapped to physical device 1.Device ID: GeForce GTX 470 on PCI-E 4
Logical CUDA device 2 mapped to physical device 2.Device ID: GeForce GTX 470 on PCI-E 3
Logical CUDA device 3 mapped to physical device 3.Device ID: GeForce GTX 470 on PCI-E 2
Logical CUDA device 4 mapped to physical device 4.Device ID: GeForce GTX 470 on PCI-E 1

test_single_block_single_key_encode_decode
AES NI Key          :  2b, 7e, 15, 16, 28, ae, d2, a6, ab, f7, 15, 88, 09, cf, 4f, 3c,
AES NI Plaintext    :  6b, c1, be, e2, 2e, 40, 9f, 96, e9, 3d, 7e, 11, 73, 93, 17, 2a,
AES NI Ciphertext   :  3a, d7, 7b, b4, 0d, 7a, 36, 60, a8, 9e, ca, f3, 24, 66, ef, 97,
Expected Ciphertext :  3a, d7, 7b, b4, 0d, 7a, 36, 60, a8, 9e, ca, f3, 24, 66, ef, 97,
Single block single key AES-NI decode Passed
GPU Intial Key      :  16157e2b,  a6d2ae28,  8815f7ab,  3c4fcf09,
GPU Plaintext       :  e2bec16b,  969f402e,  117e3de9,  2a179373,
CPU Ciphertext      :  b47bd73a,  60367a0d,  f3ca9ea8,  97ef6624,
GPU Ciphertext      :  b47bd73a,  60367a0d,  f3ca9ea8,  97ef6624,
Expected Ciphertext :  b47bd73a,  60367a0d,  f3ca9ea8,  97ef6624,
Single block single key serial decode Passed
Single block single key parallel decode Passed
Single block single key parallel decode and AES-NI match Passed

Encrypting on GPU          :  4194304 blocks (32768 Blocks x 128 Threads)
Encrypt Copy To Device     :  28.469ms
Encrypt Expand Key Kernel  :   0.025ms
Encrypt Encode Key Kernel  :  45.581ms
Encrypt Copy From Device   :  25.428ms
Encrypt Total Time         :  99.503ms
Encrypting on CPU         :  4194304 blocks
Encrypt Encode            :  3900.000ms
Encrypting using AES-NI   :  4194304 blocks
Encrypt Encode            :  20.000ms
CPU and GPU encode result Passed.
CPU and GPU AES-NI encode result Passed.

Decrypting on GPU          :  4194304 blocks (32768 Blocks x 128 Threads)
Decrypt Copy To Device     :  27.531ms
Decrypt Expand Key Kernel  :   0.028ms
```

```
Decrypt Decode Key Kernel :  62.027ms
Decrypt Copy From Device  :  25.914ms
Decrypt Total Time        : 115.500ms

Decrypting on CPU  :  4194304 blocks
Decrypt Decode     :  2760.000ms

Decrypting using AES-NI  :  4194304 blocks
Decrypt Decode           :  20.000ms
CPU and GPU decode result Passed.
CPU and AES-NI decode result Passed.
```

注意，对加密部分，我们已经设法让其不超过 AES-NI 硬件运行时间的 2 倍，对应的解密部分大约在 3 倍以内。我们这里使用的 GTX470 是跟常规沙桥 CPU 硬件的时间相匹配的，而无法跟更先进的沙桥 –E CPU 相比较。基于常规沙桥硬件的 AES-NI 的性能大约为沙桥 –E 的一半。如果比较 GPU 执行的时间与沙桥上 AES-NI 的时间，大概处于同一级别。而实际上，基于开普勒架构的 GTX680 才是能与沙桥 –ECPU 配对的典型设备。这将带来 2 倍量级的性能提高。这样，GPU 上的性能就能与基于硬件的 AES-NI 上的性能旗鼓相当。

支持什么 GPU 的议题是棘手的。在消费级市场上有很多古老的 GPU，如果你面向的是消费级市场，那么你的应用程序必须能在老 GPU 上运行良好。而在大范围使用条件下，但就能耗账单而言就没有必要继续使用老显卡，尽早更换为新卡更合算。开普勒的出现将极大加速淘汰较旧的 Tesla 板。

如果你需要支持旧的硬件，那么最好的办法是在该硬件上开发。然后对后生代显卡也会有较好的表现。对这些老卡所做的优化在后生代卡上可能获益没那么明显。然而，几乎所有的优化都会表现出一定的好处，只是你即刻收到什么成效不太确定。

7.5.9 使用多个流

在第 8 章里提供了一个多个流和多个流 / 多 GPU 编程的例子。因此我们不再详细介绍如何实现这个算法的多流版本。然而，我们将要讨论一些实现这个算法或者实现算法过程中需要思考的问题。

由于允许重叠进行内核执行与 PCI-E 传输，多个流是有用的。但它们的用处严重地受限于 PCI-E 传输引擎的数目。在消费级显卡上，仅启用了一个引擎。只有特斯拉系列卡的双传输引擎均启用了，使得可以同时进行双向传输。

我们通常想传输数据到显卡上，处理其中一些数据，然后把数据从显卡上传输出去。在仅启用单个 PCI-E 传输引擎的情况下，我们对硬件里所有的内存传输都用单个队列。尽管处于不同的流中，内存传输请求在费米和更早的硬件上，存入单个队列。因此，典型的主机和设备间的工作流模式（分别经历从主机传入设备、调用内核、从设备传回主机）会存在失速问题。从设备传回的操作会阻塞从下一个流中传入设备的操作。因此，所有的流实际上按顺序运行。

使用多个流时，下一个我们需要考虑的问题资源使用情况。你需要 N 组主机和设备的内存，其中 N 是你想要运行的流的数量。当你有多个 GPU 的时候，这会很有意义。因为每个 GPU 都非常有助于整体的结果。然而，仅使用单个消费级 GPU 卡，其收益不容易量化。如果 GPU 工作量在输入输出上比较均衡，或者整体传输时间小于内核执行时间，单卡能较好地运行。

在我们的应用程序中，传入了一组待编码为单个密钥集的数据块，传出了编码完成的数据块。传入和传出的大小几乎相同。内核执行的时间大约是传输时间的两倍。这意味着我们有机会隐藏数据输入阶段的传输时间，用户只付出输出阶段的传输时间。

单个 GPU 可以支持多达 16 个硬件流（开普勒架构是 32 个），所以在设备和主机的内存界限内，它能够支持 16 个传入操作、16 个内核执行操作和 16 个传出操作。如第 9 章将要讨论的，传输导致的问题更明显。由于主机上的资源竞争，跨越 PCI-E 总线的并行传输越多，本身所用的传输时间也会变得越长。

7.5.10 AES 总结

这里有一些有关 AES 的问题，值得总结一下。

- 针对 CPU 与 GPU 的理想内存模式是不同的。优化 GPU 的访存模式收益甚大，费米架构上通常提速 1 倍以上，对更早的 GPU，内存模式的优化更为关键。
- 对于计算能力 1.X 设备，申请只读内存需显式声明为常量内存，而不是由编译器自动指定。
- 为了使编译器更容易自动优化性能，内核程序的重新排序或者变换是必不可少的。
- 有效的寄存器使用方式以及合适的使用数量，对高性能的 CUDA 程序设计至关重要。
- 你可以通过一级缓存在线程块间共享只读数据，也可以使用共享内存保存这些数据。但后者需要保存 N 份数据，这里 N 是可用的线程块数。
- 复杂的、含线程分支的算法，如 gmul 函数的解码，可以使用没有线程分支的内存查找代替，查找表驻留于缓存或共享内存。缓存就是专门为此类数据驱动方式的分散内存访问模式而增添的。
- 确认变量的分配没有溢出寄存器，尽早消除栈或本地内存的使用。
- 务必尽早在解决方案之处验证其正确性。最好相互独立地开发代码的不同版本。
- 务必查看程序的实际执行时间。你的心智模型 (mental model) 关于事情运转方式的认识未必正确，常常会忽略一些东西。经常查看数据，观测每次变化后的效果。

7.6 本章小结

我们已经考察了 GPU 技术的几个应用程序，刻意避免在很多 CUDA 编程示例中讨论泛滥的简单矩阵乘法。我们着眼于利用 GPU 来过滤数据，不论是从寻找数据中有趣的事实这一角度看，还是从一个纯粹的信号处理的角度看，这都是非常有用的。我们也讨论了，如何在GPU上实现一个标准的AES加密算法。即使你不需要在CUDA中实现它，也应该对这个算法和其实现过程有所理解，并乐于去使用它。

你应该通过具体操作过程，学会面向多种计算能力的硬件时的权衡之术和设计要点。你也可以看到，项目开发过程中早期的设计决策是如何影响到结果的。在你开始书写代码之处，你应该全盘考虑和理解寄存器、共享内存、缓存的用法以及全局内存的访问模式等设计的主要方面。

今天的程序员有一个最大的弱势：他们对程序所依赖的硬件缺乏了解。要实现优异的性能表现，而不只是平均表现，必须要理解，而且是彻底理解，你正在开发的环境。诸如不同内存层次结构的概念在传统编程语言中并不存在。C语言发明于20世纪70年代初，直到C11标准（在2011年），我们才看到了线程和本地线程存储概念的出现。CUDA和其母语C语言所遵循的原则是信任程序员。它会把很多硬件资源暴露给你，因此，你有责任去理解它们的特性并充分用好它们。

利用已经介绍的几个例子，我们后面将继续讨论多GPU的使用和应用程序的优化策略。只需在单个节点PCI-E总线上插入更多的显卡并将我们的应用改写为多GPU的，我们就能实现大规模的加速。开普勒架构的Tesla K10产品是第一Tesla型号的双GPU解决方案。在未来几年，也许我们可以看到很多类似方案。多GPU编程，在CUDA 4.0版本以后，其实并不难。你会在随后的章节看到。

问题

1. AES应用程序在GTX260和GT9800卡上明显慢于GTX460和GTX470卡的主要原因是什么？你会怎样来解决这个问题呢？
2. 在AES应用程序中，把s_box和gmul表从u32改变为u8，为什么会提高性能？
3. 什么是线程级并行？它是否有帮助？如果有帮助，为什么呢？
4. 使用原子操作，会带来什么问题？

答案

1. GTX260和GT9800卡的计算能力分别是1.3和1.1的。因此，它们有没有一级或二级缓存。只有到计算能力2.x，才有这两种缓存。在内存视图中显示，我们使用的一级缓存有99%的命中率。从一级缓存溢出到全局内存，意味着我们从万亿字节级带宽降低到数亿字节级带宽。

内存合并上也有根本性改变。计算能力2.x的硬件获取内存数据存入128字节的缓存行。如果某线程读取一个单独的128字节的值，例如uint4，硬件可以提供此项服务。而在计算能力1.x的硬件上，内存合并的要求更为严格。

目前编译的uint4类型对算法有副作用。在计算能力2.x的硬件上，一个4字向量加载操作会紧随于一个4字向量的共享内存存储操作。在计算能力1.x的硬件上，CUDA 4.1编译器生成的代码，会独自加载每个32位的字，从而在每个方向上都产生4倍的流量。加密的密文数据需要按照特定形式存放，以便达到内存合并。

常量缓存是有帮助的。移除 uint4 类型的共享内存变量，代以寄存器类型的 u32，并把 gmul 和 s_box 表分配在共享内存里会更为有利。还应该考虑到，纹理缓存是老设备上难得的重要资源，值得花费功夫去研究和尝试。

2. s_box 和 gmul 表的访问采用数据依赖的模式。我们总共有 4 个表，其中每一个表包含 256 个条目。使用 u8 类型，意味着我们使用 5K 的内存，该内存是能够放入一级缓存和常量缓存的。使用 u32 的值会移除一些 cvt（转换类型）指令，但一级缓存或常数缓存中数据的移动增加为 4 倍。额外的计算开销比移动这么多数据更合算。作为 u32 类型，缓存需要存储 20K 的数据，超过了一级缓存通常的 16K 容量和常量缓存的 8K 工作集。

3. 线程级并行充分利用了大多数硬件的流水线结构，从而能够在连续的时钟里，接受非依赖性指令，而不会发生阻塞。每个线程使用 4 个独立的条目，通常能较好地实现线程级并行，我们将在第 9 章讨论。

4. 有两个主要问题要考虑。首先，原子操作，如果超量使用，会导致串行化。因此，一个线程束中 32 个线程向相同的内存地址执行写入操作，不管是共享内存还是全局内存，都将导致串行化。原子操作，至少在费米架构上，是线程束宽度的操作。因此，如果线程束中的每个线程的原子操作针对的寻址位置互相独立，将导致 32 个原子操作而不会产生串行化。

第二个问题是原子写入顺序。如果线程束中所有线程都要写入同一个地址，那么操作的顺序是没有定义的。对于某个给定的设备，你可以观察到明显的顺序，而且顺序很可能保持一致。然而，换一个设备，其顺序就可能不同。因此，在需要利用这种知识时，你要在你的应用程序中建立一个故障点。

参考文献

Wikipedia, Rijndael Mix Columns. Available at: *http://en.wikipedia.org/wiki/Rijndael_mix_columns*, accessed Jan. 31, 2012

Federal Information Processing Standards Publication 197, Advanced Encryption Standard (AES). Available at: *http://csrc.nist.gov/publications/fips/fips197/fips-197.pdf*, accessed Feb. 5, 2012.

Toms Hardware, AES-NI Benchmark Results: Bitlocker, Everest, and WinZip 14. Available at: *http://www.tomshardware.co.uk/clarkdale-aes-ni-encryption, review-31801–7.html*, accessed Apr. 26, 2012

第8章
多CPU和多GPU解决方案

8.1 简介

在现代计算系统中通常有多个设备：CPU和GPU。在CPU方面我们将讨论卡槽和核。卡槽是指主板上用来放置CPU的物理插槽。一个CPU可能包含一个或多个核。每个核实际上是一个独立的实体。许多CPU和GPU卡槽都位于单个节点或计算机系统。

了解核、卡槽以及节点的物理布局，会使得我们更有效地调度和分配任务。

8.2 局部性

局部性原理用在GPU和CPU上是相当不错的。接近设备的内存（GPU上的共享内存或CPU上的高速缓存）会更快地访问。一个卡槽内（比如核之间）的通信远远快于和不同卡槽上的另一核的通信。访问另一个节点核的通信方式至少比该节点内的访问慢一个数量级。

显然，拥有能够意识到这一点的软件可以对任何系统的整体性能产生巨大影响。这种卡槽感知软件可以按照硬件布局分割数据，确保一个核在一致的数据集上工作，并且需要多个核合作于同一个卡槽或节点上。

8.3 多CPU系统

最常见的多CPU系统是单插槽、多核台式机。如今你购买的任何PC都将有一个多核CPU。即使是笔记本电脑和媒体PC，你也会发现多核CPU。如果我们看一下Steam定期的硬件（消费级/游戏级）调查报告，该调查表明在2012年约50%的用户有双核系统，另外40%用户拥有4核或更高级的系统。

你能遇到的第二种类型的多CPU系统是工作站和低端服务器。这些通常是双插槽的机器，通常是由多核Xeon或Opteron处理器驱动的。

最后一种你能遇到的多CPU系统是数据中心的服务器，它通常有4、8或16个插槽，每一个插槽都有一个多核 CPU。这样的硬件通常被用来创建一个虚拟的机器集合，使企业能够通过一个大的服务器集中支持大量的虚拟 PC。

任何多处理器系统的主要问题之一是内存的一致性。CPU 和 GPU 将内存分配给单个设备。对于 GPU，这是每个 GPU 卡上的全局内存。对于 CPU，这是主板上的系统内存。

当你有独立的程序时可以只使用单一核，使用这种方法能够很好地进行扩展，因为每个程序都可以限制在一个给定的核。然后程序访问自己的数据，并能充分利用 CPU 核的缓存。然而，当你需要两个核互相合作的时候，就会遇到问题。

为了加快内存的访问速度，CPU 大量使用高速缓存。一个参数的值被更新时（例如，x++），x 真地被写入内存了吗？假设两个核都需要更新 x，因为一个核分配给一个债务处理任务和另一个核分配给信用处理任务。两个核从存储参数 x 的内存位置读出的内容必须是一致的。

这是缓存一致性问题，就是这个问题限制了可以在单个节点上实际合作的核的最大数量。实际上硬件是这样工作的：当核 1 写入 x 时，它会通知所有其他的核 x 的值已经改变，然后缓慢地写到主存中，而不是快速回写到高速缓存。

在一个简单的一致性模型中，其他核标记条目表明 x 在它们的缓存中无效。下一次访问 x 时，会从缓慢的主内存中读取 x 值。随后的核写入 x 时，重复该过程，下一个核访问参数 x 必须再次从主内存中读取并且重新写回。实际上，参数 x 没有被缓存，这对于 CPU 意味着巨大的性能损失。

在更复杂的一致性模型中，用更新请求替换无效请求，而不是替换无效的参数 x。因此，每一个写操作被分配到 N 个高速缓存中。随着 N 的增长，同步这些缓存所用的时间变得不切实际。这往往限制了可以放入对称多处理器（SMP）系统的节点的实际数目。

现在请记住，高速缓存都应该高速运行。在一个单独的卡槽中，这是不难的。然而，只要你用到多个卡槽，高时钟速率难以维持，因此一切都开始放缓。用的卡槽越多，保持一切同步就变得更加困难。

下一个重要的问题是内存访问时间。为了使在这样的机器中编程更容易，往往内存在逻辑上被安排成一个巨大的线性地址空间。然而，只要卡槽 1 的核试图访问卡槽 2 的一个内存地址，就必须要卡槽 2（作为唯一可以实际访问该内存地址的卡槽）提供服务。这就是所谓的非一致性内存访问（Nonuniform Memory Access，NUMA）。尽管在概念上，它使程序员工作更轻松，但是在实践中，你还是需要考虑内存地址的问题，否则你写的程序执行速度会非常缓慢。

8.4　多 GPU 系统

就像 CPU 一样，现在有很多系统都是多 GPU 的。从拥有 3 或 4“速力”（Scalable Link Interface，SLI）系统或类似 9800GX2、GTX295、GTX590 和 GTX690 的爱好者，到用专用的 GPU 显卡升级他的低功耗的 ION 台式机的人，许多人都有多 GPU 系统。作为一个程序员，你应该总是努力生产出在任何硬件上都能运行的、最好的产品。

如果用户有一个双 GPU 系统，而你只使用一个 GPU，那么你就和那些不愿意学习如何使用一个以上核的 CPU 程序员一样懒。有很多程序监视 GPU 负载。精通技术的用户或审查员会批评你的产品，因为你没有进一步地改进、提升。

如果你正在编写科学应用程序或者在已知的硬件上工作，而不是消费者应用程序，你也应该调查多 GPU 解决方案。几乎所有的个人电脑都支持至少两个 PCI-E 插槽，这允许几乎所有的 PC 都至少能有两个 GPU 显卡。CUDA 不使用也不需要"速力"连接器，所以没有"速力"认证的主板不阻碍在 CUDA 应用程序中使用多个 GPU。添加一个额外的 GPU 卡，你通常会看到性能水平增加了一倍，当前执行时间减半。你很少能这么容易地获得这样的加速。

8.5 多 GPU 算法

CUDA 环境本身不支持多 GPU 模式的合作。该模型更多的是基于单核、单 GPU 的关系。对于相互独立的任务。这一点确实很好。但是，如果你想编写一个需要 GPU 以某种方式合作的任务，这却是很痛苦的。

这种模式能让如 BOINC 的应用程序运行良好。BOINC 是这样一个应用程序，它允许用户贡献出闲置的计算能力来解决世界性的问题。在一个多 GPU 系统上，它产生 N 个任务，其中 N 等于系统中 GPU 的数目。每个任务从一个中央服务器获得一个单独的数据包或工作。当 GPU 完成任务时，它只是简单地要求从中央服务器（任务调度程序）中得到额外的任务。

现在，如果你看看不同的例子，比如说我们需要合作，那么情况就不一样了。在最简单的层次，我们通常通过将 JPEG 型算法应用到每一帧，然后再寻找帧与帧之间的运动矢量完成视频编码。因此，我们对帧的一个操作可以分布到 N 个 GPU 中，但随后的操作需要 GPU 共享数据，并依赖于第一个任务（JPEG 压缩）的完成。

有几种方式处理这个问题。最简单的方法是使用两个内核程序，一个内核简单地做 N 个独立帧的 JPEG 压缩，第二个内核以运动矢量的分析为基础进行压缩。我们之所以可以这样做是因为基于运动矢量压缩使用有限的窗口帧，所以帧 1 不影响帧 1000。因此，我们可以把工作分割成 N 个独立的部分。与其他的多遍算法一样，这种方法的不足之处在于我们需要多次读取数据。由于数据集通常是相当大的，这将涉及速度较慢的大容量存储设备，因此这通常不是一个好的办法。

单通的方法更加有效，但是编程却更加困难。我们可以通过把做运动向量压缩的帧看作数据集，从而将问题进行转化。每个帧组是独立的并且可以被调度到一个单独的 GPU 显卡。GPU 内核首先把提供给它的所有帧做 JPEG 压缩。然后对那些相同的帧，做运动矢量计算。通过使用这种方法，你就能成功地将数据保存在 GPU 显卡上。这种做法消除了这类问题的主要瓶颈——系统中的数据移动。

在这种情况下，我们重组算法使它可以被分解成独立的数据块。然而这并不总是可能的，许多类型的问题需要至少从其他 GPU 中获得少量数据。当你需要另一个 GPU 的数据，你必须显式地共享这些数据，并明确 GPU 之间的数据访问顺序。SDK4.0 之前，CUDA 环境并不支持这些。如果有可能将程序分解成独立的块，那么尽量采取这种做法。

这种方法有几个替代方法。可以使用 SDK4.0 版本中提供的 GPU 对等通信模型，或者也可以在 CPU 层使用 CPU 级原语以进行合作。前者不适用于所有的操作系统，最明显的是 Windows 7 的消费类硬件产品。CPU 的解决方案需要特定 OS 的通信原码，或者使用一个共同的第三方解决方案。

8.6 按需选用 GPU

当系统有一个以上的 GPU 时，它们是相同还是不同的？程序员是如何知道的？这重要吗？

以上问题通常是很重要的，但这很大程度上取决于应用程序。在 CUDA 二进制文件中，通常嵌入多个二进制映像，分别对应每一代 GPU。二进制文件中至少包含适合于最低计算能力 GPU 的映像。然而，也可能存在更多的二进制映像，用于优化更高级别的计算设备。当执行内核时，CUDA 运行时会自动选择基于最高级别计算设备的二进制代码执行。

某些功能，如原子操作，只适用于特定计算水平的设备。在较低级别的计算设备运行这样的代码，会导致内核启动失败。因此，至少对于一些特定的程序，我们需要去关心哪个 GPU 是被使用的。其他程序在新的硬件上运行得更好或更坏，这取决于应用程序选择的高速缓存块大小。另外一些程序可能被写成使用大量 G80/G200 系列设备上的寄存器，在费米架构上这个数目减少了，但是在开普勒架构中又恢复了。

因此，掌握一些用户和管理员层次的知识是必须的，比如哪个是运行给定内核的最好平台，或者是程序员不得不改写程序使其能够在所有的平台上良好地运行。这可以通过忽略计算设备的特性来实现，不过这经常会让开发人员更难编程。或者可以提供一些具有可替代性的内核来避免计算层面的问题。然而，后者往往由商业问题驱动。程序员的工作时间消耗金钱，你必须评估你的细分市场是否包含了足够多的使用旧硬件的用户，以验证额外的开发和测试工作是否值得。在消费市场方面，截至 2012 年 8 月，大约 1/4 的市场仍然在使用费米架构之前的硬件，参见图 8-1。

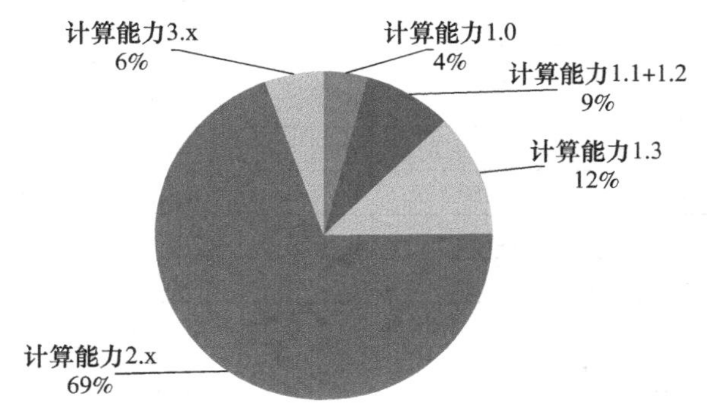

图 8-1 消费级计算能力分布（数字来自 2012 年 8 月）

程序员如何选择一个 GPU 设备呢？到目前为止，我们已经看到过很多例子了，其中我们使用了 4 种设备并且比较不同设备产生的结果。你应该从不同的代码示例中看出，我们需要通过调用以下代码来设置一个设备。

```
cudaError_t cudaSetDevice(int device_num);
```

或者使用如下的简化版本，

```
CUDA_CALL(cudaSetDevice(0));
```

参数 device_num 是一个从零（默认设备）到系统设备数量的一个数字。若要查询设备数量，只需调用下面的语句：

```
cudaError_t cudaGetDeviceCount(int * device_count);

CUDA_CALL(cudaGetDeviceCount(&num_devices));
```

请注意，在两种调用中我们都使用了第4章开发的 CUDA_CALL 宏。它仅仅是在遇到错误时获取返回值，检查错误类型，打印相应的错误信息并退出。若要获取 CUDA 究竟是如何工作的更多信息，请参阅第4章。

现在我们知道系统有多少设备，以及如何选择其中一个，剩下的问题是该选择哪一个。为此，我们需要知道一个特定设备的详细信息。我们可以使用下面的调用进行查询：

```
cudaError_t cudaGetDeviceProperties(struct cudaDeviceProp * properties, int device);

struct cudaDeviceProp device_0_prop;
CUDA_CALL(cudaGetDeviceProperties(&device_0_prop, 0));
```

properties 的结构特性由表 8-1 的结构成员所示。

表 8-1 设备属性说明

结构体成员	意　义	Tesla 专用	单　位
char name[256];	设备名称，如 GTX460		字符串
size_t totalGlobalMem;	设备全局内存最大值		字节
size_t sharedMemPerBlock;	每个块支持的共享内存最大值		字节
int regsPerBlock;	每个块支持的寄存器数量最大值		寄存器
int warpSize;	设备的线程束大小		线程
size_t memPitch;	在分配定宽内存时，memapy 操作支持的最大定宽		字节
int maxThreadsPerBlock;	每个块支持的线程数量最大值		线程
int maxThreadsDim[3];	每个维度支持的线程数量最大值		线程
int maxGridSize[3];	每个网络维度支持块的最大数量		块
int clockRate;	GPU 的时钟频率		KHz
size_t totalConstMem;	设备上恒定可用内存的最大值		字节
int major;	主计算版次		Int
int minor;	次计算版次		Int
size_t textureAlignment;	对纹理对齐的最低要求		字节
int deviceOverlap;	如果设备支持重叠的内存传输内核（不建议使用），则设置为 1		标志位
int multiProcessorCount;	设备的 SM 数		Int

（续）

结构体成员	意　义	Tesla 专用	单　位
int kernelExecTimeoutEnabled;	如果内核超时功能启用（默认启用），设置为 1		标志位
int integrated;	如果该装置是一个集成的装置，即一个设备共享 CPU，设置为 1		标志位
int canMapHostMemory;	如果该设备可以将 CPU 主机映射到 GPU 虚拟内存的内存空间，则设置为 1		标志位
int computeMode;	目前的计算模式（cudaComputeModeDefault、cudaComputeModeExclusive、cudaComputeModeProhibited）允许共享的设备，不允许设备访问，或指定设备访问被禁止	x	枚举
int maxTexture1D;	支持最大的一维纹理大小		字节
int maxTexture2D[2];	支持最大的二维纹理大小		字节
int maxTexture3D[3];	支持最大的三维纹理大小		字节
int maxTexture1DLayered[2];	最大的一维分层纹理尺寸		字节
int maxTexture2DLayered[3];	最大的二维分层纹理尺寸		字节
size_t surfaceAlignment;	表面对齐要求		字节
int concurrentKernels;	如果在相同的上下文中支持并发内核设置为 1		标志位
int ECCEnabled;	如果启用了 ECC 内存，则设置为 1	x	标志位
int pciBusID;	PCI 总线上的设备的 ID		Int
int pciDeviceID;	PCI 设备的设备 ID		Int
int pciDomainID;	PCI 域的设备的 ID		Int
int tccDriver;	如果 TCC 驱动模式启用则设置为 1	x	标志位
int asyncEngineCount;	设备上异步复制引擎数量	x①	Int
int unifiedAddressing;	如果设备和主机共享一个统一的地址空间，则设置为 1	x②	标志位
int memoryClockRate;	最大支持内存时钟频率，单位为 KHz		KHz
int memoryBusWidth;	内存总线宽度		位
int l2CacheSize;	二级（L2）高速缓存的大小（0 为不存在）		字节
int maxThreadsPerMultiProcessor;	一个 SM 支持线程的最大数目		线程

①双复制引擎只支持 Telsa 设备。消费级设备限制于只支持单复制引擎。

②统一的地址仅支持 64 位平台。在 Windows 上，它需要 TCC 驱动程序，而这又需要一个 Telsa 卡。UNIX 平台上没有这种情况。

并非所有这些都是你感兴趣的，但一定会有一些值得你关注。这其中最重要的是主要和次要的计算能力的修订版次。还要注意的是这里的 warpSize，尽管实际中对于目前发布的所有设备它的值保持为 32，然而它会随设备的不同而发生改变。

在选择设备时，没有必要检查每一个条目，以确认它是否有什么特殊的用户程序需要。你可以简单地填充结构体中你想要的属性，并且让（0 等于不关心）CUDA 运行时自动为你选择合适的设备。例如：

```
struct cudaDeviceProp device_prop;
int chosen_device;

memset(device_prop, 0, sizeof(cudaDeviceProp));
device_prop.major = 2;
device_prop.minor = 0;
if (cudaChooseDevice(&chosen_device, device_prop) != cudaErrorInvalidValue)
{
CUDA_CALL(cudaSetDevice(chosen_device));
}
```

在这段代码中，我们创建一个设备属性的结构，调用 memset 清空它，并请求计算能力 2.0 设备（任何费米架构设备）。然后，我们让 CUDA 将内容设置到指定的设备。

8.7 单节点系统

在 SDK4.0 之前版本的 CUDA 中，单节点系统是唯一支持多 GPU 模型的系统，如图 8-2 所示。一个基于单 CPU 的任务将与单 GPU 上下文相关联。在该上下文中的一个任务是一个进程或线程。后台的 CUDA 运行时将 CPU 进程 / 线程 ID 绑定到 GPU 上下文。因此，其随后所有 CUDA 调用（例如 cudaMalloc）将在绑定到该上下文的设备中分配内存。

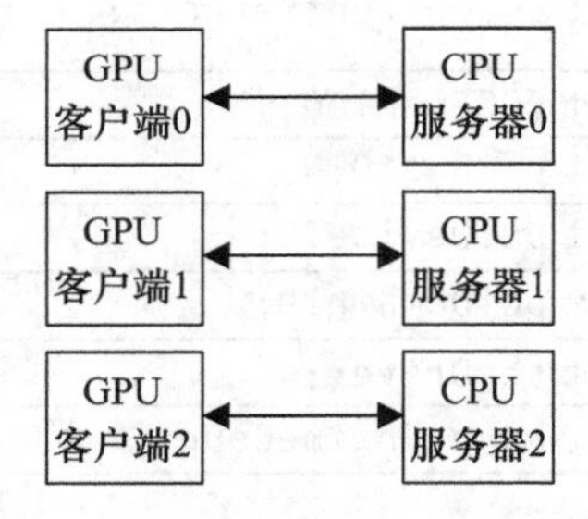

图 8-2 多个客户端、多服务器结构

这种方法有许多缺点，但也有些优点。从编程的角度看，在主机端的进程 / 线程模型被操作系统类型切分了。进程是一个作为一个独立 CPU 调度单位运行并且有其自己的数据空间的程序。为了节省内存，通常在同一进程的多个实例共享代码空间并且操作系统内每个进程保留了一组寄存器（或者上下文）。

相比而言，线程是一种更轻便的 CPU 调度元素。它同时共享父进程的代码及数据空间。然而，与进程不同的是，每个线程需要操作系统保持一个状态（指令指针、堆栈指针和寄存器等）。

线程可以与同一进程内的其他线程沟通和合作。进程可以通过进程间通信与其他进程沟通和合作。这样进程之间的通信可以是在一个 CPU 核内、一个 CPU 插槽内、一个 CPU 节点内、一个机架内、一个计算机系统内甚至是在不同计算机系统之间。

实际上 API 变化取决于通信水平和操作系统。Windows 上使用的 API 和 Linux 上使用的是完全不同的。POSIX 线程或者 pthreads，是一种 Linux 上经常使用的线程模型。尽管作为一个接口它是可用的，但是 Windows 中并不支持。C++Boost 库支持一个命名为 thread 的常用线程包，这个包为 Linux 和 Windows 提供了支持。

执行内核时，CPU 线程和 GPU 线程是相似的，唯一的不同是它不像 GPU 一样划分为组或线程束执行。GPU 线程通过共享内存和显式同步以确保每一个线程对该内存进行了读 / 写。共享内存对于 SM 来说是本地的，这意味着线程只能（理论上）与同一 SM 上的其他线程进行通信。因为线程块是 SM 的调度单元，线程间通信实际上是限制在一个线程块内的。

我们可以以相同的方式看待 CPU 上的进程和 GPU 上的线程块，即一个进程被调度到 N 个 CPU 核中的一个上运行。一个线程块被调度到 GPU 上 N 个 SM 中的一个执行。从这个角度来看，SM 的行为很像 CPU 核。

CPU 进程可以通过同一个插槽上的主机内存和其他进程进行通信。然而，由于进程使用单独的内存空间，因此这只能在第三方的进程间通信库的协助下才能发生，因为进程无法看到其他进程实际地址空间。然而，对于 GPU 线程块却是不同的，因为它们访问 GPU 全局内存上共用的地址空间。

使用共享主机内存的多 CPU 系统也可以与另一个 CPU 通过该共享主机内存通信，但同样需要第三方的进程间通信库的帮助。同一个主机端的多 GPU 之间可以使用主机内存或 (截至 CUDA SDK 4.0) 直接通过 PCI-E 总线的对等通信模式进行通信。但是请注意，对等只支持使用费米架构或更新代次显卡的 64 位操作系统。对于 Windows，这仅被 TCC（ Tesla 计算集群）驱动程序支持，这实际上意味着它仅被 Tesla 显卡支持。

然而，无法使用 CPU 核心 / 插槽间的共享主机内存，你不得不使用一些其他的网络传输机制（TCP/IP、InfiniBand 等）。这种类型的通信标准已经成为 MPI（消息传递接口）。也有一些替代选择，如 ZeroMQ（ 0MQ），它不太有名但却同样的有效。

请注意，在一个主机节点内通信时它们都利用了共享主机内存传输。然而，支持线程的模型（例如，pthreads、ZeroMQ）执行基于线程间的通信比那些基于进程的模型（如 MPI 等）更快。

我们关注一下如下情况：用一个 CPU 插槽，其上的 CPU 运行只含一个线程程序的多 GPU 环境。这是最常见的消费级硬件的使用案例，因此也是最有用的案例。如果想了解更高级的议题（如在多 GPU 间进行对等传输），请参阅第 10 章。

8.8 流

流是 GPU 上的虚拟工作队列。它们用于异步操作，也就是说你希望 GPU 独立于 CPU 进行操作。一些操作会隐式地引发一个同步点，例如，在主机和设备间默认的内存传入、传出操作。绝大多数情况下这都是程序员所希望的，因为从 GPU 中将结果复制回 CPU 后它们可以立刻在 CPU 上对这个结果进行处理。如果结果是部分地出现，那么应用程序只有在调试或单步情况下才能运行，而无法在全速下运行——这就是调试噩梦。

通过创建一个流，你可以将任务和事件压入流，然后按照它们会被压入流的顺序执行它们。流和事件与它们被创建时所在的 GPU 上下文关联。因此，为了展示在多 GPU 上如何建立一系列的数据流和事件，我们将建立一个小程序来说明这一点。

```
void fill_array(u32 * data, const u32 num_elements)
{
 for (u32 i=0; i< num_elements; i++)
 {
  data[i] = i;
 }
}

void check_array(char * device_prefix,
                 u32 * data,
                 const u32 num_elements)
{
 bool error_found = false;

 for (u32 i=0; i< num_elements; i++)
 {
  if (data[i] != (i*2))
  {
   printf("%sError: %u %u",
          device_prefix,
          i,
          data[i]);

   error_found = true;
  }
 }

 if (error_found == false)
  printf("%sArray check passed", device_prefix);
}
```

在第一个函数中，我们简单地使用0 ~ num_elements对该数组进行填充。第二个函数单纯检查GPU的结果是否是我们所期待的。显然，若要这两个函数能做一些更有用的工作，我们可以替换部分代码，实际上：

```
__global__ void gpu_test_kernel(u32 * data)
{
 const int tid = (blockIdx.x * blockDim.x)
     + threadIdx.x;
 data[tid] *= 2;
}
```

接下来我们声明内核函数本身。它仅仅是让每一个数据元素乘以2。这并没有其他功能，只是让我们可以很容易地检查是否每一个数组的元素都被正确处理了。

```
// Define maximum number of supported devices
#define MAX_NUM_DEVICES (4)

// Define the number of elements to use in the array
#define NUM_ELEM (1024*1024*8)

// Define one stream per GPU
```

```
cudaStream_t stream[MAX_NUM_DEVICES];

// Define a string to prefix output messages with so
// we know which GPU generated it
char device_prefix[MAX_NUM_DEVICES][300];

// Define one working array per device, on the device
u32 * gpu_data[MAX_NUM_DEVICES];

// Define CPU source and destination arrays, one per GPU
u32 * cpu_src_data[MAX_NUM_DEVICES];
u32 * cpu_dest_data[MAX_NUM_DEVICES];
```

最后，我们看看程序的主要部分。该函数声明了一些值，每个值通过 device_num 索引。这使我们能够对每个设备使用相同的代码并且仅需要增加索引的值。

```
// Host program to be called from main
__host__ void gpu_kernel(void)
{
 // No dynamic allocation of shared memory required
 const int shared_memory_usage = 0;

 // Define the size in bytes of a single GPU's worth
 // of data
 const size_t single_gpu_chunk_size = (sizeof(u32) *
          NUM_ELEM);

 // Define the number of threads and blocks to launch
 const int num_threads = 256;
 const int num_blocks = ((NUM_ELEM + (num_threads-1))
       / num_threads);

 // Identify how many devices and clip to the maximum
 // defined
 int num_devices;
 CUDA_CALL(cudaGetDeviceCount(&num_devices));
 if (num_devices > MAX_NUM_DEVICES)
  num_devices = MAX_NUM_DEVICES;
```

第一个任务是使用 cudaGetDeviceCount 调用确定有多少可用的 GPU。为了确保没有超出我们的计划，这个数字被减少为最大支持数目，它使用一个简单的 #define 宏。考虑到可能存在 4 个双芯 GPU 显卡，这里最大值使用 8 可能比选择 4 要更好。

```
// Run one memcpy and kernel on each device
for (int device_num=0;
     device_num < num_devices;
     device_num++)
{
 // Select the correct device
 CUDA_CALL(cudaSetDevice(device_num));
```

然后在每次循环的开始阶段，将当前设备上下文参数设置为device_num参数，以确保在该设备上所有随后的调用能够正常工作。

```
// Generate a prefix for all screen messages
struct cudaDeviceProp device_prop;
CUDA_CALL(cudaGetDeviceProperties(&device_prop,
                                  device_num));
sprintf(&device_prefix[device_num][0],"\nID:%d %s:",device_num,device_prop.name);

// Create a new stream on that device
CUDA_CALL(cudaStreamCreate(&stream[device_num]));

// Allocate memory on the GPU
CUDA_CALL(cudaMalloc((void**)&gpu_data[device_num],
                     single_gpu_chunk_size));

// Allocate page locked memory on the CPU
CUDA_CALL(cudaMallocHost((void **)
                         &cpu_src_data[device_num],
                         single_gpu_chunk_size));

CUDA_CALL(cudaMallocHost((void **)
                         &cpu_dest_data[device_num],
                         single_gpu_chunk_size));

// Fill it with a known pattern
fill_array(cpu_src_data[device_num], NUM_ELEM);


// Copy a chunk of data from the CPU to the GPU
// asynchronous
CUDA_CALL(cudaMemcpyAsync(gpu_data[device_num],
          cpu_src_data[device_num],
          single_gpu_chunk_size,
          cudaMemcpyHostToDevice,
          stream[device_num]));

// Invoke the GPU kernel using the newly created
// stream - asynchronous invokation
gpu_test_kernel<<<num_blocks,
                  num_threads,
                  shared_memory_usage,
  stream[device_num]>>>(gpu_data[device_num]);

cuda_error_check(device_prefix[device_num],
                 "Failed to invoke gpu_test_kernel");

// Now push memory copies to the host into
// the streams
// Copy a chunk of data from the GPU to the CPU
```

```
    // asynchronous
    CUDA_CALL(cudaMemcpyAsync(cpu_dest_data[device_num],
                              gpu_data[device_num],
                              single_gpu_chunk_size,
                              cudaMemcpyDeviceToHost,
                              stream[device_num]));
  }
```

我们为系统中的每个 GPU 创建了一个流，或者工作队列。在这个流中，我们将从主机（CPU）内存复制到 GPU 全局内存的操作和紧接着的内核调用还有数据传回 CPU 的操作放入到流中。它们将按这个顺序执行，这样内核只有在前面的内存复制操作完成后才会执行。

请注意主机上锁页内存的使用，使用 cudaMallocHost 分配内存，而不要使用常规的 C 语言 malloc 函数。锁页内存是不能被交换到磁盘的。由于内存复制操作通过在 PCI-E 总线上的直接内存访问（DMA）实现，因此 CPU 端的内存一定总是存在于物理内存。用 malloc 分配的内存可以被交换到磁盘上，如果 DMA 试图对其进行操作，那么就会导致失败。由于我们用 cudaMallocHost 函数分配内存，因此我们还必须使用 cudaFreeHost 释放内存。

```
  // Process the data as it comes back from the GPUs
  // Overlaps CPU execution with GPU execution
  for (int device_num=0;
    device_num < num_devices;
    device_num++)
  {
   // Select the correct device
   CUDA_CALL(cudaSetDevice(device_num));
  // Wait for all commands in the stream to complete
  CUDA_CALL(cudaStreamSynchronize(stream[device_num]));
```

最终，一旦内核流被填满了，它就会等待 GPU 内核完成。在这个时刻 GPU 可能还没有启动，因为我们所做的仅仅是将命令加入到流或是命令队列。

```
    // GPU data and stream are now used, so
    // clear them up
    CUDA_CALL(cudaStreamDestroy(stream[device_num]));
    CUDA_CALL(cudaFree(gpu_data[device_num]));

    // Data has now arrived in
    // cpu_dest_data[device_num]
    check_array( device_prefix[device_num],
                 cpu_dest_data[device_num],
                 NUM_ELEM);

    // Clean up CPU allocations
    CUDA_CALL(cudaFreeHost(cpu_src_data[device_num]));
    CUDA_CALL(cudaFreeHost(cpu_dest_data[device_num]));

    // Release the device context
    CUDA_CALL(cudaDeviceReset());
   }
  }
```

之后，CPU会等待每个设备轮流完成任务。当全部完成时，它会检查内容，然后释放与每个流相关的GPU和CPU资源。然而，如果系统中的GPU各不相同并且执行内核花费的时间也不同会发生什么呢？首先，我们需要添加一些计时代码，以查看每个内核实际花费了多少时间。为了实现这一点，我们需要将事件添加到工作队列中。现在这些事件是很特殊的，因为我们可以查询事件而无须考虑当前选择的GPU。要做到这一点，我们需要声明一个启动和停止事件：

```
// Define a start and stop event per stream
cudaEvent_t kernel_start_event[MAX_NUM_DEVICES];
cudaEvent_t memcpy_to_start_event[MAX_NUM_DEVICES];
cudaEvent_t memcpy_from_start_event[MAX_NUM_DEVICES];
cudaEvent_t memcpy_from_stop_event[MAX_NUM_DEVICES];
```

然后，需要将它们加入到流或工作队列：

```
// Push the start event into the stream
CUDA_CALL(cudaEventRecord(memcpy_to_start_event[device_num], stream[device_num]));
```

我们在执行从内存复制到设备、内核调用前、将内存复制回主机前以及内存复制操作结束后分别压入一个启动事件。这允许我们看到GPU操作的每个阶段。

最后，我们需要获得花费的时间，并打印到屏幕上：

```
// Wait for all commands in the stream to complete
CUDA_CALL(cudaStreamSynchronize(stream[device_num]));

// Get the elapsed time between the copy
// and kernel start
CUDA_CALL(cudaEventElapsedTime(&time_copy_to_ms,
 memcpy_to_start_event[device_num],
 kernel_start_event[device_num]));

// Get the elapsed time between the kernel start
// and copy back start
CUDA_CALL(cudaEventElapsedTime(&time_kernel_ms,
 kernel_start_event[device_num],
 memcpy_from_start_event[device_num]));

// Get the elapsed time between the copy back start
// and copy back start
CUDA_CALL(cudaEventElapsedTime(&time_copy_from_ms,
 memcpy_from_start_event[device_num],
 memcpy_from_stop_event[device_num]));

// Get the elapsed time between the overall start
// and stop events
CUDA_CALL(cudaEventElapsedTime(&time_exec_ms,
 memcpy_to_start_event[device_num],
 memcpy_from_stop_event[device_num]));
```

```
// Print the elapsed time
const float gpu_time = (time_copy_to_ms + time_kernel_ms + time_copy_from_ms);

printf("%sCopy To   : %.2f ms",
       device_prefix[device_num], time_copy_to_ms);

printf("%sKernel    : %.2f ms",
       device_prefix[device_num], time_kernel_ms);

printf("%sCopy Back  : %.2f ms",
       device_prefix[device_num], time_copy_from_ms);

printf("%sComponent Time : %.2f ms",
       device_prefix[device_num], gpu_time);

printf("%sExecution Time : %.2f ms",
       device_prefix[device_num], time_exec_ms);

printf("\n");
```

我们还需要重新定义内核以使它能做更多的工作，这样我们实际上就可以看到一些合理的内核的执行时间：

```
__global__ void gpu_test_kernel(u32 * data, const u32 iter)
{
 const int tid = (blockIdx.x * blockDim.x)
     + threadIdx.x;

 for (u32 i=0; i<iter; i++)
 {
  data[tid] *= 2;
  data[tid] /= 2;
 }
}
```

当运行程序时，我们看到以下结果：

```
ID:0 GeForce GTX 470:Copy To        :   20.22 ms
ID:0 GeForce GTX 470:Kernel         : 4883.55 ms
ID:0 GeForce GTX 470:Copy Back      :   10.01 ms
ID:0 GeForce GTX 470:Component Time : 4913.78 ms
ID:0 GeForce GTX 470:Execution Time : 4913.78 ms
ID:0 GeForce GTX 470:Array check passed

ID:1 GeForce 9800 GT:Copy To        :    20.77 ms
ID:1 GeForce 9800 GT:Kernel         : 25279.57 ms
ID:1 GeForce 9800 GT:Copy Back      :    10.02 ms
ID:1 GeForce 9800 GT:Component Time : 25310.37 ms
ID:1 GeForce 9800 GT:Execution Time : 25310.37 ms
ID:1 GeForce 9800 GT:Array check passed
```

```
ID:2 GeForce GTX 260:Copy To        :    20.88 ms
ID:2 GeForce GTX 260:Kernel         : 14268.92 ms
ID:2 GeForce GTX 260:Copy Back      :    10.00 ms
ID:2 GeForce GTX 260:Component Time : 14299.80 ms
ID:2 GeForce GTX 260:Execution Time : 14299.80 ms
ID:2 GeForce GTX 260:Array check passed

ID:3 GeForce GTX 460:Copy To        :   20.11 ms
ID:3 GeForce GTX 460:Kernel         : 6652.78 ms
ID:3 GeForce GTX 460:Copy Back      :    9.94 ms
ID:3 GeForce GTX 460:Component Time : 6682.83 ms
ID:3 GeForce GTX 460:Execution Time : 6682.83 ms
ID:3 GeForce GTX 460:Array check passed
```

根据结果可以看到，每个内存复制操作的时间差距很小。这并不奇怪，因为每个设备运行在x8 PCI-E 2.0链路上。PCI链路速度甚至比最慢的设备内存的速度还要慢得多，所以我们的传输速度实际上被PCI-E总线的速度限制了。

然而，有趣的是内核执行速度却有着相当显著的不同，大约从5秒~25秒。因此，如果我们轮流为每个设备提供数据，那么这个周期大概会花费大约51秒（5秒+25秒+14秒+7秒）的时间。然而，在程序等待最慢设备1（9800GT）的时候，设备2（GTX260）和3（GTX460）已经完成。在这段时间它们应该处理更多的任务。

我们可以通过查询结束事件来解决这个问题，而不是简单地等待结束事件。也就是说，我们检查内核是否完成，如果没有就转移到下一个设备，随后再回到较慢设备。这可以通过下面的函数实现：

```
cudaError_t cudaEventQuery (cudaEvent_t event);
```

这个函数接收并判断某一特定的事件。如果该事件已经发生就返回cudaSuccess，如果事件尚未发生，则返回cudaErrorNotReady。请注意，这意味着我们不能使用CUDA_CALL宏，因为cudaErrorNotReady的状态不是一个真正的错误状态，它只是状态信息。

我们还需要通过下面的调用说明CUDA如何跟踪处于等待状态的GPU任务：

```
// Give back control to CPU thread
CUDA_CALL(cudaSetDeviceFlags(cudaDeviceScheduleYield));
```

该调用在所有其他CUDA调用之前完成，并且告诉驱动程序，在任何情况下等待操作的时候，该CPU线程应该给其他CPU线程让步。这可能意味着额外的延迟，因为驱动程序要求此CPU线程在CPU工作队列中等待它的调度机会，但允许其他CPU任务继续进行。另一种方法是，驱动程序只围绕该CPU线程进行检测（轮询设备），当有其他设备就绪时，这肯定不是我们所期待的。

为了避免对事件队列进行轮询从而导致程序在涉及其他CPU任务时表现不佳，程序需要把自己休眠，过一段时间唤醒并且再次检查事件队列。在Linux和Windows中这个过程的执行略有不同，因此我们使用自定义的函数——snooze，它在这两个平台上都可以运行。

```
// Give up control of CPU threads for some milliseconds
void snooze(const unsigned int ms)
{
#ifdef _WIN32
 Sleep(ms);
#else
 if ((ms/1000) <= 0)
  sleep(1);
 else
  sleep(ms/1000);
#endif
}
```

最后，我们将重新排列数据的处理顺序，以移除 cudaStreamSynchronize 调用，并且把此代码放置到一个函数中。我们也将删除清理代码，并把代码放到主循环外。这种特定的操作是很重要的，因为在循环内这样做（这取决于函数本身），会导致串行的驱动程序调用。因此，修改后的关于查询事件队列的代码如下所示。

```
printf("\nWaiting");

u32 results_to_process = num_devices;
u32 sleep_count = 0;

// While there are results still to process
while(results_to_process != 0)
{
 // Process the data as it comes back from the GPUs
 // Overlaps CPU execution with GPU execution
 for (int device_num=0;
      device_num < num_devices;
      device_num++)
 {
  // If results are pending from this device
  if (processed_result[device_num] == false)
  {
   // Try to process the data from the device
   processed_result[device_num] =
        process_result(device_num);

   // If we were able to process the data
   if (processed_result[device_num] == true)
   {
    // Then decrease the number of pending
    // results
    results_to_process--;

    // print the time host waited
    printf("%sHost wait time : %u ms\n",
           device_prefix[device_num],
           sleep_count * 100);
```

```
  // If there are still more to process
  // print start of progress indicator
  if (results_to_process != 0)
   printf("\nWaiting");

  fflush(stdout);
 }
 else
 {
  printf(".");
  fflush(stdout);
 }
   }

   // Try again in 100ms
   sleep_count++;
   snooze(100);
  }
 }

 for (int device_num=0;
      device_num < num_devices;
      device_num++)
 {
  cleanup(device_num);
 }
```

while 循环仅仅运行到每个设备都提供结果。我们建立了一个数组 processed_results [num_devices]，它被初始化为 false。随着每个 GPU 提供结果，未定的结果数量越来越少并且对已给出结果设备的对应数组元素进行标记，以说明这个 GPU 已经提供了结果。当 GPU 结果还不可用的时候，CPU 线程睡眠 100ms，然后再次尝试。这样就出现了下面的输出：

```
Waiting.............................................
ID:0 GeForce GTX 470:Copy To   : 20.84 ms
ID:0 GeForce GTX 470:Kernel          : 4883.16 ms
ID:0 GeForce GTX 470:Copy Back       :   10.24 ms
ID:0 GeForce GTX 470:Component Time : 4914.24 ms
ID:0 GeForce GTX 470:Execution Time : 4914.24 ms
ID:0 GeForce GTX 470:Array check passed
ID:0 GeForce GTX 470:Host wait time : 5200 ms

Waiting...........
ID:3 GeForce GTX 460:Copy To         :   20.58 ms
ID:3 GeForce GTX 460:Kernel          : 6937.48 ms
ID:3 GeForce GTX 460:Copy Back       :   10.21 ms
ID:3 GeForce GTX 460:Component Time : 6968.27 ms
ID:3 GeForce GTX 460:Execution Time : 6968.27 ms
ID:3 GeForce GTX 460:Array check passed
ID:3 GeForce GTX 460:Host wait time : 7100 ms
```

```
Waiting................................
ID:2 GeForce GTX 260:Copy To        :    21.43 ms
ID:2 GeForce GTX 260:Kernel         : 14269.09 ms
ID:2 GeForce GTX 260:Copy Back      :    10.03 ms
ID:2 GeForce GTX 260:Component Time : 14300.55 ms
ID:2 GeForce GTX 260:Execution Time : 14300.55 ms
ID:2 GeForce GTX 260:Array check passed
ID:2 GeForce GTX 260:Host wait time : 14600 ms

Waiting......................
ID:1 GeForce 9800 GT:Copy To        :    21.19 ms
ID:1 GeForce 9800 GT:Kernel         : 25275.88 ms
ID:1 GeForce 9800 GT:Copy Back      :    11.01 ms
ID:1 GeForce 9800 GT:Component Time : 25308.08 ms
ID:1 GeForce 9800 GT:Execution Time : 25308.08 ms
ID:1 GeForce 9800 GT:Array check passed
ID:1 GeForce 9800 GT:Host wait time : 25300 ms
```

注意结果出现的顺序是怎样与预期相吻合的。最快的设备 GTX470，只需 5 秒，而最慢的 9800 GT 需要 25 秒。在大多数情况下，CPU 线程在此期间处于闲置状态，它本来可以做一些有用的事情，比如当 GPU 完成任务时向它们分发更多的任务。让我们来看看在实际工作中是如何做到这一点的。

首先，我们需要将任务加入流或工作队列中的过程抽象出来。我们可以使用这一抽象进行初始的流填充，当工作完成时再次填充流。

```
__host__ void get_and_push_work(const int num_devices,
                                const size_t single_gpu_chunk_size,
                                const u32 new_work_blocks)
{
 // Work out the total number to process
 // Number already scheduled plus new work
 u32 results_to_process = num_devices +
                          new_work_blocks;

 // Keep track of the number of calculations in flow
 u32 results_being_calculated = num_devices;

 // Keep track of how long the CPU needs to sleep
 u32 sleep_count = 0;

 // While there are results still to process
 while(results_to_process != 0)
 {
  // Process the data as it comes back from the GPUs
  // Overlaps CPU execution with GPU execution
  for (int device_num=0;
       device_num < num_devices;
       device_num++)
  {
```

```
// Assume will process nothing
bool processed_a_result = false;

// If results are pending from this device
if (processed_result[device_num] == false)
{
 // Try to process the data from the device
 processed_result[device_num] =
     process_result(device_num);
// If we were able to process the data
if (processed_result[device_num] == true)
{
  // Then decrease the number of pending
  // results
  results_to_process--;

  // Increment the number this device
  // processed
  num_processed[device_num]++;

  // Decreate the number in flow
  results_being_calculated--;

  // Note we processed at least
  // one result
  processed_a_result = true;

  // print the time host waited
  printf("%sHost wait time : %u ms\n",
         device_prefix[device_num],
         sleep_count * 100);

  // If there are still more blocks
  // to process
  if (results_to_process >
      results_being_calculated)
  {
   // Give more work to the
   // finished GPU
   push_work_into_queue(device_num,
                        single_gpu_chunk_size);

   // Set flag to say GPU has work
   processed_result[device_num] =
          false;

   // Increment the number of
   // active tasks
   results_being_calculated++;

   // Format output
   printf("\n");
```

```
    fflush(stdout);
   }
  }

    // If we processed no results then sleep
    if (processed_a_result == false)
    {
     sleep_count++;
     printf(".");
     fflush(stdout);

     // Try again in 100ms
     snooze(100);
    }
   }
  }
 }
```

在这里，程序简单地跟踪活动 GPU 任务的数量，并且计算仍需要处理结果的数量。当我们分配 64 个工作单元时，这将导致如图 8-3 所示的 GPU 工作模块的分配。

正如你从该柱状图 8-3 所看到的，GTX470 可以在同一时间处理多于 25 个工作单元，相比之下，9800 GT 只能够处理多于 5 个的单元，其比例为 5∶1。因为同步操作仅循环并等待流，因此当存在混合的 GPU 时，它会导致完全相等的工作分发，就和你在现实世界的系统中看到的一样。很多玩家都会为游戏准备一个显卡（GTX670），然后通常有一个比较旧的显卡专门用于 PhysX（GTX260），我们只是给出这样一个场景。事实上，如果多个次显卡总共贡献了 37 个工作单元，那么仅主显卡贡献 27 以外的 10 个工作单元。这反过来又给机器带来了两倍以上的可用工作吞吐量。

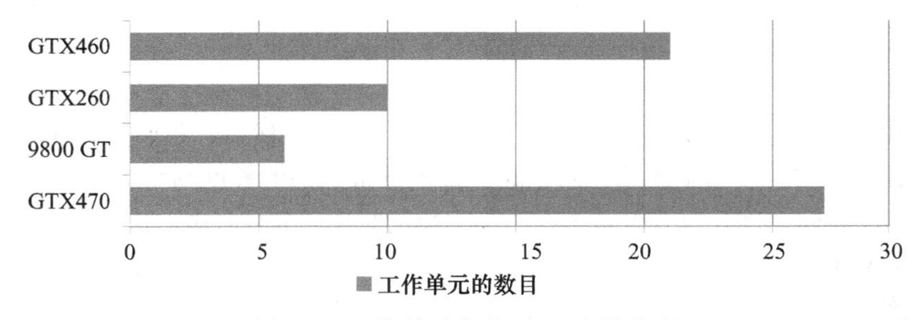

图 8-3　工作单元在多 GPU 上的分配

这一切都很不错，但实际上我们可以做得更好。我们实际上没有完全利用系统中的每个 GPU。多流既提供了流 0（默认流）之外的其他选择，又为 GPU 提供多个可以使用的工作队列。当内核太小而无法完全利用 GPU 时，这是非常有用的，但这并不常见。更常见的情况是，CPU 可能需要一段时间为 GPU 提供额外工作。在我们这个例子中，CPU 仅仅是根据一组预期值检查数组，但它可以做一个慢得多的操作，例如从磁盘中装载下一个工作单元。在这种情况下，我们希望在此期间 GPU 也保持忙碌。为此，我们使用一个名为双缓冲的策略。

双缓冲通过让CPU与GPU工作在不同缓冲区而实现。因此，即使CPU正在处理一个数据集，而GPU仍然可以执行有用的工作，而不是等待CPU。CPU执行的操作可能是一些简单的装载或保存数据到磁盘上的操作。它可能还包括一些额外的对来自多GPU的数据的处理或组合。

要做到这一点，我们需要为每一个基于MAX_NUM_DEVICES的数组引入另一个维度。例如：

```
// Define N streams per GPU
cudaStream_t stream[MAX_NUM_DEVICES][MAX_NUM_STREAMS];
```

然后，我们需要选择每个设备支持两个或更多的数据流。每个设备使用两个流则会有一个小问题，如果我们以相同优先级将工作单元分配给GPU，那么它们都得到总个数相同的工作单元。在实际中，这意味着我们到达工作队列最后时仍然在等待最慢的设备。这个问题的解决方案是为GPU分配的工作单元个数与它们的速度成比例。

如果回顾一下图8-3，可以看到，GT9800是最慢的设备。GTX260的速度大约是它的2倍左右，GTX460速度又是GTX260的两倍，GTX470又比GTX460快20%左右。考虑到我们希望有至少两个流以实现双缓冲，如果按照与设备的速度成比例的方式分配流的数目，这样我们得到使所有设备在同样时间里保持忙碌的工作分配方案。我们可以通过一个简单的数组做到这一点：

```
// Define the number of active streams per device
const u32 streams_per_device[MAX_NUM_DEVICES] =
{
 10, /* GTX470 */
 2, /* 9800 GT */
 4, /* GTX260 */
 8, /* 460 GTX */
};
```

因此，我们最初分配设备0（GTX470）10个工作单元。然而，我们只分配给GT9800两个工作单元，依此类推。当工作单元用尽时，每个设备队列的长度约为数组所示的值。这等价于大约相同的时间，因此所有设备都在一个很短的时期内完成任务。

这里，各种GPU相对速度的列表是静态构造的。如果你总是在目标机器中使用相同的硬件，那么这种方法是很好的。但是，如果你不知道目标硬件是什么，那么你可以做一些初始计时测试，然后在运行时完成这样的表。要记住的重要一点是为了实现双缓冲，列表中的最小值应至少为2。其他的值应该是2的倍数，它反映了对于最慢设备的相对时间。

通过前面的例子我们可以看出（每个GPU只使用一个单独的数据流）GPU的负载是变化的。有时它甚至会下降为25%或更少。实际上，我们看到的是GPU工作量的失速。如果在没有进一步的CPU干预的情况下，为GPU提供多个任务进行处理，会将GPU的负载持续增加到100%且充分利用所有的设备。这也有利于减少GPU内核对其他任务的CPU负载的敏感度，因为在需要CPU再次服务之前，内核将大量的工作交给每个GPU进行处理。

事实上，如果你运行单流内核与多流内核进行比较，我们看到结果从 151 秒降到 139 秒，在执行时间上减少了 8%。CPU 端的任务很少，因此它能够相对迅速地填充单个入口队列。然而，若是一个更复杂的 CPU 任务，CPU 和 GPU 时间的重叠变得更加重要，你会看到这个 8%的数值会非常显著地增长。

随着我们在程序中加入额外的复杂性，它的开发时间会增加并且会引入更多的错误。对于大多数程序，每个设备至少使用两个流能够有助于提高整体吞吐量，这样我们所做的额外的努力就是值得的。

8.9　多节点系统

单台计算机形成网络上的一个节点，将许多机器连接起来就得到了一个机器集群。通常，这种集群将由一套机架式节点组成，这个机架本身可以与一个或多个其他的机架相互连接。

截止到 2012 年，世界上最大的 GPU 系统——天河 1A，包含超过 14 000 个 CPU 和超过 7000 个 Tesla 费米架构 GPU。它们分成 112 个机柜（机架），其中每个包含 64 个计算节点，它们之间使用一个自制的、支持多达 160GB/s 通信带宽的互连结构。

目前，实际上大多数研究者和商业组织无法接触到这种规模的系统。然而，他们通常可以购买联网于 16 ~ 48 端口千兆以太网交换机上的节点，这通常是放置在一个空调机房里的 19 英寸机架单元。

理想的 CPU 核与 GPU 的比率取决于应用程序和代码串行部分的百分比。如果串行部分很少，那么简单的单 CPU 核和多 GPU 就足够了，并不用麻烦地进行任何额外的编程。然而，如果 CPU 负载很大，那么它很可能限制吞吐量。为了克服这个问题，我们需要为每个 CPU 核分配更少的 GPU，变成应用程序需要的 1 : 2 或 1 : 1 的比例，最简单、最可扩展的方法是为节点上的每一组 CPU/GPU 分配一个进程。

一旦我们使用了这个模型，它将允许更大规模的扩展。因为我们可以有两个节点，其中每个节点包含 4 个 GPU 和一个或多个 CPU 核。如果问题可以被进一步分解成 8 个块而不是 4 个，那么其性能理论上会翻倍。事实上，正如我们之前所见到的，由于通信开销的存在，这通常是不会发生的。随着节点数的增长，网络通信对问题的影响也会增加。因此，你通常会发现每个节点具有更多数量 GPU 的网络，其性能会超过虽有同样数量的 GPU 但是分布在更多节点上的网络。本地节点上的资源（磁盘、内存、CPU）会对给定问题的最佳拓扑产生重大的影响。

为了转移到这样的系统上，我们需要一种通信机制以允许将工作调度到给定的 CPU/GPU 集合上，而不用关心它们处于网络的什么地方。为了达到这一目的，我们将使用 ZeroMQ，它是一个非常轻量级的和相当容易使用的通信函数库。我们当然也可以使用套接字函数库，但这可能更加低级一些，而且大多数情况下不容易正确地编程。我们也可以使用 MPI，它是一个 Linux 平台上相当标准的协议定义，但一般需要进行一些设置并且更加适用于受控环境。ZeroMQ 可以很好地处理错误，允许节点消失和再现且不会使整个程序陷入混乱之中。

ZeroMQ(或 0MQ) 是一个小型、轻量级的函数库，你只需简单地与其连接即可。它没有编译器、封装器或其他类似的东西，仅仅是一个简单的函数库。一旦被初始化了，ZeroMQ 便会在后台运行，并且允许应用程序使用同步或异步通信而不必担心缓冲区的管理。如果你想发送一个 10MB 的文件到另一个节点，那么直接发送它，ZeroMQ 将在内部处理任何缓冲。它是编写分布式应用程序的一个很好的接口。从 http://www.zeromq.org/ 我们可以免费获取它。

ZeroMQ 支持大量的线程间 (INPROC) 传输、进程间 (IPC) 传输、广播到多个节点 (MULTICAST) 和基于网络的系统 (TCP)。我们会使用后者，因为它有最好的灵活性，允许连接网络（或 Internet）上任何地方的多个节点。

使用 ZeroMQ 的第一个任务是创建一个连接点。我们将使用主 / 从范型（master/worker paradigm)，如图 8-4 所示，其中有一个主机器（服务器）将工作包分发给从机器 (客户端)，每个客户端机器连接到网络上的某一特定访问点（由服务器提供)，然后等待指定给它的工作。注意，这里的客户端是一套 CPU/GPU，而不是一个物理节点，因此，有 4 个 GPU 且以 1：1 比例将 CPU 核映射到 GPU 设备的 4 核 CPU 代表 4 个客户端。同样的，以 1：4 比例将 CPU 核映射到 GPU 设备的 4 核 CPU 将显示为一个客户端。

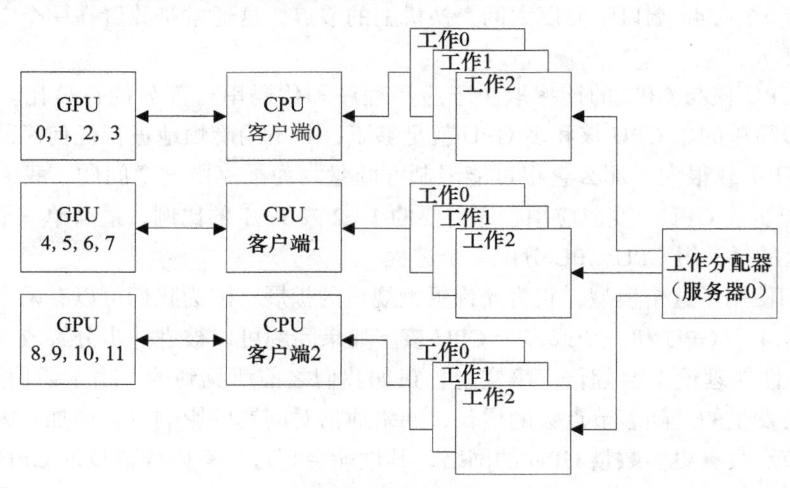

图 8-4 单服务器、多客户端结构

ZeroMQ 术语中，服务器将绑定一个端口，也就是说它将创建一个访问点。所有客户将连接到已知的访问点。至此还没有传输应用数据。然而在后台，ZeroMQ 将为每一个连接到端口的客户端建立一个内部队列。

下一步是确定一个消息传递模式，最简单的是请求 / 响应模式（request/reply pattern)。这类似于 MPI 中的 send 和 recv 函数，且对于每个发送，必须有一个响应。这是通过下列方式实现的：

客户端：

```
zmq::context_t context(1);
zmq::socket_t socket(context, ZMQ_REQ);
socket.connect("tcp://localhost:5555");
```

服务器：

```
zmq::context_t context(1);
zmq::socket_t socket(context, ZMQ_REP);
socket.bind("tcp://*:5555");
```

然后 CPU 客户端维护一个工作队列，通常至少有两项，以允许 GPU 双缓冲，此外至少一个入队和一个出队的网络消息。

应用程序中使用的协议是，CPU 客户端连接到服务器并向服务器请求一批工作，服务器返回包含需要客户端处理的范围的响应，然后客户端在 CPU 上执行任何必要的工作来为工作包生成数据。例如，这可能是对一个给定模型的值生成所有可能的组合，以对某些预测进行测试。

```
// Host program to be called from main
__host__ void gpu_kernel_client(const u32 pid)
{
 printf("\nRunning as Client");

 // Init Network
 zmq::context_t context(1);
 zmq::socket_t socket(context, ZMQ_REQ);
 socket.connect("tcp://localhost:5555");

 // GPU params
 size_t chunk_size;
 u32 active_streams;
 u32 num_devices;
// Setup all available devices
setup_devices(&num_devices,
              &active_streams,
              &chunk_size);

u32 results_to_process;
get_work_range_from_server(pid,
                           &results_to_process,
                           &socket);

// Generate CPU data for input data
generate_cpu_data_range(0, results_to_process);

// Keep track of pending results
u32 pending_results = results_to_process;
```

```
// While there is still work to be completed
while (pending_results != 0)
{
 // Try to distribute work to each GPU
 u32 work_distributed = distribute_work(num_devices,
                                         chunk_size,
                                         pending_results);

 // Collect work from GPU
 u32 work_collected = collect_work(num_devices,
                                    chunk_size);

 // Decrement remaining count
 pending_results -= work_collected;

 // Post completed work units to server
 if (work_collected > 0)
 {
  send_completed_units_to_server(pid,
                                  chunk_size,
                                  &socket);
 }

 // If no work was distributed, or collected
 // and we've not finished yet then sleep
 if ( (work_distributed == 0) &&
      (work_collected == 0) &&
      (pending_results != 0) )
 {
  printf(".");
  fflush(stdout);
   snooze(100);
  }
 }

 // Print summary of how many each device processed
 for (u32 device_num=0u;
      device_num < num_devices;
      device_num++)
 {
  printf("%s processed: %u",
         device_prefix[device_num],
         num_processed[device_num]);
 }

 printf("\nTotal: src:%u dest:%u",
        unprocessed_idx, completed_idx);

 cleanup_devices(num_devices);
}
```

在收到来自服务器的初始化工作并生成 GPU 的工作队列之后，客户端代码循环运行，直到工作完成。该循环会为可用的 GPU 分配工作、接手已经完成的工作并且将完成的工作提交给服务器。最后，如果它没有上述任务处理时，会睡眠 100 ms 后继续尝试。在程序退出时，我们打印出诸如每个设备处理了多少个工作单元等总结信息。

请注意这里的调度不同于前面的示例。我们现在需要一些额外的缓冲空间以向服务器提交完成的工作单元，并需要一段时间将数据推送到传输队列。因此，我们不再立刻将工作重新调度到 GPU 上而是稍后再调度额外的工作。这允许我们使用更简单的途径分发任务：即收集任何完成的任务，如果需要的话在本地进行加工处理，然后将其提交给服务器。

```
__host__ u32 distribute_work(const int num_devices,
                             const size_t chunk_size,
                             u32 pending_results)
{
 u32 work_units_scheduled = 0;

 // Cycle through each device
 for (u32 device_num = 0;
      device_num < num_devices;
      device_num++)
 {
  u32 stream_num = 0;
  bool allocated_work = false;

  while ( (allocated_work == false) &&
          (stream_num < streams_per_device[device_num]) )
  {
   // If there is more work to schedule
   if (pending_results > 0)
   {
    // If the device is available
    if (processed_result[device_num][stream_num] == true)
    {
     // Allocate a job to the GPU
     push_work_into_queue(device_num,
                          chunk_size,
                          stream_num);

     // Set flag to say GPU has work pending
processed_result[device_num][stream_num] = false;

     // Keep track of how many new
     // units were issued
     work_units_scheduled++;

     // Move onto next device
     allocated_work = true;

     pending_results--;
    }
```

```
      }
      stream_num++;
    }
  }

  return work_units_scheduled;
}
```

这里我们对 processed_results 数组进行逐一遍历，观察任何流中是否存在前一个周期已处理过而且现在又再次使用的元素。然后我们分配未完成的工作来把每一个 GPU 设备的工作单元分配到可用的流槽中。

```
__host__ void push_work_into_queue(const u32 device_num,
                                    const size_t chunk_size,
                                    const u32 stream_num)
{
 // No dynamic allocation of shared memory required
 const int shared_memory_usage = 0;

 // Define the number of threads and blocks to launch
 const int num_threads = 256;
 const int num_blocks = ((NUM_ELEM + (num_threads-1))
                          / num_threads);

 // Copy in the source data form the host queue
 memcpy(cpu_src_data[device_num][stream_num],
        cpu_unprocessed_data[unprocessed_idx % MAX_IN_QUEUED_PACKETS],
        chunk_size);

 // Processed this packet
 unprocessed_idx++;

 // Select the correct device
 CUDA_CALL(cudaSetDevice(device_num));

 // Push the start event into the stream
 CUDA_CALL(cudaEventRecord(memcpy_to_start_event[device_num][stream_num], stream
[device_num][stream_num]));

 // Copy a chunk of data from the CPU to the GPU
 // asynchronous
 CUDA_CALL(cudaMemcpyAsync(gpu_data[device_num][stream_num],
cpu_src_data[device_num][stream_num], chunk_size, cudaMemcpyHostToDevice, stream
[device_num][stream_num]));

 // Push the start event into the stream
CUDA_CALL(cudaEventRecord(kernel_start_event[device_num][stream_num], stream
[device_num][stream_num]));
```

```
 // Invoke the GPU kernel using the newly created
 // stream - asynchronous invokation
 gpu_test_kernel<<<num_blocks,
                   num_threads,
                   shared_memory_usage,
                   stream[device_num][stream_num]>>>
                   (gpu_data[device_num][stream_num],
                   kernel_iter);

 cuda_error_check(device_prefix[device_num],
                  "Failed to invoke gpu_test_kernel");

 // Push the start event into the stream
 CUDA_CALL(cudaEventRecord(memcpy_from_start_event[device_num][stream_num], stream
[device_num][stream_num]));

 // Copy a chunk of data from the GPU to the CPU
 // asynchronous
 CUDA_CALL(cudaMemcpyAsync(cpu_dest_data[device_num][stream_num],gpu_data
   [device_num]
[stream_num], single_gpu_chunk_size, cudaMemcpyDeviceToHost, stream[device_num]
[stream_num]));

 // Push the stop event into the stream
CUDA_CALL(cudaEventRecord(memcpy_from_stop_event[device_num][stream_num], stream
[device_num][stream_num]));

}
```

push_work_into_stream 函数和以前的函数基本相似。然而，它现在接收 stream_num 参数，这允许我们在流中填入任何可用的槽。它也可以通过 cpu_unprocessed_data 将数据复制到 CPU 内存中，其中 cpu_unprocessed_data 是 CPU 主机端一组常规的内存。注意，这不是 GPU 异步内存操作使用的页映射主机内存。CPU 主机需要处于自由状态以计算 / 更新此内存而无须担心运行中的内核对它进行同步。

```
__host__ u32 collect_work(const int num_devices,
       const size_t chunk_size)
{
 // Keep track of the number of results processed
 u32 results_processed = 0;

 // Cycle through each device
 for (u32 device_num=0;
   device_num < num_devices;
   device_num++)
 {
  // Then cycle through streams
  for(u32 stream_num=0;
      stream_num < streams_per_device[device_num];
```

```
        stream_num++)
    {
     // If results are pending from this device
     if (processed_result[device_num][stream_num] == false)
     {
      // Try to process the data from the device
      processed_result[device_num][stream_num]=process_result(device_num,
stream_num, chunk_size);

      // If we were able to process the data
      if (processed_result[device_num][stream_num] == true)
      {
       // Increment the number this device
       // processed
       num_processed[device_num]++;

       // Increment this run's count
       results_processed++;
      }
     }
    }
  }
  return results_processed;
}
```

collect结果函数简单地对每个设备及每个设备的每个流进行迭代，并且调用process_result函数来处理任何可用的结果。

```
__host__ bool process_result(const u32 device_num,
                             const u32 stream_num,
                             const size_t chunk_size)
{
 bool result;

 bool stop_event_hit = (cudaEventQuery(memcpy_from_stop_event[device_num]
[stream_num])== cudaSuccess);

 // Space is avaiable if network_out_idx is not
 // more than the total queue length behind
 bool output_space_avail = ((completed_idx - network_out_idx) <
MAX_OUT_QUEUED_PACKETS);

 // If the stop event has been hit AND
 // we have room in the output queue
 if (stop_event_hit && output_space_avail)
 {
  float time_copy_to_ms = 0.0F;
  float time_copy_from_ms = 0.0F;
  float time_kernel_ms = 0.0F;
  float time_exec_ms = 0.0F;
```

```
  // Select the correct device
  CUDA_CALL(cudaSetDevice(device_num));

  // Get the elapsed time between the copy
  // and kernel start
  CUDA_CALL(cudaEventElapsedTime(&time_copy_to_ms, memcpy_to_start_event
    [device_num]
[stream_num], kernel_start_event[device_num][stream_num]));

  // Get the elapsed time between the kernel start
  // and copy back start
  CUDA_CALL(cudaEventElapsedTime(&time_kernel_ms,
kernel_start_event[device_num][stream_num],
memcpy_from_start_event[device_num][stream_num]));

  // Get the elapsed time between the copy back start
  // and copy back start
  CUDA_CALL(cudaEventElapsedTime(&time_copy_from_ms,
memcpy_from_start_event[device_num][stream_num],
memcpy_from_stop_event[device_num][stream_num]));

  // Get the elapsed time between the overall start
  // and stop events
  CUDA_CALL(cudaEventElapsedTime(&time_exec_ms,
memcpy_to_start_event[device_num][stream_num],
memcpy_from_stop_event[device_num][stream_num]));

  // Print the elapsed time
  const float gpu_time = (time_copy_to_ms +
                          time_kernel_ms +
                          time_copy_from_ms);

  printf("%sCopy To  : %.2f ms",
         device_prefix[device_num], time_copy_to_ms);

  printf("%sKernel   : %.2f ms",
         device_prefix[device_num], time_kernel_ms);

  printf("%sCopy Back  : %.2f ms",
         device_prefix[device_num],
         time_copy_from_ms);

  printf("%sComponent Time : %.2f ms",
         device_prefix[device_num], gpu_time);

  printf("%sExecution Time : %.2f ms",
         device_prefix[device_num], time_exec_ms);
  fflush(stdout);

  // Data has now arrived in
  // cpu_dest_data[device_num]
```

```
check_array( device_prefix[device_num],
             cpu_dest_data[device_num][stream_num],
             NUM_ELEM);

// Copy results into completed work queue
memcpy(cpu_completed_data[completed_idx % MAX_OUT_QUEUED_PACKETS],
  cpu_dest_data[device_num][stream_num],
  chunk_size);

printf("\nProcessed work unit: %u", completed_idx);
fflush(stdout);

// Incremenet the destination idx
// Single array per CPU
completed_idx++;
 result = true;
 }
 else
 {
  result = false;
 }

 return result;
}
```

在process_results函数中，处理流有两个条件。第一个条件是该流已经被完成，换言之，我们在流上遇到了停止事件。另一个条件是用于传输的输出队列目前拥有空闲的槽。如果这两种情况都不出现，那么函数会简单地返回并且不执行任何操作。

否则，该函数收集一些计时信息并打印它。然后它将接收的数据复制到输出队列从而释放主机上的锁页内存并释放一个GPU流槽以供后续使用。

最后，我们看看将数据发送给服务器必须要做哪些事情。

```
__host__ void send_completed_units_to_server(
 const u32 pid,
 const size_t chunk_size,
 zmq::socket_t * socket)
{
 for (u32 packet=network_out_idx;
      packet < completed_idx;
      packet++)
 {
  // Define a client message
  CLIENT_MSG_T client_msg;
  client_msg.id.pid = pid;
  client_msg.id.ip = 0;
  client_msg.id.msg_type = 0;
  client_msg.id.msg_num = packet;
  memset(client_msg.data, 0, CLIENT_MSG_DATA_SIZE);
```

```
    SERVER_MSG_T server_msg;
    memset(&server_msg, 0, sizeof(SERVER_MSG_T) );

    // Create object to send to server
    zmq::message_t request(sizeof(CLIENT_MSG_T));
    zmq::message_t reply;

    // Copy in the output data
    memcpy(client_msg.data,
           cpu_completed_data[packet % MAX_OUT_QUEUED_PACKETS],
           chunk_size);

    // Copy the total message to ZEROMQ data area
     memcpy( (void*) request.data(), &client_msg, sizeof(CLIENT_MSG_T) );

     // Send to server
     printf("\nSending data %u to server", packet);
     socket->send(request);

     // Free output buffer
     network_out_idx++;

     // Wait for a reply
     socket->recv(&reply);

     // Decode the reply
     memcpy( &server_msg, (void*) reply.data(), sizeof(SERVER_MSG_T) );
     printf("\nReceived acknowledge from server");
    }
   }
```

为了使用 ZeroMQ 发送一条消息，我们只需使用 zmq::message_t 构造函数来创建一个请求和应答消息。然后将相关元素以及一些头信息从 cpu_completed_data 数组复制到消息的有效载荷区域。头信息允许服务器知道谁是发送者。然后我们把消息提交给服务器并等待服务器的确认。

现在从调度和工作负载角度而言，我们对这种方法有一些警告。其中主要的问题在于网络加载和通信开销。我们在网络上发送数据的数量会对系统的性能产生巨大的影响。收到任意入站数据，在 CPU 上改变它并在 CPU 上再次将它发送出去的总体时间必须比 GPU 内核执行所用时间要少。否则，应用程序可能是 CPU 密集的或网络密集的。

在这个示例中，服务器发送给客户端一系列数据。我们假定客户端知道如何处理这些数据，可能是以生成一个工作所用的数据集，或从本地磁盘加载一些数据的方式。你需要尽可能避免的做法是简单地将数据本身发送给客户端。要利用节点上的本地资源，该资源可能是 CPU、主机内存、本地存储空间或任何可能的资源。

第二，输出数据被全部运送回服务器。这个问题可能是这样的：输出数据不是一个巨大的数据块，而仅仅是单个值，比如来自归约操作的。通常情况下输入空间是很大的。然而，如果输入空间可以划分为N个本地磁盘，这时网络流量是非常小的，通过使用多个GPU节点你可以看到很大的扩展性。

8.10 本章小结

我们已经看到在计算机系统上使用多GPU的两个例子。在第1个例子中，一切都被包含在一个单独的机箱或节点里。第2个例子是在多节点下的使用，每个节点上包含多个GPU。我们介绍了ZeroMQ的使用，因为它是一个更简单和更灵活的方法，可以替代传统的MPI方法。

我们使用流来实现双缓冲系统，这意味着CPU在准备下一个数据块和处理前一个数据块时，GPU总是忙碌的。我们将流的使用从双流延伸到多流，以允许我们对同一节点中不同速度的GPU设备的工作进行平衡。

每个节点使用两个或4个GPU，可能会使绑定GPU的应用程序的当前吞吐量变成两倍或4倍。为了进一步提升，你需要使用多个节点并估计将要在网络上通信的数据量。然而，就像天河系统-1A展示的那样，如果你的问题和预算允许，你可以扩展到成千上万的GPU。

问题

1. 给定例子使用了同步网络通信，特别是基于发送/确认的协议。这种方法的优点和缺点是什么？我们还能通过其他方法实现吗，它带来的效益/成本是多少？

2. 当使用多个GPU系统时，使用线程相对使用进程的优点和缺点是什么？

3. 为了将第2个例子从ZeroMQ转换到MPI，你必须考虑什么问题？

答案

1. 同步模型是最简单的、可用于工作和调试的模型。在主机内存和GPU之间存在同步和异步内存传输，同样的，我们可以在一个同步或异步的模型下进行操作以实现通信。如果内存是锁页的，那么网络控制器可以使用DMA模式访问它，这不会给CPU添加任何负载。它的优点是释放CPU去做其他的任务，但它增加了管理另一个异步设备的程序复杂性。

至于发送/确认方法，代价可能是很高的。你不会在一个小的局域网上看到它，因为服务器可能会超负荷并且需要很长时间才能回复，而客户端工作队列将会阻塞。增加每个设备上流的个数可能会有些帮助，但是服务器可以处理的客户端个数是有上限的。同时，等待确认消息也是有延迟的，这实际上不是我们想要的。服务器可能会简单地重新启动那些没有接收成功的工作单元。然后我们可以在客户端使用post方法，和异步通信结合在一起，可以让客户端继续工作，并将通信工作转移到通信栈。

2. 当线程之间有公用的数据时，使用多线程是最好的选择，这类似于在SM处理中使用共享内存。进程最好使用在通信更加标准时，例如，使用多个节点时MPI能够使扩展更加容易。

3. MPI 是为封闭系统设计的，因此对于客户端会退出、重启和重现的情况存在问题。通常 MPI 的实现有固定大小的及有限缓冲区。在一个消息中，塞进太多数据往往会使 MPI 栈崩溃。ZeroMQ 是隐式异步的，因为你的消息被复制到本地存储，然后由一个后台线程将其推送到网卡。只有当其内部缓冲达到最大值时它才会阻塞。MPI 的同步通信会立刻阻塞而其异步通信要求应用程序的数据保持到 MPI 将它完成。这意味着更少的数据复制，但却使 MPI 编程变得更为复杂。

从转换的角度来说，MPI_Init 调用取代了创建 ZeroMQ 上下文。创建并绑定到 ZeroMQ 中套接字的操作等价于 MPI_Comm_size(MPI_COMM_WORLD) 调用。你可以使用简单的 MPI_Comm_rank 调用获得整个系统的唯一 ID 而不是使用 PID 来识别一个消息 (在多个节点上你需要一个 IP 以及一个 PID)。ZeroMQ 的 send 和 recv 调用与 MPI 的 MPI_Send 和 MPI_Recv 调用非常相似。在 MPI 的实现中唯一需要做的额外工作是在函数结尾调用 MPI_Finalize，而对于 ZeroMQ 这是没有必要的。

对于 ZeroMQ 内置的存在一定风险的基于缓冲的异步通信，我们可以使用 MPI_Bsend 和适当的应用程序级缓冲管理来实现。

注意，截止到 SDK 4.0，CUDA 分配的锁页内存默认情况下是可以被其他设备（例如网卡）访问的。因此，我们可以让网卡和 GPU 使用相同的锁页内存，这样就消除了主机内存之间不必要的复制操作。

此外，在 Linux 系统或基于费米 Tesla 的 Windows 系统上，也可以从 GPU 直接将数据发送到网卡或在 GPU 之间发送而无须通过主机内存。这样大大避免了使用有限带宽的 PCI 总线或通过主机端。这不是我们这里要讨论的，因为目前并不是所有的平台都支持它。然而，在 SDK 样例中有一个对等通信的例子，我们会在第 10 章详细介绍，请希望使用这些功能的读者留意。

第 9 章

应用程序性能优化

本章详尽地剖析 CUDA 中限制性能的主要因素。每小节都特设一些例子，用于展示其中的问题。应该按序阅读它们。前面的章节已经介绍了 CUDA 和 GPU 程序设计的基本知识，本章假设你已经学习了前面章节并掌握了其中的概念，或者你已经有 CUDA 的大量经验，急于学习提高程序执行性能的技术。

本章针对程序的性能优化，分解成如下 7 个策略：

策略 1，理解问题，并正确分解为串行 / 并行的工作负载。

策略 2，理解并优化内存带宽、延迟和缓存使用问题。

策略 3，理解与主机端传输数据的玄机。考查锁页内存、零复制内存的表现和某些硬件的带宽限制。

策略 4，理解线程结构和计算能力，并了解它们对性能的影响方式。

策略 5，结合一些通用算法的优化实例，讨论如何实现算法。

策略 6，关注性能分析，定位应用程序的瓶颈所在及其来源。

策略 7，考察如何让应用程序根据各种硬件实现自我调优。

9.1 策略 1：并行 / 串行在 GPU/CPU 上的问题分解

9.1.1 分析问题

首要考虑的是，对问题尝试并行化是否是正确的解决方案。让我们看看这里涉及的一些问题。

9.1.2 时间

界定算法执行时间“可接受的”时间段是很重要的。目前可接受的并不一定意味着是现实可能的最好时间。当考虑到优化，作为专业软件开发人员的你必须认识到，你的时间就是金钱，而且如果你在西方国家工作，你的时间成本就更不便宜。需要程序执行得更快，那么实现它就需要付出更多的努力（如图9-1所示）。

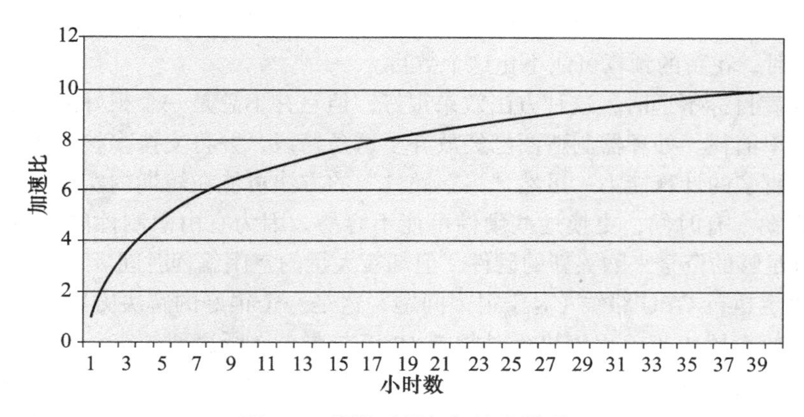

图9-1 编码时间与加速比关系

你通常会发现在任何优化活动中都会有一定量所谓的“唾手可得的东西”。在优化中上述这些改变是很容易的且会带来一个合理的加速。当这些被处理掉，就逐渐变得更难找到优化之处，只有采用更复杂的重组才能进一步优化，这不仅花费更多的时间而且引入更多潜在错误。

在大多数西方国家，编程工作是相当昂贵的。即使你的编程时间是免费的（例如，如果你是一个工作于项目中的学生），优化代码的时间也可以用来做其他事情。作为工程师，我们有时会执着于把事情做到精益求精，甚至超出它应该达到的程度。所以我们要了解什么是需要的，并设置一个合适的目标。

在设置适当的加速目标时，在给定一组硬件的前提下，你必须知道什么是合理的。如果你需要在几秒钟内处理20TB的数据，那么单GPU机器是不能够达到要求的，当你考虑互联网搜索引擎，就会碰到这样的问题：它们必须在几秒钟内，搜索一组结果返回给用户。然而，与此同时，搜索引擎也必须用几天的时间去更新它们的索引，也就是利用这些时间去收集新的内容，在当时这认为是可接受的。而在现代世界，则认为这是缓慢的。因此，今天可以接受的事实，也有可能不被明天、下个月或明年接受。

在考虑可接受的时间段是多少时，问问你自己要达到该时间段还需付出多少努力。如果没有超过2倍的量级，往往就值得花时间来优化CPU的实现方式，而不是创建一个全新的、并行的方法来解决该问题。多线程引出了各种与依赖关系、死锁、同步、调试等有关的问题。如果你可以忍受串行CPU版本，那么这在短期内可能是一个更好的解决方案。

再来看下过去30年里解决问题的简单办法：只需买更快的硬件。使用分析技术来查看运行的应用程序在什么地方花费时间，从而决定哪里是瓶颈。是否有输入/输出（I/O）瓶颈、内存瓶颈或处理器瓶颈？若是I/O瓶颈，则可购买一个高速的PCI-E RAID卡并使用SATA 3/SAS的固态硬盘驱动器去解决该问题。如果遇到内存带宽问题，则可移植到一个具有高时钟速率内存的LGA 2011插槽系统。如果它只是受制于计算吞吐量，则可安装你可以买到的最高时钟速率的至尊版和黑盒版处理器。例如，购买一个现成的、液冷版沙桥 K 或 X 系列超频处理器。这些解决方案的成本一般远低于 3000 ~ 6000 美元。在你花时间编写由串行到并行转变的程序时，花费的预算可能不止这个数目。

尽管当你离目标不远时，这种方法效果很好，但它并不总是一个很好的方法。高时钟速率带来了高功率消耗。处理器制造商已经放弃了这条路线，并将支持多核作为唯一的长期解决方案来提供更多的计算能力。虽然“买新硬件”的方法可能在短期内实用，但这不是一个长期的解决方案。有时候，更换这些硬件可能不容易，因为它由限制性的 IT 部门提供，或者因为你没有足够的资金来购买新的硬件，但却有大量的空闲编程时间。

如果你决定执行 GPU 路线（对于很多问题，这是一个很好的解决方案），那么通常应该将你的设计目标设置为当前程序执行时间的 10 倍左右。你所达到的实际量级取决于编程者的知识、可用的编程时间以及应用程序中的并行程度。最后一个因素具有巨大的决定性，我们下面就要谈到。即使对那些 CUDA 新手，至少加速 2 倍或 3 倍是一个相对容易的目标。

9.1.3 问题分解

这里的基本议题是：这个问题可以被分解成并行运行的组块吗？也就是，是否有机会发掘出问题中的并发性？如果答案是否定的，那么 GPU 就不是要考虑的方案。相反，你需要看看 CPU 优化技术，如缓存优化、内存优化、SIMD 优化等。这些技术的某些方面已经结合 GPU 在之前的章节已涉及，本章将介绍其他的方面。其中的很多优化技术能很好地应用于串行 CPU 代码。

假设你能够把问题分为多个并发块，那接下来的问题是有多少个并发块？CPU 并行化的一个主要限制因素经常是没有足够大粒度 (或粗粒度) 的并行工作要做。GPU 运行成千上万的线程，所以问题需要被分解成上千个块，而不只是像 CPU 那样只执行少数并发任务。

问题分解应该总是先从数据开始，然后考虑执行的任务。你应该试图用输出数据集来表示问题。你能否构建一个公式，描述如何由对应的输入数据集中的数据转换为数据集的某个输出点的吗？你可能需要不止一个公式，例如，一个用于大多数数据点，一个用于处理问题空间边缘的数据点。如果你能做到这一点，那么把问题转换到 GPU 空间就相对容易了。

这类方法的一个问题在于，为了取得最好的效益，你需要完全理解问题。你不能简单地瞥一眼最高占用 CPU 的东西，然后把它们并行化。这一方法的真实益处在于把从输入数据点到输出数据点的链完全并行化。这里可能有部分链在你有硬件的情况下本应该使用 100 000 个处理器的，而这些数据点实际只使用了几百个处理器。很少有问题是真正单线程的。只是作为程序员、科学家和工程师，这是许多年前我们在大学中学过的一种解决方案。因此，看到问题潜在的并行性通常是第一个障碍。

现在有一些问题，不适合采用单输出数据点视图，例如，H264 视频编码。在这个特殊的问题中，设置有许多阶段，而每一阶段定义了一个变长的输出数据流。也有些图像编码 / 处理的过程，特别是过滤，非常适合这一方法。这里的目标像素是 N 个源像素的函数。这一类比在许多科学问题中都很适用。一个给定目标原子受力的量值可以由来自全部施力原子的力量之和表示。如果输入集合非常大，则可以简单地使用一个阈值或截止点，使得贡献小的那些输入数据点排除出数据集。这将会带来少量误差，但是在一些问题上，允许数据集中的大部分从计算中忽略。

优化通常用于执行数据的操作或函数。然而，随着计算能力相较内存带宽的飞速增长，数据是现在要首要考虑的因素。尽管事实上 GPU 有着 5 ~ 10 倍于 CPU 的内存带宽，你也必须分解问题才能利用这个带宽。这就是我们接下来将讨论的部分。

如果你打算使用多个 GPU 或多个 GPU 节点，这里最后一个需要考虑的是如何在处理器元素上分解问题和数据集。以计算周期的角度来看，节点之间的通信将是非常昂贵的，所以需要尽可能地将它最小化并跟计算重叠起来执行。这是我们稍后要涉及的内容。

9.1.4 依赖性

依赖就是一些计算需要用到以前计算的结果，可以是针对问题域的计算也可能是数组下标的计算。在这两种情况下，依赖都会引起并行执行的问题。

依赖关系主要有两种主要形式，要么一个元素是依赖于它附近的若干元素，要么在多轮遍历数据集时下一轮依赖于当前轮。

```
extern int a,c,d;
extern const int b;
extern const int e;

void some_func_with_dependencies(void)
{
 a = b * 100;
 c = b * 1000;
 d = (a + c) * e;
}
```

如果你考虑这个例子，可以看到，a 和 c 都依赖 b。你也可以看到 d 依赖于 a 和 c。a 和 c 的计算可以并行获得，但计算 d 时需要 a 和 c 都已计算完成。

在一个典型的超标量 CPU 中，有多个独立的流水线。a 和 c 的计算是独立的，可能会被分派到不同的执行单元去完成它们所需的乘法。然而，这些计算的结果需要在计算 a 和 c 的和之前得到。这个加法的结果也需要在最后的乘法之前得到。

鉴于一个指令的返回结果必须注入到下一个指令，这种类型的代码排放方式只允许较小的并行性并会导致流水线的失速。处于失速时，CPU 和 GPU 将处于闲置状态，很显然这是一种浪费。CPU 和 GPU 都使用多线程来隐藏这个问题。

在 CPU 方面，来自其他虚拟 CPU 核的指令流填补指令流水线的空隙 (如超线程技术)。然而，这要求 CPU 知道流水线中的指令属于哪个线程，但这会使硬件变得复杂。在 GPU 上，也使用多个线程，但采用时间切换方式，这样算术运算的延迟时间被以极小地甚至可以没有代价地隐藏掉。事实上，GPU 上你需要大约 20 个时钟来隐藏这样的延迟。然而，这种延迟不一定必须来自另一个线程。考虑以下示例：

```
extern int a,c,d,f,g,h,i,j;
extern const int b;
extern const int e;

void some_func_with_dependencies(void)
{
 a = b * 100;
 c = b * 1000;

 f = b * 101;
 g = b * 1001;

 d = (a + c) * e;
 h = (f + g) * e;

 i = d * 10;
 j = h * 10;
}
```

这里的代码已经重新排放并引入了一些新的变量。注意，如果你在计算变量 a、c 与使用它们计算 d 之间的位置插入一些独立的指令，将需要更久的时间才能获得 d 的计算结果。计算 f、g 和 h 的值与计算 d 是重叠的。实际上，你是通过重叠执行非依赖指令达到隐藏算术运算的延迟。

循环融合（loop fusion）是一种处理依赖关系并引入额外非依赖指令的技术，如下所示。

```
void loop_fusion_example_unfused(void)
{
 unsigned int i,j;

 a = 0;
 for (i=0; i<100; i++)  /* 100 iterations */
 {
  a + = b * c * i;
 }

 d = 0;
 for (j=0; j<200; j++)  /* 200 iterations */
 {
  d += e * f * j;
 }
}

void loop_fusion_example_fused_01(void)
{
 unsigned int i;  /* Notice j is eliminated */

 a = 0;
 d = 0;
```

```
 for (i=0; i<100; i++)  /* 100 iterations */
 {
  a += b * c * i;
  d += e * f * i;
 }

 for (i=100; i<200; i++) /* 100 iterations */
 {
  d += e * f * i;
 }
}

void loop_fusion_example_fused_02(void)
{
 unsigned int i;   /* Notice j is eliminated */

 a = 0;
 d = 0;
 for (i=0; i<100; i++)  /* 100 iterations */
 {
  a += b * c * i;
  d += e * f * i;
  d += e * f * (i*2);
 }
}
```

在这个例子中，我们有两个独立的计算结果 a 和 d。在计算第二个结果时迭代次数多于第一个。不过，两个计算的迭代空间是互相重叠的。因此你可以将第二个计算的一部分移动到第一个计算的循环体内部，正如函数 loop_fusion_example_fused_01 所显示的那样。这样就可以引入额外的、无依赖性的指令，另外能够降低总体的循环次数，在本例中降低了 1/3 的迭代次数。循环迭代不是免费的，因为它们需要一个循环迭代值和一个分支。因此，降低 1/3 的迭代次数会为我们在减少执行的指令数方面带来显著益处。

在 loop_fusion_example_fused_02 函数中，我们可以通过进一步移除第二个循环并把其中的操作合并到第一个循环以达到融合两个循环的目的，相应地只需调整循环的索引即可。

现在的 GPU，很可能将这些循环展开，放到线程内，并由单个内核程序计算 a 和 d 的值。存在多种解决方案，但最可能的情况是使用一个包含 100 个线程的线程块计算 a，然后另外一个包含 200 个线程的线程块计算 d。通过融合两个计算，你不再需要另一个计算 d 的线程块。

然而，谨慎使用这种方法。通过执行这些操作，你同时减少了可用于线程/线程块调度的整体并行度。如果这个数目很小的话，会浪费执行时间。另外要注意，使用融合的内核时，通常会消耗更多的临时寄存器。由于寄存器的使用增加了，会限制一个 SM 上可调度的线程块的数目，从而可能会限制实际可融合的数量。

最后，你应该好好考虑需要多轮遍历的算法。它们通常被实现为一些内核调用的序列，每一次调用在数据上循环一遍。由于每轮要读/写全局数据，效率通常较低下。许多这样的算法可以写成只涉及单个或少量目标数据点的内核程序。这为把数据放入共享内存或寄存器提供了可能，并且相较给定内核需要较多次全局内存访问的方式，可以大大提高完成的工作量。这将明显改善多数内核的执行时间。

9.1.5 数据集大小

数据集的大小使选取问题的解决方案差别巨大，一个典型的CPU实现可以分成如下几类：

- 数据集小于一级缓存（~16KB ~ 32KB）
- 数据集小于二级缓存（256KB ~ 1MB）
- 数据集小于三级缓存（~512K ~ 16MB）
- 数据集小于单台主机内存大小（~1GB ~ 128GB）
- 数据集小于主机端持久性存储大小（500GB ~ 20TB）
- 数据集分布在多台机器上（>20TB）

对GPU而言，列表稍有不同：

- 数据集小于一级缓存（16KB ~ 48KB）[㊀]
- 数据集小于二级缓存（512KB ~ 1536MB）[㊁]
- 数据集小于GPU内存大小（~512K ~ 6GB）
- 数据集小于单台主机内存大小（~1GB ~ 128GB）
- 数据集小于主机端持久性存储大小（500GB ~ 20TB）
- 数据集分布在多台机器上（>20TB）

对于非常小的问题集，可以增加更多的CPU核，可能会带来超线性的加速比。这时增加更多的CPU核，你将得到比线性更大的加速比。实际上，每个处理器核的数据集会比现在更小。对于一个具有16核的CPU，通常问题空间会减少16倍。如果现在把问题从内存转移到三级缓存或从三级缓存转移到二级缓存，你将看到一个非常明显的加速，这不是由于并行性，而是使用的缓存有高得多的内存带宽。这样的问题同样适用于把问题完全从一级缓存移到二级缓存。

GPU的主要问题不是缓存，而是你能在一张GPU卡上保存多少数据。将数据从主机系统传入或传出会耗费大量的计算时间。为了隐藏这一时间，你应该把计算与数据传输重叠起来执行。在更先进的显卡上，你可以做到同时传入与传出数据。然而，为了实现这一点，你需要使用主机上的锁页内存。由于锁页内存不会被虚拟内存管理系统换出，所以它必须是存在于主机上的真正的DRAM内存。

对于拥有6GB内存的Tesla系统，你可能会分配1GB输入缓冲区、1GB输出缓冲区和4GB计算或工作内存。尽管一些商用显卡支持多达4GB的全局内存，但在商用硬件上，你

㊀ 一级缓存仅在费米架构及之后可用，可以配置为16KB ~ 48KB。GT200/G80的一级缓存由纹理内存充当，共24KB。

㊁ 在计算能力1.x的设备上，没有二级缓存；在计算能力2.x（费米架构）设备上，达到768KB；而到了计算能力3.x（开普勒架构）设备，多达1536KB。

最多能获得2GB的可用空间，所以可用空间要比总量少得多。

在主机端，你的内存至少需要与为输入和输出缓冲区分配的锁页内存等量。你通常拥有的可用内存，在Nehalem平台上最多是24GB（6个4GB的DIMM）、在沙桥—EPI7上是32GB（8个4GB的DIMM的），在AMD平台上是16GB（4个4GB的DIMM）。由于你通常使用最多2GB的锁页内存，因此剩余的内存量可以轻松地支持多个GPU，多数系统支持至少两个GPU卡。1个机箱内采用4个物理显卡通常是高端系统的实际上限。

当问题的规模远远大于主机的内存大小时，你必须要考虑实际单台主机上的存储容量的限制。TB级的磁盘可以让节点保存数十TB的数据。大多数主板都配备了6个或更多的SATA接口并支持超过4 TB的磁盘。如果数据集需要传送到较远的地方，那么磁盘是很容易运送的。隔日达快递通常是在不同地点间传输这类数据的最快方式。

最后，当你的数据集可能因为计算、内存、存储或者能源方面的因素，无法放置于单台机器时，你必须考虑使用多个节点。这就需要进行节点间通信了。节点间通信是非常耗时的，相比任何内部的数据通信至少慢一个数量级。你还必须掌握另一套API，所以如果问题可以放在单个节点上，最好避免节点间通信这一步骤。

9.1.6 分辨率

考虑一下使用10倍或50倍的处理能力可以做什么。说得实际点，以前需要花费1小时来解决的问题能只用1分钟解决。对于一个给定的数据集，可以探索的议题是如何改变？有哪些过去实现不了，现在则可以实时或者接近实时做到的呢？之前需要批量提交的问题，现在变成了可以互动的问题。

这种变化可以让问题暂缓一步处理，而是考虑还有什么是可能实现的。是否有算法是因为计算代价太大而被丢弃？你现在可以处理更多的数据，或者将数据提高到更高的分辨率、产生更精确的结果吗？如果你对之前运行几个小时或一天的情况很欣然，因为你正好可以利用这段时间做其他的事情，那么提高问题的分辨率是否比提高速度更有吸引力？一个更精准的结果在你的问题里能得到什么？

在金融领域的应用程序中，如果你的算法领先于市场中的竞争者，那么你可以对变化做出比别人更快的反应，它可以直接转化为更多商业利益。

在医疗应用程序中，在病人结束会诊离开前就能够预测结果，能够更有效地节约医生和病人的时间，因为它避免了重复的预约时间。

在仿真应用程序中，不必等待很长时间就可以在相同的时间单位内探索一个更大的问题空间。它也允许猜测执行。就像你在一个给定的数据集里求所有在n和m之间的x值。同样，你可以探索二维或三维空间中的变量。在复杂问题或非线性系统中，它并不总是很清楚什么是最佳的解决方案，尤其是当改变一个参数会影响许多其他参数的情况下。它可能会更快地搜索问题空间和观察结果，不像以前那种需要专家坐下来，制定出最佳的解决方案。这种直截了当的暴力方法是非常有效的，往往能得到“专家”无法找到的解决方案。

作为一名学生，你现在可以开始通过个人桌面超级计算机中不同的讲座解决问题，而不是提交给大学机房一份任务，等待一天来运行它，却发现工作进行一半就失败了。你可以大大快于 CUDA 盲的同行，开发出原型方案并得到问题的解决方案。想一想，原本在批量方式下需要一天的任务，现在你在本地一小时就能做完了。

9.1.7 识别瓶颈

1. Amdahl 定律

Amdahl 定律常常被并行架构的论文引用。它是很重要的，因为它告诉我们，当数据流中仍然存在串行执行的元素时，将限制速度的提升。

考虑一个简单的例子。我们的程序中 50% 的执行时间花费在可以并行化的代码上，另外 50%必须串行执行。如果你有一组无限快的并行处理单元，你可以把程序中并行部分的执行时间减少到 0，但仍然会留有 50%的串行代码要执行。在这种情况下，可能的最大加速比是 2×，即程序的执行时间是之前的一半。尽管使用了大量的并行处理，但说实话，加速的效果并不明显。

即使我们将 90%的程序并行化，但仍然存在 10%的串行代码。因此，最大的加速比是 9×，也就是比原来完全串行的程序快 9 倍。

无限扩展程序的唯一办法是消除程序执行中的所有串行瓶颈。我们来考虑一下图 9-2，其中所有的方块表示待处理的数据条目。

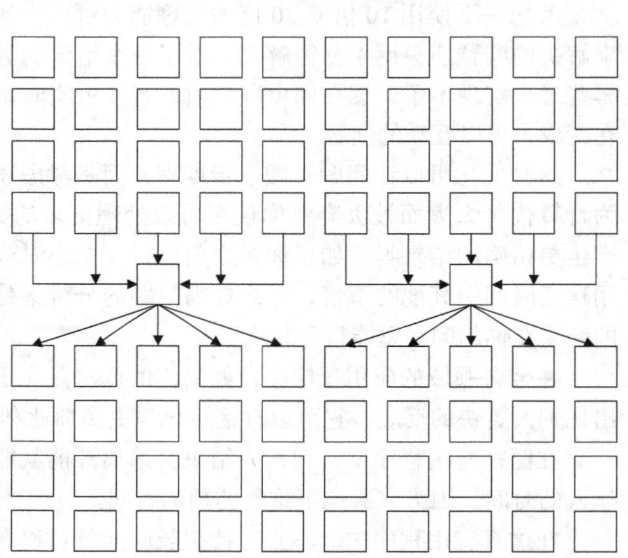

图 9-2 数据流的瓶颈

在这个例子中，有 10 个线程，每个线程处理一列数据。图 9-10 的中心位置含有相互依赖的关系，因此，在继续向下运行之前，所有线程把它们的已有结果送到某个单值。

设想一下，在某个时刻，这是一片麦地，而每一列是一行作物。每个线程就像一个联合收割机，向下移动，并且收集每个方块内的作物。但是到了麦地场中心有一个带有两个大门的围墙。

在 1 个甚至 2 个联合收割机作用下，大门只构成一个小问题，每个联合收割机可以从一行作物转移到另一行作物。使用 10 个联合收割机，每个对应一列，让每个收割机都经过大门，将比较耗时并会减慢整个过程的速度。这就是为什么在又大又空旷的麦场比在小而有限的麦场更高效的原因之一。

上述比喻与软件设计有何关联呢？每个大门就像是代码中的一个串行点。该程序通过运行大量的工作，做得很好，当突然遇到一个串行点或同步点，一切都堵塞了。这就像在只有有限数量出口的停车场，每个人都试图在同一时间离开。

针对这类问题，把瓶颈部分并行化就能解决。如果我们在麦场有 10 个大门或者在停车场有 10 个出口，将不会再有瓶颈，而是变成了一个有序的队列，在 N 个周期内即可完成。

当考虑如计算直方图这样的算法时，你会看到如果把所有的线程都加入同一个桶里，就形成了同样的瓶颈。通常会采用原子操作，这样一组并行线程就要串行执行。相反，如果分配给每个线程属于它自己的一组桶，后面再将这些桶合并起来，就能消除串行瓶颈问题。

仔细分析你代码中存在这样瓶颈的地方，并考虑如何将它们尽量消灭掉。这种瓶颈往往会限制应用程序的最大扩展程度。虽然在两个甚至 4 个 CPU 核上，可能算不上什么问题，但对 GPU 的代码来说，你需要考虑到这里有成千上万的并行线程。

2. 分析

分析是确定你当前在哪儿以及应该在什么地方多花点时费的最有用的任务之一。通常人们认为他们知道瓶颈在哪里，然后就去优化那个函数，最后却发现，应用程序的总体执行时间只有 1%或 2%的差别。

在现代软件开发中，通常有多个组，分别负责软件包的不同方面。它可能无法与接触到的每个开发软件的程序员都保持联系，特别是大型的团队。通常你认为的瓶颈，实际上可能并不重要。

优化应根据确切的数字和事实，而不是猜测哪“可能”是最应该优化的地方。英伟达提供了两个很好的工具，分别是 CUDA Profiler 和 Parallel Nsight，以提供分析信息。

分析器通过读取硬件计数器，来发现代码花费的时间和在 GPU 上的占用水平。它会提供非常有用的数据，如总共合并读或写的次数、缓存命中 / 失败率、分支频率、线程束串行化程度等。CUDA Memcheck 工具在识别内存带宽的使用效率是否低下时也是非常有用的。

使用分析器做完一个初步的检查之后，你应该先查看花费总时间最多的代码段。典型的未优化的程序，80%的时间是花在 20%的代码上的。优化这 20%代码是有效减少使用时间的关键，分析器是确定这 20%代码所在的一把钥匙。

当然，一旦上述问题已被优化为最佳，如果不进行重新设计，后面的为提供加速化的进一步优化将会变得越来越耗时。你需要度量加速比并且知道什么时候你花的时间不会再得到良好的回报。

Parallel Nsight 在这方面是一个非常有用的工具，因为它提供了一些默认的“实验”。能够把内核实际所做的工作显示出来。如图 9-3 所示，你可以从实验中获得很多有用的信息。

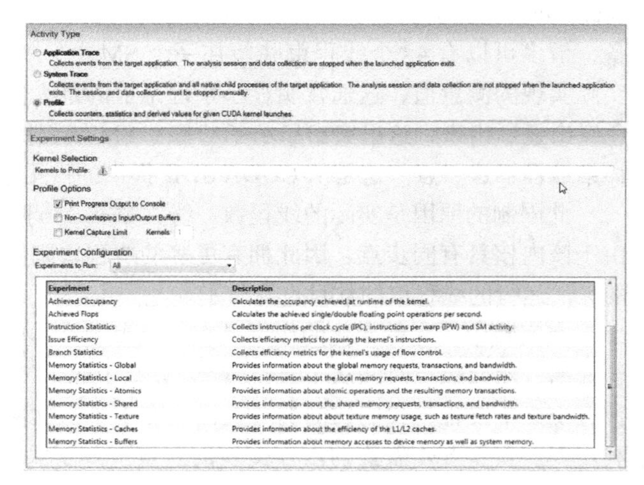

图 9-3　Parallel Nsight 实验

第一个实验是关于 CUDA Memory Statistics（CUDA 内存统计）的，以友好的图形化展示了缓存是怎样分布的以及设备的不同部分达到了怎样的带宽。

这个特别的例子（参见图 9-4）来自奇偶排序，我们在后面还会进一步考察。值得一提的是缓存的比率。当我们获得 54% 的一级缓存命中率时，我们与全局内存的平均吞吐量达到了 310GB/s，这是全局内存实际可用带宽的两倍。它还列出了交易的数量，这是非常重要的。如果我们可以通过更好地合并内存操作或者发起更大的读 / 写操作来降低所需事务的数量，则可以显著地提升内存的吞吐量。

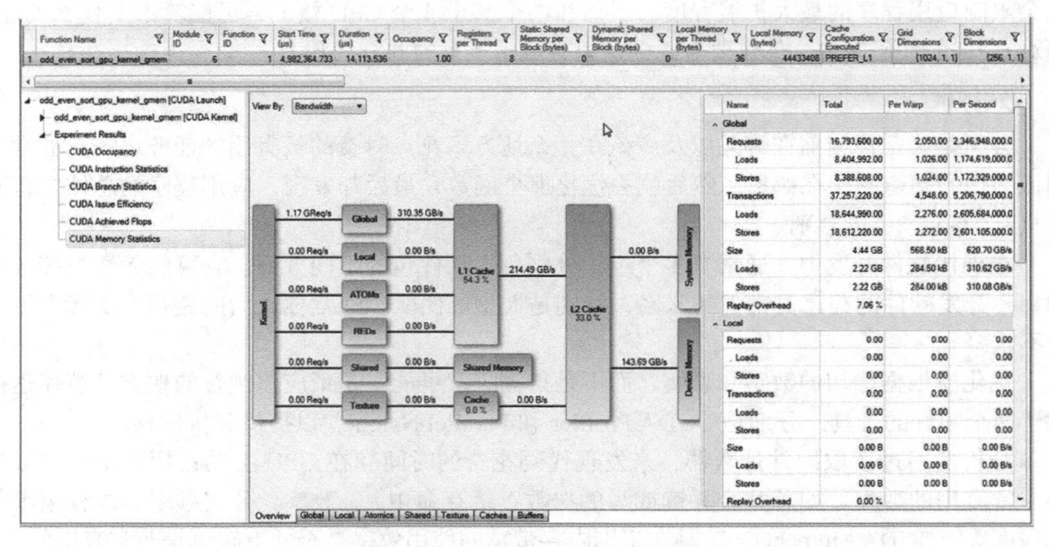

图 9-4 Parallel Nsight 内存概要

另外一个重要的实验是占用率（参见图 9-5）。在这个实验中，注意到 Achieved occupancy（达到占用率）一栏，特别是活动线程束的数量。由于这是一个计算能力 2.0 的设备，最多可以有 48 个线程束驻留在一个 SM 上。所取得的占用量，跟理论占用量相对，即实际实现的测量值，这通常明显小于理论上的最大值。另请注意，任何的限制因素都会以红色突出显示出来，这里突出显示了"每个 SM 线程块的数量是 6"。占有图形选项卡允许你更详细地理解这一点。这是从 CUDA SDK 提供的占用率计算电子表格中提取出来的。

此限制的原因是实际的线程数。线程数从 256 降低到 192，会允许硬件调度 8 个线程块。由于该内核具有同步点，因此拥有更多的线程块则会带来更好的指令混合。由于同步点造成的无法运行的线程束的数目也更少了。

在实践中，这种变化的作用是相当显著的。占用率从 98.17% 提高到 98.22%，虽只有微弱提高，然而执行时间从 14ms 下降到只有 10ms。时间降低的原因在于内存使用。通过每块拥有 192 个线程，我们访问的地址区域变小了，这增加了局部性访问，并最终可以提高缓存利用率。每个 SM 需要的内存交易的总量下降了大约 1/4。因此，我们看到了一个执行时间相应比例的下降。

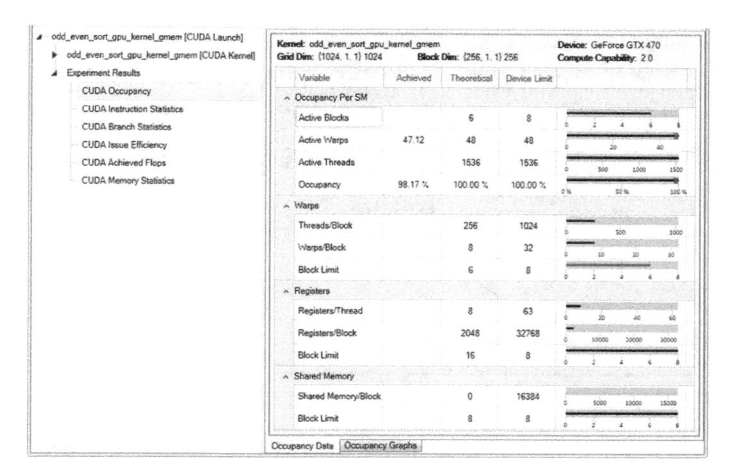

图 9-5 Parallel Nsight 占用数据

9.1.8 CPU 和 GPU 的任务分组

来自英伟达的 M.Fatica 博士在 GTC2010 会议中做了一个关于在 GPU 上优化 Linpack 的精彩演讲。Linpack 是一个基于线性代数的测试基准。它用在 Top500 超级计算机基准测试中（www.top500.org），以评价世界各地的超级计算机。这次演讲中一个有趣的事是，那个时候使用的 GPU 是费米 TeslaC2050 卡，可以每秒运算约 3500 亿次双精度矩阵乘法（Double-precision Matrix Multiply，DGEMM）。所使用的 CPU 可以每秒运算约 800 亿次 DGEMM。每秒 800 亿次 DGEMM 比 GPU 贡献的 1/4 还略低。所以这个差别不可忽略。在执行时间上减少 1/4 的额外运算是需要大费周折的。

事实上，最好的应用程序往往可以充分利用 CPU 和 GPU 两者的优势，并相应地划分数据。任何基于 GPU 的优化也必须考虑 CPU，因为这对于总的应用程序时间很重要。如果你有 4 核、6 核或 8 核的 CPU，却只有一个核忙于处理 GPU 应用程序，为何不使用其他闲置的核来处理该问题呢？可以使用的核数量越多，通过分流一些工作给 CPU 的潜在收益越大。

如果说一个 CPU 核可以处理 GPU 工作的 1/10，那么当仅只有 3 个 CPU 核时，你的 GPU 就获得额外 30% 的吞吐量。如果你有一个 8 核的设备，有可能这是一个在性能上 70% 的增益，这几乎是和两个 GPU 以串联方式工作是相同的。然而，实际上其他的方面可能限制整体速度，如内存、网络或者 I/O 带宽。不过，即便如此，当应用程序已不再主机端的这些限制约束时，你很可能会看到这个应用程序有着显著的加速。

这些限制中，I/O 的限制是一个有趣的例子，因为引入更多的 CPU 的线程或进程，经常可以显著提高整体的 I/O 吞吐量。这似乎是一个奇怪的结论，因为 I/O 设备的输入 / 输出上限决定了它的吞吐量。在现代具有大内存的计算机中，大多数 I/O 操作都是进行缓存的。因此，I/O 操作大都在内存上移动数据而不是在设备上移动。一个常规的 RAID 控制器有自己的处理器来执行 I/O 操作。多个 CPU 核允许多个独立的存储器之间传输数据，相对单核而言，这提供一个更大的总带宽。

独立的 CPU 进程或线程可以创建一个独立的 GPU 上下文，且启动它们自己的内核到该 GPU 中。这些额外的核经常以队列的方式在 GPU 中去执行。当所需资源变为可用时，内核开始执行。如果查看一下典型的 GPU 使用率，你会看到如图 9-6 所示的情形。

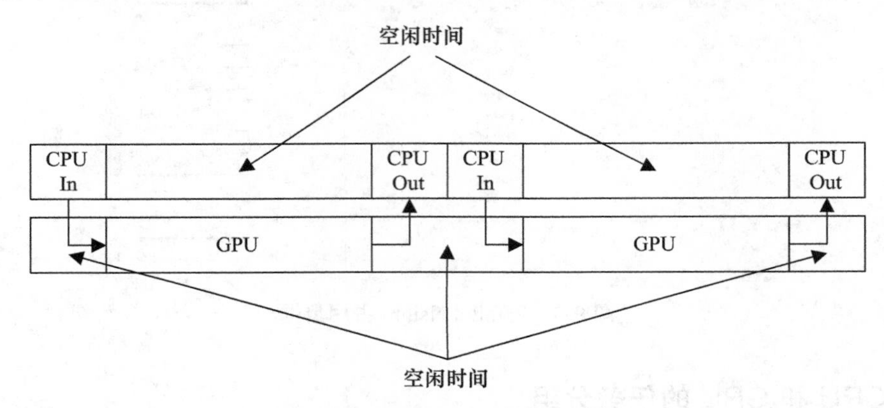

图 9-6 CPU 和 GPU 的空闲时间

注意图 9-6 所示，GPU 和 CPU 都有显著的空闲时间。GPU 上的空闲时间更昂贵，因为它的吞吐量通常在 CPU 时间的 10 倍以上。诸如 Parallel Nsight 的工具允许你查看这样的时间线，你会惊讶地发现特定内核存在如此多某一内核创建的空闲时间。

通过在一个 GPU 中放入多个内核，这些内核就可以伺机占用空闲硬件槽位。这将在一定程度上增加第一组内核的延迟，但会大大提高应用程序的整体吞吐量。在很多应用程序中，可能有多达 30% 的空闲时间。我们来考虑一下一个典型的应用程序需要做些什么。首先，从某处获取数据，通常是来自一个如硬盘这样的慢速 I/O 设备。然后将数据传送到 GPU 并一直等到 GPU 内核完成当前工作。一旦 GPU 内核完成当前工作，主机把数据从 GPU 端传回。接着主机把数据保存到某个地方，通常是慢速的 I/O 存储设备。获取下一个数据块，依此类推。

GPU 正在执行内核的同时，为什么不从慢速 I/O 设备读取下一个数据块，以便当 GPU 内核完成时，数据已经就绪了呢？实际上，在执行多个进程时就采用了这一策略。当你为第 1 个进程读取数据时，I/O 设备会阻止第 2 个进程的执行。当第 1 个进程在传输数据并调用内核时，第 2 个进程会访问 I/O 硬件。接着就开始数据传输，与此同时，进程 1 在进行计算且进程 2 的内核调用的处于排队状态。当进程 1 开始把数据传回主机时，进程 2 的内核就开始执行。因此，仅通过引进一对进程，你巧妙地重叠了 I/O、CPU、GPU 和传输时间，整体吞吐量获得了显著的改善。这方面的详细解释，请查看第 8 章关于流的示例。

请注意，不管你使用线程或是进程，都可以达到同样的效果。线程允许应用程序数据共享为一个公用数据区，并提供更快的同步原语。进程允许设置为处理器关联（processor affinity)，可以把进程绑定到一个给定的 CPU 核。这样做往往会提高性能，因为它可以更好地重用该核的缓存。选择线程还是进程，在很大程度上取决于 CPU 之间需要同步任务的个数。

在权衡 CPU/GPU 的使用过程中，也需要知道如何最优地划分任务。当数据是稀疏分布的或者是小数据集的时候，CPU 很擅长处理这类串行任务。但是考虑到一个典型的 GPU 与 CPU 在性能上 10∶1 的表现，就不得不小心你有可能支持不了 GPU。出于这个原因，许多应用程序只使用 CPU 来加载和存储数据。根据 GPU 上所需计算时间，有时会让一个 CPU 上的一个核处于满载状态。

你有时会看到 CPU 用在归约操作的最后阶段。通常在每轮迭代，归约操作涉及的元素数会下降为原来的一半。如果你开始使用一百万个元素，6 轮迭代之内，可供调度的线程数量就小于一个 GPU 可调度的最大线程数了。如果再继续迭代几轮，一些 SM 就开始闲置。当使用 GT200 和之前的硬件时，内核不支持重叠，所以内核不得不继续迭代直到得到最后的元素，才可能释放空闲的 SM 去做更多的工作。

因此，一种优化策略是，当迭代到一定的阈值，剩余部分的计算就转交给 CPU 来完成。事实上，如果 CPU 空闲并且剩余的数据传输量也不是很大，那么这种策略相比等待 GPU 完成整个归约过程，会有显著的收益。从费米架构开始，英伟达公司解决了上述问题，能够让那些闲置的 SM 在下一个排队的内核中使用。但是，要让 SM 变得空闲，必须要保证其上的所有线程块已经完成它们的任务。一些非最优的内核可能残留一个或者数个活跃线程（即使在归约操作的最后一层），从而导致内核牵制住该 SM，直到整个归约操作完成。对于类似归约操作的一些算法，请确保每次迭代都在减少活跃线程束的数量，而不单单是活跃线程的数目。

9.1.9 本节小结

- 理解问题并基于你的编码时间和熟练程度定义你的加速目标。
- 识别问题中的并行性，并思考如何以最佳方式在 CPU 和一个或多个 GPU 之间分配。
- 考虑一下，是较少的执行时间还是处理数据以获得更高分辨率更重要。
- 理解任何串行代码段的实现，并思考如何处理它们最合适。
- 分析你的应用程序，以确保你的理解确实反映实际情况。如果可以帮助你加强理解，请重复你之前的分析。

9.2 策略 2：内存因素

9.2.1 内存带宽

内存带宽和延迟是所有应用程序都要考虑的关键因素，尤其是 GPU 应用程序。带宽是指与某个给定目标之间传输的数据量。在 GPU 的情况下，我们主要关心的是全局内存带宽。延迟则是指操作完成所用的时间。

GPU 上的内存延迟设计为由运行在其他线程束中的线程所隐藏。当线程束访问的内存位置不可用时，硬件向内存提交一次读或者写请求。如果同一线程束上其他线程访问的是相邻内存位置并且内存区域的开始位置是对齐的，那么该请求会自动与这些线程的请求组合或者合并。

费米架构和其他旧版本硬件的内存事务规模有着显著的不同。在计算能力 1.x 设备上（G80 和 GT200），每次内存访问时的合并内存事务大小最小为 128 字节。如果被合并线程访问的总区域足够小并且在同一个 32 字节对齐的块中，那么这将减少到 64 或 32 字节。这个内存是没有被缓存的，因此如果线程没有访问连续的内存地址，会导致内存带宽快速地下降。例如，如果线程 0 读取地址 0、1、2、3、4、…、31，线程 1 读取 32、33、34、…、63 地址，它们将不会被合并。实际上，对于每个线程，硬件会提交一个至少 32 字节的读请求。未被使用的字节将从内存中取出并直接丢弃。因此，如果不仔细考虑内存是如何被使用的，你就只能获得设备上实际可用带宽的很小一部分。

从这个角度看，费米架构和开普勒架构的情况已经有了很大的改善。与计算能力 1.x 的设备不同，费米架构从事务中获取 32 字节或 128 字节的内存，而不支持 64 字节的内存读取。在默认情况下，每个内存事务就是一个 128 字节的缓存行读取。因此，一个关键的区别是，当采用一组 128 字节而不是单独 1 个访存请求时，现在将通过访问缓存，而不是另一个内存存取。这使得 GPU 模型从费米架构开始与前几代相比更加容易进行编程。

我们需要考虑的一个关键领域是运行过程中的内存事务的数量。每一个内存事务被送入一个队列中然后由内存子系统单独执行。这当然会有一定的开销。一个线程一次提交对 4 个浮点数或整型数的一个读操作比提交 4 个单独的读操作花费的代价更小。实际上，如果你看一看 NVIDIA 提供的一些图表会发现，为了在费米架构和开普勒架构上接近峰值带宽，你可以采取两种方法。方法 1，使用线程束完全加载处理器，实现接近 100%的占用率。方法 2，通过 float2/int2 或 float4/int4 向量类型使用 64/128 位读操作，此时占用率小了很多，但仍然能达到接近 100%的峰值内存带宽。实际上，通过使用向量类型，你提交了少量可以由硬件有效处理的较大事务。通过每线程处理多个元素，还引入了一定的指令级并行。

然而，需要注意的是，向量类型（int2、int4 等）分别引入了 8 字节和 16 字节的隐式对齐。数据必须支持此功能，例如，你不能将一个 int 类型的指针从 int 数组元素 int[5] 转换为 int 2* 然后期望它工作正常。在这种情况下，你最好执行并排 32 位读操作或者对数据结构的边缘进行填充从而允许对齐访问。正如我们在优化排序的例子中看到的那样，如果内存吞吐量增加了，那么每线程处理 4 个元素经常能在额外的寄存器使用和更好地利用处理器的指令级并行的可能性上提供最佳平衡。

9.2.2 限制的来源

内核通常被两个关键因素限制：内存延迟 / 带宽和指令延迟 / 带宽。当某一个是关键的限制因素，却对另一个进行优化时，会花费大量的精力并且只会得到很少的回报。因此，理解这两类关键限制因素中哪一个正在限制系统的性能，对于指导你合理的分配精力是很关键的。

最简单的能够看到代码平衡位置的方法，是简单地注释掉所有算术指令，然后用直接赋值成结果替代。算术指令包括所有的计算、分支、循环等操作。如果输入值和计算的输出值存在一一映射，那么这种方法很容易实现并且一一赋值效果也很好。如果存在某种形式的归约操作，你只需将它替换成普通的求和操作。一定要确保包括所有从内存中读取到最终输出的参数，否则编译器将删除明显冗余的内存读/写操作。对内核执行重新定时，你会看到花费在算术和算法部分的近似百分比时间。如果这个百分比很高，那么你就受到了算术限制。相反，如果这个百分比在整体计时中变化很小，那么你就受到了内存限制。

在算术代码仍被注释掉时，使用 Parallel Nsight，启用 Analysis 函数和 Profile 设置执行内核。考查得到的指令统计数据（参见图 9-7）。如果条形图中有大量的蓝色，那么表明内核内存模式没能很好地合并，GPU 不得不串行地执行指令流以支持分散的内存读/写。

如果是这种情况，那么还有可能重新安排内存模式，以允许 GPU 将线程的内存访问模式合并吗？记住，要做到这一点，线程 0 必须访问地址 0，线程 1 访问地址 1，线程 2 访问地址 2，以此类推。理想情况下，你的数据模式应该生成一个基于列的线程访问模式，而不是基于行的访问。如果你不能轻易地重新安排数据模式，你能够重新安排线程模式吗（这样你就能在访问数据前将线程载入到共享内存中）？如果可以，那么在从共享内存中访问数据时你就不用再关心合并读操作了。

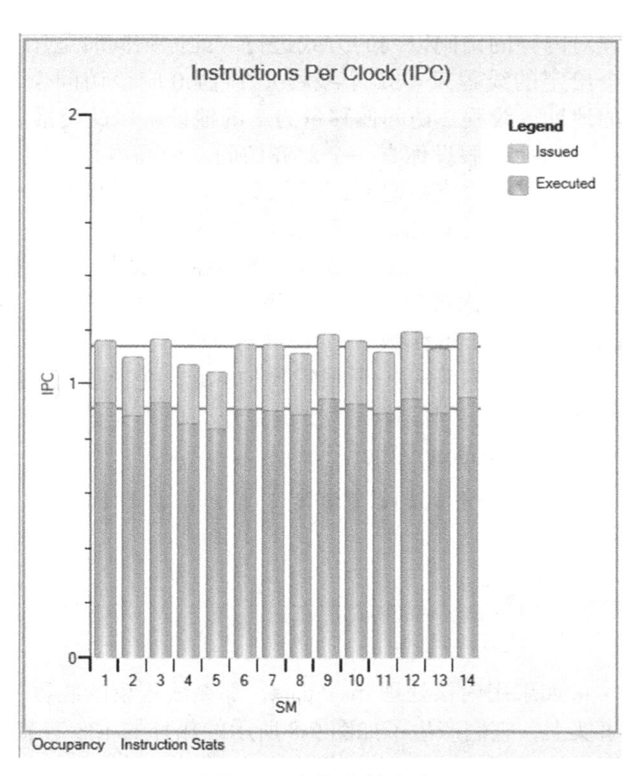

图 9-7 高指令补发率

是否可以扩大一个单一线程处理的输出数据集的元素数目呢？这通常同时有助于内存受限型和算术受限制的内核。如果你这样做，请不要在线程中引入循环，而是要通过复制代码实现。如果代码是很重要的，这也可以作为设备函数或宏来实现。确保将读取操作提前到内核开始处，这样在需要数据时就已经完成了对它们的读取。这将增加寄存器的使用，所以一定要监控正在被调度的线程束个数以确保它们不会突然地退出。

至于算术限制的内核，查看源代码并思考如何将其翻译成 PTX 汇编代码。不要害怕实际产生的 PTX 代码。数组索引通常被替换为基于指针的代码，将速度较慢的乘法替换成更快的加法。使用 2 的幂次的除法和乘法指令分别可以被替换为速度更快的右移和左移位运算。循环体中的所有常量（不变量）应该被移到循环体外部。如果线程包含一个循环，那么展开循环通常会实现加速。什么样的展开因素效果最好？在这一章后面我们会详细地考查这些优化策略。

你实际使用的是单精度浮点数还是双精度浮点数，哪个是你想要使用的呢？注意编译器会把没有 F 后缀的浮点常量当作双精度处理。你真地在所有的计算中都需要使用 32 位的精度吗？试

着使用 -use_fast_math 编译器开关，看看结果的准确度是否满足你的需求。此开关可以启用24位浮点运算，它明显快于标准的IEEE 32位浮点数学逻辑。

最后，你是否使用“发布”版本的代码测试速度呢？和我们之前看到的那些例子一样，单凭这一点就可以提高15%以上的性能。

9.2.3 内存组织

在许多GPU应用程序中，使用正确的内存模式往往是关键的考虑因素。CPU程序通常在内存中以行的方式安排数据。尽管费米架构和开普勒架构能容忍非合并的读/写操作，然而像我们之前提到的一样，计算能力1.x设备则不会。你必须尝试安排内存模式以使连续线程对内存的访问以列的方式进行。此原则同时适用于全局内存和共享内存。这意味着对于一个给定的线程束（32个线程），线程0应该访问偏移量为0的地址，线程1访问偏移量为1的地址，线程2访问偏移量为2的地址，以此类推。想一想从全局内存获取数据的方式。

然而，假设你有一个对齐访问，全局内存一次会有128字节的数据。每个线程对应一个单精度浮点数或整型数，那么线程束中的所有32个线程都会被准确地给予一个数据元素。

注意，cudaMalloc函数将以128字节对齐的块为单位分配内存，所以对于大部分情况，对齐并不是一个难题。但是，如果使用结构会越过这个边界，那么有两种方法解决这一问题。首先，你可以在结构中添加填充的字节/字。或者，你可以使用我们在第6章提到的cudaMallocPitch函数。

注意，对齐是一个很重要的标准，它将决定内存事务或缓存行需要获取一次还是两次。假设线程0访问偏移量为2的地址，而不是偏移量为0的。也许你正在访问的一些数据结构起始处有header，例如：

```
#define MSG_SIZE 4096
typedef struct
{
 u16 header;
 u32 msg_data[MSG_SIZE];
} MY_STRUCT_T;
```

如果用内核处理msg_data，那么线程束的线程30和31无法通过一次访存得到所需数据。事实上，它们产生了如图9-8所示的额外的128字节的内存事务。所有后续的线程束都会遇到同样的问题。仅仅由于数据结构的开始处有一个2字节的头，内存带宽就变成了原来的一半。

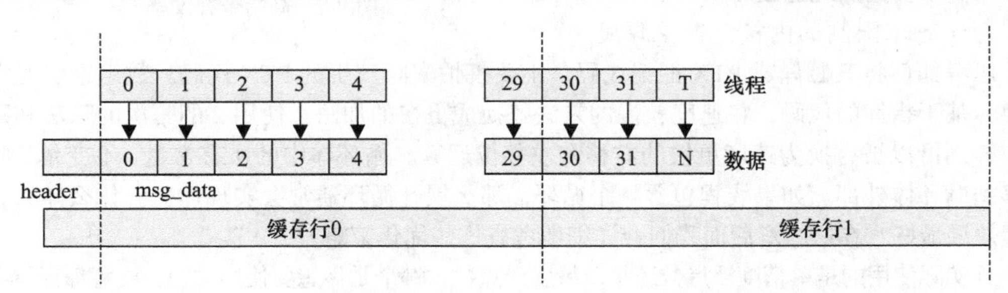

图9-8 结构内的缓存行/内存事务的使用

在计算能力 1.x 的设备中，情况最为严重。为线程 30、31 产生的额外读取，甚至没有被预先填入缓存，而只是被丢弃。将 header 加载到一个位于其他位置的单独内存块，可以允许对数据块进行对齐访问。如果无法做到这一点，那么请手动将填充字节插入到结构定义中，以确保 msg_data 对齐到 128 字节的边界。需要注意的是，如果该结构随后没有被用来创建结构数组，那么简单地重新排序结构元素，将“ header”移动到 msg_data 后也是有效的。突然之间线程就会和内存组织相匹配并且使用结构中 msg_data 时，内存吞吐量将加倍。

我们仍考虑使用前缀求和的情况。前缀求和允许多个独立的进程或线程对独立的内存区域进行读写而不会相互干扰。从同一地址的多次读取实际上是有着很大的好处，因为 GPU 将很容易地转发该值给线程束中的其他线程，而无须额外的内存读取。多次写操作当然是一个问题，它们需要按顺序进行。

现在我们假设数据类型是整型或单精度浮点型，数组中每一个元素大小均为 4 字节。如果前缀数组的分布是完全相等的，那么我们并不需要前缀数组来访问数据，因为你可以简单地为每个线程使用一个固定的偏移。如果你使用的是前缀求和来计算数据集的偏移量，那么极有可能出现每个桶里的元素数不相等。如果知道每个桶中元素数目的上界并且有充足的可用内存，则可以填充每个桶，让它达到边界对齐的要求。使用另外一个数组保存桶中元素数目或者从前缀和索引中计算该值。这样我们以很多桶尾部存储了无用的单元为代价，达到了对内存的对齐访问。

针对对齐问题的一个非常简单的解决方案是使用填充值。只要保证该值对于计算结果没有影响即可。例如，如果你在每个桶内执行加和操作，那么填充零意味着最终的结果不会变化，但是为所有线程束中的所有的元素带来了统一的内存模式和执行路径。对于求最小值的操作，你可以填充 0xFFFFFFFF；相反的，对于求最大值操作你可以填充 0。通常找出可以处理且对结果没有影响的填充值并不困难。

当你转而处理固定大小的桶时，很容易就能确保数据集按列生成和进行访问，而不是按行。由于不满足合并的需求，通常，使用共享内存作为临时缓冲是明智的。然后，可以将其用于对全局内存进行合并的读 / 写操作。

9.2.4 内存访问以计算比率

内存操作与计算操作的比率是值得思考的问题。你所期望的理想比例至少是 10 : 1。也就是说，对于每一个内核，从全局内存执行的读取操作需要执行 10 条或更多的指令。这些指令可能是数组索引计算、循环计算、分支或条件判断。每个指令都应该对有效地输出起到一定的贡献。特别是循环没有展开时，它经常会增加指令开销但并不会有助于任何有用的工作。

如果看一看 SM 的内部结构，我们看到线程束会被奇偶指令调度器调度到 CUDA 核集合上。计算能力 1.x 设备有一个线程束调度器，而计算能力 2.x 设备有两个。GF100/GF110 芯片组（费米架构 GTX480/GTX580）中有 32 个 CUDA 核并且每个 SM（参见图 9-9）有 4 个 SFU（Special-Function Unit，特殊功能单元）。基于 GF104/GF114 的设备（GTX460/GTX560）有 48 个 CUDA 核，每个 SM（参见图 9-10）有 8 个 SFU。计算能力 2.0 和计算能力 2.1 设备具都有一组共 16 个 LSU（Load Store Unit，负载存储单元），它用于将值到加载内存或从内存加载值（全局内存、常量内存、共享内存、本地内存和缓存）。

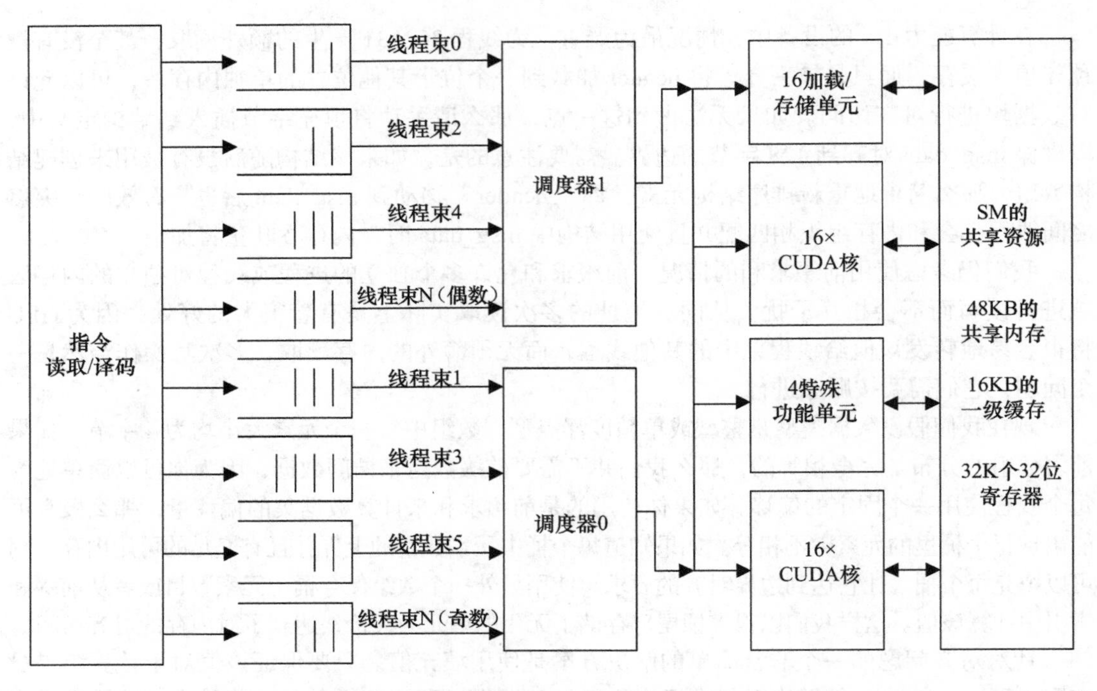

图 9-9 CUDA 线程束的调度（GF100/GF110，计算能力 2.0）

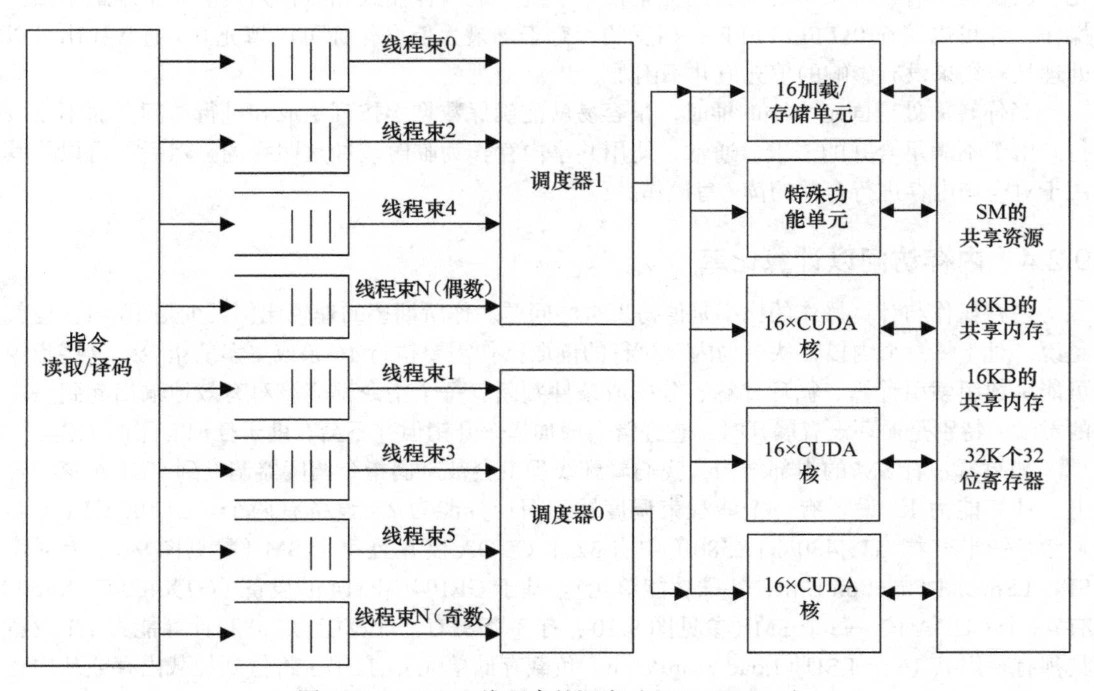

图 9-10 CUDA 线程束的调度（GF104/GF114）

因此，在每个周期内线程束调度器提交（或调度）总共 2 条（计算能力 2.0）或 4 条（计算能力 2.1）指令。由于这些指令来自于不同的线程束，它们之间是相互独立的，因此将它们放入执行单元（CUDA 核、SFU 和 LSU）流水线中。

这种设计有些玄机。首先，对于 GF100 系列（计算能力 2.0）的硬件，必须存在的最小线程束个数为 2，而对于 GF104 系列（计算能力 2.1）的硬件最少个数是 4。这意味着每个 SM 中最少线程数分别为 64 或 128 个。使用比上述少的数量意味着一个或多个指令调度单元将会保持闲置状态，这会将（GF100）指令调度速度减半。使用的线程个数不是 32 的倍数将意味着 CUDA 核中的一些元素会闲置，同样，这也是我们不愿看到的。

基于切换到其他线程束的能力，使用最少个数的常驻线程束无法隐藏内存或指令延迟。指令流的失速实际上将会使 CUDA 核失速，这是我们非常不想看到的。实际上，多个线程块会被分配到一个 SM 上，以试图确保这个问题永远不会发生并且更重要的是生成各种形式的混合指令。

第二个要点是共享的资源限制了持续执行相同操作的能力。由于 CUDA 核和 LSU 都被纳入了流水线，但是它们只有 16 个单元的宽度。因此，将整个线程束调度到这两个单元之一会花费两个周期。计算能力 2.0 的设备中，每个调度器只能调度一条指令。因此，为了将一个操作加入到 LSU 中，流水线中某一个 CUDA 核的槽必须是空的。这个调度有 4 个可能的接收者（CUDA、SFU 和 LSU），但是每个周期只有两个提供者。

在计算能力 2.1 硬件上，情况有了大幅好转，它的两个调度器分别可以调度两条指令，也就是每周期共计 4 条指令。采用 3 组 CUDA 核，则很可能在供应 3 个算术指令和 1 个加载 / 存储指令，而不会导致流水线出现空隙。

然而，如果所有线程束都想提交一条指令到相同的执行单元（例如 LSU 或 SFU），就会出现一个问题。每两个时钟周期内只有一个线程束能够使用 LSU。由于计算能力 2.0 硬件的 SFU 只有 4 个单元，那么线程束被 SFU 完全消化掉要花费 8 个周期。

因此，计算能力 2.1 设备上 LSU 的可用的带宽是拥有同样个数 CUDA 核的计算能力 2.0 设备的一半。因此，LSU 或 SFU 成为了瓶颈。流中需要其他的指令，这样在内存和超越指令在 LSU 或 SFU 流水线执行的同时 CUDA 核可以做一些有用的工作。

开普勒 GK104 设备（GTX680/Tesla K10）通过将 CUDA 核数量从 48 增加到 96 然后将其中每两个放到一个 SM 中，进一步扩展了 GF104/114（GTX460/560）的设计。因此，每个 SM 有 4 个线程束调度器、8 个调度单元、两个 LSU 和两个 SFU。

现在，让我们扩展一下之前看到的例子。考虑一个典型的内核。在内核开始处，所有线程束中的所有线程从内存取出一个 32 位的值。地址可以进行合并访问，例如：

```
int tid = (blockIdx.x * blockDim.x) + threadIdx.x;
data[tid] = a[tid] * b[tid];
```

这将分解成一个整型的乘以及加法指令（MADD）、为变量 tid 计算值并将其存入寄存器、变量 data、b 和 c 是全局内存中的数组。它们通过 tid 进行索引，因此写入的地址需要通过将 tid 乘以数组的元素大小计算得到。假设它们都是整型数组，因此每个元素的大小是 4 字节。

在计算 tid 时（参见图 9-11）我们很快地遇到了第一个依赖。线程束将 blockIdx.x 和

blockDim.x 的乘法调度到 CUDA 核中的整型 MADD 单元。在计算 tid 的乘法和加法指令完成之前，我们无法继续执行其他工作，因此线程束被标记为阻塞和挂起的状态。

此时，选择下一个线程束，它会执行同样的操作并且同样会在计算 tid 时暂停。在所有线程束都执行到这一点后。经过了足够多的时钟，此时线程束 0 中 tid 的值是已知的并且可以放到乘法中计算目的地址。因此，三个额外的 MADD 指令被调度到 CUDA 核用来计算地址偏移量。下一条指令可能是一对加载指令，但是对此我们需要来自乘法指令的 a 和 b 的地址。此时我们再一次使该线程束挂起并让其他线程束执行。

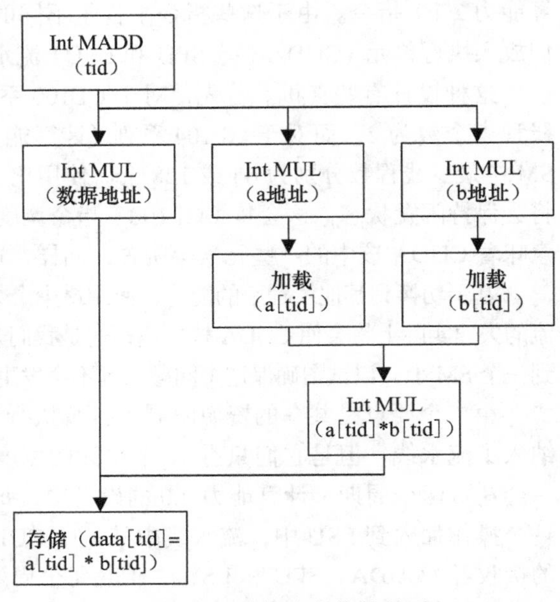

图 9-11 数据流的依赖关系

一旦 a 的地址计算出来，就能够调度加载指令。由于 a 和 b 的地址计算是相继提交的，很可能加载 a 的指令被调度时，b 的地址计算已经完成了。因此，我们马上提交对“b”的加载。流中的下一条指令可能是“a”和“b”的乘法，一段时间内这两个元素可能都是不可用的，因为它们必须要从主存中取出放到 SM。因此，线程束会被挂起，然后后续的线程束执行同一点。

由于内存读取花费很长的时间，因此所有的线程束将需要加载的指令调度到 LSU，然后挂起。如果其他线程块没有其他的工作要做，那么 SM 将会闲置，等待内存事务完成。

一段时间后，a 会作为 128 字节的合并读操作（单个的缓存行或 1 次内存事务）的一部分从内存子系统到达。16 个 LSU 将 128 个字节中的 64 个分发到线程束 0 中第一个半线程束使用的寄存器中。在下一个周期中，16 个 LSU 将余下的 64 字节分发到另一个半线程束使用的寄存器中。然而，线程束 0 仍然不能继续进行，因为它只有乘法运算所需的两个操作数中的一个。接着合并读取其他线程束的 a 并分发到这些线程束的相应寄存器上。

当所有对 a 合并读取的数据都被分发到其他线程束相应的寄存器上时，b 的数据可能已经到达一级缓存。再一次，16 个 LSU 将 64 字节分发到线程束 0 的第一个半线程束，在随后的一个周期中，它将剩余的 64 字节分发到第二个半线程束上。

在第二个周期开始时，第一个半线程束能够执行乘法指令 a[tid] * b[tid]。在第三个周期中，空闲的 LSU 开始为线程束 0 的第一个半线程束提供数据。同时，线程束 0 的第二个半线程束开始执行乘法。由于线程束 0 的下一条指令是存储指令并且依赖于乘法，因此线程束 0 挂起。

假设大约有 18 ~ 22 个常驻线程束，在最后一个线程束调度最终乘法时，线程束 0 的乘法将已经完成。然后它能将存储指令调度到 16 个 LSU 中并且完成其执行。然后其他的线程束也会完成相同的工作，这样内核就完成了。现在考虑以下情况（参见图 9-12）：

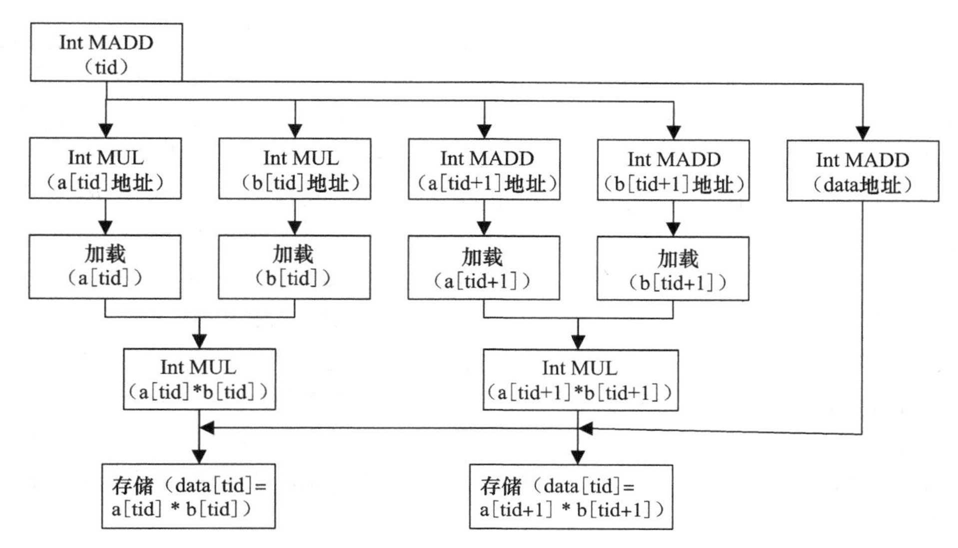

图 9-12　双数据流的依赖关系

```
int tid = (blockIdx.x * blockDim.x) + threadIdx.x;
data[tid] = a[tid] * b[tid];
data[tid+1] = a[tid+1] * b[tid+1];
```

通过将线程块的个数减半，我们可以让每个线程处理两个元素。注意，这将独立的执行流引入到了线程束的每个线程中。因此，算术操作开始与加载操作重叠。

然而，正如例子中的 C 代码所写的一样，这并不会有帮助。这是因为代码所包含的依赖并不是很明显。对 data 第一个元素的写操作可能会影响 a 数组或 b 数组中的元素。这是因为 data 的地址空间可能与 a 或 b 重叠。在数据流中有全局内存写操作时，你需要将读操作提前到内核开始处。试用以下的代码：

```
int tid = (blockIdx.x * blockDim.x) + threadIdx.x;
int a_0 = a[tid];
int b_0 = b[tid];
int a_1 = a[tid+1];
int b_1 = b[tid+1];
data[tid] = a_0 * b_0;
data[tid+1] = a_1 * b_1;
```

或者

```
int tid = (blockIdx.x * blockDim.x) + threadIdx.x;
int2 a_vect = a[tid];
int2 b_vect = b[tid];
data[tid] = a_vect * b_vect;
```

我们有两个选择，标量方法或向量方法。GPU 只在硬件上支持向量的加载和保存而不支持向量操作。因此，乘法操作实际上要像 C++ 中的重载操作符一样完成并且只是将两个相互独立的整数相乘。然而，向量方法分别执行两个 64 位加载和一个单独的 64 位存储而不是非向量版本的4个独立的32位加载和一个的32位存储。因此，40%的内存事务被节省了。内存带宽使用是相同的，但是更少的内存事务意味着更小的内存延迟。因此，等待内存的总体失速时间减少了。

为了使用向量类型，只需声明数组为int2类型，它是一种两个整型的内置向量类型。被支持的类型为int2、int3、int4、float2、float3和float4。当然可以创建自己的类型（例如uchar4），并且定义自己的操作符。每一个向量类型实际上都是一个对齐的结构体，包含N个声明为基类型的成员元素。

因此，我希望你能真正看到不同类型的指令之间是需要平衡的。这在计算能力2.1的设备（GF104系列）上显得更为关键，其中有三组CUDA核共享SM中相同的资源。计算能力2.0转变为计算能力2.1设备的变化是显著地增加了SM的运算能力而没有提供额外的数据传输能力。计算能力2.0的设备在384位宽的总线上有多达512个CUDA核，核与内存带宽比为1∶3。计算能力2.1的设备在256位宽的总线上有多达384个CUDA核，其核与内存带宽比为1∶5。因此，计算能力2.0的设备更适合于内存密集应用程序，而计算能力2.1的设备更适合于计算密集型应用程序。

实际上，计算能力2.0的设备通过增加33%的CUDA核数达到了平衡。然而，计算能力2.1的设备通常在较高的时钟频率下执行，这包括内部时钟速度和外部内存总线速度。这有助于重新平衡较小的内存总线宽度，但是一般仍然不足以使计算能力2.1的设备超越计算能力2.0的设备。

重要的是要认识到（特别是对于计算能力2.1的设备），指令流需要有足够的计算密度以充分利用SM上的CUDA核。内核只是简单地执行加载/存储操作和少量的其他工作，因此无法达到这些设备可用的峰值性能。通过每个线程处理两个、4个或8个元素，从而扩展这些内核使其包括独立的指令流。因此尽可能地使用向量操作。

9.2.5 循环融合和内核融合

另一个可以显著地节省内存带宽的技术是基于9.2.4节看到的循环融合。循环融合是指两个明显独立的循环在一段范围内交错地执行。例如，循环1从0执行到100，循环2从0执行到200。至少在前100次迭代中，循环2的代码可以被融合到循环1的代码中。这样增加了指令级的并行，同样也减少了总体迭代次数的1/3。

内核融合是循环融合的演变。如果你有一系列按顺序执行的内核（一个接一个执行），这些内核的元素可以被融合吗？对于那些不是你编写的或没有完全理解的内核，这样做时千万要小心。调用两个连续的内核会在它们之间生成隐式地同步。这样设计可能是有目的，然而由于它是隐式的，可能只有原来的设计者才会意识到。

开发内核的时候，将操作分解成几个阶段或几轮是很常见的。例如，第一轮你可能针对整个数据集计算结果。第二轮，你可能使用特定的标准对数据进行过滤，然后在特定的点进行深入的处理。如果第二轮能够本地化到一个线程块，那么第一轮和第二轮通常能够组合成一个单独的内核。这就消除了将第一个内核写入主存、随后读取第二个内核的操作以及调用额外内核的开销。如果第一个内核能够将结果写入共享内存，那么只在第二轮需要这些结果，这样就完全消除了对全局内存的读取、写入。归约操作经常被划分到这一类并且能从这样的优化中显著的受益，因为第二个阶段的输出通常比第一阶段的输出小很多，因此它显著地节约了内存带宽。

内核融合技术如此有效的部分原因是它所带来的数据重用。从全局内存取出数据的速度很慢，大约为400 ~ 600个时钟周期。考虑一下诸如从磁盘读取这样的内存访问。如果你曾经执行过任何磁盘I/O操作，可能会知道以每次读取一个字符的方式读取一个文件是非常慢的。使用fread读取大的文件块比重复调用fgetch这样每次读取一个字符的函数要高效很多。读取数据后，你就将它保存在了内存中。访问全局内存可以使用相同的方法。以每线程16字节（float4、int4）为一组读取数据而不是以单字节或字的方式。一旦你让一个线程成功地处理了一个单独的元素，则尝试切换到int2或float2，然后处理两个。切换到4个可能有帮助也可能没有帮助，但是更经常的是由1个切换为两个。一旦有数据存储在共享内存或寄存器集中，那么就尽可能地重用它。

9.2.6 共享内存和高速缓存的使用

相比与全局内存，使用共享内存可以提供10∶1的速度提升。但是共享内存的大小是受限的，在费米/开普勒设备上为48KB，而之前的设备则是16KB。这或许听起来不是一个很大的空间，特别是对于主机上的多个GB的内存系统，但实际上这是按每SM计算的。GTX580或者Tesla M2090设备每GPU有16个活动的SM，每SM可以提供48KB共享内存，总计768KB。这是与一级缓存速度接近的内存。除此之外，你有768KB的二级缓存用于所有SM间共享（16个SM设备上）。这样带来的结果就是全局存储和原子操作的速度比前一代的GPU上升了一个数量级。

当你考虑一个拥有1.5GB内存的GTX580设备时，768KB意味着在任意时间点，内存空间中只有很小的一部分存放在缓存中。同级别的Tesla卡有6GB的内存。因此，在数据集上迭代的内核如果没有重用数据，那么需要意识到它们可能正在以低效地方式使用缓存或者共享内存。

与在一个大型数据集执行多轮不同，内核融合这样的技术可用于在数据间移动而非多次传入它。思考一下输出数据的问题而不是输入数据。构建该问题是将线程分配给输出数据项而不是输入数据项。在数据流方面，建立流入而非流出。优先选择聚集（收集数据）原语（gather primitive）而不是分散（分发数据）原语（scatter primitive）。GPU会同时从全局内存和二级缓存直接将数据广播到每个SM，这一点支持高速度聚集型的操作。

在费米架构和开普勒架构上，我们有一个非常有趣的选择：可以配置共享内存以优先使用一级缓存（48KB一级缓存和16KB共享内存）或优先使用共享内存（48KB共享内存和16KB一级缓存）。设备默认情况下是优先使用共享内存，因此你会有48KB的共享内存可用。这个设置并非是固定的，而是在运行时设定的，因此每次内核调用时可以设置它。那些不使用共享内存的内核或者保持16KB上限来确保与之前的GPU兼容的内核，通常通过启用额外的32KB缓存能显著地受益（10% ~ 20%的性能提升），而在默认情况下是禁用的。配置方法如下：

```
cudaFuncSetCacheConfig(cache_prefer, kernel_name);
```

上句中，参数 cache_prefer 设置为 cudaFuncCachePreferShared，表示使用 48KB 共享内存和 16KB 一级缓存，而设置为 cudaFuncCachePreferL1 时，表示 48KB 一级缓存和 16KB 共享存储内存。注意，开普勒架构也允许 32KB/32KB 的划分。

但是，在一些领域中缓存致使费米架构和开普勒架构运行速度较上一代 GPU 慢。在计算能力 1.x 的设备上，如果数据项很小，则内存事务可以逐步将规模减小读取，直至每次访问 32 字节。因此，从十分分散的内存区域访问一个数据元素的内核，在任何基于缓存的架构，包括 CPU 或 GPU，表现会十分糟糕。原因在于单个元素的读取会载入 128 字节的数据。对于大多数程序来说，存入缓存的数据会在下一次循环迭代中命中，这是由于程序常常访问与之前访问过的数据临近的数据。因此对于大多数程序，这是一个显著的优点。但是，对那些只需要单个数据元素的程序来说，剩余的 124 字节是多余的。对于这种内核，你需要为内存子系统只读取其所需的内存事务而不是缓存行大小的，只能在编译的时候通过 -Xptxas–dlcm=cg 标志来完成此工作。这就将所有访问减少到每次事务 32 字节并且令一级缓存失效。对于只读数据，考虑使用纹理内存或者常量内存。

对于 G80/GT200 这些计算能力 1.x 的硬件，将共享内存作为内核设计不可或缺的一部分是很必要的。无法对数据进行缓存访问（通过共享内存显式的或通过硬件管理隐式的），内存延迟时间将会很长。开普勒架构中 GPU 上缓存的出现使得编写在 GPU 上运行较好的程序或内核变得十分容易。

让我们看一些使用共享内存时遇到的障碍。首先是可用空间的大小。在计算能力 1.x 硬件上是 16KB，而在计算能力 2.x 的硬件上多达 48KB。它可在编译时通过对变量添加 __shared__ 前缀来静态分配。它也是内核调用中的一个可选参数，即：

```
kernel<<<num_blocks, num_threads, smem_size>>>(a,b,c);
```

使用运行时分配，你需要额外的指向内存起始处的指针。例如：

```
extern volatile __shared__ int s_data[];

__global__ my_kernel(const int * a,
                     const int * b,
                     const int num_elem_a,
                     const int num_elem_b)
{
 const int tid = (blockIdx.x * blockDim.x) + threadIdx.x;

 // Copy arrays 'a' and 'b' to shared memory
 s_data[tid] = a[tid];
 s_data[num_elem_a + tid] = b[tid];

 // Wait for all threads
 __syncthreads();

 // Process s_data[0] to s_data[(num_elem_a-1)] - a
 // Process s_data[num_elem_a] to s_data[num_elem_a + (num_elem_b-1)] - array 'b'
}
```

注意费米架构中二级缓存的大小并非总是像“CUDA C programmer guide”（CUDA C编程指南）中所说的768KB。事实上，二级缓存是基于所用设备的种类和现有SM的数量的。计算能力2.1设备的二级缓存少于计算能力2.0的设备。甚至没有启用所有SM的计算能力2.0设备（GTX470、GTX480、GTX570）的二级缓存也少于768KB。我们用来测试的GTX460设备的二级缓存为512KB，GTX470则为640KB。

二级缓存的大小作为l2CacheSize的成员在对cudaGetDeviceProperties API调用时返回。

9.2.7 本节小结

- 仔细考虑你的内核处理的数据并且如何将其以最佳的方式安排在内存中。
- 针对128字节的合并访问，优化访存模式，对齐到128字节的内存读取大小和一级缓存行大小。
- 注意权衡单、双精度及其对内存使用的影响。
- 在适当的时候将多内核融合成单内核。
- 以最适当的方式使用共享内存和缓存，以确保你能充分利用更高计算能力设备上的扩展容量。

9.3 策略3：传输

9.3.1 锁页内存

为对某一数据集进行操作，你需要将数据从主机传输到设备上、在数据集上进行操作，然后将结果传输回主机。由于是在完全串行的方式下执行的，这将导致主机和GPU在一段时间内都是闲置的，白白浪费了传输能力和计算能力。

在本章，我们详细介绍了多GPU的使用，包括如何使用流以确保GPU总是有工作可做。使用简单的双缓冲技术，尽管GPU正在将结果传输回主机并且请求一个新的工作包，但另一个缓冲仍然能被计算引擎用来处理下一个数据块。

主机处理器支持虚拟内存系统，其中物理内存页可以被标记为换出状态。然后将它更换到磁盘上。一旦主机处理器访问到该页，处理器将会从磁盘将该页加载回来。它允许程序员使用比硬件上实际空间更大的虚拟地址空间。考虑到程序通常有很好的局部性，这就可以使全部的内存空间比物理限制允许的大很多。然而，如果程序确实需要8GB而主机只有4GB，那么其性能通常是很差的。

可以认为使用虚拟内存是内存容量受限的时候留下的后遗症。今天可以花100多欧元（美元、英镑）就能购买16GB的内存，这意味着对大多数应用程序来说，主机基本上不再需要虚拟内存了。

除了大数据问题，大多数程序一般是能够放入主机内存空间的。如果不行，还有特殊的服务器解决方案，即每节点可以容纳高达128GB内存。这样的解决方案通常是比较值得推荐的，因为它允许你将数据保存在一个节点上而不像多节点解决方案一样增加复杂度。当然，以块的方式加载数据集也是完全可行的，但是这样你最终会受到I/O硬件吞吐量的限制。

你应该总是使用有较大数量的主机内存的系统上的锁页内存。锁页内存允许GPU上的DMA（直接内存访问）控制器请求主机内存传输而不需CPU主机处理器的参与。因此，在管理传输或从磁盘将换出的页面调回时，没有加载操作需要劳烦主机处理器处理。

PCI-E传输实际上只能使用基于DMA的传输执行。在不直接使用锁页内存时，驱动程序会在后台执行。因此，驱动程序必须分配一块锁页内存，执行一个从常规内存到锁页内存的主机端复制操作、初始化传输、等待传输完成，然后释放锁页内存。所有这些操作都花费一定时间并且会消耗宝贵的CPU周期，而这些CPU周期本可以更加有效地使用。

在GPU上分配的内存默认情况下为锁页内存，这只是因为GPU不支持将内存交换到磁盘上。我们关心的是在主机处理器上如何分配锁页内存。为了分配锁页内存，我们需要使用特殊的cudaHostMalloc函数或者使用常规的malloc函数，然后将其注册为锁页内存。

注册内存只是设置一些内部标志以确保内存从不被换出，并且告诉CUDA驱动程序，该内存为锁页内存，所以能够直接使用它，而不需要使用一个临时的缓冲区。

像malloc一样，如果使用cudaHostAlloc，则需要使用cudaFreeHost函数释放这一块内存。不要调用常规的C语言函数释放cudaHostAlloc分配的内存，否则程序随后可能崩溃或出现一些未定义的行为和不常见的错误。

cudaHostAlloc函数的原型是：

```
cudaError_t cudaHostAlloc (void ** host_pointer, size_t size, unsigned int flags)
```

其中，在特定的硬件有如下标志：

cudaHostAllocDefault——大多数情况下使用，简单地指定默认行为。

cudaHostAllocWriteCombined——用于只被传输到设备的内存区域。当主机要从这块内存区域读取时不要使用这个标志。它在主机处理器上关闭了内存区域的缓存，这意味着在传输时它完全忽略了内存区域。这在特定的硬件配置上能够加速到设备的传输。

cudaHostAllocPortable——锁页内存在所有CUDA上下文中变成锁页的和可见的。默认情况下，内存分配属于创建它的上下文。如果你打算在CUDA上下文之间或主机处理器的线程之间传递指针，则必须使用这个标志。

cudaHostAllocMapped——我们不久就会看到它。它将主机内存分配到设备内存空间，这允许GPU内核直接读取和写入，所有的传输将隐式地处理。

为了演示分页内存与非分页内存效果的不同，我们编写了一个简短的程序。它只是执行一些到达设备或来自设备的大小不一的传输，并调用一个虚拟内核以确保传输确实发生了。其结果如图9-13所示。

Y轴为传输速度，单位是MB/s；X轴为传输数据大小，单位为字节。从图9-13中我们可以看到，使用分页内存和非分页内存有显著的区别。锁页内存写入速度快1.4倍，读取速度快1.8倍。使用锁页内存将512MB数据发送到显卡花费194ms，相反，使用换页内存为278ms。从设备端传输数据的时间，换页内存为295ms，相比而言，锁页内存为159ms。

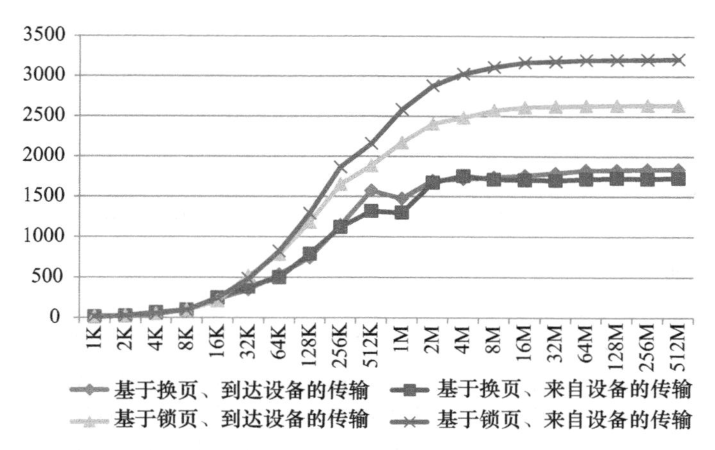

图 9-13　到达设备和来自设备的传输速度（AMD Phenom II X4 905e，PCI-E 2.0 X8 链路）

在输入端，我们看到了一个奇怪的问题。使用锁页内存，来自设备的带宽比到达设备的带宽高 20%。由于 PCI-E 提供两个方向（来自设备以及传输到设备的）速度相同的全双工通信，你可能期望读取和写入的传输速度相似。就像将在随后的例子中看到的一样，这种差异是依赖于硬件的。除了 Intel Nehalem I7，所有测试系统都显示出不同程度的差异。

4 种设备的传输速率（到达设备和来自设备的）几乎是相同的，这是意料之中的，因为所有显卡上的全局内存带宽至少比 PCI-E 带宽大一个数量级。

同样值得注意的是，要获得接近峰值的带宽（即使使用锁页内存），传输数据的大小需要是 2MB 左右。事实上，只有传输数据大小为 16MB 或以上时我们才能获得绝对峰值带宽。

为了进行比较，图 9-14、图 9-15 和图 9-16 也给出了我们对一些系统进行测试的结果。

图 9-14 显示了一个基于英特尔低功耗 ATOM 设备的小型上网本，它配备了专用的 NVIDIA ION 显卡 GT218。使用 2.0 X16 链路时，通常可以看到 PCI-E 峰值带宽高达 5GB/s。由于这款上网本采用 X1 链路，我们预期的最大值为 320MB/s 而实际我们所看到的大约为 200MB/s。

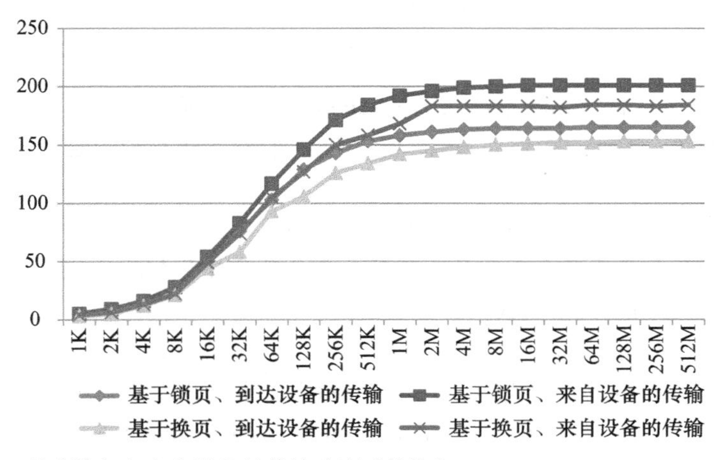

图 9-14　到达设备和来自设备的传输速度（英特尔 Atom D525，PCI-E 2.0 X1 链路）

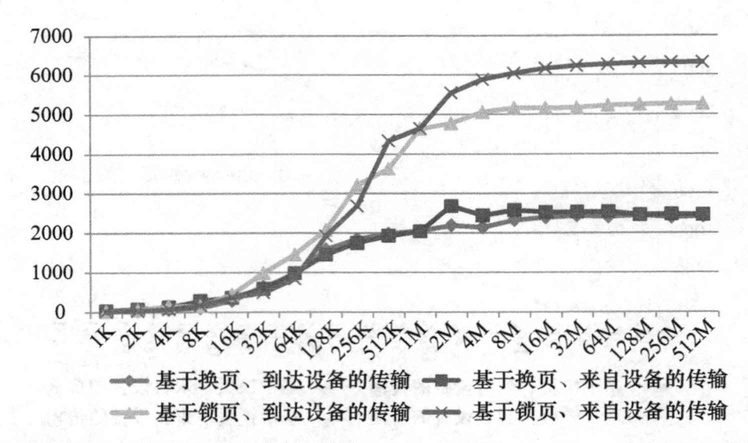

图 9-15 到达设备和来自设备的传输速度（英特尔 I3540，PCI-E X16 链路）

然而，我们看到了与 AMD 系统非常类似的模式。因为在开始达到峰值传输速率时，我们需要大约 2MB 的传输大小。我们观察到的唯一不同是到达设备和来自设备的传输差别。

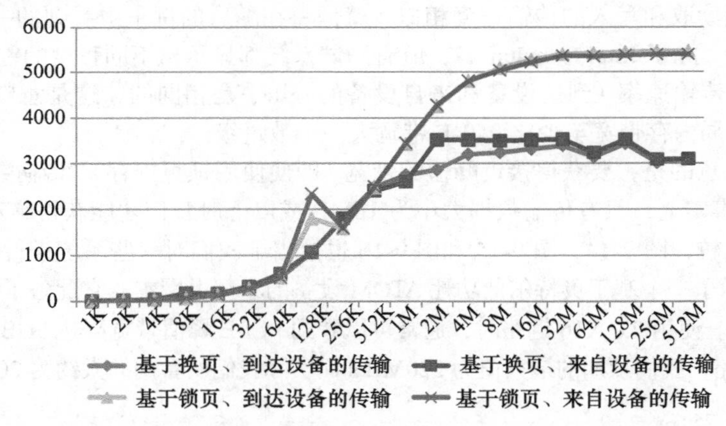

图 9-16 到达设备和来自设备的传输速度（英特尔 I7 920，PCI-E X16 链路）

在消费级环境中非常常见的中端系统是 Intel 的 i3/i5 系统。图 9-15 显示的是运行在 H55 芯片组的 i3540 系统。由于这个设备只有一个 GPU，它在 X16 链路上运行时达到了 PCI-E2.0 的峰值速度（参见图 9-15）。

我们再一次看到了锁页和非锁页传输的很大不同，其差距超过了两倍。然而，请注意绝对速度的差异，在 AMD 系统上大约是两倍多。这主要是由于 AMD 系统使用了 X8 PCI-E 链路，而这里的 Intel 系统使用了 X16 PCI-E 链路。

Intel I3 是一个典型的消费级处理器。所有编写基于消费级应用程序的人都应该清楚，他们需要使用锁页内存传输，因为我们已经看到它带来了很大的速度提升。

最后，我们看一看服务器场合。它使用了 Intel I7920 Nehalem 处理器和 ASUS 超级计算机 1366 插槽的主板。该主板是高端 GPU 经常使用的，它允许多达 4 个 PCI-E 插槽。该系统配备了三个 GTX290 GPU，每一个 GPU 使用 PCI-E 2.0 X16 连接。

我们再一次从图 9-16 中看到了很有趣的一点。在传输小于 512KB 的数据时，锁页和换页内存传输的速度是相等的。当数据大于 512KB 时，锁页内存传输的速度约为基于换页内存传输速度的 1.8 倍。与 Nehalem I3 系统不同，请注意 Nehalem I7 系统在两个传输方向上更加一致，传入和传出的速度并没有明显的不同。然而，尽管设备都在 X16 PCI-E 2.0 链路上，我们仍然注意到，峰值传输速度仅为 5400MB/s，而与之相比，I3 达到了 6300MB/s 的峰值速度（参见图 9-16）。

因此，我们可以说，选择当前可用硬件时，锁页内存的传输速度大约为非锁页内存传输的两倍。同样，我们看到不同设备的读写速度也有显著的不同。我们需要使用更大的（而不是更小的）内存块，可以考虑将多个传输组合起来以增加总线的整体使用带宽。

9.3.2 零复制内存

零复制内存是一种特殊形式的内存映射，它允许你将主机内存直接映射到 GPU 内存空间上。因此，当你对 GPU 上的内存解引用时，如果它是基于 GPU 的，那么你就获得了到全局内存的高速带宽（180GB/s）。如果 GPU 代码读取一个主机映射变量，它会提交一个 PCI-E 读取事务，很长之间之后主机会通过 PCI-E 总线返回数据。

在上一节考查过 PCI-E 总线带宽之后，乍看之下，这并不合理。大的传输是高效的而小的传输效率很低。如果我们再次执行之前例子中使用的测试程序，可以看到 AMD Phenom X4 平台传输时间的中值为 0.06ms。然而，这些是显式的、独立的传输，因此很可能零复制内存的实现更高效。

计算能力 2.x 的硬件访问全局内存时，整个缓存行被从内存取出。即使是在计算能力 1.x 的硬件上，同样的 128 字节（很可能减少到 64 字节或 32 字节）也从全局内存取出。

NVIDIA 并没有公布其使用的 PCI-E 传输大小以及零复制技术的具体实现细节。然而，全局内存使用的合并方法也可以用于 PCI-E 传输。如果计算密度很大，足够隐藏 PCI-E 传输延迟，那么线程束内存延迟隐藏模型同样也可以用于 PCI-E 传输。实际上，这是使其工作的关键。如果对每次全局内存的读取量很小并且程序已经是内存密集型的，那么这种方法可能不会有帮助。

然而，如果你的程序是计算密集型的，那么零复制内存可能是一项非常有用的技术。它节省了设备显式传输的时间。事实上，是将计算与数据传输操作重叠了，而且无须执行显式的流管理。当然，问题是必须高效地使用数据。如果你多次读取或写入相同的数据，这会创建多个 PCI-E 传输事务。这些事务的延迟都是很高的，因此执行的次数越少越好。

这也可以高效地用在主机和 GPU 共享同一内存空间的系统中。例如，低端的基于 NVIDIA ION 的上网本。这里对 GPU 全局内存的分配操作实际上会导致在主机内存分配空间。很显然，从主机的一个内存区域复制到主机内存的另一个区域是没有意义的。零复制内存能够避免在系统中执行这些复制并且不会影响 PCI-E 总线传输。

零复制内存也有一个非常有用的使用场合。就是将 CPU 应用程序移植到 GPU 的初始阶段。在这个开发阶段，经常会有主机上的若干段代码没有被移植到 GPU。将这样的数据声明为零复制内存区域就能够允许代码整段地移植并且仍然能工作。在所有代码都真正移植到在 GPU 之前，程序的性能通常是很差的。它允许更小的移植步骤，所以这不是一个要么全做要么全不做的问题。

让我们从现有的 memcpy 程序开始并且扩展内核，这样它就会读取数据而无须依赖显式的复制操作。对此，我们一定要对内存进行合并访问，这样读取一个简单的一维数组是很容易的。因此，我们的内核变成这样：

```
__global__ void kernel_copy(u32 * const gpu_data,
                            const u32 * const host_data,
                            const u32 num_elements)
{
 const u32 idx = (blockIdx.x * blockDim.x) + threadIdx.x;
 const u32 idy = (blockIdx.y * blockDim.y) + threadIdx.y;
 const u32 tid = ((gridDim.x * blockDim.x) * idy) + idx;

 if (tid < num_elements)
   gpu_data[tid] = host_data[tid];
}
```

在内核中，我们只是将网格维度 x 和 y 变成单独的线性数组并且将源数据集的一个元素赋值到目的数据集。然后使用零复制或主机映射内存做三件重要的事情。第一是启用它，第二是使用它分配内存，最后将常规的主机指针转换成指向设备内存空间的指针。

我们需要在任何 CUDA 上下文创建之前进行下面的调用：

```
// Enable host mapping to device memory
CUDA_CALL(cudaSetDeviceFlags(cudaDeviceMapHost));
```

当 CUDA 上下文被创建时，驱动程序会知道它需要支持主机映射内存（host-mapped memory）。没有驱动程序的支持，主机映射（零复制）内存将无法工作。如果该支持在 CUDA 上下文创建之后完成，内存也无法工作。请注意对 cudaHostAlloc 这样的函数的调用，尽管在主机内存上执行，也仍然创建一个 GPU 上下文。

虽然大多数设备支持零复制内存，但是一些早期的设备却不支持。这并不是计算能力的一部分，因此需要显式地检查：

```
struct cudaDeviceProp device_prop;
CUDA_CALL(cudaGetDeviceProperties(&device_prop, device_num));
zero_copy_supported = device_prop.canMapHostMemory;
```

下一个阶段是分配主机上的内存，这样它就可以被映射到设备内存。我们对 cudaHostAlloc 函数使用额外的标志 cudaHostAllocMapped 就可以实现。

```
// Allocate zero copy pinned memory
CUDA_CALL(cudaHostAlloc((void **) &host_data_to_device, size_in_bytes,
cudaHostAllocWriteCombined | cudaHostAllocMapped));
```

最后，我们需要通过 cudaHostGetDevicePointer 函数将主机指针转换成指向设备的指针：

```
// Convert to a GPU host pointer
CUDA_CALL(cudaHostGetDevicePointer(&dev_host_data_to_device,host_data_to_device,0));
```

在这个调用中，我们将之前在主机内存空间分配的 host_data_to_device 转换成 GPU 内存空间的指针。不要将两种指针混淆。在 GPU 内核中，只使用转换后的指针；原始的指针只出现在主机上执行的代码中。因此，为了之后释放内存，需要在主机上执行一个操作，其他的调用保持不变：

```
// Free pinned memory
CUDA_CALL(cudaFreeHost(host_data_to_device));
```

由于我们使用的内存块大小为512MB，在不管每个线程块分配多少线程的情况下，为了使每个线程都可以访问一个元素，则意味着线程块个数要超过64K。这个线程块数量超出了任何单一维度的硬性限制。我们不得不引入另一个维度，因此采用了第5章已经提到过的线程网格。我们可以很简单地将线程网格数固定为某个足够大的、允许我们灵活地选择每个线程块线程个数的值。

```
const int num_elements = (size_in_bytes / sizeof(u32));
const int num_threads = 256;
const int num_grid = 64;
const int num_blocks = (num_elements + (num_threads-1)) / num_threads;
int num_blocks_per_grid;

// Split blocks into grid
if (num_blocks > num_grid)
 num_blocks_per_grid = num_blocks / num_grid;
else
 num_blocks_per_grid = 1;

dim3 blocks(num_grid, num_blocks_per_grid);
```

dim3操作只是将我们计算出的常规标量数值赋给一个包含三个元素的结构体类型，这个结构体类型可以在内核启动时当做一个参数。它会导致内核启动64个包含N个线程块的线程网格。这确保任意一个给定的线程块索引不会超过64K的限制。因此，在内核启动时我们使用blocks（dim3类型）替换num_blocks（标量类型）：

```
// Run the kernel
kernel_copy<<<blocks,num_threads>>>(gpu_data,dev_host_data_to_device,num_elements);
```

我们看到，到达设备的传输的整体性能与使用显式内存复制传输的性能相同。这是个很重要的暗示。大多数不使用流API的应用程序只是开始时将内存复制到GPU，然后在内核完成时再复制回主机。使用锁页内存复制，我们可以显著地缩减这个时间。但是这个时间仍然是增加的，因为它是串行操作。

实际上，使用零复制内存，我们将传输和内核操作分解成更小的块，然后以流水线的方式执行它们（参见图9-17）。整体时间减少得非常显著。

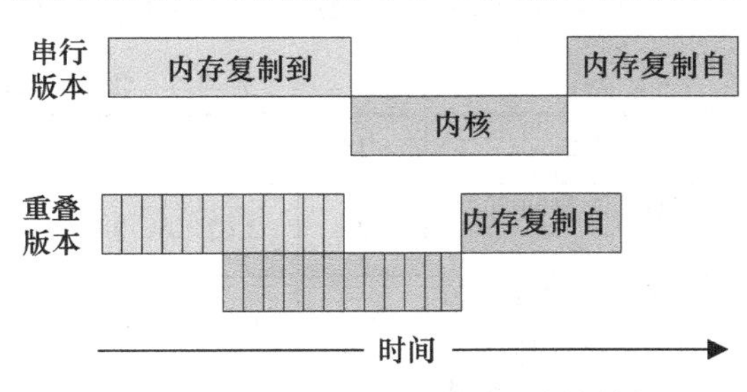

图9-17 串行与重叠的传输/内核执行

请注意，我们并没有对来自设备的复制操作执行同样的优化。这样做是因为消费者级GPU只有一个启用了复制引擎。因此，它们只支持一个内存流。当你执行读取操作、内核操作、写入操作时，如果写操作在随后的读操作之前放入流中，该写操作会阻塞读操作直到挂起的写操作完成。请注意，对于 Tesla 设备却不是这样的。由于两个复制引擎都启用了，因此 Tesla 显卡能够支持相互独立的流。在费米架构之前，所有显卡都只有一个复制引擎。

然而，采用零复制内存的传输实际上是相当小的。PCI-E 总线在两个方向上的带宽都是相同的。由于基于 PCI-E 的内存读取存在高延迟，因此实际上大多数读操作应该在所有写操作之前被放入读队列。我们可能获得比显式内存复制版本节省大量执行时间的效果。

请注意图 9-18 中显示的是简化过的，它列出了单独的 “到达 / 来自设备的锁页内存访问” 曲线，然而我们却显示了每个设备的零复制时间。锁页内存的时间实际上对于所有设备是相同的，所以它并没有显示每个设备。

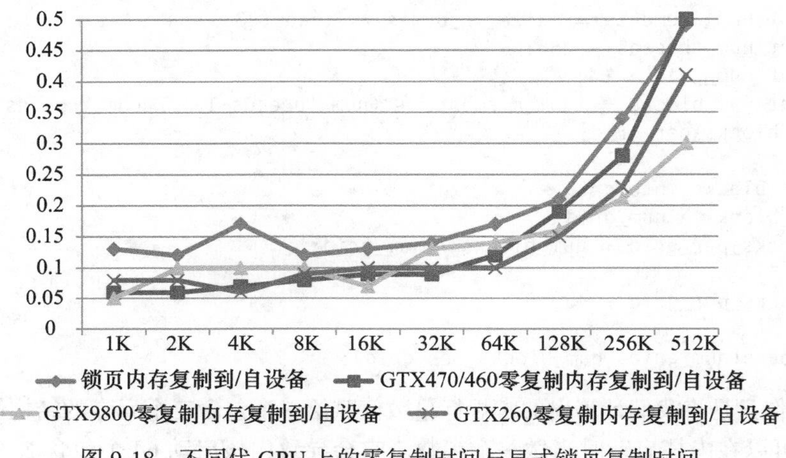

图 9-18 不同代 GPU 上的零复制时间与显式锁页复制时间

我们已经列出了内存复制到设备、内核执行、从设备复制回内存操作的整体执行时间。因此，单纯地测量设备传输时间会忽略其他的开销。由于我们使用了零复制内存，内存事务和内核时间则不能够分开。然而，由于内核的工作很少，因此零复制和显式内存复制版本的整体执行时间差别并不明显。

这里有相当大的可变性。然而，我们看到的是对于数据量较小的传输（小于 512KB），零复制比使用显式复制更快。现在我们看看表 9-1 和图 9-19 中比 512KB 大的数据传输情况。

表 9-1 零复制运行结果（时间单位为 ms）

设备	1M	2M	4M	8M	16M	32M	64M	128M	256M
锁页内存复制到 / 自设备	0.96	1.62	3	5.85	11.52	22.97	45.68	91.14	182.04
GTX470/460 零复制内存复制到 / 自设备	0.5	0.9	1.72	3.34	6.61	13.11	26.15	52.12	103.99
GTX9800 零复制内存复制到 / 自设备	0.56	1.09	2	3.94	7.92	15.63	31.6	61.89	123.81
GTX260 零复制内存复制到 / 自设备	0.68	1.38	2.52	4.48	8.74	18.84	38.96	74.35	160.33

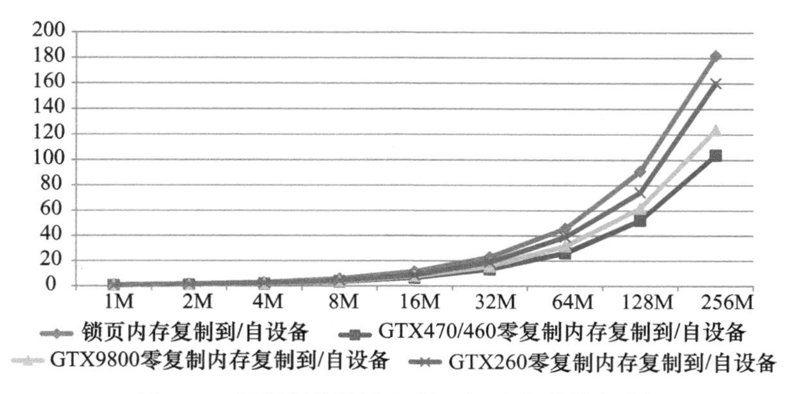

图 9-19 零复制曲线图（时间（ms）与传输大小）

很有趣的是，在这里我们看到执行时间大幅减少。在费米架构硬件上，内核操作和内存复制操作的重叠执行使执行时间从 182ms 减少到 104ms，达到了 1.75 倍的加速。早期设备的结果并没有如此显著，但仍体现出了明显的加速。

当然，你也可以像第 8 章一样使用流和异步内存复制实现。零复制只是提供了一种选择，一个更简单的使用接口。

不过，也有一些注意事项。要知道数据到底需要从内存读取多少次。重新从全局内存中读取数据通常不使用零复制内存。

如果我们在 9800GT 和 GTX 260（计算能力 1.x 的设备）平台上修改程序，从主机内存读取值两次而不是一次，那么其性能会减少到原来的一半。这是因为平台上每一个从全局内存的读取都没有被缓存。因此 GPU 访问零复制内存区域的时间加倍了，从而使提交的 PCI-E 事务的个数翻倍。

而在费米架构设备上的情况却有所不同。它有一个一级和二级缓存，很可能之前内核取出的数据，在后来访问相同的内存地址时仍然在缓存中。可以肯定，你需要显式地将打算重新使用的数据复制到共享内存。因此，在费米架构设备中，取决于数据模式，通常看不到设备提交多个 PCI-E 事务，因为这些事务中很多命中了内部缓存，因此不会创建全局内存事务。

因此，只要关心数据重用并且对每个数据项执行了足够的工作，那么零复制内存就可以很容易地对现有的串行代码进行加速而无须深入地学习流 API。

然而，要知道 PCI-E 总线的带宽远小于 CPU 上的可用带宽。最新的沙桥 i7 处理器（Socket 2011）能达到大约 37GB/s 的内存带宽，其理论峰值为 51GB/s。在 PCI-E2.0 总线上，我们从 8GB/s 的理论峰值获得了 5 ~ 6GB/s 的带宽。必须在应用程序中花费大量的工作验证 PCI-E 总线上转移数据的代价。在每个元素执行很少工作的情况下，CPU 可能是更好的选择。

用于这些测量的程序如下所示，以供参考。

```
void memcpy_test_zero_to_from(const int device_num,
                              const size_t size_in_bytes,
                              TIMER_T * const kernel_time,
                              const u32 num_runs,
                              const bool pinned)
```

```
{
 char device_prefix[256];
 int major, minor;
 int zero_copy_supported;

 // Init

 // Enable host mapping to device memory
 CUDA_CALL(cudaSetDeviceFlags(cudaDeviceMapHost));

 // Get the device properties
 get_device_props(device_prefix, device_num, &major,
                  &minor, &zero_copy_supported);

 // Exit if zero copy not supported and is requested
 if (zero_copy_supported == 0)
 {
   printf("%s Error Zero Copy not supported", device_prefix);
   wait_exit(1);
 }

 // Select the specified device
 CUDA_CALL(cudaSetDevice(device_num));

 printf("%s Running Memcpy Test to device using",
        device_prefix);

 if (pinned)
     printf(" locked memory");
 else
   printf(" unlocked memory");

 printf(" %lu K", size_in_bytes / 1024);

 (*kernel_time) = 0;

 init_device_timer();

 // Allocate data space on GPU
 u32 * gpu_data;
 CUDA_CALL(cudaMalloc((void**)&gpu_data,
                      size_in_bytes));
 u32 * dev_host_data_to_device;
 u32 * dev_host_data_from_device;

 // Allocate data space on host
 u32 * host_data_to_device;
 u32 * host_data_from_device;

 if (pinned)
 {
```

```
    // Allocate zero copy pinned memory
    CUDA_CALL(cudaHostAlloc((void **) &host_data_to_device, size_in_bytes,
cudaHostAllocWriteCombined | cudaHostAllocMapped));

    CUDA_CALL(cudaHostAlloc((void **) &host_data_from_device, size_in_bytes,
cudaHostAllocDefault | cudaHostAllocMapped));
  }
  else
  {
    host_data_to_device = (u32 *) malloc(size_in_bytes);
    host_data_from_device = (u32 *) malloc(size_in_bytes);
  }

  // Convert to a GPU host pointer
  CUDA_CALL(cudaHostGetDevicePointer(&dev_host_data_to_device,host_data_to_
  device,0));
  CUDA_CALL(cudaHostGetDevicePointer(&dev_host_data_from_device,host_data_from_
  device,0));

  // If the host allocation did not result in
  // an out of memory error
  if ( (host_data_to_device != NULL) &&
       (host_data_from_device != NULL) )
  {
    const int num_elements = (size_in_bytes / sizeof(u32));
    const int num_threads = 256;
    const int num_grid = 64;
    const int num_blocks = (num_elements + (num_threads-1)) / num_threads;
    int num_blocks_per_grid;

    // Split blocks into grid
    if (num_blocks > num_grid)
        num_blocks_per_grid = num_blocks / num_grid;
    else
        num_blocks_per_grid = 1;

    dim3 blocks(num_grid, num_blocks_per_grid);

    for (u32 test=0; test < num_runs+1; test++)
    {
     // Add in all but first test run
     if (test != 0)
      start_device_timer();

     // Run the kernel
     kernel_copy<<<blocks, num_threads>>>(dev_host_data_to_device,
dev_host_data_to_device, num_elements);

     // Wait for device to complete all work
     CUDA_CALL(cudaDeviceSynchronize());
```

```
      // Check for kernel errors
      cuda_error_check(device_prefix, " calling kernel kernel_copy");

      // Add in all but first test run
      if (test != 0)
        (*kernel_time) += stop_device_timer();
    }

    // Average over number of test runs
    (*kernel_time) /= num_runs;

    if (pinned)
    {
      // Free pinned memory
      CUDA_CALL(cudaFreeHost(host_data_to_device));
      CUDA_CALL(cudaFreeHost(host_data_from_device));
    }
    else
    {
      // Free regular paged memory
      free(host_data_to_device);
      free(host_data_from_device);
    }
  }

  CUDA_CALL(cudaFree(gpu_data));
  destroy_device_timer();

  // Free up the device
  CUDA_CALL(cudaDeviceReset());

  printf(" KERNEL:%.2f ms", (*kernel_time));

  const float one_mb = (1024 * 1024);
  const float kernel_time_for_one_mb = (*kernel_time) * (one_mb / size_in_bytes);

  // Adjust for doing a copy to and back
  const float MB_per_sec = ((1000.0F / kernel_time_for_one_mb) * 2.0F);

  printf(" KERNEL:%.0f MB/s", MB_per_sec );
}
```

9.3.3 带宽限制

对于绝大多数的程序而言，最终的带宽限制来源于设备获取输入数据和写回输出数据的I/O速度。这也是应用程序无法继续加速的限制。如果你的程序在串行CPU实现下运行需要消耗20分钟，并且具有一定的并行性，那么很有可能该应用程序通过GPU实现后所消耗的时间比它从当前存储设备上加载和保存数据所消耗的时间还要少。

在带宽方面我们遇到的第一个问题就是简单地从机器上存入和取出数据。如果你使用的是网络连接存储，那么该限制还包含网络链路传输速度的限制。对于这个问题，最好的解决方案就是使用一个包含多个高速固态硬盘的高速 SATA3 RAID 控制器。然而，除非对硬盘的使用非常高效，否则这种方案也无法解决带宽问题。每个硬盘传输数据到主机端内存的速度都存在一个峰值，其实际上是硬盘、控制器、路由器到主机端内存的传输速率的一个函数。

对硬盘上执行一个标准检查程序，比如常见的 ATTO 检查程序。这样我们就能看到使用不同大小的块时产生的影响（参见图 9-20）。这个标准测试模拟了对硬盘基于不同大小块的读 / 写访问。程序分别以 1KB，2KB，4KB 等大小的块对一个 2GB 的文件进行读 / 写操作，以此来观察使用不同大小的块所带来的影响。

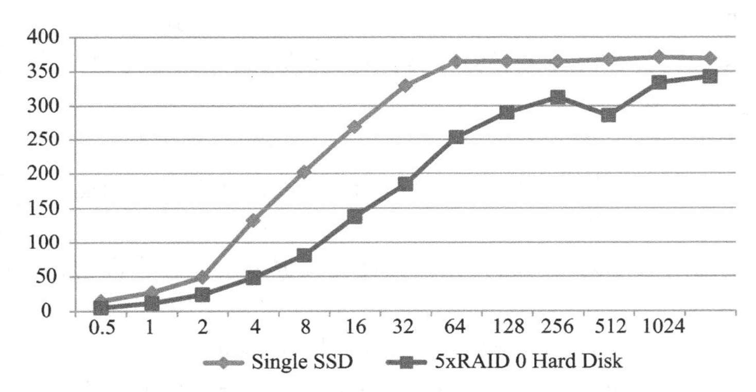

图 9-20 单个固态硬盘与由五块 RAID0 磁盘的带宽对比

从实验结果中我们看到，只有以大小为 64KB 的块或更大的块为单位读取数据时，单个固态硬盘的带宽才会到达峰值。对于 RAID0 磁盘系统，我们至少需要使用 1MB 大小的数据块才能充分利用多个磁盘。因此，当我们从硬盘系统读取适当大小的数据块时要保证使用的是 C 语言的 fread 函数。如果我们以大小为 1KB 的数据块为单位获取数据，传输速率能达到 24MB/s，比它读取数据的峰值带宽低 10%。RAID 系统中使用的磁盘越多，基本块的大小就可以越大。如果处理压缩的音乐或者图像文件，那么单个文件的大小可能只有几兆字节。

注意，数据是否可压缩对硬盘的性能有很大影响。服务器级别的硬盘，如 OCZ Vertex 3，对于不可压缩的数据可以提供更高的峰值和持续的带宽。因此，如果你的数据集已是压缩格式（MP3、MP4、WMV、H.264、JPG 等），那么你需要确保使用服务器硬盘。当处理不可压缩的数据流时，许多消费级的固态硬盘的带宽会下降到硬盘出厂时标注的峰值带宽的一半。

出现这种情况的原因在于使用高端服务器固态硬盘的同步 NAND 内存与使用消费级固态硬盘中的廉价而低性能的同步 NAND 存储器的不同。与处理未经压缩的数据一样，基于 NAND 的同步硬盘的性能优于同系列的异步硬盘，特别是硬盘开始保存数据的时候。OCZ 还提供了基于 PCI-E 的 RevoDrive R4 产品，其以占据 PCI-E 插槽为代价，使传输速度达到 2GB/s 以上。

遇到的另一个带宽限制是主机内存速度的限制。但如果在单个计算机节点引入多个 GPU，考虑到我们能够以 6GB/s 的速度通过 PCI-E 总线从高速固态硬盘系统获取数据，这将不再是什么大问题。之后我们需要以 6GB/s 的速度从主机端内存发送数据到 GPU 端或从 GPU 端将数据写回到主机端。我们也可以再次以 6GB/s 的速度将数据写回到 RAID 控制器。这样，在 CPU 专门传输数据的情况下，我们将达到 24GB/s 的纯数据传输。现在，我们已经达到了大多数现代处理器的最大带宽限制并且已经突破了老一代 CPU 的带宽限制。实际上，如果我们想要解决缓慢的 I/O 设备问题，只有最新的 4 通道 I7 Sandybridge-E CPU 才有可能满足我们需求的带宽。

CUDA 4.0 SDK 引入了点对点的 GPU 通信。CUDA 4.1 SDK 同样在非 NVIDIA 硬件上也引入了点对点通信。因此，在适当的硬件上，GPU 可以与任何支持的设备通信。而这也受到了 InfiniBand 以及其他高速网卡数量的限制。然而，原则上任何 PCI-E 设备都支持与 GPU 通信。因此，一个 RAID 控制器能够直接向 GPU 发送数据或从 GPU 接收数据。由于不存在主机端内存带宽、PCI-E 或内存消耗的问题，对于这类设备潜力巨大。由于数据不必传入 CPU 然后再传回，因此延迟降低了很多。

一旦数据传输到 GPU，对于 GeForce 显卡，在设备的全局内存上读 / 写数据时的带宽上限将达到 190GB/s，而对于 Tesla 显卡则是 177GB/s。要想达到这样的速度，你必须确保从线程读取数据时合并访问，并且保证程序 100% 利用了从内存传输到 GPU 上的数据。

最后，我们还需对共享内存进行讨论。即使将数据分块，然后将它们存入共享内存，接着以无存储体冲突的方式（bank conflict-free manner）进行访问，带宽也限制在 1.3TB/s 内。考查带有 64KB 一级缓存模块的 AMD PhenomII 与 Nehalem I7 处理器，其带宽最高可达 330GB/s，只有同等大小一级缓存和共享内存的 GPU 最大带宽的 25% 左右。

以一个典型的 4 字节宽的浮点数或者整型数为例。全局内存带宽每秒最多可获取 47.5G 个元素（190GB/S ÷ 4）。假定只读 / 写一个值，那么每秒处理的元素数减半为 23.75G 个，如果不存在数据重用，这将是应用程序的最大吞吐量。

费米架构设备的额定速率为每秒处理超过 1T 次的浮点运算，即每秒能够处理大约 1000G 次的浮点运算。开普勒架构设备的额定速率为每秒处理超过 3T 次的浮点运算。而实际的速率取决于你如何测量每秒执行的浮点运算次数。最快的测量方式是测 FMADD 指令（浮点数乘法、加法指令），即将两个浮点数相乘，然后将其结果与另外一个数相加。诸如这样，就要计算成两次浮点数运算而不是一次。实时指令流可将内存加载、整型计算、循环、分支等混合。因此，实际上，内核达不到这个峰值。

我们可以通过简单地调用之前开发的 PCI-E 带宽的可视化程序来测量实时速率。通过简单地执行全局内存间的内存复制操作，即可看到内核能够达到的最大读 / 写速度。

```
GTX 470: 8 bytes x 1 K (1x4x32)  0.060 ms, 489 MB/s
GTX 470: 8 bytes x 2 K (1x8x32)  0.059 ms, 988 MB/s
GTX 470: 8 bytes x 4 K (1x16x32)  0.060 ms, 1969 MB/s
GTX 470: 8 bytes x 8 K (1x32x32)  0.059 ms, 3948 MB/s
GTX 470: 8 bytes x 16 K (1x32x64)  0.059 ms, 7927 MB/s
GTX 470: 8 bytes x 32 K (1x64x64)  0.061 ms, 15444 MB/s
GTX 470: 8 bytes x 64 K (1x64x128) 0.065 ms, 28779 MB/s
GTX 470: 8 bytes x 128 K (1x64x256) 0.074 ms, 50468 MB/s
```

```
GTX 470: 8 bytes x 256 K (1x128x256) 0.090 ms, 83053 MB/s
GTX 470: 8 bytes x 512 K (1x256x256) 0.153 ms, 98147 MB/s
GTX 470: 8 bytes x 1 M (1x512x256) 0.30 ms, 98508 MB/s
GTX 470: 8 bytes x 2 M (1x1024x256) 0.56 ms, 105950 MB/s
GTX 470: 8 bytes x 4 M (1x2048x256) 1.10 ms, 108888 MB/s
GTX 470: 8 bytes x 8 M (1x4096x256) 2.19 ms, 112215 MB/s
GTX 470: 8 bytes x 16 M (1x8192x256) 4.26 ms, 112655 MB/s
GTX 470: 8 bytes x 32 M (1x16384x256) 8.48 ms, 113085 MB/s
GTX 470: 8 bytes x 64 M (1x32768x256) 16.9 ms, 113001 MB/s
GTX 470: 8 bytes x 128 M (2x32768x256) 33.9 ms, 112978 MB/s
GTX 470: 8 bytes x 256 M (4x32768x256) 67.7 ms, 113279 MB/s
```

注意，括号中的值表示线程网格数 × 线程块数 × 线程数。上述数字绘制在图 9-21 中。

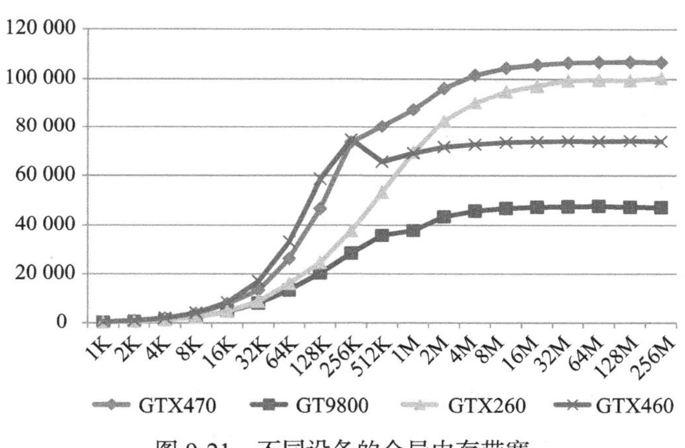

图 9-21 不同设备的全局内存带宽

这些结果是通过将 16 个内核压入到异步流中执行获得的。每个内核开始调用处有一个开始事件，调用结束后有一个停止事件。每个内核中的每个线程只完成将源存储空间内的单个元素复制到目标存储空间。每次批处理的第一个内核的执行时间忽略不计。通过剩下的内核计算得到总运行时间，再求平均运行时间。GTX 470 的额定带宽是 134GB/s，尽管内核很简单并且以最大传输规模进行数据传输，但仍达不到额定带宽。

从上表中可以看出，为达到内存性能峰值，线程的数量应该足够多。我们以每个线程块启动 32 个线程开始测试，直到一共启动 64 个线程块。这样做保证了每个 SM 都能分配到任务，而不是某个 SM 分到大量的线程和绝大部分的任务。接着我们增加每个线程块中的线程数量，最多 256 个线程，直到每个 SM 分配的线程块数合理为止。

将元素的类型从 uint1 转换成 uint2、uint3 和 uint4 将产生有趣的结果。当单个元素的大小增加，提交到内存子系统的存储事务次数就会减少。在 GTX470 上，将 4 字节的数据读取（单个整型数或浮点数）改为 8 字节（两个整型数或浮点数、单个双精度浮点数）的读取，将导致全局内存读 / 写数据的带宽峰值提高 23%（参见图 9-22）。然而，带宽的平均提高只有 7%，但是这仍然表明了通过简单地将 int1/float1 向量类型转变为 int2/float2 向量类型能够适当地减少运行时间。GTX460 上的变化与 GTX470 上的相似，但变化更加显著（参见图 9-23）。

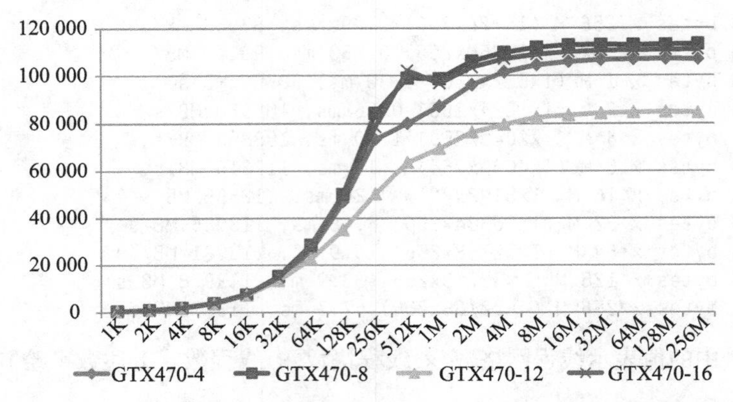

图 9-22 计算能力 2.0 的 GTX470 全局内存带宽（以字节为单位的存储事务）

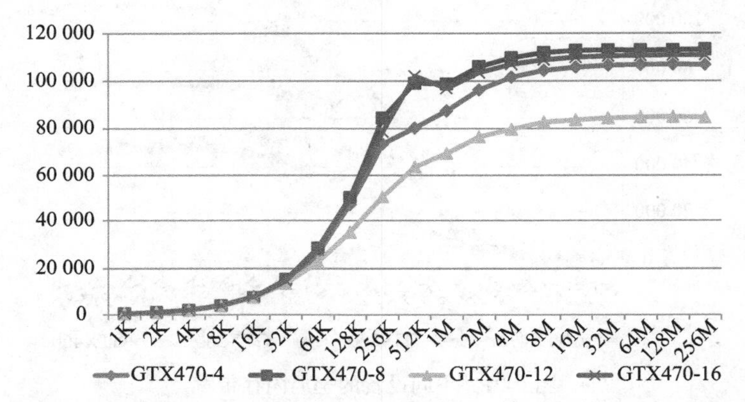

图 9-23 计算能力 2.1 的 GTX460 全局内存带宽（以字节为单位的存储事务）

为了获得最佳带宽，计算能力 2.1 设备上的 CUDA 代码将特殊编译。我们也发现当线程块内的线程数为 48 的倍数时效果最佳。鉴于这里每个 SM 中含有 3 组 16 个核而不是通常的两组，这种结果也就不足为奇了。将每个元素的大小从 4 字节增加为 8 字节或 16 字节时，带宽平均提高了 19%，最大提高了 38%。

单个线程束中每个线程处理 8 字节的存储事务将导致 256 字节的数据移向内存总线。我们使用的 GTX 460 与全局内存相连的总线位宽为 256 位。这清楚地表明，不考虑任何内存占用，在这样的设备上应该保证每个线程处理 8 字节或 16 字节（2 或 4 个元素）的数据。最有可能是由于 SM 中更高的 CUDA 代码比率从而导致单组 LSU（加载 / 存储单元）的竞争问题。

与 GTX 260 相比，计算能力 1.3 的设备与 Tesla C2050 设备类似，通过将每个元素的大小从 4 字节增加为 8 字节，可以使带宽平均增加 5%。然而，如果继续增加，程序的性能将大打折扣。9800 GT 并没有显示出明显的提升，这暗示了当处理的每个元素的大小为 4 字节时该设备的带宽已达到峰值。

最后，注意基于费米架构的 Tesla 设备实现了基于 ECC（错误检测与纠正）功能的内存协议。禁用该功能可以提升大约 10% 的速度，代价是失去了错误检测和纠正能力。只放置单台机器而不是放置于服务器中心，可能是一个挺好的折衷方案。

9.3.4 GPU 计时

1. 单核 GPU 计时

GPU 上对数据进行计时不是特别简单。由于使用 GPU 和 CPU 最好的方式是异步地进行操作（即 GPU 和 CPU 同时运行），因此使用基于 CPU 的时钟并不是一个很好的方案。当同时在 GPU 和 CPU 上进行顺序操作时，CPU 时钟不是特别精确。由于这并不是我们实际想要的，所以这是一个糟糕的方案。

由于 memcpy 操作隐式地进行同步，默认情况下，GPU 在同步模式下操作。程序开发人员希望将数据复制到设备、运行内核、再将数据从设备取回，然后将 CPU 内存中的运行结果存入磁盘或进一步处理。虽然这是一个容易理解的模式，但它同时也是一个缓慢的模式。这一模式意在使内核执行任务但它并没有考虑性能因素。

在第 8 章，我们详细地测试了流的使用。流是一种高效的任务队列。当没有向 CUDA API 定义流时，0 号流用于默认任务队列。然而，0 号流包含很多隐式的与主机同步的操作。你也许会期望一个异步操作，但实际上在使用 0 号流时，特定的 API 调用包含隐含的同步。

若要使用异步操作，我们需要先建立如下流：

```
// Create a new stream on the device
cudaStream_t stream;
CUDA_CALL(cudaStreamCreate(&stream));
```

为了便于带宽测试，我们创建了一个事件数组。

```
#define MAX_NUM_TESTS 16
cudaEvent_t kernel_start[MAX_NUM_TESTS];
cudaEvent_t kernel_stop[MAX_NUM_TESTS];
```

GPU 提供了一些由 GPU 硬件赋予时间戳的事件（参见图 9-24）。因此，想要在 GPU 上计算特定操作的执行时间，你需要向任务队列中先添加一个启动事件，然后添加想要计时的操作，最后添加停止事件。GPU 上执行的流是简单的 FIFO（先进先出）的操作队列。每个流代表一个独立的操作队列。

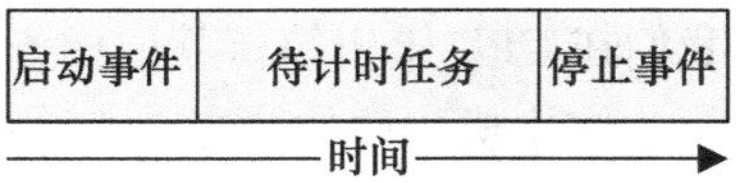

启动事件	待计时任务	停止事件

时间 →

图 9-24　GPU 上计算任务的执行时间的流程

创建流后，你需要创建一个或多个事件。

```
for (u32 test=0; test < MAX_NUM_TESTS; test++)
{
 CUDA_CALL(cudaEventCreate(&kernel_start[test]));
 CUDA_CALL(cudaEventCreate(&kernel_stop[test]));
}
```

我们使用一个简单的循环来建立 MAX_NUM_TESTS 个事件——一个启动事件和一个停止事件。然后我们需要在待计时的任务任一端将这些事件插入流中。

```
// Start event
CUDA_CALL(cudaEventRecord(kernel_start[test],stream));

// Run the kernel
```

```
kernel_copy_single<data_T><<<num_blocks, num_threads, dynamic_shared_memory_usage,
stream>>>(s_data_in, s_data_out, num_elements);

// Stop event
CUDA_CALL(cudaEventRecord(kernel_stop[test],stream));
```

为了计算时间，要么每个 CUDA 调用要么全部一同调用 cudaEventElapsedTime 函数来获取两个带时间戳事件的时间差。

```
// Extract the total time
for (u32 test=0; test < MAX_NUM_TESTS; test++)
{
 float delta;

 // Wait for the event to complete
 CUDA_CALL(cudaEventSynchronize(kernel_stop[test]));

 // Get the time difference
 CUDA_CALL(cudaEventElapsedTime(&delta, kernel_start[test], kernel_stop[test]));

 kernel_time += delta;
}
```

你需要通过执行定时事件来实现，流之间的事件顺序并不能得到保证。CUDA 运行时也许会在 0 号流中执行启动事件，然后切换到 5 号流中执行之前挂起的内核，有时稍后再返回 0 号流，启动 0 号流的内核，接着切换到其他流处理一些启动事件，最后返回 0 号流并把时间戳赋给结束事件。时间的改变量就是从启动阶段到结束阶段的时间消耗。

在这个例子中注意，只创建了一个流。我们创建了多个事件，但都是在同一个流中执行。在只有一个流的情况下，运行时只能顺序地执行事件，因此确保实现了正确的计时。

注意 cudaEventSynchronize API 调用。在事件未完成时，该调用使 CPU 线程阻塞。由于我们在 CPU 上未执行其他任务，因此上述操作完全符合我们的目的。

在主机程序的结尾，必须保证占用的资源都已释放。

```
// Free up all events
for (u32 test=0; test < MAX_NUM_TESTS; test++)
{
 CUDA_CALL(cudaEventDestroy(kernel_start[test]));
 CUDA_CALL(cudaEventDestroy(kernel_stop[test]));
}
```

在运行内核程序时，在事件执行前将其销毁将导致不确定的运行时错误。

最后，你应该明白使用事件不是免费的。运行时处理事件需要消耗资源。在这个例子中，我们特意为每个内核计时以确保没有显著的变化发生。多数情况下，一对分别位于任务队列开始和结束位置的启动事件和停止事件，足以计算整个任务队列的执行时间。

2. 多 GPU 计时

相比单 GPU 的计时，多 GPU 的计时更复杂一些，但幸运的是它们基于相同的原理。同样，我们创建一些流并且将一些事件放入流中。

不幸的是，API中并没有提供函数以从事件中获取绝对时间戳。只能获得两个事件的时间差。然而，通过在流的起始位置插入事件，你可以将其作为零时间点，并且用这种方式获得流开始的相关时间。然而，获取不同GPU上的两个事件的时间差将导致API返回一个错误。这使得用多GPU时，建立时间轴更复杂，因为你或许需要根据启动事件实际发生的时机来调整时间。从图9-29中可以看到向设备复制数据、执行内核、从设备复制数据、向设备复制数据、再次调用内核、最后从设备复制数据这一系列事件。

注意，对不同设备，复制时间大致相近，但是内核函数的执行时间有很大不同。在GTX470设备（CFD2）上，倒数第二次从设备复制数据的操作中，条状图变短了（258ms与290ms）。这是因为GTX470首先启动传输并且直到传输完成，其他设备才会启动传输。GT9800作为较慢的设备，在GTX470完成传输后GT9800的内核函数还在执行。使用不同代的设备，可以得到这样的模式。传输速度大体相近，但是内核函数的运行时间导致传输启动的时刻改变。

图9-25是使用计时器产生的，但诸如Parallel Nsight和Visual Profiler的工具可以自动地画出时间轴以及CPU的时间轴，借助CPU的时间轴可以清楚地看到什么时间发生了什么事件。

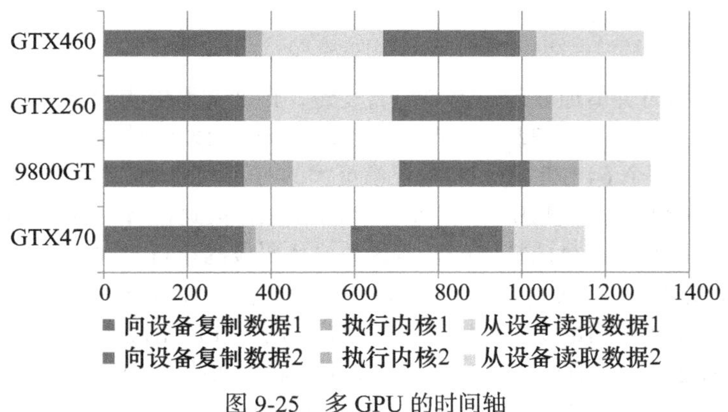

图9-25 多GPU的时间轴

注意，通过调用cudaEventQuery API查询事件是否完成是可行的，而不会像调用cudaEvent Synchronize函数那样导致阻塞。这样，CPU可以继续做有用的工作，或者跳转到下一个流以检查该流是否完成执行。

```
if (cudaEventQuery(memcpy_to_stop[device_num][complete_count_in_stop[device_num]])
== cudaSuccess)
{
 TIMER_T delta = 0.0F;

 CUDA_CALL( cudaEventElapsedTime( &delta, memcpy_to_start[device_num][0],
memcpy_to_stop[device_num][complete_count_in_stop[device_num]] ));

 printf("%sMemcpy to device test %d completed %.2f ms", device_prefix[device_num],
complete_count_in_stop[device_num], delta);
```

```
    complete_count_in_stop[device_num]++;
    event_completed = true;
  }
```

这个特定例子，取自另一个程序。我们有一个事件数组 memcpy_to_stop，根据设备编号和测试编号进行索引。通过调用 cudaEventQuery 来检查事件是否完成，如果事件已经完成则该调用返回 cudaSuccess。如果成功，则从相同的设备上获取该事件和启动事件 memcpy_to_start 间的时间差。但是对于 0 号测试，我们得到了那块 GPU 上全部内核函数流的启动事件。通过调用 cudaEventElapsedTime 函数来获取时间差。

注意，如果事件未完成该调用将引起一个错误，因此调用 cudaEventQuery 来预防这种情况。如果我们想使用一个阻塞函数来等待事件完成，也可以调用 cudaEventSynchronize。

如果对绝对时间特别感兴趣，GPU 也提供了借助一些嵌入 PTX 代码的方法来访问低层计时器：

```
// Fetch the lower 32 bits of the clock (pre compute 2.x)
unsigned int clock;
asm("mov.u32 %0, %%clock ;" : "=r"(clock));

// Fetch the clock (req. compute 2.x)
unsigned long int clock64;
asm("mov.u64 %0, %%clock64 ;" : "=r"(clock64));
```

这段代码将原始时钟值加载到一个 C 语言变量，该变量可以稍后存储在历史缓冲中并传回主机。%clock 的值只是一个 32 位计数器，当超过 u32 最大值时会清零重新开始。计算能力 2.x 的硬件提供了一个 64 位时钟，能够记录更大的时间范围（该范围内的值可以被计时）。注意，CUDA API 提供了通过使用 clock 和 clock64 函数访问这些寄存器值的函数。

你可以用这个函数来测量内核中的设备函数或代码段的执行时间。这些测量值并不是通过 Visual Profiler 或 Parallel Nsight 显示出来的，因为它们的计时方案仅在全局级的内核函数中有效。你也可以以此来测量线程束到达栅栏点的时间。在调用诸如 syncthreads 栅栏原语之前，为每个线程束建立一个存储操作。这样你就可以看到在同步点的线程束分布情况。

非常重要的一点是，你必须明白一个内核函数中给定的线程束并不会一直运行。因此，与计时多个流一样，一个线程束也许会存储一个起始时间，之后挂起，然后恢复，最后遇到下一个计时器存储事件。时间变化量只是整体的实际时间差，并不是 SM 执行给定的线程束所耗费的时间。

你同样应该意识到，以这种方式插入代码也许会影响它的计时以及相对于其他线程束的执行顺序。你可以把数据存入全局内存并在随后将数据传输到能够分析它的主机上。因此，你的检测代码不仅影响了执行流，也影响了内存访问。这个影响可以通过孤立运行一个由 32 个线程构成的线程块（即一个单独的线程束），来降至最低。然而，这样将与 SM 中同时运行其他线程束以及 GPU 上启动其他 SM 的实际情况有出入了。

9.3.5 重叠 GPU 传输

下面有两种策略可以试图产生重叠的传输。第一种，用计算时间重叠传输时间。我们可以在上一节看到这种方法的细节，上一节明确阐述了流的使用并且隐含了零复制内存的使用。

流在 GPU 计算中是一项非常有用的功能，通过建立独立工作队列我们能够以异步方式驱动 GPU 设备。也就是说，CPU 可以将一系列的工作元素压入队列，然后离开，在再次服务 GPU 之前做别的事情。

从某种程度上说，用 0 号流同步操作 GPU 就像用一个单字符的缓冲区来访问串行设备。这种设备以前用于对设备原有串口的实现，如在 RS232 接口上操作的调制解调器。这些现如今已经过时，并且由 USB1.0、USB2.0、USB3.0 接口取代。原有的串行控制器 UART，将向处理器发出一个中断请求，告诉处理器它已经收到足够的比特位去解码一个字符，并且其单一字符缓冲这已满。只有 CPU 应答中断请求时通信才继续。一次通信一个字符不够快并且 CPU 执行不够密集。这种设备很快被有 16 字符缓冲区的 UART 所替代。因此，该设备中断 CPU 的次数也减少了 16 倍。它可以处理输入的字符并积累到合适的大小再转移到 CPU 的内存中。

通过为 GPU 创建一个工作流，我们正在做类似的事情。取代了 GPU 和 CPU 同步工作的模式，取代了 CPU 不得不一直询问 GPU 来确认是否完成的模式，我们只是给它大量的工作去处理。只需定期去检查工作是否完成，如果完成，则可以将更多的工作压入流或工作队列中。

只要在试图访问它之前转换所需的设备，通过 CUDA 流接口我们就可以驱动多个 GPU 设备。对于异步操作，从 GPU 中传入 / 传出需要固定的或者是锁页的内存。

在单核处理器系统中，所有 GPU 将会连接到单个 PCI-E 交换机上。PCI-E 交换机的目的是为了在 PCI-E 总线上连接各种高速设备。这样做还有其他的功能，PCI-E 卡可以不需要访问主机内存就进行彼此传输。

尽管我们有了很多的 PCI-E 设备，以测试机器来说，4 个 GPU 连接在 4 个独立的 X8 PCI-E2.0 链路上，同时它们也连接到同一个 PCI-E 控制器。另外，根据实现的不同，这个控制器可能实际就在 CPU 内部。这样，如果我们在同一时间及时地向多个 GPU 执行一系列传输，虽然各个设备的带宽在每个方向会达到 5GB/S 的速度，但是如果所有的设备都处于活跃状态，那么 PCI-E 交换机、CPU、内存还有其他部分的工作会达到这样的速度么？

在有 4 个 GPU 的系统上，会有怎样的扩展性？在 I7 920 的 Nehalem 系统上，对单卡使用 PCI-E 2.0 X16 链路时，我们测量的带宽大约是 5GB/s。在 AMD 系统上，我们在 PCI-E 2.0 X8 链路上有 2.5 ~ 3GB/S 的带宽。由于 AMD 系统 PCI-E 通道的数量是 I7 系统的一半，因此这些数字大约就是你期望得到的。

我们修改了带宽测试程序，原有程序是我们早先在引入了更多的显卡和更多的并发传输时测试 PCI-E 带宽的程序。一旦我们开始给不同的 GPU 进行并发传输，任何事物都可能影响到传输。任何熟悉游戏行业多 GPU 应用的人会知道：简单插入第二块 GPU 不能保证产生双倍的性能。许多基准测试表明，大多数商业游戏能从两块 GPU 显卡中受益显著，增加第三块卡经常也会带来一些效果，但是没有插入第二块卡所产生的几乎两倍效果那么出色，而加入第四块卡常常会导致性能的恶化。

现在这种情况并不是很直观，即增加更多的硬件等价于更低的速度。然而，在 CPU 上，当核的数量对周围部件来说过多的时候，我们发现了同样的问题。一个典型的高端主板 /

CPU 解决方案致力于将最多 32 个 PCI-E 设备连接到 PCI-E 总线上。这也意味着仅仅两块显卡就能满载 X16 PCI-E 2.0 的速度。任何比这一速度高的设备都是通过使用 PCI-E 转换芯片达到的，该芯片使得 PCI-E 链路多路传输。这会工作得很好，直到在 PCI-E 多路传输器上的两块显卡需要同时传输。

我们已经在 AMD 系统中运行了这本书中的大多数测试程序，该系统没有用多路传输，但是当 4 个 GPU 同时运行的时候，每个 GPU 的速度降低到 X8 链路的速度。这样，每个设备达到 2.5 ~ 3GB/S，我们能够获得的理论最大值为 10 ~ 12.5GB/S。此外，作为 AMD 解决方案，PCI-E 控制器内建在处理器中，该控制器也位于 PCI-E 系统和主存之间。主存的带宽约是 12.5GB/S。因而，可以发现系统将不太可能达到 4 个 GPU 的全部潜力。参见表 9-2 和表 9-3、图 9-26 和图 9-27。

你可以从表 9-2 和表 9-3 中看到，对于 3 个 GPU 传输的效果是非常可观的。我们看到几乎线性的增长。然而，当 4 个 GPU 一起竞争可用资源的时候（CPU、内存带宽、PCI-E 转换带宽），整体的速度就较慢了。

表 9-2　多 PCI-E 传输到设备的带宽变化

	1 个设备	2 个设备	3 个设备	4 个设备
传输到 GTX470	3151	3082	2495	1689
传输到 9800GT	0	3069	2490	1694
传输到 GTX260	0	0	2930	1792
传输到 GTX460	0	0	0	1822

表 9-3　多 PCI-E 从设备传输的带宽变化

	1 个设备	2 个设备	3 个设备	4 个设备
从 GTX470 传输	2615	2617	2245	1599
从 9800GT 传输	0	2616	2230	1596
从 GTX260 传输	0	0	2595	1522
从 GTX460 传输	0	0	0	1493

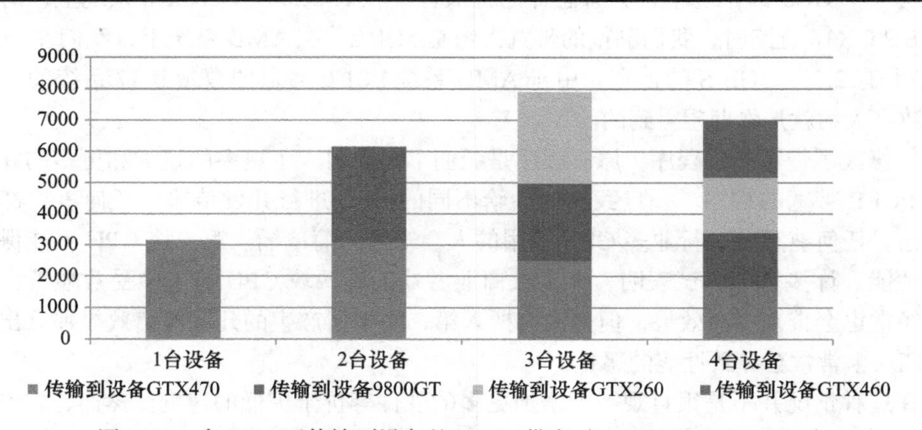

图 9-26　多 GPU 下传输到设备的 PCI-E 带宽（AMD 905e Phenom II）

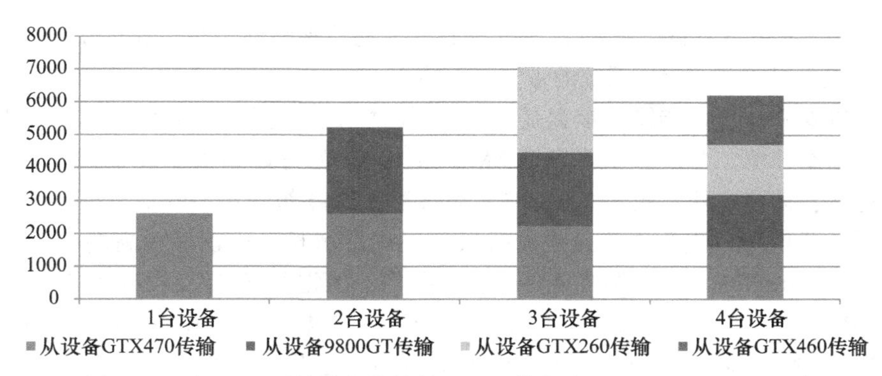

图 9-27　多 GPU 下从设备传输的 PCI-E 带宽（AMD 905e Phenom II）

另一个我们需要测试的多 GPU 平台是一个搭载了 Nehalem I7 平台的 6 芯 GPU 系统，采用华硕超级计算机主板（P6T7WS）并带有 3 块 GTX295 双 GPU 卡。它采用双 NF200 PCI-E 交换芯片，允许每个 PCI-E 卡可以有一个完整的 X16 链路工作。虽然这一点可能对 GPU 间通信（CUDA 4.x 支持的 P2P 模型）有帮助，但是如果两个显卡同时使用总线，它则不能扩展与主机通信的可用带宽。我们使用的 GTX290 显卡，是一个双 GPU 的设备。在内部，每个 GPU 必须共享 X16 PCI-E 2.0 链路。表 9-4 和图 9-28 展示了它的表现。

表 9-4　传输到设备时 I7 的带宽

	1 台设备	2 台设备	3 台设备	4 台设备	5 台设备	6 台设备
传输到设备 0	5026	3120	2846	2459	2136	2248
传输到设备 1	0	3117	3328	2123	1876	1660
传输到设备 2	0	0	2773	2277	2065	2021
传输到设备 3	0	0	0	2095	1844	1588
传输到设备 4	0	0	0	0	1803	1607
传输到设备 5	0	0	0	0	0	1579
合计	5026	6237	8947	8954	9724	10 703

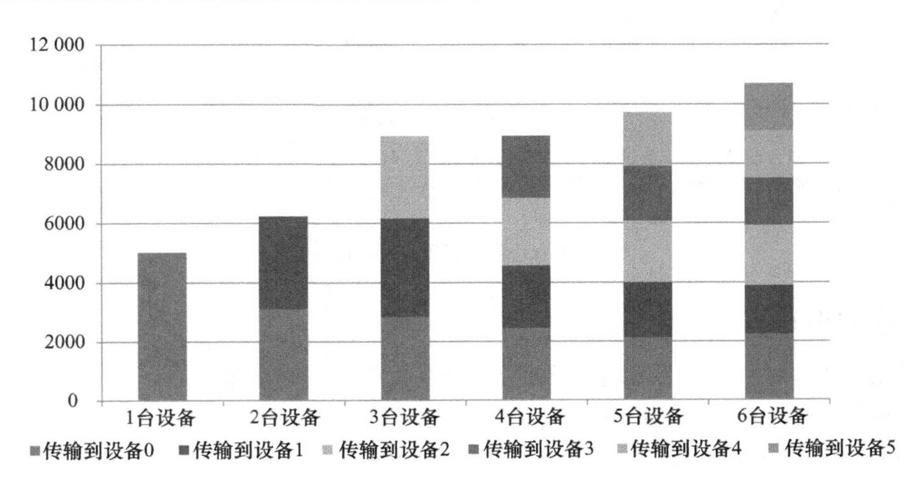

图 9-28　传输到设备时 I7 的带宽

正如在表 9-4 中看到的，我们发现设备的总带宽几乎线性增长。我们获得了仅仅超过 10GB/S 的峰值，比基于 AMD 系统的带宽高大约 20%。

我们可以看到从设备传输的带宽是一个不同的情况（参见表 9-5 和图 9-29）。用两个设备时，带宽达到峰值，并没有显著高于 AMD 系统。如果考虑到大多数 GPU 系统是面向游戏的，你将不会觉得意外。在一个游戏中，大多数的数据被送到 GPU，几乎没有返回 CPU 主机。因而，我们可以发现 3 张显卡的时候接近线性增长，这正好和高端的三重“速力”（Scalable Link Interface，SLI）游戏平台一致。除了这个配置，供应商没有动机去追求超出此设置的 PCI-E 带宽。由于 GTX290 实际上是一个双芯 GPU 显卡，我们可以看到内置 SLI 接口实际上并不能解除显卡的限制。我们能明显地看到一些资源竞争。

表 9-5 从设备传输时 I7 的带宽

	1 台设备	2 台设备	3 台设备	4 台设备	5 台设备	6 台设备
从设备 0 传输	4608	3997	2065	1582	1485	1546
从设备 1 传输	0	3976	3677	1704	1261	1024
从设备 2 传输	0	0	2085	1645	1498	1536
从设备 3 传输	0	0	0	1739	1410	1051
从设备 4 传输	0	0	0	0	1287	1035
从设备 5 传输	0	0	0	0	0	1049
合计	4608	7973	7827	6670	6941	7241

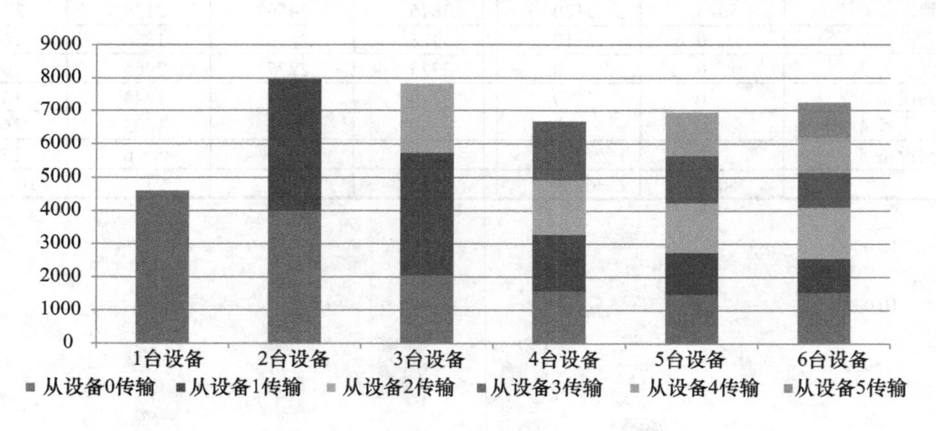

图 9-29 从设备传输时 I7 的带宽

9.3.6 本节小结

- 了解以下事实并且做好准备：你会受到 PCI-E 带宽容量的限制。
- 如可能，尽量使用锁页内存。
- 使用至少 2MB 的传输大小。
- 理解零复制内存的使用，它是流 API 的一种替代方法。

- 想想如何将内核执行时间与传输时间重叠。
- 使用多个 GPU 时不要期待线性的带宽增长。

9.4 策略 4：线程使用、计算和分支

9.4.1 线程内存模式

把应用程序分解成大小合适的网格、线程块和线程，是保证 CUDA 内核性能的关键环节之一。包括 GPU 在内的几乎所有计算机设计，内存都是瓶颈。线程布局的一个糟糕的选择通常也会导致一个明显影响性能的内存模式。

考虑第一个例子，比较一个 2×16 的线程布局（如图 9-30 所示）和一个 32×2 的线程布局。如果处理浮点值时需要考虑它们通常是如何覆盖内存的。在 2×16 的例子中，除了线程 1，线程 0 不会和其他线程合并。这种情况下硬件就需要 16 次内存读取。除非前半个线程束取得了所有需要的数据，否则，该线程束将无法继续运行。因此，在这些很耗时的内存交易中，至少有 8 个事务需要提前完成，SM 上的所有计算活动才能开展。由于大部分线程束将遵循相同模式，因此 SM 将发出的内存请求淹没而其计算部件几乎是空闲的。

线程0	线程1
线程2	线程3
线程4	线程5
线程6	线程7
线程8	线程9
线程10	线程11
线程12	线程13
线程14	线程15
线程16	线程17
线程18	线程19
线程20	线程21
线程22	线程23
线程24	线程25
线程26	线程27
线程28	线程29
线程30	线程31

图 9-30 2×16 线程布局的网格

从上一节的带宽分析中我们看到，SM 从线程束中获取的内存请求数量是有限制的。SM 对于任何一个线程束的数据请求，需要两个时钟周期才能完成。我们的例子中，请求被分成 16×8 字节的内存事务。

在费米架构中，第一次会导致一级缓存读失效（read miss）。一级缓存会从二级缓存请求最小大小 128 字节的数据（最少的数据），是此线程实际需要的 16 倍。因此当数据从二级缓存移到一级缓存时，只有 3.125% 的数据被线程 0 使用。由于线程 1 也需要相邻的内存地址，所以我们能提高到 6.25%，但这仍是很糟糕的。

第一次运行该代码时二级缓存不可能包含数据。它会发出从慢速全局内存读取一个 128 字节的操作。这个延迟较大的操作最终把 128 字节送到二级缓存。

二级缓存在 16 个 SM 的设备上大小是 768K。假设使用 GTX580，我们就有 16 个 SM。而每个 SM 只有最大为 48K 大小的一级缓存。使用 128 字节的缓存行，每个 SM 的缓存有 384 个单元。如果我们假设 SM 上满载 48 个线程束（开普勒架构支持 64 个），那么每个线程束发出 16 个独立的读操作，总共 768 个读操作。这意味着我们需要 768 个缓存行，而我们实际只拥有 384 个，这只是为了缓存需要的数据，以使每个线程束都可以在内存中读取一个单独的线程块。

有效缓存太小以至于在这个例子里无法用到时间局部性。时间局部性的含义是我们希望在缓存中的数据在下一次读取时仍然存在于缓存。在每个 SM 上，处理线程束的中途，缓存就会变满，硬件就会开始用新数据重新填充它。因此，在二级缓存中绝不会有数据重用，在填充全部缓存行时，会造成明显的开销。事实上，唯一的救命稻草是费米硬件，不像前几代，在我们的例子中它将把获取的数据转发给另一个线程。

高速缓存模型可能导致一个问题，使人们认为硬件能将他们从糟糕的编程中拯救出来。让我们假设，我们必须使用这个线程模式，然后我们可能把从内存取来的数据重复处理了若干次。读取数据的线程模式不一定是使用数据的线程模式。我们从一个 16 × 2 的共享内存中获取数据，接着同步线程，然后如果需要的话，切换到 2 × 16 的模式。尽管这可能产生共享内存体冲突，但它仍然比从全部内存中获取快一个数量级。我们可以简单地通过声明一块 33 × 2 的共享内存来添加一个用于补齐的元素，以确保当我们访问时，避免这些存储体冲突。

考虑一下处理内存系统的差异。我们发出一个 128 字节的合并读取代替 16 次分别读取。不仅在内存事务的数量和带宽利用率上有 16 ∶ 1 的改善。从二级缓存移到一级缓存的数据可以用一个事务而不是 16 个来完成。

SM 中的加载存储单元必须仅发出一个单独的获取指令而不是 16 个独立的获取指令，只占用 2 个时钟周期，而不是 32 个，然后释放加载存储单元，用于为来自其他线程束的别的任务提供服务。

每个线程束消耗一个单独的缓存行，每个 SM 最多 48 个。因此，对于二级缓存，每个 SM 有 384 个缓存行，然而我们只用了 48 个，也就是二级缓存的 12.5% 而不是之前的 200%。因此，即使是在费米架构的多层缓存结构下，要想达到接近全速的性能，也必须在每个线程束内按照 128 字节为单位的合并块读取数据。

现在，我们可以配置二级缓存大小。通过使用 -Xptxas-dlcm=cg 编译器标志指定获取单位为 32 字节而不是 128 字节。然而，这也改变了从全局内存到一级缓存的读取单位。这是一个简单却糟糕的办法，因为你在从全局内存读取数据时没有使用足够大的块数据。为了从一个给定的设备中获得最佳的性能，你要么需要弄明白内部是如何运行的，要么使用熟悉内部机理的专业人士编写好的函数库。

利用 Parallel Nsight，如果选择“Custom”（定制）实验并且添加一级和二级缓存计数器，我们可以很清楚地看到内存带宽的效果。我们感兴趣的特定计数器在表 9-6 中予以展示。它们可以在 Parallel Nsight 的“Custom”实验中设定，如图 9-31 所示。

表 9-6 Parallel Nsight 缓存计数器

Nsight 计数器	用途
全局内存加载的一级缓存命中数	可以在一级缓存找到的全局内存加载请求数量
全局内存加载的一级缓存失效数	无法在一级缓存找到的全局内存加载请求数量
分区 0 读取扇区到二级缓存失效数	二级缓存其中一半数量的失效数
分区 1 读取扇区到二级缓存失效数	二级缓存另一半数量的失效数
分区 0 读取扇区到二级缓存失效查询数	二级缓存其中一半数量的访问尝试数
分区 1 读取扇区到二级缓存失效查询数	二级缓存另一半数量的访问尝试数

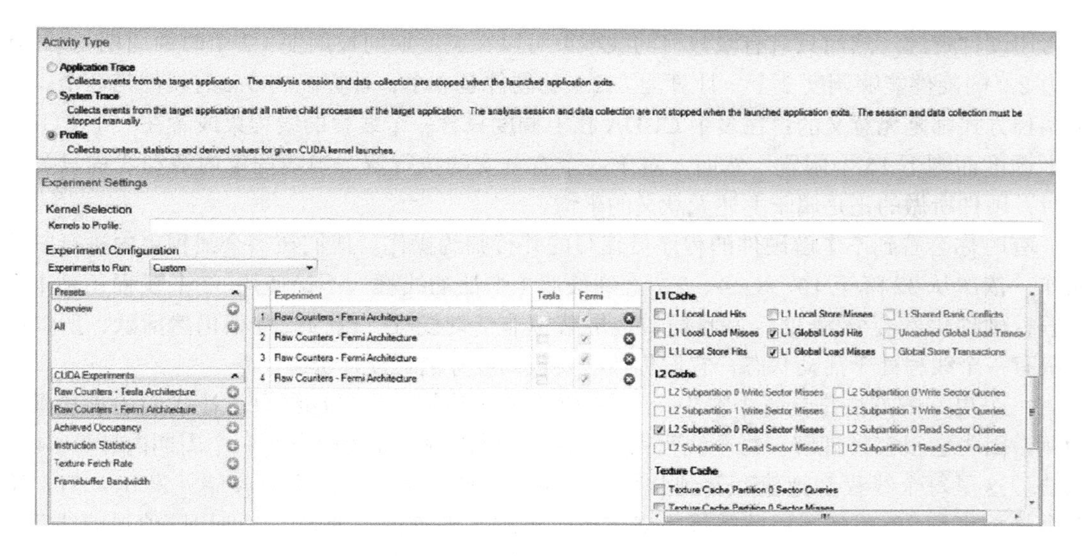

图 9-31 设置 Parallel Nsight 以获知缓存统计摘要

从这些计数器中，我们可以手动计算出一级缓存和二级缓存的命中率。命中率是读取（或写入）时能够直接在缓存找到的百分比。每一次缓存的访问都为我们节省了来自全局内存的数百个时钟周期的延迟。

表 9-7 样本排序示例中的缓存命中率

函数	耗时	占用率	活动线程束数	线程块数	线程数	一级缓存命中率（%）	二级缓存命中率（%）
sort_bins_gpu_kernel	28.8ms	0.17	8	512	32	87	69
sort_bins_gpu_kernel	33.5ms	0.33	16	256	64	86	60
sort_bins_gpu_kernel	44.4ms	0.67	32	128	128	80	36
sort_bins_gpu_kernel	47ms	0.83	40	64	256	78	32

当我们观察表 9-7 的样本排序算法的结果时，可以立即看到当内核超过 64 个线程时二级缓存的命中率急剧下降。占用率增加，但性能下降。考虑到产生前缀和数组中二级缓存的用途，这并不奇怪。如果每个线程处理一个桶，那么当扩展线程的数量时，内存区域中需要进行缓存的量就会增加。当它超过二级缓存的大小时，命中率就会急剧地下降。

解决问题的办法是把现有的使用一个线程处理一个桶的算法替换为所有线程同时处理一个桶的算法。这样，在每次迭代时，我们就使用合并方式访存并且大大增加了内存的局部访问性。一种替代的解决方案是，在线程的非合并访问和读 / 写全局内存时必须的合并访问之间，可以使用共享内存处理事务。

9.4.2 非活动线程

尽管有数以千计的线程是闲置的，但是它们并不是免费的。非活动线程的问题有两方面。首先，只要线程束中的一个线程是活跃的，那么对应线程束就保持活跃，可供调度，并且占用硬件资源。然而只有有限数目的线程束可以在调度期间被调度（2个时钟周期）。计算能力2.0的硬件能够调度2个，计算能力2.1的硬件是4个，计算能力3.x的硬件是8个。以下两种方式都是无意义的：在多个CUDA核上调度只含一个线程的线程束或者在一个CUDA核上调度而剩下15个闲置。然而，对于一个有分支的执行流，当线程束内活动线程只剩一个时，硬件所做的正是属于上述无意义的事情。

有时你会看到不了解硬件的程序员编写的并行归约操作。他们在每个线程束内进行归约操作，依次从32降至16、8、4、2，直到最后1个活动线程。不论使用32个线程还是1个线程，硬件仍然会分配32个并且简单地屏蔽掉非活动线程。因为线程束仍然活跃，所以即使只有一个线程处于活动状态，它们仍然需要被调度并消耗硬件资源。

一个更好的方法是让每个块中全部的32个线程计算一组局部结果。让我们用求和操作为例，因为它很容易理解。每个线程束有32个线程，可以让线程束在一个周期内计算64个加法。这里每个线程都把值存储到共享内存中。因此，第一个线程束存储元素0～31，第二个线程束存32～63，以此类推。现在把待归约元素数目N除以2。使用阈值过滤线程if（threadIdx.x<（N/2）），不断重复，直至N为2。在这个过程中，有如下对应关系：

线程0～255读元素0～511（8个活动线程束）。

线程0～127读元素0～256（8个活动线程束）。

线程0～63读元素0～127（8个活动线程束）。

线程0～31读元素0～63（8个活动线程束）。

线程0～15读元素0～31（8个活动线程束）。

以此类推。

线程编号大于阈值的线程束不再被调度。编号小于N的线程，一直在工作，直到N小于32。在此我们可以简单地对所有剩余的元素做加法，或者继续归约迭代直至最后一层加合操作。

非活动的线程束本身也不是免费的。虽然SM内部关心的是线程束，而不是线程块，然而外部调度器只能向SM而不是线程束调度线程块。因此，如果每个块包含只有一个活动的线程束，那么仅有6～8个线程束以供SM从中选择进行调度。通常根据计算能力的版本和资源使用情况，在一个SM中容纳多达64个活跃的线程束。现在存在明显的一个问题，因为线程级的并行模型（TLP）依赖于大量的线程来隐藏内存和指令延迟。随着活跃线程束数量的减少，SM通过TLP隐藏延迟的能力也明显下降。一旦超过某个程度，就会伤害到性能，尤其是当线程束仍在访问全局内存的时候。

因此，诸如归约这类操作的最后一层或者其他线程束数量逐渐减少的操作中，我们需要引入一些指令级并行操作（ILP）。我们要尽可能地终止最后的线程束以使整个线程块都闲置出来，并替换为另一个包含一组更活跃线程束的线程块。

我们在本章的后面进一步讨论归约的细节。

9.4.3 算术运算密度

算术运算密度这个术语用来度量每次内存读取相应的算术运算的数目。因此，一个内核，从存储器中取两个值，相乘，并将结果存储到内存，这种方法具有非常低的算术运算密度。

```
C[z] = A[y] * B[x];
```

读取和存储操作可能涉及一些索引计算。真正要做的工作是乘法。然而，每三个内存事务（两次读操作和一次写操作）只执行一次计算操作，所以内核属于内存密集型。

全部的执行时间是

T= 读取时间（A）+ 读取时间（B）+ 算术运算时间（M）+ 存储时间（C）

或者

$$T=A+B+M+C$$

请注意，我们在这里使用 A+B，而不是两倍的 A。单个读取操作的时间不容易预测。事实上，A、B 和 C 的读取时间都不是恒定的，因为它们是受其他 SM 在内存子系统执行的影响。获取 A 也可能会同时把 B 放入缓存，所以对于 B 的存取时间是比 A 少的。写入 C 则可能导致 A 和 B 被从缓存中换出。二级缓存中的更改可能来自于完全不同的 SM 的活动。因此，我们可以看到缓存让计时变得不可预知。

当考查算术运算密度时，我们的目标是提高有用的工作相对于内存读取和其他开销操作的比率。然而，我们必须考虑怎么界定内存读取。显然，当我们从全局内存中获取数据是符合要求的，但是共享内存或缓存的读取呢？由于处理器必须将数据从共享内存中完全移动到寄存器，因此我们必须将共享内存读存考虑为内存操作。类似的，如果数据来自一级缓存、二级缓存或常量缓存，它也必须在我们操作之前移动到一个寄存器里。

然而，在访问共享内存或一级缓存的情况下，相比于全局内存访问这样的操作成本降低一个数量级。因此，如果共享内存读取时间指定为 1，则一个全局内存读取的权值将是 10。

那么，如何才能提高此类指令流的算术运算密度呢？首先，我们要了解底层的指令集。指令的最大操作数是 128 字节，即一个 4 元素矢量的加载 / 存储操作。假设我们使用浮点数或整数，那么理想的数据块大小是 4 个元素；如果我们使用的是双精度浮点数，则最优数据块为两个元素。因此，我们采用前者的操作如下：

```
C[idx_C].x = A[idx_A].x * B[idx_b].x;
C[idx_C].y = A[idx_A].y * B[idx_b].y;
C[idx_C].z = A[idx_A].z * B[idx_b].z;
C[idx_C].w = A[idx_A].w * B[idx_b].w;
```

为了清晰地展示操作过程，上面给出了完整代码。如果扩展为矢量型矢量类，并提供一个乘法运算来执行此段代码，你可以简单地写成

```
C[idx_C] = A[idx_A] * B[idx_b];
```

不幸的是，目前的 GPU 硬件不支持这样的矢量操作，只能从标量型变量中加载、存储、移动和打包 / 解包。

有了这样基于矢量的操作，我们可以把相关操作的成本（加载 A、加载 B、存储 C，计算 idx_A、计算 idx_B 和计算 idx_C）分摊到 4 个乘法运算而不是 1 个。加载和存储操作时间

需要稍微长一些，因为我们要引进一个打包和解包操作，而在访问标量时无须这两个操作。我们将循环迭代减少 1/4，相应的内存请求的数目大幅下降，向内存系统发出的内存请求变少，每次请求的规模变大。这极大地提高了性能（约 20%），我们已经在本书中看到了一些这样的例子。

1. 超越函数操作

GPU 硬件主要为了加快游戏环境。通常，这些都需要处理数以十万计的多边形、以某种方式对现实世界建模。在 GPU 硬件内部建有一些加速器。它们是专门为特定目的而设计的硬件。GPU 具有以下加速器：

- 除法
- 平方根
- 平方根的倒数
- 正弦
- 余弦
- 以 2 为底的对数
- 以 2 为底的指数

这些不同的指令以 24 位精度执行操作，符合在很多游戏环境中常常使用的 24 位 RGB 设置。默认情况下，这些操作是没有启用的。计算能力 1.x 设备采取不同的简化方式，导致其单精度数学运算不兼容 IEEE 754 标准。对许多应用程序来说，这是无关紧要的。费米架构（计算能力 2.x）的硬件默认支持符合 IEEE 标准的浮点运算。

如果目标是更快，即使精度低些也没关系，则使用编译开关（-use_fast_math）或显式地使用内置操作。第一步仅需要在编译器中启用编译选项并检查现有应用程序的输出结果。这个问题的答案将会改变，至于会变化多少以及变化的重要程度，都是需要考虑的关键问题。在游戏界，如果全球飞行弹丸向左或向右偏离目标一个像素，那么没有人会注意到。而在以计算为目的的应用程序中，这种差异可能无法忽略。

单一操作可以选用 24 位数学运算，也可以通过使用显式的编译器内置指令来启用，如 __logf（x）等。对于这些内置指令的完整列表以及对使用它们所带来的弊端的解释，参见“CUDA C 编程指南”的附录 C.2。它们可以大大加快你的内核运算速度，所以如果这一选项适合你的特定代码，那么它是值得研究的。

2. 近似

在一定的搜索空间求解问题时，近似是一种有用的技术。双精度数学运算是特别昂贵的，至少比单精度浮点运算慢两倍。单精度数学运算使用 24 位尾数和 8 位指数。因此，在计算能力 1.x 的设备中，快速的基于 24 位整数的近似可以作为除单精度和双精度运算之外的第三种计算方式。请注意，在费米架构中，24 位本地整数支持替换为 32 位整数，所以在进行相同近似时，使用 24 位整数运算实际比 32 位的数学运算慢。

在支持本地双精度的所有计算硬件版本上，使用单精度近似是双精度计算速度的至少两倍。有时单精度计算，因为占用更少的寄存器，可以达到高得多的加速，从而可能使更多线程块加载到硬件中。内存读取也只有之前的一半大小，每个元素的有效内存带宽增加一倍。消费级 GPU，在硬件中启用的双精度单元相比对应的 Tesla 系列要少一些，对这样的硬件，使单精度近似是更具吸引力的主张。

显然，使用近似你需要在速度和精度之间进行折衷，并会在程序中引入额外的复杂性。由于它可以带来显著的加速，因此这种折衷通常是值得探讨的。

一旦我们已经启用近似，内核就可以测试结果以查看它是否在一定容许范围内或符合一些准则，来保证进一步的分析是有理有据的。在数据集的一个子集上，分别进行单或双精度计算是必要的。

第一轮只为过滤数据。对于每一个兴趣准则之外的数据点，节省了昂贵的双精度运算时间。对于符合准则的每一个点，则增加了一个额外的 24 位或 32 位的过滤操作。因此，这种方法的收益取决于附加的过滤计算的相比成本相较于双精度运算的全部成本。如果过滤掉 90% 的双精度计算，则有一个巨大的加速。但是，如果那 90% 的计算部分仍需要双精度计算，那么这个策略是没有用的。

NVIDIA 声称费米架构的 Tesla 的双精度数学运算比之前计算能力 1.3 的实现（GT200 系列）快 8 倍。然而，消费级的费米架构显卡被人为限制为 Tesla 卡双精度性能的 1/4。因此，如果双精度对你的应用程序很关键，很显然采用 Tesla 是容易解决的办法。但是，有些人可能更喜欢使用多个消费级 GPU 的替代方案。两个拥有 3GB 内存的 GTX 580 将可能以更少的花费提供比单个费米架构的 Tesla 运行更快的解决方案。

如果双精度是次要的，或者你只是想在现有商用硬件上开发原型方案，那么采用 24 位单精度的过滤操作是很有吸引力的方案。另外，如果你有混合的 GPU，其中包含仍适合单精度运算的旧卡，可以使用较旧的卡扫描以定位感兴趣的部分空间，并用第二张卡在第一张卡的输出候选中详细考查问题空间。当然，用合适的 Tesla 卡，只需一张卡就能执行上述两遍过程。

3. 查找表

查找表是一个用于复杂算法的常见优化技术。对 CPU 端计算相当昂贵的算法，查找表一般能表现得相当好。其原理是，在数据空间中计算出数据中的代表点，然后应用插值方法根据与任一边缘点之间的相应距离生成中间点。这通常用于现实世界的建模中，因为线性插值的方法在拥有足够多数量的关键样本点时，可以提供一个实际信号的很好近似。

这种技术的一个变种，用在了对密文的暴力攻击。大多数系统上的密码存储为散列值即一串无明确意义的数字。散列表的特别设计使得它难以反向计算散列密码。相反，对于一个脆弱的散列表，很容易就能计算出原来的密码。

一种破解方法是基于常见短密码生成所有可能的置换。这一方法花费大量 CPU 时间。然后，攻击者只需使用刚计算好的散列值与目标散列值逐一对比，直到匹配。

在这两种情况下，查找表法用内存空间换计算时间。因此，通过简单的存储结果，就可以即时访问答案。很多人会在儿时就学习乘法表。同样的道理，由于存在大量重复乘法项，我们直接记忆结果，而不是现场繁琐计算 a * b。

当计算时间很长时，这种优化技术在 CPU 上，尤其是老式 CPU 上效果显著。然而，由于计算资源已变得越来越快，它可以花费更小地计算出结果，而不是从内存中查找它们。

平均算术指令的响应延时将会在 18 ~ 24 周期之间，而平均的存储器读取在 400 ~ 600 周期的级别。考虑到这些，你可以清楚地看到，在通过全局内存取来数据所花费的时间里，我们可以做很多计算工作。然而，这一点是假设我们将结果存储在全局内存而不是存储在共享内存或高速缓存。它也没有考虑到 CPU 与 GPU 的不同。在读取内存操作时，GPU 不会闲置。事实上，GPU 可能会切换到另一个线程，并执行一些其他的操作。当然，这取决于已调度到设备上的可用线程束的数量。

在许多情况下，查找方式可能战胜计算方式，尤其是当你实现了 GPU 的高占用率。而在低占用率处，计算方式往往胜出，当然取决于实际计算的复杂程度，假设当前的算术运算操作的延迟是 20 个周期，内存操作指令延迟是 600 个周期。显然，如果一次计算可在 30 次操作内完成，那么所用时间将大大快于低 GPU 占用下的内存查找方式，在这种情况下 SM 的行为就像一个串行处理器，因为它需要等待内存读取。如果具有合理的利用率，由于 SM 在执行其他的线程束，重叠的内存读取开销就被有效地隐藏掉了。

通常情况下，需要做些尝试以观后效，在找到可以有效增大 GPU 利用率的方法时，应该重新考量之前的方案。

注意，线性内插的情况下，在 GPU 硬件上包含基于低精度浮点运算的线性插值。这是纹理内存硬件的一个功能，并没有包括在本书中。纹理内存在计算能力 1.x 的硬件对于它的缓存功能（每 SM 24 KB）是有用的，但这种在费米架构的用法在 L1/L2 高速缓推出后，在很大程度上是多余的。对于某些问题在硬件中的线性插值可能仍然是有用的。如果你对此感兴趣，请参阅“CUDA 编程指南”中的“纹理和表面存储器”一章。

9.4.4 一些常见的编译器优化

我们将快速地浏览一下一些编译器的优化，看下它们是如何影响 GPU 的。这里强调一些优化者需要掌握的重要案例，也会让你理解优化是如何应用到源码级别的，而此处自动优化可能不适用。

有些编译器会以在某些目标机器上生成高效代码而闻名。毫无疑问，英特尔 ICC 编译器能够在 Intel 平台产生非常高效的代码。处理器的新特性迅速纳入以展示该技术。主流的编译器经常来自一个支持多种目标的代码库。这样就可以更有效地进行开发，但是编译器可能不那么容易为单一目标机器进行定制。

CUDA 4.1 SDK 经历了从使用基于 Open64 编译器发展到使用更现代的基于 LLVM 编译器。从用户的角度来看最显著的好处是编译速度更快。NVIDIA 还声称，代码速度提高了 10%。我们看到这一改变明显地改进了代码的生成。但是，与任何新技术一样，仍存在改进的空间。可以肯定，随着时间的推移会出现这种情况。

编译器适用的优化是有据可查的。我们在这里只对一些常用优化进行宽泛的概述，对于大多数程序员来说，简单地设置优化级别就完全足够了。另一些人则喜欢知道究竟是怎么回事，并检查输出。这些当然要在编程时间与潜在的收益和相对成本之间进行折衷。

1. 复杂运算简化

当访问数组的索引时，通常未优化的编译器代码将使用：

```
array_element_address = index * element size
```

这可以由两种技术之一更有效地取代。对第一种技术，首先，我们必须将数组的基址加载（第 0 个元素）到一个基址寄存器中的地址中。那么，我们的访问可表示成基址加偏移。我们也可以在每次循环迭代后，简单地对基址寄存器增加一个固定偏移大小（一个数组元素的字节数）。

C 语言下的示例分别如下：

```
{
 int i;
 int a[4];

 for (i=0;i<4;i++)
   a[i]=i;
}

vs.

{
 int i;

 int a[4];
 int *_ptr = a;

 for (i=0; i<4; i++)
   *_ptr++ = i;
}
```

在 GPU 使用中，这种优化依赖于这样一个事实，即某些指令（乘、除）比其他指令（加）计算花费更高的代价。而优化试图以更高效的（或更快）的操作取代高代价的操作。该技术同时适用于 CPU 和 GPU。特别地，在计算能力 2.1 设备上，整数加法是整数乘法吞吐量的 3 倍。

还要注意的是指针版本的代码创建了一个循环迭代之间的依赖关系。为了执行分配操作，ptr 的值必须是已知的。第一个例子更容易实现并行化，因为循环迭代间没有依赖并且地址 a[i] 可以静态计算。其实，简单地增加了 #pragma unroll 指令，会指示编译器展开全部的循环，因为在这个简单例子里边界是字面值。

这个例子演示了 CPU 优化中常使用的技术，以及为了让反向工程师恢复源代码所常用的循环并行技术，列在这里是为了加深你对 C 代码优化的理解，明白如何改变 C 代码可以让它在给定目标机器上运行得更快。同多数 C 源代码级的优化一样，它可能导致源代码的目的变得难懂。

2. 循环不变式分析

循环不变式分析查找在循环体内不变的表达式，并将其移动到循环体外。因此，例如，

```
for (int j=0;j<100;j++)
{
 for (int i=0; i<100; i++)
 {
   const int b = j * 200;
   q[i]= b;
 }
}
```

在这个例子中，这个参数j在参数i的循环体内是恒定的。因此，编译器可以很容易地检测到这一点，并将计算b的语句移动到内循环之外，产生如下代码：

```
for (int j=0;j<100;j++)
{
 const int b = j * 200;

 for (int i=0; i<100; i++)
 {
   q[i]= b;
 }
}
```

优化后的代码中，删除了数以千计的b和j的不必要计算（在内循环里j是恒定的，因此b也是恒定的）。然而，考虑另一种情况，b是一个函数外部的全局变量，而不是一个局部变量。例如：

```
int b;

void some_func(void)
{
 for (int j=0;j<100;j++)
 {
   for (int i=0; i<100; i++)
   {
    b = j * 200;
    q[i]= b;
   }
 }
}
```

编译器不能安全地进行优化，因为写q可能会影响b。即q和b的内存空间可以相交。它甚至不能安全地重复使用在向q赋值中的这一中间结果（j*200），而必须重新从内存中加载。因为b的内容可能在前面代码行赋值操作更改过。

如果单独考虑每行，那么这个问题会变得更清晰一些。任何内存事务，如读或写，如果该事务涉及访问当前不可用的数据，则可能会导致切换到另一个线程束。全局内存的该区域可以为任何SM的任何活动块的任何线程束上的任何线程所访问。从一个指令转移到下一个，很有可能出现任何可写的非寄存器中的数据已经改变的情况。

你可能会说，我已经将应用程序分割为N个不相交的块，所以上面的考虑是没有必要的。作为程序员，你可能知道这一点，但让编译器明白这一状况是非常困难的。因此，它会选择安全的路线，并且不执行这种优化。许多程序员并不了解编译器的优化步骤，一旦因为优化过于激进，做了违背代码原意的事情，他们就会指责编译器。因此，在优化代码上，编译器往往是相当保守的。

作为程序员，理解这一点，可以让你做出源代码级的优化。记住把全局内存看作一个慢速I/O设备，从中读取一次数据，并重复使用这些数据。

3. 循环展开

循环展开是一种技术，旨在确保你在运行一个循环的开销内完成一个合理数量的数据操作。看下面的代码：

```
{
 for (i=0;i<100;i++)
   q[i]=i;
}
```

就汇编代码而言，这将产生：

- 在寄存器上加载0，赋给参数i。
- 在寄存器上测试100。
- 一个分支，要么退出，要么执行循环。
- 对保存有循环计数器的寄存器加1。
- 对下标为i的数组q计算地址。
- 将i存储到计算出的地址。

这些指令只在最后做了一些实在的工作。指令的其余部分都是开销。

我们可以重写这个C代码如下所示：

```
{
 for (i=0;i<25;i+=4)
   q[i]=i;
   q[i+1]=i+1;
   q[i+2]=i+2;
   q[i+3]=i+3;
}
```

因此，有用的工作与采用循环带来的开销之间的比例大大增加。然而，C源代码量有所增加，而且现在所做的相对于第一个循环变得不太明显。

就PTX代码而言，我们可以看到每一个C语句都会翻译成PTX代码。对于每一个分支测试，现在有4个内存的复制操作。因此，GPU比以前执行更多的指令，但是更高比例的内存复制操作是在做有用的工作。

在CPU领域，寄存器往往是有限的，因此在每个步骤中相同的寄存器会被重复使用。这样可以减少寄存器开销，但也意味着直到q[i]完成，q[i+1]才能开始处理。我们会看到这种方法的GPU开销是相同的，每个指令都有20个周期的延迟，所以GPU把每个地址的计算分配到一个单独的寄存器。因此，我们有4个一组的并行指令，而不是4个顺序执行的指令。每组压入流水线，因此对应输出结果几乎是一个接着一个的。

使用这种方法限制的是寄存器的数目。由于GPU最多有64个（计算能力2.x和3.0）和128个（计算能力1.x），有相当大的余地可以展开小的循环体，同时实现良好的加速。

NVCC编译器支持#pragma unroll指令，它会自动展开全部的常量次循环。当循环次数不是常数，它将不会展开。如果程序员指定了循环展开，那么后者帮助不大。如果编泽器无法展开，它将报警直到代码修改或删除pragma语句。

你也可以指定#pragma unroll 4，其中的4可以替换为程序员想要的任意数值。通常情况下，4个或8个会工作得很好，但超出太多将使用过多寄存器，这会导致寄存器溢出。在计算能力1.x的硬件上，寄存器溢出到全局内存，将导致巨大的性能下降。从计算能力2.x的硬件起，寄存器先溢出到一级缓存，如果不够才会继续溢出到全局内存中。最好的解决办法是尝试一下，看看哪个值最适合每个循环。

4. 循环剥离

循环剥离是循环展开的增强技术，常用在循环次数不是循环展开大小的整数倍时。在这里，最后的数次循环分离出来，单独执行，然后展开循环的主体。

例如，如果我们有101次循环迭代，并计划使用4个层次的循环展开，前100次迭代采用循环展开，最后一次采用剥离迭代，以允许大部分的代码可以执行循环展开。与此类似，最后几次迭代要么单独作为一个循环，要么显式地执行。

循环剥离可以同样地应用到一个循环的开始。在这种情况下，它允许把一个未对齐的结构作为一个对准结构访问。例如，复制一个字节对齐的内存区到另一个字节对齐的内存是缓慢的，因为它每次只能执行一个字节的复制。前几个迭代可以剥离，以达到诸如32、64，或128字节对齐的目的。然后循环可以切换到更快的基于字、双字、四字的复制操作。在循环的后期可以再次使用基于字节的复制。

当使用#pragma loop unroll N指令时，编译器将展开循环，使得迭代次数不超过循环的边界，并在循环末端自动插入循环剥离代码。

5. 窥孔优化

这种优化寻找那些可以被同功能的、更复杂的指令代替的指令组。典型的例子是在乘法之后紧跟加法指令，常常在增益和偏移式计算中碰到。这种方式的构造可替换为更复杂的madd（乘法和加法）指令，从而将指令数目从两个减少到一个。

其他类型的窥孔优化包括控制流简化，代数运算简化和删除不会执行的代码。

6. 公共子表达式和折叠

许多程序员在编写代码时会重复一些操作，例如，

```
const int a = b[base + i] * c[base + i];
```

或者

```
const int a = b[NUM_ELEMENTS-1] * c[NUM_ELEMENTS-1];
```

在第一个例子中，数组b和c由参数base和i来索引。如果这些参数是在局部范围内起

作用，则编译器可以统一计算索引（base+i），并将该值增加到数组 b 和 c 的起始地址，同时增加到每个参数的工作地址。但是，如果任一个索引参数是全局变量，计算就必须重复，因为任何一个参数都可能已被其他同时运行的线程所改变。如果只有单个线程时，可以放心地删除第二步的计算。但使用多线程时，上述操作也可能是安全的，但编译器无法确切知道，所以通常会进行两次计算。

在第二个例子中，语句 NUM_ELEMENTS-1 被重复计算。如果我们假设 NUM_ELEMENTS 是一个宏定义，然后预处理器将其用实际值取代，所以我们可能得到 b[1024-1] * c[1024-1]。显然，这两种情况下，1024-1 都可以用 1023 代替。但如果 NUM_ELEMENTS 是一个形参，正如很多内核调用中出现的那样，这种类型的优化是不可用的。此时，我们又退回到公共子表达式优化的问题上。

因此，要注意，在函数中使用常量参数，或在全局内存中包含这样的参数，你可能会限制编译器对代码进行优化的能力。然后，你必须确保这些公共子表达式没有出现在源代码中。一般地，消除常见的子表达式，可使代码更容易理解并会提高性能。

9.4.5 分支

GPU 执行代码以线程块或线程束为单位。一条指令只被解码一次并被分发到一个线程束调度器中。在那里它将保存在一个队列中直到线程束调度器把它调度给一个由 32 个执行单元组成的集合，这个集合将执行该指令。

这个策略将指令读取和解码的时间分摊给了 N 个执行单元。其本身与旧式的向量机器非常相似。不过，主要的差异还在于 CUDA 并不需要每条指令都如此执行。如果代码中有一条分支并且只有几条指令处在该分支上，则这几条指令将会进入分支，而其他的指令在分支点等待。

这一读取 / 解码逻辑随后为那些分支线程读取指令流而其他的线程只无视它即可。实际上，线程束中的每个线程都有一个表示它执行与否的标志位。那些不在分支上的线程将清除标志位。相反，那些在此分支上的线程会设置标志位。

这种处理方式称为谓词法。当线程束中对应某个线程的标志位因为在分支上而被设置，就创造了一个谓词。大多数 PTX 运算码支持一个可选的谓词以便允许选中的线程执行指令。

因而，考虑如下的代码：

```
if (threadIdx.x < 32)
{
 if (threadIdx.x < 16)
 {
   if (threadIdx.x < 8)
    func_a1();
   else
    func_a2();
 }
 else
 {
   func_b();
 }
}
```

在代码的第一行程序就排除了当前线程块中除了第一线程束（即前32个线程）之外的其他线程束。这并不会产生该线程束中的任何分支。并没有调度该块中的其他线程束来执行这段代码。它们没有失速，只是跳过了这段代码并且继续执行之后的代码。

第一个线程束随后遇到了是否满足 threadIdx.x<16 的语句的测试，该判断恰好将线程束分为两半。这是一种特殊的场合，这时此线程束实际并没有产生分支。虽然线程束的大小是32，但是分支的准则实际是以半个线程束为单位的。如果你之前注意到，CUDA的核是安排成16个一组，而非32个一组。每次周期，调度器每周期将指令发送给两组或更多组核（每组为16个核）。如此一来，条件分支中的“true”（为真）和“false”（为假）路径就都能被执行到了。

在随后的步骤中，第16 ~ 31线程调用了 func_b 函数。然而，第0 ~ 15线程碰到了另一个分支条件。这次它不是基于一半线程束，而是1/4线程束。最小的调度数量是16个线程。因此，前8个线程组成的第一个集合跳转以调用 func_a1 函数，而剩下的8个线程（第8到第15）组成的第二个集合处于阻塞状态。

函数 func_b 和 func_a1 将继续独立地读取指令并把它们分发给两组均为半线程束的组。这在某种程度上比单个指令的读取低效，但是无论如何比顺序执行更好。最后 func_a1 会完成而随之 func_a2 将启动并阻塞线程0 ~ 7。与此同时，func_b 可能也已经完成了。我们可以写一小段测试程序来展示这一点。

```
// All threads follow the same path
__global__ void cuda_test_kernel(
 u32 * const a,
 const u32 * const b,
 const u32 * const c,
 const u32 num_elements)
{
 const u32 tid = (blockIdx.x * blockDim.x) + threadIdx.x;

 if (tid < num_elements)
 {
  for (u32 iter=0; iter<MAX_ITER; iter++)
  {
   a[tid] += b[tid] * c[tid];
  }
 }
}

// Thread diverge by half warps
__global__ void cuda_test_kernel_branched_half(
 u32 * const a,
 const u32 * const b,
 const u32 * const c,
 const u32 num_elements)
{
 const u32 tid = (blockIdx.x * blockDim.x) + threadIdx.x;

 if (tid < num_elements)
```

```
  {
    for (u32 iter=0; iter<MAX_ITER; iter++)
    {
     if (threadIdx.x < 16)
      a[tid] += b[tid] * c[tid];
     else
      a[tid] -= b[tid] * c[tid];
    }
  }
}

// Thread diverge into one quarter group
__global__ void cuda_test_kernel_branched_quarter(
 u32 * const a,
 const u32 * const b,
 const u32 * const c,
 const u32 num_elements)
{
 const u32 tid = (blockIdx.x * blockDim.x) + threadIdx.x;

 if (tid < num_elements)
 {
   for (u32 iter=0; iter<MAX_ITER; iter++)
   {
    if (threadIdx.x < 16)
    {
     if (threadIdx.x < 8)
     {
       a[tid] += b[tid] * c[tid];
     }
     else
     {
       a[tid] -= b[tid] * c[tid];
     }
    }
    else
    {
     a[tid] += b[tid] * c[tid];
    }
   }
 }
}

// Thread diverge into one eighth group
__global__ void cuda_test_kernel_branched_eighth(
 u32 * const a,
 const u32 * const b,
 const u32 * const c,
 const u32 num_elements)
{
 const u32 tid = (blockIdx.x * blockDim.x) + threadIdx.x;
```

```
    if (tid < num_elements)
    {
      for (u32 iter=0; iter<MAX_ITER; iter++)
      {
       if (threadIdx.x < 16)
       {
        if (threadIdx.x < 8)
        {
          if (threadIdx.x < 4)
           a[tid] += b[tid] * c[tid];
          else
           a[tid] -= b[tid] * c[tid];
        }
        else
        {
          if (threadIdx.x >= 8)
           a[tid] += b[tid] * c[tid];
          else
           a[tid] -= b[tid] * c[tid];
        }
       }
       else
       {
        a[tid] += b[tid] * c[tid];
       }
      }
    }
  }
```

这里我们建立了多个内核，每个内核会展示不同级别的分支。第一个是最优的，它没有分支。第二个基于半线程束进行分支。这些半线程束将会并发执行。之后我们进一步将第一个半线程束细分成了两组。它们将串行执行。之后我们再次将第一组细分成了一共 4 个串行的执行路径。我们看到的结果如下：

```
ID:0 GeForce GTX 470:Running 32768 blocks of 32 threads to calculate 1048576 elements
ID:0 GeForce GTX 470:All threads : 27.05 ms (100%)
ID:0 GeForce GTX 470:Half warps : 32.59 ms (121%)
ID:0 GeForce GTX 470:Quarter warps: 72.14 ms (267%)
ID:0 GeForce GTX 470:Eighth warps : 108.06 ms (400%)

ID:1 GeForce 9800 GT:Running 32768 blocks of 32 threads to calculate 1048576 elements
ID:1 GeForce 9800 GT:All threads : 240.67 ms (100%)
ID:1 GeForce 9800 GT:Half warps : 241.33 ms (100%)
ID:1 GeForce 9800 GT:Quarter warps: 252.77 ms (105%)
ID:1 GeForce 9800 GT:Eighth warps : 285.49 ms (119%)

ID:2 GeForce GTX 260:Running 32768 blocks of 32 threads to calculate 1048576 elements
ID:2 GeForce GTX 260:All threads : 120.36 ms (100%)
ID:2 GeForce GTX 260:Half warps : 122.44 ms (102%)
ID:2 GeForce GTX 260:Quarter warps: 149.60 ms (124%)
ID:2 GeForce GTX 260:Eighth warps : 174.50 ms (145%)
```

```
ID:3 GeForce GTX 460:Running 32768 blocks of 32 threads to calculate 1048576 elements
ID:3 GeForce GTX 460:All threads : 43.16 ms (100%)
ID:3 GeForce GTX 460:Half warps : 57.49 ms (133%)
ID:3 GeForce GTX 460:Quarter warps: 127.68 ms (296%)
ID:3 GeForce GTX 460:Eighth warps : 190.85 ms (442%)
```

我们用图 9-32 的形式更好地展示结果。

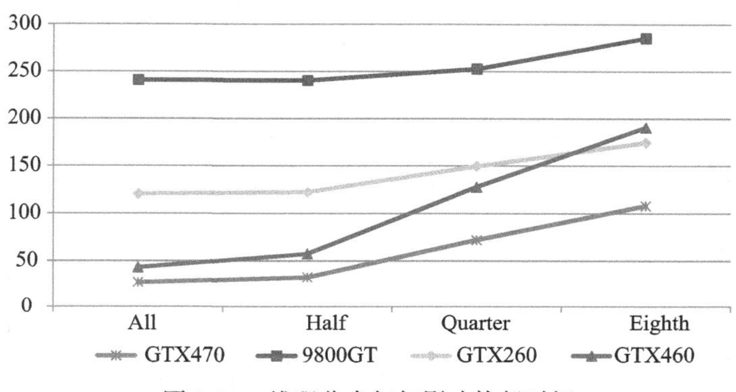

图 9-32　线程分支如何影响执行时间

注意，在计算能力 1.x 的设备上（9800GT 和 GTX260），线程是如何分支的并不是特别重要。它是有作用的，但花费的最大时间只是最优时间的 145%。通过比较，费米架构计算能力 2.x 的卡（GTX460、GTX470）在线程束中存在显著分支时会受到减速 4 倍以上的重创。GTX460 似乎对线程束分支尤为敏感。注意，当没有分支时，GTX470 几乎比 9800 GT 快了 10 倍，这是两代显卡之间的重大进步。

进一步考察在 32 路分支下的开销，在计算能力 1.x 的卡上会减速 27 倍，而在计算能力 2.x 的卡上会减速 125 ~ 134 倍。这个测试中的代码只是基于线程索引的 switch 语句，因此它无法直接与在这里用到的代码比较。然而，这种分支显然需要竭尽全力地予以避免。

在线程束中防止分支最早的方法是简单地将线程束中你不希望参与到结果中的区域用掩码标示出来。如何能办到呢？在线程束中的每个线程中都进行同样的运算，但选择一个不会对你要滤除的线程有任何贡献的值就行了。

例如，对于一个基于 32 位整数的 min 操作，为不应该参与的线程选择 0xFFFFFFFF 作为操作数。相反，对于 max、sum 以及其他许多算术型操作，只需在你不希望参与的线程中用 0 作为操作数即可。这通常将比在线程束中分支快很多。

9.4.6　理解底层汇编代码

GPU 将代码编译到一个叫做 PTX（并行线程执行指令集架构，Parallel Thread eXecution Instruction Set Architecture）的虚拟汇编系统中。这很像 Java 的字节码，它也是一种虚拟汇编语言。它既可以在编译时也可以在运行时解释成真实的、能够在设备中执行的二进制代码。编译时的解释仅插入了一些真实的二进制码到应用程序中，插入的二进制码依赖于你在命令行中选择的架构（-arch 开关）。

为了查看已生成的虚拟汇编码，只需要在编译命令行中添加 -keep 标识。对于 Visual Studio 的用户，默认的 NVIDIA 工程为保存 PTX 文件维持了一个选项（-keep）（如图 9-33 所示）。如果你偏好不让它们弄乱工程的目录结构，也可以使用“-keep–dir<directory>”选项来指明存储它们的位置。

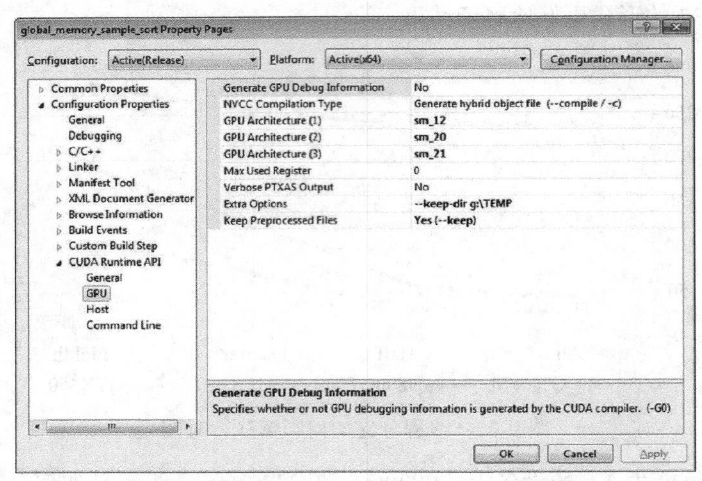

图 9-33 Visual C 选项：如何保存 PTX 文件

不过，PTX 并不是在硬件上执行的，因此它只在一定程度上有用。也可以使用如下的 cuobjdump 功能来查看经过翻译后的实际二进制码：

```
cuobjdump -sass global_mem_sample_sort.sm_20.cubin > out.txt
```

如果我们查看一个小型的设备函数，如下是在不同层次看到的东西：

```
__global__ void add_prefix_sum_total_kernel(
 u32 * const prefix_idx,
 const u32 * const total_count)
{
 const u32 tid = (blockIdx.x * blockDim.x) + threadIdx.x;

 prefix_idx[tid] += total_count[blockIdx.x];
}
```

在 PTX 中：

```
.entry _Z27add_prefix_sum_total_kernelPjPKj(
 .param .u64 _Z27add_prefix_sum_total_kernelPjPKj_param_0,
 .param .u64 _Z27add_prefix_sum_total_kernelPjPKj_param_1
)
{
 .reg .s32  %r<10>;
 .reg .s64  %rl<9>;

 ld.param.u64  %rl1, [_Z27add_prefix_sum_total_kernelPjPKj_param_0];
```

```
 ld.param.u64  %rl2, [_Z27add_prefix_sum_total_kernelPjPKj_param_1];
 cvta.to.global.u64  %rl3, %rl1;
 .loc 2 923 1
 mov.u32  %r1, %ntid.x;
 mov.u32  %r2, %ctaid.x;
 mov.u32  %r3, %tid.x;
 mad.lo.s32  %r4, %r1, %r2, %r3;
 cvta.to.global.u64  %rl4, %rl2;
 .loc 2 925 1
 mul.wide.u32  %rl5, %r2, 4;
 add.s64  %rl6, %rl4, %rl5;
 ldu.global.u32  %r5, [%rl6];
 .loc 2 925 1
 mul.wide.u32  %rl7, %r4, 4;
 add.s64  %rl8, %rl3, %rl7;
 ld.global.u32  %r6, [%rl8];
 add.s32  %r8, %r6, %r5;
 st.global.u32  [%rl8], %r8;
 .loc 2 926 2
 ret;
}
```

以及针对计算能力2.0设备实际生成的代码：

```
Function : _Z27add_prefix_sum_total_kernelPjPKj

/*0000*/ MOV R1, c [0x1] [0x100];
/*0008*/ S2R R0, SR_CTAid_X;
/*0010*/ S2R R2, SR_Tid_X;
/*0018*/ MOV32I R6, 0x4;
/*0020*/ IMAD R2, R0, c [0x0] [0x8], R2;
/*0028*/ IMUL.U32.U32.HI R3, R2, 0x4;
/*0030*/ IMAD.U32.U32 R4.CC, R2, R6, c [0x0] [0x20];
/*0038*/ IADD.X R5, R3, c [0x0] [0x24];
/*0040*/ IMAD.U32.U32 R6.CC, R0, R6, c [0x0] [0x28];
/*0048*/ IMUL.U32.U32.HI R0, R0, 0x4;
/*0050*/ IADD.X R7, R0, c [0x0] [0x2c];
/*0058*/ LD_LDU.E.E.32.32 R2, R0, [R4], [R6+0x0];
/*0060*/ IADD R0, R2, R0;
/*0068*/ ST.E [R4], R0;
/*0070*/ EXIT;
```

我已经把最后生成的实际原始十六进制代码移除了，因为它们在这里没有用。PTX和目标汇编代码都使用如下的格式：

```
<instruction> <target_reg> <source_reg1> <source_reg2>
```

PTX代码规范详尽地记录在PTX工业标准结构（ISA）中，可以在NVIDIA GPU计算工具包的“doc”目录下找到一个随CUDA 4.1 SDK发布的名为“ptx_isa_3.0.pdf”的文档。对于GT200和费米架构的二进制指令集可以在同目录下的“cuobjdump.pdf”文件中找到。对于PTX对应的实际的指令集还没有详细的解释，但是很容易就能看出指令对应PTX ISA中的位置。

虽然 NVIDIA 支持 PTX ISA 在不同硬件版本之间的前向兼容性，也就是说，针对计算能力 1.X 硬件的 PTX 可以运行在计算能力 2.x 的硬件上，但是二进制码却不兼容。对旧版本 PTX 的支持通常需要 CUDA 驱动程序为实际的目标硬件现场重新编译代码。

阅读下 PTX ISA 文档并好好理解它。它大量参考了 CTA，也就是协作的线程数组。这就是在 CUDA 运行时层所谓的“线程块”。

在 C 代码中的变化将极大地影响最终生成的汇编代码。查看生成的代码并确保它在做预期的事通常是一个好的实践习惯。如果编译器导致内存的二次加载或是做一些你不希望的事情，则通常存在一个好的理由。一般地，可以在 C 源代码中查明原因，并解决这个问题。虽然大量底层的指令有等效的编译器固有函数可以被使用，但在某些情况下，也可以创建内联 PTX 以得到所需要的确切功能。

查看和理解底层的汇编函数最简单的方法之一是在 Parallel Nsight 中通过“View Disassembly”(查看反汇编) 选项来查看源代码和汇编码的混合体。只需在 CUDA 代码中设置一个断点，通过 Nsight 菜单（“Start CUDA Debugging”，开始 CUDA 调试）运行代码，并等待断点执行到。然后在断点附近右键单击，出现的上下文菜单将会显示“View Disassembly”(查看反汇编)。这会弹出一个新的窗口，显示 C、PTX 和 SASS 等混合代码。例如：

```
 // 0..127 (warps 0..3)
 if (threadIdx.x < 128)
0x0002caa0 [3393] mov.u32  %r30, %tid.x;
0x0002caa0     S2R R0, SR_Tid_X;
0x0002caa8     MOV R0, R0;
0x0002cab0 [3395] setp.lt.u32  %p7, %r30, 128;
0x0002cab0     ISETP.LT.U32.AND P0, pt, R0, 0x80, pt;
0x0002cab8 [3397] not.pred  %p8, %p7;
0x0002cab8     PSETP.AND.AND P0, pt, pt, pt, !P0;
0x0002cac0 [3399] @%p8 bra  BB16_13;
0x0002cac0     NOP CC.T;
0x0002cac8     SSY 0x858;
0x0002cad0     @P0 BRA 0x850; # Target=0x0002cb50
 {
  // Accumulate into a register and then write out
  local_result += *(smem_ptr+128);
0x0002cad8 [3403] ld.u64  %rl28, [%rl7+1024];
0x0002cad8     IADD R8.CC, R2, 0x400;
0x0002cae0     IADD.X R9, R3, RZ;
0x0002cae8     MOV R10, R8;
0x0002caf0     MOV R11, R9;
0x0002caf8     LD.E.64 R8, [R10];
0x0002cb00 [3405] add.s64  %rl42, %rl42, %rl28;
0x0002cb00     IADD R6.CC, R6, R8;
0x0002cb08     IADD.X R7, R7, R9;
```

这里可以很容易地看出 C 语言源代码编写的对于 threadIdx.x<128 的测试是如何翻译成 PTX 的，以及每个 PTX 指令是如何翻译成一条或多条 SASS 指令的。

9.4.7 寄存器的使用

寄存器是GPU上最快的存储机制。它们是达到诸如设备峰值性能等指标的唯一途径。然而，它们数量非常有限。

要在SM上启动一个块，CUDA运行时将会观察块对寄存器和共享内存情况的使用。如果有足够的资源，该块将启动。如果没有，那么块将不启动。驻留在SM中的块的数量会有所不同，但通常在相当复杂的内核上可以启动多达6个块，在简单内核上则可达到8个块（开普勒则多达16个块）。实际上，块数并不是主要的考虑因素。关键的因素是整体的线程数相对于最大支持数量的百分比。

我们在第5章列出了许多表，概述了每个块的寄存器使用数量如何影响可以被调度到一个SM的块的数目，以及相应地设备将会选择的线程的最终数量。

编译器提供了-v选项，它给出了一些关于目前分配情况更详细的输出。一个典型内核的例子如下：

```
ptxas info : Compiling entry function '_Z14functionTest' for 'sm_20'
ptxas info : Function properties for _Z14functionTest
40 bytes stack frame, 0 bytes spill stores, 0 bytes spill loads
ptxas info : Used 26 registers, 8+0 bytes lmem, 80 bytes cmem[0], 144 bytes cmem[2], 52
bytes cmem[16]
```

只有当明白编译器所表达的含义时，上述输出才是有用的。第一项感兴趣的地方在于“for sm_20”消息，它说明这里创建的代码针对计算能力2.x架构（费米架构）。如果专门在费米架构的目标设备上进行部署，那么要确保正确设置目标。除非另外指定，否则默认情况下，会生成计算能力1.x的代码，而这将限制可用的操作并且会生成对于费米架构效率不高的代码。

下一个感兴趣之处是“40 bytes of stack frame”，这通常意味着有一些可以进行取址的变量，或者声明了一个本地数组。C语言中的术语“local”是指一个变量的范围，在C++由关键字“private”取代，它能更准确地反映其含义。

CUDA中，术语“local”是指一个给定的线程中一个变量的范围。因此，CUDA文档还使用术语“local memory”，意思是线程的私有数据。不幸的是，“local”意味着靠近或接近，就内存而言这可能暗示数据靠近处理器。事实上，“local data”要么存储在计算能力1.x设备的全局内存中，要么在费米架构设备的一级缓存中。因此，仅在费米架构中它是真正靠近处理器的，而且即使在这种情况下，它的大小也是有限的。

通常会在计算能力2.x的设备代码中看到栈帧，尤其是在使用原子操作的时候。栈帧在一级缓存中也会存在，除非它太大了。在这些地方CUDA编译器可能简单地内联调用设备函数，从而移除了为被调用的函数传递形参的需求。如果创建栈帧仅仅是为了通过引用（例如指针）将值传递给设备函数，那么往往最好是取消此调用并手动为调用者编写内联函数。这将消除栈帧，并显著提高速度。

接下来的部分列出“8+0 bytes lmem”。编译器通过“lmem”指向本地内存。如此，每次8个字节，若干浮点值或整数可能已存入本地内存。这通常不是一个好现象，尤其是在计算能力1.x设备中，因为是隐式的从慢速全局内存进行读/写操作。这表明需要考虑如何重新编写内核，也许该把这些值尽可能地存到共享内存或常量内存中去。

注意用在这里的“a+b”符号代表在那些区域声明变量的总量（第一个数字），然后是系统所用的总量（第二个数字）。此外，如果内核用到共享内存的话，smem（共享内存）的用量会如 lmem 一样被列出。

接下来我们看到“80 bytes cmem[0]”。这说明编译器已经使用了 80 个字节的常量内存。常量内存通常用于参数传递，因为多数形参在调用前后并不改变。方括号内的值是使用的常量内存存储体，我们并不关注。只需加和所有的 gmem 数量，就可以获得全部可用的常量内存。

寄存器的使用也可以通过在编译器中使用 -maxrregcount n 选项强制或控制。你可以使用它来指示编译器使用比现在更多或更少的寄存器。你或许希望使用更少的寄存器来允许 SM 额外调度一个块。另一种情况是可能已经被其他一些因素，如共享内存的用量，限制，因此不妨允许编译器使用更多的寄存器。通过使用更多的寄存器，编译器可以重复使用更多在寄存器中的值，而不是反复存储 / 读取它们。相反，使用更少的寄存器通常会导致更多的内存访问。

要求更少的寄存器以额外运行一个块是一种折衷的行为。寄存器数量越少，附加块将带来越高的占用率，但是这并不一定会使代码运行速度更快。这是一个大多数程序员开始学习 CUDA 时难以理解的思想。各种分析工具试图实现更高的占用率。在大多数情况下，这是一个好事，因为它允许硬件调度器可以有更多可选的线程束来运行。然而，只有当调度器实际运行的某个时刻，线程束不够用，因此 SM 阻塞的时候，增加更多的线程束才会有实际帮助。由于费米架构拥有双线程束分发器并且每 SM 中包含更多数量的 CUDA 核，可以比早期模型更高的频率执行线程束。效果随应用程序不同而异，但是减少寄存器的使用通常会导致代码执行得更慢。只有在特定应用程序中试试看才能决定。我们通过分析工具来考查 SM 是否处于阻塞状态。

一个更好的试图减少寄存器的方法是了解寄存器的使用和变量分配状况。要做到这一点，需要使用 -keep 编译标志来查阅 PTX 代码。PTX 是 CUDA 使用的虚拟汇编语言，定义了一些状态空间。变量就存在于这些状态空间中的某一个。如表 9-8 所示。如此，你总是可以在 PTX 代码中查询到每个变量的位置。

表 9-8　PTX 状态空间

状态名称	描述	速度	内核可访问性	主机可访问性	可见性
.reg	寄存器（最快）	最快	读 / 写	无	线程为单位
.const	常量内存	较快的一致访问	只读	读 / 写	上下文为单位
.global	全局内存	慢速（合并时）到特慢（无合并时）	读 / 写	读 / 写	上下文为单位
.local	私有内存	计算能力 1.x 设备上慢速；计算能力 2.x 设备上较快	读 / 写	无	线程为单位
.param（kernelcall）	主机端内核调用采用的形参	跟常量内存有关	只读	读 / 写	网格为单位
.param（devicecall）	全局函数调用设备函数时采用的形参	跟寄存器有关；通常设备函数采用内联	读 / 写	无	线程为单位
.shared	共享内存	在无存储体冲突时快速	读 / 写	无	线程块为单位

每个内核中的寄存器从26减少到25个，作用不大。然而，在寄存器临界数量（16、20、24及32）上过渡通常会允许调度更多的块。这将带来更多可选择的程线束，并且通常会提升性能。但情况并非总是如此，因为更多的块意味着对共享资源（共享内存、一级/二级缓存）更多的竞争。

减少寄存器的用量常常可以通过重新排列C语言源代码来实现。通过将变量的赋值和使用靠得更近，就可以使编译器重用寄存器。因此，可以在内核的开始处就声明a、b和c。事实上，如果它们只是稍后才会在内核中使用，经常会发现通过把变量的创建和赋值移动到实际使用的附近就能减少寄存器的用量。然后，编译器就能够使用单个寄存器来处理这3个变量，因为它们处于内核中不同的而且没有联系的阶段。

9.4.8 本节小结

- 理解线程布局如何影响内存和缓存的存取模式。
- 内核启动时声明的线程数量只使用32的倍数。
- 思考如何增加实际每次内存读取时的工作量。
- 在优化代码和修改源代码以协助编译器时，至少应了解一些编译器的工作原理。
- 考虑如何避免线程束的分支。
- 查看PTX和最终的目标代码来确认编译器没有生成低效的代码。若存在低效代码，则分析原因并且修改源代码来解决。
- 了解并掌握数据被放在哪里以及编译器在表明什么。

9.5 策略5：算法

在GPU上运行一个有效的算法是很具有挑战性的。虽然一个好的算法在CPU领域为最佳，但在GPU领域却未必。GPU具有自己独特的特性。为了获得最佳性能，需要先了解GPU的硬件。因此，如果要考虑算法，我们需要先思考如下问题：

- 如何将问题分解成块或片，然后如何将这些块分解成线程；
- 线程如何访问数据以及产生什么样的内存模式；
- 如何分析数据重用性以及实现数据重用；
- 算法总共要执行多少工作以及与串行化的实现方法有何显著不同。

在由Morgan Kaufman出版的800多页的《GPU Computing Gems》一书中，详细介绍了以下各领域中的各类算法：

- 科学模拟
- 生命科学
- 统计模型
- 数据密集型应用程序
- 电子设计与自动化

- 光线追踪与渲染
- 计算机视觉
- 视频和图像处理
- 医学影像

本节的目的不是仅仅考虑适用于相关领域的算法，因为它们只限于少数人的兴趣。这里我们将一起看一些更为实际的通用算法，这样可以反过来有助于形成更加复杂的算法块。本书不仅仅为你提供了一系列的可供复制、粘贴的算法，同时也提供了有助于编写良好 CUDA 程序的一些概念和方法。

9.5.1 排序

可用的排序算法有很多，其中有一些可以轻松、高效地在 GPU 上实现，但也有很多不适合 GPU 实现。前几章中我们已经共同探讨了归并排序、基数排序以及更加特别的样本排序。此处我们即将一起探讨另一种并行排序算法，该算法对研究 GPU 上的算法实现很有意义。

奇偶排序

奇偶排序选择每个偶数数组索引，将其与比它大的相邻的奇数数组索引中的元素进行比较（参见图 9-34）。如果偶数索引中的元素大于奇数索引中的元素，就进行元素交换。之后重复该过程，本轮比较先将奇数索引中的元素与其相邻的更大的偶数索引中的元素进行比较。如此反复，直到不需要再进行交换，此时便完成了对列表的排序。

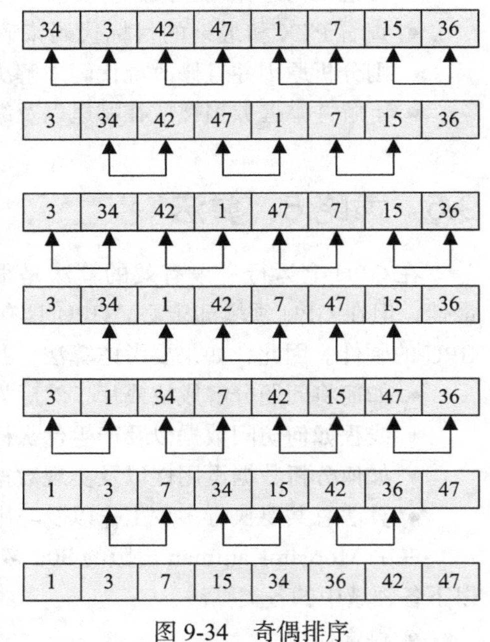

图 9-34 奇偶排序

奇偶排序是冒泡排序的改进。冒泡排序的工作原理是选择第一个索引中的元素，将其与右侧索引中的元素进行比较和交换，直至该数不再比其右侧的数字大。奇偶排序将该算法扩展为使用 P 个独立的线程分别进行比较操作，其中 P 的大小为列表中元素数目的一半。

如果定义一个大小为 N 的数组，使用 N/2 个线程进行处理似乎是一件很吸引人的事情。排序算法很容易理解，但当我们尝试在 GPU 上实现时却会产生许多有趣的问题，因此，这个例子值得我们仔细研究。

首先我们遇到的一个问题是，奇偶排序是专为并行系统设计，每个线程可以与它相邻的线程交换数据元素，并且只需要与它左边和右边相邻的两个线程建立连接即可。至于连接可通过共享内存实现。

如果 0 号线程访问 0 号和 1 号元素，1 号线程访问 2 号和 3 号元素，这将导致硬件合并访问的序列化问题。合并访问要求每个线程以连续的方式进行访问。因此，在计算能力 1.x

的硬件上，这种访问模式的效率非常差，其将导致对32字节的字进行多次获取。然而，在计算能力2.x的硬件上，大多数访问可以在两条缓存线上获取。偶数周期中获取到的数据可能在奇数周期中也使用到，反之亦然。另外，当数据明显多次重复利用且需要高度本地化时，缓存或共享内存是一个很好的选择。对于计算能力1.x的设备而言，共享内存是解决低聚合访问的唯一选择。

如果我们使用共享内存，则需要考虑存储体冲突。如果0号线程需要读取0号和1号存储体内的数据，然后相加将结果写回0号存储体。1号线程读取2号和3号存储体，相加之后将结果写回2号存储体。在计算能力1.x的硬件上，系统有16组存储体，因此8号线程将折回再次读取0号和1号存储体中的内容。而在计算能力2.x硬件上，从16号线程开始我们将看到同样的效果。因此，当基于共享内存实现算法时，在计算能力1.x的硬件上会出现4次存储体冲突，而在计算能力2.x的硬件上会出现两次存储体冲突。

CPU版的奇偶排序代码非常简单：

```
void odd_even_sort_cpu(u32 * const data,
                       const u32 num_elem)
{
 u32 offset = 0; // Start off with even, then odd
 u32 num_swaps; // Keep track of the number of swaps
 u32 run = 0;  // Keep track of the number of iterations

 printf("\nSorting %u elements using odd/even sort on cpu\n", num_elem);
 print_array(run, data, num_elem);

 do
 {
  run++;
  num_swaps = 0; // Reset number of swaps each iteration

  // Iterate over 0..num_elements OR
  // 1..(num_elements-1) in steps of two
  for (u32 i=offset; i<(num_elem-offset); i+=2)
  {
   // Read values into registers
   const u32 d0 = data[i];
   const u32 d1 = data[i+1];

   // Compare registers
   if ( d0 > d1 )
   {
    // Swap values if needed
    data[i] = d1;
    data[i+1] = d0;

    // Keep track that we did a swap
    num_swaps++;
   }
  }
```

```
  // Switch from even to odd, or odd to even
  if (offset == 0)
   offset = 1;
  else
   offset = 0;

  // If something swapped then print the array
  if (num_swaps > 0)
   print_array(run, data, num_elem);

 // While elements are still being swapped
 } while (num_swaps != 0);
}
```

这段代码首先对整个数据集的 0 号元素 ~ num_elem-1 号元素进行遍历，然后从数据集的 1 号元素 ~ num_elem-2 号元素进行遍历。每次循环将两个数据元素读到一个局部变量中然后进行比较，如果需要则进行交换。此外，我们使用 num_swaps 这个变量对本次遍历中交换操作的次数进行计数。当不再进行交换操作时，列表即已排好序。

对于一个几乎有序的列表，该算法十分适用。当列表初始是倒序排列时是最坏的情况，此时我们要将列表前面的元素移动到最后面。当列表为倒序排列时，排序的步骤如下所示。我们可以看到每个阶段中各单元之间的元素交换细节。

```
Run 000: 15 14 13 12 11 10 09 08 07 06 05 04 03 02 01 00
Run 001: 14 15 12 13 10 11 08 09 06 07 04 05 02 03 00 01
Run 002: 14 12 15 10 13 08 11 06 09 04 07 02 05 00 03 01
Run 003: 12 14 10 15 08 13 06 11 04 09 02 07 00 05 01 03
Run 004: 12 10 14 08 15 06 13 04 11 02 09 00 07 01 05 03
Run 005: 10 12 08 14 06 15 04 13 02 11 00 09 01 07 03 05
Run 006: 10 08 12 06 14 04 15 02 13 00 11 01 09 03 07 05
Run 007: 08 10 06 12 04 14 02 15 00 13 01 11 03 09 05 07
Run 008: 08 06 10 04 12 02 14 00 15 01 13 03 11 05 09 07
Run 009: 06 08 04 10 02 12 00 14 01 15 03 13 05 11 07 09
Run 010: 06 04 08 02 10 00 12 01 14 03 15 05 13 07 11 09
Run 011: 04 06 02 08 00 10 01 12 03 14 05 15 07 13 09 11
Run 012: 04 02 06 00 08 01 10 03 12 05 14 07 15 09 13 11
Run 013: 02 04 00 06 01 08 03 10 05 12 07 14 09 15 11 13
Run 014: 02 00 04 01 06 03 08 05 10 07 12 09 14 11 15 13
Run 015: 00 02 01 04 03 06 05 08 07 10 09 12 11 14 13 15
Run 016: 00 01 02 03 04 05 06 07 08 09 10 11 12 13 14 15
```

对于该算法的 GPU 实现，我们采用了计算能力为 2.x 设备上的全局内存实现，具体代码如下：

```
__global__ void odd_even_sort_gpu_kernel_gmem(
 u32 * const data,
 const u32 num_elem)
{
 const u32 tid = (blockIdx.x * blockDim.x) + threadIdx.x;

 u32 tid_idx;
 u32 offset = 0; // Start off with even, then odd
 u32 num_swaps;
```

```
    // Calculation maximum index for a given block
    // Last block it is number of elements minus one
    // Other blocks to end of block minus one
    const u32 tid_idx_max = min((((blockIdx.x+1) * (blockDim.x*2))-1),(num_elem-1));

    do
    {
      // Reset number of swaps
      num_swaps = 0;

      // Work out index of data
      tid_idx = (tid * 2) + offset;

      // If no array or block overrun
      if (tid_idx < tid_idx_max)
      {
       // Read values into registers
       const u32 d0 = data[tid_idx];
       const u32 d1 = data[tid_idx+1];

       // Compare registers
       if ( d0 > d1 )
       {
        // Swap values if needed
        data[tid_idx] = d1;
        data[tid_idx+1] = d0;

        // Keep track that we did a swap
        num_swaps++;
       }
      }

      // Switch from even to off, or odd to even
      if (offset == 0)
       offset = 1;
      else
       offset = 0;

    } while (__syncthreads_count(num_swaps) != 0);
  }
```

在循环结构上，CPU代码使用了do..while循环结构，而没有使用传统的for循环结构。很明显，在该算法中，可以并行执行的操作就只有比较和交换操作，因此，当需要处理的数组大小为N时，我们需要使用N/2个线程进行处理。考虑到大多数在GPU上需要排序的列表都比较大，因此，这使得我们能够潜在地最大化利用一个设备上的线程（GTX580上最多为24 576个线程）。

由于每个线程处理两个元素，我们不能简单地使用tid作为数组索引，因此，我们创建一个新的局部变量tid_idx，保存该线程访问的数组的索引。另外，我们还创建了一个局部变量tid_idx_max，用于设置数组的最后一个元素的值，如果当前有多个线程块时，则该值为该线程块能访问数组元素的最大索引。

```
// Calculation maximum index for a given block
// Last block it is number of elements minus one
// Other blocks to end of block minus one
const u32 tid_idx_max = min( (((blockIdx.x+1) * (blockDim.x*2))-1),(num_elem-1));
```

循环结束条件的判断有些复杂。在串行版本的奇偶排序中，每次迭代只需对参数 num_swaps 执行一次写操作。而在并行版本奇偶排序中，我们需要知道是否有线程执行了交换操作。我们可以使用原子加法、增量、与以及或操作，但这些操作意味着每个线程的写操作必须顺序执行，这会造成序列化瓶颈。

我们可以通过使用基于共享内存的原子操作以在一定程度上缓解原子操作的开销。但需要注意的是，只有计算能力为 1.2 及以上（GT200 系列）的硬件才支持基于共享内存的原子操作。对于计算能力为 1.1 的硬件（9000 系列），我们只能使用基于全局内存的原子操作，与此同时变量 num_swaps 的声明也需要相应修改。

对于计算能力为 2.x 的硬件，我们可以使用另一个更快的解决方案，即在每轮循环结束时，使用新提供的原语 __syncthreads_count 进行等待，通过对其传递的参数判断来决定是否需要执行下一轮循环。只要所有线程中有一个传递的参数为非零，则所有线程中该函数的计算结果均为非零。因此，只要有一个线程执行了交换操作，所有线程将进行下一轮循环。

```
} while (__syncthreads_count(num_swaps) != 0);
```

主机端对内核进行调用的完整函数如下所示：

```
// Host function - copy to / from and invoke kernel
__host__ void odd_even_sort_gpu_gmem(
 u32 * const data_cpu,
 const u32 num_elem)
{
 const u32 size_in_bytes = (num_elem * sizeof(u32));
 u32 * data_gpu;

 // Allocate memory on the device
 CUDA_CALL(cudaMalloc((void **) &data_gpu,
                      size_in_bytes));

 // Copy data to GPU
 CUDA_CALL(cudaMemcpy(data_gpu, data_cpu, size_in_bytes, cudaMemcpyHostToDevice));

 // Use blocks of 256 threads
 const u32 num_threads = 256;
 const u32 num_blocks = (((num_elem/2) + (num_threads-1)) / num_threads);

 printf("\nInvoking Odd Even sort with %d blocks of
    %d threads (%u active)", num_blocks,
   num_threads, (num_elem / 2));

// Invoke the kernel
```

```
    odd_even_sort_gpu_kernel_gmem<<<num_blocks, num_threads>>>(data_gpu, num_elem);

    cuda_error_check( "Error Invoking kernel",
          "odd_even_sort_gpu_kernel_gmem");

    // Copy back to CPU memory space
    CUDA_CALL(cudaMemcpy(data_cpu, data_gpu, size_in_bytes, cudaMemcpyDeviceToHost));

    // Free memory on the device
    CUDA_CALL(cudaFree(data_gpu));

    print_array(0, data_cpu, num_elem);
}
```

对于这段代码，我们需要关心的是线程块的边界处理。对同一个较小的数据集，我们分别使用一个和两个线程块进行排序，得到的结果如下所示：

```
Invoking Odd Even sort with 1 blocks of 8 threads (8 active)
Run 000: 00 01 02 03 04 05 06 07 08 09 10 11 12 13 14 15
Test passed
```

以及

```
Invoking Odd Even sort with 2 blocks of 4 threads (8 active)
Run 000: 08 09 10 11 12 13 14 15 00 01 02 03 04 05 06 07
Test failed
```

注意在第二个输出中我们看到排序只在块内执行，左边的值需要移动到右端，反之右端的值也一样。然而，因为块与块之间不重叠，因此无法这样做。一个显而易见的解决方案就是块与块之间进行重叠，但很明显这不是一个理想的解决方案。

CUDA 的设计模式允许线程块以任何顺序执行，当启动一个内核之后，块与块之间无法进行同步操作。我们可以启动多个内核进行线程块之间的同步，但这种方法只有当需要少量同步操作时才适用。而在该内核中，每轮迭代我们都需要重叠线程块之间的同步操作。由于两个 SM 需要共享相同的数据集，这将失去所有的局部性。我们需要通过基于全局内存的原子操作或归约操作来跟踪每个线程块是否发生了交换操作，判断是否需要继续调用内核进行下一轮迭代，中间涉及了许多主机端的交互操作。很明显，这并不是一个理想的解决方案。

至此，从绝大多数通过分块解决的排序算法中我们只找到两种方案可以解决这个问题。一种是像样本排序算法那样，将输入数据集预先分拣到多个列表中，列表 N_{-1} 中的元素值都比列表 N_0 中的小，列表 N_0 中的元素值都比列表 N_1 中的大，依此类推。第二种方案就是将这 N 个独立的列表合并，但这又会产生之前归并排序中出现的问题。

9.5.2 归约

归约是并行编程中一种常用的技巧。我们将通过不同的方法执行归约，找出在不同的计算平台上哪种方案才能得到最优的结果，并尝试解释其原因。

首先我们通过一个计算 N 个 32 位整数总和的例子来初步介绍归约。我们将使用一个包含48 000 000个元素的数据集作为测试数据集，使用如此大的数据集使得我们的试验更加具有说服性。对这么大的数据集进行计算，第一个需要考虑到的就是溢出。如果对0xFFFFFFFF与0x00000001做加法操作，对于32位的整型数而言，就会产生溢出。因此，我们需要使用64位的数来进行累加操作。但这也存在一些问题。

由于溢出的问题，任何基于原子操作的累加都需要一个原子64位整型加法操作。然而不幸的是，只有计算能力为2.x的硬件才支持共享内存上64位的原子加法操作，而在全局内存上，只有计算能力为1.2及以上的硬件才支持64位的原子加法操作。

1. 基于全局内存的原子加法

让我们先来看看最简单的归约：

```
// Every thread does atomic add to the same
// address in GMEM
__global__ void reduce_gmem(const u32 * const data,
                            u64 * const result,
                            const u32 num_elements)
{
 const u32 tid = (blockIdx.x * blockDim.x) + threadIdx.x;

 if (tid < num_elements)
  atomicAdd(result, (u64) data[tid]);
}
```

在这个例子中，每个线程从内存中读取一个元素，并把它累加到全局内存中的一个结果变量中。虽然这个方法很简单，但它可能是归约操作中最低效的一种形式。使用块与块间的原子操作意味着需要使用所有SM都能访问的共享变量。

在老式的硬件中，这意味着对全局内存进行写操作，而计算能力为2.x的硬件可以将结果先写到二级缓存上，实现所有SM间的共享，最终再将结果写回全局内存。以下是程序运行的结果：

```
Processing 48 MB of data, 12M elements
ID:0 GeForce GTX 470:GMEM   passed Time 197.84 ms
ID:3 GeForce GTX 460:GMEM   passed Time 164.28 ms
```

此处，我们只看支持64位整型原子操作的计算能力为2.x设备上的结果。

即使是针对二级缓存，原子写操作也一直存在一个问题，即其使线程之间的执行串行化。在这个问题中，每个SM处理6个线程块，每个线程块启动256个线程，每个SM一共处理1536个线程。在GTX470上一共有14个SM，因此每次有21 504个活跃线程。针对一个全局内存单元执行原子操作意味着会产生10K ~ 21K个串行执行的线程，在每个线程中的元素处理之前，该线程一直需要排队等待。很明显，这种解决方案极其低效，即使它非常简单。

2. 线程内归约

我们可以通过线程间的归约来改善当前算法。只需要对数据类型以及内核稍作修改，以确保不会数组越界。

```
// Every thread does atomic add to the same
// address in GMEM
__global__ void reduce_gmem_ILP2(const uint2 * const data,
                                  u64 * const result,
                                  const u32 num_elements)
{
 const u32 tid = (blockIdx.x * blockDim.x) + threadIdx.x;

 if (tid < (num_elements>>1))
 {
  uint2 element = data[tid];

  const u64 add_value = ((u64)element.x) +
                        ((u64)element.y);

  atomicAdd(result, add_value);
 }
}

// Every thread does atomic add to the same
// address in GMEM
__global__ void reduce_gmem_ILP4(const uint4 * const data,
                                  u64 * const result,
                                  const u32 num_elements)
{
 const u32 tid = (blockIdx.x * blockDim.x) + threadIdx.x;

 if (tid < (num_elements>>2))
 {
  uint4 element = data[tid];

  const u64 add_value = ((u64)element.x) +
                        ((u64)element.y) +
                        ((u64)element.z) +
                        ((u64)element.w);

  atomicAdd(result, add_value);
 }
}
```

在第一个例子中，我们通过使用内置向量类型 uint2 与 uint4，使每个线程分别处理两个元素和 4 个元素，运行时间的结果如下：

```
ID:0 GeForce GTX 470:GMEM ILP2 passed Time 98.96 ms
ID:3 GeForce GTX 460:GMEM ILP2 passed Time 82.37 ms

ID:0 GeForce GTX 470:GMEM ILP4 passed Time 49.53 ms
ID:3 GeForce GTX 460:GMEM ILP4 passed Time 41.47 ms
```

尽管执行时间明显减少，但我们并没有真正解决这个问题。我们所做的只是在线程块内归约使得每个线程需要排队的次数减少为原先的一半或者 1/4，据此减少总的执行时间。很明显，两个方案的执行时间分别也对应减少为原先的一半以及 1/4。然而，仍然有 5K 的线程需要排队等待对全局内存执行写操作。

注意，在执行局部加法时，我们减少了对全局内存的写操作，减少的倍数跟 ILP 的级别有关。但我们仍需要注意加法操作是如何执行的。具体代码我们按以下方式书写：

```
const u64 add_value = ((u64)element.x) + element.y + element.z + element.w;
```

在 C 语言中，一个表达式通常从左到右依次计算。对操作符左边的值进行强制类型转换会隐式地导致操作符右边的值也强制类型转换。因此，我们可能期望通过将 element.x 强制转换成无符号的 64 位整型，使需要与其做加法操作的 element.y 也强制转换成无符号的 64 位整型数，接着 element.z 与 element.w 也发生强制转换，与之前结果相加。但这意味着这 4 个数的加法操作是顺序执行的。然而，元素 z 与 w 的计算根本不需要依赖于元素 x 与 y。事实上，PTX 代码就是这样做的。由于元素 z 与 w 并没有被强制转换成 64 位的整型数，其仍是 32 位的整型数，因此，计算可能出现溢出。

这个问题出现的根本原因是 C 语言中，当操作符可交换时，其允许计算以任何顺序执行。然而通常看到的是从左到右的计算方式，因此我们自认为编译器就是这样执行的。事实上这是 C 语言编译器的一个可移植性问题。当在如 GPU 超标量处理器上时，编译器独立运行两套加法操作，以最大限度地利用流水线。我们一点也不希望在等待 18 ~ 22 个加法周期完成第一个加法操作后再顺序执行第二个加法操作。

因此，正确的加法操作应该按如下方式书写：

```
const u64 add_value = ((u64)element.x) + ((u64)element.y) + ((u64)element.z) + ((u64)
element.w);
```

在每次加法操作执行之前，我们就强制将每个值转换成 64 位整型数。之后加法操作无论以怎样的顺序执行都是对 64 位的整型数计算。然而，对于浮点数，这样简单地强制转换成双精度型是远远不够的。由于浮点型并没有期望的精度，根据浮点型的工作方式，若把一个非常小的数加到一个大数上，会造成小数被丢弃掉。对于这类问题，最好的解决方案就是首先对浮点值进行排序，然后从小到大依次处理。

我们可以通过使用多个 uint4 类型数据对内核进行简单地修改，从而更进一步利用 ILP 技术。

```
// Every thread does atomic add to the same
// address in GMEM
__global__ void reduce_gmem_ILP8(const uint4 * const data,
                                 u64 * const result,
                                 const u32 num_elements)
{
 const u32 tid = (blockIdx.x * blockDim.x) + threadIdx.x;

 if (tid < (num_elements>>3))
 {
  const u32 idx = (tid * 2);

  uint4 element = data[idx];
  u64 value = ((u64)element.x) +
```

```
            ((u64)element.y) +
            ((u64)element.z) +
            ((u64)element.w);

  element = data[idx+1];
  value += ((u64)element.x) +
            ((u64)element.y) +
            ((u64)element.z) +
            ((u64)element.w);

  atomicAdd(result, value);
 }
}

// Every thread does atomic add to the same
// address in GMEM
__global__ void reduce_gmem_ILP16(const uint4 * const data,
                                  u64 * const result,
                                  const u32 num_elements)
{
 const u32 tid = (blockIdx.x * blockDim.x) + threadIdx.x;

 if (tid < (num_elements>>4))
 {
  const u32 idx = (tid * 4);

  uint4 element = data[idx];
  u64 value = ((u64)element.x) +
              ((u64)element.y) +
              ((u64)element.z) +
              ((u64)element.w);

  element = data[idx+1];
  value += ((u64)element.x) +
            ((u64)element.y) +
            ((u64)element.z) +
            ((u64)element.w);

  element = data[idx+2];
  value += ((u64)element.x) +
            ((u64)element.y) +
            ((u64)element.z) +
            ((u64)element.w);

  element = data[idx+3];
  value += ((u64)element.x) +
            ((u64)element.y) +
        ((u64)element.z) +
        ((u64)element.w);

  atomicAdd(result, value);
 }
}
```

```
// Every thread does atomic add to the same
// address in GMEM
__global__ void reduce_gmem_ILP32(const uint4 * const data,
                                  u64 * const result,
                                  const u32 num_elements)
{
 const u32 tid = (blockIdx.x * blockDim.x) + threadIdx.x;

 if (tid < (num_elements>>5))
 {
  const u32 idx = (tid * 8);

  uint4 element = data[idx];
  u64 value = ((u64)element.x) +
              ((u64)element.y) +
              ((u64)element.z) +
              ((u64)element.w);

  element = data[idx+1];
  value += ((u64)element.x) +
           ((u64)element.y) +
           ((u64)element.z) +
           ((u64)element.w);

  element = data[idx+2];
  value += ((u64)element.x) +
           ((u64)element.y) +
           ((u64)element.z) +
           ((u64)element.w);

  element = data[idx+3];
  value += ((u64)element.x) +
           ((u64)element.y) +
           ((u64)element.z) +
           ((u64)element.w);

  element = data[idx+4];
  value += ((u64)element.x) +
           ((u64)element.y) +
           ((u64)element.z) +
           ((u64)element.w);
  element = data[idx+5];
  value += ((u64)element.x) +
           ((u64)element.y) +
           ((u64)element.z) +
           ((u64)element.w);

  element = data[idx+6];
  value += ((u64)element.x) +
           ((u64)element.y) +
           ((u64)element.z) +
```

```
                ((u64)element.w);

        element = data[idx+7];
        value += ((u64)element.x) +
                 ((u64)element.y) +
                 ((u64)element.z) +
                 ((u64)element.w);

        atomicAdd(result, value);
    }
}
```

注意，此处我们将数据加载与加法操作结合到一起。我们可以将所有的数据加载移到函数的开始处执行。然而，考虑到每个uint4数据类型需要4个寄存器，这对于ILP32内核而言意味着需要32个寄存器来保存一次迭代读取出的数据值。此外，这些值做完加法后只有在最后才执行一次写操作。因此，如果我们使用过多的寄存器将导致可调度线程块的数量缩减，或者将寄存器中的值溢出到本地内存中。在计算能力为2.x的设备上，本地内存即一级缓存，而在计算能力为1.x的设备上，本地内存即全局内存。以下是这几个ILP内核函数的运行结果：

```
ID:0 GeForce GTX 470:GMEM ILP8 passed Time 24.83 ms
ID:3 GeForce GTX 460:GMEM ILP8 passed Time 20.97 ms

ID:0 GeForce GTX 470:GMEM ILP16 passed Time 12.49 ms
ID:3 GeForce GTX 460:GMEM ILP16 passed Time 10.75 ms

ID:0 GeForce GTX 470:GMEM ILP32 passed Time 13.18 ms
ID:3 GeForce GTX 460:GMEM ILP32 passed Time 15.94 ms
```

通过运行结果我们看到，使用ILP内核的运行时间明显减少很多。注意，ILP32解决方案的运行时间比ILP16更长。尽管相对于原先最简单的版本，现在的内核实现了20倍以上的加速比，但我们仍没有解决原子排队写问题，我们所做的只是减少了所有需要排队的元素数目。目前为止仍有大量活跃线程（10K ~ 20K）需要排队等待对同一个累加值执行写操作。

3. 基于块数目的归约

当前，我们使用了N块，其中N是问题规模大小，（具体计算过程为：1200万个元素数（48MB）除以每块包含的线程数再除以每线程处理的元素数）。最终我们需要执行N次原子写操作，所有线程顺序执行，造成程序性能瓶颈。

我们可以通过创建更少的块以及大量增加每个块的执行任务来减少竞争。然而，这样做的前提是必须同ILP32的例子中那样不增加寄存器的使用量。否则，由于寄存器资源的缺乏导致对本地内存进行读/写操作，最终使程序的性能明显下降。

目前为止，我们一共开启了48K个块，但其数目可以减少至16、32、64、128或256块。然后我们可以让每个线程对内存进行扫描，将结果累加到寄存器中，当每个块完成之后，再将结果写回全局内存。基于块的数量，这样做会在SM之间产生高效的本地内存引用，这样就充分利用了内存带宽，如果存在L2缓存，其也能得到充分利用。

```
// Every thread does atomic add to the same
// address in GMEM after internal accumulation
__global__ void reduce_gmem_loop(const u32 * const data,
                                 u64 * const result,
                                 const u32 num_elements)
{
 // Divide the num. elements by the number of blocks launched
 // ( 4096 elements / 256 threads) / 16 blocks = 1 iter
 // ( 8192 elements / 256 threads) / 16 blocks = 2 iter
 // (16384 elements / 256 threads) / 16 blocks = 4 iter
 // (32768 elements / 256 threads) / 16 blocks = 8 iter
 const u32 num_elements_per_block = ((num_elements / blockDim.x) / gridDim.x);

 const u32 increment = (blockDim.x * gridDim.x);

 // Work out the initial index
 u32 idx = (blockIdx.x * blockDim.x) + threadIdx.x;

 // Accumulate into this register parameter
 u64 local_result = 0;

 // Loop N times depending on the number of
 // blocks launched
 for (u32 i=0; i<num_elements_per_block; i++)
 {
  // If still within bounds, add into result
  if (idx < num_elements)
   local_result += (data[idx]);

  // Move to the next element in the list
  idx += increment;
 }

 // Add the final result to the GMEM accumulator
 atomicAdd(result, local_result);
}
```

这段代码首先计算出对该数据集每个线程应该执行迭代多少次。参数 gridDim.x 记录启动的线程块的数目。每个线程块由 blockDim.x 个线程组成。因此，我们可以计算出每个线程需要累加的元素数目。然后，将每个线程读取到的数据累加到 local_result 中，当线程完成其对应块的处理之后再一次性地将结果写回全局内存。

这样我们就将线程级的竞争转换成了块级的竞争。由于我们仅仅使用了几百个块，因此它们同时执行写操作的概率相对较低。很明显，当我们增加块的数量，竞争也会变得更加激烈。一旦所有 SM 都最大程度地加载线程块进行处理，考虑到负载平衡，就没有必要再增加块的数目了。

由于 GTX460 只有 7 个 SM，每个 SM 最多处理 6 个线程块，设备每次最多只能加载处理 42 个线程块，因此在它上面运行该程序得到的结果可能是最糟的。因此，我们尝试将块的数目从 49 152 个降低到 16 的平方个，更少的块可以更加充分地利用 SM。运行得到的结果如下所示：

从运行结果中我们发现，无论是在 GTX470 还是 GTX460 上，随着每轮减少一半的块，

```
ID:0 GeForce GTX 470:GMEM loop1 49152 passed Time 197.82 ms
ID:0 GeForce GTX 470:GMEM loop1 24576 passed Time 98.96 ms
ID:0 GeForce GTX 470:GMEM loop1 12288 passed Time 49.56 ms
ID:0 GeForce GTX 470:GMEM loop1 6144 passed Time 24.83 ms
ID:0 GeForce GTX 470:GMEM loop1 3072 passed Time 12.48 ms
ID:0 GeForce GTX 470:GMEM loop1 1536 passed Time 6.33 ms
ID:0 GeForce GTX 470:GMEM loop1 768 passed Time 3.35 ms
ID:0 GeForce GTX 470:GMEM loop1 384 passed Time 2.26 ms
ID:0 GeForce GTX 470:GMEM loop1 192 passed Time 1.92 ms
ID:0 GeForce GTX 470:GMEM loop1 96 passed Time 1.87 ms
ID:0 GeForce GTX 470:GMEM loop1 64 passed Time 1.48 ms
ID:0 GeForce GTX 470:GMEM loop1 48 passed Time 1.50 ms
ID:0 GeForce GTX 470:GMEM loop1 32 passed Time 1.75 ms
ID:0 GeForce GTX 470:GMEM loop1 16 passed Time 2.98 ms

ID:3 GeForce GTX 460:GMEM loop1 49152 passed Time 164.25 ms
ID:3 GeForce GTX 460:GMEM loop1 24576 passed Time 82.45 ms
ID:3 GeForce GTX 460:GMEM loop1 12288 passed Time 41.52 ms
ID:3 GeForce GTX 460:GMEM loop1 6144 passed Time 21.01 ms
ID:3 GeForce GTX 460:GMEM loop1 3072 passed Time 10.77 ms
ID:3 GeForce GTX 460:GMEM loop1 1536 passed Time 5.60 ms
ID:3 GeForce GTX 460:GMEM loop1 768 passed Time 3.16 ms
ID:3 GeForce GTX 460:GMEM loop1 384 passed Time 2.51 ms
ID:3 GeForce GTX 460:GMEM loop1 192 passed Time 2.19 ms
ID:3 GeForce GTX 460:GMEM loop1 96 passed Time 2.12 ms
ID:3 GeForce GTX 460:GMEM loop1 64 passed Time 2.05 ms
ID:3 GeForce GTX 460:GMEM loop1 48 passed Time 2.41 ms
ID:3 GeForce GTX 460:GMEM loop1 32 passed Time 1.96 ms
ID:3 GeForce GTX 460:GMEM loop1 16 passed Time 2.70 ms
```

执行时间也几乎线性递减。我们通过增加每个线程的计算任务，而不是通过增加ILP的数目（此处即loop1），来减少块的数目。

注意，在之前的例子中GTX460执行效果一直比GTX470好。然而，在本例中，当块的数目减少到一定程度时，即块的数目减少为384时，GTX460的执行效果却不如GTX470的执行效果（参见图9-35）。此时，GTX470拥有更多SM（尽管每个SM中的SP数目比GTX460的少，GTX470有32个CUDA核，GTX460有48个CUDA核）以及更大缓存的特点开始逐渐影响程序的性能。

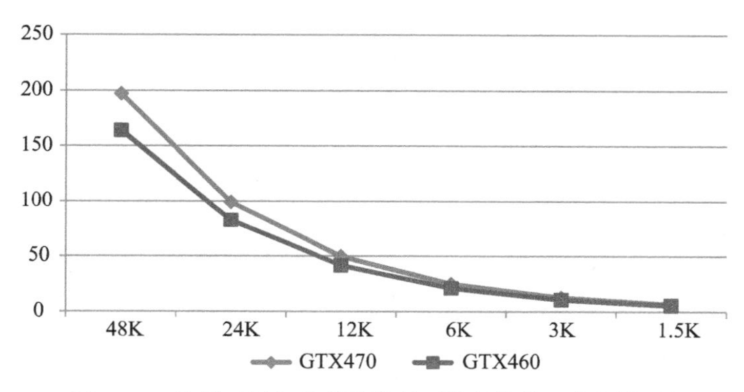

图9-35 执行时间与线程块数目（线程块数目多的情况）

我们进一步观察当块的数目较少时的运行情况。可以看出，在SM调度/占用问题起作用之前，执行时间的最小值出现在64块附近（如图9-36所示）。此处，我们将该图按横坐标分成两部分，一部分显示了具有较多块时运行的时间趋势，另一部分显示了具有较少块时的运行时间趋势，这样，就方便我们观察块数较小时的运行效果。

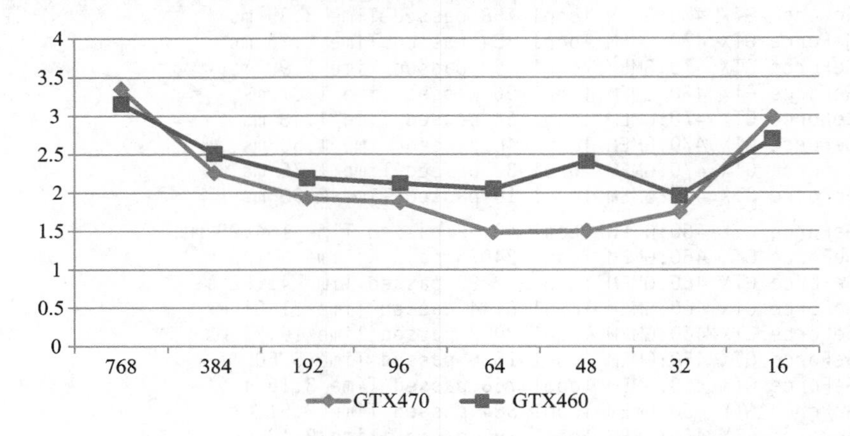

图9-36 执行时间与线程块数目（线程块数目少的情况）

注意，到目前为止我们并没有使用ILP（指令级并行）。但我们知道引入ILP可以让我们获得更少的运行时间，特别是当块的数目很少时。之前，当块的数目为64时运行时间最优。GTX470的每个SM只需要处理4个块，32个线程束。由于是32位的内存访问，我们需要完全负载每个SM，即每个SM处理48个线程束，才能达到全局内存的最大存储带宽。当我们保持线程束的数目不变时，只有通过利用ILP技术才能做到这一点。

```
// Every thread does atomic add to the same
// address in GMEM after internal accumulation
__launch_bounds__(256)
__global__ void reduce_gmem_loop_ILP2(
 const uint2 * const data,
 u64 * const result,
 const u32 num_elements)
{
 const u32 num_elements_per_block = (((num_elements / 2) / blockDim.x) /gridDim.x);
 const u32 increment = (blockDim.x * gridDim.x);

 // Work out the initial index
 u32 idx = (blockIdx.x * blockDim.x) + threadIdx.x;

 // Accumulate into this register parameter
 u64 local_result = 0;

 // Loop N times depending on the number
 // of blocks launched
 for (u32 i=0; i<num_elements_per_block; i++)
 {
```

```
    // If still within bounds, add into result
    if (idx < (num_elements>>1))
    {
     const uint2 elem = data[idx];

     local_result += ((u64)elem.x) + ((u64)elem.y);

     // Move to the next element in the list
     idx += increment;
    }
   }

  // Add the final result to the GMEM accumulator
  atomicAdd(result, local_result);
}

// Every thread does atomic add to the same
// address in GMEM after internal accumulation
__launch_bounds__(256)
__global__ void reduce_gmem_loop_ILP4(
  const uint4 * const data,
  u64 * const result,
  const u32 num_elements)
{
  const u32 num_elements_per_block = (( (num_elements/4) / blockDim.x) / gridDim.x);
  const u32 increment = (blockDim.x * gridDim.x);

  // Work out the initial index
  u32 idx = (blockIdx.x * blockDim.x) + threadIdx.x;

  // Accumulate into this register parameter
  u64 local_result = 0;

  // Loop N times depending on the number
  // of blocks launched
  for (u32 i=0; i<num_elements_per_block; i++)
  {
   // If still within bounds, add into result
   if (idx < (num_elements>>2))
   {
    const uint4 elem = data[idx];

    local_result += ((u64)elem.x) + ((u64)elem.y);
    local_result += ((u64)elem.z) + ((u64)elem.w);

    // Move to the next element in the list
    idx += increment;
   }
  }

  // Add the final result to the GMEM accumulator
  atomicAdd(result, local_result);
}
```

使用ILP会带来一个额外的好处：执行循环所花费的时间（开销）由更多有用的指令（内存获取，加法操作）分摊。以下是运行结果：

```
ID:0 GeForce GTX 470:GMEM loop1 64 passed Time 1.48 ms
ID:3 GeForce GTX 460:GMEM loop1 64 passed Time 2.05 ms
ID:0 GeForce GTX 470:GMEM loop2 64 passed Time 1.16 ms
ID:3 GeForce GTX 460:GMEM loop2 64 passed Time 1.49 ms
ID:0 GeForce GTX 470:GMEM loop4 64 passed Time 1.14 ms
ID:3 GeForce GTX 460:GMEM loop4 64 passed Time 1.38 ms
```

在loop1中我们对单个32位的元素处理，而在loop2中我们使用了uint2类型对两个元素处理，相应的，在loop4中，使用uint4类型处理4个元素。无论哪种情况，我们都使用了从之前结果得到的最优块数目64。从运行结果中我们看到，每个线程处理的元素从32位增加到64位时，运行时间减少了20% ~ 25%，而从64位增加到128位时，GTX470上的运行时间几乎没发生变化，GTX460的运行时间只减少了8%。这与设备的带宽有着直接关系，从之前程序的结果我们可以看到，当每次内存读取从64位增加到128位，GTX460（计算能力为2.1）设备明显能达到更高的存储带宽。

4. 使用共享内存的归约

如果我们看了当前内核的最后一条指令会发现，仍有一个问题需要解决，即通过原子加法操作将结果写回全局内存。到目前为止，我们开启了64个线程块，每个线程块包含256个线程，一共有16K个线程试图对最终的累加值执行写操作。然而，我们真正需要的是减少线程块内的线程，从而减少最终写操作的次数。事实上，这样做可以将写操作的次数从16K减少到64，其实质是在移除串行化的瓶颈，因此，运行的总时间能够显著减少。

然而，回到本章的第一节所讲的内容，我们知道当程序的执行速度足够快之后，如果还想继续提高程序的执行速度则需要一些额外的付出。注意，由于速度的提升，内核可能变得越来越复杂。

共享内存是一组包含32个（计算能力为1.x只有16个）存储体的存储体开关。假设每个线程唯一对应共享内存的一个存储体索引（0 ~ 31），则每个线程每次时钟可以处理一个元素。此时对于单个线程束而言，性能是最优的。然而，线程束的数量并不只有一个，如果多个线程束同时访问共享内存，由于竞争的线程束之间必须共享LSU，因此，单个线程束使用共享内存的全部带宽的能力将减小。一旦LSU以100%的占用率执行，程序性能将受到SM上由一级缓存和共享内存联合组成的64K存储区的带宽限制。

我们可以简单地将块级归约的结果写到SM共享内存的某个变量中。因此，对于256个线程，我们将实现一个256∶1的归约比。然而，由于这256个线程中仍是串行执行的，因此，这并不会带来很大的性能提升。

SM中的执行单元可以基于每半个线程束执行一次，即每次处理16个线程。因此，针对半个线程束进行归约是有意义的。我们可以对另外半个线程束的线程执行额外的归约操作，也可以将结果写到一组共享内存变量中。事实证明，这两种方案在执行时间上并没有很大区别。

然而，在共享内存中对线程块每个线程进行归约的关键问题在于在哪存放执行归约的共享内存变量。如果我们将该值存放在线程束执行归约所占用的一组 64 字节的变量之后，则会造成线程块内的下一个线程束无法达到 64 字节对齐访问的效果。在共享内存中，不同块进行交互将导致存储体冲突。

我们选择将其直接写到全局内存，因为这种解决方案相对比较简单，并且在性能分析时能明显显示出边界情况。因此，相对于将写操作冲突次数从 16K 次减少为 64 次，我们决定只减少到 512 次，归约比为 32。

```
__global__ void reduce_gmem_loop_block(
 const uint4 * const data,
 u64 * const result,
 const u32 num_elements)
{
 const u32 num_elements_per_block = (( (num_elements/4) / blockDim.x) / gridDim.x);
 const u32 increment = (blockDim.x * gridDim.x);
 const u32 num_u4_elements = (num_elements>>2);
 // Work out the initial index
 u32 idx = (blockIdx.x * blockDim.x) + threadIdx.x;

 // Accumulate into this register parameter
 u64 local_result = 0;

 // Loop N times depending on the
 // number of blocks launched
 for (u32 i=0; i<num_elements_per_block; i++)
 {
  // If still within bounds, add into result
  if (idx < num_u4_elements)
  {
   const uint4 elem = data[idx];

   local_result += ((u64)elem.x) + ((u64)elem.y);
   local_result += ((u64)elem.z) + ((u64)elem.w);

   // Move to the next element in the list
   idx += increment;
  }
 }

 const u32 num_half_warps = blockDim.x >> 4;
 const u32 half_warp = threadIdx.x >> 4;

 // Have first N threads clear the half warps
 if (threadIdx.x < num_half_warps)
  intra_half_warp_reduce[threadIdx.x] = 0;

 // Wait for threads to zero SMEM
 __syncthreads();


 // Reduce first by half warp into SMEM
```

```
    // 256 -> 16 (32 banks)
    atomicAdd( &intra_half_warp_reduce[half_warp],
        local_result );

    // Wait for all threads to complete
    __syncthreads();

    // Write up to 16 values out to GMEM
    if (threadIdx.x < num_half_warps)
     atomicAdd(result,
        intra_half_warp_reduce[threadIdx.x]);
  }
```

以下是运行结果：

```
ID:0 GeForce GTX 470:GMEM loopB 64 passed Time 0.93 ms
ID:0 GeForce GTX 470:GMEM loopC 64 passed Time 0.93 ms

ID:3 GeForce GTX 460:GMEM loopB 64 passed Time 1.34 ms
ID:3 GeForce GTX 460:GMEM loopC 64 passed Time 1.33 ms
```

在本例中，loopB 对全局内存执行了 512 次原子写操作。而在第二个内核 loopC 中，在对全局内存执行 64 次原子写操作之前线程块内就已进行了一次额外的块内归约操作。从运行结果中我们可以看出，这两种方案在性能上并没有很大的区别，这证明额外的归约操作并没有为程序带来很大的性能提升，因此，在最终的解决方案中，我们将移除该操作。这一点也不令人惊讶，因为 512 次内存写操作延迟已经由大量的计算很好地隐藏，因此，将原子写操作次数减少到 64 次并不会带来很大的性能提升。

如果与之前的最优方案对比，即在 GTX470（计算能力为 2.0）上通过累加到寄存器最后将 16K 值的总和结果写回全局内存，则需要耗费 1.14ms。而通过在共享内存中进一步进行归约操作则可以将总运行时间减少到 0.93ms，节约了 19% 的时间开销。由于 GTX470 有 14 个 SM，SM 内的归约操作可以明显减少最终对全局内存原子写操作的次数，但在 SM 之间需要协调。

相比之下，GTX460（计算能力为 2.1）设备的运行时间则从原先的 1.38ms 减少到了 1.33ms，只减少了 4%。造成这种明显差异的根本原因在于 GTX470 的存储总线位宽为 320 位，而 GTX460 的只有 256 位。因此导致不同加速比，这一点是值得我们深入研究的。

如此小的加速比意味着在 GTX470 上，全局内存的多次原子写操作并不是造成性能瓶颈的主要原因。它可能也暗示着 LSU 的使用率可能达到了 100%。在计算能力为 2.1 的设备上，LSU 与 CUDA 核的比值比计算能力为 2.0 设备上的要小得多。无论是全局内存访问还是共享内存访问都需要 LSU。

因此，基于共享内存上的半个线程束归约相对于前一节基于全局内存的纯原子写的解决方案明显使运行时间减少很多。

5. 另一种解决方案

同任何算法实现一样，我们需要经常回头看看哪些工作是我们先前已经做过的以及如何运用它们来完善当前的设计。在早期基于G80设备进行GPU编程的时代，Mark Harris写了一篇关于并行归约的研究报告[⊖]。相对于执行一个比率为512：16的归约，其将整个数值集合全部写到共享内存中，然后利用共享内存执行一系列的部分归约，累加得到的结果仍然保存到共享内存中。

运行的结果让人印象深刻。该方案对4 000 000个无符号的整型数进行处理一共花了0.268ms。将数据集规模增加到12 000 000个元素（48MB数据）则需要1.14ms，与之前在GTX470上的0.93ms相差不多。

然而，相比于G80上128个CUDA核，GTX470拥有448个CUDA核，其计算能力提高了3.5倍。同样，内存带宽也从G80的86GB/s增加到了GTX470的134GB/s，提高了1.5倍。此外，Mark的内核将值累加到一个32位的整型数中，而我们为了避免溢出将值累加到了64位整型数中。因此，这两个内核是无法直接进行比较的。

尽管如此，该方法得到的效果却很不错。显然，将值累加到寄存器中比累加到共享内存中更快。由于硬件并不支持直接对共享内存执行的操作，因此执行任何操作之前我们都需要将数据从共享内存中移入或移出。之所以选择基于寄存器的累加，其中一个原因就是减少这部分操作的开销。然而，这并不代表是该部分归约操作的最佳方案。

从本章开始书写到现在为止，已经过去一段时间了，在这段时间里CUDA SDK版本已经从4.0升级到了4.1，编译器也从之前的Open64编译器改为了现在的基于LLVM。这些改变也为我们的程序性能带来了一定的提升，程序执行时间从原先的0.93ms减少到了0.74ms，单单只是改变了编译器，就带来了如此大的性能提升。

然而，到最终的代码为止，究竟有多少时间是由归约而减少的呢？我们可以简单地对最终归约添加注释来计算出该时间。当添加注释之后，我们发现运行时间降到了0.58ms，减少了0.16ms，约占总时间的21%。通过进一步分析，发现其中有0.1ms是用来执行原子加法操作的。

使用Parallel Nsight 2.1版本，从其分析得到的数据中我们可以提取到很多有用的信息：

- 一共有48个可调度的线程束，平均活跃的线程束数目为32；
- SM之间的任务量分配不均匀；
- 大多数问题都是由于简短的类产生；
- 分支很少；
- 总的运行时间中有8%的时间SM处于阻塞状态，产生阻塞的原因要么是取指令要么是指令依赖。

该占用情况具有一定的误导性，造成这种现象的主要原因是任务分配不均而不是运行时问题。事实上问题的关键在于开启的线程块的数目。对于14个SM，每个SM处理6个线程块，则一共可调度84个线程块。不幸的是，我们一共只开启了64个线程块，因此，部分SM并不是最大负载的工作，从而造成平均每个SM执行线程束的数目下降，部分SM闲置并意味着在执行工作负载的后期，部分SM闲置。

我们选择启动64个线程块主要是因为在之前的试验中我们发现当线程块数目为64时得

⊖ Mark Harris，“Optimizing Parallel Reduction in CUDA”，NVIDIA Developer Technology，2007.

到的性能最优。然而，这些方案都是基于 16K 次全局内存原子写操作的。后来，我们通过基于 SM 共享内存将原子写操作减少到了 512 次。一旦移除了全局内存的瓶颈，64 个线程块就不一定是最佳选择了。通过执行一个样例可以看到：

```
ID:0 GeForce GTX 470:GMEM loopC 6144 passed Time 2.42 ms
ID:0 GeForce GTX 470:GMEM loopC 3072 passed Time 1.54 ms
ID:0 GeForce GTX 470:GMEM loopC 1536 passed Time 1.11 ms
ID:0 GeForce GTX 470:GMEM loopC 768 passed Time 0.89 ms
ID:0 GeForce GTX 470:GMEM loopC 384 passed Time 0.80 ms
ID:0 GeForce GTX 470:GMEM loopC 192 passed Time 0.82 ms
ID:0 GeForce GTX 470:GMEM loopC 96 passed Time 0.83 ms
ID:0 GeForce GTX 470:GMEM loopC 64 passed Time 0.77 ms
ID:0 GeForce GTX 470:GMEM loopC 48 passed Time 0.82 ms
ID:0 GeForce GTX 470:GMEM loopC 32 passed Time 0.95 ms
ID:0 GeForce GTX 470:GMEM loopC 16 passed Time 1.40 ms
ID:3 GeForce GTX 460:GMEM loopC 6144 passed Time 3.53 ms
ID:3 GeForce GTX 460:GMEM loopC 3072 passed Time 2.04 ms
ID:3 GeForce GTX 460:GMEM loopC 1536 passed Time 1.41 ms
ID:3 GeForce GTX 460:GMEM loopC 768 passed Time 1.11 ms
ID:3 GeForce GTX 460:GMEM loopC 384 passed Time 0.97 ms
ID:3 GeForce GTX 460:GMEM loopC 192 passed Time 0.92 ms
ID:3 GeForce GTX 460:GMEM loopC 96 passed Time 0.91 ms
ID:3 GeForce GTX 460:GMEM loopC 64 passed Time 0.95 ms
ID:3 GeForce GTX 460:GMEM loopC 48 passed Time 1.00 ms
ID:3 GeForce GTX 460:GMEM loopC 32 passed Time 1.02 ms
ID:3 GeForce GTX 460:GMEM loopC 16 passed Time 1.29 ms
```

注意，在 GTX470 上，启动线程块的最佳数目为 384，而在 GTX460 上则是 96。当启动 192 个线程块时，两个设备上的运行效果都还不错。但很明显，64 个线程块的运行效果并不好。

然而，出现最后一个问题 SM 有 8% 的时间是空闲的原因是什么呢？如果此时还有其他线程块，则能帮助我们将该时间能够减少 7%，但导致问题产生的根本原因是什么呢？内核的输出为我们提供一个线索：

```
1>ptxas info : Used 18 registers, 1032+0 bytes smem, 52 bytes cmem[0]
1>ptxas info : Compiling entry function '_Z27reduce_gmem_loop_block_256tPK5uint4Pyj'
for 'sm_20'
1>ptxas info : Function properties for _Z27reduce_gmem_loop_block_256tPK5uint4Pyj
1> 16 bytes stack frame, 0 bytes spill stores, 0 bytes spill loads
```

注意，与 CUDA 4.0 SDK 中的编译器不同，4.1 版本的编译器会将 uint4 类型存储到本地内存。在费米架构的设备上，该本地内存即一级缓存。我们可以通过一个 uint4 类型的指针对 uint4 进行访问。由于 uint4 类型是 128 位对齐的（4 × 32 位的字），因此必须保证它们位于同一缓存行上而且还需对其执行存储事务边界保护。这样，当线程访问 uint4 类型的第一个元素时，其剩余的三个元素将同时读取到一级缓存中。现在，我们得到了两个版本的内核，一个是基于一级本地内存访问的，另一个是基于一级缓存直接访问的。理论上它们应该没有什么不同，以下是执行结果：

```
ID:0 GeForce GTX 470:GMEM loopD 384 passed Time 0.68 ms
ID:0 GeForce GTX 470:GMEM loopD 192 passed Time 0.72 ms
ID:0 GeForce GTX 470:GMEM loopD 96 passed Time 0.73 ms

ID:3 GeForce GTX 460:GMEM loopD 384 passed Time 0.85 ms
ID:3 GeForce GTX 460:GMEM loopD 192 passed Time 0.81 ms
ID:3 GeForce GTX 460:GMEM loopD 96 passed Time 0.80 ms
```

无论是在GTX470还是GTX460设备上，执行时间都明显减少。查看缓存利用率统计信息发现，当我们将原先的本地内存版本（loopC）更改为指针版本（loopD）之后，一级缓存的命中率从61.1%提高到了74.5%。另外，SM阻塞的百分比也下降了5%。针对这项数据，GTX460上的变化显然更明显，其最初为9%，比GTX470略高一点。出现这种现象，可能是由于一级缓存数据能够在线程之间共享，数据不再是线程私有的了。

你可能会有疑问：为什么不能像之前那样使用84个线程块计算呢？其中一个原因就是凑整问题。包含12 000 000个元素的数据集无法平均分配到84个线程块中，即部分线程块处理的元素数目要比其他线程块多。这意味着逻辑结构将更加复杂，同时每个执行的线程块也将更加复杂。如果在不考虑该问题的前提下使用84个线程块执行则需要0.62ms，比使用384个线程块的版本多出了0.06ms。这表明使用384个线程块将每块划分得很小，现有的负载平衡机制能很好地对其进行处理。将代码复杂化的代价远远超过了其带来的好处，事实上，只有在输入数据集的大小不确定的情况下才有必要这样做。

回到共享内存与原子操作版本的内核谁更快的问题上。我们可以将基于原子操作的归约替换成以下这段代码：

```
// Write initial result to smem - 256 threads
smem_data[threadIdx.x] = local_result;
__syncthreads();

// 0..127
if (threadIdx.x < 128)
 smem_data[threadIdx.x] += smem_data[(threadIdx.x)+128];
__syncthreads();

// 0..63
if (threadIdx.x < 64)
 smem_data[threadIdx.x] += smem_data[(threadIdx.x)+64];
__syncthreads();

// 0..31 - A single warp
if (threadIdx.x < 32)
{
 smem_data[threadIdx.x] += smem_data[(threadIdx.x)+32]; // 0..31
 smem_data[threadIdx.x] += smem_data[(threadIdx.x)+16]; // 0..15
 smem_data[threadIdx.x] += smem_data[(threadIdx.x)+8];  // 0..7
 smem_data[threadIdx.x] += smem_data[(threadIdx.x)+4];  // 0..3
 smem_data[threadIdx.x] += smem_data[(threadIdx.x)+2];  // 0..1
```

```
    // Have thread zero write out the result to GMEM
    if (threadIdx.x == 0)
     atomicAdd(result, smem_data[0] + smem_data[1]);
  }
```

注意这段代码的执行原理。首先，所有 256 个线程（0 号线程束 ~ 6 号线程束）将其当前的 local_result 值写入到共享内存中保存 64 位整型值的一个 256 维数组中。然后将线程索引为 128 到 255（4 号线程束 ~ 7 号线程束）对应的数组元素值相应累加到线程索引为 0 到 127（0 号线程束 ~ 3 号线程束）对应的数组元素值中。由于同一线程块中不同线程束进行合作，因此我们需要添加 __syncthreads() 调用以保证每个线程束都执行完毕。

我们接着归约直到需要归约的线程数目达到一个线程束的大小，即 32 个。当达到这个临界点后，线程束内的所有线程就是同步的，因此，就不再需要进行同步操作了。事实上，单个线程块内的线程同步操作是对线程束的同步操作。

到目前为止，有很多选择。我们可以继续使用 if threadIdx.x < threshold 的操作，或者直接忽略线程束中的多余线程执行一个无用操作。额外的测试意味着将产生相当多的额外指令，因此，我们将在一个线程束内计算出所有的值。注意，这与执行多个线程束不同，如使用 128 或 64 个线程进行测试时。在单个线程束内，减少线程的数量并不会带来很大改变。相比之下，原先的测试删除了整个线程束。

那么，与基于原子操作的归约相比，这样做究竟带来了多少性能提升呢？

```
ID:0 GeForce GTX 470:GMEM loopE 384 passed Time 0.64 ms
ID:3 GeForce GTX 460:GMEM loopE 192 passed Time 0.79 ms
```

与上一个版本相比，GTX470 上的执行时间从原先的 0.68ms 减少到了 0.64ms，而 GTX460 上的执行时间从 0.8ms 减少到了 0.79ms。性能的提升并不明显，但尽管如此，执行速度确实加快了。在继续之前，我们还可以对这段代码进行最后一个优化。

通常，当数组索引的值不是一个常数值时，编译器针对数组索引生成的优化代码并不是特别理想。CUDA 编译器也不例外。我们可以用指针代替数组代码，这样，在某些情况下可以执行得更快。我们也可以减少对共享内存区的读 / 写次数。然而，与大多数优化解决方案一样，代码将变得更复杂，难于理解，也不易维护和调试。

```
// Create a pointer to the smem data area
u64 * const smem_ptr = &smem_data[(threadIdx.x)];

// Store results - 128..255 (warps 4..7)
if (threadIdx.x >= 128)
{
 *(smem_ptr) = local_result;
}
__syncthreads();

// 0..127 (warps 0..3)
if (threadIdx.x < 128)
```

```
{
 // Accumulate into a register and then write out
 local_result += *(smem_ptr+128);

 if (threadIdx.x >= 64)   // Warps 2 and 3
  *smem_ptr = local_result;
}
__syncthreads();

// 0..63 (warps 0 and 1)
if (threadIdx.x < 64)
{
 // Accumulate into a register and then write out
 local_result += *(smem_ptr+64);
 *smem_ptr = local_result;

 if (threadIdx.x >= 32)   // Warp 1
  *smem_ptr = local_result;
}
__syncthreads();

// 0..31 - A single warp
if (threadIdx.x < 32)
{
 local_result += *(smem_ptr+32);
 *(smem_ptr) = local_result;

 local_result += *(smem_ptr+16);
 *(smem_ptr) = local_result;

 local_result += *(smem_ptr+8);
 *(smem_ptr) = local_result;

 local_result += *(smem_ptr+4);
 *(smem_ptr) = local_result;

 local_result += *(smem_ptr+2);
 *(smem_ptr) = local_result;

 local_result += *(smem_ptr+1);

 // Have thread zero write out the result to GMEM
 if (threadIdx.x == 0)
  atomicAdd(result, local_result );
}
```

该方案首先将当前线程的结果存储到 local_result 中，这是由于在共享内存中进行累加操作的意义并不大。共享内存只需存储后半部分线程传递到前半部分的结果值即可。因此，在每次执行归约操作时，只有前半部分线程才会对共享内存进行写操作。当归约到单个线程束时，这段代码的执行时间比通过共享内存节省的读写操作时间还要长，因此我们终止了测试和写操作。另外，为了避免地址计算，我们使用了简单的指针加法操作，共享内存的地址在代码开始处就已经存放到了一个指针中。修改之后的运行时间如下所示：

```
ID:0 GeForce GTX 470:GMEM loopE 384 passed Time 0.62 ms
ID:3 GeForce GTX 460:GMEM loopE 192 passed Time 0.77 ms
```

从运行结果中我们可以看到 GTX470 和 GTX460 的运行时间均减少了 0.2ms。此外，我们已在很大程度上消除了基于共享内存的原子归约操作，这使得程序也能在旧版本的硬件上运行。为了移除最终将结果归约到全局内存的操作，我们可以以 blockIdx.x 为索引将结果写到一个数组中，然后通过调用另一个内核将各自的结果加起来。

6. 一个可供选择的 CPU 版本

为供参考，方便我们在 CPU 端也能看到同样归约，CPU 的串行和并行实现代码如下所示：

```
u64 reduce_cpu_serial(const u32 * data,
                      const u32 num_elements)
{
 u64 result = 0;

 for (u32 i=0; i< num_elements; i++)
      result += data[i];

 return result;
}

u64 reduce_cpu_parallel(const u32 * data,
                        const int num_elements)
{
 u64 result = 0;
 int i=0;

#pragma omp paralle l for reduction(+:result)
 for (i=0; i< num_elements; i++)
   result += data[i];

 return result;
}
```

在 AMD 的 Phenom II X4 处理器（4 核）上，运行频率为 2.5MHz，串行版本的执行时间为 10.65ms，并行版本的执行时间为 5.25ms。并行版本是通过使用 OpenMP 和一些归约原语实现的。为了使这些编译指示在 NVCC 编译器下也可用，我们只需在编译时使用 -Xcompiler-openmp 标志即可使用 OpenMP 指令实施 CPU 级的线程并行。

这段代码产生了 N 个线程，其中 N 为核的数目。然后，线程可以在任何可供使用的核上运行。任务分解成 N 块，最终再将结果合并。

与大多 CPU 上的并行程序一样，该程序的时间也随着核数的增加亚线性减少。我们看到当核数从 1 个增加到两个时，程序性能过渡得很好，当使用两个核计算时，执行时间减少了 35%。当使用 3 个核心计算时，执行时间减少了 50%。然而，当核数增加到 4 个时，执行时间只减少了 2%，性能的提升并不明显（参见图 9-37）。如果继续增加核数，我们将看到性能的变化曲线呈 U 型。

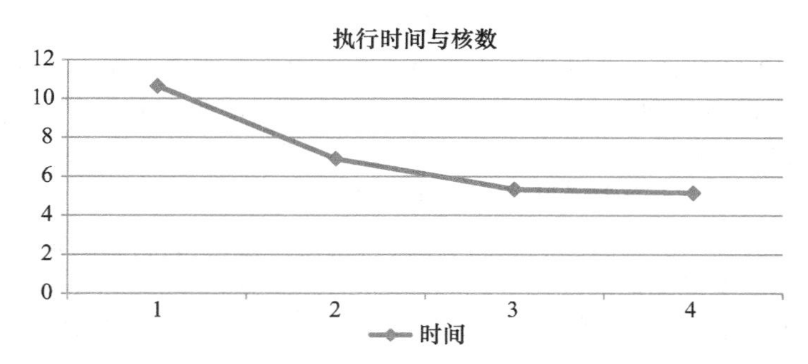

图 9-37　4 核处理器上 OpenMP 执行时间比例

出现这种现象的原因主要是，计算性能随着核数的增加而提升的同时，卡槽的内存带宽也是在众多核之间共享的。以本测试系统为例，AMD 905e 处理器的内存带宽为 12.5MB，不做任何计算操作仅读取 48MB 的数据就需要 3.8s，几乎占了整个执行时间的一大半。因此，这里不再是 OpenMP 与 CUDA 的比较问题了，而是 CPU 与 GPU 上每个核可用的内存带宽的比较问题。

7. 并行归约总结

最初最简单的 GPU 实现在 GTX470 上执行需要 197ms，在 GTX460 上需要 164ms。与 CPU 上 4 核并行得到的结果 5.25ms 相比，这样的性能实在很糟糕。即便再快的设备，如果编程功底很差也会导致产生程序性能非常糟糕。

在最终的 GPU 版本中，已经尽可能最少在 SM 外使用原子操作。最终，从纯计算的角度来看，与 4 核的 CPU 版本相比，GPU 版本实现在 GTX460 上获得了 6.8 倍的加速比，而在 GTX470 上获得了 8.4 倍的加速比。然而，0.62ms 的计算时间实在太短，无法隐藏任何传输时间。5GB/s 的 PCI-E 2.0 内存带宽大约为测试平台主内存带宽（12GB/s）的 40%。5GB/s 的传输速度使得每毫秒能够传输 5MB 的数据。因此，传输 48MB 的数据需要 9.6ms。我们可以将少于 10% 的传输时间与计算时间重叠，但也意味着总的执行速度不会快于 PCI-E 2.0 的传输速度。

这种问题在 GPU 编程中经常会遇到。只有当问题十分复杂时，GPU 巨大计算能力的优势才能充分体现。在这种情况下，其优势才会彻底地超过 CPU。而对于执行 sum、min、max 等这类及简单操作的程序任务，任务的执行时间根本无法隐藏 PCI-E 的传输时间，除非我们通过将数据长期保存在设备上，从而使传输时间大打折扣。这也是 6GB 的 Tesla 设备比那些便宜的最大容量为 4GB 的消费级显卡更具吸引力的原因之一。

为了增加 GPU 内存空间中总的数据存储容量，我们可以在一个系统中安装多块显卡，例如，每个机器节点最多安装 4 个显卡，或者使用极端冷却方案安装更多显卡。这样，在单个节点上安装 4 个 Tesla 显卡就能最多存储 24GB 数据。如果设备支持 UVA（通用虚拟地址）技术（支持条件：计算能力在 2.x 以上的设备，64 位操作系统，Linux 系统或者在 Windows

上使用 TCC 驱动，SDK 必须为 CUDA 4.x 运行时），主机端内存空间可以通过 GPU 内存空间使用 UVA 技术直接扩增。Intel 处理器与 GPU 之间的通信（点对点，P2P）也可不必通过 CPU 路由数据直接执行，节省了大量的 PCI-E 带宽。

随着 PCI-E 2.0（5GB/s）升级到 PCI-E 3.0，每个 PCI-E 卡槽的带宽也得到有效的加倍，通过支持新的 PCI-E 3.0 标准，该问题明显得到了缓解。从 2012 年开始，搭载 Ivybridge 与 Ivybridge-E 处理器的主板开始支持 PCI-E 3.0 标准。之后，PCI-E 图形显卡也开始逐渐出现。除了 PCI-E 带宽增长之外，主机端内存带宽也增加不少。

这也突出了贯穿本书的另一个要点。CPU 可以作为 GPU 的得力搭档共同处理所有的简单问题。例如，当多块数据需要通信时，CPU 可以处理重叠区域的共享数据而 GPU 处理其他绝大部分的数据。通常，这种情况下会产生许多分支，而 GPU 并不擅长处理分支，因此，可以采取更好、基于合作的解决方案。

9.5.3 本节小结

- 目前有许多文档以及充分的资源详细介绍了许多专业领域的算法，并且大多都以插件库的形式可供使用。
- 注意，并不是所有的并行算法都能在 GPU 上实现。在实现算法时要考虑合并与通信等方面的因素。
- 与大多 API 的开发目的一样，诸如 __syncthreads_count 这类新函数的引入可能是用来处理一些特定类型的问题。仔细阅读与 API 有关的各种信息以了解其使用方法。
- 每个线程尽可能多地处理元素数据。然而，每个线程处理过多的元素也可能会对性能带来副作用。
- 正如在归约例子中展示的那样，最简单的内核往往是执行速度最慢的。为了获取更高的性能，通常需要花费很多时间在编程上，并且也需要对底层硬件有很好的认识和理解。
- 一个多核 CPU 虽然能够很好地处理计算负载，但通常会受到内存带宽的限制，这会限制我们充分利用所有核的能力。
- OpenMP 可以为 CPU 线程提供一个易用的多线程接口，并且它也是标准 CUDA 编译器 SDK 的一部分。

9.6 策略 6：资源竞争

9.6.1 识别瓶颈

如果一个程序某方面出了问题，该怎么办，对于一个程序员来说，这通常是不清晰的。对于大多数 GPU 程序而言，如果分配给它们合理规模的任务去执行，GPU 带来的性能提升要比 CPU 显著得多。现在的问题是有多显著？这个问题引出了另一个问题，即 GPU 在处理繁多、确定的任务时具有很大的优势。当任务包含大量算法时，将它划分成多个独立的问题进行处理效果会很好。

通常包含大量分支或基本顺序执行的算法并不适合 GPU 以及绝大多数并行结构系统。在减少一个程序并行度的过程中，我们经常会看到单线程与多线程之间性能的一个均衡点。通常 GPU 的主频最高可达 1000MHz，这相当于 CPU 主频的 1/3 或者更小。另外，GPU 也不具有一般大型流水线系统中必备的、昂贵的分支预测逻辑。

CPU 已有数十年的发展，基于单线程的性能提升几乎已经发展到了尽头。因此，相对于 CPU，大多数串行代码并不能在 GPU 上高效执行。这可能会随着未来的混合架构而有所改变，尤其是我们看到专用 CPU 推荐纳入 NVIDIA 的“丹佛项目”中。此举旨在将基于 ARM 架构的 CPU 核嵌入 GPU 体系中。我们已经看到在常见的 CPU 平台中嵌入 GPU 元素，因此无论是在未来的 CPU 世界还是 GPU 世界中，很可能出现一种混合架构，使各设备的利用率达到最大。

然而，我们仅考虑那些可以在 GPU 上运行良好的、具有数据并行性质的问题。对于我们的内核，怎样才是一个好内核的标准呢？是否应该通过对比来进行选择？怎样才是一个实际的目标呢？

目前，许多领域都在使用 CUDA 进行加速处理。英伟达官方网页 http://www.nvidia.com/object/cuda_app_tesla.html 提供了一些实现想法，如果已经有了解决方案，还可以通过购买的方式获得该解决方案。以下列出了 CUDA 在各领域的应用：

- 政府管理与国防
- 分子动力学、计算化学
- 生命科学、生物信息学
- 电动力学和电磁学
- 医疗成像、CR、MRI
- 石油和天然气
- 金融计算与期权定价
- Matlab、Labview 等数学软件
- 电子自动化设计
- 天气和海洋建模
- 视频、图像和视觉应用

因此，如果所在的领域是期权定价，可以到相关区域，浏览一些网站，根据特定的供应商分析，可以看到 Monte Carlo 定价模型相对于单核的 CPU 加速比可提升 30 ~ 50 倍。当然，你一定会问 CPU 的型号是多少，时钟频率是多少，用到了几个核心这些问题以作比较。此外，你还必须记住供应商试图售卖的产品的一些相关数据。这样，你就可以通过这些数据来判定哪款设备最适合，哪些设备在处理该领域问题时存在缺陷，从而选择购买哪款设备。一些研究可以告诉我们在特定领域哪些数据才是关键数据，根据这些研究做出正确的购买选择。

但是，并不要因为 GPU 最初得到的结果不及其他程序而感到沮丧。通常，这需要花费多年的努力，才能产生巨大优势，但同时也意味着这需要支持大量的陈旧代码。原先在向量机时代被遗忘的那些解决方案可能在现在看来都是较优的解决方案。

此外，还需要记住的一点是，尽管 CUDA 已成为主流，许多项目都是从创业公司发起的，而且它们的发行产品也越来越多。通常这些创业公司都是有一些能干的博士生创建的，

他们想在自己的领域进行进一步的研究或让他们的论文实现商业化。他们往往由一些小团体组成，每个人都很擅长各自领域的问题，但并不是所有人都有计算机的教育背景。因此，对于那些既了解 CUDA 又了解相应应用领域的人而言，往往能做到更好、更具有竞争力。

分析工具

（1）Visual Profiler

对已实现的代码进行分析，我们首先可以考虑的就是 SDK 中提供的那些分析工具。第一个介绍的工具就是 NVIDIA 的 Visual Profile。这是一款多平台的工具。它能指出在我们的内核中哪些是错误的，并告诉我们该如何改进。

使用该工具，只需先编译 CUDA 内核，然后单击“File->New Session”(文件→新会话)，选择刚生成的可执行文件。如果需要，还可以输入一些工作目录以及命令行参数。最后，告诉分析器应用程序执行多久，这样就不用担心内核在崩溃之后还一直等待执行出最终结果。使用 Windows 系统的用户请注意，使用 Visual Profile 进行分析时需禁用默认的 Aero 桌面主题，改为标准的桌面主题。

也许不会仔细看图 9-38 中显示的时间轴，但必须弄清哪些是主要部分。从图 9-38 中可以看到，内核执行的计算非常少（图中央绿色条状部分），主要是一系列的内核使用默认流在多个 GPU 中顺序执行。我们看到，使用默认流会导致隐式同步，对整体运行时间产生巨大影响。

如果使用另一个流，得到的结果将有所不同。关于流的使用，只需在将数据拷入至设备或从设备复制回主机时指定特定的流，即将复制操作压入到某个流中。此时尽管我们使用了两个 GPU，但工具仍提醒我们内核的内存数据传输基本没有重叠。这种现象是正常的，主要是由标准内核往往既有输入数据又有输出数据造成的。虽然费米架构的设备在物理硬件层有两个存储复制引擎，但在诸如此处使用的 GTX470 和 GTX460 这类消费级显卡上只有一个是可用的。因此，所有数据传输必须通过相同的存储复制流并按顺序执行。当第一个流完成从将数据复制至设备后接着执行将数据从设备复制回的操作，然后是下一个流将数据复制至设备。

然而，对于 Tesla 设备而言，并不会出现该类问题，因为它的两个存储复制引擎均是可用的。只有对于消费级硬件，我们才需要采取不同的方式。对于 Tesla 设备，在所有的复制至操作和内核调用完成之前，我们不需要将任何复制回操作压入到流中。在完成之后，我们再将一系列“复制回”（copy back）命令压入到流中执行拷回操作。这中间可能会出现一些内核的执行会与最后一个内核或复制回操作产生重叠的现象，但不会产生很大影响。

此外，该分析还呈现了另一个问题，即数据的传输带宽并没有充分利用（查看“Low Memcpy/Compute Overlap”（低内存复制 / 计算重叠）消息）。在本例中，我们使用的是 32MB 的数据块。如果回顾一下本章前面的章节，我们会发现这足以达到 PCI-E 总线带宽的峰值。然而，此处的问题是计算部分占用了绝大部分的时间。即使将数据传输和内核执行重叠执行，带来的性能提升也是微不足道的。因此，只有真正理解了分析工具提供的信息，然后再从相关方面做出改进才能减少程序执行时间。

整体而言，Visual Profile 是一个非常有用的工具，安装使用都很简单，并且它能快速产生合理的分析结果，支持多种平台（参见图 9-39）。

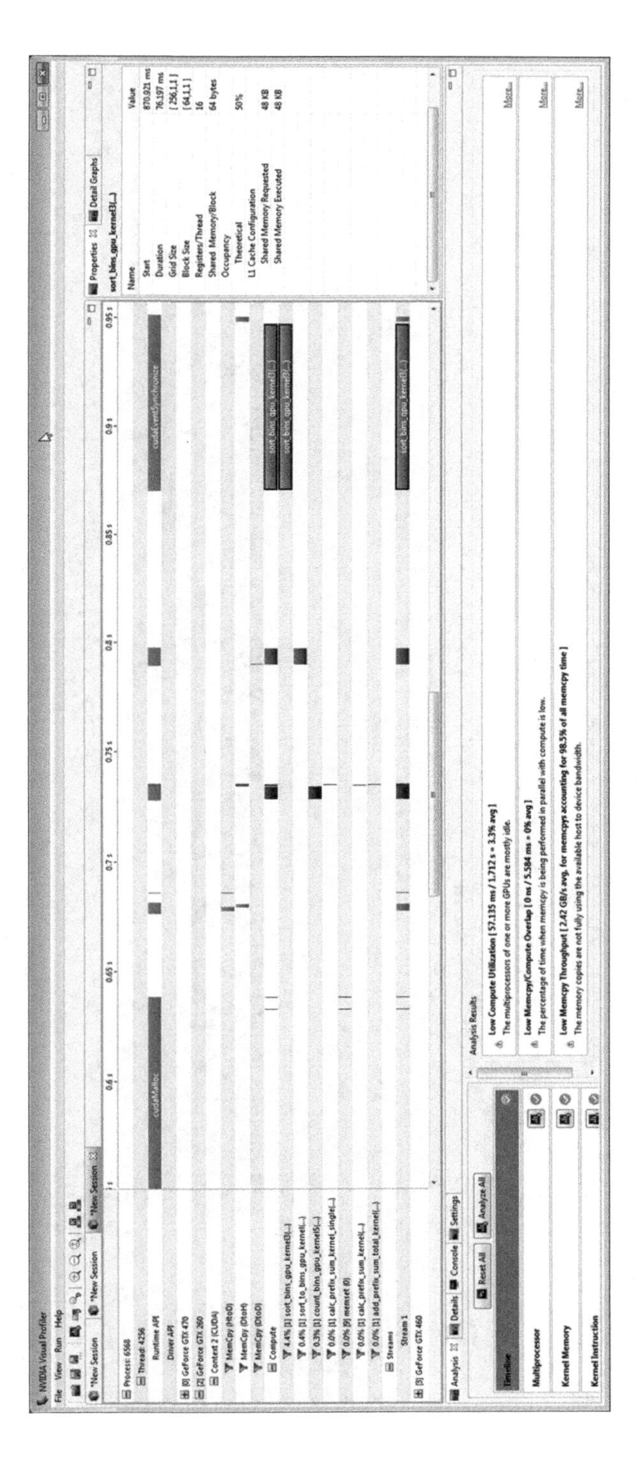

图 9-38 Visual Profile 时间轴

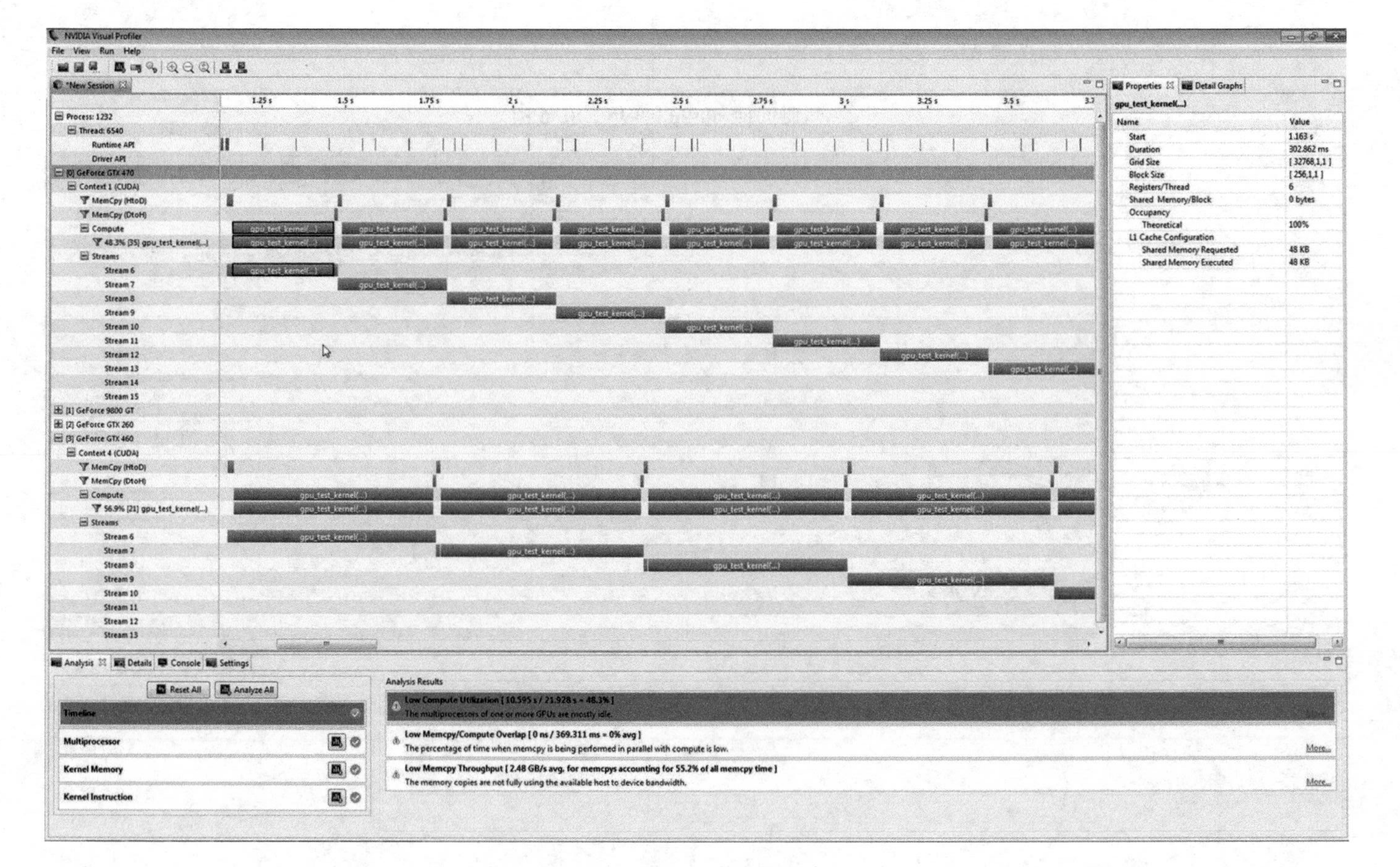

图 9-39 Visual Profile 多 GPU 分析

（2）Parallel Nsight

尽管 Visual Profiler 很好用，但遗憾的是，它只能为我们提供这么多的信息。如果想进一步得到一些分析信息，则需要更高级的分析工具，例如 Parallel Nsight。Parallel Nsight 是一款仅支持 Windows 平台的可视化分析器与调试器。即使主要开发环境并不是 Windows 平台，Parallel Nsight 也值得专门准备一台空闲的 PC 尝试它那丰富的分析功能。

Parallel Nsight 是一款比 Visual Profiler 更为深入的分析工具。它会展示更多有关内核的信息以及内核做了哪些工作。然而，与大多数复杂工具一样，它需要花费一定时间来学习如何使用。相对而言，Visual Profiler 的安装和使用就简单得多，是一款适合初学者的分析工具，而 Parallel Nsight 则是一款中级或高级的工具。

Parallel Nsight 最好在一个拥有计算能力为 2.x（费米）图形卡以上的个人电脑上安装使用。Parallel Nsight 也可以通过两台具有 NVIDIA 显卡的个人电脑进行远程调试。但一般而言，使用一台电脑进行分析调试更加简单，因为使用远程调试时还需等待两台电脑之间的数据传输。

Parallel Nsight 在调试和性能分析方面提供了许多选项。其中两个比较主要的选项就是“ Application Trace”应用程序跟踪和“ Profile”（概括分析）。“ Application Trace”应用程序跟踪功能可以像 Visual Profiler 一样生成一个时间轴，并且可以显示出 CPU 与 GPU 是如何交互的以及主机端和设备端的交互时间。使用时间轴还可以验证流操作以及内核执行和内存复制操作重叠执行的正确性。

此外，该功能还支持多个并发 GPU 的时间轴显示。例如，在图 9-40 的时间轴中显示出没有足够的任务使所有 GPU 处于忙碌状态。图中仅显示了计算部分。红色条的第一个和最后一个上下文表示费米架构 GPU，中间两个绿色条代表旧式 GPU。每个红色方块代表给定流的一次内核调用。可以看到每一组内核都是顺序执行。此外，我们还看到第一个 GPU 有很长一段时间处于空闲状态。诸如此类的问题，只有使用如 Parallel Nsight 这样的工具才能看到。只单独使用主机端以及 GPU 端计时器是很难办到的。

另一个比较有用的功能是“Profile”（概括分析），该选项位于“Activity Type”（活动类型）菜单下（参见图 9-41），它可以概括分析整个 CUDA 内核。然而，由于多项测试需要运行多个内核，因此当选择该选项时不会生成时间轴。

选择“Experiments to Run”（运行实验）下拉列表中的“All”（所有），这是最简单的一个选项。选择之后可以看到如图 9-42 中显示的一个测试列表，测试的内容非常广泛。如果要开始收集数据，只需单击“Application Control”（应用程序控制）面板中的“Launch”（启动）按钮即可，如图 9-43 所示。注意，面板中的圆形图标呈绿色时表示“连接”状态，即 Parallel Nsight 监视器已成功地与目标设备连接。在执行其他任何选项之前都必须保证该图标呈绿色状态。查看帮助选项可进一步了解 Parallel Nsight 监视器的配置信息。

一旦单击了“Launch”（启动）按钮，应用程序将开始运行直到退出。然后在屏幕上方有一个包含很多选项的下拉列表，其中最后一个选项为“GPU Devices”（GPU 设备）（参见图 9-44）。选择该选项则可以查看系统中的 GPU 设备信息。

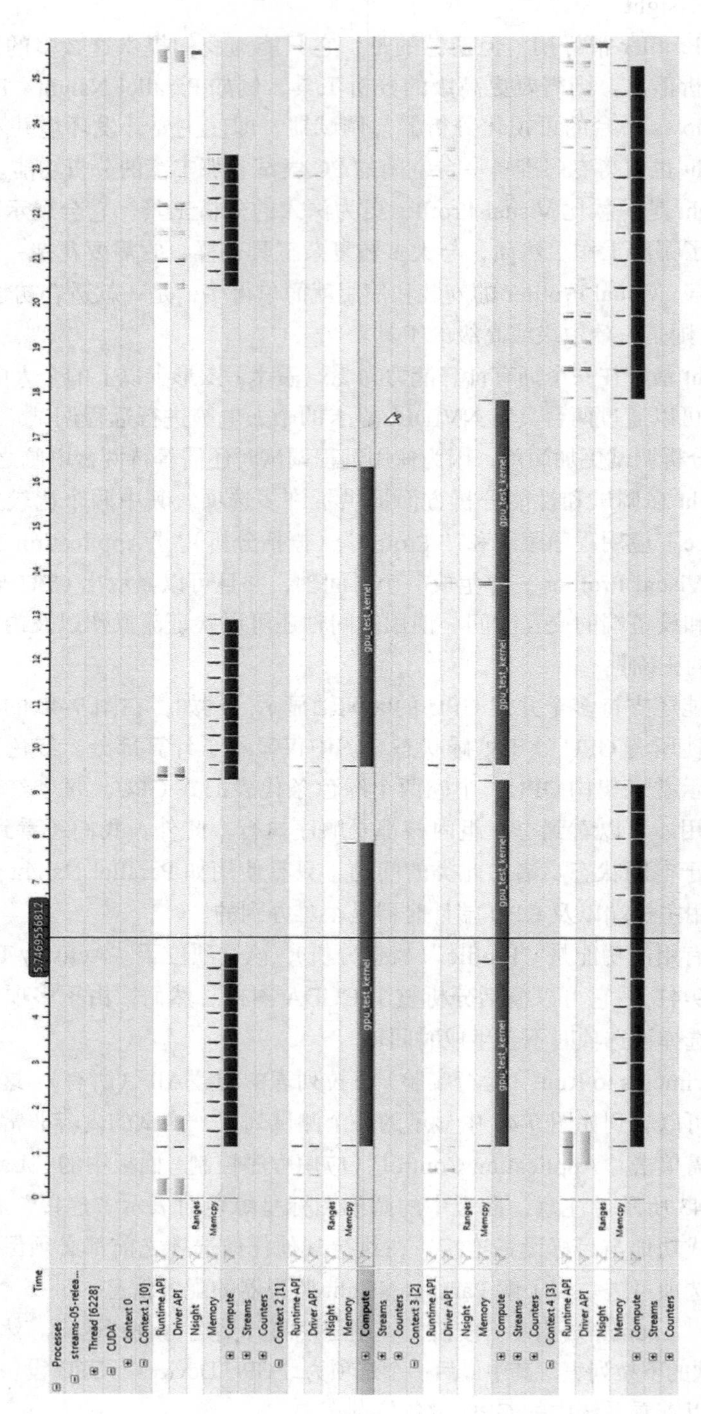

图 9-40 Parallel Nsight 多 GPU 时间轴

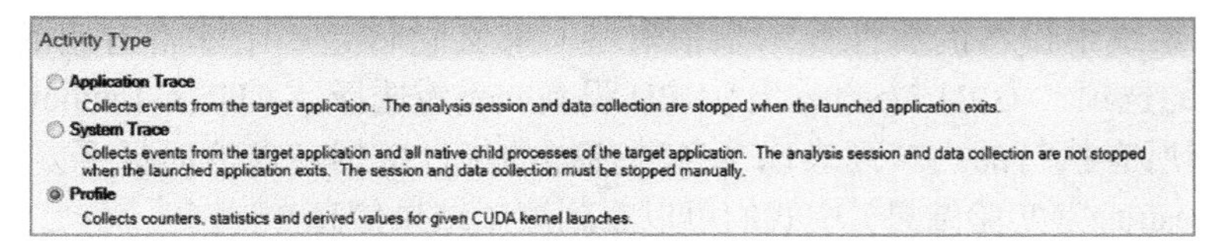

图 9-41 Parallel Nsight 活动类型选项

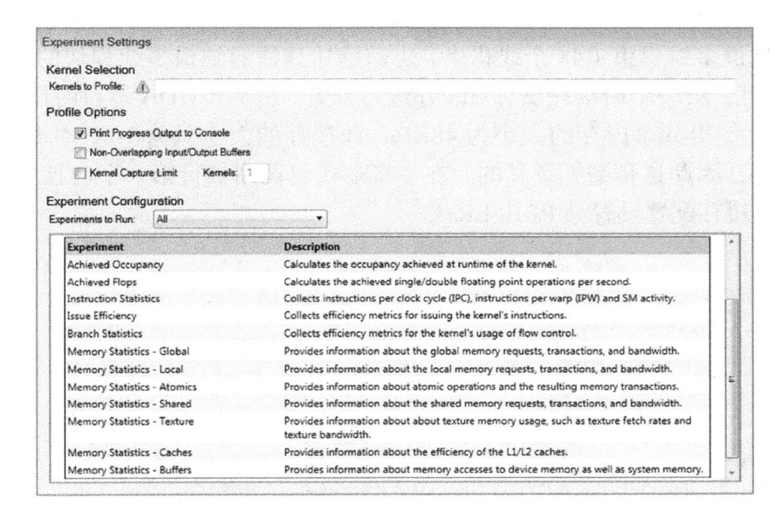

图 9-42 Parallel Nsight 实验

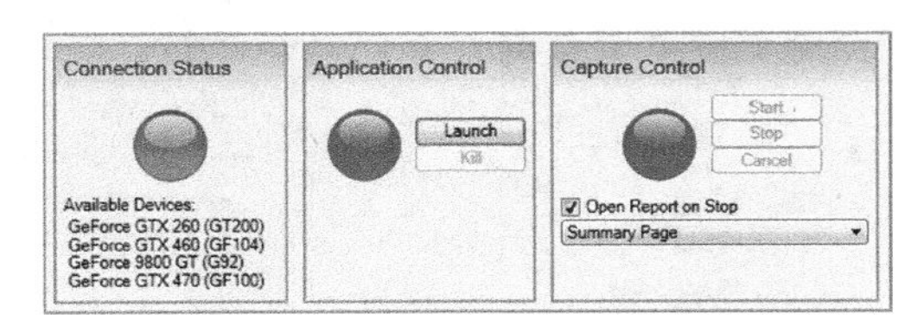

图 9-43 Parallel Nsight 应用程序启动控制

GPU Devices

Name	GPU 0 - GeForce GTX 470	GPU 1 - GeForce 9800 GT	GPU 2 - GeForce GTX 260	GPU 3 - GeForce GTX 460
Aliases	CUDA: Device 0, OddEven.exe [4716]	CUDA: Device 1, OddEven.exe [4716]	CUDA: Device 2, OddEven.exe [4716]	CUDA: Device 3, OddEven.exe [4716]
CUDA Cores	448	112	216	336
Driver Type	WDDM	WDDM	WDDM	WDDM
Driver Version	285.67	285.67	285.67	285.67
Frame Buffer Bandwidth (GB/s)	133.92	60.8	123.2	115.2
Frame Buffer Bus Width (bits)	320	256	448	256
Frame Buffer Location	Dedicated	Dedicated	Dedicated	Dedicated
Frame Buffer Physical Size (MB)	1280	1024	896	1024
GPU Family	GF100	G92	GT200	GF104
Graphics Clock (MHz)	607.5	650	625	725.5
Memory Clock (MHz)	1674	950	1100	1800
Name	GeForce GTX 470	GeForce 9800 GT	GeForce GTX 260	GeForce GTX 460
PCI Device ID	10DE.6CD	10DE.614	10DE.5E2	10DE.E22
PCI Ext Device ID	6CD	614	5E2	E22
PCI Revision ID	A3	A2	A1	A1
PCI Sub-System ID	19DA.1153	10B0.801	10B0.801	1462.2322
Processor Clock (MHz)	1215	1625	1348	1451
RAM Type	GDDR5	GDDR3	GDDR3	GDDR5
SM Count	14	14	27	7

图 9-44 Parallel Nsight 显示 GPU 设备信息

如果你对系统中设备的属性并不是很清楚，那么它将是一个非常有用的功能。接着，将下列列表中的选项“GPU Devices”（GPU 设备）改为选择“CUDA Launch”（CUDA 启动），我们看到所有执行的内核列表以及各种各样的统计数据。在该面板下方的可扩展列表“Experiment Results”（实验结果）中我们可以看到测试结果信息。

在这个具体例子中，执行了 6 个内核。从显示结果中我们可以看到一些问题。首先，没有任何内核的占用率达到理论占用率的 33% 以上（参见图 9-45）。对于第一内核，这是由于在设备实现处理最多线程束（48 个线程束）之前已达到能容纳最多线程块的限制（8 个线程块）。另外请注意，第一个内核并没有对缓存进行配置，并且 CUDA 运行时使用了 PREFER_SHARED 选项，使得共享内存的大小为 48KB，而缓存的大小只为 16KB。但由于内核中并没使用共享内存，因此这是毫无意义的。在主机端代码调用执行第一个内核之前，我们应该调用相关函数将缓存配置设置为 PREFER_L1。

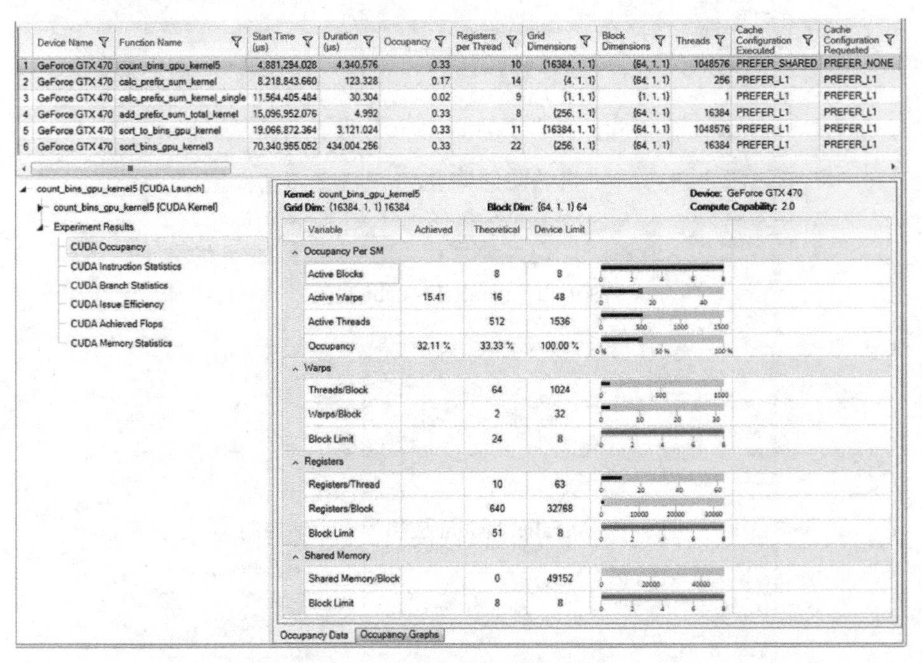

图 9-45 Parallel Nsight 显示占用率信息

接下来的测试是“Intruction Statistics”（指令统计）（参见图 9-46）。此处，我们也发现了一些问题。一些已发出的高层指令并未执行。这表明 SM 必须序列化执行并重新发出相同的指令。另外，我们还看到在 2 号 SM 上的活动剧增。这是一种非常糟糕的情形，因为它意味着分配给该 SM 的线程块中有一个线程块相对于其他线程块执行了大量的额外工作，即线程块之间的任务分配并不均匀。这种问题需要我们在算法层进行改进才能解决。线程块之间的任务均衡分配是非常必要的。

下一项测试是“Branch Statistics”（分支统计），它会告诉我们一个线程束内执行的分支情况（参见图 9-47）。理想情况下，在分支不可能为零的前提下我们通常希望分支的数量很少。此处分支的比例为16%，这造成了在之前“Intruction Statistics”（指令统计）测试中我们看到的指令重新发出。此外，这种现象的产生也源于算法中每个线程中工作量的不同。因此，平衡工作线程块之间的负载是很有必要的。

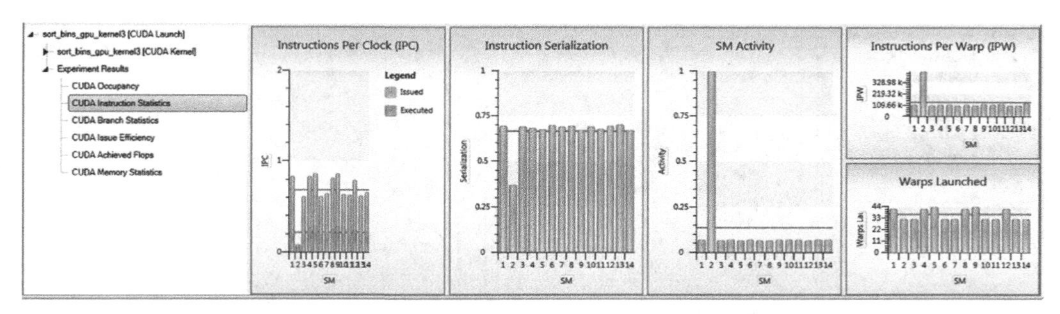

图 9-46 Parallel Nsight 的“Intruction Statistics”(指令统计)

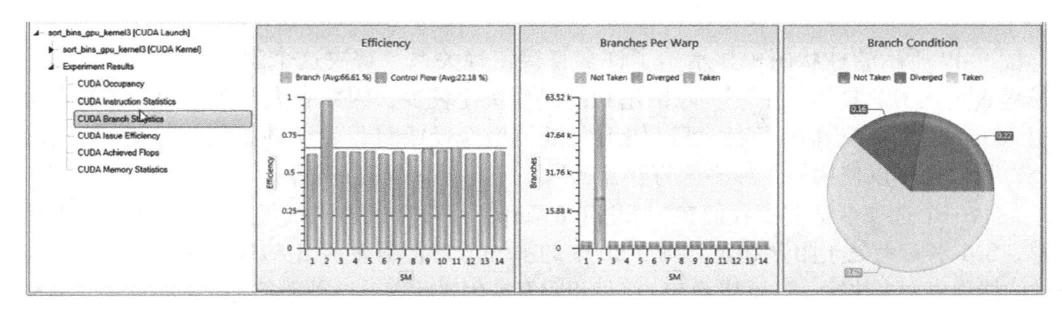

图 9-47 Parallel Nsight 的“Branch Statistics”(分支统计)

接着是对SM发出和执行指令的能力的测试。我们希望在“Active Warps per Cycle”（每周期活跃线程束）图中看到每个SM中指令的发出与执行都非常平均。在之前得到的结果中我们看到2号SM的执行时间非常长，然而，实际分配给它执行的线程束却很少。这表明在分配给该SM处理的线程块中有一个线程块执行的任务比其他线程块要多许多。另外，测试结果还显示了一张非常底层的“Eligible Warps per Active Cycle”(每活跃周期符合条件的线程束）图，依次显示出SM在某一时刻的阻塞情况（参见图9-48）。

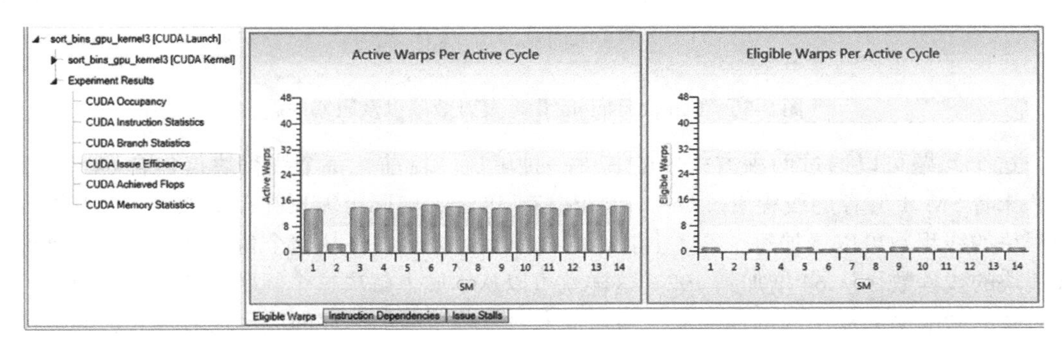

图 9-48 Parallel Nsight 指令发出效率以及符合条件的线程束

单击图下方选项卡的下一个选项，查看指令依赖性的分布（参见图 9-49）。指令依赖是由一个操作的输出成为下一个操作的输入所造成的。由于 GPU 采用的是惰性计算模型，因此，GPU 采取超长指令依赖操作最佳。

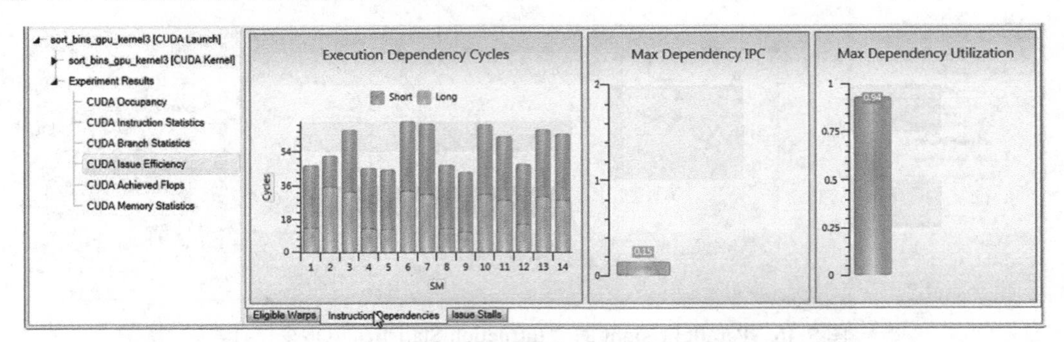

图 9-49 Parallel Nsight 指令发出效率以及指令依赖

图 9-49 所示的柱状图中显示出了许多直接依赖关系。解决这个问题最简单的方法就是在线程级引入 ILP 技术。由于实际中用到的线程块比较少，因此有大量未使用的寄存器可用来引入 ILP。为实现 ILP，我们可以使用向量类型变量或将每轮循环扩展到处理 N 个元素。此外，我们还可以使用一个或多个寄存器预取下一轮循环处理的值。

最后一个选项卡证实了我们在“EligibleWarps”（符合条件的线程束）选项卡中所看到的内容，SM 事实上处于阻塞状态。图 9-50 中的第一个饼状图显示出 69%的时间 SM 没有符合条件的线程束用来执行，这意味着 SM 将处于阻塞或闲置状态，这种现象是非常糟糕的。图 9-50 中的第二个饼状图显示了阻塞的原因，我们看到其中有 85%的时间是由执行依赖所造成的。

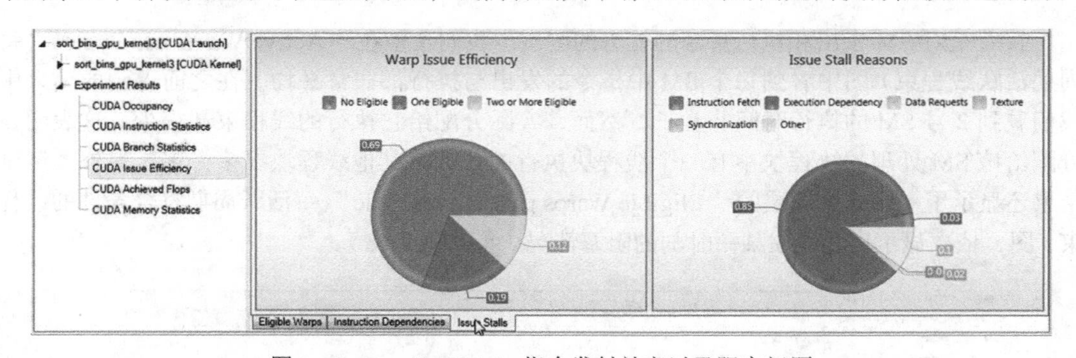

图 9-50 Parallel Nsight 指令发射效率以及阻塞问题

这个问题可以通过两种方式中的其中一种解决。目前，每个线程块仅包含 64 个线程，这意味着 SM 上驻存的线程束过少（一共可驻存 48 个，实际可能只驻存了 16 个）。增加每个线程块的线程数可以增加每个 SM 上驻存的线程束的数目。仅从这个角度看，我们需要每个线程块的线程数目从 64 增加到 192。这样就可以从本质上解决这个问题。然而，该问题对整体时间的影响明显低于与内存相关的问题带来的影响。增加驻存的线程块数目会影响缓存的使用，因此可能会对整体时间产生更大的影响。

我们可以生成两个不同版本的内核观察从全局内存获取数据的总量，以此从实际的角度来看这个问题。其中一个内核每个线程块使用 128 个线程，另一个使用 64 个线程。由于寄存器有剩余，我们也可以将 16 个元素获取到 64 位版本的寄存器中，将 12 个元素获取到 128 位版本的寄存器中。最大限度地使用寄存器，同时每个 SM 仍能维持同时处理 8 个线程块。

果然，线程束发射效率得到了提升，不满足条件的线程束从 75% 减少到了 25%。理论上每个 SM 驻存的线程束数目从 16 个增加到了 32 个（实际上是从 13.25 个增加到了 26.96 个）。占用率从 27%提升至 56%。所有都得到了改善，但这些都是次要影响。内核执行的是排序算法，因此同绝大多数排序算法一样，很可能出现存储限制。

事实上，当我们通过 CUDA 内存统计信息来比较这两个内核时发现两者是有差别的。每个 SM 处理的线程块数量增加，意味着分配给每个线程块的一级缓存的比例减少。反过来，这将导致全局内存的数据获取操作增加一倍，以获取那些未缓存在一级或二级缓存中的数据。

在第一个内核中，每个线程块使用 64 个线程，缓存命中率高达 93.7%（参见图 9-51）。其中有 6.3% 的数据在一级缓存中未命中，但在二级缓存中可命中 6.3% 数据中的 30% 数据，即 1/3 的数据。因此，只有很少部分的读取事务需要从全局内存获取数据，大多数数据都在缓存中。

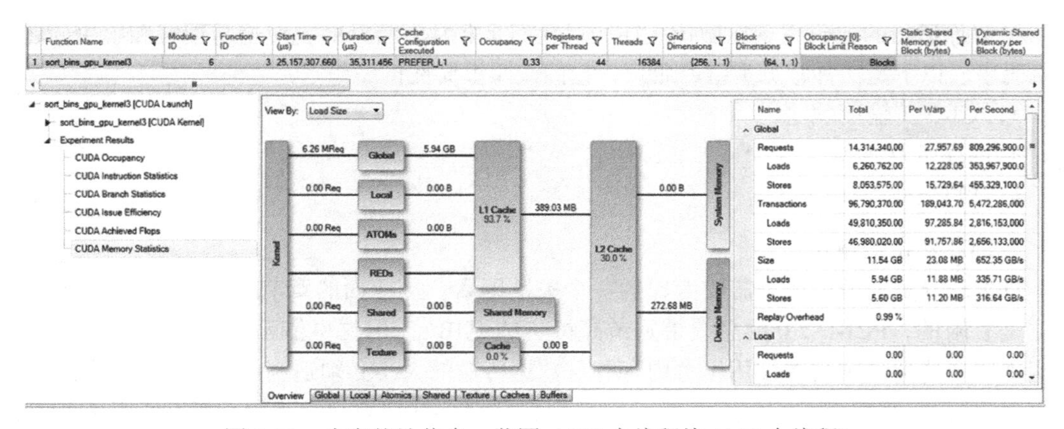

图 9-51 内存统计信息一览图（256 个线程块 ×64 个线程）

当我们将每个线程块的线程数目增加到 128，线程块的总数将减半至 128（参见图 9-52）。但这并不会造成影响，因为每个设备有 14 个 SM，每个 SM 能最多处理 8 个线程块，任何时间内我们都可以最多同时调度处理 112 个线程块。因此，我们可以在 SM 处理线程块能力的最大范围内增加驻存的线程束数目。

注意缓存命中率的问题。无论是一级缓存还是二级缓存命中率都比之前低。全局内存获取的数据量从 272MB 增加到 449MB，几乎增加了一倍。尽管这表明 SM 的利用率得到了改善，但执行时间却从 35ms 增加到了 46ms。主要是因为每个线程分配了一个样本块处理，许多存储访问并未合并，因此代价非常高。

另外，还需注意的是线程块中的线程对单个样本块合作排序的设计问题，这种影响可能不太明显。之前的分析已经向我们展示了相关的依赖性。通过在排序阶段将线程与任务以其他的方式映射关联、平衡，或调整桶的边界可以明显提高吞吐量。

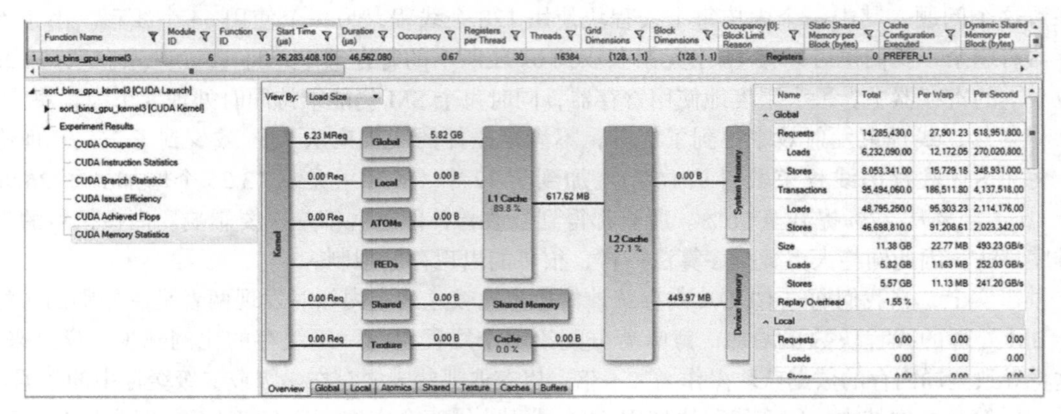

图 9-52 内存统计信息一览图（128 个线程块 ×128 个线程）

9.6.2 解析瓶颈

了解你运行的代码究竟在做什么往往对我们是非常有帮助的，但这与理解和解决问题却是两码事。以下是三种常见类型的瓶颈，它们按照重要性排序如下：

- PCI-E 传输瓶颈
- 内存带宽瓶颈
- 计算瓶颈

1. PCI-E 传输瓶颈

PCI-E 传输瓶颈往往是需要考虑的一个关键因素。从前面的章节我们看到，PCI-E 总线带宽是有限的，PCI-E 2.0 的总线带宽最高可达约 5GB/s，但这也依赖于主机端硬件。然而，要实现这个峰值，则需要使用锁页内存并且数据传输的大小必须适当。在一个计算机节点增加更多的 GPU 通常会降低总体带宽，但却实现了整体 GPU 数量的增加。如果使用单个 Tesla GPU 或使用多个 GPU 将所有数据都存储到 GPU 内存空间中，传输开销就会消除。通常增加 GPU 卡所造成的带宽缩减的范围很大程度上取决于主机端硬件。因此，了解传输的数据量大小以及其用法是很有必要的。

压缩技术是一种可以明显增加 PCI-E 传输速率硬限制的技术。当我们传输数据时，真地需要传送所有数据吗？以图像数据为例，往往图像数据包含一个用于描述透明度的阿尔法通道。如果在 GPU 上不会使用该数据，则在传输数据时我们可以只传输 RGB（红、绿和蓝）三种成分的数据，从而将总的需要传输的数据减少 25%。尽管这样传输数据之后意味着每个像素的数据有 24 位，可能造成非对齐的访存方式，从而导致执行时间增加，但由传输节省的时间明显可以隐藏该影响。

但是数据压缩之后存在一个问题，即通过压缩数据恢复出源数据。但这通常与问题相关，你也许会使用简单的诸如行程长度编码算法对数据进行压缩，将一长串相同的字母用数字和字母表示，数字表示有几个该字母，然后在 GPU 端短时间内通过计数重新构造源字符串。从一个传感器可能传入很多活动，然后在一段时间里并没有出现需要关注的活动。很明显，我们可以将需要关注的数据全部传输到 GPU 端，而对不需要关注的数据直接在主机端丢弃，或以压缩的形式进行传输。

使用流使计算与数据传输重叠进行或使用我们已介绍的另一种很关键的技术：零复制内存。当 PCI-E 的传输时间超过内核执行时间时，使用这种技术就可以完全隐藏计算时间。如果没有将这两部分操作重叠进行，则总的执行时间将是这两部分各自花费的时间之和，最终在没有计算执行时会产生巨大间隙。参见第 8 章更多关于流用法的内容。

PCI-E 并不是我们需要考虑的唯一传输瓶颈。主机端对内存带宽也存在一定限制。例如，英特尔的 SandyBridge-E 处理器的主机使用 4 存储体内存，这意味着相对于其他解决方案，它可以达到更高的主机端内存带宽。当然，在问题允许的情况下通过使用 P2P（点对点）传输方式也可以节省主机端内存带宽。不幸的是，在执行写操作时，为了支持使用 P2P 函数，不可以使用 Windows 7 操作系统。因此除了那些使用 Tesla 卡以及 TCC（Tesla 计算集群）驱动程序的操作系统，Windows 7 是唯一目前不支持该特性的主流操作系统。

每个计算机节点加载以及保存数据到诸如本地存储设备或网络存储设备的速度也是一个限制因素。以 RAID 0 模式对高速 SSD 驱动器进行连接可以帮助解决该问题。这些都是选择主机硬件需要考虑的，详情见第 11 章。

2. 内存瓶颈

假设数据从 GPU 端传输的问题已解决，那么接下来需要考虑的问题是全局内存的内存带宽。从时间和功率消耗的角度来看，移动数据的开销是非常大的。因此，考虑高效的数据存取以及数据重用是在选择一个合适算法时的基本标准。GPU 拥有大量的计算资源，因此一个低效但 GPU 访存模式友好（合并、分片、高度本地化）的算法优于一个计算密集但 GPU 访存模式不友好的算法。

当考虑内存时，也需要考虑线程间的合作问题，而且线程合作最好限制在单一的线程块内。假设线程通信局限于小范围的通用算法比假设每个线程可以与所有其他线程对话的通用算法更有用。一般地，为旧式向量机设计的算法比为当前集群式计算机中 N 个独立处理节点设计的分布式算法高效得多。

现代 GPU 中，一级缓存和二级缓存有时能出乎意料地对内核执行时间产生巨大影响。当需要实现数据重用、得到一个可预测的结果或在计算能力为 1.x 的硬件上开发时，我们可以用到共享内存。即使一级缓存分配了 48KB 大小，每个 SM 中仍有 16KB 可用的本地共享内存存储空间。

费米架构的 GPU 拥有 16 个 SM，这相当于拥有 256KB 共享内存以及 768KB 一级缓存。程序员通过设置，也可以将其改为 768KB 共享内存以及 256KB 一级缓存。通过一种或两种机制实现数据重用是获得高吞吐量的关键。典型地，可以通过确保计算的局部性来实现这一点。我们可以通过将较大数据集划分成若干个小块，重复多次传输来代替之前一整块的传输方式。这样，无论做出怎样的转换，都无须多次对全局内存发出读 / 写操作，数据可一直存储在片上。

尽管需要大量的内存事务，内存合并还是实现高内存吞吐量的关键。在费米和开普勒架构的设备上，当使用32位数值（例如浮点数或整型值）时获取全部带宽需要整个GPU几乎完充满线程，不存在任何空闲（每个SM驻存48 ~ 64个线程束，即处理1536 ~ 2048个线程）。通过使用各种向量类型变量增加事务处理规模，从而优化指令级并行以及内存带宽。对于许多程序而言，每个线程处理4个元素比处理一个元素的效果好。

3. 计算瓶颈

（1）复杂性

尽管GPU有巨大的计算吞吐量，但仍有许多问题超出了GPU的计算能力范围。

这令人感到惊讶。这些问题通常都是整体数据量庞大，例如，各种形式的医疗图像扫描或数据处理，来自能够产生大量样本数据的设备。这类问题以前通常是通过计算机集群处理。然而现在，随着具有超强计算能力的多GPU计算机的出现，许多问题可直接通过单个计算机处理。

包含大量计算任务的算法在GPU上的执行效果比在CPU上的执行效果好。然而，算法通常也包含了大量的复杂逻辑部分。例如典型的分块算法中边界单元的处理。如果每个单元从与它相邻的单元收集收据，那么在块拐角处的单元只能从与它相邻的其他3个单元收集数据。

从图9-53中我们看到，整个块中间绿色部分的单元没有边界限制条件。它们可以直接从当前块中与它们相邻的单元收集数据。然而不幸的是，一些程序员在写程序时通常首先处理特殊情形。他们的内核代码如下：

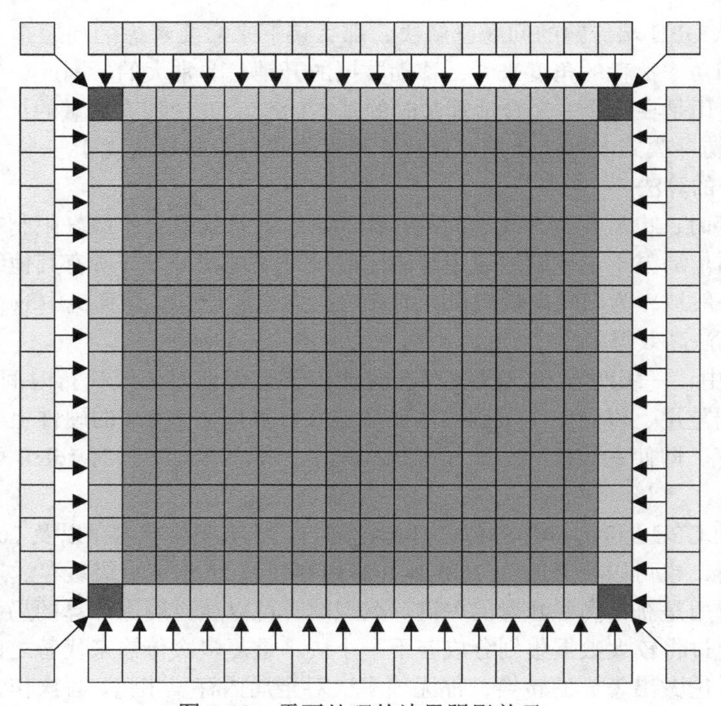

图9-53 需要处理的边界阴影单元

```
if (top left corner cell)
else if (top right corner cell)
else if (bottom right corner cell)
else if (bottom left corner cell)
else if (top row)
else if (right row)
else if (bottom row)
else if (left row)
else (must be centre element)
```

控制逻辑复杂的算法极其不适合在GPU实现。如果每个线程执行相同的内核，在处理中间部分的元素之前需要做9次条件判断。如果颠倒条件判断的顺序，改成第一个判断中间部分的元素，这意味着我们需要4个边界测试。这可能带来一定改善，但仍不是最有效的方案。最好的解决方案就是为每种特殊情况单独写一个处理内核，或者让CPU处理这些复杂的条件判断。

此种类型的问题是一种模板型的问题，每个单元从周围N层的单元获取数据并以某种方式计算得到结果。在这个简单的例子中，N的值为1，即直接从与该单元相邻的单元获取数据来计算。随着N增大，通过使用某个因子，可以使离中心单元越远的单元对最终的结果影响越小。

由于每个单元的值需要通过周围单元的值计算得到，因此，会多次读取每个单元的值。对于这类问题一种常见的解决方法是，使用多线程将数据分块读入到共享内存中。无论是在读取数据还是写回数据时，允许对全局内存合并访问，从而达到性能提升的效果。然而，共享内存在线程块之间是不可见的，即共享内存只能在同一线程块中的线程之间共享，并且线程块与线程块之间也没有直接传输共享内存数据的机制。这主要是由CUDA的设计造成的，每次执行时，所有线程块中只有一部分线程块能够执行，因此，共享内存会在旧线程块撤出、新线程块调度之后重复利用。

在加载边界单元时，对于超出标准分块范围之外的单元，我们可以将其从全局内存中读出也可以将其一同读入共享内存。以行的方式从全局内存中读取数据可以使访存合并，高效迅速。然而，按列加载每个单元则会造成一系列独立的内存事务，效率很低。由于这些单元可能多次读取，按列读取可能会造成内存密集操作，从而限制性能。因此，至少列数据应通常存储于共享内存中。

通常，书写多个内核可以很好地消除控制流复杂性问题。我们可以用一个内核处理拐角处的元素，一个内核处理边缘行的元素，另一个内核处理边缘列的元素，最后一个内核处理中间部分的元素。如果合适，这些内核还可以调用一个通用的程序来处理一系列的数据值，这样，数据获取的复杂性就移除了。

注意，对于计算能力为1.x与计算能力为2.x的硬件应使用不同的解决方案。由于计算能力为1.x硬件没有为全局内存而设的高速缓存，每次内存事务将产生相当严重的延迟。因此，对于这类设备而言，我们只能手动将每个分块中的必要数据缓存到共享内存，或者将这部分计算任务交给CPU执行。

然而，计算能力为 2.x 的设备既有一级缓存也有二级缓存。每个分块必须处理自己本地的元素，而对于上方、左上方以及左方的元素，很有可能已由之前活跃的其他线程块加载到缓存中了。而对于分块右方、右下方和下方的元素，通常此时不存在于缓存中，除非对这一小块数据集进行了多次传输。对于这部分元素，通常由接下来的线程块从全局内存访问而读取到缓存中。此外，我们也可以使用预读取 PTX 指令（参见 PTX ISA）显式地请求缓存行将这些数据读取到缓存中。

由于使用了缓存，通过将一级缓存的大小设置为 48KB 并且不使用共享内存，成功地消除了大量复杂的控制复杂性。复杂性的消除通常有助于对涉及计算边界的内核进行加速优化。

（2）指令吞吐量

与大多数处理器一样，并不是所有指令在每个设备上的执行时间都是相同的。对于一个给定的处理器，选择正确的指令进行混合是编译器需要认真执行的工作，但程序员也需要在这方面有一定的知识储备。

首先，我们需要确保当前硬件生成了正确的二进制文件。理想情况下，我们需要为每一个目标硬件平台设置计算能力规范。在 Visual Studio 中，只需在项目选项中设定即可，这一点在之前的章节中我们已经介绍过。此外，我们也可以通过命令行的方式使用 -arch 标志来指定。

对于单精度浮点型操作而言，所有计算能力的计算机几乎都能实现每个线程、每时钟周期执行一条指令的吞吐量。记住，是每个线程。若按绝对数目计算，则需要用每个线程束包含的线程数乘以每个 SM 同时处理的线程束的数目再乘以 GPU 上 SM 的数目。因此，在开普勒 GTX680 上，每个时钟周期可执行 32 个线程 ×8 个线程束 ×8 个 SM = 2048 个指令。现在，吞吐量与指令延迟并不等价。在计算出当前结果以供之后的操作使用之前，可能需要花费 20 个时钟周期或者更多。指令流水线中一系列的浮点操作可能在 20 个周期之后才开始执行，每条指令执行一个周期。因此，吞吐量是每个线程每个周期执行一条指令，但指令延迟则是 20 个时钟周期。

然而，对于双精度的浮点型硬件而言，却达不到该效果。对于计算能力为 2.0 的硬件，其执行速度为单精度的一半。而对于计算能力为 2.1 的硬件，其执行速度只有单精度的三分之一。计算能力为 2.1 的硬件（GTX460/560）以及计算能力为 3.0 的硬件（GTX680）瞄准的更多为游戏市场，因此，它们处理双精度浮点型的能力差一些。

在使用 32 位整型值时，我们也遇到了类似的问题。只有加法和逻辑指令能够全速运行。其他所有整型数指令（乘法、乘加法、移位、比较指令等）在计算能力为 2.0 的硬件上运行速度只达到一半，而在计算能力为 2.1 硬件上运行速度只有的 1/3。照例，除法和求模运算没有涵盖在内。这两种操作无论在哪种计算能力的硬件上，执行开销都非常昂贵，在计算能力为 1.x 的硬件上执行这两条指令中的一条指令相当于执行数十条其他指令，而在计算能力为 2.x 的硬件上则相当于执行少于 20 条的其他指令（参见 NVIDIA “CUDA C 编程指南”，4.1 版，第 5 章）。

在计算能力为 2.0 的设备上执行类型转换指令的速度只达一半，而在计算能力为 2.1 的设备上执行速度也只有 1/3。由于硬件只支持原生整型数类型（在计算能力为 2.x 的设备上为

32位，计算能力为1.x的设备上为24位)，当使用到8位或16位整型数时，这些类型转换指令就会发挥作用。因此，两个单字节的值做加法会导致先将这两个值的精度升为整型值，然后再将之后计算得到的结果精度降为单字节的值。同样，单精度浮点值与双精度浮点值之间的类型转换也将导致额外的类型转换指令的调用。

在C语言中，所有整数都默认为有符号整型数。而所有带小数点的数都将视作双精度浮点数，除非在数值后面跟有一个F后缀。因此，

```
#define PI (3.14)
```

表示创建一个双精度宏定义，而

```
#define PI (3.14F)
```

表示创建一个单精度宏定义。

在浮点表达式中，使用无后缀的常量将导致在计算过程中数据类型隐式转换为双精度浮点型。而当将结果赋给单精度变量时，也会执行一次单精度的隐式转换。因此，忘记使用F后缀将导致创建不必要的转换指令。

(3) 同步和原子操作

在许多算法中都需要同步点。一个线程块执行同步的开销并不大，但却会潜在地影响性能。除非每个线程块包含的线程数特别多，否则CUDA调度程序会试图使每个SM最大限度地调度更多线程块（参见第5章)，即每个SM调度处理16个线程块。随着每个线程块线程数量的增加，SM能够调度的线程块数量也相应减少。这并不会对程序造成很糟的影响，但如果结合同步，则可导致SM阻塞。

当线程块执行同步时，大量可供调度的线程束（计算能力为1.x设备上可供调度24个线程束，计算能力为2.x上可供调度48个线程束，计算能力为3.x上可供调度64个线程束）变得不再可供调度，直到除最后一个线程束外的其他线程束到达同步点之后才能再次调度。在每个线程块包含1024个线程的极端情况下（每个SM处理两个线程块)，多达一半的SM上驻存的线程束将在同步点汇合。由于没有ILP，SM通过执行多线程隐藏内存延迟的效果将变得非常差。SM的执行不再是峰值效率。显然，我们希望能尽可能长时间的让SM的吞吐量达到最大。

解决同步问题的方案就是不使用包含大量线程的线程块。我们需要做的只是尽可能地完全填充SM，使其不闲置，因此每个线程块启动192个线程是最佳的，这样在计算能力为2.x的设备上每个SM就能调度处理8个线程块，而在计算能力为3.x的硬件上每个线程块启动256个线程更佳。

然而不幸的是，有时候我们不仅需要线程间的同步，也需要线程块间的同步。相对于线程块间的数据同步，线程间的同步更加高效。鉴于线程间的同步可通过共享内存实现，因此基于线程块的同步则可通过使用全局内存实现。这样，我们就可以对这两种方案简单地执行并对比，观察哪种方案更快。

原子操作的执行方式与同步操作非常类似，每个线程块中的线程每32个一组形成线程束，线程束中的所有线程排队依次执行相应的原子操作，因此整个时间开销比较大。然而，

与同步操作不同的是，当每个线程执行完原子操作之后即可全速执行之后的指令。这样有助于增加可供调度的线程束的数量，但无法改善总的线程块执行时间。当线程块内所有线程没有完成原子操作之前，线程块不能从 SM 中撤出。因此，单个原子操作实际上是串行展开给定线程块的每个线程束，其执行时间即线程块中每个线程束执行时间的总和。只有线程块内每个线程都完成原子操作，整个线程块才能结束。

同步和原子操作对内核带来的影响可以在 Parallel Nsight 的“ CUDA Issue Efficiency”（CUDA 事件效率）实验中看到。

（4）控制流

正如我们之前看到的，分支产生的每种可能的情况都需要单独执行，因此会对执行时间产生严重影响。编译器意识到这一点后，于是使用了一种名为分支断定的技术。

大多数 PTX 指令可以通过使用 PTX ISA 的 .p 符号进行断定，例如：

```
setp.eq.s32 %p16, %r295, 1;
@%p16 bra  BB9_31;
```

此处我们在每个线程中建立一个断定寄存器，对 295 号虚拟寄存器中的值 1 进行检测并对 16 号断定寄存器进行设置。第二条指令中 16 号断定寄存器用来断定 bra 这条分支指令。这样，只有满足之前 setp.eq.s32 测试条件的线程将沿着该分支执行。我们可以用一条 mov 指令或者类似的指令取代分支。具有代表性的就是编译器对小型 if-else 结构的处理。例如：

```
if (local_idx >= 12)
local_idx = 0;
```

这段代码解释为：

```
setp.gt.u32 %p18, %r136, 11;
selp.b32 %r295, 0, %r136, %p18;
```

由于实际中每个线程束都执行了断定指令，而对于那些没有断定标记位的线程则简单忽略，因此这样能有效地避免分支。即使其他的解决方案可能更好，编译器也会偏重心于分支断定。至于偏向的程度标准则是简单地基于 if 结构的大小。考虑下面的例子：

```
// Fetch the test data element
switch(local_idx)
{
 case 0: elem = local_elem_00; break;
 case 1: elem = local_elem_01; break;
 case 2: elem = local_elem_02; break;
 case 3: elem = local_elem_03; break;

 case 4: elem = local_elem_04; break;
 case 5: elem = local_elem_05; break;
 case 6: elem = local_elem_06; break;
 case 7: elem = local_elem_07; break;

 case 8: elem = local_elem_08; break;
 case 9: elem = local_elem_09; break;
```

```
    case 10: elem = local_elem_10; break;
    case 11: elem = local_elem_11; break;

    case 12: elem = local_elem_12; break;
    case 13: elem = local_elem_13; break;
    case 14: elem = local_elem_14; break;
    case 15: elem = local_elem_15; break;
}
```

这段代码简单地根据索引选择 N 个局部变量中的一个。局部变量是单独命名的，因为若创建一个数组，编译器会将其存储于本地内存中。不幸的是，编译器实现的是一系列 if-else-if 类型的语句，这意味着在对 16 号元素操作之前，必须执行之前的 15 次测试。而我们则期望实现一张跳转表，在每一跳的目标处创建一个任务。这可能需要两条指令，一条用来将 local_idx 加载到寄存器，然后根据基地址加上寄存器中的值实现直接跳转。而跳转表是在编译时建立的。

这样，我们需要确保在编译时产生的控制流即期望产生的控制流。可以通过相对简单的方式实现这一点，例如，检查 PTX 编码，如果仍不确定的话还可检查实际目标代码。在绝大多数的程序案例中预测得到的效果都非常好，但也有部分程序例外。

9.6.3 本节小结

- 使用性能分析工具深入挖掘实际结果与预期不同的原因。
- 通过生成普通情况和特殊情况的内核来避免复杂逻辑的内核，或通过缓存的特性完全消除复杂的内核。
- 了解流控制中预测的工作机制。
- 不要假设编译器将会提供与其他更成熟的编译器相同级别的优化措施。CUDA 仍比较新，一切还有待完善。

9.7 策略 7：自调优应用程序

GPU 优化并不像 CPU 优化一样。很多技术交织在一起，而其他技术又伴随着一些不良的影响。在前面的章节中，我一直在努力涵盖优化的主要领域。但是，优化从来都不是一门精确的科学，无论如何也不是从程序员们的练习得出来的。在设计 GPU 的代码时有太多需要考虑的因素。获取最佳的解决方案并不容易，这需要相当长的时间熟悉什么在起作用，尝试不同的解决方案以及理解为什么一个可以运行，而另一个不可以。

考虑如下一些主要的因素：

- 主机到 GPU 的数据传入 / 传出。
- 内存合并。
- 启动配置。
- 理论上和实际的占有率。

- 缓存利用率。
- 共享内存使用率以及冲突。
- 分支。
- 指令级并行。
- 设备计算能力。

对于刚开始使用 CUDA 的人来说，有很多值得思考的东西，需要一段时间才能精通这些领域。然而，最具挑战性的是可以在一台设备上工作的方法可能无法在另外的设备上运行。在这本书中，我们使用了可用设备的整个系列并为展示差异使用了多种主机平台。

不同的 CPU 提供了不同层次的性能和功能，类似地，GPU 也是如此。CPU 受制于 x86 架构，使得一个系统的设计目标是设计成串行程序。而现在已经有很多扩展提供了额外的功能，如 MMX、SSE、AVX 等。x86 指令集如今已经以微指令的形式实现在硬件中，从而适用于任何目标硬件。沙桥架构也许是最好的例子，其微指令是缓存的，而不是实际的 x86 汇编代码指令。

自从 GTX8800 这样的第一代支持 CUDA 的设备发布以来，GPU 硬件从未止步不前，正在发生显著的改变。CUDA 会编译成 PTX，这是一种虚拟的汇编代码，面向并行处理器类型的架构。与合作线程阵列（Cooperative Thread Array，CTA）的概念类似，可以实现在大多数并行硬件上，PTX 本身可以编译成很多目标，包括 CPU。然而，据我们所知，对于不同的英伟达 GPU，它都会编译到一个特定的计算能力上。因此，需要熟悉一个给定的计算能力可以提供什么，也就是需要了解在什么样的硬件上编写代码。这一直都是好的优化的基础。如今，抽象、分层和隐藏架构等发展趋势，都是为了提高程序员的工作效率，但这往往都是以牺牲性能为代价的。

并不是每一个程序员都对错综复杂的硬件机理感兴趣。即使考虑了上述列表的问题，如果没有深思熟虑以及大量的试验和错误，你不可能在第 1 次、第 2 次，甚至第 N 次得到一个最佳的解决方案。因此，这个问题行之有效的方法是只需制定出程序针对给定问题最佳利用硬件的方法。这在一个小的问题集合或者真实问题上也都是可以完成的。

9.7.1 识别硬件

在任何优化过程中的第一步都要知道什么硬件是可用的以及它是什么。要找出有多少 GPU，只需调用

```
cudaError_t cudaGetDeviceCount(int * count);
```

这将把传入的 count 变量设置为可用的设备数量。如果没有可用的 CUDA 硬件，该函数返回 cudaErrorNoDevice。

然后为每台发现的设备，我们需要知道它的能力上限是什么。因此，我们调用

```
cudaError_t cudaGetDeviceProperties (struct cudaDeviceProp * prop, int device);
```

我们在第 8 章中详细介绍了设备的属性，所以这里不再赘述。然而，至少应该关注以下细节：

- 成员变量 major 和 minor 一起使用时，可以提供该设备的计算能力。
- 标志变量 integrated，尤其是和 canMapHostMemory 标志一起使用时，允许使用零复制内存（策略 3 中讲述的）以及避免对于那些 GPU 内存，事实上已经在主机的设备间进行内存复制。
- totalGlobalMem 可以最大程度地利用 GPU 内存并保证不会试图在 GPU 上分配过多内存空间。
- sharedMemPerBlock 可以让你知道每一个 SM 有多少共享内存可用。
- multiProcessorBlock 代表设备中目前的 SM 数量。用该值乘以一个 SM 上可运行线程块的数量就是整个设备可容纳的线程块数。占用率计数器（occupancy calculator），例如 Visual Profiler 和 Parallel Nsight，都可以说明一个给定的内核可以运行多少个线程块。一般来说是 8 个，在开普勒架构可以是 16 个。这是你需要在 GPU 上分配最小线程块数量。

这些信息给了我们一些定义问题空间的界限。那么我们就有两种选择：要么分析离线的最佳解决方案，要么尝试找出运行时的解决方案。通常，离线的方法会有更好的结果，可以极大地提高对所涉及问题的理解，并可能使你重新设计程序的某些方面。对于获得最佳性能，运行时的做法是必要的，即使是已经进行了重要的分析。

因此在开发阶段，优化的第一步是离线。如果针对多个计算能力，则需要一个合适的显卡测试你的应用程序。总的来说，对于消费级显卡，最流行的英伟达显卡有 9800（计算能力 1.1），8800（计算能力 1.0），GTX260（计算能力 1.3）和 GTX460（计算能力 2.1）。对于更现代的 DirectX11 显卡，460/560 显卡占主导地位，对比于用户选择的更昂贵的 470/570 显卡，其能耗更小。本书中我们选择的硬件很好地反映了市场的发展趋势，提出的数据尽可能地帮助面向大众市场的应用开发人员。

自从在 8800 系列显卡上发布以来，由于我们一直在使用 CUDA，我们已经有了一些可用的消费级显卡。显然，其中的一些已经停产，但仍可以很容易地在 eBay 或其他地方买到。所需要的是一个带有 4 个双槽间距的 PCI-E 插槽的主板，这些槽全插满时可以以相同的速度运行。尽管现在已经被 MSI 890FXX-G70 取代，本书在开发时用到的主板是 AMD MSI 790FX-GD70。请注意，最新的 990FX 主板系列中不再提供 4 个双槽间距的插槽。

9.7.2 设备的利用

在确定我们拥有什么样的硬件后，必须利用它。如果系统中有多个 GPU，这是通常的情况，一定要充分利用它们。自从 CUDA 4.x SDK 起，多 GPU 编程比以前更加容易。因为你可能只使用了一个 GPU，所以要确保没有错过成倍的性能提升。更多信息请参阅第 8 章。

所有的应用程序都是不同的，所以影响性能的主要因素可能并不总是相同的。然而，许多情况下却都是相同的，主要因素都是启动配置。第一部分是确保在生成的过程中建立了多个目标，并为打算支持的每个计算能力建立一个目标。根据内核运行在哪一个 GPU 上，会自动选择目标代码。同时确保运行任何性能测试前，选择了发布模式作为生成的目标，这可以提供多达2倍的性能提升。因为不会发布调试模式，所以不要选择这个作为生成目标，除非是为了测试。

接下来，我们需要检查以确保正确性。我建议对比运行GPU和CPU代码，然后对于两个相同的测试输出做一个内存比较（memcmp）。请注意，这将检测到任何错误，即使错误并不是那么显著。尤其是在浮点运算时，操作的顺序会造成精度的误差。在这种情况下，需要反复检查两个结果，看看对于你的特定问题，差异是否在某个显著水平上（例如0.01、0.001、0.0001等显著水平）显著。

根据启动配置，我们要尽量优化以下方面：

- 每个块的线程数；
- 全部的块数量；
- 每个线程执行的任务（指令级并行）。

不同的计算能力其结果都会不同。一个简单的for循环就需要遍历所有可能的组合并记录每一个对应的时间。然后在最后只需打印出对结果的总结。

每个线程块的线程数，从1开始，以2的幂递增，直到达到16。然后以16为补偿增加线程计数直到达到每个块512个线程。根据不同的内核资源使用情况（寄存器、共享内存），由于在早期计算设备上不可能达到512个线程，因此需要根据这些设备相应地缩减线程数。

请注意，我们此处选择了16作为增量值，而不是线程束的大小——32。这是因为线程束的条件分支是以半个线程束为单位的。某些设备如GTX460是3组，每组16个CUDA核，而其他的计算能力通常是两组。因此对于这些设备，使用48的倍数作为线程数目会更好地运行。

作为一般规则，编写得很好的内核代码通常在每块128、192或者256个线程时，运行得最好。需要从每个线程块只含一个线程不断增加线程数直到一个峰值，此时的性能会趋于平稳，如果继续增加，性能反而下降。当每个SM中同时驻留的线程数达到最大值时，性能会达到一个顶峰，因为指令和内存延迟的隐藏在峰值发挥作用。

如果能增加每个SM驻留的块的数目，使用稍少的线程数（例如，192而不是256）通常是可取的。这通常会提供一个更好的指令混合，随着块数的增长，它们更有可能不会同时遇到对同一个资源的竞争。

如果在16、32或者64个线程时就达到了最大性能，那么通常表明存在资源竞争，或内核是高度面向指令级并行的，并且每个线程中使用了大量的寄存器。

对于每个块的理想线程数，一旦有了一个基准数据，试着使用各种vector_N类型（例如，int2、int4、float2、float4等）的两个或4个元素增加每个线程的工作量，通常会看到进一步地性能提升。最容易的方法是通过创建具有相同名称的新函数，重载内核函数。CUDA将根据运行时不同类型的传入参数调用相应的内核代码。

使用向量类型将增加寄存器的使用，反过来又可能会降低每个SM中线程块的驻留数量，也会进一步提高缓存的利用率。内存吞吐量也将可能随着内存事务总数的下降而增加。然而，有同步点的内核可能会受到影响，因为随着驻留块数的下降，SM中可供调度的线程束变少了。

正如许多的优化方法一样，其结果是难以预料的，因为有些因素会符合你的想法而另一些没有。最好的解决办法就是尝试和检查。然后回退，以理解哪个或者哪些因素是主要的，哪些是次要的。不要浪费时间在次要因素上，除非主要因素已经解决。

9.7.3 性能采样

自调优程序的最后一部分是采样。虽然可以建立一个围绕计算能力以及 SM 数量的良好的性能模型，还有许多其他因素需要考虑。相同的显卡型号可能分别使用 GDD3 和 GDD5 内存，后者具有更大的全局内存带宽。同一个显卡的时钟可以设定为 600MHz，也可能是 900MHz。一个有 16 个 SM 的显卡的优化策略可能在只有其一半数量 SM 的显卡上不起作用，反之亦然。一台笔记本电脑的移动处理器可能放在一个 PCI-E X1 插槽上，并且主机端可能拥有专用内存或者共享内存。

收集每一种显卡并且阐述每一个产品可能要解决的变化是不可能的。即使能做到这一点，下周 NVIDIA 将仍会发布另一个显卡。对于消费级应用程序的开发者来说，这无疑是一个主要的问题，而对于有较少种类的 Telsa 显卡的开发者则不是。然而，当一个新的显卡发布时，人们首先想到的是在上面运行他们已有的应用程序，其次，如果他们进行了升级，也希望看到相应的性能提升。

采样便是这个问题的答案。根据其特点，设置最适合的启动配置，每个显卡都将有一个峰值。正如我们所看到的，本书中的一些测试，不同的显卡有不同的设置。费米显卡的每个线程块适合有 192 或 256 个线程，然而之前的 GPU 适合于设置每个块 128 和 192 个线程。计算能力 2.1 的显卡，在混合使用 64 或 128 字节的内存读取和基于指令的并行时，性能最佳；而使用 32 字节的内存读取单位和每个线程单个元素时是无法与之比较的。在合并读取时，早期的显卡对于线程、内存顺序高度敏感。这些卡上的全局内存带宽尽管远远赶不上较新的模型，但在某些任务上如果使用共享内存，它们也会有类似的性能。如果数据随后会完整地加载到缓存中，费米显卡的缓存会发挥很大的作用，使得非常小的线程数（32 或 64）能表现出更高的占用率。

在安装程序时，请运行一个很小的测试集作为安装过程的一部分。在所有可行的线程数上运行一个循环。尝试每个线程的指令级并行数量，取从一个到 4 个元素。尝试启用和禁用共享内存。运行一定数量的实验，每个重复一定次数，得到平均结果，将 GPU 相关的理想值存储在数据文件或程序配置文件中。如果用户以后升级 CPU 或 GPU，重新运行实验，并更新配置。只要不在每次启动时都这样做，用户将很高兴你将应用程序调整至最适合他们硬件的状态。

9.7.4 本节小结

- 如果没有尝试过，有太多的因素让你无法断定改变会带来什么效果。
- 在开发时，需要进行一些实验以获取最好的解决方案。

- 不同的硬件平台上的最佳解决方案是不同的。
- 编写应用程序的时候，要意识到会碰到各种硬件，并要知道每个平台上哪些能（静态的或者动态的）工作得最好。

9.8 本章小结

在本章中，通过不同的例子，我们已经详细地看到了一些提升内核吞吐量的策略。应该知道那些影响性能的因素和它们的相对重要性（主要的是传输，内存 / 数据模式，最后是 SM 利用率）。

优化代码中最关键的是正确性。没有自动地回归测试，不可能可靠地优化代码。这并不一定是非常复杂的。利用一些已知的数据集，在已知的版本上对比测试是完全足够的。应该保证任何程序在离开办公桌前，95%以上的错误已经发现了。测试不只是一些测试团队的工作，也是作为一名生产可靠运行代码的专业程序员的责任。优化往往会一遍又一遍地重写代码。只需运行一分钟却得到错误答案，与需要运行一小时而能得到正确答案相比，是没有用的。在每次更改后务必测试一下正确性，这样在错误出现时就能及时发现。

应该知道，优化是一个耗费时间和反复的过程，它会增加对代码以及硬件是如何起作用的理解。反过来，因为更熟悉什么可以或者不能很好地工作在 GPU 上，从而从一开始就能设计和编写出更好的代码。

问题和优化

1. 利用一个现有的、包含一个或多个 GPU 内核的程序。运行 Visual Profiler 和 Parallel Nsight 分析内核。哪些是需要查看的关键指标？如何优化这个程序？

2. 一个同事打印出来一份 GPU 内核代码，想咨询如何运行得更快，有什么建议呢？

3. 另一个同事提出用 CUDA 实现一个 Web 服务器。你觉得这是一个好主意吗？对于这个程序，你觉得会遇到什么问题？

4. 实现一个共享内存版本的奇偶排序，输出一个单一的排序列表，你觉得可能会遇到什么问题？

答案

1. 首先，应该观察每个内核的执行时间。如果一个或更多的内核占据了大部分时间。那么在优化它之前，优化其他的内核便是浪费时间。

其次，应该观察一下时间线，尤其是在与传输相关的时候。它们是不是与内核操作进行了重叠，它们是不是使用了锁页内存？GPU 是不是一直占用或者周期性地由主机分配任务？

对最耗时的两个内核，是什么引起它们占用那么多的时间？是否有足够多的线程总量？所有的 SM 上是否有足够多的线程块？是否有一个 SM 出现了峰值，如果有，为什么？什么是线程的内存模式，可不可以由硬件进行合并？是不是有串行化点，例如，共享内存的存储体冲突、原子操作和同步点？

2. 首先，需要在分析细节之前，理解这个问题。“观察代码”的优化策略可能有效也可能无效。当然，也许可以以某种方式在纸面上优化代码，但当你的同事是要真正寻求这个问题好的答案时，就需要更多信息了。

也许最好的答案是告诉你的同事分析应用程序，包括主机的时间线，然后回来分析结果。在这个过程中，他们有可能会看到问题出在哪里，甚至有可能与原来的内核打印输出无关。

3. 数据高度并行化的应用程序非常适合运行在 GPU 上。而含有许多分支线程的任务高度并行化的应用程序却不适合。在 CPU 上，典型的实现 Web 服务器是每 N 个连接分配一个线程，并将其动态地分配在服务器集群中，来防止任意一个节点服务器过载。

GPU 在许多组由 32 个线程构成的线程束上执行代码，实际上是一个在必要时可以执行单线程控制流的向量处理器，但是这会在性能上有很大的损失。构建实时的动态网页需要大量的控制流，其中有很多要为每个用户产生分支。PCI-E 的传输会比较小，而且效率不高。

GPU 不会是一个好的选择，而 CPU 主机方式则会好很多。然而，GPU 可以在服务器的后端操作上用到，执行某些分析工作，使用户产生的数据变得有意义。

4. 这对于思考如何解决某些开放式问题是一个有益的锻炼。首先，这个问题并没有指出如何合并 N 个块的输出。

对于最大的数据集，最快的解决办法应该是样本排序，因为它完全消除了归并排序的步骤。样本排序的框架已经在本文提供了，但仍然是一个相当复杂的排序。然而，它需要每个桶里有可变数目的元素，这会带来损失。用前缀求和方法将这些桶补齐为一个 128 字节大小的区域会有很大的帮助。

归并排序更容易实现，它允许固定的块大小，这也是我认为最合适的实现方式。

在奇偶排序中，全局内存的合并访问问题在很大程度上由费米架构的缓存所掩盖，因为局部性会非常明显。在计算能力 1.x 上实现排序，会使用共享内存或者寄存器。在载入和写回数据时，需要以合并的方式访问全局内存。

第10章

函数库和SDK

10.1 简介

为了利用GPU加速任务，直接使用CUDA编写程序并不是唯一可选的过程。有三种常见的开发CUDA应用程序的方式：

- 使用函数库
- 基于指令的编程
- 直接编写CUDA内核

接下来，我们会依次考察它们并且理解什么时候应该使用它们。

10.2 函数库

函数库是十分有用的组件，因为它可以帮你在开发过程中节省数周甚至数月的精力。我们应该尽可能地使用函数库，因为它们基本上都是由特定领域的专家开发的，所以它们是可靠而高效的。一些常见的、免费的函数库如下：

- Thrust——一个C++ STL（Standard Template Library）实现的函数库
- NVPP——NVIDIA性能原语（和Intel的MKK类似）
- CuBLAS——BLAS（基本线性代数）函数库的GPU版本
- cuFFT——GPU加速的快速傅里叶变换函数库
- cuSparse——稀疏矩阵数据的线性代数和矩阵操作
- Magma——LAPACK和BLAS函数库
- GPU AI——基于GPU的路径规划和碰撞避免
- CUDA Math Lib——支持C99标准的数学函数

除此之外，还有很多商业化的产品，它们也会提供一些限制性的免费功能或试用版本：

- Jacket——对.m代码可选的、基于GPU的Matlab引擎
- Array Fire——类似于IPP、MKL和Eigen的矩阵、信号和图像处理库
- CULA工具——线性代数库

- IMSL——Fortran IMSL 数值函数库的实现

当然，还有很多其他的函数库我们并没有在此列出。我们在 www.cudalibs.com 维护了一个 CUDA 函数库的列表，其中还包括一些我们自己的函数库，它们可为个人或学术用途免费使用，在得到许可和支持的前提下可用于商业用途。

10.2.1 函数库通用规范

作为一般原则，NVIDIA 提供的函数库，不对调用者进行内存管理。而是希望调用者提供指向设备中被分配的内存区域的指针。这就使得很多设备上的函数可以一个接一个地执行而无须在两个函数调用间使用不必要的设备 / 主机进行传输操作。

由于它们不执行内存操作，因此分配和释放内存变成了调用者的职责。这甚至扩大到为函数库用到的暂存空间或缓冲区提供内存。

虽然对程序员来说这可能是一笔开销，但实际上这是一种很好的设计原则并且在设计函数库时也应该遵循。内存分配是代价很高的操作。资源是很有限的。让函数库在后台持续不断地分配、释放内存，不如在启动时执行一次分配操作，然后在程序退出时再执行一次释放操作。

10.2.2 NPP

NPP 函数库提供了一系列图像和通用信号处理的函数。它支持所有的 CUDA 平台。为了将 NPP 包含到工程中，只需包含相关的头文件并链接到预编译库。

对于信号处理函数，库函数接收一个或多个源指针（pSrc1、pSrc2 等）、一个或多个目的指针（pDst1、pDst2 等）；对于 in-place 操作接收一个或多个混合指针（pSrcDst1、pSrcDst2 等）。函数库根据待处理的数据类型对函数进行命名。该函数库并不支持 C++ 函数名重载（支持不同数据类型作为参数的通用函数只使用一个函数名）。

信号处理支持的数据类型有 Npp8u、Npp8s、Npp16u、Npp32u、Npp32s、Npp64u、Npp64s、Npp32f 和 Npp64f。这些等同于 signed 和 unsigned 版本的 8、16、32、64 字节类型以及 32 位和 64 位单精度和双精度浮点类型。

该函数库图像处理部分也遵循相似的命名规则以使函数名反映出用途和数据类型。图像数据可以被组织成数字的形式，因此有一些关键的字母可以让你从名字中看出其功能和数据类型。它们是：

- A——当图像中包含一个不应该被处理的 alpha 通道时使用。
- Cn——当数据被设计成 n 个通道的包装或者是交错格式时使用，例如 {R、G、B}，{R、G、B}，{R、G、B} 等是 C3。
- Pn——颜色数据被划分成平面时使用，例如来自于同一种颜色的所有数据都是相邻的，因此 {R、R、R}，{G、G、G}，{B、B、B} 等是 P3。

命名除了表明数据是如何组织的之外还能告诉你函数是如何操作数据的。

- I——图像数据被就地（in-place）处理时使用。也就是说，源图像数据将会被在其上执行的操作覆写。

- M——表明将会使用非零的掩码决定哪些像素满足标准。只有满足标准的那些像素会被处理。这是很有用的，例如将一张图像覆盖到另一张上面。
- R——表明函数通过调用一个指定的感兴趣区域（Region Of Interest，ROI）对图像的一个子部分进行操作。
- Sfs——表明函数对输出数据执行固定的比例缩放和饱和操作。

使用这么短的函数名后缀可能导致对于函数名普通读者很难理解。然而，一旦你记住了函数名每个属性的涵义并且使用一些 NPP，将会很快地识别出某个指定的函数执行什么操作。

图像数据函数也使用额外的参数 pSrcStep 或 pDstStep，它们是指向图像行或列大小且以字节的单位的指针，其中也包括所有为了确保对齐加入到行宽度的填充字节。许多图像处理函数在每一行的结尾处添加填充字节以确保下一行在合适的边缘处开始。因此，一个 460 像素宽的图像每行可能添加至 512 字节。行宽度值为 128 的倍数是很好的选择，因为这能够从内存子系统中读取整个缓存行。

我们来看信号处理函数库里一个简单的例子。我们取出两个随机数据集合，进行异或操作。我们同时在主机和设备端进行，然后将结果进行对比。

```
#include <stdlib.h>
#include <stdio.h>
#include <iostream>

#include "cuda.h"
#include "cuda_helper.h"
#include "common_types.h"
#include "timer.h"

// NPP Library
#include "npp.h"
#include "nppcore.h"
#include "nppdefs.h"
#include "nppi.h"
#include "npps.h"
#include "nppversion.h"

#define NPP_CALL(x) {const NppStatus a = (x); if (a != NPP_SUCCESS) { printf("\nNPP
Error: (err_num=%d) \n", a); cudaDeviceReset(); ASSERT(0);} }

int main(int argc, char *argv[])
{
 const int num_bytes = (1024u * 255u) * sizeof(Npp8u);
 // Declare and allocate memory on the host
 Npp8u * host_src_ptr1 = (u8 *) malloc(num_bytes);
 Npp8u * host_src_ptr2 = (u8 *) malloc(num_bytes);
 Npp8u * host_dst_ptr1 = (u8 *) malloc(num_bytes);
 Npp8u * host_dst_ptr2 = (u8 *) malloc(num_bytes);
```

```
// Check memory allocation worked
if ( (host_src_ptr1 == NULL) || (host_src_ptr2 == NULL) ||
     (host_dst_ptr1 == NULL) || (host_dst_ptr2 == NULL) )
{
 printf("\nError Allocating host memory");
 exit(0);
}

// Declare and allocate memory on the device
Npp8u * device_src_ptr1;
Npp8u * device_src_ptr2;
Npp8u * device_dst_ptr1;
Npp8u * device_dst_ptr2;
CUDA_CALL(cudaMalloc((void **) &device_src_ptr1, num_bytes));
CUDA_CALL(cudaMalloc((void **) &device_src_ptr2, num_bytes));
CUDA_CALL(cudaMalloc((void **) &device_dst_ptr1, num_bytes));
CUDA_CALL(cudaMalloc((void **) &device_dst_ptr2, num_bytes));

// Fill host src memory with random data
for (u32 i=0; i< num_bytes; i++)
{
 host_src_ptr1[i] = (rand() % 255);
 host_src_ptr2[i] = (rand() % 255);
}

// Copy the random data to the device
CUDA_CALL(cudaMemcpy(device_src_ptr1, host_src_ptr1, num_bytes,
cudaMemcpyHostToDevice));
CUDA_CALL(cudaMemcpy(device_src_ptr2, host_src_ptr2, num_bytes,
cudaMemcpyHostToDevice));

// Call NPP library to perform the XOR operation on the device
TIMER_T start_time_device = get_time();
NPP_CALL(nppsXor_8u(device_src_ptr1, device_src_ptr2, device_dst_ptr1, num_bytes));
NPP_CALL(nppsAnd_8u(device_src_ptr1, device_dst_ptr1, device_dst_ptr2, num_bytes));
TIMER_T delta_time_device = get_time() - start_time_device;

// Copy the XOR'd data on the device back to the host
CUDA_CALL(cudaMemcpy(host_dst_ptr1, device_dst_ptr2, num_bytes,
cudaMemcpyDeviceToHost));
// Perform the same XOR followed by AND on the host
TIMER_T start_time_cpu = get_time();
for (u32 i=0; i< num_bytes; i++)
{
 host_dst_ptr2[i] = host_src_ptr1[i] ^ host_src_ptr2[i];
 host_dst_ptr2[i] &= host_src_ptr1[i];
}
TIMER_T delta_time_cpu = get_time() - start_time_cpu;

// Compare the device data with the host calculated version
```

```
printf("\nComparison between CPU and GPU processing: ");
if (memcmp(host_dst_ptr1, host_dst_ptr2, num_bytes) == 0)
{
 printf("Passed");
}
else
{
 printf("**** FAILED ****");
}
printf("\nCPU Time: %f, GPU Time: %f", delta_time_cpu, delta_time_device);

// Free host and device memory
CUDA_CALL(cudaFree(device_src_ptr1));
CUDA_CALL(cudaFree(device_src_ptr2));
CUDA_CALL(cudaFree(device_dst_ptr1));
CUDA_CALL(cudaFree(device_dst_ptr2));
free(host_src_ptr1);
free(host_src_ptr2);
free(host_dst_ptr1);
free(host_dst_ptr2);

// Reset the device so it's clear for next time
CUDA_CALL(cudaDeviceReset());
}
```

注意，在对 NPP 函数库调用的地方我们使用了 NPP_CALL 这个宏。它与全书中一直使用的 CUDA_CALL 类似。它检查调用者的返回值是否一直为 NPP_SUCCESS（0），若不是，则会打印与返回值相关的错误代码。负值代表错误，正值代表警告。不幸的是，并没有函数可以将错误代码转换成错误消息，因此你必须在 NPP 文档中查找错误值（参见 7.2 节）。

```
NPP_CALL(nppsXor_8u(device_src_ptr1, device_src_ptr2, device_dst_ptr1, num_bytes));
NPP_CALL(nppsAnd_8u(device_src_ptr1, device_dst_ptr1, device_dst_ptr2, num_bytes));
```

每一个 NPP 调用都会在设备端启动一个内核。默认情况下，NPP 用默认的流 0 以同步模式进行操作。然而，你将经常一个接一个地执行大量的操作。然后，你可能希望接着在 CPU 端执行一些其他工作，因此随后你会回过来再检查 GPU 任务的进展。

为了指定 NPP 使用某个特定的、已定义好的流，使用下面的 API 调用：

```
void nppSetStream (cudaStream_t hStream);
```

和本书中看到的其他一些例子一样，如果有许多连续内核调用，将它们放入非默认的流中能够获得更好的整体性能。很大程度上是因为这种方式允许异步内存传输从而将计算和传输工作重叠执行。然而，为了实现这种效果，我们需要稍微改写一下程序：

```
// Max for compute 2.x devices is 16
#define NUM_STREAMS 4

int main(int argc, char *argv[])
```

```
{
 // 64MB
 const int num_bytes = (1024u * 255u * 256) * sizeof(Npp8u);

 // Select the GTX470 in our test setup
 CUDA_CALL(cudaSetDevice(0));

 printf("\nXOR'ing with %d MB", (num_bytes / 1024) / 1024);

 // Declare and allocate pinned memory on the host
 Npp8u * host_src_ptr1;
 Npp8u * host_src_ptr2;
 Npp8u * host_dst_ptr1[NUM_STREAMS];
 Npp8u * host_dst_ptr2;

 CUDA_CALL(cudaMallocHost((void **) &host_src_ptr1, num_bytes));
 CUDA_CALL(cudaMallocHost((void **) &host_src_ptr2, num_bytes));
 CUDA_CALL(cudaMallocHost((void **) &host_dst_ptr2, num_bytes));
 for (u32 i=0; i< NUM_STREAMS; i++)
 {
  CUDA_CALL(cudaMallocHost((void **) &(host_dst_ptr1[i]), num_bytes));
 }

 // Declare and allocate memory on the device
 Npp8u * device_src_ptr1[NUM_STREAMS];
 Npp8u * device_src_ptr2[NUM_STREAMS];
 Npp8u * device_dst_ptr1[NUM_STREAMS];
 Npp8u * device_dst_ptr2[NUM_STREAMS];
 for (u32 i=0; i< NUM_STREAMS; i++)
 {
  CUDA_CALL(cudaMalloc((void **) &(device_src_ptr1[i]), num_bytes));
  CUDA_CALL(cudaMalloc((void **) &(device_src_ptr2[i]), num_bytes));
  CUDA_CALL(cudaMalloc((void **) &(device_dst_ptr1[i]), num_bytes));
  CUDA_CALL(cudaMalloc((void **) &(device_dst_ptr2[i]), num_bytes));
 }

 // Fill host src memory with random data
 for (u32 i=0; i< num_bytes; i++)
 {
  host_src_ptr1[i] = (rand() % 255);
  host_src_ptr2[i] = (rand() % 255);
 }

 TIMER_T start_time_device = get_time();

 printf("\nRunning Device Synchronous version");

 for (u32 i=0; i< NUM_STREAMS; i++)
 {
  // Copy the random data to the device
```

```
    CUDA_CALL(cudaMemcpy(device_src_ptr1[i], host_src_ptr1,
                         num_bytes, cudaMemcpyHostToDevice));
    CUDA_CALL(cudaMemcpy(device_src_ptr2[i], host_src_ptr2,
                num_bytes, cudaMemcpyHostToDevice));

    // Call NPP library to perform the XOR operation on the device
    NPP_CALL(nppsXor_8u(device_src_ptr1[i], device_src_ptr2[i],
               device_dst_ptr1[i], num_bytes));

    // Copy the XOR'd data on the device back to the host
    CUDA_CALL(cudaMemcpy(host_dst_ptr1[i], device_dst_ptr1[i],
               num_bytes, cudaMemcpyDeviceToHost));
   }

   // Grab the end time
   // Last memcpy is synchronous, so CPU time is fine
   TIMER_T delta_time_device = get_time() - start_time_device;

   printf("\nRunning Host version");

   // Perform the same XOR on the host
   TIMER_T start_time_cpu = get_time();
   for (u32 i=0; i< NUM_STREAMS; i++)
   {
    for (u32 i=0; i< num_bytes; i++)
    {
     host_dst_ptr2[i] = host_src_ptr1[i] ^ host_src_ptr2[i];
    }
   }
   TIMER_T delta_time_cpu = get_time() - start_time_cpu;

   // Compare the device data with the host calculated version
   for (u32 i=0; i< NUM_STREAMS; i++)
   {
    compare_results(host_dst_ptr1[i], host_dst_ptr2, num_bytes,
               "\nSingle Stream Comparison between CPU and GPU processing: ");
   }

   printf("\nRunning Device Asynchronous version");

   // Now run and alternate streamed version
   // Create a stream to work in

   cudaStream_t async_stream[NUM_STREAMS];
   for (u32 i=0; i< NUM_STREAMS; i++)
   {
    CUDA_CALL(cudaStreamCreate(&async_stream[i]));
   }

   // Grab the CPU time again
```

```
start_time_device = get_time();

for (u32 i=0; i< NUM_STREAMS; i++)
{
 // Tell NPP to use the correct stream
 NPP_CALL(nppSetStream(async_stream[i]));

 // Copy the random data to the device using async transfers
 CUDA_CALL(cudaMemcpyAsync(device_src_ptr1[i], host_src_ptr1, num_bytes,
           cudaMemcpyHostToDevice, async_stream[i]));
 CUDA_CALL(cudaMemcpyAsync(device_src_ptr2[i], host_src_ptr2, num_bytes,
          cudaMemcpyHostToDevice, async_stream[i]));

 // Call NPP library to perform the XOR operation on the device
 NPP_CALL(nppsXor_8u(device_src_ptr1[i], device_src_ptr2[i],
           device_dst_ptr1[i], num_bytes));
}

for (u32 i=0; i< NUM_STREAMS; i++)
{
 // Tell NPP to use the correct stream
 NPP_CALL(nppSetStream(async_stream[i]));

 // Copy the XOR'd data on the device back to the host using async mode
 CUDA_CALL(cudaMemcpyAsync(host_dst_ptr1[i], device_dst_ptr1[i], num_bytes,
          cudaMemcpyDeviceToHost, async_stream[i]));
}
// Wait for everything to complete
for (u32 i=0; i< NUM_STREAMS; i++)
{
 CUDA_CALL(cudaStreamSynchronize(async_stream[i]));
}

// Grab the end time
TIMER_T delta_time_device_async = get_time() - start_time_device;

// Compare the device data with the host calculated version
for (u32 i=0; i< NUM_STREAMS; i++)
{
 compare_results(host_dst_ptr1[i], host_dst_ptr2, num_bytes, "\nMulti Stream
Comparison between CPU and GPU processing: ");
}

printf("\nCPU Time: %.1f, GPU Sync Time: %.1f, GPU Async Time: %.1f", delta_time_cpu,
delta_time_device, delta_time_device_async);

// Free host and device memory
for (u32 i=0; i< NUM_STREAMS; i++)
{
 CUDA_CALL(cudaFree(device_src_ptr1[i]));
```

```
    CUDA_CALL(cudaFree(device_src_ptr2[i]));
    CUDA_CALL(cudaFree(device_dst_ptr1[i]));
    CUDA_CALL(cudaFree(device_dst_ptr2[i]));
    CUDA_CALL(cudaFreeHost(host_dst_ptr1[i]));
    CUDA_CALL(cudaStreamDestroy(async_stream[i]));
  }

  CUDA_CALL(cudaFreeHost(host_src_ptr1));
  CUDA_CALL(cudaFreeHost(host_src_ptr2));
  CUDA_CALL(cudaFreeHost(host_dst_ptr2));

  // Reset the device so it's clear for next time
  CUDA_CALL(cudaDeviceReset());
}
```

我们在流版本中看到的主要不同是，现在我们需要在主机端有多个输出数据块，同时在设备端要有多个副本。因此，所有的设备阵列可以通过 [NUM_STREAMS] 索引，这就使每个流可以完全独立于其他流进行操作。

为了使用异步模型我们需要像锁页内存一样分配主机内存，因此我们必须使用 cudaHost-Malloc 而不是 malloc。相应的内存执行操作使用 cudaFreeHost 而不是 free。我们还需要在处理流的数据之前等待流的完成。在这个例子中，我们等待了所有的 4 个流，但是实际上，如果一个流完成了，会被提供更多的工作。分别看一看第 8 章和第 9 章中关于多 GPU 编程和优化的内容，了解这是如何工作的。

从 Parallel Nsight 中我们可以看到，这确实在新的流版本的代码中发生了（参见图 10-1）。请注意 Parallel Nsight 的输出在两次大规模的到设备的传输后紧接着是少部分的内核操作。同时也要注意流 2 中的内核仍在执行时（Memory 和 Compute 两行）流 3 中的传输已经开始了。最后，注意传回主机的传输都是一个接一个进行的。

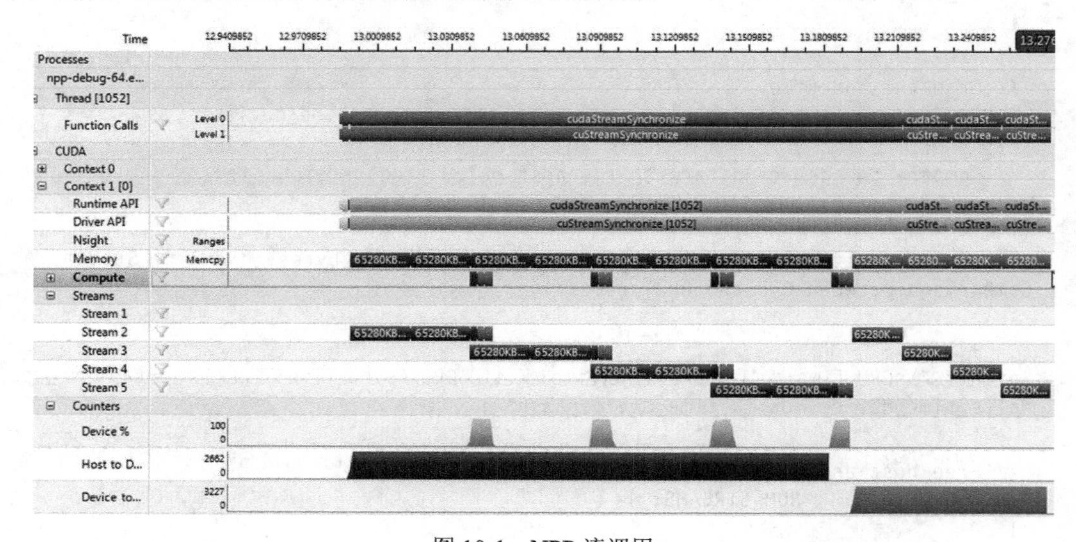

图 10-1 NPP 流调用

在这个例子中，传输决定了总体的时间帧（经常都是这样的）。这主要取决于你在 GPU 执行的处理规模以及你是否需要持续传输数据。把数据留在 GPU 是一个很好的解决方案，尤其是如果以后你想将它可视化或者不需要在主机端保留一份副本。

在这个特定的例子中，由于和传输时间相比这些内核执行时间都比较少，因此同步时间为 300ms 而异步时间为 280ms。我们会遇到一个很短的内核 / 传输重叠期，因此我们仅在整体时间帧中节省了这段时间。为了从能够并行的独立工作负载中显著地受益，我们需要加入更多 GPU，其中传输和内核可以在 N 个 GPU 上并行地执行。

综合考虑事件、内存复制和内核，使用异步模式会使你的程序获得巨大的提升。这是因为当 CPU 安排更多的任务时，CUDA 设备会继续执行工作集而不是闲置。通过对相互独立的工作单元使用多个流，除了常规的数据级并行外，你还可以定义任务级的并行。在某种程度上，这在费米级的 GPU（计算能力 2.x）上是可以利用的特性，因为它以前经常通过并排的和并发的内核来填充 GPU。随着 GPU 中的 SM 设备变得越来越大（开普勒架构就是这种情况），这也就变得越来越重要。

请注意，这里的设置是针对消费级显卡中的单 DMA 传输引擎的。Tesla 设备启用了 2 个 DMA 引擎，这使得从设备发起的传输和到设备的传输也可以重叠执行。在之前的时间轴中这可能会导致（随着一些程序的变更）“复制到设备”传输发生的同时发生“复制回主机”传输。事实上，我们可以消除“复制回主机”的传输时间，这样可以节省大量的时间。由于 Tesla 设备上的两个 DMA 引擎都启用了，因此启用流可以为这个平台带来很多好处。

同样注意对于这个测试，我们使用了 PCI-E 2.0 X8 链路。如果使用 PCI-E 3.0 X16 链路可以将传输时间减少为现在的 1/4，这就使传输不再是一个严重的问题。

一旦你让内核工作了（而且仅在你让它工作时），就切换到异步操作模式。然而，异步操作会让调试工作变得更加复杂，因此最好只在所有部分都正确工作的情况下才这样做。

SDK 样例：Grabcut、Histogram Equalization、BoxFilter、Image Segmentation、Interoperability with the FreeImage library。

10.2.3 Thrust

熟悉 C++ 的人可能使用过 C++ STL，特别是 BOOST 函数库。模板实际上是 C++ 中非常有用的一个特性。在传统的 C 语言中，如果你有一个要执行某一操作的简单函数，例如求和操作，你需要明确地指定操作类型。因此，你可能需要下面这样的代码：

```
int sum(const int x, const int y)
{
  return x+y;
}
```

如果要调用这个函数并且传递一个浮点数，那么就需要一个新的函数。由于 C 语言不允许两个函数有相同的函数名，我们需要使用像 sum_i32、sum_u8、sum_u32、sum_f32 等这样的函数名。然而，提供或者使用类型特定的函数库是很枯燥的。

C++ 试图通过函数重载的方式来解决这个问题。这就使多个函数能够使用相同的名字。

根据传递参数的类型，系统会调用合适的函数。然而，即使现在可以使用相同的名字调用各个函数，函数库的提供者仍然需要编写函数体来解决 int8、int16、f32 等不同参数类型。

C++ 模板系统解决了这个问题。我们得到一个通用的函数并且只有参数的类型会发生改变。那么程序员就不需要多次复制、粘贴代码以支持所有他们想象得到的可能情况。模板（正如它的名字表明的）意味着以类型无关的方式为想要执行的操作提供一个模板。如果函数被调用了（并且只有在函数被调用时），编译器会在编译时生成相应版本的函数。

因此，STL 出现了，它是 C++ 中一些与常见函数的类型无关的定义。如果你碰巧使用的是 int32 版本而不是 float32 版本，那么只有 int32 版本会最终在你的应用程序中生成实际的代码。与函数库相反，模板的缺点是它会在每次编译运行时被编译，因此这就增加了编译时间。

NVCC 编译器实际上是 C++ 的前端而不是 C 的前端。和主要的 Linux 和 MAC 开发环境一样，Microsoft Visual Studio 作为 Windows 平台上的标准开发包，也支持 C++ 语言。

Thrust 函数库支持很多 STL 容器，因此这就使其能支持大规模的并行处理器。最简单的结构往往是最好的，因此数组（STL 所说的向量）在 Thrust 中被很好地支持。然而，并不是所有容器都适用，例如 list 容器就有未知的访问时间以及可变的长度。

在探究 Thrust 之前，我们需要提到的另一个 C++ 中的概念是 C++ 是命名空间。如果在 C 语言中声明了两个名字相同的函数，会在链接阶段遇到错误（如果它在编译时没有检测到的话）。在 C++ 中，假如两个相同函数名属于不同命名空间，是非常有效的做法。命名空间有点类似于为函数指定一个函数库前缀以使编译器辨别应该在哪个函数库中寻找函数。C++ 命名空间实际上是一个类选择器。从高层次来说，C++ 的类仅仅是一种将相关函数和数据聚集起来定义的一种方式。因此，假如我们使用了不同的命名空间，那么我们的同一个函数可以有不同调用。例如：

```
ClassNameA::my_func();
ClassNameB::my_func();
```

由于有了命名空间前缀，编译器能够识别出哪个函数将会调用。如果把类定义看作是既包含数据又有许多函数指针的结构体定义的话，那么 ::（两个冒号）就等价于→操作符。

最后，为了使用 Thrust 函数库我们还需要另一个 C++ 中的概念，那就是仿函数（functor）。仿函数可以认为是一个可以存储状态和数据的函数指针。它实际上是基于某个给定类定义的对象实例的指针。

如果曾经使用过诸如 qsort（Quicksort）这样标准 C 函数库中的函数的话，可能会对“用户提供的函数”这个概念比较熟悉。在 qsort 中，要提供一个比较函数指出一个不透明的数据对象与另一个不透明的数据对象相比是大还是小。可能会有某个特定的或多个标准对数据记录进行排序。qsort 函数库的提供者无法预想到太多种可能性，因此他们提供了一个正规的参数而你必须要将自己的对比函数传递给它。

Thrust 函数库提供了两个向量容器。STL 中的向量仅是能够改变大小的数组，它能够容纳任何类型的元素。Thrust 分别为主机和设备提供了向量类并且分别驻留在主机和设备的全局内存中。

向量可以使用数组下标（[and] 两个符号）进行读取或修改。然而，请注意如果向量在设备上，那么对于每个这样的访问，Thrust 通过 PCI-E 总线在后台执行单独的传输。因此，把这样一个结构放在循环里是一个很糟糕的主意。

使用 Thrust 的第一步是从 Thrust 向量获取需要的数据。因此，我们首先要包含必需的包含文件。Thrust 提供了以下大量的函数类型集合：

- 转换（transformation）
- 归约（reduction）
- 前缀求和（prefix sum）
- 再排序（reordering）
- 排序（sorting）

Thrust 并不是传统意义上的函数库，因为它的所有内容都在所包含的头文件中。因此，要避免包含所有的文件，只要包含需要的头文件就行了。

Thrust 提供了两种向量对象：host_vector 和 device_vector，通过 C++ 语法我们可以创建这些对象的实例。例如：

```
thrust::host_vector <float> my_host_float_vector(200);
thrust::device_vector <int> my_device_int_vector(500);
```

在这段代码中，我们声明了两个对象。一个物理上存在于主机，另一个存在于设备上。

thrust:: 这部分指定了类命名空间，基本上可以认为它像 C 语言中的函数库标识符一样。host_vector 和 device_vector 是对象提供的函数（构造函数）。<int> 和 <float> 标识符传递给构造函数（初始化函数）以构造对象。然后，构造函数使用它们并与传入函数的参数值一起分别分配 200 个大小为 sizeof（float）的元素和 500 个大小为 sizeof（int）的元素。在内部可能会有其他的数据结构，但是从高的层次来说，使用这样的构造器是很有效的。

C++ 中的对象也有一个析构函数，当对象超出域的范围时该函数会调用。该函数负责回收所有的构造函数分配的或对象在运行时使用的资源。因此，和 C 语言有所不同，对于 Thrust 向量，我们没有必要调用 free 或 cudaFree。

定义好一个向量之后现在需要对向量进行数据存取。Thrust 向量从概念上来说仅仅是一个可以改变大小的数组。因此，向量对象提供了 size() 函数，它返回向量中元素的个数。这样就可以使用标准循环结构了，例如：

```
for (int i=0; i < my_device_int_vector.size(); i++)
{
  int x = my_device_int_vector[i];
  ...
}
```

在这个例子中，数组 [ ] 操作符由类定义提供。因此，在每次迭代中会调用一个函数将 i 转换成物理上的数据。如果这份数据碰巧在设备上，Thrust 将会在后台产生一个从设备到主机的传输，这对程序员是完全透明的。size() 函数意味着只有在运行时我们才会知道迭代的次数。由于元素个数可能在循环体中改变，因此该函数必须在每次迭代中调用一次。同时，这也防止了编译器静态地展开循环。

是否喜欢这样做取决于自己的想法。喜欢它的阵营中的人更喜欢抽象化因为它可以使编程变得更加简单并且不需要关注硬件。这个阵营主要由一些没有经验的程序员和那些仅仅想尽快完成计算的人组成。讨厌它的人想要弄清楚到底发生了什么并且强烈地想提升已有硬件的性能。他们不希望使用简单的数组解除引用来初始化一个非常低效的4字节的PCI-E传输。在进行调度时，他们更喜欢为数兆字节的主机和设备之间的传输，因为这样更加有效。

事实上，Thrust同时满足了这两个阵营的人。大规模的传输可以简单地通过使用设备向量初始化主机向量或相反的方式实现。例如：

```
thrust::host_vector <float> my_host_float_out_vector
(my_device_float_results_vector.begin(), my_device_float_results_vector.end() );
```

或

```
thrust::copy(my_host_float_out_vector.begin(), my_host_float_out_vector.end(),
my_device_float_results_vector.begin(), my_device_float_results_vector.begin() );
```

在第一个例子中，我们在主机端创建了一个新的向量并且用设备向量初始化了该主机向量。请注意，我们并没有像之前创建主机向量时那样只在构造函数中指定一个参数值，这里我们指定了两个值。在这种情况下，Thrust通过减法计算出需要复制的元素个数并且相应地在主机上分配存储空间。

在第二个例子中，我们使用了显式复制的方法。这种方法（函数）需要3个参数：目标区域的起点和结尾以及源区域的起点。由于Thrust知道使用的向量是什么类型的，因此该复制方法对主机和设备都适用。我们没有必要指定额外的参数，比如cudaMemcpyDeviceToHost或cudaMemcpyHostToDevice或根据传递的值的类型调用不同的函数。Thrust仅通过使用C++模板重载命名空间，从而可以根据传递的参数调用一些函数。由于这些是在编译时完成的，因此从强类型检查中受益并且没有运行时的开销。模板是C++与C相比的主要好处之一。

1. 使用Thrust提供的函数

一旦数据在Thrust设备向量或主机向量容器中，我们就可以使用大量Thrust提供的标准函数。Thrust提供了一个简单的排序函数，该函数只需要提供向量开头和结尾的索引。它把任务分配到不同的线程块上并且执行任何归约和线程块间的通信操作。经常会有CUDA新手在这样的代码中犯错误。有了类似使得排序函数的标准函数，利用GPU就像使用常见的C语言qsort函数库例程一样简单。

```
thrust::sort(device_array.begin(), device_array.end());
```

我们可以从一个小的程序中看到这一点确实存在。

```
#include <thrust/host_vector.h>
#include <thrust/device_vector.h>
#include <thrust/generate.h>
#include <thrust/sort.h>
#include <thrust/copy.h>
```

```
#include <cstdlib>

// 1M Elements = 4MB Data
#define NUM_ELEM (1024*1024)

int main(void)
{
 // Declare an array on the host
 printf("\nAllocating memory on host");
 thrust::host_vector<int> host_array(NUM_ELEM);

 // Populate this array with random numbers
 printf("\nGenerating random numbers on host");
 thrust::generate(host_array.begin(), host_array.end(), rand);
 // Create a device array and populate it with the host values
 // A PCI-E transfer to device happens here
 printf("\nTransferring to device");
 thrust::device_vector<int> device_array = host_array;

 // Sort the array on the device
 printf("\nSorting on device");
 thrust::sort(device_array.begin(), device_array.end());

 // Sort the array on the host
 printf("\nSorting on host");
 thrust::sort(host_array.begin(), host_array.end());

 // Create a host array and populate it with the sorted device values
 // A PCI-E transfer from the device happens here
 printf("\nTransfering back to host");
 thrust::host_vector<int> host_array_sorted = device_array;

 printf("\nSorting Complete");

 return 0;
}
```

2. 关于 Thrust 的问题

有趣的是，基于 GPU 和 CPU 的排序可能在相同的时间执行也可能在不同的时间执行，这取决于如何安排传输。不幸的是，Thrust 总是使用默认的流并且无法像 NPP 函数库那样改变它。因为没有流参数可以传递，也没有函数可以设置当前选择的流。

使用默认的流会产生一些严重的问题。排序操作实际上只是一系列运行在 0 号流上的内核。这些内核（和其他内核一样）异步地启动。然而，内存传输操作（除非明确的异步完成）却是同步的。因此，任何从 Thrust 调用的函数会返回一个值（例如 reduce），任何复制回主机的操作都会引发一个隐式的同步。在样例代码中，在从设备复制回的代码后加入主机数组排序调用，这样就会使 GPU 和 CPU 排序串行化。

3. 多CPU/GPU的思考

在CPU端，Thrust自动地产生N个线程，N为物理处理器核的个数。实际上，Thrust在CPU端使用OpenMP，并且OpenMP在默认情况下会使用CPU上物理处理器核的个数。

如果GPU版本也像这样将一个任务划分到N个GPU上工作就好了。主机端实现了一个基于NUMA（非统一内存访问）的内存系统。这意味着任何CPU套接字和CPU核可以访问所有的内存地址。因此，即使在双CPU系统中，8、12或16个CPU核可以针对某一问题并行地工作。

多GPU更像是一群连接到PCI-E总线上的分布式内存机器。如果有正确的硬件和操作系统，GPU可以使用对等（p2p）功能通过总线直接和其他GPU交流。多GPU共同工作以完成排序操作是有些复杂的。

然而，像常规的多GPU编程一样，Thrust支持单线程/多GPU和多线程/多GPU模型。它并不会隐式地利用多GPU，而是让程序员选择创建多线程或是在合适的地方使用cudaSetDevice调用以选择可以正确工作的设备。

使用多处理器进行排序有两种基本方法。第一种是使用归并排序。在这种方法中，数据划分成多个大小相同的块，每一块单独排序，最后再采用归并操作。第二种是使用像我们之前在样例程序中看到的算法，对数据块进行部分排序或是预排序。然后，排好序的数据块，可以单独地排序或者是简单地将它们组合在一起以形成排好序的输出结果。

由于内存访问时间比比较时间要多很多，因此传递最少数据（无论是读还是写）的算法往往是最快的。产生竞争的操作（例如归并）和那些能够在整个过程中都维持高并行性的算法相比最终会限制算法的可扩展性。

对于基本类型（u8、u16、u32、s8、s16、s32、f32、f64），Thrust使用一种非常快速的基数排序，在之前的样例中我们已经看到了。对于其他类型和用户自定义的类型Thrust使用归并排序。Thrust根据数据类型和范围，会自动调整基数排序使用的位数。因此，一个最大数据范围仅为256的32位排序，比使用全部数据范围的排序快很多。

4. 排序时间

为了看到程序中的时间，我们在Thrust的样例程序中加入定时器并且看看获取的数据。

```
#include <thrust/host_vector.h>
#include <thrust/device_vector.h>
#include <thrust/generate.h>
#include <thrust/sort.h>
#include <thrust/copy.h>
#include <cstdlib>

#include "cuda_helper.h"
#include "timer.h"

void display_gpu_name(void)
{
 int device_num;
 struct cudaDeviceProp prop;
```

```
    CUDA_CALL(cudaGetDevice(&device_num));

    // Get the device name
    CUDA_CALL( cudaGetDeviceProperties( &prop, device_num ) );
    // Print device name and logical to physical mapping
    printf("\n\nUsing CUDA Device %u. Device ID: %s on PCI-E %d",
     device_num, prop.name, prop.pciBusID);
  }

  // 4M Elements = 16MB Data
  #define NUM_ELEM (1024*1024*4)

  int main(void)
  {
    int num_devices;
    CUDA_CALL(cudaGetDeviceCount(&num_devices));
    for (int device_num = 0; device_num < num_devices; device_num++)
    {
     CUDA_CALL(cudaSetDevice(device_num));
     display_gpu_name();

     const size_t size_in_bytes = NUM_ELEM * sizeof(int);
     printf("\nSorting %lu data items (%lu MB)", NUM_ELEM, (size_in_bytes/1024/1024));

     // Allocate timer events to track time
     float c2d_t, sort_d_t, sort_h_t, c2h_t;
     cudaEvent_t c2d_start, c2d_stop;
     cudaEvent_t sort_d_start, sort_d_stop;
     cudaEvent_t c2h_start, c2h_stop;

     CUDA_CALL(cudaEventCreate(&c2d_start));
     CUDA_CALL(cudaEventCreate(&c2d_stop));
     CUDA_CALL(cudaEventCreate(&sort_d_start));
     CUDA_CALL(cudaEventCreate(&sort_d_stop));
     CUDA_CALL(cudaEventCreate(&c2h_start));
     CUDA_CALL(cudaEventCreate(&c2h_stop));

     // Declare an array on the host
     printf("\nAllocating memory on host");
     thrust::host_vector<int> host_array(NUM_ELEM);

     // Populate this array with random numbers
     printf("\nGenerating random numbers on host");
     thrust::generate(host_array.begin(), host_array.end(), rand);

     // Create a device array and populate it with the host values
     // A PCI-E transfer to device happens here
     printf("\nTransferring to device");
     CUDA_CALL(cudaEventRecord(c2d_start, 0));
     thrust::device_vector<int> device_array = host_array;
```

```
    CUDA_CALL(cudaEventRecord(c2d_stop, 0));

    // Sort the array on the device
    printf("\nSorting on device");
    CUDA_CALL(cudaEventRecord(sort_d_start, 0));
    thrust::sort(device_array.begin(), device_array.end());
    CUDA_CALL(cudaEventRecord(sort_d_stop, 0));
    CUDA_CALL(cudaEventSynchronize(sort_d_stop));

    // Sort the array on the host
    printf("\nSorting on host");
    sort_h_t = get_time();
    thrust::sort(host_array.begin(), host_array.end());
    sort_h_t = (get_time() - sort_h_t);

    // Create a host array and populate it with the sorted device values
    // A PCI-E transfer from the device happens here
    printf("\nTransfering back to host");
    CUDA_CALL(cudaEventRecord(c2h_start, 0));
    thrust::host_vector<int> host_array_sorted = device_array;
    CUDA_CALL(cudaEventRecord(c2h_stop, 0));

    // Wait for last event to be recorded
    CUDA_CALL(cudaEventSynchronize(c2h_stop));

    printf("\nSorting Complete");

    // Calculate time for each aspect
    CUDA_CALL(cudaEventElapsedTime(&c2d_t, c2d_start, c2d_stop));
    CUDA_CALL(cudaEventElapsedTime(&sort_d_t, sort_d_start, sort_d_stop));
    CUDA_CALL(cudaEventElapsedTime(&c2h_t, c2h_start, c2h_stop));

    printf("\nCopy To Device : %.2fms", c2d_t);
    printf("\nSort On Device : %.2fms", sort_d_t);
    printf("\nCopy From Device : %.2fms", c2h_t);
    printf("\nTotal Device Time: %.2fms", c2d_t + sort_d_t + c2h_t);
    printf("\n\nSort On Host : %.2fms", sort_h_t);

    CUDA_CALL(cudaEventDestroy(c2d_start));
    CUDA_CALL(cudaEventDestroy(c2d_stop));
    CUDA_CALL(cudaEventDestroy(sort_d_start));
    CUDA_CALL(cudaEventDestroy(sort_d_stop));
    CUDA_CALL(cudaEventDestroy(c2h_start));
    CUDA_CALL(cudaEventDestroy(c2h_stop));
  }
  return 0;
}
```

由于 Thrust 对所有的调用使用默认的流，因此，为了对设备代码进行计时，我们简单地加入一些事件并且获取不同事件间的时间差。然而请注意，我们需要在排序后和最后一个事件完成后对流进行同步。cudaEventRecord 函数（即使设备现在没有做任何事情）会立刻返回并且不会设置事件。因此，在设备排序后遗漏了同步调用会大量增加实际报告的时间。

我们从 4 个不同设备上获取的对 16MB 随机数据进行排序的时间如表 10-1 和图 10-2 所示。正如在表格中看到的，当我们按照时间轴负方向看各代的 GPU 时，发现执行速度会线性地减少。从计算能力 1.1 的 9800GT 之后，我们看到了执行时间上巨大的飞跃。9800GT 的内存带宽比 GTX 260 的一半还要小并且处理能力最多是它的 2/3。

表 10-1 Thrust 在不同设备上的排序时间

Device	Time	Device	Time
GTX470	67.45	GTX260	109.02
GTX460	85.18	9800GT	234.83

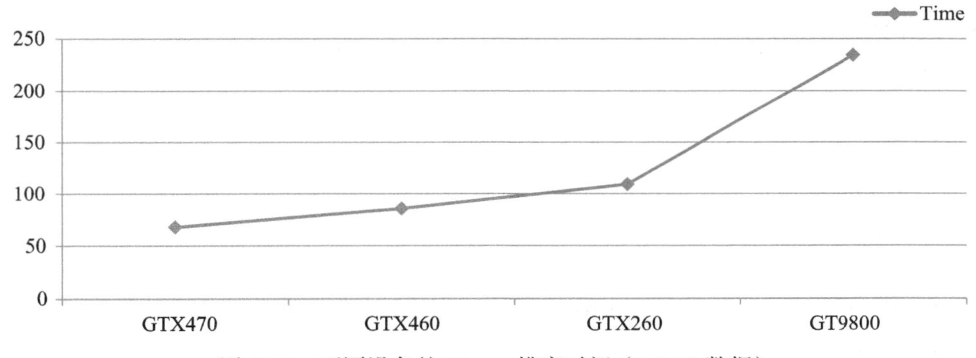

图 10-2 不同设备的 Thrust 排序时间（16MB 数据）

通过比较，2.5GHz AMD Phenom II X4 的主机时间是很糟糕的。它的排序时间（大约 2400ms）甚至比 9800GT 还要慢十多倍。然而，这个比较真的公平吗？这取决于 Thrust 在 CPU 上实现的排序效率有多高，以及使用的特定的 CPU 和主机内存带宽。Parallel Nsight 和任务管理器都表明在我们的测试系统中 Thrust 没有占用超过 25% 的 CPU 负载。这表明它远远没有充分地利用 CPU 资源。因此，这样的对比，对于 CPU 是不公平的并且会人为地拉高 GPU 的性能参数。

```
Using CUDA Device 0. Device ID: GeForce GTX 470 on PCI-E 8
Sorting 4194304 data items (16 MB)
Allocating memory on host
Generating random numbers on host
Transferring to device
Sorting on device
Sorting on host
Transfering back to host
Extracting data from Thrust vector
Sorted arrays Match
```

```
Running single core qsort comparison
Sorting Complete
Copy To Device : 10.00ms
Sort On Device : 58.55ms
Copy From Device : 12.17ms
Total Device Time : 80.73ms

Thrust Sort On Host: 2398.00ms
QSort On Host : 949.00ms
```

正如看到的一样，单核的qsort的性能能够轻易地超过CPU端的Thrust排序，并且使用了接近100%的单核负载。如果我们假设并行版本有着和之前OpenMP归约相似的加速比(通常的CPU的数据是这里显示的一半)，比如说475ms。即使这样，基于GPU的Thrust排序的速度仍然超过了CPU，大约是它的6倍（即使算上PCI-E总线上的传输）。

Thrust也有许多其他有用的函数：

- 二分查找
- 归约
- 归并
- 重排序
- 前缀求和
- 集合操作
- 变换

Thrust用户指南提供了所有这些函数的文档说明。这些函数的使用方法类似于我们这里使用的排序的例子。

很显然，我们可以写出很多关于Thrust的内容，但是这一章总体上是关于函数库的，因此，我们只会再介绍一个例子，这就是归约。

```
#include <thrust/host_vector.h>
#include <thrust/device_vector.h>
#include <thrust/sequence.h>
#include <thrust/sort.h>
#include <thrust/copy.h>
#include <cstdlib>
#include "cuda_helper.h"
#include "timer.h"

void display_gpu_name(void)
{
 int device_num;
 struct cudaDeviceProp prop;

 CUDA_CALL(cudaGetDevice(&device_num));

 // Get the device name
```

```
 CUDA_CALL( cudaGetDeviceProperties( &prop, device_num ) );

 // Print device name and logical to physical mapping
 printf("\n\nUsing CUDA Device %u. Device ID: %s on PCI-E %d",
  device_num, prop.name, prop.pciBusID);
}

long int reduce_serial(const int * __restrict__ const host_raw_ptr,
                       const int num_elements)
{
 long int sum = 0;

 for (int i=0; i < num_elements; i++)
  sum += host_raw_ptr[i];

 return sum;
}

long int reduce_openmp(const int * __restrict__ const host_raw_ptr,
            const int num_elements)
{
 long int sum = 0;

#pragma omp parallel for reduction(+:sum) num_threads(4)
 for (int i=0; i < num_elements; i++)
  sum += host_raw_ptr[i];

 return sum;
}

// 1M Elements = 4MB Data
#define NUM_ELEM_START (1024*1024)
#define NUM_ELEM_END (1024*1024*256)
int main(void)
{
 int num_devices;
 CUDA_CALL(cudaGetDeviceCount(&num_devices));

 for (unsigned long num_elem = NUM_ELEM_START; num_elem < NUM_ELEM_END; num_elem *=2)
 {
  const size_t size_in_bytes = num_elem * sizeof(int);

  for (int device_num = 0; device_num < num_devices; device_num++)
  {
   CUDA_CALL(cudaSetDevice(device_num));
   display_gpu_name();

   printf("\nReducing %lu data items (%lu MB)", num_elem, (size_in_bytes/1024/1024));
   // Allocate timer events to track time
```

```
    float c2d_t, reduce_d_t, reduce_h_t, reduce_h_mp_t, reduce_h_serial_t;
    cudaEvent_t c2d_start, c2d_stop;
    cudaEvent_t sort_d_start, sort_d_stop;

    CUDA_CALL(cudaEventCreate(&c2d_start));
    CUDA_CALL(cudaEventCreate(&c2d_stop));
    CUDA_CALL(cudaEventCreate(&sort_d_start));
    CUDA_CALL(cudaEventCreate(&sort_d_stop));
    // Declare an array on the host
    thrust::host_vector<int> host_array(num_elem);

    // Populate this array with random numbers
    thrust::sequence(host_array.begin(), host_array.end());

    // Create a device array and populate it with the host values
    // A PCI-E transfer to device happens here
    CUDA_CALL(cudaEventRecord(c2d_start, 0));
    thrust::device_vector<int> device_array = host_array;
    CUDA_CALL(cudaEventRecord(c2d_stop, 0));

    // Sort the array on the device
    CUDA_CALL(cudaEventRecord(sort_d_start, 0));
    const long int sum_device = thrust::reduce(device_array.begin(),
device_array.end());
    CUDA_CALL(cudaEventRecord(sort_d_stop, 0));
    CUDA_CALL(cudaEventSynchronize(sort_d_stop));

    // Sort the array on the host
    reduce_h_t = get_time();
    const long int sum_host = thrust::reduce(host_array.begin(), host_array.end());
    reduce_h_t = (get_time() - reduce_h_t);
   // Allocate host memory
   int * const host_raw_ptr_2 = (int *) malloc(size_in_bytes);
   int *p2 = host_raw_ptr_2;

   if ( (host_raw_ptr_2 == NULL) )
   {
    printf("\nError allocating host memory for extraction of thrust data");
    exit(0);
   }

   // Extract data from Thrust vector to normal memory block
   for (int i=0; i<num_elem; i++)
   {
    *p2++ = host_array[i];
   }

   reduce_h_mp_t = get_time();
   const long int sum_host_openmp = reduce_openmp(host_raw_ptr_2, num_elem);
   reduce_h_mp_t = (get_time() - reduce_h_mp_t);

   reduce_h_serial_t = get_time();
```

```
        const long int sum_host_serial = reduce_serial(host_raw_ptr_2, num_elem);
        reduce_h_serial_t = (get_time() - reduce_h_serial_t);

        // Free memory
        free(host_raw_ptr_2);

        if ( (sum_host == sum_device) && (sum_host == sum_host_openmp) )
         printf("\nReduction Matched");
        else
         printf("\n**** FAILED ****");

        // Calculate time for each aspect
        CUDA_CALL(cudaEventElapsedTime(&c2d_t, c2d_start, c2d_stop));
        CUDA_CALL(cudaEventElapsedTime(&reduce_d_t, sort_d_start, sort_d_stop));

        printf("\nCopy To Device : %.2fms", c2d_t);
        printf("\nReduce On Device : %.2fms", reduce_d_t);
        printf("\nTotal Device Time : %.2fms", c2d_t + reduce_d_t);
        printf("\n\nThrust Reduce On Host: %.2fms", reduce_h_t);
        printf("\nSerial Reduce On Host: %.2fms", reduce_h_serial_t);
        printf("\nOpenMP Reduce On Host: %.2fms", reduce_h_mp_t);

        CUDA_CALL(cudaEventDestroy(c2d_start));
        CUDA_CALL(cudaEventDestroy(c2d_stop));
        CUDA_CALL(cudaEventDestroy(sort_d_start));
        CUDA_CALL(cudaEventDestroy(sort_d_stop));
      }
    }

    return 0;
    }
```

归约是一个非常有趣的问题（像我们之前见到的一样），考虑到数据传输到 GPU 的时间，我们很难编写出一个比 OpenMP 更快的版本。我们以绝对优势获胜，因为只有一个明显的到设备的传输，但是它却决定了整体的时间。然而，如果数据已经在 GPU 上了，那么这个传输就和归约步骤无关了。

接下来我们使用大规模的数据，对基于 Thrust 的归约操作进行计时（同时在主机和设备上）并和标准单核的串行归约操作、基于 OpenMP 的 4 核归约操作以及 4 个 GPU 测试设备进行对比，结果如表 10-2 和图 10-3 所示。表中缺少了 CPU 上的 Thrust 归约时间这一项，这是因为它要比其他的时间多很多。对于所有大小的线程块我们都得到了一致的结果：CPU Thrust 排序花费的时间大约是单核串行版本执行时间的 10 倍。

表 10-2　不同数据规模以及不同 GPU 上的归约操作时间（ms）

Device	4MB	8MB	16MB	32MB	64MB	128MB	256MB	512MB
GTX470	1.21	2.14	4.12	7.71	15.29	30.17	59.87	119.56
GTX460	1.7	3.34	6.26	12.13	23.9	47.33	97.09	188.39
GTX260	2.38	1.85	3.53	6.8	13.46	26.64	55.02	106.28
9800 GT	1.75	3.24	6.4	12.59	26.18	51.39	110.82	202.98
Copy	2.97	6.51	9.34	17.69	38.15	68.55	134.96	278.63
Serial	6	11	22	43	91	174	348	696
OpenMP	1	4	5	9	33	37	91	164

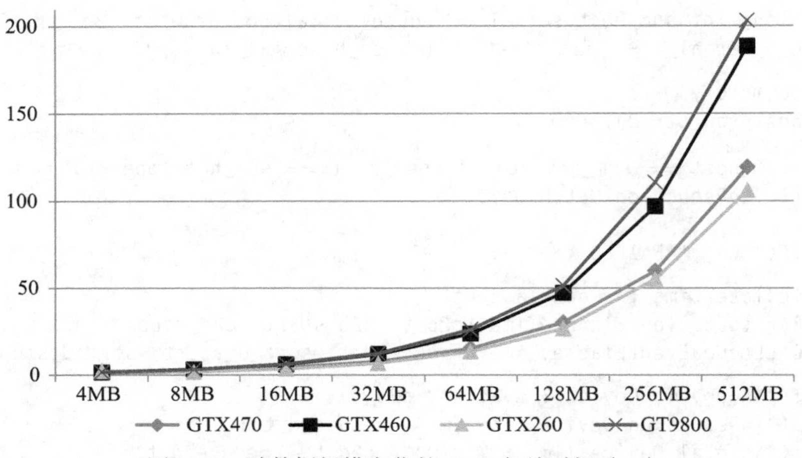

图 10-3 随数据规模变化的 GPU 归约时间（ms）

请注意图 10-3（和表 10-2），y 轴是以毫秒为单位的时间。因此，该值越小越好。令人惊讶的是，GTX260（获得了最好的归约时间）略微超过了之后版本的 GTX470。

这个结果很不错，但是与 CPU 版本相比如何呢？所有的显卡都比单核串行实现要快，加速大约为 3.5 ~ 7.0 倍。GTX470 和 GTX260 显卡和 OpenMP 版本相比，执行得也不错，其时间大约为并行 CPU 版本的 2/3。GTX460 和 CPU 版本接近，9800GT 相对更慢一些。然而，如果我们考虑到 PCI-E 2.0 x8 的传输时间，对于 512MB 数据是 278ms，即使是 GTX260 的 106ms，再加上 278ms 也要比 OpenMP 版本的 164ms 要慢。

对于使用 CUDA 实现的归约操作或支持流的 Thrust 异步版本，可以减少内核时间，因为我们使连续的传输和内核操作重叠执行。当然，这是假设我们有多个归约操作要执行或者将一个单独的归约操作分解成一系列小的归约操作。即使这样，预计的最好情况是 178ms，这仍然要比 OpenMP 版本慢。很明确的是，我们要在适当的地方利用 OpenMP 和 CPU。如果数据已经在 GPU 上了，那么就在 GPU 上执行归约操作。否则，使用 CPU 会更加有效，如图 10-4 所示。

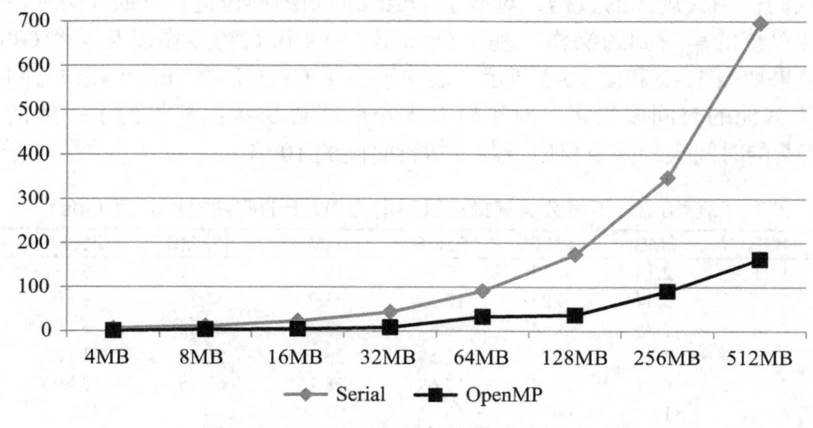

图 10-4 OpenMP 和串行归约时间（ms）

5. 使用 Thrust 和 CUDA

因此，我们希望在常规的 CUDA 代码中使用 Thrust 的这些特性。可以完全使用 Thrust 提供的操作编写自己的应用程序。然而，函数库永远不会包含所有东西，对于某些事情它们可以完全胜任，然而对于其他的却不是这样。因此，我们不希望仅仅为了利用函数库而强制使用某种特定的思考方式。

Thrust 并不提供用简单的方式从 host_vector 结构复制数据的机制。它仅仅提供了读取单独元素的方法。因此，一个复制操作一次只能执行一个元素，这是非常慢的。然而，使用 device_vectors，我们可以有另一种方法。

首先，需要自己在设备上分配存储空间，这样就会得到一个指向数据的指针而不是 Thrust 迭代器。然后需要将常规的设备指针转换成 Thrust 设备指针。我们使用 device_ptr 构造函数完成这一步骤。然后可能将该 Thrust 设备指针传给不同的 Thrust 函数。现在 Thrust 工作在你提供的基本数据上，因此它对你是可见的而不是隐藏在 Thrust 函数库中的。

我们可以改写排序程序以充分利用这一点。

```
#include <thrust/host_vector.h>
#include <thrust/device_vector.h>
#include <thrust/sort.h>
#include <cstdlib>

#include "cuda_helper.h"
#include "timer.h"
#include "common_types.h"

void display_gpu_name(void)
{
 int device_num;
 struct cudaDeviceProp prop;

 CUDA_CALL(cudaGetDevice(&device_num));

 // Get the device name
 CUDA_CALL( cudaGetDeviceProperties( &prop, device_num ) );

 // Print device name and logical to physical mapping
 printf("\n\nUsing CUDA Device %u. Device ID: %s on PCI-E %d",
  device_num, prop.name, prop.pciBusID);
}

__global__ void fill_memory(int * const __restrict__ data,
            const int num_elements)
{
 const int tid = (blockIdx.x * blockDim.x) + threadIdx.x;
 if (tid < num_elements)
  data[tid] = (num_elements - tid);
}

// 4M Elements = 16MB Data
```

```
#define NUM_ELEM (1024*1024*4)

int main(void)
{
 const size_t size_in_bytes = NUM_ELEM * sizeof(int);
 display_gpu_name();

 printf("\nSorting %lu data items (%lu MB)", NUM_ELEM, (size_in_bytes/1024/1024));
 // Declare an array on the device
 printf("\nAllocating memory on device");
 int * device_mem_ptr;
 CUDA_CALL(cudaMalloc((void **) &device_mem_ptr, size_in_bytes));

 const u32 num_threads = 256;
 const u32 num_blocks = (NUM_ELEM + (num_threads-1)) / num_threads;

 printf("\nFilling memory with pattern");
 fill_memory<<<num_threads, num_blocks>>>(device_mem_ptr, NUM_ELEM);

 // Convert the array to
 printf("\nConverting regular device pointer to thrust device pointer");
 thrust::device_ptr<int> thrust_dev_ptr(device_mem_ptr);

 // Sort the array on the device
 printf("\nSorting on device");
 thrust::sort(thrust_dev_ptr, thrust_dev_ptr + NUM_ELEM);

 printf("\nFreeing memory on device");
 CUDA_CALL(cudaFree(device_mem_ptr));

 return 0;
}
```

请注意 thrust::device_ptr 这个构造函数，它创建了 thrust_dev_ptr 这个对象并且之后能够传递给 thrust::sort 函数。和传统的迭代不同的是，Thrust 设备指针并没有“begin”和“end”函数，因此我们只能使用基地址加上长度来获得排序的最后一个元素。

这允许在简单的设备内核上实现主机初始化的 Thrust 调用。然而，要注意对于（截至 SDK 4.2）Thrust 并没有设备级的接口，因此无法在设备或全局函数中调用 Thrust 函数。诸如 sort 这样的函数，会自己产生多个内核。由于 GPU 自己无法产生其他的工作（至少在 Kepler K20 发布前），因此我们限制在了基于主机的控制。

SDK 样例程序：Line of Sight、Radix Sort、Particles、Marching Cubes、Smoke Particles。

10.2.4 CuRAND

CuRAND 函数库提供了 GPU 端不同类型的随机数字的生成。在 C 语言中，可能习惯在主机端调用标准库函数 rand()。和其他的标准库函数一样，rand() 无法在设备代码中调用。因此，唯一的选择是在主机端创建一组随机数字，然后将它们复制到设备端。但这会导致很多问题：

- 增加主机启动时间
- 增加 PCI-E 带宽
- 实际上，数据集的随机分布并不好

标准库函数 rand() 并不是设计来产生真正随机的数据的。它（像很多随机数生成算法一样）通过创建一组伪随机数字并且每次简单地从列表中选择下一个元素，从而实现随机数生成。因此，任何知道生成随机数所使用的种子的人都可以准确地预测出给定序列中的下一个随机数。

这往往会带来一些后果，尤其是在安全领域。很多算法利用随机性（以某种方式），使模仿对等方变得很困难。假如两个对等方交换随机数生成器的种子。对等方 A 将一个随机数解码成消息帧。使用相同的种子和相同的随机数生成器的对等方 B 知道要从对等方 A 收到哪一个数据标识符。假如捕获到了对等方 A 和 B 之间的标识符序列，那么攻击方（C）就有可能计算出下一个数字并且假装是对等方 A 或 B。

这是很有可能的，因为随机数字通常只是小规模的、重复的伪随机数字序列。如果随机数字集合很小，那么就很容易进行攻击。这个种子要么不是程序员设置的（设置成某个“秘密”数字），要么是基于当前时间设置的。启动时间并不是非常随机的，因此基于时间的种子事实上是在很小的窗口范围内。秘密很少能够保持神秘。

另外一个例子是密码生成。如果要在系统中创建几百个用户，那么他们经常会提交“随机”的密码，这些密码是第一次登录时填写的。这些密码可能是很长的字符串，并且让人产生一种很安全的感觉。然而，如果它们实际上是从使用小规模的伪随机数字集合的随机数生成器中选择出来的，那么实际暴力攻击的搜索空间是非常小的。

因此，在任何对序列进行预测而产生问题的情况中，我们需要的随机数要比大多数 rand() 标准库提供的更好。

为了使用 CuRAND 函数库，需要包含下列头文件：

```
#include <curand_kernel.h>
```

此外，需要确保链接了下列函数库：

```
C:\Program Files\NVIDIA GPU Computing Toolkit\CUDA\v4.1\lib\x64\curand.lib
```

很显然，要用当前使用的 CUDA 工具包的版本替代以上路径。接下来，让我们看看生成随机数的例子：

```
#include <stdio.h>
#include <stdlib.h>
#include <curand_kernel.h>
#include "cuda_helper.h"
#include "cuda.h"

#define CURAND_CALL(x){const curandStatus_t a = (x);if (a != CURAND_STATUS_SUCCESS){
printf("\nCuRand Error: (err_num=%d) \n", a); cudaDeviceReset(); ASSERT(0);} }
__host__ void print_array(const float * __restrict__ const data, const int num_elem)
{
 for (int i=0; i<num_elem; i++)
```

```
  {
   if ( i% 4 == 0)
    printf("\n");
   printf("%2d: %f ", i, data[i]);
  }
 }

__host__ int main(int argc, char *argv[])
{
 const int num_elem = 32;
 const size_t size_in_bytes = (num_elem * sizeof(float));

 curandGenerator_t rand_generator_device, rand_generator_host;
 const unsigned long int seed = 987654321;
 const curandRngType_t generator_type = CURAND_RNG_PSEUDO_DEFAULT;

 // Allocate memory on the device
 float * device_ptr;
 CUDA_CALL( cudaMalloc( (void **) &device_ptr, size_in_bytes ));

 // Allocate memory on the host for the device copy
 float * host_ptr;
 CUDA_CALL( cudaMallocHost( (void **) &host_ptr, size_in_bytes ));

 // Allocate memory on the host for the host version
 float * host_gen_ptr = (float *) malloc(size_in_bytes);
 if (host_gen_ptr == NULL)
 {
  printf("\nFailed to allocation memory on host");
  exit(0);
 }

 // Print library version number
 int version;
 CURAND_CALL(curandGetVersion(&version));
 printf("\nUsing CuRand Version: %d and generator: CURAND_RNG_PSEUDO_DEFAULT",
version);

 // Register the generator - note the different function calls
 CURAND_CALL(curandCreateGenerator(&rand_generator_device, generator_type));
 CURAND_CALL(curandCreateGeneratorHost(&rand_generator_host, generator_type));

 // Set the seed for the random number generators
 CURAND_CALL(curandSetPseudoRandomGeneratorSeed(rand_generator_device, seed));
 CURAND_CALL(curandSetPseudoRandomGeneratorSeed(rand_generator_host, seed));

 // Create a set of random numbers on the device and host
 CURAND_CALL(curandGenerateUniform(rand_generator_device, device_ptr, num_elem));
 CURAND_CALL(curandGenerateUniform(rand_generator_host, host_gen_ptr, num_elem));

 // Copy the set of device generated data to the host
 CUDA_CALL(cudaMemcpy(host_ptr, device_ptr, size_in_bytes, cudaMemcpyDeviceToHost));
```

```
    printf("\n\nRandom numbers from GPU");
    print_array(host_ptr, num_elem);

    printf("\n\nRandom numbers from Host");
    print_array(host_gen_ptr, num_elem);
    printf("\n");

    // Free device resources
    CURAND_CALL(curandDestroyGenerator(rand_generator_device));
    CUDA_CALL(cudaFree(device_ptr));
    CUDA_CALL(cudaFreeHost(host_ptr));
    CUDA_CALL(cudaDeviceReset());

    // Free host resources
    CURAND_CALL(curandDestroyGenerator(rand_generator_host));
    free(host_gen_ptr);
}
```

这个程序使用 CuRand API 在设备端和主机端生成 num_elem 个随机数。然后，它会打印这两组随机数。输出结果如下：

```
Using CuRand Version: 4010 and generator: CURAND_RNG_PSEUDO_DEFAULT

Random numbers from GPU
 0: 0.468090  1: 0.660579  2: 0.351722  3: 0.891716
 4: 0.624544  5: 0.861485  6: 0.662096  7: 0.007847
 8: 0.179364  9: 0.260115 10: 0.453508 11: 0.711956
12: 0.973453 13: 0.152303 14: 0.784318 15: 0.948965
16: 0.214159 17: 0.236516 18: 0.020540 19: 0.175973
20: 0.085989 21: 0.863053 22: 0.908001 23: 0.539129
24: 0.849580 25: 0.496193 26: 0.588651 27: 0.361609
28: 0.025815 29: 0.778294 30: 0.194206 31: 0.478006

Random numbers from Host
 0: 0.468090  1: 0.660579  2: 0.351722  3: 0.891716
 4: 0.624544  5: 0.861485  6: 0.662096  7: 0.007847
 8: 0.179364  9: 0.260115 10: 0.453508 11: 0.711956
12: 0.973453 13: 0.152303 14: 0.784318 15: 0.948965
16: 0.214159 17: 0.236516 18: 0.020540 19: 0.175973
20: 0.085989 21: 0.863053 22: 0.908001 23: 0.539129
24: 0.849580 25: 0.496193 26: 0.588651 27: 0.361609
28: 0.025815 29: 0.778294 30: 0.194206 31: 0.478006
```

在样例程序中，我们需要注意一个非常重要的问题：除了初始化随机数生成器外，API 调用对于设备函数和主机函数是相同的。设备版本必须使用 curandCreateGenerator，主机版本必须使用 curandCreateGeneratorHost。此外，请注意，curandGenerateUniform 函数必须使用相应的基于主机或设备的指针才能调用。如果将两者混合使用则很有可能导致 CUDA“未知错误”或是程序崩溃。不幸的是，由于主机端和设备端内存分配为常规的 C 指针，因此函数库无法告知我们传入的指针是设备端的还是主机端的。

我们同样要注意 CuRand（像 NPP 一样）支持多流。因此，对 curandSetStream（generator，stream）的调用会将函数库切换到流中的一个异步操作。默认情况下，函数库会使用 0 号流（默认流）。

使用 CuRand 库，可以选择很多类型的随机数生成器，包括一种使用 Mersenne Twister 算法进行 Monte Carlo 模拟的方法。

SDK 样例程序：Monte Carlo、Random Fog、Mersenne Twister、Sobol。

10.2.5 CuBLAS 库

我们要提到的最后一个函数库是 CuBLAS（CUDA 基本线性代数库）。CuBLAS 库是为了移植 Fortran 科学应用程序中普遍使用的 Fortran BLAS 库。为了允许简单地移植已存在的 Fortran BLAS 代码，CuBLAS 库维护了一个按列排列的布局，这与标准的 C 语言的按行排列的布局相反。同样，当访问数组元素时，它使用 1 ~ N 作为下标而不是 C 语言标准中的 0 ~（N-1）。

因此，如果想将 Fortran 中遗留的代码移植到 CUDA 中，使用 CuBLAS 库是很理想的。在过去的 10 年中，有很多代码库是使用 Fortran 编写的。这个库的最大好处之一是能够让这些遗留的代码在现代 GPU 加速的硬件上运行，而无须大量的代码修改。然而，这也是它的缺陷，因为它并不会吸引那些学习使用现代计算编程语言的人。

CuBLAS 库文档提供了一些样例宏可以将旧式的 Fortran 数组索引转化成大多数程序员认为的“常规”数组索引。然而，即使用宏或是内联函数实现了，对于那些试图使用“非 Fortran”索引的人来说，这会增加执行时间开销。这样来看使用该函数库对 C 程序员来说成为了一种痛苦。C 程序员更希望看到一种本身支持 C 数组索引的、独立的 C 风格的 CuBLAS 实现。

该函数库的第 4 个版本抛弃了以前的 API。现在它需要所有的调用者通过在其他任何调用之前调用 cublasCreate 函数创建一个句柄。该句柄用于随后的调用中，并且允许 CuBLAS 可重入且使用多异步流支持多 GPU 从而达到最佳性能。注意，尽管提供了这么多特性，程序员仍然要自己处理多设备。就像很多其他函数库提供的一样，CuBLAS 库不会自动地将负载分配到多 GPU 设备上。

通过包含 cublas_v2.h 文件而不是以前的 cublas.h 文件可以使用最新的 API。我们应该使用最新的 API 替代以前的 API。像 NPP 库一样，我们更希望对已经存在于 GPU 上的数据进行操作，因此调用者需要负责数据在设备间的传输。许多“ helper”函数提供了这些方面的帮助。

新的 CuBLAS 接口本身是完全异步的，这意味着即使函数有返回值也要把该返回值当作是不可用的，除非程序员特意等待异步 GPU 操作完成。这种向异步流的转移在 Kepler K20 发布后变得十分重要。

现在我们看一个简单的例子，在主机端声明一个矩阵 x，将它复制到设备上，执行一些操作，然后再将数据复制回主机并打印矩阵：

```
#include <stdio.h>
#include <stdlib.h>
#include <cublas_v2.h>
#include "cuda_helper.h"
#include "cuda.h"

#define CUBLAS_CALL(x){const cublasStatus_t a = (x); if(a != CUBLAS_STATUS_SUCCESS){
printf("\nCUBLAS Error: (err_num=%d) \n", a); cudaDeviceReset(); ASSERT(0);} }

__host__ void print_array(const float * __restrict__ const data1,
                          const float * __restrict__ const data2,
                          const float * __restrict__ const data3,
                          const int num_elem,
                          const char * const prefix)

{
 printf("\n%s", prefix);
 for (int i=0; i<num_elem; i++)
 {
  printf("\n%2d: %2.4f %2.4f %2.4f ", i+1, data1[i], data2[i], data3[i]);
 }
}

__host__ int main(int argc, char *argv[])
{
 const int num_elem = 8;
 const size_t size_in_bytes = (num_elem * sizeof(float));

 // Allocate memory on the device
 float * device_src_ptr_A;
 CUDA_CALL( cudaMalloc( (void **) &device_src_ptr_A, size_in_bytes ));
 float * device_src_ptr_B;
 CUDA_CALL( cudaMalloc( (void **) &device_src_ptr_B, size_in_bytes ));
 float * device_dest_ptr;
 CUDA_CALL( cudaMalloc( (void **) &device_dest_ptr, size_in_bytes ));

 // Allocate memory on the host for the device copy
 float * host_src_ptr_A;
 CUDA_CALL( cudaMallocHost( (void **) &host_src_ptr_A, size_in_bytes ));
 float * host_dest_ptr;
 CUDA_CALL( cudaMallocHost( (void **) &host_dest_ptr, size_in_bytes ));
 float * host_dest_ptr_A;
 CUDA_CALL( cudaMallocHost( (void **) &host_dest_ptr_A, size_in_bytes ));
 float * host_dest_ptr_B;
 CUDA_CALL( cudaMallocHost( (void **) &host_dest_ptr_B, size_in_bytes ));

 // Clear destination memory
 memset(host_dest_ptr_A, 0, size_in_bytes);
 memset(host_dest_ptr_B, 0, size_in_bytes);
 memset(host_dest_ptr, 0, size_in_bytes);
```

```
// Init the CUBLAS library
cublasHandle_t cublas_handle;
CUBLAS_CALL(cublasCreate(&cublas_handle));

// Print library version number
int version;
CUBLAS_CALL(cublasGetVersion(cublas_handle, &version));
printf("\nUsing CUBLAS Version: %d", version);

// Fill the first host array with known values
for (int i=0; i < num_elem; i++)
{
 host_src_ptr_A[i] = (float) i;
}
print_array(host_src_ptr_A, host_dest_ptr_B, host_dest_ptr, num_elem, "Before Set");

const int num_rows = num_elem;
const int num_cols = 1;
const size_t elem_size = sizeof(float);

// Copy a matrix one cell wide by num_elem rows from the CPU to the device
CUBLAS_CALL(cublasSetMatrix(num_rows, num_cols, elem_size, host_src_ptr_A,
          num_rows, device_src_ptr_A, num_rows));

// Clear the memory in the other two
CUDA_CALL(cudaMemset(device_src_ptr_B, 0, size_in_bytes));
CUDA_CALL(cudaMemset(device_dest_ptr, 0, size_in_bytes));

// SAXPY on device based on copied matrix and alpha
const int stride = 1;
float alpha = 2.0F;
CUBLAS_CALL(cublasSaxpy(cublas_handle, num_elem, &alpha, device_src_ptr_A,
           stride, device_src_ptr_B, stride));

alpha = 3.0F;
CUBLAS_CALL(cublasSaxpy(cublas_handle, num_elem, &alpha, device_src_ptr_A,
          stride, device_dest_ptr, stride));

// Calculate the index of the max of each maxtrix, writing the result
// directly to host memory
int host_max_idx_A, host_max_idx_B, host_max_idx_dest;
CUBLAS_CALL(cublasIsamax(cublas_handle, num_elem, device_src_ptr_A,
          stride, &host_max_idx_A));
CUBLAS_CALL(cublasIsamax(cublas_handle, num_elem, device_src_ptr_B,
          stride, &host_max_idx_B));
CUBLAS_CALL(cublasIsamax(cublas_handle, num_elem, device_dest_ptr,
          stride, &host_max_idx_dest));

// Calculate the sum of each maxtrix, writing the result directly to host memory
float host_sum_A, host_sum_B, host_sum_dest;
```

```
    CUBLAS_CALL(cublasSasum(cublas_handle, num_elem, device_src_ptr_A,
                stride, &host_sum_A));
    CUBLAS_CALL(cublasSasum(cublas_handle, num_elem, device_src_ptr_B,
                stride, &host_sum_B));
    CUBLAS_CALL(cublasSasum(cublas_handle, num_elem, device_dest_ptr,
                stride, &host_sum_dest));

    // Copy device versions back to host to print out
    CUBLAS_CALL(cublasGetMatrix(num_rows, num_cols, elem_size, device_src_ptr_A,
                num_rows, host_dest_ptr_A, num_rows));
    CUBLAS_CALL(cublasGetMatrix(num_rows, num_cols, elem_size, device_src_ptr_B,
                num_rows, host_dest_ptr_B, num_rows));
    CUBLAS_CALL(cublasGetMatrix(num_rows, num_cols, elem_size, device_dest_ptr,
                num_rows, host_dest_ptr, num_rows));

    // Make sure any async calls above are complete before we use the host data
    const int default_stream = 0;
    CUDA_CALL(cudaStreamSynchronize(default_stream));

    // Print out the arrays
    print_array(host_dest_ptr_A, host_dest_ptr_B, host_dest_ptr, num_elem, "After Set");

    // Print some stats from the arrays
    printf("\nIDX of max values : %d, %d, %d", host_max_idx_A,
     host_max_idx_B, host_max_idx_dest);
    printf("\nSUM of values : %2.2f, %2.2f, %2.2f", host_sum_A,
     host_sum_B, host_sum_dest);

    // Free device resources
    CUBLAS_CALL(cublasDestroy(cublas_handle));
    CUDA_CALL(cudaFree(device_src_ptr_A));
    CUDA_CALL(cudaFree(device_src_ptr_B));
    CUDA_CALL(cudaFree(device_dest_ptr));

    // Free host resources
    CUDA_CALL(cudaFreeHost(host_src_ptr_A));
    CUDA_CALL(cudaFreeHost(host_dest_ptr_A));
    CUDA_CALL(cudaFreeHost(host_dest_ptr_B));
    CUDA_CALL(cudaFreeHost(host_dest_ptr));

    // Reset ready for next GPU program
    CUDA_CALL(cudaDeviceReset());
}
```

该程序的基本步骤如下：

- 使用 cublasCreate 函数创建一个 CuBLAS 句柄。
- 在主机和设备上分配资源。
- 直接根据主机上的矩阵在设备上设置一个矩阵。

- 在设备端运行Saxpy。
- 在设备端运行max和sum函数。
- 将结果矩阵复制回主机并显示。
- 释放所有分配的资源。

实际上，真正的程序要比这复杂得多。在这里，我们只试图展示为了使一些简单的CuBLAS函数在GPU上工作所需的基本模板。

SDK样例程序：Matrix Multiplication。

10.3 CUDA运算SDK

CUDA SDK是和常规的工具箱、驱动分开下载的（尽管现在它捆绑到了CUDA 5发布版本中且对于Windows用户是可选的），因此未来它可能需要单独下载。它包含大量样例程序，还提供了可以找到所有CUDA文档的接口。

SDK大约包含200个样例程序，因此我们只选择很少的几个样例程序进行详细介绍。我们将考查一些通用的应用程序，因为本书的读者范围比较广泛，介绍通用的例子比工具箱中特定领域的例子更容易理解。

这些运算的例子对刚开始进行GPU编程的人以及一些想要了解程序实现细节的高级程序员来说是很有用的。不幸的是，大量的底层API是对人们透明的。当我们学习一个新的API时，最不希望看到的是除此之外还要学习另一个更上层的API，因为这会使我们对它的理解变得更加复杂。

很多SDK样例使用cutil或其他标准CUDA发行版之外的包。因此，当你看到下面这行代码的时候

```
cutilSafeCall(cudaGetDeviceProperties(&deviceProps, devID));
```

你可能希望它能够在你的代码中正常运行。然而，为了实现这个目的，还需要从SDK中包含相关的cutil头文件。NVIDIA并没有保证各个版本函数库之间的通用性。由于这些并不是官方CUDA发行版中的，因此并不支持。

CUDA API总是以cuda开头的。因此，如果看到了除此之外的API，应该知道如果要使用这些调用，即需要从SDK样例中引入额外的代码。

那么cutilSafeCall做了些什么呢？它基本上和我们在本书中一直使用的CUDA_CALL宏类似。如果从调用者返回了一个错误，它会打印文件和行号然后退出。那么为什么不直接使用cutil这个包呢？主要是因为这个库中有很多函数而且实际上只会使用其中很少的一些。

然而，这个包中也有很多有用的函数，例如gpuGetMaxGflopsDeviceId函数可以识别出系统中速度最快的GPU设备。在深入研究这些样例代码之前，应该浏览SDK提供的函数库，这样会有助于对样例代码的理解。

10.3.1 设备查询

设备查询是一个很有趣的应用程序，因为它很简单而且可以看到 GPU 能够做些什么。我们可以在 “C:\ProgramData\NVIDIA Corporation\NVIDIA GPU Computing SDK 4.1\C\bin\win64\Release” 找到它并且从命令行而不是 Windows 接口运行它。

很显然，我们使用的是 4.1 版本工具包，且运行在 64 位 Windows 系统上，这可能会和你的系统有所不同。该程序的输出如下：

```
Found 4 CUDA Capable device(s)

Device 0: "GeForce GTX 470"
 CUDA Driver Version / Runtime Version          4.1 / 4.1
 CUDA Capability Major/Minor version number:    2.0
 Total amount of global memory:                 1280 MBytes (1342177280 bytes)
 (14) Multiprocessors x (32) CUDA Cores/MP:     448 CUDA Cores
 GPU Clock Speed:                               1.22 GHz
 Memory Clock rate:                             1674.00 Mhz
 Memory Bus Width:                              320-bit
 L2 Cache Size:                                 655360 bytes
 Max Texture Dimension Size (x,y,z)             1D=(65536), 2D=(65536,65535),
                                                3D=(2048,2048,2048)
 Max Layered Texture Size (dim) x layers        1D=(16384) x 2048, 2D=(16384,16384) x
                                                2048
 Total amount of constant memory:               65536 bytes
 Total amount of shared memory per block:       49152 bytes
 Total number of registers available per block: 32768
 Warp size:                                     32
 Maximum number of threads per block:           1024
 Maximum sizes of each dimension of a block:    1024 x 1024 x 64
 Maximum sizes of each dimension of a grid:     65535 x 65535 x 65535
 Maximum memory pitch:                          2147483647 bytes
 Texture alignment:                             512 bytes
 Concurrent copy and execution:                 Yes with 1 copy engine(s)
 Run time limit on kernels:                     No
 Integrated GPU sharing Host Memory:            No
 Support host page-locked memory mapping:       Yes
 Concurrent kernel execution:                   Yes
 Alignment requirement for Surfaces:            Yes
 Device has ECC support enabled:                No
 Device is using TCC driver mode:               No
 Device supports Unified Addressing (UVA):      No
 Device PCI Bus ID / PCI location ID:           8 / 0
 Compute Mode:
  < Default (multiple host threads can use ::cudaSetDevice() with device simultaneously) >

Device 1: "GeForce 9800 GT"
 CUDA Capability Major/Minor version number:    1.1
 Total amount of global memory:                 1024 MBytes (1073741824 bytes)
 (14) Multiprocessors x ( 8) CUDA Cores/MP:     112 CUDA Cores
 GPU Clock Speed:                               1.63 GHz
```

```
  Memory Clock rate:                              950.00 Mhz
  Memory Bus Width:                               256-bit
  Total amount of shared memory per block:        16384 bytes
  Total number of registers available per block:  8192
  Maximum number of threads per block:            512
  Device PCI Bus ID / PCI location ID:            7 / 0

Device 2: "GeForce GTX 260"
  CUDA Capability Major/Minor version number:     1.3
  Total amount of global memory:                  896 MBytes (939524096 bytes)
  (27) Multiprocessors x ( 8) CUDA Cores/MP:      216 CUDA Cores
  GPU Clock Speed:                                1.35 GHz
  Memory Clock rate:                              1100.00 Mhz
  Memory Bus Width:                               448-bit
  Total amount of shared memory per block:        16384 bytes
  Total number of registers available per block:  16384
  Maximum number of threads per block:            512
  Device PCI Bus ID / PCI location ID:            1 / 0

Device 3: "GeForce GTX 460"
  CUDA Capability Major/Minor version number:     2.1
  Total amount of global memory:                  1024 MBytes (1073741824 bytes)
  ( 7) Multiprocessors x (48) CUDA Cores/MP:      336 CUDA Cores
  GPU Clock Speed:                                1.45 GHz
  Memory Clock rate:                              1800.00 Mhz
  Memory Bus Width:                               256-bit
  L2 Cache Size:                                  524288 bytes
  Total amount of shared memory per block:        49152 bytes
  Total number of registers available per block:  32768
  Maximum number of threads per block:            1024
  Device PCI Bus ID / PCI location ID:            2 / 0
```

该程序会对所有的GPU进行迭代以寻找并列出每个设备的各种细节信息。为了简洁起见，我们只完整地列出了4个设备中的1个并且从其他设备信息中提取了一些有趣的部分。Kepler GK104的相关细节信息如下：

```
Device 0: "GeForce GTX 680"
  CUDA Capability Major/Minor version number:      3.0
  Total amount of global memory:                   2048 MBytes (2146762752 bytes)
  ( 8) Multiprocessors x (192) CUDA Cores/MP:      1536 CUDA Cores
  GPU Clock Speed:                                 1006 MHz
  Memory Clock rate:                               3004.00 Mhz
  Memory Bus Width:                                256-bit
  L2 Cache Size:                                   524288 bytes
  Total amount of shared memory per block:         49152 bytes
  Total number of registers available per block:   65536
  Warp size: 32
  Maximum number of threads per block:             1024
  Concurrent copy and execution:                   Yes with 1 copy engine(s)
```

值得注意的内容是，当前的驱动程序和运行时的版本号，两者应该一致。计算能力定义了对于给定编号的设备的类型。同时，这里详细记录了每个设备的核 /SM 数量、设备的速度、内存速度和带宽。因此，我们可以计算给定设备的峰值带宽。提到带宽，我们接下来介绍一个 SDK 中非常有用的应用程序。

10.3.2 带宽测试

SDK 提供的带宽样例程序提供了以下关于特定设备 / 主机设置的有用统计信息：

- 主机到设备带宽（换页内存和锁页内存）
- 设备到主机带宽（换页内存和锁页内存）
- 设备到设备带宽

在 x8 PCI-E 2.0 链路上的 GTX470 的实际输出如下：

```
>> bandwidthtest --device=0 --memory=pageable
Device 0: GeForce GTX 470
 Quick Mode

 Host to Device Bandwidth, 1 Device(s), Paged memory
  Transfer Size (Bytes) Bandwidth(MB/s)
  33554432 1833.6

 Device to Host Bandwidth, 1 Device(s), Paged memory
  Transfer Size (Bytes) Bandwidth(MB/s)
  33554432 1700.5

 Device to Device Bandwidth, 1 Device(s)
  Transfer Size (Bytes) Bandwidth(MB/s)
  33554432 113259.3

>> bandwidthtest --device=0 --memory=pinned
Host to Device Bandwidth, 1 Device(s), Pinned memory
  Transfer Size (Bytes) Bandwidth(MB/s)
  33554432 2663.6

 Device to Host Bandwidth, 1 Device(s), Pinned memory
  Transfer Size (Bytes) Bandwidth(MB/s)
  33554432 3225.8

 Device to Device Bandwidth, 1 Device(s)
  Transfer Size (Bytes) Bandwidth(MB/s)
  33554432 113232.3
```

使用这个示例程序的时候，会看到使用锁页内存到底会使系统有多大的收益。我们在第 9 章讲到过这个，然而没有什么比亲自在系统上看到这些数据更能让我们确定锁页内存会带来更快的内存传输。即使是 PCI-E 2.0 x8 链路上，现代的 Sandybridge-E 处理器使用锁页内存也能够达到 3GB/s 的速度，而与之相比，在类似的链路上使用换页内存只能达到 2.3GB/s 的速度。

典型的消费级 GPU 显卡上的内存大小都是从 512MB（88/9800 系列）~ 2GB（GTX680）。

关于为什么不能在和 GPU 进行传输时使用锁页系统内存，这实在没有什么原因。即使是在有 4GB 内存限制的 32 位系统中，CUDA 仍然能够在后台使用锁页传输方式。因此，可能需要自己锁定内存并且避免在驱动程序中进行隐式的换页内存到页锁定内存的复制。

由于现在内存很便宜，可以完全地满载机器，特别当是有多 GPU 显卡或使用 Tesla 显卡时。用少于 100 欧元 / 美元 / 英镑的钱就能买到 16GB 的主机内存。

GTX470 内存时钟为 1674MHz，总线宽度为 320 位。因此，我们将总线宽度除以 8 就能获得其字节数（40 字节）。接下来我们乘以时钟速度（66 960MB/s）。然后对于 GDDR5 还需要再乘以 2（133 920MB/s）。最后再除以 1000 获得官方给出的内存带宽（133.9GB/s）或是除以 1024（130.8GB/s）获得实际带宽。

那么为什么我们得到的设备到设备的带宽是 113 232MB/s 而不是 113 920MB/s 呢？缺少的那 20MB/s 或者 15% 的带宽去哪了呢？ GPU 永远都不会达到这个理论上的峰值带宽。这就是为什么与计算峰值带宽相比运行带宽测试是很有用的。接下来，根据 PCI-E 的布局、主机 CPU、CPU 芯片组、主机内存等，就能清楚知道从系统中能得到多大的带宽。通过了解这些，就能知道对于某个特定的目标，该应用程序能够达到何种程度并且因此知道还有多少潜力可以利用。

请注意，使用基于 Tesla 的 Fermi 设备可以通过使用 nvidia_smi 工具禁用 ECC 内存选项从而获得显著的带宽提升。错误检查和修正（ECC）使用汉明码分配位模式。这（实际上）意味着你需要更大的内存空间存储相同的数据块。这个额外的存储需求意味着对于 ECC 带来的额外冗余，需要在空间和速度上付出代价。NVIDIA 声称在 Kepler K20（GK110）上已经解决了该问题，K20 使用 ECC 带来的影响大约是 Fermi 的 1/3。

10.3.3 SimpleP2P

SimpleP2P 示例程序展现了如何使用计算能力 2.x 的设备（Fermi）中引入的 P2P 内存传输能力。P2P 内存传输的原理是避免通过主机内存传输（参见图 10-5）。主机内存直接可以访问 PCI-E I/O 集线器（北桥），在 Intel 基于 QPI 的系统上经常就是这样的。它也可能访问处理器的另一端，比如 Intel 的 DMI 和 AMD 基于超传输的系统。

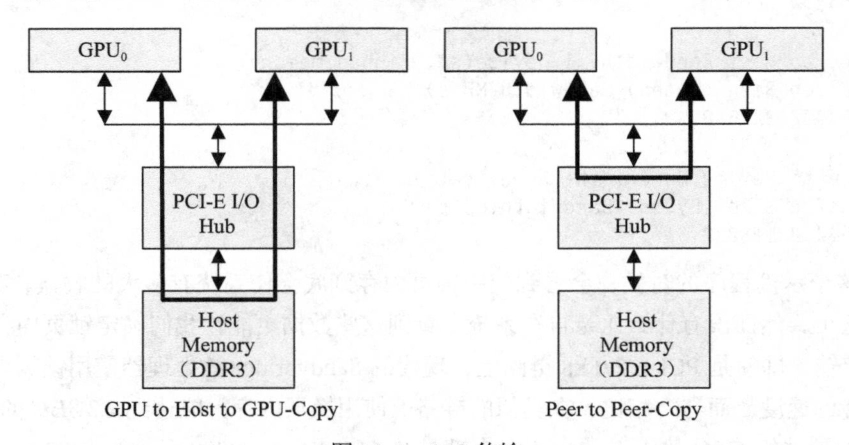

图 10-5 P2P 传输

从其本身速度的角度来说，主机内存可能代表了传输的瓶颈，这也取决于系统中 GPU 的数量。PCI-20 链路上最大 PCI-E 传输速度接近 6GB/s。对于 PCI-E3.0（GTX680、GTX690、Tesla K10）实际带宽几乎翻了一倍，每个方向略小于 12GB/s。为了最大化带宽，通常需要定义两个锁页内存区域并且使用双缓冲策略传输到某一块并从另外一块传出。特别是对于那些比较老的处理器，仅仅通过主机内存在 GPU 间执行一些传输就能很快地用尽全部主机内存带宽。这将严重地限制那些试图使用 CPU 以获得额外处理能力的行为，因为它将和 GPU 传输一起竞争主机内存带宽。

P2P 的想法是将数据保存在主机内存空间之外并且直接在 GPU 间进行传输。尽管这是一个非常有用的特性，但是主流的 Windows 7 操作系统对它的支持却很少。因此在本书之前的部分我们并没有见到它。我们要在这提及它，因为这个技术有很多用处。使用 P2P 功能的要求是：

- 64 位系统（因此 UVA（统一虚拟寻址）启用），这是 P2P 可用的一个要求。
- 两个或更多支持该特性的计算能力 2.x 的设备。
- 在相同 PCI-E I/O 集线器上的 GPU 设备。
- 适当的驱动程序级支持。

为了在 Windows 7 下使用这个特性，需要使用 64 位操作系统并且 TCC（Tesla 计算集群）驱动是激活的。由于 TCC 驱动只有 Tesla 显卡才能激活，因此实际上没有主流的消费级显卡在 Windows 7 中支持该特性。因此，它应该是适用于集群、高性能计算（HPC）和其他一些以计算为中心的应用程序的一个特性。这并不是可以使用的，比如说消费级 PC 上的视频转码应用程序。

为了支持 P2P，应该检查 UVA 是否已启用：

```
struct cudaDevice device_prop;
CUDA_CALL(cudaGetDeviceProperties(&device_prop));
if (device_prop.unifiedAddressing == 1) // If unified addressing is enabled
```

UVA 只有在 64 位操作系统或者是使用 TCC 驱动的 Windows 7 系统中才能启用。

接下来需要检查设备 A 是否可以和设备 B 对话。注意，仅仅通过了这个测试并不意味着设备 B 能够和设备 A 对话。在启用特定方向上的 P2P 访问时要消耗资源。可以使用以下代码执行该测试：

```
int peer_access_avail;
int src_device = 0;
int peer_device = 1;

CUDA_CALL(cudaDeviceCanAccessPeer( &peer_access_avail, src_device, peer_device));

if (peer_access_avail == 1) // If peer access from device 0 to device 1 is available
{
  int flags = 0;
  CUDA_CALL(cudaSetDevice(peer_device));
  CUDA_CALL(cudaEnablePeerAccess(peer_device, flags);
}
```

一旦启用对等访问，在设备内核或主机初始化的内存副本中按照对等访问的方向对内存进行访问。因此，设备0可以启用来自设备1的对等访问（像之前的示例一样）。接下来可以在设备1中调用一个内核，传给它一个指向设备0全局内存空间的指针。接下来内核会像处理指向主机内存的零复制设备指针一样对该指针进行解引用。每当有一个通过该指针的访问，设备1将会从设备0通过PCI-E总线启动一个读取操作。当然，零复制内存使用时的其他注意事项这里也适用。特别地，应该避免再次读取这样的内存并且为了更好的性能尝试实现合并访问模式。

当然可以对设备初始化的内存副本使用这样的特性。为了从设备实现，需要让一个设备内核通过设备指针获取数据，然后将它存储到本地设备的全局内存中。同样，可以在设备之间拉取/推送数据。然而，如果想要双向访问，需要记住在两个方向都启用P2P访问。

第二种方法是显式内存复制，我们必须从主机初始化。这种方法有两种标准形式：同步版本和异步流版本：

```
cudaMemcpyPeer(dest_device_ptr, dst_device_num, src_device_ptr,
src_device_num,num_bytes);
```

和

```
cudaMemcpyPeerAsync( dest_device_ptr, dst_device_num, src_device_ptr, src_device_num,
num_bytes, stream );
```

最后，一旦我们完成了，需要使用以下调用关掉为P2P访问供应的资源：

```
cudaDeviceDisablePeerAccess(device_num);
```

10.3.4 asyncAPI和cudaOpenMP

asyncAPI SDK示例程序提供了一个使用异步API的例子，但是事实上对于刚接触CUDA的人来说它并不很容易理解。在本书中我们已经介绍了流和异步操作。这些对于设置多GPU从而使其在CPU使用的同时进行工作是很重要的。因此，我们将看看这个程序到底做了些什么。

asyncAPI示例程序的基本前提是创建一个异步的流，然后依次将复制到设备操作、内核操作和最终复制回主机操作填充到流中。在这个阶段它会在CPU上执行一些代码，这些代码仅仅是在GPU运行异步内核的时候进行求和。

cudaOpenMP示例程序表明了如何在CUDA中使用OpenMP。它识别出CPU线程的个数和每个附属CUDA设备的个数及名称。接下来它试图在每个GPU设备上产生一个线程并且在不同设备间共享工作。

在这里，我们将提供一个类似的示例程序。它将两种SDK结合起来，做了适当简化并且可能更加有用，它可以作为模板用在自己的工作中。

```
#include <stdio.h>
#include <omp.h>

#include "cuda_helper.h"
#include "cuda.h"

__global__ void increment_kernel(int * __restrict__ const data,
```

```
                                    const int inc_value,
                                    const int num_elem)
{
 const int idx = blockIdx.x * blockDim.x + threadIdx.x;

 // Check array index does not overflow the array
 if (idx < num_elem)
 {
  // Repeat N times - just to make the kernel take some time
  const int repeat = 512;

  for (int i=0; i < repeat; i++)
   data[idx] += inc_value;
 }
}

// Max number of devices on any single node is, usually at most, eight
#define MAX_NUM_DEVICES 8

__host__ int main(int argc, char *argv[])
{
 const int num_elem = 1024 * 1024 * 16;
 const int size_in_bytes = num_elem * sizeof(int);
 const int increment_value = 1;
 const int loop_iteration_check = 1000000;
 const int shared_mem = 0;

 // Define the number of threads/blocks needed
 const int num_threads = 512;
 const int num_blocks = ((num_elem + (num_threads-1)) / num_threads);

 // One array element per CPU thread
 int host_counter[MAX_NUM_DEVICES];
 float delta_device_time[MAX_NUM_DEVICES];
 cudaDeviceProp device_prop[MAX_NUM_DEVICES];

 int num_devices;
 CUDA_CALL(cudaGetDeviceCount(&num_devices));
 printf("\nIdentified %d devices. Spawning %d threads to calculate %d MB using (%dx%d)",
num_devices, num_devices, ((size_in_bytes/1024)/1024), num_blocks, num_threads );

 // Declare thread private, per thread variables
 int * device_ptr[MAX_NUM_DEVICES];
 int * host_ptr[MAX_NUM_DEVICES];
 cudaEvent_t start_event[MAX_NUM_DEVICES], stop_event[MAX_NUM_DEVICES];
 cudaStream_t async_stream[MAX_NUM_DEVICES];

 // Create all allocations outside of OpenMP in series
 for (int device_num=0; device_num < num_devices; device_num++)
```

```
{
  // Set the device to a unique device per CPU thread
  CUDA_CALL(cudaSetDevice(device_num));

  // Get the current device properties
  CUDA_CALL(cudaGetDeviceProperties(&device_prop[device_num], device_num));
  // Allocate the resources necessary
  CUDA_CALL(cudaMalloc((void **) &device_ptr[device_num], size_in_bytes));
  CUDA_CALL(cudaMallocHost((void **) &host_ptr[device_num], size_in_bytes));
  CUDA_CALL(cudaEventCreate(&start_event[device_num]));
  CUDA_CALL(cudaEventCreate(&stop_event[device_num]));
  CUDA_CALL(cudaStreamCreate(&async_stream[device_num]));
}

 // Spawn one CPU thread for each device
#pragma omp parallel num_threads(num_devices)
{
  // Variables declared within the OpenMP block are thread private and per thread
  // Variables outside OpenMP block exist once in memory and are shared between
  // threads.

  // Get our current thread number and use this as the device number
  const int device_num = omp_get_thread_num();

  // Set the device to a unique device per CPU thread
  CUDA_CALL(cudaSetDevice(device_num));

  // Push start timer, memset, kernel, copy back and stop timer into device queue
  CUDA_CALL(cudaEventRecord(start_event[device_num], async_stream[device_num]));

  // Copy the data to the device
  CUDA_CALL(cudaMemsetAsync(device_ptr[device_num], 0, size_in_bytes,
            async_stream[device_num]));

  // Invoke the kernel
  increment_kernel<<<num_blocks, num_threads, shared_mem, async_stream[device_num]
>>>(device_ptr[device_num], increment_value, num_elem);

  // Copy data back from the device
  CUDA_CALL(cudaMemcpyAsync(host_ptr[device_num], device_ptr[device_num],
           size_in_bytes, cudaMemcpyDeviceToHost,
           async_stream[device_num]));

  // Record the end of the GPU work
  CUDA_CALL(cudaEventRecord(stop_event[device_num], async_stream[device_num]));

  // Device work has now been sent to the GPU, so do some CPU work
  // whilst we're waiting for the device to complete its work queue

  // Reset host counter
```

```
 int host_counter_local = 0;
 int complete = 0;

 // Do some work on the CPU until all the device kernels complete
 do
 {
  // Insert useful CPU work here
  host_counter_local++;

  // Check device completion status every loop_iteration_check iterations
  if ( (host_counter_local % loop_iteration_check) == 0 )
  {
   // Assume everything is now complete
   complete = 1;

   // Check if all GPU streams have completed. Continue to do more CPU
   // work if one of more devices have pending work.
   for ( int device_check_num=0; device_check_num < num_devices;
    device_check_num++)
  {
    if ( cudaEventQuery(stop_event[device_check_num]) == cudaErrorNotReady )
     complete = 0;
   }
  }

 } while( complete == 0 );

 // Write out final result
 host_counter[device_num] = host_counter_local;

 // Calculate elapsed GPU time
 CUDA_CALL(cudaEventElapsedTime(&delta_device_time[device_num],
           start_event[device_num],
           stop_event[device_num]));
} // End parallel region

// Now running as a single CPU thread again

// Free allocated resources
// Create all allocations outside of OpenMP in series
for (int device_num=0; device_num < num_devices; device_num++)
{
 // Set the device to a unique device per CPU thread
 CUDA_CALL(cudaSetDevice(device_num));

 CUDA_CALL(cudaStreamDestroy(async_stream[device_num]));
 CUDA_CALL(cudaEventDestroy(stop_event[device_num]));
 CUDA_CALL(cudaEventDestroy(start_event[device_num]));
 CUDA_CALL(cudaFreeHost(host_ptr[device_num]));
 CUDA_CALL(cudaFree(device_ptr[device_num]));
```

```
    // Reset the device for later use
    CUDA_CALL(cudaDeviceReset());
   }

   // Print a summary of the results
   for (int device=0; device < num_devices; device++)
   {
    printf("\n\nKernel Time for device %s id:%d: %.2fms",
           device_prop[device].name, device, delta_device_time[device]);
    printf("\nCPU count for thread %d: %d", device, host_counter[device]);
   }
  }
```

SDK 示例程序中还有几点需要更深入地讨论。首先，在 asyncAPI 示例程序中，使用了 0 号流（默认流）。不幸的是，很多情况下默认流会引发流之间隐式的同步。很可能最终使用双缓冲或三缓冲方法，上述隐式的同步将会困扰着你。当使用异步操作的时候，一定要创建自己的流：

```
cudaStream_t async_stream[MAX_NUM_DEVICES];
CUDA_CALL(cudaSetDevice(device_num));
CUDA_CALL(cudaStreamCreate(&async_stream[device_num]));
```

asyncAPI 流示例程序中的第二点是：它通过将元素的个数 N 直接除以线程的个数得到线程网格中线程块的个数。这是因为 N 是线程数的倍数，但如果不是呢？实际上，数组中最后的元素将不会由 GPU 内核处理。对于刚开始学习 CUDA 的人来说，这个问题并不很明显。如果在 N 不是线程数倍数的情况下，一定要使用下面的公式计算线程块的个数：

```
const int num_elem = 1024 * 1024 * 16;
const int num_threads = 512;
const int num_blocks = ((num_elem + (num_threads-1)) / num_threads);
```

然后在内核中添加对数组越界的检查：

```
// Check array index does not overflow the array
if (idx < num_elem)
```

现在，程序增加了将 num_elem 传递到内核并且在内核中对它进行检查的开销。如果能保证使用的总是线程数倍数，则可以不使用这段代码并且坚持使用更简单的 num_blocks = num_elem / num_threads 方法。大多数情况下，这是正确的，因为我们经常会控制数据块的大小。

我们现在看看 cudaOpenMP 示例程序，多个 CPU 线程如何启动呢？它对 omp_set_num_thread 进行了一次调用：

```
omp_set_num_threads(num_gpus);
//omp_set_num_threads(2*num_gpus);
#pragma omp parallel
{
}
```

这里有两种方法：每个 GPU 设置一个线程或每个 GPU 设置多个线程（参见图 10-6）。当 CPU 核数比 GPU 个数多时，第二种方法会更有效。一种更简单的、更可靠工作的 OpenMP 指令形式是我们之前在示例程序中使用的：

```
// Spawn one CPU thread for each device
#pragma omp parallel num_threads(num_devices)
{
}
```

使用这种方法我们无须关注 OpenMP 是否已配置或环境变量是否设置，它会产生指定个数的线程。注意，当前线程也是用来执行工作的线程之一：

```
Identified 4 devices. Spawning 4 threads to calculate 64 MB using (32768x512)

Kernel Time for device GeForce GTX 470 id:0: 427.74ms
CPU count for thread 0: 1239000000

Kernel Time for device GeForce 9800 GT id:1: 3300.55ms
CPU count for thread 1: 1180000000

Kernel Time for device GeForce GTX 285 id:2: 1693.63ms
CPU count for thread 2: 1229000000

Kernel Time for device GeForce GTX 460 id:3: 662.61ms
CPU count for thread 3: 1254000000
```

从程序的输出结果可以看到（通过使用不同的 GPU）线程在不同的时间完成，如图 10-6 所示，有 4 个线程在运行（包括初始线程）。如果在屏幕上观察能在顶部看到深绿色的条形，它们表明线程基本上一直在运行（~95%）。其中有偶尔的停顿，它们用浅绿色标志。下方是 4 个 GPU 任务，其中每一个都执行内存分配、内核启动和复制回主机的操作。这些条形的底部一行表明 CPU 在当前时间帧的使用情况。可以看到，CPU 几乎在整个时间内都是忙碌的。

随着 4 个 GPU 的完成，CPU 线程继续工作直到集合中的 GPU 都完成。如果我们的 GPU 确实性能特性迥异，我们当然可以为某些 GPU 分配更多的工作。然而，现在大多数 GPU 系统都是用相同的 GPU，因此在它们都完成之前我们不需要关心再次提交工作。给定相似的任务，它们的工作量等同，它们都会在几乎相同的时间范围内完成。

我们要解决使用 OpenMP 过程中的下一个问题是在什么地方进行资源分配和资源释放。在给定设备上进行内存分配和资源创建是一个很耗时的过程。通常这需要对线程间内存的分配和共用的数据结构有普遍的了解。为了在线程间共享数据结构需要进行加锁操作，这反过来也会导致串行化。当我们把资源分配 / 释放放到 OpenMP 并行区域时，就可以清楚地看到这一点。因此，在 OpenMP 并行区域之前或之后进行分配 / 释放能够在该区域达到最佳的 CPU 利用率。

和这相关的是为了检查设备是否完成而调用 CUDA API，特别是对 cudaEventQuery 调用。这些调用的开销并不低。如果我们将 loop_iteration_check 常量的值从 1 000 000 变到仅仅为 1，我们会看到 CPU 计数从 1 239 000 000 减少到 16 136。实际上，每个线程在每个循环迭代中都会请求设备的状态。因此，相对于做其他事情，CPU 会在与驱动程序打交道上花费更多的时间。不幸的是，asyncAPI 正是这样实现的，这也是我们在这里强调它的原因。要留意在循环中使用的每一个 API 调用。这要花费些时间，因此不要让 CPU 在每个周期内仅仅对设备进行查询。在两次查询中间让 CPU 做些有用的事。

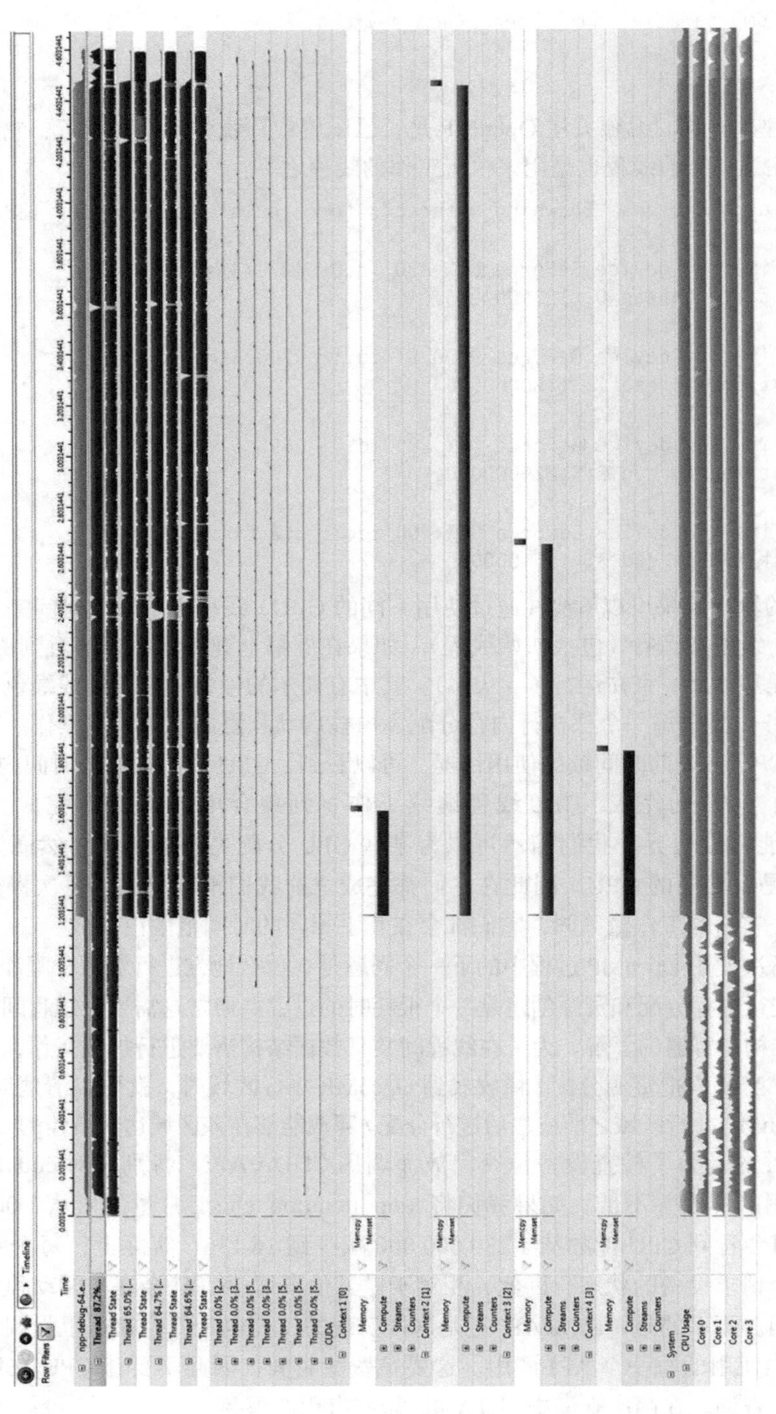

图 10-6 使用 OpenMP 的多 GPU

10.3.5 对齐类型

对齐类型的示例程序向我们演示使用 __align__（n）指令的效果。例如：

```
typedef struct __align__(8)
{
  unsigned int l, a;
} LA32;
```

这里 8 是字节个数，所有元素的起始地址应该是这个数字的倍数。这个示例说明，align 指令允许编译器为每个线程分配比实际更大的读取单位。在前面 LA32 的情况中，编译器可以使用一个 64 位的读取而不是两个 32 位的读取。正如我们在第 9 章看到的一样，更少的内存事务等价于更多的带宽。在这个例子中，我们使用向量类型，定义它们的时候也使用了 align 指令。

在之前示例程序中我们看到：为了实现峰值带宽等目标，在此过程中必须产生数量足够多的内存事务。不幸的是，这个 SDK 示例程序并没有按照这样的想法进行编写。它使用了 64 个包含 256 个线程的线程块，每个 SM 调度 32 个线程束。为了完全加载计算能力 2.x 的设备，我们需要 48 个线程束（对于 Kepler 是 64）。该示例程序使用的线程块太少了。因此我们将其扩展到 1024 个线程块并且每个块使用 192 个线程，这个数字对于所有计算能力的设备都适用。

我们也将基本类型输出加到了测试中，这样就可以看到基准结果。此外，每个运行专门编译以生成与当前设备的计算水平对应的代码。请注意这个 SDK 示例程序（即使有变化），仅仅达到了内存传输峰值的 50%。然而，我们真正感兴趣的是相对内存带宽。

初始时，我们看到了如表 10-3 和图 10-7 所示的不同设备的基准结果。我们可以使用这个基准性能表，对对齐和未对齐类型的表现进行评估。

表 10-3 不同设备的基线准性能表

Type	GT9800	GTX285	GTX460	GTX470	Size in Bytes
u8	0.6	18	20	32	1
u16	1	36	22	48	2
u32	19	48	42	49	4
u64	23	59	43	51	8

从图 10-7 我们可以看到，在 u32（即 4 字节）时它们都达到了最大合并内存大小。这等价于 32 个线程乘以 4 字节（也即总共 128 个字节）。在 Fermi 上，这是一个缓存行的大小。因此，在计算能力 2.x 设备上我们截止（flatline）到这个大小。

GTX285 设备（计算能力 1.3）执行 16 个线程的合并内存读取而不是像计算能力 2.x 的设备那样执行 32 个线程的。因此，它会受益于连续（back-to-back）的读取并且会充分利用每个线程 64 位（8 字节）的读取。此外，由于 SM 的个数多于 Fermi 级显卡的两倍（内存总线比 GTX470 更宽），在这个特定的内核中，它可以在性能上超过 GTX470。

在 9800GT（计算能力 1.1）上，我们看到了和 GTX285 相似的模式。然而，这里的主要不同是物理内存带宽仅仅是 GTX285 的一半左右。因此，在每线程 32 位和 64 位访问中我们获得的收益是很小的，这比我们在 GTX285 看到的要小很多。通过运行示例程序，我们可以看到对齐和未对齐访问的百分比变化，如表 10-4 所示。在表 10-5 中 100% 代表着没有变化。

因此，如果我们按照计算能力向前回顾，可以看到（特别是对于早期的计算水平），对齐访问带来的收益很大。当在数据结构中加入这个指令时，我们所看到的最好情况是 31 倍的速度提升。即使转移到现代 GPU，我们仍然能看到 2 倍的性能提升。很显然，除非会导致更多的内存从主存移动到 GPU，在其他任何情况下使用这样的指令都是很有效的。

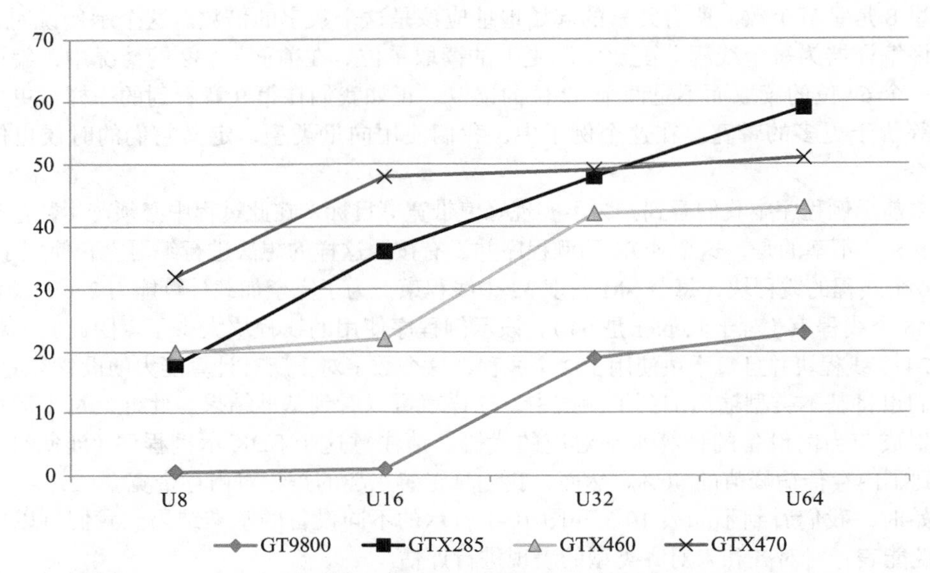

图 10-7 不同设备的基准性能图（MB/s 与传输大小）

表 10-4 不同设备在对齐 / 未对齐情况下的速度（MB/s）

Type	GT9800 Nonaligned	9800 Aligned	GTX285 Nonaligned	GTX285 Aligned	GTX460 Nonaligned	GTX460 Aligned	GTX470 Nonaligned	GTX470 Aligned
RBGA8	0.6	18.7	11	48	21	41	40	49
LA32	2.4	23.3	30	59	42	42	47	51
RGB32	2.6	2	20	9	33	30	32	29
RGBA32	2.7	23.6	15	51	25	43	24	51
RGBA32_2	10.7	10.6	25	25	34	34	32	32

表 10-5 对齐和未对齐访问模式的百分比变化

Type	GTX470	GTX460	GTX285	GT9800
RBGA8	123	195	436	3117
LA32	109	100	197	971
RGB32	91	91	45	77
RGBA32	213	172	340	874
RGBA32_2	100	100	100	99

注意 RGB32 的情况。它实际上是一个 96 位大小的结构（3 个 u32），其中 float3 被 int3 有效地替换。加入 align 指令会在结构结尾插入 4 个字节。尽管这允许合并访问，但是从内存系统传输的 25% 的数据被弃了。在未对齐情况下，费米设备上每次从缓存行启动的“过读取”(overfetch) 节省了 33% 的后续内存读取操作。

从这个示例程序我们可以得出的结论是：如果使用了结构体，则需要考虑它的合并影响并且（至少）使用 align 指令。一个更好的解决方案是创建数组结构体而不是结构体数组。例如，使用分开的红、绿和蓝（RGB）的色彩平面而不是交错的 RGB 值。

10.4 基于指令的编程

本书主要关注直接编写 CUDA 程序。如果你很喜欢编写程序并且拥有 CS（Computer Science 计算机科学）背景的话，这很好。然而，现在有许多编写 CUDA 程序的人并不属于这一类。很多人最关心的是解决他们自己的计算问题，而不太在乎如何编写 CUDA 或从计算机科学角度来说解决方案是否优美。

OpenMP 的巨大成功之一在于它相对来说比较容易学习。它需要在 C 源代码中加入指令修饰符，告诉编译器当前编译代码的各种并行特性。因此，这需要程序员明确地识别出代码中的并行。编译器则负责充分利用该并行性完成更加艰难的任务。总体来说，这个过程执行得相当合理。

因此，使 GPU 编程变得更容易的显著的方法是将 OpenMP 模型扩展到 GPU 上。不幸的是，对此出现了两种标准：OpenMP4ACC 和 OpenACC 标准。这里，我们将关注 OpenACC 标准，因为它是 NVIDIA 明确支持的。通常你会发现赞助商的规模和程序员的普及面很大程度决定了特定的软件开发革新是成功还是失败。大多数的标准（不考虑谁开发了程序）涉及的主要内容是一致的。因此，大多数情况下，学会其中一个会使学习其他的变得更容易。

如果对使用指令编写 GPU 代码感兴趣，则很有可能对 CPU 上的 OpenMP 指令有适当的理解。我们发现像 OpenACC 类似的标准带来的主要不同在于它们（即使直接编程的程序员也是）需要管理数据的位置。有多个 CPU 物理插槽的 OpenMP 系统中存在 NUMA（非统一内存访问）系统。

从图 10-8 我们可以看出多个 CPU 的系统内存直接附加到指定的 CPU 上。因此驻留在 CPU_0 上的进程访问驻留在 CPU_0 上的内存所花费的时间明显比访问 CPU_1 本地的内存所需时间长。我们假设有 6 个进程运行在 2 个 CPU 插槽上，其中每个 CPU 有 4 个核。执行需要多对多通信方式的数据交换，这意味着吞吐量被最慢链路限制了。这可能是处理器之间的 QPI/ 超传输链路，它必须通过该链路才能将内存传输到另一个处理器的内存总线。OpenMP 模型简单地忽略了这个影响并且缺少许多基于加速器的解决方案需要的数据概念。

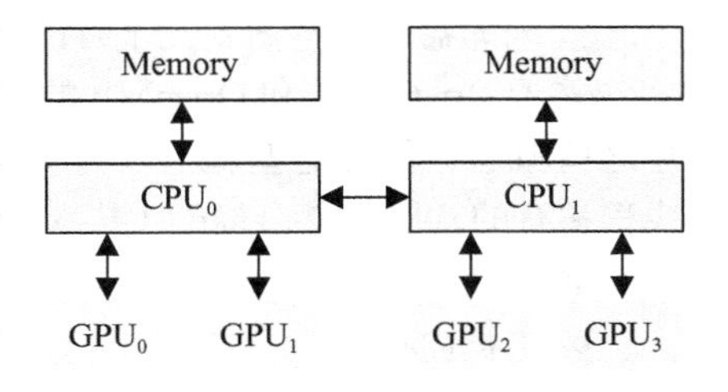

图 10-8 多 GPU 数据通道

OpenACC

OpenACC 是一个继 OpenMP 之后、面向指令编程方向的改进，这对独立的单个机器来说是很成功的。

OpenACC 的目标是：

- 独立的、基于循环的并行。
- 尚未接触过 CUDA 或认为它很复杂的那些程序员。
- 不希望学习 CUDA 并且乐于将特定目标体系结构的细节提取到编译器的那些程序员。
- 希望快速地为已存在于 GPU 上的串行应用程序创建原型的那些程序员。

OpenACC（和 OpenMP 一样）试图对硬件进行抽象，并让程序员编写标准的串行代码，然后编译器将其转换成运行在加速器上的代码。和 OpenMP 一样，它涉及到将一系列的编译指示语句添加到循环附近，以通知编译器在特定的循环处并行地运行。

优点：

- 和 OpenMP 看起来很相似，因此对于使用过 OpenMP 的人来说很容易学习。
- 现存的串行源代码保持不变只是简单地使用指令对其进行修饰。
- CPU 和 GPU 加速版本使用一套源代码集。
- 加速器供应商无关。有应用于多种硬件平台的潜力（和 OpenCL 相似），包括基于 CPU 的 AVX 加速。
- 考虑了很多的“细节”，如将用户指定的数据在共享内存移入 / 移出时，应该缓存数据。
- 供应商给出的数据表明，非 CUDA 程序员的学习曲线是很平滑的。
- 除了 C 语言外还支持 Fortran。这就允许很多现存的 Fortran 程序无须大量重写就能受益于 GPU 加速。

缺点：

- 当前在 Visual Studio 下并不被支持，因此实际上它是 Linux 专用的解决方案。
- 目前它是 PGI、CAPS 和 Cray 支持的商业产品，因此它并不是免费 CUDA SDK 产品套件的一部分。
- 为了使重要的程序达到与使用 OpenMP 相当或更好的性能，用户必须额外指定各种各样的简单数据子句（data clause）以最小化基于 PCI-E 的传输。
- 目标是单 CPU/ 单 GPU 解决方案。添加额外的 GPU 后不会自动调整。多 GPU 的使用需要使用多 CPU 线程 / 进程。这可能会在未来发生变化。
- CUDA 工具箱或硬件的新特性可能需要编译器供应商明确的支持。目前，OpenACC 编译器的支持需要几个月的时间才能切换到 CUDA SDK 新版本或支持新的硬件版本。

关于 OpenACC 和 OpenMP 的主要问题是 OpenMP 没有不同等级的内存或不同位置的内存这些概念，因为这些概念不存在于传统的 CPU 编程模型中。在 OpenMP 中，数据要么是线程私有的，要么是全局的（共享的）。

通过对比，GPU 系统是更加复杂的。因为我们有：

- 主机内存
- GPU 全局内存

- GPU 常量内存
- GPU 线程块私有内存（CUDA 中的共享内存）
- GPU 线程私有内存（CUDA 中的本地内存）

OpenACC 模型（为了简单起见），工作的基础是数据驻留在主机上且在并行区域开始时传输到加速器内存空间，然后在在并行区域结束时传输回主机。因此，每一个并行区域（默认的）以这些 PCI-E 总线上的隐式内存复制为分界。

尽管这是一种简单的思考方式，从概念上看，这是有可能以性能为代价来确保正确性的一种较为容易的方法。如果只有一次计算并且不会再次使用数据，那么无论以何种方式使用 CUDA，都会是很有效的。然而，如果打算对数据进行大量的传输，那么则需要通过在指令中加入数据限定符来显式指定哪些数据要保留在设备端。

因此我们通过一个简单的程序，展示它是如何转换到 OpenMP/OpenACC 的。如果我们使用经典的归约，通常会看到下面的代码：

```
long int reduce_serial(const int * __restrict__ const host_ptr,
                       const int num_elements)
{
 long int sum = 0;

 for (int i=0; i < num_elements; i++)
      sum += host_ptr[i];

 return sum;
}

long int reduce_openmp(const int * __restrict__ const host_ptr,
                       const int num_elements)
{
 long int sum = 0;

#pragma omp parallel for reduction(+:sum)
 for (int i=0; i < num_elements; i++)
 {
  sum += host_ptr[i];
 }

 return sum;
}

long int reduce_openacc(const int * __restrict__ const host_ptr,
                        const int num_elements)
{
 long int sum = 0;

#pragma acc kernels
 for (int i=0; i < num_elements; i++)
```

```
  {
   sum += host_ptr[i];
  }

  return sum;
}
```

正如看到的一样，我们所做的是将 OpenMP 指令替换成 OpenACC 指令。然后我们使用供应商提供的 OpenACC 编译器进行编译。这可能生成介于高级的 CUDA 与原始 PTX 之间的代码。通常，接下来会调用 NVCC 编译器生成目标 GPU 代码。一些供应商还支持 NVIDIA GPU 之外的其他目标代码。

在编译阶段，大多数供应商编译器提供关于他们如何将串行代码转换成设备代码的数据。然而，这有点像 NCC 中的 -v 选项，因为需要理解编译器的提示信息。这里我们看一个 PGI 编译器输出的例子。

```
Accelerator kernel generated
60, #pragma acc loop gang, vector /* blockIdx.x threadIdx.x */
CC 1.3 : 21 registers; 1024 shared, 20 constant, 0 local memory bytes; 100% occupancy
CC 2.0 : 23 registers; 1048 shared, 40 constant, 0 local memory bytes; 100% occupancy
```

为了理解该输出结果，需要理解 OpenACC 术语与 CUDA 术语是如何对应的（参见表 10-6）。

表 10-6 OpenACC 和 CUDA 术语

OpenACC	CUDA
Gangs	Blocks
Workers	Warps
Vectors	Threads

第一行说明内核占用了 60 个 gang（CUDA 术语中的线程块）。然后指出它分别为“CC 1.3”和“CC 2.0”产生了输出（计算能力 1.3 和 2.0 的设备）。它同样告诉我们所使用的寄存器个数、每个线程块使用的共享内存的字节数、每个线程块内常量内存的字节数以及溢出到本地内存的那些寄存器。

最后，它会基于内核正在使用的寄存器个数和共享内存量，计算达到接近 100% 占用率时理想的线程数（OpenACC 调用这些向量）。然而，对于给定的内核 / 数据模式，它不一定总是选择最佳值。指定这些可以让我们覆写或部分覆写这样的选择。

它会查看你的数据，然后决定最佳的启动参数（线程数、线程块数、线程网格数等）。同样，它会自动地尝试将数据分配到常量内存和（或）全局内存。如果你愿意，可以自由地覆写这些选择。

为了覆写主机上的镜像全局数据的默认行为（自动后台更新命令），你需要指定如何对数据进行管理。可以使用下列代码实现：

```
#pragma acc data <directives>
```

其中 <directives> 可以是下面之一，另外还有一些其他我们没有提到的却更复杂的形式：

copy（data、data2、…）——通过在内核开始时复制回、在内核结束时复制出（默认行为）

来维护一个等功能的 CPU 版本。

copyin（data1、dara2、…）——仅仅将数据复制到 GPU 且不将其复制回来，也就是说丢弃 GPU 数据。对于 GPU 将要处理的只读数据，这是很有用的。

copyout（data1、data2、…）——仅从 GPU 将数据复制回 CPU。对于在 GPU 声明输出数据是很有用的。

create（data1、data2、…）——在 GPU 上分配临时存储而无须在任何方向上执行复制操作。

present（data1、data2、…）——数据已经存在于 GPU，因此不需要再复制或分配新的。

请注意，OpenACC 模型希望使用 C99 标准，特别是使用 C 语言中的 __restrict__ 关键字，来指定任何已使用的指针不是其他指针的别名。如果不这样做很可能导致你的代码无法向量化。

可以通过使用 PGI_ACC_TIME=1（供应商特定的）选项添加数据指令帮助。（在 PGI 编译器的情况下）这会启用分析操作。然后它会告诉你内核调用的频率、内核的线程块维度和花费的时间以及最终传输数据所花费的时间。其中后面一部分经常是最重要的，并且是数据子句可以帮上忙的地方。同样可以使用 Linux 上可用的标准分析工具（例如 Visual Profiler）查看 OpenACC 编译器实际上是怎么工作的。通过这样做你可能会发现一些原本没有意识到的错误。

能够参于线程块大小的选择，那么我们也能对其执行特定的优化。例如，可以制定比数据元素更少的线程块和线程。默认情况下，虽然标准上没有任何的说明，但 OpenACC 编译器试图为每个元素选择一个线程。因此，如果想让每个线程处理 4 个元素（之前我们看到这样效果很好），可以通过指定较少的线程块和线程实现：

```
#define NUM_ELEM 32768
#pragma acc kernels loop gang(64), vector(128)
for( int i = 0; i < NUM_ELEM; i++ )
{
 x[i] += y[i];
}
```

这里我们指定该循环应该使用 64 个线程块（gang）且每个线程块有 128 个线程（vector）。因此，我们在设备端有 8192 个活动线程。假设一个诸如 GTX580 这样有 16 个 SM 的设备，那么每个 SM 有 4 个线程块，每个线程块有 128 个线程。这等价于每个 SM 有 16 个线程束，对于达到 GTX580 的理想占用率仍是太少了。为了解决这个问题，我们需要增加线程块（gang）个数或线程（vector）个数。

你可能希望每个线程处理多个数据元素，然而这取决于特定的算法而不是增加线程块或线程的个数。只要编译器知道了元素的个数（就像之前的例子一样），它就会让每个线程处理多个元素，这里是 4 个。

同样要记住（和常规的 CUDA 一样），线程实际上是以线程束为单位运行的，也就是每 32 个线程一组。分配 33 个线程实际会在硬件上分配 64 个线程，其中 31 个线程仅仅浪费设备的空间资源而不会做任何事。一定要以 32 的倍数为一组分配线程块（OpenACC 中的 vector）。

CUDA 同样适用，如果指定了 gang 或 vector（线程块或线程），虽然很多情况下不需要这么做，那么常规的内核启动规则也适用。因此一个线程块能够支持的线程数是有限制的，这个数目根据目标硬件的计算能力而变化。通常，我们发现 64、128、192、256 在计算能力 1.x 的设备中运行效果很好。而 128、192、256、284、512 在计算能力 2.x 的设备上运行效果很好。对于计算能力 3.x 的平台来说，256 是最佳值。

然而，当添加一些限定符时，我们要考虑未来硬件的可能影响以及该影响会如何限制其他加速器的使用。如果不指定任何东西，那么编译器就会选择它认为最佳的值。当每线程块有更多线程、每 SM 有更多线程块的新 GPU 出现的时候，只要供应商更新了编译器来适应它，仍会工作正常。如果确实指定了这些参数，则应该将其指定为当前最大值的某个倍数，这样代码在未来的设备上运行时就不会用尽线程块。

默认情况下，OpenACC 模型使用同步内核调用。也就是说，主机处理器将会等待 GPU 完成，然后在 GPU 内核调用返回后才能继续执行。这类似于在 C 中进行函数调用，而不是生成一个工作从线程，随后进行汇合。

现在你应该意识到，尽管使用这一方法编写初始程序很好，但只要有可能（应用程序运行得很好），我们就应该使用异步模型替代它。机器中很可能有一个合适的多核 CPU，那么在 GPU 进行后台计算的时候，可以充分地利用该 CPU。应优先分配到 CPU 的是类似内存载入 / 载出这样不需太多计算的操作。

GPU 的内存传输瓶颈是 CPU 上归约操作的执行速度能够比 GPU 更好（或者至少是相当的）的原因之一。为了计算 GPU 上的数据，我们可以直接在 GPU 上生成或者是通过 PCI-E 总线传入。如果通过总线传输了两个数据项，而仅仅是为了执行某些简单的操作（比如相加操作），那么就算了吧，在 CPU 上执行就行了。PCI-E 传输的代价，远远超过了此场合下能考虑到的其他任何代价。对 GPU 来说，最佳的任务是那些计算密集的区域或者 GPU 额外的内存带宽能够起很大作用的地方。

因此，OpenACC 为内核和数据提供了 async 子句以允许它们在主机端异步地运行并使传输与主机端操作异步执行。

```
#pragma acc kernels loop async
for (i=0; i< num_elem; i++)
{
...
}
```

异步传输需要锁页内存，也就是说不会交换到磁盘上的内存。在 OpenACC 中，不需要像在 CUDA 中那样特别关心这些。指定 async 子句将会导致 OpenACC 编译器在传输的底层使用锁页内存。当然，使用异步操作时要记住的一点是，在异步操作完成之前，不能交换传输到内核或内核操作的数据。

一旦人们掌握了异步通信并且能够在一个单核 CPU/ 单 GPU 上获得他们所能达到的最佳性能，那么一个明显的问题是能否使用多 GPU 对应用程序加速。答案当然是肯定的。通常情况下，如果是在一个节点内使用多 GPU，会看到接近线性的扩展性。

OpenACC 标准仅支持“每个 GPU 一个 CPU 线程”形式的单个节点上的多 GPU。如果打算在 CPU 上执行某些工作（这是很合理的），这可以充分利用多核 CPU 的潜力。因此，使用 OpenACC 只需要简单地使用 OpenMP 指令启动一些线程就行了。

```
#pragma omp parallel num_thread(4)
```

假设使用一个 4 核 CPU 和 4GPU 的显卡，那么可以向 OpenACC 指定希望当前的线程使用某一特定的 GPU。

```
#pragma omp parallel num_thread(4)
{
   const int cpu_thread_id = omp_get_thread_num();
   acc_set_device_num( cpu_thread_id, acc_device_nvidia );
}
```

如果你的系统中只有两个 GPU，那么最好为 OpenMP 指定两个线程。如果希望使用 4 个线程（但是只有两个由 GPU 使用），则可以这样做：

```
const int num_gpus = acc_get_num_devices( acc_device_nvidia );

#pragma omp parallel num_thread(4)
{
  const int cpu_thread_id = omp_get_thread_num();
  if (cpu_thread_id < num_gpus)
  {
   // Do CPU and GPU work
   acc_set_device_num( cpu_thread_id, acc_device_nvidia );
  }
  else
  {
       // Do CPU only work
  }
}
```

我们可以使用 MPI，通过下列代码实现相同的目的：

```
const int num_gpus = acc_get_num_devices( acc_device_nvidia );

// Get my MPI virtual process id (rank)
int my_rank;
MPI_Comm_rank( MPI_COMM_WORLD, &my_rank );

if ( my_rank < num_gpus)
{
// Do CPU and GPU work e.g. workers
   acc_set_device_num( my_rank, acc_device_nvidia );
}
else
{
  // Do CPU only work, e.g. master
}
```

在这里要注意一个问题，acc_set_device_num API 调用是每个主机线程执行一次的事件。这就是 CUDA 4.x SDK 之前 cudaSetDevice 调用的方式。无法在单独的主机线程上选择上下文从而达到控制多 GPU 的目的。唯一支持的模型是每个 GPU 上下文对应一个主机线程。

注意，1∶1 的 GPU 和 CPU 核比率的情况下，这对于大量使用的系统是很理想的。然而，较大的 GPU 和 CPU 核比率也可能很有效，因为事实上 GPU 程序很少会使 GPU 饱和。因此，可能存在 GPU 未充分利用的某些点，特别是在同步点或两个内核调用之间。在主 / 从布局的情况下（在 MPI 中是很典型的），专门留出一个不含 GPU 的 CPU 核作为主控机（master）是很有好处的。

我要在这里谈到的另外一点是内存模式。当 OpenACC 在执行全局内存结合的加速器上实现的时候，它像 CUDA 程序一样会被较差的内存布局严重影响。这里没有自动的变换。需要考虑内存布局并且创建一个对于 GPU(数据每 32 个元素一列而不是顺序的行）来说最佳的。

总的来说，OpenACC 代表着 GPU 编程中一个非常有趣的发展并且很可能为很多非 GPU 程序员打开 GPU 编程的舞台。这些人中很多会进一步学习 CUDA，因为将 OpenACC 和 CUDA 结合起来是很有可能的。因此，可以从 OpenACC 开始，如果发现某个特定的领域需要那些额外的控制，那就直接切换到 CUDA。这样，应用程序的大部分代码都不需要改变。

10.5 编写自己的内核

在本章我们已经展示了许多其他的设置选项，从在高层指定并行性让编译器执行繁重的 lifting 到使用更擅长利用硬件的人开发的函数库。你永远不会（实际上也不应该试图这样）在每个方面都是最好的。诸如编译器和函数库这样的工具能够让你在别人的帮助下达到自己的目标。你的知识只停留在自己感兴趣的领域。

作为一名专业的开发人员（即使是一名学生），也应该关注开发一个解决方案所花费的时间。开发一个最有效的并行快速排序可能是技术上的一个挑战，但是一些聪明的计算机专业的毕业生已经写出了相关的论文。如果你在进行招聘，那么很显然，应该把他们录用过来。购买知识（以人或软件的形式）可以给在竞争中带来巨大的优势。

选择一些涉及并不精通的领域内容的函数库也是很重要的。如果在开发一个图像模糊系统，那么从磁盘载入 / 保存图像就不是你所关心的。有很多开源的或是商用的函数库会涉及开发中的这些方面。

使用函数库时可能遇到的常见的问题是内存分配。大多数基于 GPU 的解决方案（如果分配内存）并不分配锁页内存。因此，一个返回载入图像的指针的图像库在你将图像数据传输到 GPU 上时会导致程序执行变慢。因此，找找那些可以让用户控制内存管理或者是支持锁页内存的函数库。

我们遇到的下一个关于指令和函数库的问题是：一般地，除非是特意编写，否则它们对多 GPU 不敏感。由于通常可以采用多达 4 个 GPU 组建成工作站，这种方法类似于只使用标准 4 核 CPU 的一个核。为了支持多 GPU 配置而进行的编程不是无关紧要的，但也不是难度很大的事。我们在 CudaDeveloper 内部使用的函数库支持多 GPU 设置。它使数据处理变得复杂了并且需要更多地思考，但是确实也更加可行。

问题是需要自己编写多少代码，通常有关于性能。使用指令时，付出了一定百分比的性能以实现更快的程序开发。通过对比，函数库可能会在减少开发精力的情况下带来显著的加速，但是其可能的副作用是减少程序的灵活性，以及执照问题。很多在商业使用的角度上被限制了，这表明如果不打算自己开发而使用函数库的话，则应该为特权功能付费。至于学术用途，只感谢其所做贡献通常就足够了。

因此，为什么要使用编写自己的内核是有很多原因的。本书提供对使用 CUDA 编写内核时遇到问题的很好见解。无论是自己编写内核还是抽象为别人的问题，这些基本原则（合并内存访问、充分利用硬件、避免资源竞争、了解硬件局限，数据局部性原理）都是适用的。

在本章，我们已经提到了一些 NVIDIA 提供的函数库。如果工作在这些提到的领域，那么为什么不选择使用这样的函数库呢？它们是由生产商开发的并且在他们的硬件上运行得很好。它们设计为构建更复杂的算法模块的基础。NVIDIA 的授权条款是很慷慨的，因为他们希望用户使用函数库并创建 CUDA 应用程序。如果你认为 CUDA 的更广泛使用意味着更多的 GPU 售出这也是毫不奇怪的，当然，关于 CUDA 的知识也就变得更有价值了。

问题是这真的能够带来足够程度的性能吗？大多数人使用高级语言进行编程，是因为这比使用汇编语言的生产率更高。更优秀的程序员对于 C 语言和汇编语言的细节都很了解。他们知道什么时候使用 C 语言以获得生产收益，也知道什么时候要使用汇编编写一些函数。使用指令 / 函数库的问题大体上是相似的。当然可以所有代码都自己编写，但是除非不得不这样做，否则为什么要自找麻烦呢？

当为 GPU 编写应用程序时，一个很好的方法是首先获得 CPU 端可以运行的原型。考虑一下如何让 CPU 版本利用多核以及这是否会给应用程序带来好处。CPU/GPU 工作的平衡是怎样的呢？在需要的时候会如何在 CPU 上创建线程？然而，至少开始时，要坚持使用一个 CPU 线程和一个 GPU，但是要想一想最终想要实现怎样的目标。

现在考虑一下主机 / 设备传输。传输 – 计算 – 传输模型通常（取决于比例）无法充分利用 GPU。某种程度上，我们可以将传输和计算重叠执行，然而这也取决于需要针对的硬件。

接下来考虑一下 GPU 的内存层次结构。打算利用 GPU 的哪个位置（寄存器、共享内存、缓存、常量内存、纹理内存）？对于这种类型的数据存储你需要怎样的数据格式？

现在我们看看内核设计。分解为线程和线程块的方式会影响线程间 / 线程块间的通信量以及资源使用情况。可能会遇到怎样的串行和竞争问题呢？

一旦有一个可以工作的 CPU/GPU 应用程序，分析它并让它尽可能高效地工作。在这个阶段要特别注意正确性，最好进行一些对比自动测试。

然后，这就给我们带来了内核实现效率的问题，其中要考虑 CUDA/ 函数库 / 指令的选择。假如已经计划好了如何使用 GPU，那么你的选择会如何影响执行的效率呢？关于使用 CUDA/ 函数库 / 指令的选择会对性能带来正面的影响还是负面的影响？影响的百分比是多少？

我们考虑一下共享内存的例子。OpenACC 有一个 cache 修饰符，它告诉编译器要将该数据存放在共享内存（否则会忽视共享内存这个资源，这也可能取决于编译器提供商）。函数库很少会直接显示出共享内存的使用，但是却经常在内部高效地使用它并且通常会在文档中记录下来。新一些的硬件可能会有不同的实现。例如，Kepler 硬件可能会将共享内存配置成 32 位或 64 位宽度的，这意味着许多金融类和其他的应用程序会从这个优化操作中显著受益。

能利用这种重要的优化手段吗？如果依赖指令提供商或是函数库开发者做这个，那么他们会提供哪一个层次的支持呢？这会花费多长时间呢？如果这个函数库是某个学生编写的并且是他论文工作的一部分，除非你或其他人愿意维护它否则它是不会更新的。如果需要某个特性而指令提供商并不认为该特性有广泛的需求，那么他们并不会仅仅为了你的应用程序而进行开发。

当有一个高效的单CPU/单GPU实现方案时，将其移植到适合你的工作量的多核/多GPU解决方案。对于以GPU为主而CPU没有充分利用的工作流来说，简单的单CPU核控制和所有的GPU异步模型能够正常工作。如果CPU核也加载了，那么使用多线程且每个线程使用一个GPU会带来什么帮助呢？在CPU负载没有充分利用的情况下，多核CPU是否做了一些无用的工作？最好的设计方案大概是最有效地使用所拥有的资源来解决某个给定的问题。

移植到多线程/多GPU的方法可能是很容易的，也可能是很费劲的。GPU全局内存数据现在划分到多GPU内存空间上。现在需要怎样进行GPU间通信呢？P2P模型（如果支持）通常是这种通信的最佳方法。或者，GPU之间的协调和传输需要由主机完成。让一个单独的CPU协调N个GPU可能比让多CPU线程协调同样的这些GPU更容易。

你的指令和函数库是否支持多GPU方法呢？它们是线程安全的吗？或者假设只有一个实例或CPU线程，它是否会维护一个内部状态？对数据交换和并发操作提供了什么支持？是否强制串行与每个GPU交换数据，并在不同GPU间轮流进行？或者能否同时执行N个传输呢？

在选择工具或函数库时，考虑一下它们是否成熟以及编写它们的目的是什么。在代码错误时会如何调试（因为这是不可避免的）。你是自己解决问题还是存在技术支持，能够负责你的漏洞修复、特征请求等问题？它们是什么时候编写的并且针对哪一种GPU工作得最好？对于不同代的GPU，它们是否优化过了（或者意识到需要优化）？

通过提前思考设计并且搞清要在哪里结束，能够决定开始时需要哪一种软件和工具。可以用某种方法创建一个解决方案的原型，但是最终可能需要使用CUDA以获得理想的性能和效率。在软件开发中没有神秘的“银弹”。而是需要认真考虑设计方案，计划如何实现它以及理解某些特定的方法能带你走多远。

10.6 本章小结

在这一章，我们已经看到了大量GPU代码开发的方法。哪一种方法适合你，很大程度取决于你的背景以及目前使用CUDA的感受和经验。我特别鼓励你看一看NVIDIA提供的函数库，因为它们涵盖了许多常见的问题。

我们考察了SDK中大量非特定领域的例子，通过学习这些程序，每个人都可以采用并且从中受益。SDK中也有很多特定领域的例子。我鼓励去探索这些例子。在对CUDA已经有了很好的了解基础上，将会获得很多额外的知识。

我希望从这一章能够认识到使用CUDA直接编写所有的代码，并不是唯一的途径。使用函数库能够获得显著的生产收益。指令集也允许更高层次的编程，而相对于较低层次的CUDA方法，人们可能更加青睐高层次的方法。由于各种原因，人们会做出不同的选择。理解对你来说很关键的标准是什么并且据此做出选择。

第 11 章
规划 GPU 硬件系统

11.1 简介

服务器一般放置在比较宽敞、特设的空调房里。通常要密封房间，以隔离它们产生的过大噪音。它们消耗的能量以十万瓦乃至百万瓦计量。计算机通常会组织成 1U、2U 或者 4U 的节点，插入一个大机架单元。这些机架往往进一步使用如 InfiniBand 的高速连接器互连，如图 11-1 所示。

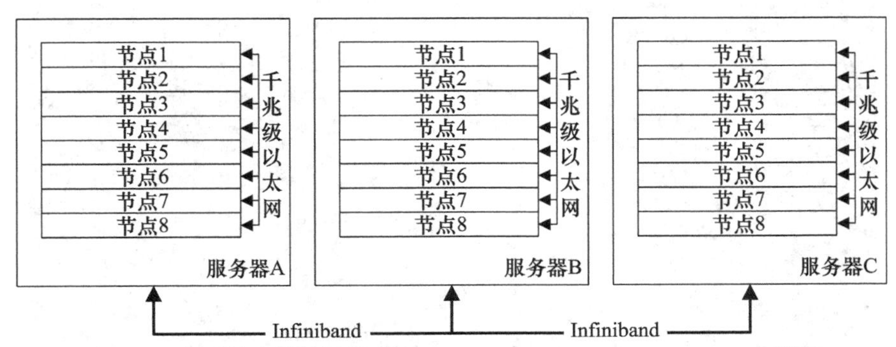

图 11-1　典型的高性能计算（High-performance computing，HPC）配置

在一个给定的服务器里，每个节点都借由一个高速交换机连接到所有其他的节点。这种连接开关与千兆以太网一样简单。大多数节点的主板附带两个千兆以太网端口：一个负责内部连接，另一个负责外部连接。所有的外部连接通向一个共同交换机。交换机本身处在诸如 InfiniBand 的高速的主干网上。

这样的组织方式有一个很有趣的属性。服务器机架内的节点间通信可能会明显快于跨机架节点间的通信。这种组织方式导致了非统一内存访问（Nonuniform Memory Access，NUMA）架构。作为一个程序员，必须处理这个传输过程。可以武断地忽略这个问题，但是这会导致低性能。需要考虑数据驻留在哪里以及节点间需要共享哪些数据。

如果查看一个多 GPU 硬件系统，会看到它与图 11-1 所示的单服务器节点非常相似。每个节点是一个 GPU 板卡，它们连接到中央 PCI-E 总线而不是千兆级以太网。每组的 GPU 卡构成了一个更为强大的节点，它通过高速链路与其他类似节点连接，如图 11-2 所示。

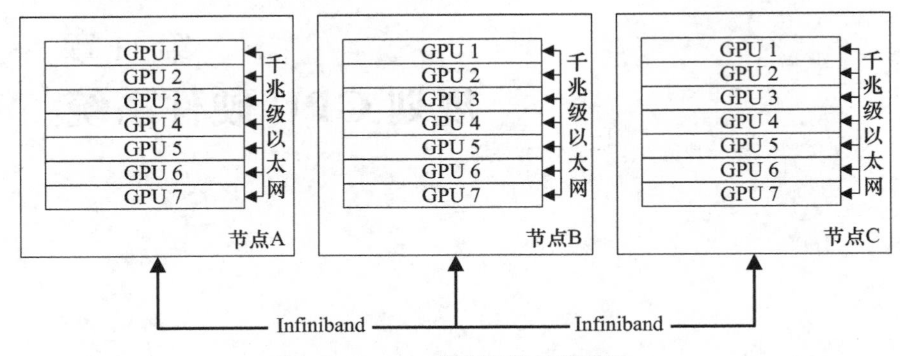

图 11-2 GPU 的高性能计算配置

请注意，图 11-2 中每个节点包含 7GPU。在实践中，这是唯一可能使用专门的机架或液体冷却的 GPU 系统。我们在 CudaDeveloper 搭建了一个同样的系统，如图 11-3 所示。

图 11-3 CudaDeveloper 搭建的液冷计算机，其中搭载了 3 个 GTX290 卡（共 6 个 GPU）

除了一些古老 G80 系列系统，大多数的 GPU 卡占用双卡槽位。多数主板支持最多 4 个 PCI-E 插槽。这意味，如果使用安装了风冷的台式机箱，每个节点仅限于 4 个 GPU。由于每个开普勒系列卡拥有每秒 3 万亿次浮点操作的处理能力，一个不用放置在远程服务器房间的桌面节点可以拥有每秒 12 万亿次浮点操作能力。

限制使用高速运算能力的主要问题之一是能量和发热问题。随着时钟频率的增加，产生的热量也相应增加。随着不断增加的热量，相同时钟频率下消耗的功率也会上升。费米型设备的温度极限略超过 212 华氏度（100 摄氏度）。系统中并排放置两个以上的 GPU，在通风不佳的环境中，很迅速就能攀升到这个阈值。

把手伸到现代 GPU 的排气孔背部，类似于把手靠近一个吹风机。利用万亿次浮点操作的 GPU 工作站，可以把热量加大到 4 倍，一个小型办公室很快就可以免费享用热度不错的暖气系统。

580 系列的费米型 GPU 卡（GF110）引入了一种更好的均热板散热系统。由于它输出的热量更小，而沿用到 GTX680 上。这一散热系统在空心铜管里装有液体，能够迅速将热量带给散热片和风扇。它跟液冷系统非常相似，只是它的热量仍需要通过对着散热片吹风进行散发，而风扇要装在 GPU 卡的狭小空间里。保持 GPU 越冷，意味着更少的功耗和更少的发热量。然而，用风冷是有限制的，最终也会限制 GPU 性能的增长。一个典型的 480/580 系列 GPU 卡可以消耗高达 250 瓦 / 卡的能量。因此，单节点上的 4 卡系统很容易超过 1000 瓦。而后期发布的开普勒型 GTX680，功耗不到 200 瓦 / 卡；而双芯的 GTX690 控制在 300 瓦以下。

然而，一个典型的高速工作站或服务器并不是只有 GPU 部件。我们将依次讨论这些部件，看看它们如何影响整个系统的设计。在设计任何系统时，要记住一个重要原则，不管 GPU 速度有多快，总体吞吐量受限于最慢的部件。

11.2 CPU 处理器

处理器的选择主要限于英特尔和 AMD 之间。不考虑过时的处理器，可以选择最新的英特尔 I7 系列或 AMD 的 Phenom 系列。请注意，由于提供的 PCI-E 通道有限，Sandybride 架构的 1155/1156 插槽设计没有考虑在内。充分考虑上述因素，符合条件的有：

英特尔 I7 Nehalem 处理器（1366 插槽，参见图 11-4）

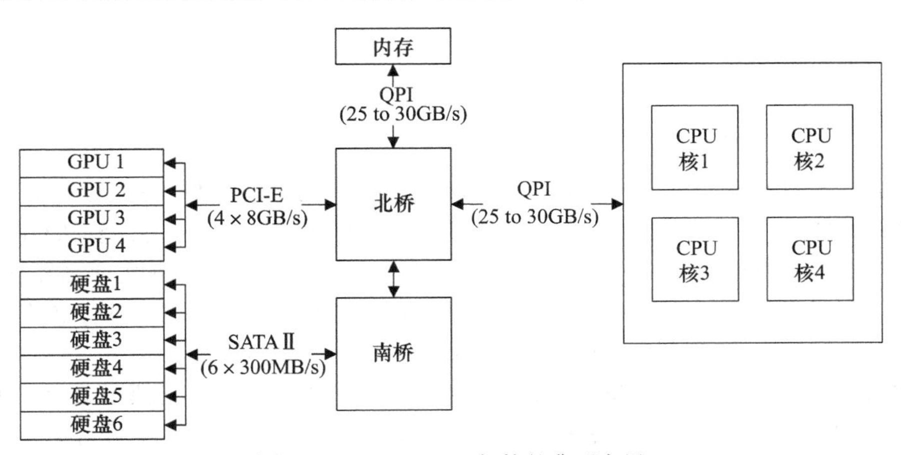

图 11-4　I7 Nehalem 架构的典型布局

- 4 ~ 6 核
- 基于快速通道互联（QPI）的 DDR3 三通道内存接口
- 125 瓦的热设计功耗
- 36 条 PCI-E 2.0 通道

英特尔 I7 沙桥 -E 处理器（2011 插槽）

- 4 ~ 6 核（最多 8 个 Xeon 变种）
- 基于快速通道互联（QPI）的 DDR3 4 通道内存接口
- 130 瓦的热设计功耗
- 40 条 PCI-E 2.0 通道

AMD 的 Phenom Ⅱ /FX

- 基于 Hypertransport 技术的 DDR-2/DDR-3 内存接口
- 125 瓦的热设计功耗
- 42 条 PCI-E 2.0 通道

从性能方面说，同等的核数和时钟频率下，英特尔处理器一般快于 AMD 处理器。从价格方面说，AMD 处理器是相当便宜的。也存在低功耗版本的处理器，这对需要保持机器持续运转的场合是很有吸引力的。然而，能够支持 4 个或更多 PCI-E 插槽的主板较少，带来的问题就是可能限制每个节点上 GPU 的数量。沙桥 -E 平台显著快于其他两种解决方案，但它在处理器和主板上的预算也会显著增加。

在需要大量 CPU 协作的应用程序中，每个 GPU 分配一个线程核。这提供了把一个线程或者进程固定分配到某个物理核上的可能。除非有 4 个以上的 GPU 或者有大量的工作量供 CPU 核处理，否则 6 核处理器中的两个核可能会浪费掉。此种情形下，I7 在性能方面是明显完胜的。当然，如果在 6 核处理器上插接 6 个 GPU 将更有优势。

另外一个选择是最近发布的 IvyBridge 架构的英特尔处理器产品线。它支持 PCI-E 3.0 标准。随着预计于 2012 年年底发布的基于 LGA 2011 插槽的 Ivybridge-E，将最终带来 PCI-E 3.0 解决方案，为 GPU 计算提供足够多 PCI-E 通道。

11.3 GPU 设备

在 GPU 机器中，每个 GPU 无疑是任何设计中需要考虑的最重要因素。GPU 的更新换代大约每 12 ~ 24 个月一次，比 CPU 端的更新略快。到目前为止，我们已经看到 GPU 的性能大约每 18 ~ 24 个月增加一倍，完全符合摩尔定律。CPU 持续符合摩尔定律已经很多年了，但是单个核的速度是有极限的。只要问题具备足够的并行性，那么 GPU 的性能应该可以持续以这一指数增长，延续在 CPU 上的多核增长。

那么，应该主要考虑 GPU 的哪些因素呢？首先，我们没必要一定使用最新的硬件。使用大致同样的能量预算，每次大的硬件换代都带来加倍的性能。如果已有硬件已经能够满足性能要求，则不必更新硬件；否则需要换用新型硬件。从 2 分钟降低到 1 分钟没什么大不了，但是从 10 小时降低到 5 小时或 10 天降低到 5 天，不论从可用性上来说，还是从功耗和空间预算上来说，都有较大不同了。

GPU 市场是由游戏玩家推动的——并行硬件能够以商用价格带给大众应该归功于他们。GPU 硬件分为两种主要类型：游戏 GPU 和计算服务器 GPU。英伟达推出的 Tesla 系列 GPU

就是针对服务器和工作站市场的。这一系列的 GPU 相较它们的桌面兄弟 GPU 具有如下优势：

- 大容量内存的支持
- ECC 内存的支持（自费米架构开始）
- Tesla 计算集群驱动程序
- 更高的双精度数学运算
- 大内存总线带宽
- 系统管理中断（System Management Interrupt，SMI）
- 状态指示灯

下面，我们看看它们是什么以及为什么它们对于服务器市场如此重要。

11.3.1 大容量内存的支持

从 GPU 上传送和传回数据是缓慢的。最好拥有 5GB/s 的双向 PCI-E 总线（总计 10GB/s）带宽通向主 CPU 内存。GPU 的内存越大，可以在 GPU 存放越多的数据。这可以避免频繁地向 GPU 传送和传回数据。Tesla 卡通常配备 4GB ~ 6GB 的内存。随着费米架构的引进，我们终于摒弃了 32 位内存空间的限制，允许 GPU 拥有多达 6GB 的内存。如果每个 CPU 连接 4 个 GPU，不用违反多数服务器主板对于内存大小的限制，很容易就可以拥有总计 24GB 的内存。

11.3.2 ECC 内存的支持

ECC 内存是在服务器环境中使用的一种特殊类型的内存。在这种环境下，内存很容易出错。普通内存面对大量的电磁干扰，其内存单元很可能改变为随机值。设备周围的电子密度越高，则产生越多的电磁辐射和越高的错误率。每个机架放入多个 GPU，而机架又同其他机架并排放置，就会产生可观的电子噪声。CPU 端服务器已经使用了 ECC 很多年。ECC 可以同时检测和纠正内存错误，使得它非常适合服务器类型的环境。

GPU 内存数据的错误对于游戏玩家来说无关紧要，通常会完全忽视。它可能会导致一个错误的像素，或一个不应出现的物体。然而，由于帧缓冲通常每秒把整个画面重新绘制 50 ~ 60 次，因此很难看出某个出错的孤立像素。

然而，当转向计算领域，内存数据的错误意味着输出数据集中有一个甚至多个元素的答案是错误的，这显然是不能接受的。这一问题或者可以使用 ECC 或每次运行两次计算来检验结果。后一种方式，需要双倍的硬件。这实际上意味着需要最初投资和运行代价的两倍，显然这一方式不是最佳的方案。

11.3.3 Tesla 计算集群驱动程序

这是仅支持 Tesla 卡的驱动程序。Tesla 卡没有图形输出，专为计算而设计。由于需要支持图形接口，内核调用将会带来相当大的开销和延迟。通过移除图形功能，TCC 驱动程序会带来明显超过标准 GeForce 驱动程序的性能提升。也有若干硬件部件是专供 Tesla 设备使用的，如 ECC 和双 PCI-E 复制引擎。

TCC 驱动程序包含在标准的英伟达驱动程序下载包中，但只在基于 Tesla 的硬件上有效。

11.3.4 更高双精度数学运算

由于大多数游戏很少涉及双精度数学运算，因此费米系列卡在每个 SM 中的两个双精度单元禁掉了一个。因此，标准 GeForce 费米卡的双精度性能相当于 Tesla 同等卡的一半左右。单就单精度浮点运算性能而言，GeForce 跟 Tesla 相当，而且在许多情况下，得益于它更高的时钟频率，可以比 Tesla 更快。但是，如果双精度浮点运算对于你的应用程序非常重要，如在许多金融应用程序中，那么只安装 Telsa 型 GPU 是有道理的。

11.3.5 大内存总线带宽

Tesla 卡，作为最高端的 GPU 卡，通常全部的 SM 都是有效的。英伟达对服务器级别的 GPU 卡收取更多的费用，所以可以按照起作用的 SM 数目筛选 GPU。那些包含无效 SM 的 GPU 卡可以处理成更便宜的 GeForce 卡，即使禁掉一个或两个 SM 单元，对整体游戏性能的影响并不大。

让所有 SM 都有效，意味着全部总线带宽都可以用来从 GPU 卡上的全局内存传输数据。由于内存带宽往往是很多算法的唯一限制因素，因此采用 512 位宽对比采用 448 位宽，将带来明显差异。GeForce 285 和 275 卡同属较老的 G200 系列，前者拥有更大的总线带宽，带来额外的成本，但相对后者也有一定的性能增长。GeForce 480 和 580 卡也有同样的问题，从 320 位宽到 384 位宽，单就内存总线带宽而言提高了 20%，更不要说额外的 SM 单元了。专为通用计算设计的开普勒架构的 Tesla K20 模型配置了 384 位宽的总线，而 GTX 680 是 256 位宽的总线。

11.3.6 系统管理中断

系统管理中断（SMI）是一个非常有用的功能，它可以通过网络远程查询设备。在一个大的数据中心，可能安装有成千上万的 GPU。CPU 节点已经存在集中管理的解决方案，加入 SMI 的支持，可以把集中管理扩展到 GPU。因此，GPU 具有响应请求并报告了一些对于中央管理系统有用的信息。

11.3.7 状态指示灯

Tesla 卡的背面有一些指示灯，可以显示此卡的状态。除了 GeForce 295 卡之外，所有的标准 GeForce 卡都不存在状态指示灯。这些指示灯允许技术人员信步走在这些 GPU 之间，识别出失败的 GPU。在有上千个 GPU 的数据中心，可以快速断定任何节点是否有问题，这将会大大方便看管这些系统的 IT 员工。

11.4 PCI-E 总线

英特尔系统采用的北桥 / 南桥芯片组设计。北桥芯片本质上是一个高速开关，连接所有的高速外设。南桥的速度更慢，处理所有普通的外围请求，如 USB、鼠标、键盘等。在 AMD 处理器系统上，以及英特尔后期的设计，PCI-E 总线控制器的某些功能集成到了 CPU，而不是作为一个完全独立的设备。

在英特尔 I7 Nehalem 系统上，总计有 36 线 PCI-E 总线带宽（在沙桥 -E 上是 40 线）。它们每 16 线一组，形成单个的 PCI-E 2.0 X16 链路。这条链路就是 GPU 使用的，在任一方向提供 4GB/s 的带宽。单个 I7 或 AMD 处理器最多支持两个 GPU 运行在完整的 X16 模式。当添加更多的 GPU 时，每个 GPU 可用的通道数量就会减少，相应地分配给每个 GPU 的带宽也会减少。如果使用 4 个 GPU，运行的链路将是 X8，即任一方向 2GB/s 的带宽。

大多数主板不支持 4 个以上的 PCI-E 插槽。然而，有些主板可以使用英伟达特制的多路分线器（NF200）拆分出更多的通道，达到支持 4 个 PCI-E 插槽的目的，如华硕 supercomputer 主板就是一个这样的例子，该主板支持 7 个 PCI-E 插槽。

在设计系统时，请记住，其他设备也可能需要占用 PCI-E 总线。如图 11-3 所示包含 6 个 GPU 工作站，在最后一个 PCI-E 插槽里安装了一个 24 通道的 PCI-E RAID 卡。其他系统可以在空闲 PCI-E 插槽上插上 InfiniBand 或千兆以太网卡，因此并不是只有 GPU 可以使用 PCI-E 总线。

现在许多主板也支持 PCI-E 3.0。这将大大提高目前每个 GPU 可以使用的总线带宽，因为每条 PCI-E 3.0 通道的带宽是 PCI-E 2.0 的两倍。然而，仅开普勒产品线的显卡支持 PCI-E 3.0。

11.5 GeForce 板卡

GeForce 卡可以作为 Tesla 卡的替代卡。Tesla 卡瞄准的是服务器和企业级市场。如果一个学生或自学 CUDA 的工程师，无法通过学校或者公司使用到 Tesla 卡，那么使用 GeForce 卡完全适合开发 CUDA 程序。如果正在开发消费级市场，显然正需要在这些卡上进行开发。

消费级 GPU 卡之间的差别主要在计算水平上的不同。目前，购买的几乎所有 400 或 500 系列的卡，将包含一个费米型 GPU。600 系列卡大多是基于开普勒架构的设计。如果偏偏需要较老的卡，则前一个代次（计算能力 1.3）是 200 系列。计算能力 1.1/1.2 的卡通常是编号为 9000 系列的卡。最后，计算能力 1.0 的卡通常是 8000 系列，实际上，在这种老卡上编程相较现代的卡是相当困难的。

在同一代次的 GPU 卡里，SM 的数量和全局内存的大小会有变动。在购买 GPU 卡时，应保证它至少有 1GB 的内存。当前，GeForce 卡内存的最大容量为 4GB。事先有个心理准备，多数的 GPU 卡要比一般的安静 PC 嘈杂。如果无法忍受噪音问题，可以选择一个不那么强大的卡，或者选择如微星 Frozr 系列的定制散热器。请注意，500 系列卡一般比 400 系列卡安静，因为它们对硅晶体作了调整，降低了功耗和发热量。开普勒架构的 GPU 卡由于发热量更少，往往比 500 系列卡略微安静。然而，正如任何事情，有失才有得。因此，在同一系列卡（如 GTX560、570 和 580 等）里，价高的一般比低端的安静些。

在 GPU 卡的设计方面，几乎所有的卡都是基于英伟达标准布局。因此，它们的主体是相同的，差别在于生产商品牌、配件和附带的软件。而在较高端的 GPU 卡上，有所例外，生产商要做些实际的创新，技嘉的 SOC（超级超频）品牌也许是最好的例子。单风扇的原装散热器替换为三风扇散热器。经过速度分级，筛选出那些可以在更高速度（通常超频 10%）上稳定运行的 GPU。电源电路已重新设计，可以提供额外的能量，以驱动 GPU 在此规格下稳定地运转。

在低端卡方面，GTX520/GTX610 是最便宜的一类，售价不到 50 美元（约 30 英镑或 35 欧元）。它不需要任何特殊设计的电源连接器，适合安装在任何 PC 上。它们是合适 CUDA 开发的、理想预算的 GPU 卡。

考虑液体冷却（液冷）系统，Zoltac Infinity 版 GPU 卡可能是最有用的。它带有一个密封好的、配备齐全的液体冷却系统，类似 CPU 的某些冷却系统。因此，所需做的只是取下已有排气风扇，替换成提供的散热器和风扇。这是理想的单卡解决方案，但对多 GPU 系统不太理想。POV TGT 发布的 Beast GTX580 液冷版配备了 3GB 的内存并配备水冷头，可以很容易地连接其他模块。配备了液冷的 GPU 卡也可从 EVGA、微星、PNY 购买。

11.6 CPU 内存

CPU 内存似乎不必特别在意。然而，任何数据的传输必须来自内存，并最终返回给发送者。鉴于 PCI-E 2.0 带宽在双向中任一方向最大可达 4GB/s，每个 GPU 卡最多可以使用 8GB/s 的内存带宽。

需要的带宽在很大程度上取决于使用的数据结构和需要在 GPU 卡上保存多少数据。你面对的可能是输入规模很大但输出很小的问题，或者相反。

假设输入和输出规模比较均衡，采用 3 个 GPU 卡（共 24GB/s 的峰值带宽），即使 CPU 端空置，CPU 的内存带宽也能达到饱和。使用 4 个或更多的 GPU 卡，当应用程序需要大规模的输入和输出带宽时，意味着要搭载 I7 Nehalem 服务器版或者沙桥 -E 这类具有 6GT/s QPI 总线连接器的处理器，否则无法保证每个卡都有充足的数据供应。

如果有大量的数据需要传输，那么标准 1066/1333 MHz 的内存时钟将构成多 GPU 系统的瓶颈。如果应用程序涉及少量计算，那么问题很难有所改观。I7 平台上，DDR-3 内存可以安全超频到 2GHz，而在 AMD 平台很难达到这么高。正式说来，两家的设备均不支持超过 1333MHz 的内存时钟频率。内存还带有一定的时序信息（timing information），有时简称为 CL7、CL8 或者 CL9，大致度量了对数据请求的响应时间。因此，同一条在 1066MHz 频率下时序为 CL7 的内存，也可能当作 1333MHz 频率下时序为 CL9 的内存来出售。正如大多数计算机硬件，时钟速率越高，响应时间越低，内存价格越昂贵。

特定 DIMM 内存包含嵌入信息（英特尔 XMP 认证信息）。在合适的主板支持下，这些信息可以自动用作安全地设定内存的最佳频率。当然，由于许可费用的原因，这种经过认证的内存比没有认证的同等内存更贵。

然而，请注意，内存设备也遵从如下规律：时钟速率越高，发热量和功耗也越大。通常情况下，应该为主板上的 DDR-3 内存按照每 GB 大约 1 瓦的功耗来预算。

在考虑内存速度的同时，也要考虑需要多大的内存总量。使用锁页内存是最快的传输方式，这需要为系统中的每个 GPU 卡分配专用的内存块。对于 Tesla 卡，你可能希望传送多达该卡的最大内存容量，即 6GB 的数据。由于 Tesla 卡没有输出口（无法接入显示器），一个典型的桌面配置将采用 3 个 Tesla 卡和 1 个专用图形卡。因此，单就锁页内存而言，可能需要高达 18GB 的内存。

另外，操作系统也需要约 1 ~ 2GB 的内存自用。这样，额外的 2GB 应分配给磁盘高速缓存。综上，对于一个 3 Tesla 卡的系统，大约需要 20GB 的内存。

DDR3 内存系统在英特尔系统上通常是 3 通道或者 4 通道的；而在 AMD 系统上是双通道的。大多数英特尔系统有 4 ~ 8 个 DIMM（双列直插式内存模块）插槽；而大多数 AMD 系统具有 4 个 DIMM 插槽。通常，每个插槽必须使用同等大小的内存：4GB 的 DIMM 是相当标准的，而 8GB 的 DIMM 内存也可买到，只是后者每 GB 的售价大约是前者的两倍。因此，4 插槽的 AMD 系统中，通常会发现多达 16GB 或 32GB 的内存；而在英特尔系统上可以得到 16GB、24GB、32GB、64GB 的内存。需要注意，4GB 内存的 32 位操作系统仍然是目前最常见的消费级平台。

对于非 Tesla 卡，卡上的内存一般只有 2GB 的容量，意味着锁页内存占用的总内存量要少很多。采用 4 张卡，只需 8GB 的内存。即使使用最大支持的 7 张卡，所需的 14GB 内存也较好地保持在一般高端主板的支持容量之内。

11.7 风冷

发热和耗电问题是每个系统设计者都头痛的事。当增加时钟速度时，所需能耗增加，转而又产生更多的热量。设备越热，驱动栅极所需的能耗越大。时钟速度越快，它也越容易出问题。

CPU 设计者在很早之前就已经不再努力冲刺 4GHz 的极限频率，而是转向并行核的路线。超频发烧友会告诉你他们可以在 4GHz 甚至更高时可靠地运行系统。然而，产生的热量和能耗相对标准时钟和设备的能源使用量（power footprint）是巨大的。

GPU 一直是需要消耗大量的能源并产生大量的热量。这并不是因为它们低效，而是因为它们在一台设备上搭载了如此多的核。一个 CPU 通常会有 4 个核，对于一些高端服务器设备可以多达 16 个。当意识到高端 GPU 有 512 个 CUDA 核要冷却时，就要开始理解这个问题了。对于应该在 SM 层还是 CUDA 核层与 CPU 核进行公平比较的问题，仍存在争议。但无论使用哪种度量方式，GPU 设备的核数最终仍会是 CPU 核的许多倍。

零售 CPU 通常附带一个很基本的散热片和风扇单元。它们属于低成本的、批量生产的单元。如果把标准散热器和风扇替换为高级的单元，CPU 温度可以很容易下降 20 度或更多。

GPU 通常采用双倍高度的板罩（2 个 PCI-E 插槽大小），上层为冷却用的风扇。拆开后，通常可以看到相当庞大的散热器（参见图 11-5）。

GeForce 580 甚至带有均热板散热器的特色设计，紧靠 GPU 的铜表面充满了液体，以利于热量从 GPU 传递到散热片组。仅就冷却 GPU 而言，这是非常先进的技术。然而，其中的一个问题是 GPU 的散热片只有被冷空气包围时才有好的效果，如果把 GPU 一个挨着另一个放置将会耗尽空气供应。

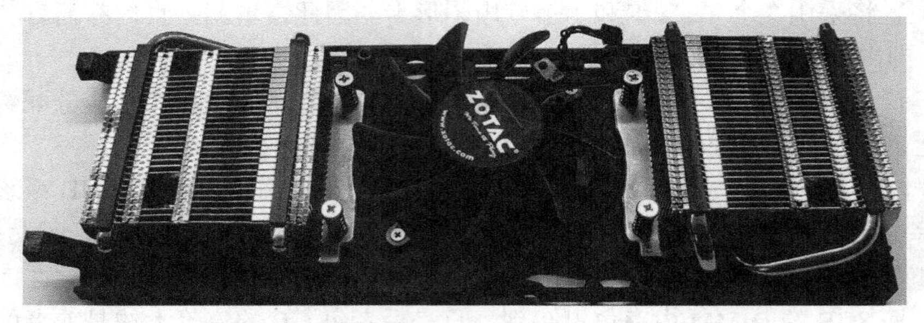

图 11-5 GTX295（双核 GPU）显卡的散热片

把 4 个 GPU 卡放置在一台标准 PC 机箱里，看起来像只气垫船。发出的热量可以代替储水式加热器。不幸的是，一旦开始装载 GPU，短短的 10 分钟就很可能进入过热状态。持续过热会导致计算错误，操作员也必须穿上 T 恤和短裤来上班。

风冷条件下，要想运行 4 块 GPU，要么需要送入事先冷却后的空气（代价高），要么购买包含定制型散热器的专用卡（参见图 11-6）。大多数服务器环境采用前种方案，服务器放置在特制空调房间里。定制型散热器解决方案更适合用于办公室工作站。然而，不能全部使用 Tesla 卡，或者至多使用 2 个 Tesla 卡，卡间留出空隙，否则期望把它们安静地放置在办公桌旁边。在更大机箱里配备如 ASRock X58 Extreme6 这样的主板，由于 PCI-E 插槽之间相距三个插槽的间距，可以保证上述系统能够正常运行，甚至可能支持 3 卡的风冷系统。

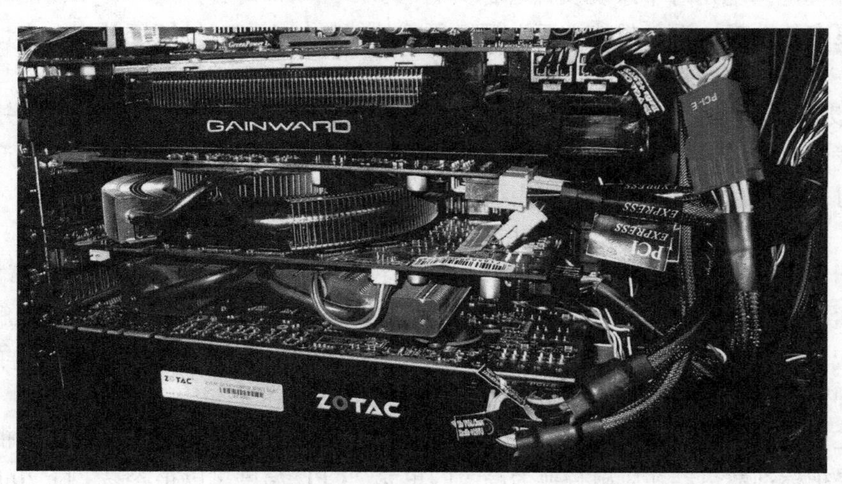

图 11-6 含 4 个 GPU 的风冷系统（多块消费级 GPU 卡）

互联网上，很多评论网站对 GeForce 卡进行评论。他们几乎全都要测量该卡的噪声输出。微星、技嘉和耕昇为风冷版 GPU 生产了一些非常有趣的冷却方案。多数硬件（GPU 或 CPU）会附带常规原装冷却器，通常应不惜一切代价避免。因为它们往往噪声过大，很难放置在办公桌旁。花 20 美元购置一个定制的散热器系统常常让生活很清静并保持 GPU 凉爽，节省运行成本。

11.8 液冷

考虑冷却效果，液体相较空气有两个有趣的优势。它具有更高的热导性，同时具有更高的比热容。这意味着它更容易吸收热量，并带走更多热量。

液体冷却听起来像是散热问题的一个另类解决方案，但它实际上是相当实用的。早期的超级计算机中，使用绝缘液体进行降温是冷却领域的重大突破之一。例如，Cray-Ⅱ使用了一种由 3M 公司开发的 Fluorinert 特殊绝缘液体，整个电路板浸泡到其中进行降温。该液体流经整个系统，然后送到外部的冷却单元进行散热。

对于 GPU 计算，我们前进了一小步。尽管把整个主板和 GPU 浸泡在绝缘液体里，如常用的油，是可以解决散热问题的，但它不是一个很好的解决方案。液体最终可以穿透敏感元件，从而导致系统故障。

液冷发烧友萌生出液冷组块的想法。它们是中空的铜组件，液体可以在其中流动，并不会与任何电子元器件物理接触（参见图 11-7）。可以买绝缘液体，将其放到我们的液冷系统中，即使出现泄漏事故，也能把元器件的损伤风险降到最小。

图 11-7　单个 CPU 和 GPU 水冷却回路

最新的液冷系统由多个集热器、一个 CPU 组块，一个或多个 GPU 组块，以及根据需要任选的内存和芯片组块。中空的铜组块从水箱注入液体，液体在其管道内流动。然后，被加热的液体输出到冷却系统，冷却系统通常是一个或多个散热器或热交换器，典型的系统布局如图 11-8 中所示。

上述布局存在许多变化。如图 11-8 中所示，顺序流经的单元数目越多，液体在流动过程中的阻力越大。并行流动方案试图解决这一问题，但由于液体通常会选择阻力小的路径，实际上很难保证平行路径上得到相同的流量。

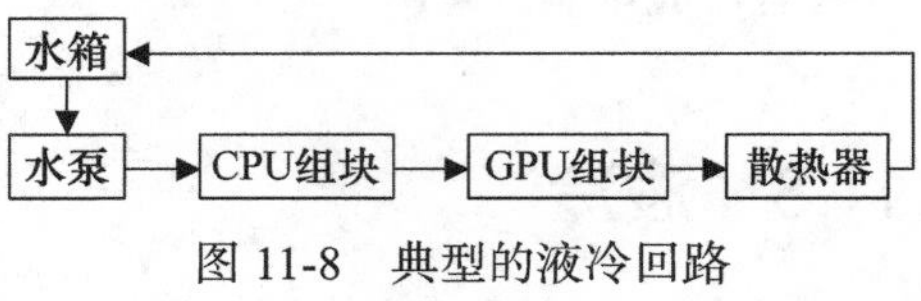

图 11-8 典型的液冷回路

液冷的主要问题是，它并没有真正解决发热问题。它只允许将热能移动到其他更易于散热的地方。因此，散热器可能是外置的一个大块头，当冷却量不大时甚至可能安装在工作站的机箱内部。

散热器是任何水冷系统的关键部件，最为关键的因素包括它的尺寸、气流的流量以及气流的温度。外置 Watercool MO-RA3 是最好的散热器之一，有 9 × 120mm 和 4 × 180mm 两种外形规格。内置的散热器最好使用能放进机箱的最大尺寸（包括高度、宽度、深度），并应该充分排出气体。尽可能地考虑温度升高方面的物理定律。把散热器安装于顶部，往往是最好的解决方案，但在初始灌装系统时需要一些方法来清除残留的空气。水泵应尽可能放低，水箱应尽可能放高，以确保水泵能一直泵出液体而不是空气。考虑下如何填充和清空这样的系统，以及空气会聚集在何处。通常，这样的系统要标记出液体排空点和空气排空点。

液冷接头有多种尺寸。大多数液冷系统使用 G1/4 螺纹接头。它们的管间内径（Intertube Diameter，ID）为 10mm。因此，常常采用 13mm/10mm（内径为 3/8 英寸）的水管。所标示的规格中，第一个尺寸是外径（Outertube Diameter，OD），然后是内径。常见的接头有三种，分别是宝塔型（barb）、快插型（push fit）和快拧型（compression-type fitting）。对于快拧和宝塔型接头，即使没有使用管箍，也需要一定的施力才能移除。快拧接头的管箍要滑过倒钩，旋紧到位，以确保没有旋开顶端时不会松动。相反，宝塔接头使用一个软管夹，没有管箍那么紧，但往往更容易在较小机箱内移动。快拧接头是其中最不可能发生泄漏或者松动的连接器，值得大力推荐，请参阅图 11-9。

图 11-9 CPU 液冷组件，左右排列的分别是宝塔型和快拧型接头

至于冷液，有很多人使用各种预混合的液体。它们通常包含必要的抗菌剂，以防止藻类生

长。有些是绝缘的，虽然大多数在某种程度上至少有一些导电性。虽然可以使用蒸馏或去离水，但一定不能使用自来水，因为它的成分比较复杂，里面包含液冷回路中不希望包含的东西。

系统中的多 GPU 必须连接在一起。这是通过专用冷头组块实现的，比如 AquaComputer 型孪生连接器或其他相似系统。组块中包括一个硬质塑料连接器，所有的显卡以 90 度角相接。鉴于这些装置不仅提供了良好的固定效果也保证了显卡间的正确间距，它们比金手指类型的“速力”(Scalable Link Interface，SLI）连接器更受欢迎，请参阅图 11-10。

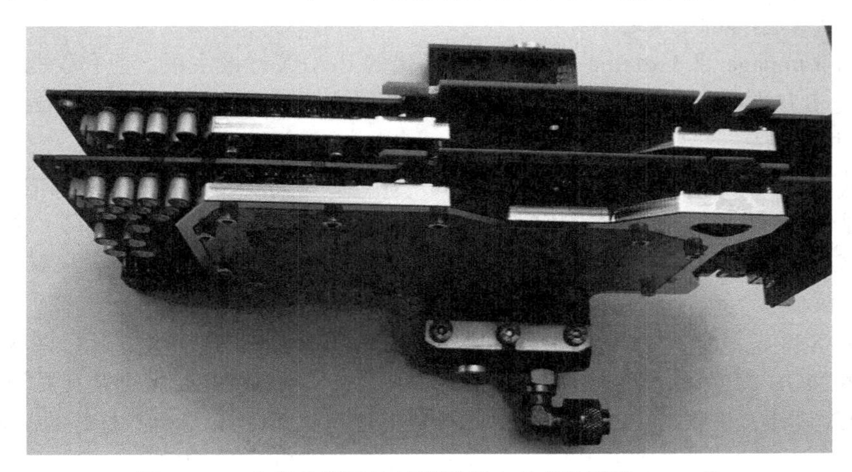

图 11-10 安装在硬质连接器组件上的孪生液冷 GPU 卡

液冷系统的主要优点是，它允许创建一个几乎静音的工作站。而同时，它的冷却效果远胜气冷系统，这反过来意味着更低的功耗。它还允许时钟速度增加到超出原始设定的规格，即所谓的超频。这类超频的 GeForce 显卡，在运行单精度任务时，轻松地超过工作站和服务器环境的 Tesla 卡约 20% 以上的性能。甚至可以购买很多现成可用的液冷版本的显卡，或者带有液冷组件或者一整套密闭系统。

液冷系统也有两个不足之处。首先，尝试全部的组件需要额外成本和精力。其次，存在冷液泄漏的风险，这种风险一般只在系统最初安装时存在。由于大多数液体每年必须更换，导致维护费用也较高。

11.9 机箱与主板

有意搭建属于自己 GPU 系统的人需要把设备放置在一定规格的机箱内。机箱必须要有合适的尺寸，选取的准则主要取决于期望安插几个 GPU 以及所采用主板的尺寸。大多数的主板是 ATX 或者 E-ATX 标准的，这意味着它们可以放于大多数台式机箱内，然而也有一些小的机箱，不支持 E-ATX。

许多支持 4 个 PCI-E 插槽的主板超出 E-ATX 规格范围，EVGA 公司的主板是典型的例子。EVGA 销售的唯一一种双 X58 主板，称为 EVGA Classified SR-2，它支持两个基于 Xeon

的 Nehalem I7 处理器和高达 48GB 的内存。但是，一旦选择了这样的主板，可供选择的配套机箱只有少数几个型号可用（查看最新的支持列表，参见 EVGA 网站 http://www.evga.com）。

华硕公司是最早为 CUDA 计算平台定制主板的厂商之一，这种类型的最早主板是 P6T7 WS 超级计算机主板。它支持 X58 平台（Nehalem I7），可用的双槽间距的 PCI-E2.0 插槽有 4 个，可以全速运行在 X16 PCI-E 2.0 下。值得注意的是，此板是紧凑式电子结构（Compact Electronics Bay，CEB）规格，通常适合大多数 E-ATX 机箱，它是少数几个支持所有 4 个插槽都运行在 X16 速率的主板之一。

华硕的 Rampage Ⅲ Extreme 也是一款很不错的 E-ATX 标准主板，但它仅能支持运行在 X8 PCI-E 速率上的 4 个显卡。华硕 Extreme V 主板是少数几个能够兼容 Ivybridge 架构 PCI-E 3.0 插槽的主板之一。

微星公司生产的 BigBang 系列主板针对高级用户，支持 7 个物理 PCI-E 插槽。然而，当插满 4 张显卡后，它会与大多数主板一样，只能运行在 X8 PCI-E 总线速率下。微星推出的微星 890FXA-GD70 是 AMD 平台上支持 4 个双槽间距 PCI-E 插槽的主板，只有少数厂商推出过类似主板。

华擎的 X58 超级计算机设计方案提供了 4 个 PCI-E 2.0 插槽，可以运行在 X8 速率下，并支持高达 24GB 的内存。至此之后，它的设计能力有了明显提高，特别是其最新的 2011 插槽（沙桥 -E）设计。华擎 X79 Extreme9 是迄今我们见到的沙桥 -E 平台下最好的设计之一（参见图 11-9）。它支持 5 个 PCI-E X8 插槽、8 个 SATA-3 端口、PCI-E 3.0 标准以及高达 64GB 的内存。难能可贵的是，它的外形尺寸仍符合 ATX 设计规格。华擎日前发布 2011 插槽接口，Extreme 11 主板，引以为豪地支持了 7 个 PCI-E 3.0 X16 插槽。

技嘉也是一个受人尊敬的主板制造商。它出品的 UD9-X58 平台，与华硕的超级计算机主板一样，具有双 NF200 芯片，这意味着它支持 4 个全速 X16 PCI-E 2.0 插槽。它的 GA-990FXA-UD7 主板面向 AMD 平台，支持最新的 990 芯片组，提供了对 SATA-3 和 4 个 PCI-E 2.0 高达 X8 速率的插槽。

决定了主板之后，需要选择能够支持主板规格和计划采用的 PCE-E 插槽数量的机箱。标准 PC 机箱只能容纳 7 个 PCI-E 插槽，这在使用 4 个双槽 PCI-E 显卡时，会导致问题。

在选择机箱时需要关注散热和气流问题，尤其是在多 GPU 系统下。Silverstone 出品了一系列机箱，主板旋转了 90 度，因此便于 CPU 和 GPU 上的热空气直接从机箱排出。如图 11-3 所示的设计来自 Raven 的 RV02 机箱。我们发现这样的设计具有最有效的冷却效果。向上流动的空气会使机箱内部温度下降好几度。Raven 的 Fortress FT02 和 Temjin TJ11 机箱均遵循类似的设计。Raven 机箱的美学特性比较极端，要么你会爱不释手，要么你唯恐避之不及。虽然这三种机箱都相当大，但 Fortress 和 Temjin 的设计更加传统。请注意，新版本的 Raven（RV02-evolution）和 Fortress 机箱仅支持 7 个 PCI-E 插槽，而 Temjin 能支持 9 个插槽。

作为替代方案，Coolermaster HAF 和 Antec 1200 系列的机箱也有很好的气流。然而，它们只支持 7 个 PCI-E 插槽。Raven RV03 是比 RV02 更为精简的版本，它支持 8 个 PCI-E 插槽，是市场上最便宜的机箱。

液冷机箱多数是面向单个 CPU 的冷却系统。因此缺少足够的空间放置多个 GPU 的液冷配置。当运行 4 个 GPU 和一个 I7 CPU 时，系统的功率将超过 1kW，会产生大量的热量。这样的系统最好使用外置的冷却系统。预计你将需要一个 120mm 的散热器来冷却每台设备（CPU 或 GPU）。Silverstone Temjin TJ11 允许移除机箱下部的内置硬盘驱动器，换上一个 4 × 140mm 的散热和水箱组件。这也许是当前市场上最好的机箱，但同时也是最昂贵的。

11.10 大容量存储

11.10.1 主板上的输入 / 输出接口

大容量存储子系统是相当重要的部分，需要能够从系统中轻松地导入、导出数据。如果考虑到每个 GPU 同时有多达 5GB/s 的输入和输出带宽，让大容量存储供应这么大量的数据，将是一个难题。

典型的硬盘有大约 160MB/s 的最大传输速率。根据硬盘的制作特点，越接近盘中心，数据的密度越低。因此，当它的外部磁道写满，开始使用内部磁道时，数据的传输速率将降为最大速率的一半左右。

多数英特尔 I7 主板配备一个内置的控制器，最多支持 6 个 SATA 硬盘。这是南桥芯片组的一部分。南桥芯片组控制低速外设，例如键盘和鼠标等，它也处理 SATA 硬盘和网络接口。

在 SATA-2 标准定义下，每个 SATA 通道的速度高达 300MB/s。新的 SATA-3 标准，支持两倍于此的速度。内置的控制器支持多达 6 个硬盘，这意味着从 SATA 端口到主存的传输能力理论上可以达到 1.8GB/s。如果使用 SATA-2 固态硬盘，由于它的读取速度超过 300MB/s，通过连接多达 6 个磁盘可以得到一个较理想的数据输入速率。但即使采用这一方案，只能达到单个 PCI-E X16 显卡带宽的一半。

然而，还有雪上加霜的事。实际上，基于南桥芯片组的内置控制器将在约 600MB/s ~ 700MB/s 处达到峰值。这跟期望的 1.8GB/s 的总体硬盘最高速率相去甚远。对于速率仅为 160MB/s 的普通硬盘，这可能比较匹配。但对于可能不低于 SATA-2 接口速度的固态硬盘来说，标准主板的 SATA 控制器将没有多大用处。只使用 4 个固态硬盘，控制器已经成为系统的瓶颈。

更先进的主板有了一些进步，AMD 平台上目前已经完全迁移到 SATA-3 接口，而在英特尔平台上仍处于 SATA-2 和 SATA-3 接口共存阶段。SATA-3 接口相较 SATA-2 的速度增加了一倍，这意味着固态硬盘可以达到它的峰值速率 550MB/s（SATA-3 的速率为 600MB/s）。同时使用 6 个这样的固态盘，峰值速度迅速趋近与单个 GPU 匹配的速率。然而，与 SATA-2 控制器类似，多数主板的内置 SATA3 控制器的传输峰值大约在 1GB/s，因此无法支持数量较多的固态硬盘。

11.10.2 专用 RAID 控制器

为了更快地输入数据，需要借助置于 PCI-E 总线上的专用硬盘控制器。但这会跟同一总线上的图形计算卡的 PCI-E 插槽需求产生冲突。在基于风冷的冷却方案上，所有的 GPU 都是双槽间距的显卡，为了插入一个专用硬盘控制器或者高速网卡，可能需要移除一个 GPU 卡。

对于液冷系统，则更容易些，因为每张 GPU 卡都是单槽间距的。然而，仍然会受制于 PC 机的总体功耗，通常最多 1.5kW。这意味着，至少在使用高端显卡的环境下，将有空闲的 PCI-E 插槽。

假设拥有 550MB/s 的 SATA-3 固态硬盘驱动器，为了满足单个 GPU 卡所需的 5GB/s 的输入需求，则需要 10 个固态硬盘驱动器。如果使用的 RAID 卡支持与 PCI-E 总线间的双向同步传输，那么则需要有 20 个 SATA-3 固态硬盘驱动器，以匹配一个 PCI-E X16 的 RAID 控制器的全部带宽。

因此，为了能够实时提供单个 GPU 卡所需的数据供应和数据存储的峰值要求，即使使用固态硬盘，也将需要 20 个。即使每个驱动器托架包含 6 个固态硬盘，也需要 4 个驱动器托架予以支持。

如果你考察一个高端 GPU 配置，该系统可能采用的是支持 7 个 PCI-E 总线插槽的主板，上面放置了包含 4 个 GPU 的液冷解决方案。不采用任何其他类型卡的情况下，可以让 4 个 GPU 显卡同时运行在 X8 速度（2.5GB/s 的输入速率和 2.5GB/s 的输出速率）或者让两个 GPU 卡运行于 X16 速度。

使用基于液冷的系统时，鉴于大部分液冷方案是单槽间距的，因此在显卡之间会存在空闲插槽。只要添加了一个 RAID 控制器卡，相应的显卡和 RAID 控制器卡的插槽都会下降到 X8 或者 X4 速度。除非你特意留出一个 X16 插槽给 RAID 控制器专用，我们推荐这么做。

实际包含在一个工作站规格下的驱动器托架的数目，是有物理限制的。即使是一个有 7 个 PCI-E 插槽的主板（经常称为超级计算机主板），一旦使用了 4 个基于液冷的 GPU 卡，就只剩下 3 个插槽可用了。这样还可以允许两个 RAID 控制器和一个高速网卡塞进系统中。

虽然 RAID-0 模式是用来提高速度的，但 RAID 并不只为了速度。RAID-1 支持数据镜像，所有的数据都会完全复制到另一个磁盘上。一个磁盘出现故障，系统即时切换到另一个冗余盘，不会对系统的运行产生严重影响。显然，出现故障的磁盘是需要尽快更换的。它可以避免由于硬盘驱动器出错，丢失已经计算了几周的中间数据。

在小型集群下，硬盘失效情况很少，不会构成太大的问题。而在大型集群下，存在上千块硬盘在运行，你将频繁地更换硬盘。

RAID-5 系统平衡了存储性能和数据冗余，允许数据以安全的方式分割到多个驱动器存储。硬盘组的其中的一个硬盘专门存储奇偶校验信息，如果某个硬盘出现了故障，可以用其来恢复 RAID 阵列。如果你的工作性质不允许在另一台机器上重新启动而且对于失去当前已有的中间计算结果无法接受的话，RAID 是你一定要考虑的方案。

检查点（check pointing）技术经常用来避免故障造成的影响。每隔一段时间，当前的全部数据结果要进行检查或转储为永久存储。因此，只需把检查点数据和相应的程序代码移动过去，工作就可以转移到另一个节点继续执行。在设计运行时间较久的应用程序时，应该常常考虑设置检查点系统在该应用程序中。

11.10.3 HDSL

HDSL 是一家名为 OCZ 的公司开发的标准，该公司已在固态硬盘市场上推出多款创新产品。其中最值得注意的是 RevoDrive 系列，该产品本质上是数个固态硬盘驱动器，它们都放置在一张 PCI-E 卡上，并包含一个内置的硬盘控制器。这种原版卡可达到 500MB/s 级别的速率，还是比较适度的。高端卡（R4 C 系列）宣称可达 2800MB/s。为了实现同等的带宽，则需要一个 SATA-3 控制器和至少 5 个顶级配置的固态硬盘。

OCZ 出品的 HDSL 驱动器也是很有趣的产品，并能通过它可以洞察未来存储的可能发展方向。它在一个标准的 3.5 英寸硬盘里嵌入了 4 个老式固态硬盘驱动器，并附有嵌入式 RAID-0 控制器。它使用了一个特殊的控制器卡，通过电缆直接连接驱动器接口，扩展出了 4 条 PCI-E 总线的通道。这 4 条 PCI-E2.0 通道，相当于两个方向均为约 1GB/s 的速率，大大优于单向 SATA-3 接口。

作为一项新技术，在硬盘速率与带宽匹配之前，还有一段路要走。目前，硬盘的峰值速率大约是 750MB/s，与 1000MB/s 的链路容量相比有些差距。在硬盘出货时，附带一个单端口的 X4 HDSL 控制器，而双端口和四端口的 X8 以及 X16 控制器已在计划中。假设硬盘速度提高了一些，达到接口的全部带宽（随着技术的进步，这几乎是一定的），这将是一个非常有趣的、令人期待的技术。

由于硬盘本身是 3.5 英寸的规格，这意味着更多的硬盘可以放进同样大小的物理空间。分配两个 X8 插槽将支持 4 个 HDSL 驱动器，提供大约 3GB/s 的读 / 写能力。

11.10.4 大容量存储需求

除了对大容量存储设备输入速度的需求之外，我们还对总存储容量有要求。以拥有世界上最大规模数据的谷歌公司为例。据 2008 年的统计资料，他们每天处理 20PB（petabyte）的数据。1PB 是 1000TB（terabyte），而 1TB 又是 1000GB。假设当前最大的单块大容量硬盘是 4TB，那么仅存储谷歌每天生产的数据就要（20×1000）$\div 4 = 5000$ 块硬盘！

因此，很显然，在设计任何节点时都需要考虑大容量存储的需求。在实践中，多数大型的安装环境都使用专用的存储节点，这些节点不执行任何计算功能。因此，在另外的计算节点上只需要配置存储容量足够存放单次计算所需的数据大小即可。它们可以通过与数据中心的集群之间的高速互联链路下载数据，这意味着可以使用高速而小容量的固态硬盘。这也正是我们在搭建 CudaDeveloper 社区测试机所做的。

11.10.5 联网

当所考虑的系统包含不止单个节点时，联网是关键议题之一。随着便宜的商用硬件变得稀松平常，搭建节点的集群已经在大学和商业组织中变得司空见惯。配置一个小型计算机网络，是相对直接的、用于协同解决同一个问题的方案。

通常会看到两种类型的网络：基于千兆以太网的网络和使用稍快、却相当昂贵的 InfiniBand 网络。千兆以太网的价格非常便宜，通常附带在主板上无须额外费用，并且可以非常容易地与 16 口、24 口或 32 口的交换机连接。有些主板提供了双千兆以太网接口，通常支持链路聚合（Link Aggregation）功能。如果交换机也支持这一功能，即允许两个物理链路合并为一个逻辑通道，则该节点提供的带宽量将增加一倍。

对于特定任务，网络的作用有多关键，在很大程度上取决于需要共享的数据量。大多数情况下，如果可以将任务限制到单个节点并采用多 GPU 的路线，将会比采用多节点路线高效得多。

诸如谷歌的 MapReduce 这类系统，面对的情况有些不同。它要处理庞大的数据，要把数据分割，分发到多个节点。MapReduce 工作在一个共享的、分布式文件系统下，使得整个文件系统看起来像一块大硬盘。数据在每个节点的本地存储上按照组块形式进行保存。MapReduce 把程序分发到数据所在的物理位置，而不是将数据传给程序所在的节点。Hadoop 是 MapReduce 的一个开源实现，它允许你搭建一个非常类似的框架，分发和调度工作任务。通常，数据集是非常大的，而程序是非常小的，因此这种方式在极大地降低网络流量方面效果显著。

使用类似 MPI 的专用通信建立系统也比较常见。只要网络通信成为程序在时间因素上的主导瓶颈，就需要升级到如 InfiniBand 这样更快的网络架构。显然，这会导致额外的成本。也可以通过巧妙的编程技巧，例如异步通信、压缩数据包等，避免额外成本。

CUDA 4.0 SDK 现在支持同节点下 GPU 间的对等通信模式。此外，GPU 可以直接与特定 InfiniBand 卡以同样的方式对话，而不需要主机 CPU 的干预。因此，对于较大规模的 GPU 装置，在网络流量起重要作用的场合，InfiniBand 以及其他更高速的互连方式可能成为一种必然。

11.11 电源选择

设计持续运行的机器时，电力消耗是个大问题。运行一台超级计算机，短短几年的运营成本往往可以等同于它首次安装的成本。当然，这种机器在其整个生命周期内的成本很容易超过原来的安装成本。

电力消耗不仅来自部件本身，还来自为保障计算机正常运行配置的冷却系统。即使是一台只有 4 个 GPU 的高端工作站，怎样让它保持凉爽也需要做些规划。除非住在气候寒冷的地域并可以把机器放置在低温的地方，这样它将很好地为你的办公室做好加热工作。将多个这样的机器放进一个房间里，那么这个房间的温度会迅速攀升到相当不可接受的水平。

为了确保计算机气温不过高以及避免因温度造成的计算操作出错，大量的电能将进一步花费到安装空调系统上，在夏季气温可达到 85 华氏度 /30 摄氏度或更高的地方，尤其如此。空调系统的运行成本是昂贵的。非常值得考虑如何以最佳方式冷却计算机系统并考虑热能是否可以在某种程度上重用。在这方面，液冷方案比较高效，因为液体可以在热交换器内循环流动，最后流入传统的暖气系统，在此过程中，不需要把两种液体混合在一起。一直没人考虑如何重用计算机装置产生的多余热量，这令人很费解。随着天然资源的成本不断增加以及公司在能源绿色化进程中与日俱增的压力，简单地把热量排出窗外不再是经济上或社会上可接受的。

如果调查下高端的 GPU 卡，会发现它们的功耗等级通常标记在 250W 附近。一个典型 CPU 的功率则在 125W 左右。因此，对一个含 4GPU 的典型系统，其功率预算可能会如表 11-1 所示。

表 11-1 典型电能使用量

部件	数量	单位功率（W）	合计功率（W）
GPU	4	250	1000
CPU	1	125	125
内存	16	1	16
主板	1	50	50
启动盘	2	5	10
数据盘	8	5	40
外设	1	10	10
总计			1251

从表 11-1 中可以看到，此配置下每个节点的大概功率是 1250W（1.3kW）。商用的电源功率最高大约在 1.5kW。超过此界限，就只能寻求非常昂贵的定制解决方案。

GPU 的选择会导致整体功耗的巨大差异。如果考察每核消耗的瓦特数和每核的 gigaflop，我们看到如表 11-2 所示的一些有趣的事情。注意，在 500 系列的费米卡上的架构改进带来更好瓦特数和浮点数的表现。费米设备也能自动降低为相较 G80 或 G200 系列老卡更低的时钟频率，当系统空闲时，这会大大节省能耗。事实上，就每瓦 gigaflop 这一指标而言，基于 GF114 的 560Ti 系列是性能最好的卡之一。560Ti 明确面向游戏市场，具有很高的内部时钟速度，其性能达到 1.2 gigaflop，与 580 卡的接近 1.6 gigaflop 可以相比。但是，前者是在仅消耗 170W 的情况下达到的，而 580 卡则是消耗了 240W。所以 560Ti 的每瓦性能是迄今为止最好的。实际上，560Ti 是在包含 448 个核的 570 基础上设计，并于 2011 年年底重新发布，后来的 GTX680 是基于 560 设计的。双 GPU 的 690 包含了两个 GTX680 芯片，每个都是经过精心选片和频率细调等步骤的，最后该设备的功率设定为 300W，此卡在每瓦 gigaflop 指标上具有最好表现。

表 11-2 每核的十亿次浮点操作数

显卡	CUDA 核数	时钟频率（MHZ）	功率使用量（W）	gigaflop	每核的 gigaflop	每瓦的 gigaflop
430	96	700	49	269	2.8	5.5
450	192	790	106	455	2.37	4.3
460	336	675	160	907	2.7	5.7
470	448	607	215	1089	2.43	5.1
480	480	700	250	1345	2.8	5.4
560Ti（GF114）	384	822	170	1260	3.28	7.4
560（GF110）	448	732	210	1312	2.93	6.2
570	480	732	219	1405	2.93	6.4
580	512	772	244	1581	3.09	6.5
590	1024	607	365	2488	2.43	6.8
680	1536	1006	195	3090	2.01	15.8
690	3072	915	300	5620	1.83	18.7

在选择电源时，要认识到并非所有的电源都是一样的。很多便宜的电源声称具有某个额定功率，但却无法在 12V 导轨上达到这一数值，而这个电压正是这类系统主要功耗部件所需要的（来自图形卡）。此外，别的一些电源没有提供足够的 PCI-E 连接头，无法支持更多的 GPU 卡。

最值得关注的问题之一是电源的供电效率。它可以低至 80% 也可以高达 96%。其中 16% 的差异意味着每付出 1 元（欧元 / 英镑 / 瑞郎）的电费，将节省 0.16 美分。

电源按照其供电效率进行评级。那些符合 80+ 标准的电源，保证在各个负载程度下都至少有 80% 的效率。更有效的模型分别评定为铜（82%）、银（85%）、金（87%）、铂（89%）和钛（91%）等级别，这些效率均在 100% 满载时评定。在 50% 负载下的效率一般高出几个百分点，另外，欧洲 240V 的电源效率略高于美国的 115V 标准。认证过的电源列表，参见网站 http://www.80plus.org。

如果以典型的欧洲电力成本为例，也就是，每千瓦时 0.20 欧元，那么功率为 1.3kW 的机器每小时的运行成本是 0.20 × 1.3 = 0.26。对应的，每天是 6.24 欧元，一个星期是 43.48 欧元。所以不间断地运行一年，仅电力成本就是 2271 欧元。这里假设有 100% 的电源效率，实践中并不存在，参见表 11-3。

表 11-3 每年电能消耗的典型成本

功率（W）	使用时间（小时 / 天）	单位成本（欧元 /kW）	每天功率（kW）	每周功率（kW）	每年功率（kW）	每天成本（欧元）	每周成本（欧元）	每年成本（欧元）
CPU								
65	24	0.2	1.56	10.92	568	0.31	2.18	114
95	24	0.2	2.28	15.96	830	0.46	3.19	166
125	24	0.2	3	21	1092	0.6	4.2	218
GPU								
50	24	0.2	1.2	8.4	437	0.24	1.68	87
100	24	0.2	2.4	16.8	874	0.48	3.36	175
150	24	0.2	3.6	25.2	1310	0.72	5.04	262
200	24	0.2	4.8	33.6	1747	0.96	6.72	349
250	24	0.2	6	42	2184	1.2	8.4	437
300	24	0.2	7.2	50.4	2621	1.44	10.08	524
600	24	0.2	14.4	100.8	5242	2.88	20.16	1048
900	24	0.2	21.6	151.2	7862	4.32	30.24	1572
1200	24	0.2	28.8	201.6	10 483	5.76	40.32	2097
1500	24	0.2	36	252	13 104	7.2	50.4	2621

如果电源效率是 80%，对于 1.3kW 的输出功率，则需要输入功率为 1.625kW 的电源，浪费掉了 325W。原本每年 2271 欧元的电费账单就增加到了 2847 欧元。如果能把电源效率提高到 92%，则只需要使用 1.413kW 的电源（比 80% 效率时降低了 212W），这时每年花费 2475 欧元。这 12% 的效率提高，每年节省约 400 欧元。这些节省的费用很容易就抵消掉了

购买高效率电源的额外费用。

如果以美国市场为例，电费会便宜些，大概是每千瓦 0.12 美分。因此，额定功率为 1.3kW 的机器在 80% 的电源效率下（1.625kW 的输入功率），每小时消耗约 0.19 美分的运营费用。换成 92% 效率的电源下（1.413kW 的输入功率），它的成本为每小时 0.17 美分。后者在每小时里节省 0.02 美分，在系统持续运行一年后将省出 175 美元。推广到 N 个节点，你将很快明白为什么许多公司在购买计算机系统时把效率作为重要标准。

当然，在自己的机器上，我们总是使用当时最有效的电源。很多公司诸如谷歌等也遵循类似的策略，使用 90% 以上效率的高效电源。能源价格会随着时间不断增加，因此上述考虑是很明智的。

就回收利用废弃的热能而言，液冷系统提供了一个有趣的方法。液冷装置的冷液在泵出过程中可以把热量带去别处，而气冷系统只能用于加热它所在的局部区域。通过使用热交换器，冷液可以使用普通水进行冷却。这些水可以泵入加热系统，甚至用来加热一个室外游泳池或其他大量的水。在大规模安装这种系统的地方，例如公司或大学的计算中心，利用其中的废弃热能来节省其他地方的暖气账单是很明智的。

许多超级计算机装置选址在较大河流的附近，恰恰是为了方便地获得冷水。其他的装置采用大型冷却塔来释放多余热量，这两种解决方案都不够绿色环保。我们已经为这些热量付了钱，如果在可以很容易把它们用于加热的条件下却无情地扔掉它们，无疑是很不明智的。

当考虑能源使用量时，我们还必须记住，程序设计实际上在决定能耗大小上起着非常大的作用。从功率角度看，最昂贵的操作是芯片的数据迁移。因此，高效地使用设备内的寄存器和共享内存将大大降低能源使用量。如果还考虑到写得很好的程序的总执行时间远少于写得不好的程序，那么重写旧程序以利用诸如更大的共享内存等新特性，可以进一步降低大型数据中心的运营成本。

11.12 操作系统

11.12.1 Windows

CUDA 开发环境为 Windows XP、Windows Vista 和 Windows 7 等平台的 32 位和 64 位两个版本正式支持。它也为 Windows HPC（高性能计算）服务器版本所支持。

由于 XP 不支持 DirectX 10 和 11，因此基于 DirectX 9.0 版本之后的某些渲染特性 XP 并不支持。支持超过 4 个 GPU 卡，可能会出现问题，不光有操作系统的原因，也与主板的基本输入输出系统（Basic Input Output System，BIOS）有关。不同版本的 CUDA 驱动程序对各种特性的支持不尽相同。但对于大多数特性，都是支持的。

使用 Windows 远程桌面是不支持 GPU 计算的，因为输出桌面所在的系统中并不包含任何 CUDA 设备。有一些其他软件包提供 SSH（Secure Shell）类型连接，能够支持上述远程

GPU 应用，UltraVNC 就是比较常用的一款软件。

Windows 平台上安装驱动程序比较简单，著名的调试工具 Parallel Nsight 也可用，它是很好用的。对于多 GPU 解决方案，使用 64 位操作系统是必须的，只有这样 CPU 可访问的内存空间才能突破 4GB 的限制。

11.12.2 Linux

CUDA 为大多数主要 Linux 发行版所支持。Linux 发行版和 Windows 发行版之间的主要区别，在于对安装者知识的预期水平。对于大多数 Linux 发行版，CUDA 驱动程序需要显式安装。针对每个主要发行版的具体安装过程请参见第 4 章。

Linux 对多 GPU 的支持比 Windows 好得多。当引导超过 4 个以上 GPU 的系统时，一些 BIOS 问题可以通过自定义 BIOS 来修正。常见的问题是，多数老版本的 BIOS 是 32 位的，因此无法把大内存的地址空间映射到多个 GPU 的内存空间。如果想尝试这种方法，可以看看 Fastra Ⅱ 项目（http://fastra2.ua.ac.be/），其中使用的 BIOS 支持在单个桌面系统上配置 13 个 GPU 卡的 BIOS。

Linux 支持的基本调试器是 GNU GDB 工具包。它没有 Parallel NSight 工具包（目前也有 Linux 版本）的功能全面，但它也在稳步改进。其他常见的并行调试器已经支持多数 CUDA 调试功能，或在不断完善中以支持 CUDA 功能。

与 Windows 版本一样，多 GPU 解决方案必须使用 64 位版本，否则可用的 CPU 内存空间将限制在共 4GB 以内。而由于 Linux 操作系统所占内存量较 Windows 小得多，因此有更多的内存可以提供给应用程序。

11.13 本章小结

在本章中，我们从数据中心使用 GPU 和个人应用搭建 GPU 机器的角度，考察了搭建 GPU 计算节点的一些方面。如果你是研究人员，并且需要一个超高速计算机，那么自己从头开始搭建 GPU 系统是一个非常有用的经验。对于那些希望使用现成解决方案的用户，NVIDIA 提供了预先建立的桌面和服务器系统，测试和认证以确保可以可靠地工作。无论决定建立自己的系统还是直接购买，通过阅读本章，都会更加了解在做出购买任何硬件的重大决策之前需要考虑的问题。

第 12 章 常见问题、原因及解决方案

12.1 简介

在本章，我们将考虑一些困扰 CUDA 开发人员的问题，以及如何使用一些相对简单的做法避免或者缓解这些问题。与 CUDA 程序相关的问题通常归入以下类别之一：

- 错误使用各种 CUDA 指令而导致错误。
- 常见的并行编程错误。
- 算法错误。

最后，我们通过探讨如何开展后续的 CUDA 学习来结束本章的内容。总体来说，以 CUDA 和 GPU 编程为主题的有很多，并且还有许多在线资料可供参考。在此，我们为该阅读哪些书籍以及如何找到它们提供一些指引。同时，我们还会简要地讨论英伟达对 CUDA 开发人员启动的专业认证计划。

12.2 CUDA 指令错误

错误地使用 CUDA API 是目前为止我们看到人们在学习 CUDA 过程中最常遇到的问题。由于 CUDA API 对许多开发者来说是全新的，因此使用时出现错误是预料之中的。

12.2.1 CUDA 错误处理

在第 4 章，我们引入了 CUDA_CALL 宏。所有的 CUDA API 函数返回一个错误代码。除了 cudaSuccess 之外的所有信息都表明在调用 API 时犯了某些错误。然而，也有为数不多的例外，比如 cudaEventQuery，它返回当前事件的状态而不是错误状态。

CUDA API 本质上是异步的，这意味着在查询处返回的错误代码，可能与之前发生在某个较远地方的事件有关。实际上，它经常产生于紧临检测出的错误之前的调用。当然可以在每个 API 调用后强制同步（例如调用 cudaDeviceSynchronize 函数）。尽管这种策略对于调试可能是一个很好的选择，但是它不应该存在于任何发布版本的代码中。

每一个错误代码都能变成有潜在意义的错误字符串，而不是一个必须在 API 文档中查

找的数字。为了识别问题产生的可能原因，核查错误字符串是最先能够获取信息的尝试。然而，它依赖于程序员在主机程序中显式地检查返回代码。当然，如果在运行调试版本时，CUDA 运行时能够捕获这些异常并且进行错误提示（正如我们显式地执行 CUDA_CALL 宏一样），那就更加理想了。这对把错误引入用户程序有极大的帮助。我们在 4.1 版本的 CUDA SDK 中会看到这方面的改进。

CUDA 错误处理从某种程度上来说是不成熟的。通常，你会获得一个有用的错误信息。但是，也经常会得到一些不那么有用的消息，例如，未知的错误。它经常在内核程序调用后发生。这基本上意味着你的内核执行了一些不应该执行的活动。例如，对全局内存或共享内存中的数组末尾越界写入。本章稍后还将提及许多调试工具和调试方法，它们有助于识别这类问题。

12.2.2 内核启动和边界检查

CUDA 中最常见的错误之一是数组溢出。应该确保在每次内核调用前，对其使用的数据（无论是为了读取或写入）进行检查，以确保这些数据处于某个判定条件的保护中。例如：

```
if (tid < num_elements)
{
… array[tid] = ….
}
```

这种条件占用最低限度的时间，但是会在调试阶段节省大量的精力。你通常会看到这样的问题：你有许多数据元素不是线程块大小的整数倍。

假设每个线程块有 265 个线程和 1024 个数据元素。这样将会调用 4 个线程块且每个线程块有 256 个线程，每个线程都会对结果产生影响。现在，假设有 1025 个数据元素，那么你通常会在这里犯两种错误。其一是由于使用了整数除法而无法调用足够数量的线程，这样常常会减少所需线程块的数量。通常人们这样写：

```
const int num_blocks = num_elements / num_threads;
```

这种情况下，只有在数据元素的数目恰好是线程数的整数倍时才能正常工作。在有 1025 个数据元素的情况下，我们会启动 1024 个（4 × 256）线程，而最后一个数据元素没有处理。我也看到了试图“回避”这个问题的手段以及其他一些大同小异的方法。例如：

```
const int num_blocks = ((float) num_elements / num_threads);
```

但是这样并没有真正解决问题。不能使用 4.1 个线程块，因为对整数赋值后依然会缩减为 4 个块。这个问题的解决方法其实很简单，可以改用下面的代码实现：

```
const int num_blocks = (num_elements + (num_threads-1)) / num_threads;
```

这样就能确保你分配了足够多的块数。

下面我们将介绍第二个经常遇到的问题。现在调用 5 个线程块中的总共 1280 个线程。如果没有对内核中数组的访问进行这种保护，那么第 5 个线程块中除了第 1 个线程外的其他线程都将越界访问内存。CUDA 运行时很少执行运行时检查，如数组边界检查。你永远不会看到 CUDA 暂停内核程序并且显示这样一条消息：array overrun in line 252 file kernel.cu。然而，它也不是在运行失败时不提供任何提示，这其实是最糟糕的情形。它至少以某种方式捕获错误，然后返回一条像这样的消息：unknown error。

12.2.3 无效的设备操作

另一种普遍的错误是各种操作的错误结合，最常见的是指针。当你在设备或主机上分配内存空间时，会接收到一个指向该内存空间的指针。但是，这个指针的使用有一个隐含的要求：只有主机可以访问主机指针，同样，只有设备才可以访问设备指针。然而，也有少数的例外，例如零拷贝内存，此时主机指针可以转换成指向主机内存的设备指针。但是，即使在这种情况下也应该区分使用。

由于指针是不可互相转换的，因此人们希望使用不同的类型来声明设备指针。这样可以在编译时对 API 调用进行基于类型的检查，以标记上述问题。遗憾的是，设备指针和主机指针属于相同的基本类型，这意味着编译器不会执行静态类型检查。

当然，自己定义这种类型也未尝不可。然后可以根据 API 函数开发自己的包装器函数，执行类型检查。对于那些正在着手编写 CUDA 程序的人来说，这是莫大的帮助，或许随着 CUDA 的发展我们会看到这方面的改善。第 10 章中介绍的 Thrust 库有主机向量和设备向量两个概念。它使用 C++ 函数重载来确保系统总是为给定的数据类型调用正确的函数。

标准的 CUDA 运行时会检查这种设备指针和主机指针的不正确混用，以将主机指针传递给设备函数的方式验证其是否正确。CUDA API 检查指针的来源，并且如果在没有把一个主机指针转换成指向主机内存的设备指针的情况下，将其传递给一个内核函数，CUDA API 会生成一个运行时错误。但是，对于标准 C 或 C++ 系统库来说，却不是这样的。如果对一个设备指针调用了标准的 free 函数而不是 cudaFree 函数，系统库将尝试释放主机上的这块内存，然后很可能出现崩溃的现象。主机库函数认为没有它们不能访问的内存空间。

另一种无效的操作来源于某个数据类型在被初始化前使用。这就类似于在变量被赋值前使用该变量。例如：

```
cudaStream_t my_stream;
my_kernel<<<num_blocks, num_threads, dynamic_shared, my_stream>>>(a, b, c);
```

在这个例子中，我们缺少了对 cudaStreamCreate 函数和随后的 cudaStreamDestroy 函数的调用。create 调用会执行一些初始化操作以便于在 CUDA API 注册该事件。而 destroy 调用会释放所有的资源。正确的代码如下：

```
cudaStream_t my_stream;
cudaStreamCreate(&my_stream);
my_kernel<<<num_blocks, num_threads, dynamic_shared, my_stream>>>(a, b, c);
cudaStreamSynchronize(my_stream);
cudaStreamDestroy(my_stream);
```

不幸的是，CUDA 多设备模型是基于选择设备上下文优于执行操作的。一个转为清晰的接口可能在每一个调用中指定一个可选的 device_num 参数，如果没指定可能会默认为 0。这就会出现下列代码：

```
{
cudaStream_t my_stream(device_num); // constructor for stream
my_kernel<<<num_blocks,num_threads,dynamic_shared,my_stream,device_num>>>(a,b,c);
cudaStreamSynchronize(my_stream);
} // destructor for stream
```

虽然这是从 C 移植到 C++ 的，但它提供了较为清晰的接口，因为资源会随着构造方法自动创建并随着析构方法自动销毁。当然，也可以轻松地编写一个这样的 C++ 类。

但是，无效的设备操作并不是简单地由于忘记创建它们而引起的，也有可能是在设备未使用完就销毁它们引起的。试着在源代码中删除 cudaStreamSynchronize 调用，这将会导致被异步内核使用的流销毁，然而此时内核可能仍然在设备上运行着。

由于流的异步特性，cudaStreamDestroy 调用并不会失败。它将返回 cudaSuccess，所以它甚至不会被 CUDA_CALL 宏检测到。事实上，你不久后才会从一个完全无关的对 CUDA API 的调用中获取错误。对此，一种解决方法是将 cudaSynchronizeDevice 调用嵌入到 CUDA_CALL 宏中。这样有助于识别问题的确切原因。但是，千万小心，别把它放到产品代码中。

12.2.4 volatile 限定符

C 中的“volatile”关键字对编译器进行指定，所有对某一变量的引用，无论是读或者写，必须引发一个内存引用，并且这些引用必须按照程序制定的顺序。看看下面的代码段：

```
static unsigned int a = 0;
void some_func(void)
{
 unsigned int i;
 for (i=0; i<= 1000; i++)
 {
   a += i;
 }
}
```

这里，我们声明了一个初值为 0 的全局变量 a。每次调用这个函数时，它会把 i 从 0 遍历到 1000 并且把 i 的值加到变量 a 上。在该代码未优化的版本中，很有可能每次对 a 的写入都会导致对物理内存的写入。然而，在代码优化的版本中就很少发生。

在这里优化器可以采用两种方法。首先，最常见的是在循环开始时将 a 的值加载到寄存器中，然后运行到循环结束，接着把结果寄存器以一个单独存储操作的方式写回到内存。然而，这仅仅是程序员不了解或不关心内存访问成本的一个简单例子。C 语言代码可以写成如下方式：

```
static unsigned int a = 0;
void some_func(void)
{
 unsigned int register reg_a = a;
 unsigned int i;
 for (i=0; i<1000; i++)
 {
   reg_a += i;
 }
 a = reg_a;
}
```

编译器会有效地替换成这些代码。一个较为先进的优化器可能会用一条单独的表达式展开循环，就好像它有一个恒定的边界一样。由于该表达式包含 a 和一系列常量的相加，因此所有这些常量在编译时简化成一个常量，这样就完全消除了循环。例如：

```
static unsigned int a = 0;
void some_func(void)
{
 a += (1 + 2 + 3 + 4 + 5 + 6 + 7 .......);
}
```

或

```
static unsigned int a = 0;
void some_func(void)
{
 a += 500500;
}
```

尽管有许多编译器会展开循环，但是我认为许多编译器不能产生后来简化过的代码。但是从理论上讲，如果其他一些进程在循环迭代过程中需要共享参数 a 的值，则这两种方法都有可能导致问题。在 GPU 中，这种共享的参数可能在共享内存中也可能在全局内存中。大多数这类问题对程序员都是透明的，因为对 __syncthreads() 的调用会引起任何当前线程块的共享内存或全局内存对内存的写入被隐式地清空。大多数共享内存代码通常执行一些相同的操作：写入结果，然后同步。同步操作也有助于在线程间自动分发数据。

如果程序员考虑到同一个线程束内的线程以同步的方式运行，于是省略了同步原语，那么就会发生问题。当使用归约操作且最后 32 个值不需要同步原语时，通常会看到这样的优化。这只有在共享内存附加 volatile 声明的情况下才会发生，否则编译器不会向共享内存写入任何值。

共享内存有两个目的：其一，作为一个本地的、高速的每线程内存；其二是为了促进同一块内线程间的通信。只有在后一种情况才需要用 volatile 声明共享内存。因此，__shared__ 指令并不隐式地将参数声明成 volatile。因为当编译器能够使用一个寄存器来优化其中一些的时候，程序员可能并不总是希望执行读取和写入。当一个线程束内的线程合作时，不使用 syncthread 调用是非常有效的做法，但是必须意识到，共享内存对于线程束中的线程来说已经不再是一致的了。

当通过全局内存进行块间通信时，如果没有通过显式同步，各个块所看到的全局内存也是不一致的。此时我们遇到了和共享内存一样的问题，因为编译器可能优化掉了中间的全局写入，只向内存写入了最后一个。仅涉及块内访问时，可以通过使用 volatile 关键字来解决。但是，CUDA 并不指定块的执行顺序，因此这无法解决块间的依赖问题。这类问题存在两种解决方案。首要的也是最常见的，结束当前内核程序，启动另一个内核程序，这里面隐含着所有待处理的全局内存事务的结束和所有缓存的清空。当想在同一个内核调用中执行一些操作时，可以使用第二种方案。在这种情况下，需要调用 __threadfence 原语，如果调用 __threadfence 原语的线程包含写操作，则该原语会让写操作可见于所有受影响的线程，直至操作完成。对于共享内存来说，受影响的线程就是同一块中的各个线程，因为只有这些线程能看到共享内存被分配给了某一个给定块。对于全局内存来说，这等同于设备中所有的线程。

12.2.5　计算能力依赖函数

计算能力为 2.x 的硬件支持许多额外的、在早期硬件系统中没有出现过的函数。对于计算能力为 1.3 的设备也是如此。如果在 CUDA 编程指南上查找，可以列出许多只有在特定计算能力才能使用的函数，例如，__syncthreads_count 是计算能力 2.0 下的函数。

不幸的是，默认的 CUDA 工程（例如，Visual Studio 上的新建工程向导）使用 CUDA1.0。因此，如果安装了基于费米架构的显卡（一个计算能力为 2.x 的设备）并且使用一条计算能力 2.0 的指令来编译工程，那么编译器会相当遗憾地显示如下信息：

```
Error 1 error: identifier "__syncthreads_count" is undefined j:\CUDA\Chapter-009-
OddEvenSort\OddEven\kernel.cu 145 OddEven
```

它并没有说该函数仅在计算能力 2.0 架构下才支持，但是，至少有助于我们识别问题。它只是说该指令未被定义，这会促使大多数编程人员以为他们遗漏了某条包含语句或是做错了某些事。因此，他们被指向一个错误的方向来寻找问题的解决方案。

如图 12-1 所示，通过改变 GPU 中的 CUDA 运行时选项的属性来设置 GPU 架构级别，可以轻松地解决该问题。这会导致下列的命令行选项添加到编译器调用命令中：

```
-gencode=arch=compute_20,code=\"sm_20,compute_20\"
```

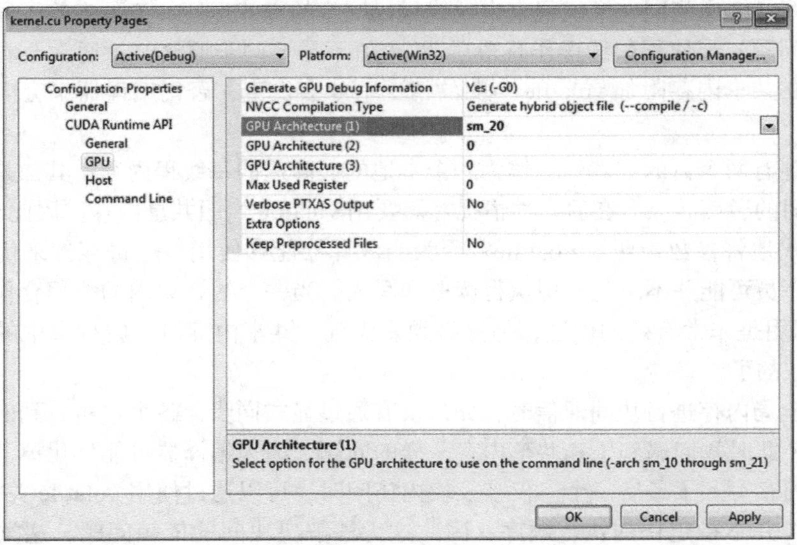

图 12-1　设置正确的架构

请注意，可以在 Visual Studio CUDA 工程创建的标准工程中最多设置 3 种架构。通过编译器预处理器，我们可以为各种不同的计算能力编写相应的代码。事实上，这也是目前为了可以使用更高的计算能力函数所使用的方法。

CUDA 定义了一个预处理器标志 __CUDA_ARCH__，目前它包含 100、110、120、130、200、210 和 300 几种取值。很显然，随着未来更多架构的定义，这些数值也会增加。因此，可以这样写：

```
#if (__CUDA_ARCH__ >= 200)
 my_compute_2x_function();
#else
 my_compute_1x_function();
#endif
```

此外，可以编写一个函数，该函数在需要时使用条件编译确定是使用计算水平高的函数还是为计算水平低的设备提供替代方案。

许多计算能力 2.x 的函数简化了编程需求，因此使开发变得更加容易。然而，大多数后来计算能力高的函数也可用计算能力低的设备通过较慢的方式或者更多的编程来实现。CUDA 通过不提供具体的实现来保证向后兼容性，CUDA 强制程序员做出这样一个选择：是不使用这些新特性，还是使用它们但是排除那些使用旧硬件的客户，或使用它们并且向使用旧硬件的客户编写自己的实现方法。

大多数客户都希望你的软件可以在他们的硬件上运行。对于一条告诉他们把 9800GT 或是 GTX260 显卡换成一个 400/500/600 系列的费米 / 开普勒显卡的消息，他们并不会太理解。大多数客户并不知道计算能力到底是什么，他们购买显卡只是为了能够运行最新版本的某个游戏。

如果工作在科研或者商业领域，那么你的硬件基本上是由机构或是公司规定的。如果你有自己选择的余地，那一定要选择计算能力至少在 2.x 或以上的硬件，因为这会使编程更加容易。然后可以完全忘掉迄今为止 GPU 的发展，并且使用一个对大多数 CPU 程序员来说更为熟悉的、基于缓存的系统进行工作。如果你有一种混合硬件，就像许多客户一样，那么就需要考虑对于每一代的硬件如何达到它们最佳的性能，并且依此编写相应的程序。

12.2.6　设备函数、全局函数和主机函数

在 CUDA 中，如果一个函数或数据项存在于 PCI-E 数据总线的主机（CPU 端）或设备（GPU 端）上时，就必须进行标识。因此有 3 种标识符可以使用，如表 12-1 所示。如果省略了这些标识符，那么 CUDA 编译器会假设函数存在于主机上并且只允许从主机上调用该函数。这是在编译时就能检测到的错误，从而容易纠正。我们也可以同时用 __device__ 和 __host__ 标识符来标识某个既存在于主机上（CPU），又存在于设备上（GPU）的函数。然而，我们并不把 __global__ 和 __host__ 标识符结合使用。

表 12-1　GPU 和主机函数

标识符	代码位置	可能的调用者
__device__	GPU	全局函数或者设备函数
__global__	GPU	主机函数，通过内核函数调用
__host__	主机（Host）	常规 C 函数调用

这种双重标识是非常有用的，因为这样可以编写在 GPU 和 CPU 上都通用的代码。你可以在一个全局函数中把什么数据交由哪个线程处理抽象出来。然后，全局函数可以调用设备函数，并且传递给它一个指向其执行任务所要使用的数据的指针。主机函数能简单地循环调用设备函数来实现相同的功能。

就设备函数和全局函数如何编译而言，设备函数和 C 语言中的静态函数类似。也就是说，CUDA 编译器希望在编译时而不是在链接时，就能看到设备函数的整个作用域。这是因为设备函数默认地内联到全局函数中。

内联是这样一个过程：该过程不需要正式参数且没有调用开销，每一个对函数的调用都被扩展，就好像被调用的函数体被包含在了调用处一样。这可能会让你认为编译器在浪费代码空间，因为程序的内存空间可能有两个同一设备函数的副本。然而，通常函数调用的上下文会允许使用额外的优化策略，所以虽然设备函数很大程度上被复制了，但它们的用法可能稍有不同。

这给程序员带来的问题是：编译器期望得到源文件。如果你想有两个内核源文件（.cu 文件）共享一个通用的设备函数，那么需要使用 #include 将 .cu 源文件包含到每个调用处而不是用声明通常的头文件的方法让链接器决定调用。请注意，在 CUDA 5.0 发布版本的 SDK 中，GPU 目标代码链接库新特性可以允许对设备内核代码进行标准对象代码生成，甚至可以把这些代码放入静态链接库。这一特性带来了更好的代码重用和更快的编译。

12.2.7 内核中的流

让一个异步的操作按你预想的工作是很棘手的，因为流模型并没有很好地反映实际的硬件，至少直到计算能力 2.1 的设备都是这样的。因此，要创建两个流，先将大量的内存副本填入 A 流，再填入 B 流。你可能会认为 A 流和 B 流是不同的，因为硬件会从各个流中隔行扫描副本。实际上，硬件只有一个单独的队列，并且按照命令提交的顺序执行它们。因此，这两个实现复制到设备、执行内核、从设备复制回操作的流将会以顺序的方式执行而不是以互相交错的方式执行。

计算能力在 3.0 及以下的消费级硬件只有两个队列：一个是为了内存副本，另一个是为了内核。在内存队列中，每一个处于队列前面的操作必须在新的操作发起前完成。这就再清楚不过了，因为一个单独的 DMA（直接内存访问）引擎在同一时间内只能进行一次传输。然而，这意味着以深度优先的方式将流填充到队列，从而使流操作串行执行。这就有悖于使用流以获取更高水平的并发内核、内存传输的目标。

解决的方法是仍然首先填充队列的深度，但是不执行把内存操作从队列复制回的操作。因此，复制和内核操作会彼此重叠执行。在输入数据大于输出数据的情况下很有效。一旦一批内核中的最后一个压入队列，所有的复制回操作则被压入传输队列。

基于 GF100/GF110 设备的费米设备（例如，GTX 470、GTX480、GTX570、GTX580、Tesla C2050、C2070、C2075、Tesla M2050/2070）有两个 DMA 引擎。然而，只有 Tesla 设备能够启用驱动器中的第二个传输引擎，这称为“异步引擎计数”。因此，在费米 Tesla 设备

上，之前提到的“深度优先”方法有改进的空间。由于不再有一个单独的传输队列，事实上我们应该以广度优先的方式向流发出命令。这极大简化了流处理，因为我们可以忽视硬件内部的处理，然后期待它像逻辑流模型预测那样工作。

然而，要注意一种硬件的优化会引发问题。硬件会根据完成的时间把连续的传输捆绑在一起。因此，启动两个内存副本后，紧接着执行两个内核调用会导致两个内存副本都必须在任意一个内核启动前完成。可以通过向内存副本之间的流中插入一个事件来打破这种模式。那么，每一个副本都会单独地处理。

12.3 并行编程问题

解决了 API 使用的问题后，下一个大多数 CUDA 开发人员会陷入的陷阱是那些更普遍的、困扰着并行软件开发的问题。在本节，我们会看到这些问题以及它们如何影响 GPU 开发。

12.3.1 竞争冒险

在单线程应用程序中，生产者 / 消费者问题是很容易解决的。仅仅是需要查看数据流，确认是否存在某个变量在写入前被读取了。许多更好的编译器高亮显示这类问题。然而，即使有了这种帮助，那些复杂的代码也可能会遇到这类问题。

只要把多线程引入到程序中并且没有预先仔细地考虑，那么生产者 / 消费者问题会很让人头痛。大多数操作系统（CUDA 也不例外）上的线程机制通过多线程运行以达到最佳的整体吞吐量。这通常意味着，多线程能以任意的顺序运行并且程序不能对这种顺序敏感。

考虑这样一个循环，该循环的第 i 次迭代依赖于循环的第 i–1 次迭代。如果我们简单地为数组的每一个元素分配一个线程，并且该线程不进行其他任何操作，那么只有在处理器按照线程 ID 从低到高的顺序每次执行一个线程时程序才能正常运行。如果改变了这个顺序或者多个线程并行执行，那么程序会中断。但是，这只是一个相对简单的例子，并不是所有的程序都会中断。许多程序有时会运行并且产生正确的结果。如果曾经发现在某些运行上得到了正确的结果，而在其他运行上得到了错误的结果，那么很有可能遇到了一个生产者 / 消费者或者竞争冒险问题。

竞争冒险，正如它的名字表明的一样，发生在多个程序段竞争某个临界点的时候，比如一个内存的读 / 写。有时线程束 0 会赢得竞争，此时结果是正确的。其他时候，线程束 1 会发生延迟并且线程束 3 会首先命中临界区，从而产生错误的结果。

竞争冒险的主要问题是它并不总是发生，这使得调试错误或是在错误处设置断点变得很困难。竞争冒险第二个特性是它对时序干扰极端敏感。因此，增加断点并且单步执行代码总是会使正在被观察的线程产生延迟。该延迟经常会改变其他线程束的调度模式，这意味着产生错误的特定条件永远不会发生。

在这样的情况下，出现第一个问题的地方不是代码所在地，而是需要后退一步了解全局的情况。考虑在什么情况下结果会发生改变。如果你的假设与设计中线程以及块的执行顺序有关，那么其实我们已经找到问题的原因了。由于CUDA并不对块的顺序和线程束的执行顺序提供任何保证，因此任何这样的假设都意味着设计存在缺陷。例如，用简单的基于求和的归约方法把一个大型数组的每个数字相加。如果每一次运行都产生一个不同的结果，那么这很可能是因为这些块以不同的顺序运行。这并不是我们所期望的，顺序不应该也不可能影响最终的结果。

在这个例子中，通过给数组排序并且按照定义好的从低到高的顺序将数值加和的方法我们可以修复这个顺序问题。我们可以而且应该针对这些问题定义一个顺序。然而，某个已知同步点在硬件上实际的执行顺序是未定义的。

12.3.2 同步

CUDA中的"同步"是用来使同一个线程块内的各个线程或者同一个线程网格里的各个线程块共享信息的术语。一个线程既可以访问寄存器空间也可以访问本地内存空间，这两个空间对于该线程都是私有的。为了使多个线程共同运行以解决同一问题，人们经常使用片上共享内存。在先前介绍的归约问题中，我们看到了一些这方面的例子。

每32个线程组成了一个线程束，每一个线程束对于硬件来说是一个独立的可调度单元。SM自身包含8、16、32、48或更多的CUDA核。因此，它能在单一的时间点调度许多线程束并且可以切换线程束以维持设备的吞吐量。这也会导致一些同步方面的问题。假设一个单独的块中有256个线程，这相当于8个线程束。在一个计算能力为2.0且有32个CUDA核的设备上，两个线程束可以在某一时刻同时运行。有两个线程束而不是一个，这是因为硬件在每个着色器时钟周期（shader clock）实际运行两个独立的半个线程束（halfwarp)(每个GPU时钟周期运行两个完整的线程束）。因此，两个线程束会使程序得到提升，然而其他数目的线程束会使程序处于闲置状态。

我们假设线程束0和1是硬件最初选择运行的。SM不使用传统的时间片方法，而是一直运行直到线程束阻塞或者到达最大运行时间。原则上来说，这都是调度器需要的。只要线程束0发起一个操作（算数运算或内存操作)，它都会发生延迟并且线程束会被切换。如果所有的线程束都按照相同的方式运行，会产生这样一个后果：这些操作会在线程块内依次传递，每次传递一个线程束。这反过来允许指令流在*N*个线程束之间以极高的效率执行。

然而，这样的情况很少会持续较长的时间，因为一个或多个外部依赖会使某个线程束发生延迟。例如，假设线程块中的每个线程束从全局内存读取数据，除了最后一个线程束其他的都会命中一级缓存，最后一个线程束是不幸的，它的数据正在从全局内存中取出。如果假设有20个时钟周期的指令延迟和600个时钟周期的内存延迟，那么当内存请求满足时其他线程束已经进行了30个指令。如果内核存在循环，那么编号在0～6之间的线程束可能在线程束7之前迭代了数次。

让我们看看第9章中出现的这样的例子，在此我们新添加一个数据集。为了实现这一点我们在循环开始处加上如下的代码段：

```
#define MAX_WARPS_PER_SM 8
__shared__ u64 smem_start_clock_times[MAX_WARPS_PER_SM];
__shared__ u64 smem_sync_clock_times[MAX_WARPS_PER_SM];
__global__ void reduce_gmem_loop_block_256t_smem(const uint4 * const data,
                                                  u64 * const result,
                                                  const u32 num_elements)
{
 // Calculate the current warp id
 const u32 log_warp_id = threadIdx.x >> 5;

 // For the first SM only, store the start clock times
 if (blockIdx.x == 0)
     smem_start_clock_times[log_warp_id] = clock64();

 // Shared memory per block
 // Divide the number of elements by the number of blocks launched
 // ( 4096 elements / 256 threads) / 16 blocks = 1 iteration
 // ( 8192 elements / 256 threads) / 16 blocks = 2 iterations
 // (16384 elements / 256 threads) / 16 blocks = 4 iterations
 // (32768 elements / 256 threads) / 16 blocks = 8 iterations
 const u32 num_elements_per_block = (( (num_elements/4) / 256) / gridDim.x);
 const u32 increment = (gridDim.x * 256);
 const u32 num_elem_per_iter = (num_elements>>2);

 // Work out the initial index
 u32 idx = (blockIdx.x * 256) + threadIdx.x;

 // Accumulate into this register parameter
 u64 local_result = 0;

 // Loop N times depending on the number of blocks launched
 for (u32 i=0; i<num_elements_per_block; i++)
 {
  // If still within bounds, add into result
  if (idx < num_elem_per_iter)
  {
   const uint4 * const elem = &data[idx];

   local_result += ((u64)(elem->x)) + ((u64)(elem->y)) + ((u64)(elem->z)) +
((u64)(elem->w));
   // Move to the next element in the list
   idx += increment;
  }
 }

 // Create a pointer to the smem data area
 u64 * const smem_ptr = &smem_data[(threadIdx.x)];

 // Store results - 128..255 (warps 4..7)
 if (threadIdx.x >= 128)
 {
```

```
 *(smem_ptr) = local_result;
 }

// For the first SM only, store the clock times before the sync
if (blockIdx.x == 0)
    smem_sync_clock_times[log_warp_id] = clock64();

 __syncthreads();
…
}
```

我们这里所做的是在累加开始时，优先于同步操作前将内部 GPU 时钟存入共享内存，原始数据结果如表 12-2 所示。从这些数据中注意几点：首先，第一次运行数据花费的时间更多。这是因为数据是从内存存取的而不是缓存。第二，注意线程束间实际的启动时间各不相同。正如你可能预期的那样，奇数线程束和偶数线程束在几个时钟内一个接一个地调度。

表 12-2 来自归约示例的时钟数据

Processing 48 MB of data, 12M elements
CPU Serial Time: 10.33 ms Parallel Time: 4.79 ms

ID:0 GeForce GTX 470:GMEM loop E 384 passed Time 0.77 ms

Warp:	0	1	2	3	4	5	6	7
Start:	3989317792	3989317764	3989317798	3989317768	3989317802	3989317772	3989317806	3989317776
Sync :	3989402014	3989401760	3989403480	3989401716	3989402022	3989402188	3989401620	3989401960
Delta:	84222	83996	85682	83948	84220	84416	83814	84184
Start:	3990392804	3990392798	3990392806	3990392802	3990392812	3990392806	3990392816	3990392810
Sync :	3990468116	3990471366	3990471466	3990470474	3990472008	3990468490	3990472060	3990470096
Delta:	75312	78568	78660	77672	79196	75684	79244	77286
Start:	3991404250	3991404244	3991404252	3991404248	3991404258	3991404252	3991404262	3991404256
Sync :	3991479140	3991478900	3991481020	3991479272	3991480994	3991481338	3991479262	3991481158
Delta:	74890	74656	76768	75024	76736	77086	75000	76902

ID:3 GeForce GTX 460:GMEM loop E 192 passed Time 0.89 ms

Warp:	0	1	2	3	4	5	6	7
Start:	3854029986	3854029982	3854029988	3854029992	3854029994	3854029996	3854029998	3854030000
Sync :	3854182306	3854181636	3854181640	3854181850	3854182082	3854181916	3854181956	3854182702
Delta:	152320	151654	151652	151858	152088	151920	151958	152702
Start:	3855394420	3855394406	3855394424	3855394408	3855394428	3855394502	3855394432	3855394418
Sync :	3855543696	3855543430	3855541802	3855543036	3855542248	3855543322	3855541356	3855541446
Delta:	149276	149024	147378	148628	147820	148820	146924	147028
Start:	3856767160	3856767224	3856767164	3856767310	3856767168	3856767314	3856767172	3856767318
Sync :	3856914982	3856915592	3856915748	3856913948	3856918534	3856914904	3856915896	3856916670
Delta:	147822	148368	148584	146638	151366	147590	148724	149352

不过即便如此，在早期，启动时间仍有一些差异。图 12-2 是一个标准化版本启动时间的散点图，x 轴方向为线程束，y 轴方向为周期。注意线程束交替的调度器是如何向 SM 提交

线程束的。

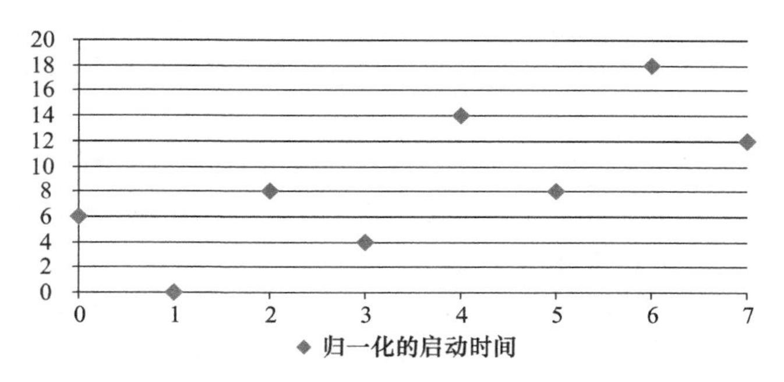

图 12-2 线程束启动时间的归一化分布

正如我们所预料的，考虑到线程束不按照固定顺序执行，当命中同步操作时，时序变化大约为 4000 个时钟周期。即使线程束 1 在线程束 0 之后启动，它也仅在大约 3000 个时钟周期后命中同步操作（参见图 12-3）。

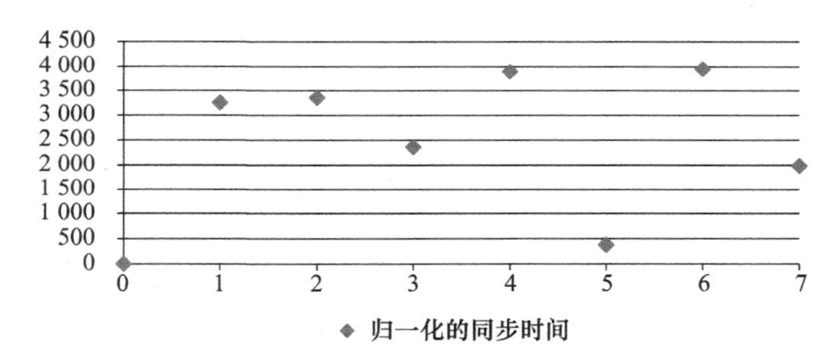

图 12-3 线程束同步时间的归一化分布

很显然，可以看到，我们不可能通过依赖任何的执行顺序实现正确的操作。任何不同线程束中的线程需要交换数据的地方都需要同步点。

当我们尝试从不同的块进行数据交换时，会看到同样的问题：

```
Block  Id: 16 SM: 0 Start: 10420984500 End: 10421078132 Delta: 93632
Block  Id: 22 SM: 0 Start: 10420984504 End: 10421079614 Delta: 95110
Block  Id: 36 SM: 0 Start: 10420984508 End: 10421086198 Delta: 101690
Block  Id: 50 SM: 0 Start: 10420984512 End: 10421105046 Delta: 120534
Block  Id: 64 SM: 0 Start: 10420984592 End: 10421137178 Delta: 152586
Block Id: 171 SM: 0 Start: 10421223384 End: 10421308772 Delta: 85388
Block Id: 172 SM: 0 Start: 10421223406 End: 10421311256 Delta: 87850
Block Id: 176 SM: 0 Start: 10421223424 End: 10421322372 Delta: 98948
Block Id: 177 SM: 0 Start: 10421223518 End: 10421350178 Delta: 126660
Block Id: 178 SM: 0 Start: 10421233178 End: 10421381276 Delta: 148098
Block Id: 303 SM: 0 Start: 10421449580 End: 10421535186 Delta: 85606
Block Id: 304 SM: 0 Start: 10421449618 End: 10421538246 Delta: 88628
Block Id: 305 SM: 0 Start: 10421449800 End: 10421546884 Delta: 97084
Block Id: 306 SM: 0 Start: 10421449822 End: 10421577204 Delta: 127382
Block Id: 313 SM: 0 Start: 10421469888 End: 10421606770 Delta: 136882
```

在此，我们从线程0记下了运行在SM 0上的线程块的启动时间和完成时间。

起初，你可以看到，SM 0上的线程块ID的分布很广泛，同时各个线程块也分布在不同的SM上。我们希望看到这种模式继续下去，因为单独的线程块都从SM上撤回，并且新的线程块被引入。

实际上，我们看到调度器将几组ID近线性分布的线程块添加到每个SM中。这表明线程块调度器只有在某个给定SM中的空闲线程块槽达到特定阈值时才会分配新的线程块。从本地缓存访问的角度看，这是很有好处的，并且这会提升一级缓存的命中率。然而，它导致的代价是可能会减少可调度的线程束的个数。我们可以看到线程束和线程块都是在时间上按某种规律分布的。因此，任何基于线程或线程块的合作都可以使计算中的每个元素被计算出来，这是很重要的。

对于线程同步，需要使用 __synthread 原语并且可以利用片上共享内存。对于基于线程块的同步，你要把数据写入全局内存并且启动下一个内核。

最后一个困扰着人们的、关于同步的问题是：需要记住一个线程块内的所有线程都要到达某个屏障同步（barrier）原语，例如 __syncthreads，否则内核会挂起。因此，在if语句或是循环结构中使用这些原语时千万要小心，因为这样使用可能会导致GPU挂起。

12.3.3 原子操作

在前面的章节我们可以看到，不能依赖或者假定通过顺序的方法可以确保正确的输出。然而，也不能假设一个读取/修改/写入操作会在同一个设备的其他SM中同步完成。考虑这样的一个场景：SM 0和SM 1都执行了一个读取/修改/写入操作。它们必须串行执行该操作以确保获得正确的结果。如果SM 0和SM 1都从某一内存地址读取数字10，将它加1，然后都把11写回，那么其中一个对该数字的增加会丢失。由于一级缓存不一致，很有可能在一个内核调用中发生不止一个线程块向同一输出地址写入。

在多个线程需要向某一公共输出地址写入数据的情况下，我们可以使用原子操作。这些原子操作可以确保读取/修改/写入操作作为一个整体的串行操作执行。然而，它并不确保任何读取/修改/写入操作的顺序。因此，如果SM 0和SM 1都请求在相同地址上执行一个原子操作，哪一个SM先执行是无法预测的。

让我们考虑一下传统的并行归约算法。它可以看成一个如图12-4所示的简单树。我们有很多方式看待这个操作，可以把A、B、C、D各分配到一个单独的线程，这些线程执行原子加法操作并且把结果（A、B）和（C、D）分别输出保存，然后就归结到两个线程，每个线程都将部分结果添加到最终结果上。

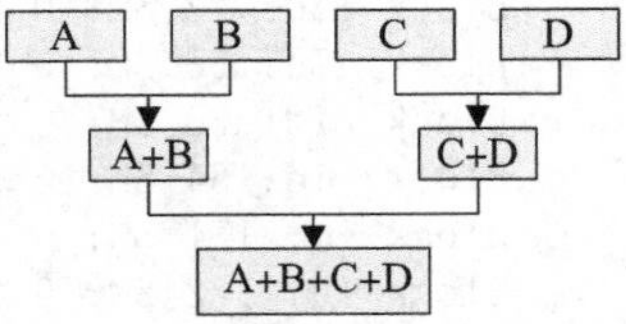

A B C D
A+B C+D
A+B+C+D

图12-4 传统的归约操作

或者，我们可以直接从第二行开始，仅使用两个线程。线程0将读取A和B的内容，并把结果输出到指定地址。线程1将处理从C和D获取的输入，然后线程1退出，留下线程0将两部分结果相加。同样，我们也可以简单地用线程0计算A+B+C+D，将问题简化成由一个单独的线程处理。

第一种方法的工作原理是将目标数据写入到共享的输出地址，这是一个分散操作。另一种方法是聚集源数据，并在下一阶段使用。由于不止一个贡献者向输出地址写入，因此分散的操作需要使用原子操作。聚集的方法完全避免了使用原子操作，因此通常是更可取的解决方案。

如果有（事实上存在）超过一个线程，那么在完全相同的时刻试图执行写操作，原子操作会引入串行。如果这些写操作在时间分布上不发生写冲突，那么原子操作就没有显著的代价。但是，无法断定，在一个复杂系统中的任何时间点绝对不存在两个同时发生的写操作。所以，即使写操作预期是在时间上稀疏分布的，我们也要使用原子操作确保始终是这样的情况。

考虑到可以使用聚集操作取代原子写操作，且聚集操作不需要任何形式的数据加锁，那么使用原子操作还有意义吗？在大多情况下，聚集方法确实会更快，然而，这是有代价的。

在归约操作的例子中，两个数字的加法是微不足道的。由于只有 4 个数字，我们可以很容易地消减线程，并让一个单独的线程依次相加 4 个数字。很显然在数据很少时，这是有效的，但是，如果有 32 000 000 个数据要使用某种形式的归约方法处理呢？

在第 9 章介绍归约方法的例子中可以看到，仅使用一个 CPU 上单个线程慢于使用两个线程，而使用两个线程又比使用三个线程更慢。对于给定线程完成的工作量与运行线程的总数之间，存在一个折衷。对于 CPU 来说，由于主机上的内存带宽问题，AMD Phenom Ⅱ 905e 系统的最大吞吐量仅取决于 3 个线程。

一个更现代的处理器（例如沙桥 -E），具有较高的内存带宽，但同时会有两个附加的处理器核（一共 6 个而不是 4 个）。在沙桥 -E I7 3930K 系统上运行相同的 OpenMP 归约操作产生的结果如表 12-3 和图 12-5 所示。因此，即使大量增加内存带宽和核数量，我们仍会遇到之前的问题。由于加入了越来越多的核，在基于 CPU 的架构上使用更多的线程会使产生的回报逐步降低。

表 12-3　OpenMP 在沙桥 -E 上的可扩展性

使用线程数	执行时间（s）	实际时间百分比（%）	预期时间百分比（%）	开销所占百分比（%）
1	5.78	100	100	0
2	3.05	53	50	3
3	2.12	37	33	4
4	1.71	30	25	5
5	1.52	26	20	6
6	1.46	25	17	8

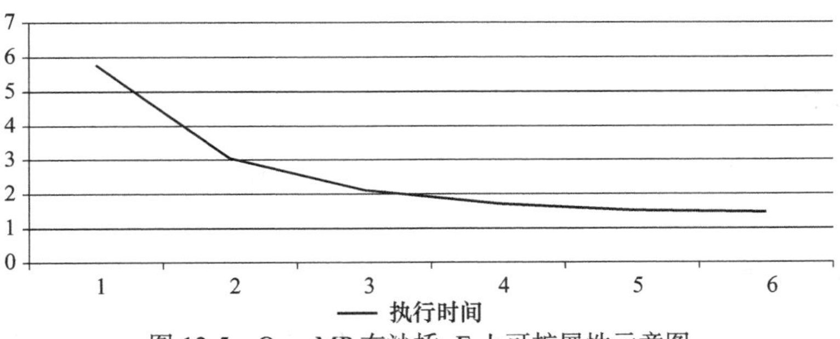

图 12-5　OpenMP 在沙桥 -E 上可扩展性示意图

只运行两个线程不能有效地利用硬件。在CPU中运行16 000 000个线程并在每一轮归约完后结束一半的线程，也不是一个好方法。在GPU中我们可以采用这种方法。因为GPU创建一个线程池，该线程池会在程序员提交的32 000 000个线程中逐步移动。我们当然可以在CPU中手动创建一个类似的线程池，只是能够运行线程的核数要少得多。

我们在第9章归约操作示例中使用了聚集操作和分散操作相结合的方法。我们基于设备上实际拥有的SM数量的倍数调度一些线程块，然后把数据集划分成N块，并让线程从内存读取所需数据，从而执行本地的、片上的累加操作。

每个线程都执行了大量的工作。从前面计时的例子中可以看到，相较GTX460，更宽的数据总线宽度和双倍的SM数量，是GTX470能够更快完成该操作的原因。不管是针对GPU还是CPU，我们都期望确保把设备中的并行性发挥到最大。

已经在单线程基础上计算出了部分和，那么接下来的问题就是如何累加所有部分和。因为待累加的数据对于每个线程来说是私有的，所以必须使用原子操作。在源线程没有把数据写出之前，另一个线程是无法收集该数据的。

计算能力为2.0的典型GPU的SM数量高达16个，每一个SM可以运行的线程束数目多达48个，且每个线程束包括32个线程。因此，在任何时间点都会有多达24 500个活动线程。原子操作可以在共享内存（从计算能力为1.1或更高的设备开始）或全局内存上执行。毫无疑问，共享内存的原子操作比跨越SM到达全局内存的基于全局内存的原子操作要快很多。由于我们有多达16个的SM，基于共享内存的原子操作是基于全局内存写操作带宽的16倍。因此，我们期望尽可能地使用基于共享内存的原子操作。

原子操作只有在计算能力1.1及以上的设备上是可用的。基本上任何除了早期GTX8800系列之外的显卡都支持。基于共享内存的32位整数原子操作，在计算能力为1.2的设备（9800系列及以后）上也可以使用。64位整数原子操作从计算能力1.2的设备开始，可以在全局内存中使用，而从计算能力2.0的设备（GTX400系列）开始，可以在共享内存中使用。

单精度浮点运算的原子操作只在计算能力2.0及以后的设备可用。现有的硬件本身还不支持双精度原子操作。然而，可以通过软件实现它，CUDA编程指南提供了一个例子，展示了如何使用原子对比和交换（Compare And Swap，CAS）操作实现它。

理解什么时候使用聚集操作以及什么时候使用分散操作，经常是实现正确性和高性能的关键。务必考虑最好的构造设计方案，从而最小化地使用（分散的）原子操作，最大化地使用聚集操作。

12.4 算法问题

最后一种问题是很棘手的。程序能够运行而且不产生任何错误提示，但由于算法的问题可能导致错误的结果。

12.4.1 对比测试

测试是判断一个程序员是写出了“好的代码”还是仓促地集成出一些偶尔可以使用的东

西的关键。作为专业的程序员，你应该在限定的时间内努力地交付最优质的软件。如何实现这一点呢？

对比测试认为，编写并行执行的代码比编写功能上等同的串行代码集要难很多。考虑到这一点，每次都要在编写 CUDA 应用程序之前或同时，为某一问题开发出串行的实现方案。然后在两套代码上运行相同的数据集，并且比较两次输出结果。任何输出结果的差异都表明，你的 CUDA 程序可能遇到了问题。

那么，为什么我仅仅说“可能”遇到问题呢？答案很大程度上归结为是否使用了浮点（单精度或双精度）数。浮点数的问题是舍入和精度。在串行 CPU 上，如果有一个大规模数组由随机浮点数构成，当从数组最小下标累加到最大下标得到的结果与从最大下标开始反方向累加的结果是不同的，试试看就知道了。

那么，为什么会这样呢？单精度和双精度数使用 24 位存放尾数（mantissa value），用 8 位存放指数。如果把 1.1e+38 和 0.1e–38 相加，你认为结果会是什么呢？结果是 1.1e+38。因为 0.1e–38 代表的值太小了，无法用尾数表示出来。在一大组数字中，会有很多这样的问题。因此，处理数字的顺序就变得尤为重要了。为了保持精度，解决这种问题最佳的方法往往是将数字集排序，然后从最小的数加到最大的数。然而，为了更高的精度，可能会引入大量的工作（从排序的角度来说）。

还有一些其他的、有关在计算能力 1.x 的设备上处理浮点数的问题（特别是很小的、接近 0 的数）。因此，在检验浮点数是否相等时，最好的方式往往是妥协，允许一定范围的误差。

如果有现成的 CPU 解决方案，那么比较结果就相对简单了。对于基于整数的问题，C 语言标准库函数 memcmp（内存比较）已经足够用来查看两个输出集合是否存在差异。通常当 GPU 端有编程错误时，结果并不会只有一点点差异而是会有很大的差别。因此，我们很容易判断这段代码是否工作，并且在输出结果的哪个地方出现了差异。

更加困难的是，结果一直是匹配的，直到到达某一点。通常，这可能是最开始的 256 个值。由于 256 经常作为线程个数，因此这表明线程块索引计算出现错误。只有前面 32 个值正确时，表明线程索引计算错误。

如果没有一个现成的 CPU 实现方案，则需要编写一个或者使用一个别人编写的而且确保正确的实现。然而，事实上，编写自己的串行实现可以让你在尝试并行实现之前确切地阐述问题，更好地理解问题。当然，在开始并行工作前必须确保串行实现产生了预期的结果。

对比测试还提供了一个有用的指标来判断使用 GPU 是否提供了良好的加速比。在这个评价过程中，我们考虑 PCI-E 总线的任何传输时间。对于归约操作的例子，我们可以在 GPU 上编写一个归约算法，这比在 CPU 上实现相同功能的 OpenMP 算法执行得要快得多。然而，仅仅把数据送往 GPU 就浪费掉了任何节省下来的执行时间。要知道 GPU 并不总是最好的解决方案。有一个 CPU 上相对应的方案，可以更容易地进行评估。无论是 CPU 还是 GPU，问题的解决方案应该是最大限度地利用任何可用资源。

一旦创建了对比测试（在本书的很多例子中我们都这样做了），可以立即看到是否引入了错误。因为是在引入它的时候发现的，所以查找和识别错误更加容易。将这个与版本控制系统相结合（或者是简单地在每次大的进展后创建新的备份）可以在以后的开发周期中免除很多艰苦的调试工作。

12.4.2 内存泄漏

内存泄漏是一个常见的问题而且并不仅仅局限于 CPU 领域。正如它的名字所表明的一样，内存泄漏是程序在运行过程中不断失去可用内存空间。该问题最常见的原因是程序分配了内存空间但是使用后并没有释放这块空间。

如果你曾经让电脑连续开机几个星期，它迟早会慢下来，然后可能会开始显示内存不足的警告。这是由于程序中糟糕的代码没有清理所申请的内存引起的。

显式的内存管理是需要你在 CUDA 编程中负责的。如果分配了内存，那么在程序完成任务时要负责释放这些内存。同样，你也不能使用已经释放回 CUDA 运行时的设备句柄或指针。

有几个 CUDA 操作（在特定的流和事件中）需要你为当前的流创建一个实例。在最初的创建期间，CUDA 运行时可能会在内部分配内存。未能成功调用 `cudaStreamDestroy` 或 `cudaEventDestroy` 意味着内存（可能在主机上也可能在 GPU 上）仍然占用着。你的程序可能会退出，但是如果程序员没有显式地释放这些数据，那么运行时可能不知道这些数据应该被释放。

对于这类问题，一个好的、通用的解决方法是调用 `cudaResetDevice`，它会完全清空在设备上分配的内存。这应该是退出主机程序之前执行的最后一个调用。即使已经释放了所有你认为分配过的内存（对于一个合理大小的程序），你或者是团队中的某个同事仍然可能忘记了曾经的一个或多个内存分配。这种方法可以简单、容易地确保一切内存分配都清除了。

最后，`cuda-memcheck` 是一个对编程人员非常有用的工具（支持 Linux、Windows 和 Mac）。它可以集成到 cuda-gdb 中为 Linux 和 Mac 用户使用。对于 Windows 用户，只需使用如下命令行运行它：

```
cuda-memcheck my_cuda_program
```

假如内核函数包含任何以下的问题，那么程序会执行内核函数并打印相应的错误信息：

- 未指定的启动失败。
- 全局内存访问越界。
- 未对齐的全局内存访问。
- 在计算能力 2.x GPU 上发生的某些硬件检测异常。
- 由 `cudaGetLastError API` 调用检测到的错误。

不论是在内核程序的调试模式还是发布模式下，上述工具均可以运行。在调试模式下，凭借可执行文件中的附加信息，可以从源代码中识别出导致问题的那行代码。

12.4.3 耗时的内核程序

执行时间很长的内核程序会导致很多问题。其中最明显的，当内核程序在设备后台执行的同时该设备也用来显示，就会导致屏幕刷新变得缓慢。为了能在运行 CUDA 内核程序的同时支持屏幕的显示，GPU 必须在显示刷新和内核之间切换上下文。当内核程序占用很短时间时，用户很少会察觉这一点。然而，当它的时间变得越来越长时，这会变得很讨厌以至于用户都不想再使用这个程序了。

费米架构曾经试图解决这个问题，使用计算能力 2.x 或以上的用户比使用早期硬件的用户受到的困扰更少。然而，这个问题还是很明显的。因此，如果你的应用程序像 BOINC 那样使用“空闲的”GPU 周期，那么它可能会被用户关闭，这显然是不好的。

该问题的解决方案是首先确保有耗时较少的内核。如果你认为屏幕需要每 60ms 更新一次，这意味着每个屏幕更新发生在约 16ms 的间隔内，你可以把内核划分成合适的块然后在这段时间内执行。然而，这很可能意味着整体执行时间将大大增加，因为 GPU 需要在图形上下文和 CUDA 上下文之间不断切换。

对这个特定的问题尚没有简单的解决方案。如果 CUDA 的工作量变得很大，那么低配置的机器和老式的显卡（例如计算能力只有 1.x 的显卡）在试图执行 CUDA 和图形任务时会叫苦连天。要意识到这一点，并且在老式的硬件上测试你的程序，以保证它表现良好。用户往往更喜欢可以让机器同时执行其他任务的程序，即使它稍微慢一点也没关系。

12.5 查找并避免错误

12.5.1 你的 GPU 程序有多少错误

我们在 CudaDeveloper 社区中做的最有利于程序开发的改变，是把所有 CUDA API 调用封装到 `CUDA_CALL` 宏中，在第 4 章搭建 CUDA 环境时已经见过它了。这是一种非常有用的方式，它能让你免受检查返回值的辛苦，这一点可以在 CUDA 程序中引入错误的地方看到。

如果没有使用这种检测机制，那么内核生成的错误个数会在某些工具中显示，例如，Parallel Nsight。不幸的是，它们并不会定位出错误所在。它们只是简单地告诉你执行后返回的错误个数。很显然，任何非 0 的值都代表错误的产生，这时试图定位这些错误是很麻烦的。常见的情况是你没有检查返回值，这当然是一个不好的编程习惯。要么在函数内部处理这些错误，要么调用者应该处理它们。

运行时检测出的错误是很容易修复的。简单地在每个 CUDA API 中使用 `CUDA_CALL` 宏，同时在内核执行完成时使用 `cudaGetLastError()`，这样能检查出大多数的错误。借助 CPU 代码进行的对比测试能够检测出任何内核中出现的大部分功能性和算法性错误。

诸如 Memcheck 和 Parallel Nsight 中的 Memory Checker 都是非常有用的工具（参见图 12-6）。内存越界访问是最常见的导致在内核调用后返回“未知错误”的操作。我们已经介绍了 Memcheck 工具。同样，Parallel Nsight 调试器也能检查内存访问的越界错误。

选择 Parallel Nsight 的 Options（选项）菜单可以在 Nsight 作为调试器运行时启动内存检查器。如果内核在共享内存或全局内存越界写入，那么调试器会中断该越界访问。

请注意，当内存越界访问发生在线程本地的变量上时，这并不起作用，而且启用这个特性会减缓内核总体的执行速度。由于我们仅仅是在用 Parallel Nsight 进行调试时才启用它，所以这往往不是一个问题。

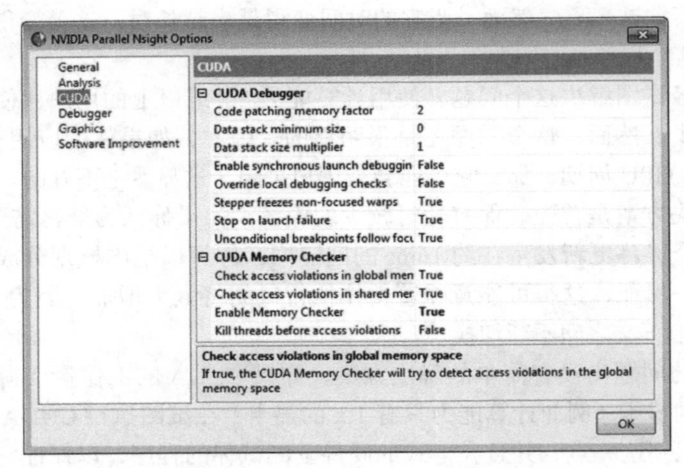

图 12-6 默认启用 CUDA 内存检查器

启用这个选项也会提供一些关于内存未对齐访问的有用信息。未对齐访问从严格意义上来说并不算是错误，然而它只是指出了在哪里（如果能使它对齐访问）能够显著地提高内核的速度。这些消息写到了 Parallel Nsight 的输出窗口，该窗口是可通过微软 Visual Studio 的下拉框选择的众多输出窗口的一种。同时，该输出窗口也显示编译错误消息，它通常是 Visual Studio 工程中打开的 3 个标准窗口中的那个底部窗口。

12.5.2 分而治之

分治法是一种常见的调试方法，它并不针对于特定的 GPU。然而，这是非常有效的，这也是为什么我们要在这里提到它，它在处理内核引起的一些运行时无法处理的异常时非常有效。这通常意味着获取了一个错误消息，然后程序停止运行，或者在最坏的情况下，机器会完全挂起。

解决这类问题的第一个方法是使用调试器运行，在一个较高的层次上单步执行每一行代码。这样迟早会找到引起程序崩溃的那个调用。从主机调试器开始（确保使用的是 CUDA_CALL 宏），然后查看在什么地方发生了错误。最有可能发生错误的是内核调用或内核调用后的第一个 CUDA API 调用。

如果发现问题出现在内核中，那么切换到 GPU 调试器，例如，Parallel Nsight 或 CUDA-GDB。随后重复如下过程：在内核执行过程中跟踪单个线程的活动。这可以看到引起错误的最上级的调用。如果没有的话，那么可能是跟踪线程之外的其他线程引起的。通常，任何特定的线程块中“受关注的”线程是线程 0 和线程 32。大多数没有被检测到的 CUDA 内核错误可能是由于线程束间或线程块间的行为不像程序员所设想的那样运作。

单步执行代码，并检查每一个计算的答案是否都是预期的那样。一旦得到了一个错误的答案，则需要明白它为什么是错的，然后解决的方案就很清晰了。现在所要做的是一个高层次的折半搜索。通过跳过子函数执行代码直到命中错误，就可以避免在单一层次逐步浏览代码，然后就可以非常迅速地找出问题函数 / 代码行。

如果在你的环境中无论如何也无法使用调试器或是调试器以某种方式干扰了可见的问题，那么也可以采取这种策略但不使用任何调试器。只需将 #if 0 和 #endif 预处理器指令放在本次运行需要移除的代码处即可。编译并运行内核然后检查结果。如果代码没有任何错误地执行，那么错误很有可能发生在移除的代码段中的某处。逐渐减少移除代码段的大小，直到程序再次中断。程序中断的地方明确地指示了问题可能的来源。

你可能也希望试图用这种方法观察程序是否以如下方式运行：

- 1 个线程块，每个线程块有 1 个线程。
- 1 个线程块，每个线程块有 32 个线程。
- 1 个线程块，每个线程块有 64 个线程。
- 2 个线程块，每个线程块有 1 个线程。
- 2 个线程块，每个线程块有 32 个线程。
- 2 个线程块，每个线程块有 64 个线程。
- 16 个线程块，每个线程块有 1 个线程。
- 16 个线程块，每个线程块有 32 个线程。
- 16 个线程块，每个线程块有 64 个线程。

如果一个或多个这样的测试失败了，这就表明同一线程束中的线程，同一线程块中的线程或者一个内核启动中的线程块之间的交互引起了问题。它为在代码中定位对象提供了指示。

12.5.3 断言和防御型编程

防御型编程假定调用者会做一些错误的事情。例如，下列代码有什么错误呢？

```
char * ptr = malloc(1024);
free(ptr);
```

该代码假定 malloc 会返回一个指向 1024 字节内存的有效指针。由于我们需要的内存数量小，因此这实际上是不可能失败的。如果失败了，malloc 返回一个空指针。为了让代码能够正常工作，需要使用 free() 函数处理空指针。因此，释放内存函数的开头可能是：

```
if (ptr != NULL)
{
... search list of allocated memory areas for ptr and de-allocate memory.
}
```

free() 既需要考虑接受空指针也需要考虑接受明显有效的指针。然而，NULL 指针并不指向一块有效地被分配内存的区域。通常，如果调用 free() 处理空指针或无效指针，一个防御型函数不会损坏堆存储，相反它会什么都不做。防御型编程在函数接受不合法输入时不会进行任何错误的操作。

但是，这也有一个令人讨厌的副作用。在这种情况下，用户再不会看到程序的失败，然而测试部门或质量保证部门抑或程序编写者也无法看到程序崩溃。事实上，不管调用处是否有编程错误，程序现在都会悄无声息地失败。如果一个函数对边界或输入的范围有隐含的要求，都应该被检查。比如，如果一个参数是数组的索引，那么绝对应该检查这个值以确保不会对该数组产生越界访问。然而，这个问题经常被错误地处理了。

C语言提供了一个非常有用的设计，然而除了那些熟悉良好的软件工程习惯的程序员却很少有人使用——断言指令（assert directive）。当一个程序失败时，让它保持默不作声是糟糕的实践之道。这会使错误仍然残留在代码中无法发现。而assert背后的思想却是相反的。如果调用者传递的参数出现错误，那么程序就出现了错误。被调用的函数应该给出警告直到它被修复。因此，如果不允许一个空指针作为输入参数传递给函数，那么用下列代码替换if ptr! = NULL检查

```
// Null pointers not supported
assert(ptr_param != NULL);
```

这意味着我们不再需要额外的缩进，并且我们在代码中记录了进入该函数的前提条件。请务必确保在每个断言之前有一行注释，解释为什么该断言是必须的。程序在将来某些时候可能会失败，因此应希望函数的调用者尽快知道为什么它们的调用是无效的。这个调用者经常可能就是你自己，所以确保注释断言对你自己有最大的好处。

从现在算起，经过6个月后，你就会忘记为什么这个前提条件是必要的。然后你会四处搜寻试图记起它为什么是必需的。同样，它也有助于防止未来程序员移除“看起来错误的”断言，从而保证某些错误在发布前没有被忽视。在没有完全理解为什么断言放置于首要位置前请不要这样做。几乎在所有情况下，移除assert检查都会在后面掩盖程序的错误。

当使用断言时，千万不要把处理程序错误和有效的失败条件混淆。例如，下列代码是错误的：

```
char * ptr = malloc(1024);
assert(ptr != NULL);
```

malloc返回空指针是有效的条件。当堆空间被耗尽时就会出现这种情况。程序员对此应该有一个有效的错误处理判断，因为最终它总是会发生的。断言应该保留以便处理无效的条件，例如，索引越界，枚举操作中的默认switch条件处理等。

使用防御性编程和断言的附带问题之一是处理器需要花费时间检查条件，然而在大多数情况下这些条件都是有效的。在每个函数调用、循环迭代等过程中都会这样做，这取决于断言使用得多广泛。该问题的解决方法很简单——生成两套软件，一个调试版本和一个发布版本。如果你已经使用了一个软件包，例如Visual Studio，那么它本身就包含在默认工程设置中。老一些的系统（特别是基于非IDE的系统）需要人为创建。

一旦完成，就可以简单地生成assert宏的一个版本，ASSERT。

```
#ifdef DEBUG
#define ASSERT(x) (assert(x))
#else
#define ASSERT(x)
#endif
```

这个简单的宏只会在调试代码（你和质量保证人员在发行版本的同时进行测试所用的版本）中包含断言检查。

截至 CUDA 4.1 版本发布，对于计算能力 2.x 的设备，现在也可以把断言添加到设备代码中。由于 GPU 的能力限制，之前的 GPU 设备上无法抛出这样的异常消息。

12.5.4 调试级别和打印

除了有单独的发布版本和调试版本，拥有一个可以灵活改变（例如通过设置全局变量的值，#define 或者其他常量）的调试级别也是很有用的。你可能还希望能通过命令行设置这一参数，例如通过 -debug = 5 将调试级别设置成 5 等等。

在开发过程中，可以在代码中添加有用的信息，例如：

```
#ifdef DEBUG
#ifndef DEBUG_MSG
// Set to 0..4 to print errors
// 0 = Critical (program abort)
// 1 = Serious
// 2 = Problem
// 3 = Warning
// 4 = Information
#define DEBUG_ERR_LVL_CRITICAL (0u)
#define DEBUG_ERR_LVL_SERIOUS (1u)
#define DEBUG_ERR_LVL_PROBLEM (2u)
#define DEBUG_ERR_LVL_WARNING (3u)
#define DEBUG_ERR_LVL_INFO (4u)

// Define the global used to set the error indication level
extern unsigned int GLOBAL_ERROR_LEVEL;
void debug_msg(char * str, const unsigned int error_level)
{
 if (error_level <= GLOBAL_ERROR_LEVEL)
 {
  if (error_level == 0)
   printf("\n***********%s%s", str, "**************\n");
  else
   printf("\n%s", str);

  fflush(stdout);

  if (error_level == 0)
   exit(0);
 }

}
#define DEBUG_MSG(x, level) debug_msg(x, level)
#else
#define DEBUG_MSG(x, level)
#endif
#endif
```

在这个例子中，我们已经创建了 5 个级别的调试消息。在不使用调试版本软件的地方，这些消息以不引起编译错误的方式从可执行程序中剥离出来。

```
#define DEBUG
#include "debug_msg.h"
unsigned int GLOBAL_ERROR_LEVEL = DEBUG_ERR_LVL_WARNING;

int main(int argc, char *argv[])
{
 DEBUG_MSG("Error from level four", DEBUG_ERR_LVL_INFO);
 DEBUG_MSG("Error from level three", DEBUG_ERR_LVL_WARNING);
 DEBUG_MSG("Error from level two", DEBUG_ERR_LVL_PROBLEM);
 DEBUG_MSG("Error from level one", DEBUG_ERR_LVL_SERIOUS);
 DEBUG_MSG("Error from level zero", DEBUG_ERR_LVL_CRITICAL);

 return 0;
}
```

为了调用该函数，只需简单地把宏添加到代码中去，如以前的例子中所示。这在主机代码中工作良好，但是不经过修改无法在设备代码上工作。

首先，在内核中打印消息时需要注意一些问题。只有计算能力 2.x 的设备才支持内核级的 printf。如果试图在将要被计算能力 1.x 设备编译的内核中使用 printf，会看到一个错误，告诉你不能从全局或设备函数调用 printf。这个说法其实并不正确——仅仅是因为该函数并不被计算能力 1.x 的设备支持，而且目标架构必须是计算能力 2.x 的设备。

假设现在有一个费米型的设备，那么 printf 调用是支持的。线程束中 32 个线程（线程束的大小）将分别打印消息，除非你特意不这么做。很显然，由于要启动成千上万个线程，因此简单地打印一条消息可能会导致从终端窗口顶端开始滚动上万条附加的消息行。由于 printf 的缓冲有固定的大小（线程束也是），这样会丢失早些时间得到的输出。

另一个问题是，这些消息行能以任意的顺序打印出来。在没有确定消息准确的创建时间的情况下，需要某些时间参考，否则我们不能用打印消息的顺序来体现程序的执行顺序。因此，我们需要确定每个消息的来源并且用时间戳记录它。

第一个问题通过让线程块或线程束中的一个线程打印消息就能简单地处理。按照惯例，这通常都是线程 0。我们可能还希望从每个线程束中打印一条消息，所以再一次仅选择每一个线程束的第一个线程来打印消息。也可以使用其他的准则，例如选择计算边缘重叠区域（halo region）的线程等。下面是一个样例代码集。

```
if ( (blockIdx.x == some_block_id) && ((threadIdx.x %32) == 0) )
{
 // Fetch raw clock value
 unsigned int clock32 = 0;
 asm("mov.u32 %0, %%clock ;" : "=r"(clock32));

 // Fetch the SM id
 unsigned int sm = 0;
 asm("mov.u32 %0, %%smid ;" : "=r"(sm));

 printf("\nB:%05d, W:%02d, SM:%02u, CLK:%u", blockIdx.x, (threadIdx.x>>5), sm,
clock32);
}
```

它仅仅寻找指定的线程块编号，然后打印线程块编号、线程束编号、所在的 SM 编号和原始时钟值。

```
B:00007, W:05, SM:13, CLK:1844396538
B:00001, W:04, SM:05, CLK:1844387468
B:00002, W:09, SM:09, CLK:1844387438
B:00007, W:10, SM:13, CLK:1844396668
B:00002, W:06, SM:09, CLK:1844387312
B:00007, W:00, SM:13, CLK:1844396520
B:00005, W:12, SM:06, CLK:1844396640

B:00005, W:13, SM:02, CLK:24073638
B:00006, W:03, SM:04, CLK:24073536
B:00005, W:15, SM:02, CLK:24073642
B:00002, W:03, SM:05, CLK:24076530
B:00006, W:00, SM:04, CLK:24073572
B:00002, W:00, SM:05, CLK:24076570
```

在这里，我们打印了线程块编号、线程束编号、线程束执行时所在的 SM 编号和原始时钟值，可以简单地把这些输出重定向到一个文件中，然后绘制出散点图。由于我们把设备端的 printf 放在内核的开始处，因此该图显示了每个内核是何时被调用的。

在图 12-7 中，纵轴代表 SM 编号，横轴代表绝对时钟时间。我们可以看到，所有的 SM 大约在相同的时间启动（除了个别 SM 晚一些启动，但也是一起启动的）。之后，随着每一个线程块在其开始运行时打印的执行细节，时间戳基本上是随机分布的。这个分布完全取决于所执行的程序，与外部资源变得可用的时间有关，全局内存就是最好的例子。

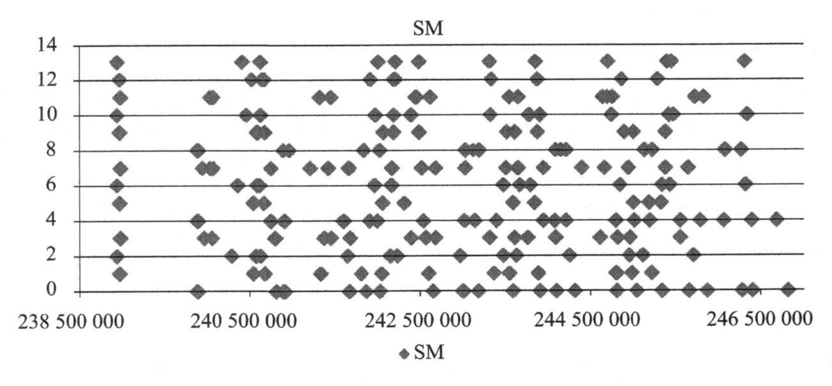

图 12-7 线程束在 14 个 SM 上执行的图示（显卡为 GTX470）

考虑到多 GPU 和多数据流的情形，我们要考虑能够识别出消息来源的方案。这同样可以通过在消息前添加唯一的前缀标识符来解决。在有些例子中，当我们使用多 GPU 时，用一个从设备 ID 字符串创建的字符串 device_prefix 也完全能够做到这一点。然而，提取这个信息的 API 是主机端调用而不是设备端调用。这是有道理的，因为我们不希望 30 000 个线程每个都获取设备 ID 字符串，因为该字符串对它们来说都是相同的。因此，我们能做的是通过全局内存或常量内存提供这个主机端的信息。如果只有一个 GPU 和一个数据流，那么这不是必需的，但是任何重要的程序都会在可能的情况下同时使用多数据流和多 GPU。

在多 GPU 情况下，可能会看到时钟值有明显的变化。因此，很容易能看出输出流是来自于不同设备的，但是哪个来自于设备 0、1、2 或 3 呢？对于同样的设备，我们无法确定。万一这些消息来自于同一设备的不同数据流呢？

使用绝对 TID（线程 ID）值足以为每个 GPU 内核识别消息。然而，使用了多数据流或多设备就需要使用设备号、TID 和数据流编号。

仅从查看输出的角度来说，时序是一个问题。应该用以下方式创建一个前缀

```
GPU ID : Stream ID : TID : Message
```

有了这个前缀，就可能把输出重定向到文件并通过保持相对顺序来进行排序。我们最后就按顺序得到了每个 GPU 和数据流排序的消息。

请注意，虽然 printf 是一种在主机端显示信息的简单方法，要知道它在 GPU 内存开辟了 1MB 的缓冲区并且在特定事件下将这个缓冲区传回到主机。

因此，printf 输出只有在下列条件下才会看到：

1. 在下一个内核启动的开始。
2. 在一个内核执行结束且环境变量 CUDA_LAUNCH_BLOCKING 被设置时（如果使用多 GPU 或多数据流则不推荐这样做）。
3. 主机端发起的同步点，例如，同步设备、流或事件的结果。
4. 阻塞版本的 cudaMemcpy。
5. 程序员发起的设备重启（cudaDeviceReset 或驱动程序的 cuCtxDestroy API 调用）。

因此，大多数情况下会看到输出被打印出来。如果没有看到，在退出主机程序前调用 cudaDeviceReset 或者在工作集结束时在流里调用 cudaStreamSynchronize，这样丢失的输出就会出现。

如果需要一个更大的缓冲区，可以调用 cudaDeviceSetLimit（cudaLimitPrintFifoSize, new_size_in_bytes）API 进行设置。

12.5.5 版本控制

版本控制是任何专业软件开发的一个重要方面。它没有必要使用非常昂贵的工具或过于细致的流程，诸如某人可以更新某处这样的细节信息就多余了。在大型项目中，版本控制是绝对必不可少的。然而，即使是对于单人开发的软件（可能适用于很多读者）这也是很重要的。

考虑一下，调试 30 000 个线程的程序是很容易的。如果你认为这种说法是可笑的，那么就能理解如果没有对程序定期地或者每达到一个重要环节就进行版本控制时，所面临的任务有多困难。程序员通常是一群过于自信的人，他们可以确保一开始“较小的”变化不会带来

问题。然而，当事情没有像计划那样进展时，准确地记住所做的变化是很困难的。如果没有对可工作的程序进行备份，之后再想变回修改前的程序是很困难的。

专业领域的大多数程序是由团队开发的。同事是很有帮助的，因为他可以让你从另一个角度看问题。如果你有一个经过版本控制或创建过基线的可工作代码，那么很容易看出不同版本的差异以及是什么破坏了以前可用的解决方案。没有这些周期性的基线，很难识别错误可能发生的位置，你需要查看几千行代码而不是几百行代码。

12.6 为未来的 GPU 进行开发

12.6.1 开普勒架构

英伟达从费米及更高版本架构展现出的路线图是开普勒 GK104（K10），开普勒 GK110（K20），和 Maxwell。截至 2012 年 3 月第一个开普勒产品发布，即 GK104。该产品的目标是直接面向消费级市场，因此缺少一些 HPC（高性能计算）市场喜欢看到的一些特性，特别显著的是对双精度数学的支持。开普勒 GK110 毫无疑问会是更以 HPC 为目标的产品且最终可能会以某种形式转化为面向消费级别的显卡。GK110 计划在 2012 年年底发布，但是它的设计版已经在英伟达内部开发 CUDA 5 发布版本的时候被使用了。

让我们通过表格简要看看开普勒所带来的变化。首先，它的能量效率更高。而相比 GTX580 的 244 瓦功耗，开普勒 GTX680 的 TDP 功耗为 195 瓦。就消费级市场的高端单卡而言，它的绝对消耗减少了超过 20%。通过更加深入地了解 GTX680，在 GTX580（GF110）和 GTX560（GF114）之间，它更接近于后者，有点像内部折叠起来的 GTX560。

然而，如果我们考虑每瓦能耗带来的十亿次浮点数操作数，那么你看到开普勒 GK104 在多达 2 个因素上超过了费米 GF110。英伟达对常见的消费级游戏的研究（英伟达，2012 年 5 月 18 日）表明每瓦有平均 1.5 倍性能的提升。现在的许多游戏都是非常复杂的，因此希望在基于计算的应用程序上建立一个可比较的能耗分析数据是很有道理的。

通过使用特别精选的部件，GTX690（双 GTX680 卡版本）在每瓦能耗得到的浮点操作数目上，大大地超越了 GTX680。在每瓦能耗带来的性能上增加一倍或更多是英伟达团队的巨大成就。GTX690 是 Tesla K10 系列的基础。这是首次在 Tesla 产品线上使用双 GPU 板卡方案。

虽然从 GTX580 到 GTX680 全局内存带宽的峰值保持不变，但是现在我们已经从 PCI-E 2.0 转到 PCI-E 3.0 标准。因此，GTX680 配置到支持 PCI-E 3.0 标准的主板和 CPU 上，发送和接收数据的速率将是 PCI-E 2.0 标准 400/500 系列显卡的两倍。对那些受制于 PCI-E 带宽的内核程序而言，带宽的加倍意味着显著的加速。

开普勒 GTX680/GTX690 把我们从计算能力 2.1 转移到计算能力 3.0。开普勒 GK110 的目标是达到计算能力 3.5。新的计算能力一览表如表 12-4 所示。

表 12-4 开普勒架构的新计算能力

描述 / 设备	G80（GTX8800）/ G92（GTX9800）	G200（GTX280）	费米 GF110（GTX580）	费米 GF114（GTX560）	开普勒 GK104/K10（GTX680）	开普勒 GK110/K20(TBD)
计算能力	1.0/1.1	1.3	2.0	2.1	3.0	3.5
每 SM 的最大线程束数量	24	32	48	48	64	64
每 SM 的最大线程数	768	1024	1536	1536	2048	2048
每 SM 的全部寄存器大小（单位：B）	32K	64K	128K	128K	256K	256K
每线程的最大寄存器数	63	127	63	63	63	255
每线程块的最大线程数	512	512	1024	1024	1024	1024
每 SM 的 CUDA 核数	8	16	32	48	192	192*
每设备的最大 SM 数	8	32	16	8	8	15
每 SM 的最大共享内存 / 一级缓存（单位：B）	16K	16K	48K	48K	48K	48K
每设备的最大二级缓存（单位：B）	N/A	N/A	768K	512K	512K	1536K

* 另加上每 SM 上的 64 个双精度单元

开普勒的一个重大变化是去除了着色器时钟。在开普勒之前，GPU 在一个给定的 GPU 时钟频率下运行，而着色器时钟运行在两倍于 GPU 时钟频率上。在前几代，是着色器时钟而不是 GPU 时钟驱动 CUDA 核在设备上执行。

在任何处理器设计中，时钟速率都是功率消耗的重要驱动因素。去除了着色器时钟，英伟达不得不在每个 SM 放置两倍的 CUDA 核以达到相同的吞吐量。这种折衷方案显著地减少了总体的功率消耗并且允许英伟达把核时钟从 772MHZ 提升到略超过 1GHZ。

实际上，开普勒 GK104 的设计使 CUDA 核数量增加了 4 倍。加载存储单元（LSUs）、特殊功能单元（SFUs）、指令调度器的数目以及寄存器文件大小都加倍了。共享内存 / 一级缓存仍保持 64KB 不变，但是除了通常的 16KB/48KB 的划分方式，现在也可以分成 32KB/32KB。

这个选择是很有趣的，因为大量额外的计算能力被添加进来。如果查看前几代，我们可以看到从 GT200（计算能力 1.3）到 GF110（计算能力 2.0）设备，每个 SM 包含的线程束数目从 24 个升级到 48 个。开普勒 GK104 的设计把每个 SM 的线程束总数增加到 64 个，把每个 SM 的线程总数增加到 2048 个。

GTX680 宣称有 3 万亿次浮点运算的峰值性能，而与之相比，GTX580 则为 1.5 万亿次浮点运算。这种峰值性能是基于浮点乘法和加法（FMAD）操作执行的。当然，在任何实际使用中，指令构造和内存访问模式上都有很大的不同，这都最终决定了实际的性能水平。

此外，开普勒 GK104 现在有动态时钟调整的特性，它会根据当前的 GPU 负载上下调整时钟。我们几年前就已经在 CPU 端看到这个特性了，这十分有助于节省功率，尤其是设备处于空闲状态时。

从指令进化的角度来说，我们看到的主要好处是 shuffle 指令允许同一个线程束内的线程进行通信。线程束内的线程在不需要通过共享内存共享数据的情况下，依然能够合作，这是很有好处的。使用这样的操作可以很容易地对归约操作和前缀求和的最后阶段进行加速。由于附加了 48KB 的只读缓存，额外的编译器内部函数已经支持硬件级的平移、旋转操作，纹理内存的访问也变得可用，而不再需要编写纹理内存操纵代码的开销。另外，4 字节的包裹向量指令（add、subtract、average、abs、min、max）也被引入了。

从计算的角度来说，开普勒 GK110 有一些非常吸引人的特性，英伟达称这些技术为动态并行、Hyper-Q 和 RDMA。它几乎使每个设备的 SM 数量翻了一倍并且添加了许多 HPC 应用程序必需的双精度浮点单元。初期的（英伟达）数据表明，双精度性能超过了 1 万亿次浮点运算。内存总线宽度从 256 位增加到了 384 位，如果时钟类似于 GK104，那么会确保内存带宽超过 250GB/s。

先来说第一个技术——动态并行。它第一次允许我们从 GPU 内核轻松地启动其他的工作。以前这是通过超额预定线程块并且让一些线程块处于闲置状态或是运行多个内核实现的。前者会浪费资源且工作效率很差，尤其是对于大型问题。后者意味着有一段时间 GPU 未被充分利用，同时无法让内核在高速共享内存或高速缓存上维护数据，因为这个内存在多个内核启动之间并不是持久的。

再来说第二个技术，Hyper-Q。一直到（也包括）开普勒 GK104，所有的数据流在硬件中都是作为单一管道被实现的。Hyper-Q 解决了程序员表现出的数据流模型与实际在硬件上实现的差异问题。因此，即使程序员通过把这些内核分别放入不同的流中显式地指定，来自于数据流 0 的内核流也不会和来自于数据流 1 的内核流混合，因为它们是单独的工作单元。

Hyper-Q 把一个单独的硬件流分成 32 个分离的硬件队列。因此，几百个程序员定义的数据流集合中最多有 32 个数据流能够在硬件上独立运行。这带来的主要好处在于设备的负载。随着每个 SM 拥有超过 192 个核，SM 的粒度明显地增加了。如果小内核被执行且部分地载入 SM，那么 SM 中的资源就会被浪费。

最后，RDMA（远程直接数据存取，Remote Direct Memory Access）也是一个非常有意思的技术。英伟达已经和某些特定的供应商合作（主要是在 Infiniband 端）以改进 GPU 到 GPU 节点之间通信的延迟。现在，对等方式支持一个节点中的多个 GPU 直接通过 PCI-E 总线进行通信。对于支持这一特性的显卡和操作系统，避免了使用 CPU 内存空间转发的间接访问方式。

然而，为了从一个非 GPU 设备（例如，诸如网卡一样的 I/O 设备）接收或发送数据，最好使用主机端锁页内存[㊀]的共享区域。RMDA 这一特性对此做出了改变，它允许 GPU 通过 PCI-E 总线直接与其他 PCI-E 显卡通信，而不仅仅是英伟达的 GPU。目前，这仅仅被一些 Infiniband 显卡支持，但是它开创了使用其他显卡的可能，例如直接数据采集、FPGA、RAID 控制器等类似能够直接与 GPU 对话的操作。这会是一个让人期待的有趣技术。

㊀ 锁页内存能够保证存在于物理内存中，始终不会被分配到低速的虚拟内存，并能够通过 DMA 加速与设备端的通信。CUDA 中，使用 cudaHostAlloche 和 cudaFreeHost 来分配和释放锁页内存。

12.6.2 思考

开发将来可以运行很多年的代码或者至少能够在将来运行的代码始终是一个棘手的问题。针对特定硬件所做的调优越多，在将来开发中的可移植性越差。因此，一个策略是确保任何所开发的代码都是参数化的，那么它就可以很容易地适应未来的 GPU。

通常，一个应用程序是针对特定的架构开发的。可能会有如下的代码段：

```
if ( (major == 2) && (minor == 0) ) // Compute 2.0
 num_blocks = (96*4);
else if ( (major == 2) && (minor == 1) ) // Compute 2.1
 num_blocks = (96*2);
else
 num_blocks = 64; // Assume compute 1.x
```

现在如果一个计算能力为 2.2 或 3.0 的架构发布，那么会发生什么呢？在这个样例程序中，我们会下降到计算能力 1.x（G80/G92/G200 系列）的那条路径。程序的用户不想把费米型 GPU 替换成一个新的开普勒型板卡，然后他们发现程序运行得更慢了或者干脆无法在他们崭新的显卡上运行。当编写这样代码的时候，要假定将来也可能会遇到一个未知的计算能力架构并且要相应地满足它。

从 G200 转移到费米有一个过渡期。此时程序编写者不得不重新发行程序，因为每 SM 执行的线程块数在各代都保持不变，只有每线程块的线程数增加了。如果一个内核已经使用了每 SM 里的最多的线程块数，这种情况下允许最佳指令混杂从而带来更好的性能，则没有额外的线程块被调度到 SM 上。因此，新的硬件没有被充分利用，现存的软件没有在新的硬件上执行得更快。

G200 到费米最重要的变化是需要增加每线程块所包含的线程数。每线程块最大线程数（该属性可被查询）为 512 ~ 1024。同时常驻的线程束数量从 24（计算能力 1.0/1.1）增加到 32（计算能力 1.2/1.3）再增加到 48（计算能力 2.0/2.1）。因此，随着线程块包含的线程数越来越多，未来很有可能会继续看到这样的趋势。开普勒也是第一个增加每 SM 内线程块个数的 GPU 架构，从 8 翻倍到 16 个线程块。因此，在调度的线程块达到允许上限时，每线程块的最优线程数为 2048 个线程 ÷ 16 线程块 = 128 个线程每线程块。

我们可以通过查询线程个数和线程束大小计算出可用线程束个数。cudaDeviceProp 结构体返回 warpSize 和 maxThreadPerBlock。因此我们可以调用 cudaGetDeviceProperties（&device_props）API，然后用每线程块的线程数除以线程束个数，以计算出给定 GPU 的最大线程束个数。

这种方法对开普勒 GK104 以及即将上市的开普勒 GK110 都适用。然而，它没有考虑到 GK110 将会带来的编程模型的变化。GK110 动态并行的方面（现在是开放的）可以清晰地进行规划。英伟达在 GPU 技术大会（GTC）展示了一些工作成果，并且声称仅这项技术（主要是消除 GPU 控制开销）就可以使很多代码的编写速度显著提高，这也带来了更加简化的递归形式，其中递归的部分能随着节点数的扩张提高并行性或者根据遇到的数据减少并行性。

现在，运行在开普勒硬件上的程序可以利用 48KB 的专用、只读纹理内存。一个很重要的变化在于不再需要进行纹理内存编程。只需要使用 C99 标准的 __restrict__ 关键字声明只读指针，例如：

```
void my_func(float * __restrict__ out_ptr, const float * __restrict__ in_ptr)
```

在这个例子中，通过添加这个关键字，任何对参数 out_ptr 的写入不会影响 in_ptr 指向的内存区域。事实上，这两个指针不是彼此的别名。这将导致通过 in_ptr 的读取被缓存到纹理内存，并提供额外的 48KB 的只读缓存内存。这样很可能明显减少片外访问全局内存的次数从而显著提高内存吞吐量。

应该从现有内核的哪些元素可以被并行执行的角度思考 Hyper-Q 的逻辑。任务级的并行性在 GPU 上第一次真正成为可能。作为前期准备，如果现在运行了一系列的内核，则把这些分成独立的数据流，每个流负责一个独立的任务。当在当前的平台运行时，这不会反过来影响代码的性能，但是一旦这些特性可用时，将会使这些内核在开普勒上更好地执行。

最后，新的 Tesla K10 产品，是一款基于当前可用的 GTX690 消费级显卡的双 GPU。由于有了多 GPU，如果你打算只使用一个单独的核，那么就会浪费 50% 的额外计算能力。因此，任何打算安装 K10 产品的人都需要移植他们的代码以支持多 GPU，我们在第 8 章已经提及这些了。你需要考虑数据驻留在哪里以及有些 GPU 之间的通信是否必要。如今移植到一个多 GPU 的解决方案会使过渡更加容易，并对许多应用程序提供几乎线性的扩展性。

12.7 后续学习资源

12.7.1 介绍

现有 CUDA 资源可以很容易通过网络和各个大学获得。我们也为渴望学习 CUDA 的专业人员和团队举办了多次学习交流会。我每年也尽力地通过面对面或者网络在线的方式参与 CUDA 的课程。因为十分热爱 CUDA 的缘故，我阅读学习了很多关于这方面的书籍，而且我十分乐意将这些 CUDA 资料分享给 CUDA 爱好者。这些信息也可以通过我们的网站 www.learncuda.com 获得，该网站是一个在全世界范围内获取各种 CUDA 资源的入口。

12.7.2 在线课程

CUDA 成功之道很大程度上归于英伟达的承诺，英伟达愿意把 CUDA 推广给更多的用户。回顾历史，我们可以发现很多次他们欲将并行程序设计推广为主流的尝试，也设计了能够支持并行运算结构的编程语言。但是可能除了 OpenMP 和 MPI 之外，都无一例外的以失败告终。这大概是因为他们始终没有将并行运算推广出他们的交际圈，或者因为没有足够雄厚的资金支持，再或者是局限在了大学、政府部门和公司的少数计算机上。

在此，我们首先推荐英伟达官方培训网站，它是最好的CUDA资源之一。具体网址见http://developer.nvidia.com/cuda-training。当然，你也可以通过各个大学获得讲座视频，获取源分别有：

- ECE-498AL，http://courses.engr.illinois.edu/ece498al/。这是第一本CUDA专业书籍的作者Wen-mei W. Hwu教授的课程。讲座的音频记录和幻灯片可以在2010年的课程里获得。
- Stanford CS193G，http://code.google.com/p/stanford-cs193g-sp2010/。这是一门斯坦福大学在ECE-498课程基础上开设的课程，网站里面有iTunes格式的讲座视频，讲座的主讲人是Jared Hoberock和David Tarjan。
- Winsconsin ME964，http://sbel.wisc.edu/Courses/ME964/。这是一门关于高性能计算应用程序在工程领域的课程，由Dan Negrut主讲。网站里有许多课程视频和贵宾讲座的链接。
- EE171并行计算机架构，http://www.nvidia.com/object/cudau_ucdavis。这门优秀的课程由加州大学戴维斯分校的John Owens教授主讲。课程里从构架的角度阐述了数据级并行、指令级并行和线程级并行。

紧随其后，值得推荐的在线资源是GPU会议的会议记录。英伟达一般每年会在加州的圣何塞举办GPU技术会议（GTC），当然会议也会在世界各地举行。在会议举办的一个月后，各类会议的资料会陆续上传到英伟达的GPU技术网站http://www.gputechconf.com/gtcnew/on-demand-gtc.php。自GTC开办以来，有太多会议可以参加。许多会议的内容交叉重叠。可以在网络上查阅到近几年来的所有会议资料，当然也包括NVIDIA相关的会议记录。

那些主题演讲，特别是Jen-Hsun Huang主讲的，都十分值得一听，这些演讲能够拓宽个人关于GPU科技发展的视野。而Sebastian Thrun主讲的关于DARPA挑战的主题演讲展现了CUDA应用程序巨大的发展前景，例如汽车自动控制的应用。Paulius Micikevicius的多个演讲关注于CUDA的性能优化，而Vasily Volkov的演讲更加关注于占有率，这些演讲也十分值得去听。

另一个主要的CUDA网络学习资源就是英伟达提供的线上研讨会存档。可以通过以下网站获得：http://developer.nvidia.com/gpu-computing-webinars。线上研讨会主要面向注册的CUDA开发者，可以通过免费的注册来获得线上研讨会的直播视频。在直播的互动参与中，可以提出自己的问题，并通过感兴趣的特别话题讨论的方式获得回馈。通常线上研讨会结束后不久就会有存档可供下载。线上研讨会主要针对于CUDA和API的新特性，也有关于供应商相关工具的介绍。

我们还有更多关于CUDA和并行计算的学习资源。如有需要，可以通过下面的网站获取完整资源列表：www.learncuda.com。

12.7.3 教学课程

许多大学会在并行计算课程中加入CUDA的内容。它通常与OpenMP和MPI一起讲授。

OpenMP 和 MPI 分别是当今同一处理器核之间以及不同节点之间进行并行程序设计的主要模型。英伟达提供了一个十分好用的工具可以让我们快速找出周围的 CUDA 课程讲授地点，工具地址：http://research.nvidia.com/content/cuda-courses-map。根据英伟达的统计，到 2012 年上半年为止，世界上有 500 多家高校开设了 CUDA 课程。

12.7.4 书籍

我们可以找到很多讲授 CUDA 内容的书籍，但是没有任何一本可以涵盖 CUDA 或者并行编程的所有方面。如果需要的话，建议另外阅读下列文章：

- Jason Sanders 的《CUDA by Example》[一]
- Rob Farber 的《CUDA Application Design and Development》[二]
- D. Kirk 与 Wen-mei W. Hwu 合著的《Programming Massively Parallel Processors》[三]
- 多名作者编著的《GPU Computing Gems》，分成绿宝石版（Emerald Edition）和绿玉版（Jade Edition）。

我根据 CUDA 和 GPU 新手学习者对以上书籍的接受度进行了排列。所有这些书籍在 Amazon 等购物网站都得到好评，也十分值得买下来细读。

12.7.5 英伟达 CUDA 资格认证

CUDA 资格认证程序是英伟达鉴定开发者 CUDA 能力水平的测试流程。测试包括部分多选题和一部分需要在规定时限内完成的编程任务。CUDA 考试大纲发布在英伟达的网站上：http://developer.nvidia.com/nvidia-cuda-professional-developer-program-study-guide 以及 http://developer.nvidia.com/cuda-certification。

需要涉猎的资料大多数都包含在了《Programming Massively Parallel Processors》里面。由于测试问题十分重视编程设计能力，因此你需要很好地掌握 CUDA 知识，不仅要能够从头写出大量 CUDA 内核，还要理解如何编写出高效、高性能的代码。本书覆盖了资格认证考试的大部分重要考点，但也会有涉及不到的内容。在本书涉及的一些领域中，已经远远超出了资格认证所需要的内容。要完成书中的思考题，就需要去研究各章节中的例子，通过学习这些例子和解答课后习题可以得到非常好的学习效果。

你还要关注 CUDA 的最新发展趋势，这些可能没在考试大纲中列出，但是会在英伟达的培训课和线上研讨会中出现。

[一] 本书的中文翻译版《GPU 高性能编程 CUDA 实战》，已由机械工业出版社出版，书号为 9787111326793。——编辑注

[二] 本书的中文翻译版《高性能 CUDA 应用设计与开发》，已由机械工业出版社出版，书号为 9787111404460。——编辑注

[三] 本书的第 2 版已由机械工业出版社出版，书号为 9787111416296。——编辑注

12.8 本章小结

行文至此，本书即将结束。本书主要从 CUDA 实践者的角度介绍了 CUDA。我诚挚地希望读者能从这本书里学到更多关于 CUDA、GPU 和 CPU 的有用知识，以及高效的编码方法。

我希望你能保持对 GPU 和 CUDA 应用的热情。陈旧的串行编程模型已经成为了过去时，应用在 GPU 和 CPU 上的并行架构才是未来计算的发展方向。我们现在正处于计算产业的历史转折点，而并行计算作为加大计算吞吐量的唯一方法，已经吸引了足够多的专业人士的关注。

编程人员的并行思考习惯越来越普遍，我们日常使用的智能手机已经或者即将是双核处理器。大部分平板电脑也是双核的。市场上占绝大部分的家庭娱乐计算机中有 92% 也都是多核的。而这些智能机中有大约 50% 用的都是英伟达的 GPU（Steam，2012 年 4 月）。

不论是消费级市场还是商业领域，CUDA 将可能给并行处理带来巨大的革命。你可以花费大概 500 美元购买一个诸如开普勒这样的高端显卡（GeForce GTX680）。GPU 行业正在沿着每隔几年性能翻倍的曲线上升，而且这种情况可能持续好多年。所以，现在正是学习 GPU 编程的大好时机。

参考文献

NVIDIA, "NVIDIA's Next Generation Compute Architecture: Kepler GK110." Available at *http://www.nvidia.com/content/PDF/kepler/NVIDIA-Kepler-GK110-Architecture-Whitepaper.pdf*, accessed May 18, 2012.

Steam, "Consumer Hardware Survey." Available at *http://store.steampowered.com/hwsurvey*, accessed April 14, 2012.

推荐阅读

计算机科学丛书
并行程序设计导论
An Introduction to Parallel Programming

计算机科学丛书
并行程序设计原理
Principles of Parallel Programming

Visual C++
并行编程实战
多核架构下分工与协作的设计模式

GPU高性能编程
CUDA实战
CUDA By Example
an Introduction to General-Purpose
GPU Programming

高性能CUDA
应用设计与开发
方法与最佳实践

CUDA并行程序设计
GPU编程指南

OpenCL编程指南

计算机科学丛书
云计算与分布式系统
从并行处理到物联网
Distributed and Cloud Computing

大规模分布式存储系统
原理解析与架构实战

推荐阅读

高性能CUDA应用设计与开发：方法与最佳实践

作者：（美）Rob Farber ISBN：978-7-111-40446-0 定价：59.00元

CUDA并行程序设计：GPU编程指南

作者：（美）Shane Cook ISBN：978-7-111-44861-7 定价：99.00元

CUDA专家手册：GPU编程权威指南

作者：（美）Nicholas Wilt ISBN：978-7-111-47265-0 定价：85.00元

GPU高性能编程CUDA实战

作者：（美）Jason Sanders 等 ISBN：978-7-111-32679-3 定价：39.00元